Alle, nicht jeder

Die Demoskopie ist die Erforschung der öffentlichen Meinung durch Befragung repräsentativer Bevölkerungsgruppen. Sie wird inzwischen in allen Bereichen der Gesellschaft benutzt in Form von Marktforschung, Mediaforschung, Sozialforschung und aktueller politischer Meinungsforschung. Durch das von Elisabeth Noelle-Neumann, beraten von ihrem ersten Mann Erich Peter Neumann, 1947 gegründete erste deutsche Meinungsforschungsinstitut, das Institut für Demoskopie Allensbach am Bodensee, wurde die Demoskopie in Deutschland etabliert. Die Publikationen des Instituts, vor allem die Jahrbücher für Demoskopie, sind unverzichtbare Arbeitsmittel für viele Bereiche von Politik, Wirtschaft, Kultur und Wissenschaft. Elisabeth Noelle-Neumann ist heute national und international eine führende Kapazität auf dem Gebiet der Meinungsforschung. Ihre erstmals 1963 veröffentlichte ›Einführung in die Methoden der Demoskopie‹ hat sich im Laufe der Jahre zu einem Standardwerk entwickelt, das in viele Sprachen übersetzt ist und 1996 in einer völlig überarbeiteten und aktualisierten Neuausgabe wieder vorgelegt wurde. Bei dem vorliegenden Band handelt es sich um die vierte, erneut überarbeitete und aktualisierte Auflage der Neuausgabe.

Prof. Dr. Dr. h. c. *Elisabeth Noelle-Neumann*, geboren 1916 in Berlin, war neben ihrer Tätigkeit als Direktorin des Allensbacher Instituts für Demoskopie Inhaberin des 1963 neu geschaffenen Lehrstuhls für Publizistik an der Universität Mainz und von 1978 bis 1991 Gastprofessorin an der Universität von Chicago. Sie ist mit zahlreichen Publikationen an die Öffentlichkeit getreten und wurde mit vielen Preisen ausgezeichnet. Veröffentlichungen u. a.: ›Die Schweigespirale. Öffentliche Meinung – unsere Soziale Haut« (erweiterte Auflage 2001); »Die soziale Natur des Menschen.« (2002).

Dr. Thomas Petersen, geboren 1968 in Hamburg, ist leitender Mitarbeiter am Institut für Demoskopie Allensbach, lehrt an der Universität Mainz und ist deutscher Vertreter der World Association for Public Opinion Research (WAPOR). Veröffentlichungen u. a.: »Das Feldexperiment in der Umfrageforschung« (2002).

Elisabeth Noelle-Neumann · Thomas Petersen

Alle, nicht jeder

Einführung in die Methoden der Demoskopie

Vierte Auflage

Mit 82 Abbildungen

Springer

Professor Dr. Elisabeth Noelle-Neumann
Dr. Thomas Petersen
Institut für Demoskopie Allensbach
78472 Allensbach

2. Auflage: Erschienen bei dtv, München, 1998,
ISBN 3-423-30132-5

ISBN 3-540-22500-5 Springer-Verlag Berlin Heidelberg New York
ISBN 3-540-67498-5 3. Auflage Springer-Verlag Berlin Heidelberg New York

Bibliografische Information Der Deutschen Bibliothek
Die Deutsche Bibliothek verzeichnet diese Publikation in der Deutschen Nationalbibliografie; detaillierte bibliografische Daten sind im Internet über <http://dnb.ddb.de> abrufbar

Springer ist ein Unternehmen von Springer Science + Business Media
springer.de

Printed in Germany

Planung: Dr. Werner Müller, Heidelberg
Desk Editing: Irene Barrios-Kezic
Herstellung: PRO EDIT GmbH, Elke Beul-Göhringer, Heidelberg
Einbandgestaltung: Erich Kirchner, Heidelberg
Satz: KCS GmbH, Buchholz/Hamburg
Gedruckt auf säurefreiem Papier 42/3150 beu-göh – 5 4 3 2 1 0

Für
Erich Peter Neumann

Pionier der politischen Umfrageforschung

Er hoffte, daß die Demoskopie
helfen würde, die Demokratie
besser zu verteidigen als es vor
Einführung der Demoskopie am
Anfang der dreißiger Jahre beim
Zusammenbruch der
Weimarer Republik möglich war.

Vorwort zur vierten, überarbeiteten Auflage

Die Umfragen des »Literary Digest« waren wahrscheinlich die größten aller Zeiten. Und sie waren in ihrer Zeit eine angesehene Institution. Zur amerikanischen Präsidentschaftswahl des Jahres 1936 verschickte die populäre Zeitschrift zehn Millionen Postkarten-Stimmzettel mit der Bitte an die Adressaten, bereits jetzt anzukreuzen, welchen Kandidaten sie wählen wollten. Das Ergebnis der Auszählung, die damals beachtete und berühmte Wahlprognose des »Literary Digest«, wurde mit großem Aufwand in der Ausgabe vor der Wahl präsentiert. »Stroh-Abstimmung« nannte man das. Je mehr Menschen befragt werden, so die Annahme, desto genauer müßte das Umfrageergebnis sein.

Dagegen wirkten die Methoden der Umfrageforscher George Gallup, Elmo Roper und Archibald Crossley bescheiden: Sie bedienten sich einer ganz anderen Methode. Statt wahllos an alle nur auffindbaren Adressen Millionen von Postkarten zu verschicken, begnügten sie sich damit, einige tausend Menschen zu befragen, die aber nach den strikten Regeln der Repräsentativstichprobe ausgewählt wurden. Gallup, Roper und Crossley sagten unabhängig voneinander einen Wahlsieg des demokratischen Kandidaten Franklin D. Roosevelt voraus, während die Strohabstimmungen des Literary Digest einen klaren Sieg für den Republikaner Alf Landon erwarten ließen. Roosevelt gewann mit 62,5 Prozent der Stimmen.

Das war der Durchbruch der modernen Umfrageforschung. Gallup, Roper und Crossley hatten bewiesen, daß man nicht einen besonders großen Anteil der Bevölkerung befragen muß, um verläßliche Ergebnisse zu erhalten, sondern einen repräsentativen Bevölkerungsquerschnitt.

Aber sind wir heute wirklich wesentlich weiter als im Jahr 1936? Mit großem Aufwand präsentierte im vergangenen Jahr die Unternehmensberatung McKinsey gemeinsam mit dem ZDF, der Zeitschrift »Stern« und T-Online die Ergebnisse der Studie »Perspektive Deutschland«. Stolz verkündeten die Initiatoren, daß sich 356.000 Menschen an der Studie beteiligt hätten. Damit sei »Perspektive Deutschland« die »weltweit größte gesellschaftspolitische Online-Umfrage«.

Manche Ergebnisse aus dieser Umfrage mußten jedem, der mit Repräsentativumfragen auch nur etwas vertraut ist, grotesk erscheinen. So heißt es beispielsweise in der Pressemitteilung von »Perspektive Deutschland«: »Um einen Finazkollaps zu vermeiden, favorisieren 52 Prozent der Befragten eine Verringerung der Rentenhöhe.« Nach den Ergebnissen gleichzeitig durchgeführter Allensbacher Repräsentativumfragen lag der Anteil derjeniger an der Bevölkerung, die eine solche Maßnahme akzeptieren würden, tatsächlich bei 9 Prozent.

Von der angeblich so großen Reform- und Opferbereitschaft der deutschen Bevölkerung, die »Perspektive Deutschland« glaubte feststellen zu können, war bei bevölkerungsrepräsentativen Umfragen nichts zu erkennen. Tatsächlich war diese Opferbereitschaft nur bei den an der Sache besonders interessierten und deswegen außerordentlich kenntnisreichen Personen vorhanden – eben jenem Personenkreis, dem das Thema so wichtig ist, daß er auch an einer Online-Umfrage dazu teilnimmt. Eine solche Umfrage ist in ihrer Logik und Aussagekraft gleichwertig mit den »Stroh-Abstimmungen« des Literary Digest, doch das wurde in der Öffentlichkeit nicht wahrgenommen. Stattdessen wurden ihre teilweise grob falschen Ergebnisse ausführlich in den führenden deutschen Massenmedien zitiert.

Vor fast zehn Jahren hatte der amerikanische Umfrageforscher Daniel Yankelovich beklagt, daß Umfrageergebnisse, gute wie schlechte, in der Öffentlichkeit unterschiedslos zusammengeworfen werden »A poll is a poll is a poll«. Diese Klage war einer der Gründe, die uns veranlaßten, das 1963 erschienene Buch »Umfragen in der Massengesellschaft« vollständig zu überarbeiten, zu erweitern und unter dem Titel »Alle, nicht jeder« neu herauszubringen. Es erschien uns wichtig, ein Buch zu schreiben, das gründlich und gleichzeitig leicht lesbar die Grundlagen und Methoden der Demoskopie beschreibt, nicht abstrakt und theoretisch, sondern ganz an der Praxis orieniert. Schritt für Schritt sollte vorgeführt werden, wie eine Repräsentativumfrage entsteht, welche methodischen Schritte dazu notwendig sind und warum. Auf diese Weise, so hofften wir, würde der Leser auch in der Lage sein, verläßliche Repräsentativumfragen von oberflächlicher »quick and dirty«-Demoskopie oder gar bloßen Spielereien ohne Erkenntniswert zu unterscheiden.

Seitdem hat sich die Situation noch weiter verschlechtert: Die technischen Voraussetzungen der Datenverarbeitung haben sich inzwischen so weit entwickelt, daß man nahezu ohne jede Kenntnis der methodischen Voraussetzungen für eine verläßliche Umfrage und ohne nennenswertes Kostenrisiko Fragebogen verteilen und deren Ergebnisse verarbeiten kann. Es gibt heute zahlreiche Zeitungen, in denen täglich in optisch ansprechender Form die Ergebnisse nutzloser TED- oder Internet-Umfragen als angeblich informative Nachricht präsentiert werden. In dieser Situation drohen selbst die simpelsten Grundregeln der Umfragemethode aus dem Blickfeld zu geraten: Noch vor wenigen Jahren schien es undenkbar, daß Umfrageergebnisse, die nicht auf standardisierten Verfahren oder einer repräsentativen Stichprobe beruhen, in der Öffentlichkeit, von Medien und Entscheidern ernst genommen werden. Heute kann man dies durchaus wieder beobachten. So droht die Methode in Teilen auf den Stand von vor dem Jahr 1936 zurückzufallen.

Diese Entwicklung wäre weniger bedenklich, wenn es sich dabei um eine reine Spielerei zu Unterhaltungszwecken handelte. Doch Demoskopie ist weit mehr: Sie ist die einzige Methode, mit der sich verläßliche Informationen über das Fühlen und Denken einer ganzen Bevölkerung gewinnen lassen. Keine interpretierende Zwischeninstanz, keine Auswahl eines Schriftstellers, keine Deutung eines Zeitungsredakteurs oder sozialwissenschaftlichen Theoretikers schiebt sich zwischen die befragte Bevölkerung und den Betrachter der Umfrageergebnisse. Nicht selten zwingen einen die Ergebnisse der Demoskopie, die überzeugendsten Theorien über die Gesellschaft aufzugeben, weil die Umfragen beweisen, daß sie falsch sind. »Wenn wir überrascht sind,« hat Paul Valéry einmal geschrieben, »stehen wir der Wirklichkeit gegenüber.« Die Voraussetzung dafür ist aber, daß die Methoden der Umfrageforschung richtig angewandt werden. Der Politiker, der sich auf falsche Informationen über die Meinung in der Bevölkerung verläßt, wird ebenso Fehlentscheidungen treffen wie der Unternehmer, der mit ungeeigneten Methoden die Kaufmotive seiner Kunden hat untersuchen lassen.

Wir freuen uns deswegen sehr, daß sich das Buch »Alle, nicht jeder« einer kontinuierlichen Aufmerksamkeit erfreut, so daß nun die vierte Auflage in acht Jahren erscheinen kann. Für die vorliegende Ausgabe wurden zahlreiche Aktualisierungen vorgenommen, um dem Forschungsstand und der technischen Entwicklung der letzten Jahre Rechnung zu tragen. Wir möchten uns besonders bei Heinrich Behme, Wilhelm Haumann, Winfried Pfeffer, Matthias Wiepen und Katharina Wilde für ihre Hilfe bei der Überarbeitung des Bandes bedanken. Trotz der raschen technischen Entwicklung der letzten Jahre hat sich an den Grundsätzen der Demoskopie, ihrer Logik und der Bedeutung ihrer Arbeitsschritte nichts geändert. Die Methode der Demoskopie ist ein faszinierendes Informationsmittel. Sie kann die gesellschaftliche Wirklichkeit hervortreten lassen wie kein anderes Verfahren und ist damit für Historiker, Sozialwissenschaftler, Politiker und Unternehmer eine unersetzliche Quelle. Man darf sie nicht verkommen lassen.

Allensbach am Bodensee im August 2004
Elisabeth Noelle-Neumann Thomas Petersen

Vorwort zur ersten Auflage

Allensbach im November 1995. Der erste Schnee. Ein Jahr hindurch hatten wir an der neuen Fassung des Bandes ›Einführung in die Methoden der Demoskopie‹ gearbeitet. Wir – das heißt vor allem: Thomas Petersen, Publizistikwissenschaftler, der seinen ersten Studienabschnitt an der Universität Mainz 1993 mit einer Magisterarbeit über ›Kaiser Augustus und die öffentliche Meinung‹ abgeschlossen hatte und dann im Allensbacher Institut die Demoskopie erlernte. Vom November 1994 an gehörte sein Leben der neuen Bearbeitung des Buches, das in erster Auflage in der Reihe »rowohlts deutsche enzyklopädie« 1963 erschienen war.

Gertrude Stein, die in den zwanziger Jahren in Paris lebende amerikanische Dichterin, hat einmal die Zeile geschrieben: »Eine Rose ist eine Rose ist eine Rose...« Daran dachte der große amerikanische Sozialforscher Daniel Yankelovich, als er im September 1995 beim Jahreskongreß der World Association for Public Opinion Research den Helen-Dinerman-Preis erhielt und in seiner Dankrede erklärte: »A poll is a poll is a poll...« Im gleichen Ton äußerster Resignation sagte Friedrich W. Tennstädt, einer der Architekten des Allensbacher Instituts, der es mit mir gemeinsam seit 1948 aufgebaut hatte: »Es kommt eben bei den Umfragen immer das gleiche heraus – immer Prozentzahlen.«

Es hatte uns die Verzweiflung gepackt, Daniel Yankelovich in den USA, Robert M. Worcester von »Market and Opinion Research International« (MORI) in England und uns in Allensbach in Deutschland. Die Umfrageforschung, das große, im 20. Jahrhundert entwickelte Instrument, um nach der Entdeckung der Natur nun die Natur im Menschen zu entdecken (Ernst Pöppel), machte keine Fortschritte. Vor über dreißig Jahren hatte ich das Buch ›Umfragen in der Massengesellschaft. Einführung in die Methoden der Demoskopie‹ veröffentlicht. Inzwischen war es ins Französische, Russische, Spanische, Holländische, Tschechische übersetzt, es sollte die englische Ausgabe bei der University of Chicago Press erscheinen, der Verlagsvertrag dafür war 1978 geschlossen worden.

Ich wartete auf große, maßgebliche Fortschritte in der Umfrageforschung, die ich in die neue Ausgabe mit einarbeiten könnte. Aber es kamen keine großen Fortschritte. Technische Fortschritte schon, die PCs erleichterten die Umfragen, die CATIs – Computer Assisted Telephone Interviewing – begeisterten diejenigen, die von sich selber als »Branche« sprachen. Neue mathematische Modelle wurden für die Analysen mit dem Computer erdacht. Aber es gab keine Fortschritte in der Untersuchungskonzeption, die Umfrageforschung verfuhr weiter, als ob sie es mit isolierten Individuen zu tun hätte. Unsere Fragemodelle zur Aufklärung der Prozesse der öffentlichen Meinung und der sozialen Natur des Menschen – »Wie denken Sie?« – »Wie denken die meisten?« – machten nicht Schule. Und auch die Netzwerke – Anlagen von Umfragen, wie sie Michael Schenk an der Universität Hohenheim entwickelt hatte (›Soziale Netzwerke und Kommunikation‹ 1984; ›Soziale Netzwerke und Massenmedien‹ 1995), die Individuen eingebettet in ihre sozialen Netzwerke zu befragen: »Ego« – »Alteri«, »Ich« und »die Anderen«, blieben ebenso einzelne Untersuchungen wie eine Allensbacher Studie 1985/86, bei der Arbeitslose nebst ihren engsten Familienangehörigen befragt worden waren, jeder für sich in Einzelinterviews. Und auch Gabriel Weimanns Netzwerke-Befragungen und -Beobachtungen im Kibbuz in Israel (›Influentials‹ 1994) blieben isolierte Unternehmungen. Genauso wie Edward Laumanns (University of Chicago) institutionelle Netzwerkanalyse mit den Mitteln der Umfrage (›Organizational Man‹ 1994).

Das schlimmste war, daß die zentrale Bedeutung des Fragebogens nicht erkannt wurde, obgleich doch im Ganzen wie in zahlreichen Einzelheiten nachgewiesen war, daß nichts stärker die Ergebnisse der Umfrageforschung beeinflußt als der Fragebogen – nicht die Qualität der Stichproben, nicht die sorgfältige Interviewer-Kontrolle, nicht die technische Perfektion der PC-Programme. Der Fragebogen – das A und O. »Are we asking the right questions?« hatte der englische Kommunikationsforscher James D. Halloran (University of Leicester) 1969 bei einer UNESCO-Konferenz in Kanada besorgt gefragt.[1] Später wurde diese Frage der Titel einer Festschrift für ihn (1994).[2] Aber wer unter den Umfrageforschern stellte sich diese Frage? »Der Fragebogen«, sagte der holländische Statistiker Dr. Hans Akkerboom bei einer Methodentagung des Statistischen Bundesamtes, Wiesbaden, im Juni 1995, »das ist für die meisten offenbar eine Sache für den Samstagnachmittag.«

Es kamen keine Fortschritte. »Lassen Sie das Buch, wie es vor dreißig Jahren war, wir wollen es wiederhaben …«, sagten mir Kollegen und Studenten. Ich hatte nach der 7. Auflage 1976 beim Abschluß des neuen Vertrages mit dem Deutschen Taschenbuch Verlag erklärt, ich wollte keine weiteren unveränderten Auflagen. Die russische Übersetzung wurde 1993 unverändert neu gedruckt.

Vom November 1994 an arbeiteten dann Thomas Petersen und ich daran, alles, was sich nur erneuern ließ, zu erneuern. Das Buch blieb in seinem Aufbau, seinem Charakter unverändert. Aber es wurden neue Beispiele aus dem Allensbacher Archiv gesucht, neue Fragebeispiele, neue Texte, um die Interviewer-Schulung zu illustrieren, neue Analyse-Modelle und neue Analyse-Beispiele vorgeführt, neue Literaturangaben zusammengestellt, neue Studien durch andere Wissenschaftler eingeschlossen, zum Beispiel die wichtige Studie von ZUMA auf der Basis des ALLBUS von 1992 und 1994, mit der Achim Koch die Wirkungsweise von zwei verschiedenen Random-Stichproben untersuchte, die Random-Route-Methode und im Vergleich dazu Adressen-Stichproben, die aus den Karteien der Einwohnermeldeämter gezogen waren.

Das war zwar wieder eine Untersuchung, die das Stichproben-Thema betraf – zum Thema der Stichproben gibt es in aller Welt ganze Bibliotheken. Aber es lag ihr experimentelles Denken zugrunde, das war die große Freude. Nie wäre die Umfrageforschung international so in die Sackgasse geraten, wenn der Gebrauch der Methode des kontrollierten Experiments, die der Naturwissenschaft seit Jahrhunderten zu stetigem Fortschritt

[1] Mass Media in Society. The Need of Research. UNESCO Reports and Papers on Mass Communication, No. 59. Paris 1970, bes. S. 11.

[2] Cees J. Hamelink, Olga Linné (Hrsg.): Mass Communication Research: On Problems and Policies. The Art of Asking the Right Questions. In Honor of James D. Halloran. Norwood, N.J. 1994.

verholfen hat, sich in der Umfrageforschung seit den vierziger Jahren mehr durchgesetzt hätte.

In den vierziger Jahren schien es noch ganz selbstverständlich, daß in der Umfrageforschung, die sich dafür besonders gut eignete, mit Feldexperimenten gearbeitet werden würde. Da war das frühe Feldexperiment von Paul F. Lazarsfeld bei der Wahlforschung zur amerikanischen Präsidentschaftswahl von 1940, 1944 veröffentlicht in dem Klassiker ›The People's Choice‹. Lazarsfeld wollte die Wirkung des mehrfachen Befragens derselben Personen innerhalb von sieben Wellen zwischen Beginn des Wahlkampfes und dem Wahltag testen. Darum zerteilte er seine Stichprobe, ließ eine Stichprobe siebenmal befragen und sechs andere jeweils nach dem Start-Interview nur einmal, also eine dieser Unter-Stichproben nur in der zweiten, eine nur in der dritten, eine nur in der vierten Woche usw. Er beobachtete, wie sich die Ergebnisse der siebenmal befragten Personen von denen unterschieden, die insgesamt nur zweimal befragt worden waren. Schon damals wurde der Gedanke eines starken Panel-Effekts experimentell widerlegt, so plausibel es auch sein mochte, daß Personen, die häufiger befragt wurden, dadurch beeinflußt würden. Aber bis heute sind empirische Sozialforscher vom starken Panel-Effekt überzeugt und sind davon nicht abzubringen und gebrauchen das als Argument, um die viel zu geringe Anwendung der Panel-Methode zu rechtfertigen. Oder die frühen Fragebogen-Experimente von Hadley Cantril und Donald Rugg in den vierziger Jahren, die Fragen im Fragebogen »gabelten« (»split-ballot«), sie in zwei verschiedenen Formulierungen parallel stellten und so schon gleich in der Anfangszeit der Umfrageforschung die starke Wirkung des Fragebogens auf die Ergebnisse feststellten.

Waren das Feldexperimente? Nicht einmal darüber gab es eine wissenschaftliche Diskussion, obgleich alle Bedingungen, die zu einem Feldexperiment gehören, erfüllt waren. Wenn jeder Interviewer mit ungerader Zahl in der Einsatzliste Fragebogen mit der Frageformulierung A erhält und jeder Interviewer mit gerader Zahl erhält Fragebogen mit der Frageformulierung B, dann mußten die Unterschiede, die man in den Ergebnissen der Frage A und der Frage B fand, auf die Frageformulierung zurückgehen; denn alle anderen Faktoren waren gleich und konnten demnach die Unterschiede nicht erklären.

Es erschien noch einmal Anfang der fünfziger Jahre das Buch von Stanley Payne: ›The Art of Asking Questions‹ mit zahlreichen »split ballot«-Ergebnissen, und dann war es zu Ende. Erst 1970 regte ich mit einem Aufsatz über gegabelte Befragungen im ›Public Opinion Quarterly‹: ›Wanted: Rules for Wording Structured Questionnaires‹ das Interesse wieder an. Zu dieser Zeit hatten wir schon Hunderte solcher Fragebogen-Experimente in Allensbach durchgeführt, alle im Allensbacher Archiv gut dokumentiert, einige davon standen in dem 1963 veröffentlichten Methodenbuch. Da waren auch kontrollierte Experimente zur Interviewer-Organisation beschrieben – Auswahl, Schulung, Motivierung, Einweisung – zur Begründung unserer Entscheidung für eine streng zentralisierte Interviewer-Organisation.

Beschrieben waren auch die kontrollierten Experimente, mit denen wir Quoten- und Random-Stichproben in ihrer Leistung, wo sie besonders kontrollierbar war, nämlich bei Wahlprognosen, verglichen. Wir stützten uns auf die Ergebnisse dieser Experimente, als wir uns entschlossen, für Wahlprognosen grundsätzlich Quoten-Stichproben zu benutzen und auch für die meisten der allgemeinen Bevölkerungsumfragen – allerdings Quoten-Stichproben mit sorgfältiger Einhaltung von bestimmten Bedingungen. Als Humphrey Taylor 1993/94 seine Umfrage bei vielen Instituten der Welt über ihre Methoden durchführte, war er sehr erstaunt über die Kluft, die im Gebrauch von Quoten- und Random-Methode zwischen Nordamerika und Europa bestand: Die Quoten-Methode in den USA und Kanada so gut wie tot, in Europa quicklebendig und bei Wahlprognosen – also da, wo man wirklich kontrollieren kann – in vielen Ländern bewährt. Aber ohne unsere Feldexperimente zur Auswirkung der Methoden verschiedener Stichprobenbildung hätten wir kaum gewagt, angesichts überwältigender theoretischer Argumente für die Random-Methode an der Quoten-Methode festzuhalten.

An vielen Stellen begegnen dem Leser des vorliegenden Buches Feldexperimente, um Methodenfragen zu klären. Es besteht die Hoffnung, daß solche experimentellen Forschungen sich endlich auch an den Universitäten allgemein durchsetzen werden. Warum ist denn die Umfrageforschung sowohl in den USA als auch in Deutschland so zurückgeworfen worden hinter ihre Leistungen, die schon in den vierziger Jahren vollbracht wurden?

Der Hauptgrund liegt darin, daß sich keine Qualitätskriterien für Umfrageforschung entwickelten: »A poll is a poll is a poll ...«. »Jeder Teppichboden wird sorgfältiger auf seine Qualität geprüft«, hatte ich 1994 in der Fachzeitschrift ›planung und analyse‹ geschrieben. Warum ist das so? Wahrscheinlich hat Hadley Cantril es richtig vorausgesehen, als er bei dem Jahreskongreß der World Association for Public Opinion Research 1948 sagte, die Zukunft der Umfrageforschung hänge davon ab, ob zwischen Universitäten und außeruniversitären Umfrage-Instituten ein enger Kontakt hergestellt werde. Wissenschaftliche Qualitätskriterien können auf die Dauer nur an Universitäten in wissenschaftlich systematischer Arbeit, in der Wechselwirkung von Theorie und Empirie, Empirie und Theorie (Robert Merton) entwickelt und durchgesetzt werden. Diese Arbeit ist bisher nicht geleistet.

Yankelovich schreibt 1995:[3] »Trotz größerer technischer Raffinesse sind die Umfragen immer irreführender geworden ... In den letzten Jahren ist es in den USA geradezu zu einer Überschwemmung mit Umfragen gekommen. Aber alle, auch die besten spiegeln nur die gegenwärtige Umfragemode, die darin besteht, der Öffentlichkeit und den Auftraggebern kurz Schnappschüsse öffentlicher Meinung zu zeigen. In diesen Momentaufnahmen werden praktisch alle, auch die kompliziertesten Gegenstände, mit Antworten auf einzelne Fragen abgetan: ›71 Prozent der Bevölkerung sagen, sie sind für eine allgemeine Krankenversicherung‹ oder ›64 Prozent der Wähler sagen, sie seien bereit, zusätzliche 5 Prozent Benzinsteuer zu zahlen, um damit die amerikanischen Straßen, Brücken und Autobahnen zu verbessern‹.«

»Was ist denn die Wirkung auf Politiker, wenn sie sich auf solche Umfrageergebnisse verlassen und dann zu spät entdecken, daß die Umfragen gar nicht das bedeuten, was sie sagen? Der Politiker, der für die 5prozentige Benzinsteuer eintritt, entdeckt zu seinem Verdruß, daß die Mehrheit der Bevölkerung rigoros Politiker ablehnt, die für eine solche Benzinsteuer eintre-

[3] Daniel Yankelovich: A New Direction for Survey Research. In: International Journal of Public Opinion Research, 8, 1996.

ten. Auf Umfrageergebnisse gestützt, nahmen das Ehepaar Clinton und sein Stab an, daß die Bevölkerung ihr Programm der umfassenden Gesundheitsversicherung billige, nur um später herauszufinden, daß sie durch die Umfragen ganz in die Irre geführt worden waren.«

Den Grund für diesen Zustand der Umfrageforschung sieht Yankelovich in der Entwicklung eigener Umfragen durch die Medien. Damit hätte journalistisches Interesse die Oberhand über die Qualität und Verläßlichkeit der Umfrageergebnisse gewonnen.

»So traurig es ist«, sagt er, »die Medien, die Umfragen durchführen lassen, riskieren nichts, wenn die Ergebnisse nicht stimmen, und haben darum auch kein Interesse, in die Qualität von Umfragen zu investieren. Eine rituelle Bekundung der 3-Prozent-Fehlerspanne ist alles. Nachdem die Medien die Umfragen kontrollieren, ist die ›Quicky-Umfrage‹ die Regel geworden. Wenn irgendwo eine gute Umfrage gemacht wird, wird sie mit den schlechten zusammengeworfen. Schlechte Qualität der Umfragen vernichtet gute Umfrage-Qualität.«

»Solange die Medien Umfragen nur unter dem Gesichtspunkt: aktuell? aufregend? bewerten, werden wir«, meint Yankelovich, »immer mehr von diesen oberflächlichen Umfrageschlaglichtern haben, immer mehr Berichte, die sich nur auf eine einzelne Frage stützen, immer mehr Konfusion, immer mehr Irreführung und immer weniger Beitrag zum Verständnis der Einstellungen der Bevölkerung. Noch nie«, sagt er, »ist die Vision der Gründer, was die Umfrageforschung für die Menschen und für die Gesellschaft bedeuten kann, so sehr in Gefahr gewesen.«

In Großbritannien beobachtet Robert M. Worcester, der Leiter des Umfrageinstituts »Market and Opinion Research International« (MORI) die gleiche Entwicklung. »Es vergeht kaum ein Tag«, schreibt er in einem Newsletter seines Instituts, »an dem nicht Politiker, Journalisten, Wissenschaftler und Kommentatoren ... Umfragen falsch interpretieren, falsch verstehen, falsch zitieren und uns falsch über Umfrageergebnisse informieren ... Die BBC hält unbeirrt an ihren sinnlosen *phone-in polls* (entspricht den deutschen »TED-Umfragen«) fest und verstößt damit gegen den Geist, wenn nicht sogar den Wortlaut der Birt-Richtlinien der BBC für den Umgang mit Meinungsumfragen, die ohnehin schon eine Verschlechterung gegenüber der Praxis der BBC vor ihrer Einführung im Jahr 1993 darstellen. Es ist zum Verzweifeln!«[4]

Alles, was Yankelovich über die Situation in den USA sagt und alles, was Worcester über die Lage in Großbritannien schreibt, gilt genauso für Deutschland.

Vor 100 Jahren hat Emile Durkheim von den »faits sociaux«, von den sozialen Tatsachen gesprochen. In seinem Buch ›Die Regeln der soziologischen Methode‹ (1895)[5] war der große Wechsel der Pespektive vollzogen. An die Stelle der Fallstudien waren die abstrakten Gruppen getreten, die durch Merkmale zusammengehalten waren, und an die Stelle der deterministischen Sätze der Naturwissenschaft: »Wenn – dann ...« waren die Wahrscheinlichkeitsaussagen getreten. Die Sätze der empirischen Sozialforschung beziehen sich nicht auf jedes Individuum, aber sie machen Aussagen über alle Mitglieder einer durch Merkmale definierten Gruppe.

Als ich die 1963 veröffentlichte erste Fassung dieses Buches schrieb, wußte ich noch nicht, wie extrem schwer es Menschen, und ganz speziell auch Intellektuellen, fällt, diesen Wechsel der Perspektive vom Individuum zur nur durch Merkmale zusammengeklammerten abstrakten Gruppe zu vollziehen. Erst langsam habe ich verstanden, daß in diesem Punkt die Hauptschwierigkeit liegt, die Methode der Umfrageforschung fortzuentwickeln: mit kontrollierten Feldexperimenten, Übersetzung der Programmfragen in Testfragen, mit Erfindung, Entdeckung von Indikatoren, Einbau von Tests der Individualpsychologie ohne Individuen diagnostizieren zu wollen, Steigerung des Entdeckungspotentials, Beobachtung der Beobachter (Niklas Luhmann) durch Meinungsklimafragen. Jetzt ist das ganze Buch durchzogen von Beispielen für diesen Perspektivenwechsel. Man muß ihn üben, er ist unserer in der Evolution herausgebildeten Denkweise fremd.

[4] Robert M. Worcester: Letter to our Readers. In: British Public Opinion, 18, November 1995, No. 8, S. 3.

[5] Emile Durkheim: Les règles de la méthode sociologique. Paris 1895. Kap. 1: Qu'est-ce qu'un fait social? S. 5 ff.

Ein Buch, das sich auf Hunderte von nichtfiktiven, sondern realen Beispielen stützt, verdankt einer ungewöhnlich großen Zahl von Personen sein Entstehen.

Thomas Petersen und ich möchten zuerst jenen Wissenschaftlern danken, die bereitwillig das Material, um das wir sie baten, zur Verfügung stellten und uns mit kritischen Kommentaren halfen. Besonders möchten wir hier erwähnen Robert M. Worcester und John Leaman, MORI, London, Professor Dr. Erwin Scheuch, Universität Köln, Professor Dr. Hans Mathias Kepplinger, Universität Mainz, Professor Dr. Wolfgang Donsbach, Universität Dresden, Professor Dr. Hermann Lübbe, Universität Zürich, Professor Norman M. Bradburn und Tom Smith, NORC, Chicago, Professor Dr. Norbert Schwarz, University of Michigan in Ann Arbor, Achim Koch und Michaela Thoma von ZUMA, Mannheim, und Dr. Werner Wyss, DemoSCOPE, Adligenswil/Schweiz, der uns freundlich erlaubte, seine Darstellung des »Mapping« zu übernehmen. Und ganz besonders Dr. Thomas Knieper, Institut für Kommunikationswissenschaft (Zeitungswissenschaft) der Universität München, der das gesamte Manuskript durchsah und zahlreiche wichtige Hinweise, insbesondere im Bereich von Statistik und mathematischer Analyse, gab, die wir in das Manuskript einarbeiten konnten.

Unter der großen Zahl hilfreicher Mitarbeiter aus dem Allensbacher Institut erwähnen wir als erste unsere Interviewer; sie führten Hunderttausende von Interviews mit der ganzen Bevölkerung durch, von denen im Grunde nur sie wirklich wissen, wieviel Engagement man dazu braucht, wie mühsam das ist. Diese Interviews bilden die Grundlage des gesamten Buches. Und zugleich mit ihnen zusammen möchten wir Winfried Pfeffer, Chef des Interviewerbüros seit 1980, und seinen langjährigen Mitarbeiterinnen Heinke Mumm, Magda Hespeler und Annette Wöhrle danken.

Aus dem großen Kreis von Mitarbeitern des Instituts nennen wir mit besonderem Dank Christine Alex, Erika Aust, Stephanie Bailey, Heinrich Behme, Anna Diederichs, Raimund Gehring, Jochen Hansen, Dr. Harald Jossé, Waltraud Kappes, Petra Kloske, Jens Krüger, Dr. Markus Küppers, Susanne Loyall, Dr. Tilman Mayer, Vera Johenning-Mellinghaus, Rose Marie v. Milczewski, Dr. Anne Niedermann, Bernd Niedermann,

Dr. Edgar Piel, Astrid Reiner, Wolfgang Rothenberger, Dr. Johannes Schneller, Dr. Rüdiger Schulz, Dr. Friedrich Stötzer, Werner Süßlin, Iron Werther, Helmut Wilke.

Besonders danken wir auch Frank Faulstich, der in wochenlanger Arbeit das Manuskript aus dem Jahr 1963 für die Bearbeitung im Computer vorbereitete.

Und schließlich danken wir jenen Kollegen, ohne die diese Neubearbeitung buchstäblich nicht hätte erscheinen können: Friedrich W. Tennstädt – der Leser begegnet ihm an vielen Stellen des Buches – und Dr. Wilhelm Haumann, der in den letzten Monaten mit seiner wissenschaftlichen Kompetenz als Germanist und zugleich PC-Experte das gesamte Manuskript lektorierte und die PC-Version schrieb.

Für Helmtrud Seaton, meine Assistentin seit 1979, war es das dritte Buchmanuskript, bei dem sie mich wachsam, immer mit Überblick und unerschütterlich in ihrer Ruhe begleitet hat; ich danke ihr sehr herzlich.

Und endlich möchte ich ganz besonders meiner Kollegin in der Geschäftsführung des Instituts, Dr. Renate Köcher, danken, die durch die Übernahme eines Löwenanteils der Arbeit in der Leitung des Instituts für mich die Zeit freimachte, um diese Neubearbeitung abzuschließen.

Elisabeth Noelle-Neumann

Inhalt

Einleitung

Allein mit der Beobachtungsgabe können wir die soziale Wirklichkeit nicht wahrnehmen. Wir müssen uns mit Geräten ausrüsten, die unsere natürlichen Fähigkeiten verstärken, so wie es für die Beobachtung der Natur längst geschehen ist.

Umfragen sind ein solches Hilfsmittel, seit dem Ende des 18. Jahrhunderts mühsam methodisch entwickelt, mit eigenartigen Verzögerungen, gegen beharrliche Widerstände. »Die empirische Tradition der Erforschung von Meinungen und Einstellungen begann – recht bescheiden – in Deutschland«, schrieb der Pionier der modernen Sozialforschung Paul Lazarsfeld.[1] Aber die Tradition der deutschen Umfragen des 19. und frühen 20. Jahrhunderts war völlig abgerissen und so gut wie vergessen, als nach 1945 Bevölkerungsumfragen in Deutschland wieder aufkamen. Man hielt sie für eine amerikanische Erfindung.

Das neue Beobachtungsinstrument wurde kaum mit Freude begrüßt, nicht als Fortschritt menschlicher Erkenntnismöglichkeiten gepriesen. Es weckte Unbehagen. Man wunderte sich, warum plötzlich überall Umfrageergebnisse erschienen, in Zeitungen und im Rundfunk, in den politischen Reden ebenso wie in den Geschäftspapieren der Firmen. Zeitweise dachte man, es sei eine Mode.

Heute sind Umfragen aus dem politischen und dem Wirtschaftsleben und aus vielen anderen Bereichen nicht mehr wegzudenken. Doch das Mißtrauen in der Öffentlichkeit ist geblieben.

Natürlich wird ein Instrument viel benutzt, mit dem man Sachverhalte erkennen kann, die sonst verborgen bleiben würden, und ganz besonders, wenn man diese Informationen – hier

[1] Siehe Paul F. Lazarsfeld: Public Opinion and the Classical Tradition. In: Public Opinion Quarterly, 21, 1957, S. 39–53, dort S. 39. Originaltext: ›The Empirical Tradition in Opinion and Attitude Research Began Modestly Enough in Germany‹. Übersetzung von den Autoren.

also den umfassenden Blick auf die soziale Wirklichkeit – dringend braucht.

Aber diese naheliegende Erklärung für die große Bedeutung der Umfrageforschung spielt in der öffentlichen Diskussion kaum eine Rolle. Barrieren von Mißverständnissen stehen dagegen.

Liegen die Meinungsforscher nicht meistens daneben?

Gelegentlich wird das Unbehagen gegenüber den repräsentativen Bevölkerungsumfragen mit den angeblich oft unzutreffenden Wahlprognosen der Demoskopie erklärt. Tatsächlich war es eine Fehlprognose, durch die ein breiteres Publikum in Deutschland zum ersten Mal auf die Meinungsforschung aufmerksam wurde: Der amerikanische Pionier der Umfragemethode, George Gallup, hatte vor den amerikanischen Präsidentschaftswahlen 1948 einen Sieg des Kandidaten der republikanischen Partei, Dewey, vorausgesagt. Öffentlichkeit und Presse vertrauten dieser Prognose. Und dann gewann der demokratische Präsident Truman die Wahl. Das Vertrauen in die Umfragemethode brach an diesem Wahltag zusammen. Ein berühmt gewordenes Pressefoto zeigt den strahlenden Sieger Truman mit einer Zeitung in der Hand. Die Schlagzeile: »Dewey schlägt Truman«. Als Gallup am Tag nach der Wahl mit dem Auto verkehrt herum in eine Einbahnstraße einbog, sagte ihm der Polizist, der ihn anhielt, um seinen Führerschein zu kontrollieren, höhnisch: »Dr. Gallup – wrong again!« (»wieder daneben!«)

Jahrzehntelang sollte sich eine solche Fehlprognose eines seriösen Meinungsforschungsinstituts nicht wiederholen. Dennoch prägte dieses Ereignis viele Jahre das Bild der Demoskopie. Dabei geht die Ablehnung nicht vom breiten Publikum aus, sondern sie wird zunehmend steifer, je höher der geistige Standort liegt. Es sieht darum eher so aus, als sei die Fehlprognose Gallups eben deshalb so berühmt geworden, weil sie einer vorhandenen Abneigung ein zwar oberflächliches, aber effektvolles Beweismittel lieferte.

Seit 1948 sind ungezählte Wahlprognosen in Deutschland wie in den meisten westlichen Ländern veröffentlicht worden. Dabei lag die durchschnittliche Abweichung der Prognosen vom tatsächlichen Wahlergebnis bei zwei bis drei Prozentpunkten.[2] Doch an der Skepsis vor allem in Intellektuellenkreisen hat sich nichts geändert. Weicht eine Wahlprognose auch nur minimal vom Wahlergebnis ab, kann man voraussagen, daß am Tag darauf die Schlagzeilen lauten: »Niederlage der Meinungsforscher, totales Versagen, sie sind die eigentlichen Verlierer der Wahl«.

Als das Nachrichtenmagazin ›Der Spiegel‹ im Jahre 1986 fälschlicherweise behauptete, das Institut für Demoskopie Allensbach habe bei einer Landtagswahl eine Fehlprognose gemacht[3], fiel diese »Nachricht« auf fruchtbaren Boden. Kaum ein Umfrageergebnis ist so oft zitiert worden wie dieses angebliche Versagen des Allensbacher Instituts, während die tatsächlichen Allensbacher Wahlprognosen wesentlich weniger Aufmerksamkeit bekamen. Hinzu kommt, daß die Quelle einer Wahlprognose schnell in Vergessenheit gerät. Nur sehr selten macht sich jemand die Mühe und überprüft, ob ein Umfrageinstitut über längere Zeit hinweg regelmäßig zutreffende Wahlprognosen abgibt oder ob eine gute Prognose eher als Zufallstreffer anzusehen ist.

Daß in der Bundesrepublik Deutschland bei *dreizehn aufeinanderfolgenden* Bundestagswahlen die Prognosen des Allensbacher Instituts und die amtlichen Abstimmungsergebnisse so sehr übereinstimmten, ist weitgehend unbekannt geblieben. Warum? Eben das wäre näher zu untersuchen.

2 Erst bei den britischen Unterhauswahlen im Jahr 1992 gab es wieder eine erhebliche Fehlprognose. Eine Analyse der Ursachen: The Opinion Polls and the 1992 General Election. A Report to the Market Research Society. o. O. 1994.

3 Entscheiden 60 000 Stimmen? Umfragen über die Situation in Niedersachsen vor der Landtagswahl. In: Der Spiegel 24, 1986, 9. Juni 1986, S. 66–72. Dort S. 72. Dazu: Irreführung durch den ›Spiegel‹. Allensbacher Berichte Nr. 28, Oktober 1986.

Abb. 1: Karikatur ›Die Presse‹/Ironimus, 30.9.1969, S. 2

Die Allensbacher Wahlprognosen 1957-2002

Bei 13 aufeinanderfolgenden Bundestagswahlen wurden vom Institut für Demoskopie Allensbach Wahlprognosen erstellt und vor Bekanntgabe der ersten Auszählungen veröffentlicht: 1957 und 1961 in der FAZ, 1965 und 1969 im ZDF, 1972 in der ARD, 1976 im ZDF, 1980 im ORF, 1983 im ZDF, 1987 und 1990 in SAT.1, 1994, 1998 und 2002 in der FAZ. Basis: Mehrthemen-Umfragen, Quotenauswahl, jeweils rund 2000 Befragte. Die Prognosen bezogen sich bis 1969 auf Erststimmen, seit 1972 auf Zweitstimmen.

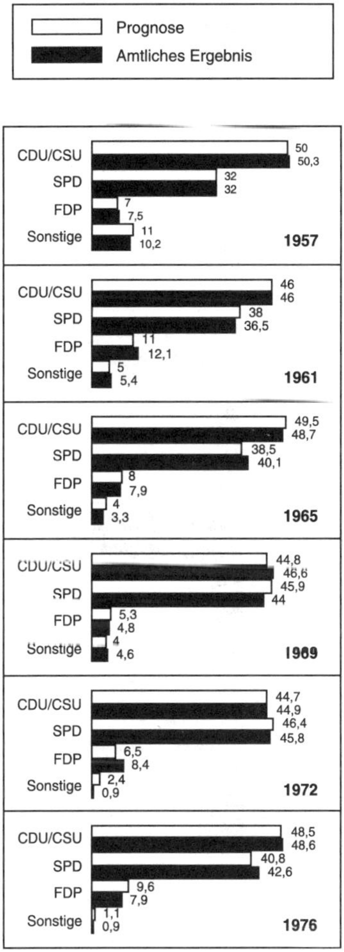

Abb. 2

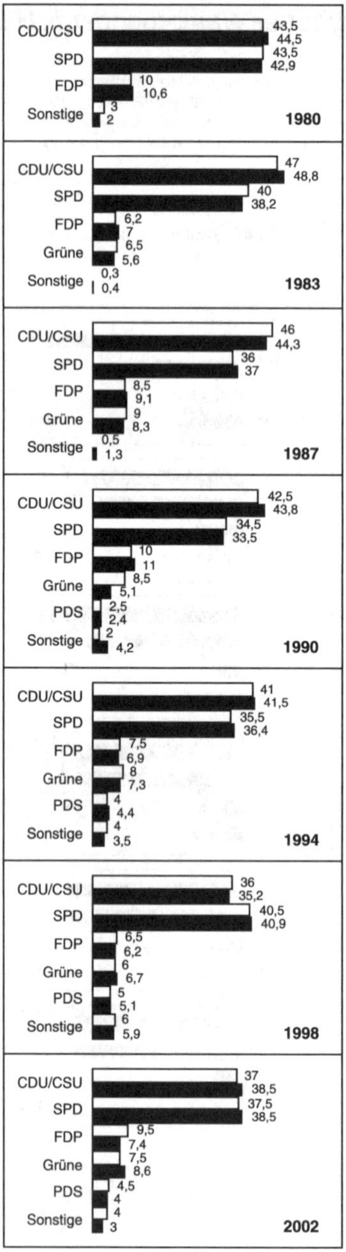
CDU/CSU
SPD
FDP
Sonstige
43,5
44,5
43,5
42,9
10
10,6
3
2
1980
CDU/CSU
SPD
FDP
Grüne
Sonstige
47
48,8
40
38,2
6,2
7
6,5
5,6
0,3
0,4
1983
CDU/CSU
SPD
FDP
Grüne
Sonstige
46
44,3
36
37
8,5
9,1
9
8,3
0,5
1,3
1987
CDU/CSU
SPD
FDP
Grüne
PDS
Sonstige
42,5
43,8
34,5
33,5
10
11
8,5
5,1
2,5
2,4
2
4,2
1990
CDU/CSU
SPD
FDP
Grüne
PDS
Sonstige
41
41,5
35,5
36,4
7,5
6,9
8
7,3
4
4,4
4
3,5
1994
CDU/CSU
SPD
FDP
Grüne
PDS
Sonstige
36
35,2
40,5
40,9
6,5
6,2
6
6,7
5
5,1
6
5,9
1998
CDU/CSU
SPD
FDP
Grüne
PDS
Sonstige
37
38,5
37,5
38,5
9,5
7,4
7,5
8,6
4,5
4
4
3
2002

Bundestagswahlen 1957 - 2002

Jahr	Maximal-abweichung*	Durchschnitts-abweichung*
1957-1969: Erststimmen-Prognosen		
1957	0,8%	0,40%
1961	1,5%	0,75%
1965	1,6%	0,80%
1969	1,9%	0,96%**
1972-2002: Zweitstimmen-Prognosen		
1972	1,9%	1,05%
1976	1,8%	0,95%
1980	1.0%	0,80%
1983	1,8%	1,08%**
1987	1,7%	0,96%**
1990	3,4%	1,50%***
1994	0,9%	0,54%****
1998	0,8%	0,40%***
2002	2,1%	1,20%***

* Abweichungen der Prognosen des Instituts für Demoskopie Allensbach gegenüber dem amtlichen Erststimmen- und Zweitstimmen-Ergebnis in Prozentpunkten, berechnet auf der Basis: CDU/CSU, SPD, FDP und sonstige Parteien.

** Die Prognose war auf fünf Parteiwerte angelegt. 1969 wurde die NPD gesondert ausgewiesen 1983 und 1987 DIE GRÜNEN.

*** Die Prognose war auf sechs Parteiwerte angelegt: CDU/CSU, SPD, FDP, BÜNDNIS 90/DIE GRÜNEN, PDS und sonstige Parteien.

**** Die Prognose war auf sieben Parteiwerte angelegt: CDU/CSU, SPD, FDP, BÜNDNIS 90/DIE GRÜNEN, PDS, DIE REPUBLIKANER und sonstige Parteien.

Abb. 3: Tabelle Bundestagswahlen 1957–2002

Statt der Einteilung in »richtig« oder »falsch« – ein Denken in Wahrscheinlichkeiten

Da zeigt sich zunächst einmal die Schwierigkeit, daß es an eingespielten Denkgewohnheiten fehlt, um Grade der Genauigkeit oder Ungenauigkeit zur Kenntnis zu nehmen. Man orientiert sich zwischen »richtig« und »falsch«. Durch die Erziehung in der Kinderstube, durch den elementaren Schulunterricht, später durch die Übung des logischen Denkvermögens – in vielfältiger Weise wird das Denken in den Kategorien von »richtig« oder »falsch« gefestigt. Hiermit ist nur angedeutet, welche Umstellung das Verständnis einer Methode erfordert, deren Resultate stets den Charakter von Annäherungswerten haben, deren »Fehlerspannen« (»Schätzintervalle«, »Toleranzbereiche«) zu beachten sind.

Andere Züge der repräsentativen Methode weichen ebenso von den allgemeinen Denkgewohnheiten ab. Das Befremdliche des Verfahrens insgesamt – durch Befragung einiger hundert oder einiger tausend Menschen das Verhalten oder die Meinung von Millionen aufzudecken – braucht kaum besonders ins Bewußtsein gebracht zu werden. Obwohl sich der Gebrauch der Umfragen in der Praxis so rasch eingebürgert hat, haftet an den Erhebungen nach wie vor etwas von einem Zaubertrick.

Es scheint, als sei der Auseinandersetzung mit der Frage, wie die Methode überhaupt möglich ist, ausgewichen worden und als seien ganz erhebliche Schwierigkeiten – vor allem emotionale – im Zuge einer solchen Auseinandersetzung zu überwinden. Das Unbehagen gegenüber den repräsentativen Befragungsmethoden läßt sich als psychisch begründet erklären, aber es läßt sich zugleich auch vermindern; denn zum Teil wenigstens ist die Abwehr nur eine Folge davon, daß der Platz dieser Methode und ihrer Resultate noch nicht deutlich bezeichnet ist. Sobald man Klarheit darüber besitzt, unter welchen Umständen und mit welchen Absichten die Methode überhaupt nur angewandt werden kann, erledigen sich zahlreiche Bedenken, lösen sich viele gängige Mißverständnisse auf.

Allerdings ist es zum Verständnis notwendig, bei der Beschäftigung mit diesem Verfahren systematisch umzudenken, sich beispielsweise von den Begriffen des »richtig« und »falsch« zu lösen und sich umzustellen auf einen Bereich der Wahrscheinlichkeiten, Schätzungen, der berechenbaren, kalkulierten Unschärfe.

Person und Merkmal

Das Umdenken wird erleichtert, wenn wir uns bewußt machen, daß man zwei Bereiche unterscheiden muß, die ganz verschiedene Perspektiven erfordern. Es soll unterschieden werden zwischen dem Bereich, in dem wir mit unserem Denken, unseren Vorstellungen heimisch sind und den man als Individualbereich oder Persönlichkeitsbereich bezeichnen kann, und dem Merkmalsbereich, dem statistischen Bereich, der Welt der Variablen und Indizes.[4] Individualbereich bedeutet: Wenn wir an Menschen denken, dann haben wir die ganze Persönlichkeit vor Augen, die einzelnen Menschen in ihrer jeweiligen Einmaligkeit, in ihren individuell besonderen und unverwechselbaren Charakterzügen. Wenn wir das Prinzip der Demoskopie verstehen wollen, müssen wir uns von diesem, auf die einzelnen Individuen bezogenen Denken lösen und uns dem »Denken in Merkmalen« zuwenden. Im Individualbereich wird beim einzelnen Menschen alles betrachtet. Im statistischen Bereich wird bei allen Menschen einzelnes betrachtet. Es werden Merkmale untersucht, die sich bei verschiedenen Menschen wiederfinden lassen, ungeachtet aller sonstigen Unterschiede zwischen diesen

[4] Für die hier vorgenommene Unterscheidung zwischen Individualbereich, Persönlichkeitsbereich, Ganzheitsbereich einerseits und Merkmalsbereich andererseits wurden von mir (E.N.N.) in der Phase der Einführung der Demoskopie auch die Begriffe Einzahlbereich und Mehrzahlbereich vorgeschlagen, um eine Unterscheidung bewußt zu machen, an die wir nicht gewöhnt sind. Diese Unterscheidung hat sich aber nicht durchgesetzt, und zwar auch darum nicht, weil eine grundsätzliche Diskussion über Demoskopie bisher nicht stattfand. Vgl. dazu Elisabeth Noelle-Neumann: Anmerkungen zu L. v. Wieses Rezension. In: Kölner Zeitschrift für Soziologie, 6, 1953/54, S. 631–634.

Menschen. Die Individualität des einzelnen wird weder erforscht noch in ihrer Würde angetastet.

Man wird sehen, daß die repräsentative Befragungsmethode ihre befremdlichen Züge verliert, sobald man diese gedankliche Trennung vornimmt. Wenn man vom »Denken in Merkmalen« spricht und darunter systematisch die Phänomene einordnet und analysiert, die mit dem Zählen und mit dem »Gesetz der großen Zahl« verknüpft sind, gelangt man zum Verständnis der emotionalen Sperre gegen Zahlen, gegen Statistik und gegen die daraus abgeleitete Befragungsmethode. Dieser Bereich erscheint uns normalerweise fremd, weil wir ihn uns nicht anschaulich vorstellen können; man kann ihn weder sehen, hören noch fühlen. Es handelt sich dabei um einen Abstraktionsvorgang, um eine Reduktion unserer Erscheinungswelt auf Merkmale.

Das Übergreifen der Statistik – Darf man Menschen zählen?

Zuerst 1795 und dann ausführlicher 1800 in ihrem Buch ›Über die Literatur‹ schrieb Madame de Staël:

»Warum sollte es nicht eines Tages möglich sein, Tabellen zusammenzustellen, die auf statistischen Ergebnissen... beruhen und die Antwort auf alle Fragen politischer Natur enthalten?... Die Entwicklung der Wahrscheinlichkeitsrechnung und der Statistik macht es möglich, das durchschnittliche menschliche Verhalten... zu bestimmen und vorauszusagen. Je größer die Masse, desto genauer die Berechnung.«[5]

[5] Madame de Staël erhielt die Anregung zu diesen Überlegungen möglicherweise durch die Lektüre einer Abhandlung des Marquis de Condorcet mit dem Titel ›Versuch über die Anwendung der mathematischen Methode auf das wahrscheinliche Ergebnis von Entscheidungen bei Mehrstimmenwahlen‹, die sie – wie ihr Biograph Christopher Herold berichtet (deutsch München 1968, S. 202 f., 212) – als neunzehnjähriges Mädchen (1786) gelesen hatte. In dieser Schrift wird nach bisherigen Feststellungen zum erstenmal das Thema »Wahlprognosen« behandelt.

Noch zu Anfang des 20. Jahrhunderts hätte diese Aussage wahrscheinlich nicht weniger utopisch geklungen als um 1800, und selbst heute werden viele von dieser Vorstellung sehr befremdet sein, obwohl Voraussagen inzwischen alltäglich sind und die Beobachtung des politischen Verhaltens der Bevölkerung auf statistischem Wege in vielen Ländern bereits zu einer ständigen und häufig benutzten Einrichtung geworden ist. Dieser zögernden Haltung gegenüber dem Gedanken, statistische Verfahren auf Menschen anzuwenden, kann man auf Schritt und Tritt begegnen, wenn man die geschichtliche Entwicklung dieser Methode verfolgt. Das Wort »Statistik«[6] kommt im 17. Jahrhundert auf. Die Methode, einen Sachverhalt durch Zählen von Objekten oder Merkmalen zu fassen und zu beschreiben (wobei von individuellen Unterschieden vorsätzlich abstrahiert wird) sowie aus den gefundenen Zahlenverhältnissen Schlüsse zu ziehen, wird aller Wahrscheinlichkeit nach eine Vorgeschichte haben, die nicht viel jünger ist als der Gebrauch der Zahlen selbst. Die statistische Methode auf Menschen, auf Bevölkerungsgruppen anzuwenden, war bis zum 19. Jahrhundert wenig üblich. Es würde kaum überraschen, wenn es sogar Forderungen gegeben hätte, eine Anwendung auf Menschen zu verbieten.[7]

Im Alten Testament findet sich ein Hinweis, daß die auf den Menschen gerichtete statistische Tätigkeit als bedenklich empfunden wurde. Die Veranstaltung einer Volkszählung durch

[6] Von wem und wann das Wort Statistik zuerst gebraucht wurde, ist noch umstritten. Es erscheint zunächst als Titel von Vorlesungen (»Collegium political-statisticum«) über Staatskunde, die auf den Helmstedter Professor Hermann Conring (1606–1682) zurückgingen und in denen eine systematische Darstellung der Verfassung, der Bevölkerungsverhältnisse, der wirtschaftlichen Hilfsquellen eines Staates gegeben wurde. Paul F. Lazarsfeld: Notes on the History of Quantification in Sociology. New York, Columbia University, Bureau of Applied Social Research 1961, S. 1, 18. Erst im Laufe des 19. Jahrhunderts gewann der Begriff seine heutige Bedeutung: zahlenmäßige Erfassung von Massen-Erscheinungen.

[7] Der Gedanke kam wahrscheinlich nur deshalb nicht auf, weil Zählungen der Bevölkerungsbewegungen vom Altertum her von der staatlichen Gewalt ausgingen und Zwecken der Staatsführung dienten. Von den meisten Großreichen der Antike ist bekannt, daß Volkszählungen durchgeführt worden sind; besonders eingehend und ausgeklügelt waren die regelmäßigen Erfassungen im alten Ägypten und in Rom. Im 2. Jahrhundert v. Chr. wurden in Ägypten jedes zweite Jahr die selbständigen Haushalte mit ihrem gesamten Personenstand aufgenommen und die Haushaltsvorstände auf die Richtigkeit ihrer Angaben vereidigt. Die Regierungsjahre des Königs wurden lange Zeit hindurch nach diesen Volkszählungen beziffert. Die Zählungen unterstanden dem höchsten Beamten des Landes. – Das antike Rom hatte seit Servius Tullius alle fünf Jahre eine Volkszählung, an die sich mit der Lustratio ein großes Reinigungs- und Sühneopfer anschloß.

David wurde von Gott durch eine Pest, die 70 000 Tote forderte, gestraft.[8]

Die zahlenmäßige Zusammenfassung unter Oberbegriffe scheint durchweg entweder das Privileg der Gott-Könige gewesen oder aber als eine Art bedenklichen Eingriffs in die göttliche Ordnung empfunden worden zu sein. Auch vom Islam und aus Naturreligionen liegen ähnliche Bekundungen vor, etwa des Inhalts, man dürfe Gläubige und Ungläubige, Gerechte und Ungerechte, Glückliche und Unglückliche nicht zusammenzählen, weil sich dadurch Unglauben oder Unglück auf die anderen übertrage.

Vom Untergang Roms bis zum Anfang des 17. Jahrhunderts fehlen umfassende Volkszählungen fast völlig. Noch im Jahre 1753 wurde in England der Vorschlag einer Volkszählung zurückgewiesen, da ein solches Unternehmen gottlos sei und die persönliche Freiheit untergrabe. Und bis heute ist die genaue Zahl der Amish-People in den USA unbekannt, weil ein Teil von ihnen es ablehnt, sich zählen zu lassen.[9]

Mehrzahlbereich und Moralstatistik

Das erste Erkennen von Phänomenen des statistischen oder Merkmalsbereichs liegt rund dreihundert Jahre zurück. Es handelt sich um die Beobachtung der eigentümlichen Regelmäßigkeit der Jahr für Jahr immer etwa gleichbleibenden Zahlen von

[8] 2. Samuel, 24, I. Chron. 21. Es scheint jedoch, als werde die Veranstaltung von Volkszählungen verschieden bewertet, je nachdem, ob sie auf Gottes Geheiß oder ohne sein Gebot stattfanden. Vgl. dazu: Nehemia 7, 5; Moses 4, 2. – Ebenso wie in der jüdischen Zahlenmystik gibt es auch in der Himmelskunde des Pythagoras und seiner Anhänger die Vorstellung, daß sich die Welt nach einer göttlichen Zahlenordnung aufbaue, deren Kenntnis aber wenigen Eingeweihten vorbehalten sei. Vgl. Gershom Scholem: Zur Kabbala und ihrer Symbolik. Zürich 1960. R. Haase: Geschichte des harmonikalen Pythagoreismus. Wien 1969.

[9] Jutta Knauf: Der Einfluß der Religion auf das Alltagsleben einer Old Order Amish Gemeinde in Ohio, USA. In: Forschungsmagazin der Universität Frankfurt, Frühjahr 1994, S. 26.

Todesfällen, die der englische Kaufmann John Graunt in seiner 1662 in London erschienenen Schrift ›Observations on the Bills of Mortality‹ mitteilte. Der Eindruck der Eigentümlichkeit entsteht schon hier an diesem Punkt durch den Kontrast zwischen dem unvorhersehbaren, von Einsamkeit umgebenen Ereignis des Todes einerseits und andererseits der offenkundigen Gesetzmäßigkeit der Todesfälle.

Der durch Graunt aufgekommene Gedanke wurde fortgeführt, allerdings ohne die Aufmerksamkeit besonders auf sich zu ziehen oder lange zu fesseln. Der preußische Feldprediger Süßmilch[10] benutzt ein Jahrhundert später ebenso wie Graunt Daten der Bevölkerungsstatistik, allerdings schon erweitert. Neben Todesfällen, die bereits nach Todesarten untergliedert werden, wobei Mord, Selbstmord usw. besonders aufgeführt sind, werden auch Geburten und Heiraten herangezogen, um aus der seltsamen Gleichförmigkeit auf eine »göttliche Ordnung in den Veränderungen des Menschengeschlechts« zu schließen.

Wieder fast ein Jahrhundert später, 75 Jahre nach dem Erscheinen des Werkes von Süßmilch, greift der belgische Statistiker Adolphe Quételet[11] über das Material der natürlichen Bevölkerungsstatistik hinaus und verfolgt die gleiche Regelmäßigkeit bei den scheinbar willkürlichen menschlichen Handlungen, die von der Moralstatistik registriert werden: uneheliche Geburten, Verbrechen, Selbstmorde usw.

Der Selbstmord und die Selbstmordstatistik bleiben von nun an das Modell, an dem die Beziehungen zwischen Persönlichkeitsbereich und Merkmalsbereich immer wieder untersucht werden. Die stete Rückkehr zu diesem Untersuchungsobjekt beruht wahrscheinlich auf der hier ganz besonders ausgeprägten Empfindung des Kontrastes zwischen dem individuellen Akt und der Regelmäßigkeit in der statistischen Summierung.[12]

[10] 1761: Die göttliche Ordnung in den Veränderungen des menschlichen Geschlechts aus der Geburt, dem Tode und der Fortpflanzung desselben erwiesen. (4. Auflage, Berlin 1775).

[11] 1835: Sur l'homme et le développement de ses facultés ou Essai de physique sociale. Deutsch erschienen in einer Übertragung von V. A. Riecke, 1838. Die Anregungen zu dieser Arbeit empfing Quételet, der zu Beginn seiner Berufslaufbahn Mathematiker und Astronom war, bei einem Studienaufenthalt in Paris 1823 durch die Mathematiker Laplace und Fourier, die sich mit Problemen der Wahrscheinlichkeitsrechnung und ihrer Anwendung auf menschliches Handeln beschäftigten.

[12] Maurice Halbwachs: Les causes de suicide. Paris 1930.

In dem Werk Quételets finden sich nun nicht nur Wortbildungen, die radikal den Geist des Mehrzahlbereichs ausdrücken, wie z. B. die von Quételet geprägte Bezeichnung »der mittlere Mensch«; es findet sich dort vor allem die brüske Konfrontierung der dem Persönlichkeitsbereich angehörenden Konzeption der menschlichen Willensfreiheit mit der dem Merkmalsbereich zugeordneten Erscheinung der statistischen Regelmäßigkeit in den menschlichen Handlungen.

Nun bleibt es nicht mehr beim Gegeneinanderstellen des einen und des anderen, sondern der Kontrast wird als Widerspruch aufgefaßt, man folgert, eine menschliche Willensfreiheit gebe es offenkundig nicht, und fordert die Anerkennung des Waltens eines über der menschlichen Willensfreiheit stehenden Naturgesetzes.

Das Gesetz der großen Zahl und die Willensfreiheit des Menschen

In lebhaften Farben malt, angeregt durch das Werk Quételets, Adolph Wagner[13] den seltsamen Bereich aus, der sich da der Wahrnehmung öffnet:

»Denken wir uns, in jener guten alten Zeit, in welcher man fabelhaften Reisebeschreibungen, wie denen Swifts in seinen Erzählungen von Gulliver, mehr Geschmack abgewann wie gegenwärtig, hätte ein Schriftsteller, um seinem Publikum etwas Neues zu bieten, etwa folgende Schilderung eines fremden Volkes und Staats entworfen. In diesem Land wird für ein jedes Jahr im voraus durch das Staatsgesetz bestimmt, wie viele Paare heiraten dürfen, welche Altersklassen untereinander heiraten, wieviel junge Mädchen alte Männer, junge Männer alte Frauen bekommen, bei wieviel Paaren die Altersdifferenz so groß, bei wie vielen sie so groß sein darf, wieviel Witwer und Witwen wieder

[13] Statistisch-anthropologische Untersuchung der Gesetzmäßigkeit in den scheinbar willkürlichen menschlichen Handlungen. 1864, S. 44 ff.

heiraten, wieviel Ehen durch die Gerichte geschieden werden sollen und so weiter …

Aber was auf solche Weise niemals künstlich durch Menschenwillen und Menschengewalt durchgeführt werden könnte, das vollzieht sich wunderbarerweise von selbst infolge der natürlichen Organisation der menschlichen Gesellschaft. Denn jenes fremdartige Bild des abenteuerlichsten Volks und Staats, ist es nicht genau dasjenige, welches uns unsere Völker und Staaten bieten, nur daß hier ein dem einzelnen unfühlbares Gesetz der Natur zur Ausführung gelangt? …

Wenn wir die Heiraten, die Selbstmorde, die Verbrechen untersuchen und ihre Gesetze entwickeln, so können wir ebenfalls mit großer Genauigkeit vorherbestimmen, wie viele Heiraten, Ehescheidungen, Selbstmorde, Verbrechen werden im nächsten Jahr stattfinden, und wie werden sie sich verteilen. Und die Resultate dieses Jahres werden bei der späteren Prüfung ebenso genau zutreffen, als wenn wir uns in jenem fremdartigen Staatswesen befänden. Das Merkwürdigste dabei aber bleibt, daß wir in dieser Weise als dienende Glieder eines großen Mechanismus fungieren, dennoch aber eine ganz unbeschränkte freie Bewegung besitzen, welche diesen Mechanismus nicht in seinem vorgezeichneten Gang stört.«

Zwischen 1860 und 1890 spielte die Auseinandersetzung zwischen Moralstatistik und menschlicher Willensfreiheit eine erhebliche Rolle, nicht nur in Deutschland[14], sondern auch in England.[15]

Die Thesen Quételets wurden von zahlreichen zeitgenössischen Autoren scharf zurückgewiesen. Hier ist vor allem die Schrift des Leipziger Mathematikers und Philosophen Moritz

[14] Gustav Schmoller: Über die Resultate der Bevölkerungs- und Moralstatistik. Berlin 1871, S. 17 ff. (Sammlung gemeinverständlicher wissenschaftlicher Vorträge. Hrsg. von Rudolf Virchow u. Fr. v. Holtzendorff. VI. Serie, Heft 121–144). Johann Gustav Droysen: Die Erhebung der Geschichte zum Rang einer Wissenschaft. In: Historische Zeitschrift. Hrsg. von Heinrich von Sybel, IX, München 1863, S. 1 ff.: Rezension über H. T. Buckle: Geschichte der Civilisation in England. Übersetzt von A. Ruge. 2 Bde. Leipzig 1860/61. Anscheinend kam die deutsche Diskussion über Quételet und die Moralstatistik erst auf dem Umweg über das Werk von Buckle in Gang, dessen deutsche Übersetzung in rascher Folge 5 Auflagen erlebte. Vgl. A. R. Oberschall: Empirical Social Research in Germany 1848–1914. Diss. New York, Columbia University, Bureau of Applied Social Research 1962, S. 57. Oberschall zitiert (S. 65) Schmoller mit dem bezeichnenden Ausspruch, daß in der geistigen Auseinandersetzung um die Moralstatistik die Idee der Individualität vor einem statistischen und gleichmacherischen Determinismus gerettet worden sei.

[15] Einen Überblick über die in England an der Auseinandersetzung über die Moralstatistik beteiligten Autoren und Argumente gibt John M. Robertson: Buckle and his Critics. A Study in Sociology. London 1895.

Wilhelm Drobisch zu erwähnen, ›Die moralische Statistik und die menschliche Willensfreiheit‹ (Leipzig 1867). Drobisch verfolgte darin die Frage, ob der Mensch durch seine Individualität und den Drang der Umstände zu seinen Handlungen genötigt sei. Er verneint diese Frage und kommt damit zu einer Bestätigung der menschlichen Willensfreiheit.[16] Er kann sich dabei vor allem auf Kant[17] beziehen, der sich schon vor dem Erscheinen der Schrift von Quételet mit dem Problem der »Natur-Kausalität«, wie er es nennt, und der menschlichen Willensfreiheit auseinandergesetzt hatte.

Damit war die Begegnung zwischen dem Gesetz der großen Zahl und dem Menschen als Objekt dieses Gesetzes zunächst in der öffentlichen Diskussion abgetan. Am Beginn des zwanzigsten Jahrhunderts stellt Inama-Sternegg[18] mit Befriedigung fest, »die naive Periode der Moralstatistik, welche mit Süßmilch begann und mit Oettingen schließt«, sei überwunden.

Im ganzen genommen erscheinen allerdings die damaligen Auseinandersetzungen mit den Ideen, die Quételet in seinem Buch ›Über den Menschen‹ entwickelte, fast zu spärlich. Von Wagner[19] bis zu v. Mises[20] kehren Anmerkungen und Beschwerden über die Abneigung der Philosophen wieder, sich mit diesen Gegenständen zu beschäftigen. »Sucht man in den Hauptwerken der Philosophie aller Zeiten nach, welche Stellungnahme sie dem Wahrscheinlichkeitsbegriff gegenüber vertreten, so ist man überrascht zu sehen, daß sich sehr wenig finden läßt; bis zum Beginn des 19. Jahrhunderts fast gar nichts und später auch kaum etwas Bemerkenswertes. Wir lernen aus alledem, daß wir nicht hoffen dürfen, wesentliche Hilfe oder Aufklärung in der philosophischen Literatur zu finden, die in Hinsicht auf Wahrscheinlichkeitsfragen nur ein Spiegel der

16 »... daß die constante Regelmäßigkeit in gewissen willkürlichen Handlungen nicht auf einem Gesetz beruht, das den Handlungen vorausgeht und gebieterisch Vollzug verlangt, sondern daß umgekehrt alle Gesetzlichkeit, welche die moralische Statistik nachweist, das Produkt von relativ constanten, daher auch nicht schlechthin unveränderlichen Verhältnissen und zusammenwirkenden Ursachen ist, neben welchen aber noch unzählige andere variable Ursachen bestehen, die sich jeder Subsumation unter eine Regel entziehen.« Moritz Wilhelm Drobisch: Die moralische Statistik und die menschliche Willensfreiheit. Leipzig 1867, S. 18 f.

17 Grundlegung zur Metaphysik der Sitten.

18 Staatswissenschaftliche Abhandlungen. Bd. I. Leipzig 1903, S. 333. Zur Kritik der Moralstatistik.

29 Adolph Wagner 1864, S. 44 ff.

20 Richard v. Mises: Wahrscheinlichkeit, Statistik und Wahrheit. Wien 1936.

Gedanken ist, die bei Mathematikern und Physikern entstanden sind.«[21] Wagner erklärte die uninteressierte Einstellung der Philosophen gegenüber den Resultaten der Moralstatistik mit der Abneigung vieler Wissenschaftler gegen Zahlen und Tabellen.

Neben der Abstinenz der Philosophen fällt ebenso die eigentümliche Unbeteiligtheit der Soziologen auf. Wo Begriffe und Probleme der Soziologie in Sammelbänden zusammengetragen sind, wird man das Stichwort »Moralstatistik« oder eine Behandlung der darunter auftretenden Phänomene in der Regel vergeblich suchen. Allerdings spürt man diese Fremdheit nicht durchgehend. Man findet eine solche Auseinandersetzung bei Durkheim in seiner Untersuchung über den Selbstmord, wo auch die Gedankenverbindung zu den der Moralstatistik verwandten Phänomenen der Epidemien hergestellt wird. Durkheims Konzeption von der »sozialen Strömung«, die eine bestimmte Zahl von Personen zum Selbstmord zwingt, ist ein Ergebnis dieser Auseinandersetzung.[22]

Mit der Konzeption der sozialen Strömung hat Durkheim versucht, die Aufmerksamkeit der Soziologen gerade auf die Phänomene des Merkmalsbereichs – wie wir es nennen wollen – hinzulenken als den eigentlichen Gegenstand der Soziologie. Dies kommt bei Durkheim an mehreren Stellen deutlich zum Ausdruck, besonders da, wo er darauf hinweist, daß die sozialen Strömungen ganz unabhängig vom einzelnen Individuum wirken, was sich schon daraus erkennen lasse, daß die Individuen beliebig austauschbar sind. »Obwohl einige Jahre genügen, um die Armee in ihrer personellen Zusammensetzung vollkommen zu erneuern, ändert sich die Selbstmordrate der Armee eines bestimmten Staates lange Zeit hindurch fast gar nicht.«[23]

[21] Ebd., S. 82 ff.

[22] »Die Zahl der Selbstmorde in einer Gesellschaft wird durch den jeweiligen moralischen Zustand dieser Gesellschaft bestimmt. Es gibt also in jedem Volk eine kollektive Strömung mit einem bestimmten Maß an Energie, die Menschen dazu treibt, sich selbst zu töten. Die Tat des einzelnen Opfers, die auf den ersten Blick nur Ausdruck seines persönlichen Temperaments zu sein scheint, ist in Wirklichkeit das Resultat und die Verlängerung eines Zustandes der Gesellschaft, der dadurch nach außen hin sichtbar gemacht wird.« Emile Durkheim: Le Suicide. Etude de Sociologie. Paris 1897, S. 336.

[23] Ebd., S. 346. Durkheim macht ausdrücklich auf den Unterschied zwischen dem Denken im Ganzheitsbereich und im Merkmalsbereich aufmerksam: »Hier liegt der wesentliche Unterschied zwischen dem Gesichtspunkt des Klinikers und dem des Soziologen: Der erstere sieht sich stets nur Einzelfällen gegenüber, von denen jeder für sich allein betrachtet wird, getrennt vom anderen. Häufig stellt er dabei fest, daß das Opfer entweder ein Nervöser oder ein Alkoholiker ist, und erklärt aus diesem psychopathischen Zustand die Selbstmordtat. Er

Bei Durkheim wie schon bei Quételet in seiner ›Physik der Gesellschaft‹ wird also den Befunden der Moralstatistik eine höhere Ordnung zugesprochen als der individuellen Motivierung. In dieser Hinsicht haben die Darlegungen beider wenig Beifall gefunden. Ob als naturwissenschaftlich-mechanistisch oder als soziologistisch verurteilt – in jedem Fall standen ihre Auffassungen in unverträglichem Widerspruch zur subjektiven Erfahrungsgewißheit, zu der Anschauung, die der Mensch von sich selbst gewonnen hat, zu den Kategorien der Ethik, der von Kant formulierten Erkenntnis, daß die menschliche Willensfreiheit eine denknotwendige Annahme ist.

Aufkommen der Umfragen

Von der Diskussion über die Moralstatistik unberührt entstand praktisch gleichzeitig eine neue Herausforderung in den ebenfalls auf das Gesetz der großen Zahl gegründeten Bevölkerungsumfragen. Wann die ersten Umfragen stattfanden, ist bisher nicht systematisch erforscht worden. Es war mehr ein Zufall, daß entdeckt wurde, daß Karl der Große (747–814) mehrere Umfragen durchgeführt hat, deren Fragebogen und Antworten erhalten geblieben sind. Der Kaiser hatte den Bischöfen des Reiches standardisierte Fragelisten geschickt, um vergleichbare Antworten zu bestimmten kirchlichen Streitfragen zu erhalten,

hat in gewissem Sinne auch recht: Denn daß sich gerade dieser Mann getötet hat und nicht sein Nachbar, erklärt sich vielfach aus solchen Motiven. Aber daraus erklärt sich nicht, daß es überhaupt Menschen gibt, die sich töten, und es erklärt nicht, daß in jeder Gesellschaft in einem bestimmten Zeitraum eine bestimmte Zahl von Menschen Selbstmord begeht. Die Ursache für dieses Phänomen entgeht notwendigerweise dem, der nur die einzelnen Individuen beobachtet. Um sie zu entdecken, muß man sich loslösen von den einzelnen Selbstmordfällen und von einer höheren Perspektive aus ihre Gemeinsamkeiten betrachten.« (Ebd., S. 366 f.)

[24] Den Hinweis auf diese Umfragen verdanken wir dem Historiker Horst Fuhrmann und François-Louis Ganshof: Note sur les »capitula de causis cum episcopis et abbatibus tractandis« de 811. In: Studia gratiana post octavia decreti saecularia XIII. Bonn 1967, S. 2–25. Ausführlich dokumentiert in: Thomas Petersen (u. a.), Der Fragebogen Karls des Großen. Ein wenig bekanntes Dokument aus der Vorgeschichte der Umfrageforschung. In: Kölner Zeitschrift für Soziologie und Sozialpsychologie. Erscheint voraussichtlich 2004.

zum Beispiel zur Auffassung der Taufe.[24] Die zweite bisher bekannte Umfrage fand erst 750 Jahre später statt. Man kann sie als das erste Projekt empirischer Sozialforschung in der Geschichte bezeichnen. In den Jahren 1558 bis 1565 interviewte der spanische Franziskanermönch Fray Bernardino de Sahagún an verschiedenen Orten in Mexiko Einheimische mit Hilfe eines Gesprächsleitfadens. Die daraus gewonnenen Informationen verarbeitete er zu einem umfassenden Bericht über die aztekische Sprache und Kultur, die in diesen Jahren endgültig unterging.[25] Eine kontinuierliche Entwicklung von Umfragen läßt sich dann mit dem Ende des 18. Jahrhunderts feststellen. Die erste in dieser Ahnenreihe von Umfragen war eine Befragung in England über die Lage in den Gefängnissen. Zwanzig Jahre nach der Schlacht von Waterloo (18. 6. 1815), also im Jahr 1835, schickte der pensionierte britische Hauptmann William Siborne einen Fragebogen an alle noch lebenden britischen Offiziere, die an der Schlacht teilgenommen hatten, mit der Bitte zu schildern, wo sie während der Schlacht waren und was sie beobachtet hatten. Die erste Umfrage in den Vereinigten Staaten wurde Anfang des 19. Jahrhunderts vorgenommen. Und von der Mitte des Jahrhunderts an folgen Umfragen in Frankreich (1848), Deutschland (1848) und Belgien (1868/69) in kurzen zeitlichen Abständen aufeinander.[26] Die erste große internationale Umfrage fand 1853 bis1854 statt, als der amerikanische Marineleutnant M. F. Maury Tagebücher an die Kapitäne von Schiffen aus 17 verschiedenen Ländern verschickte, in die sie jeden Tag ihre Position, die Windrichtung und die Meeresströmung eintragen sollten. Die Ergebnisse wurden zur Erstellung der ersten modernen Seekarten verwendet.[27] Bis zum Ende des Jahrhunderts waren in England schon mehrere größere Umfragen veranstaltet worden, und am Beginn des neuen Jahrhunderts (1906) wird in London von dem

[25] Den Hinweis auf diese Umfrage verdanken wir den Publizistikwissenschaftlern Bernd und Anne Niedermann. Bernardino de Sahagún: Aus der Welt der Azteken, Frankfurt a. M. 1989. Florentine Codex. General History of the Things of New Spain. Fray Bernardino de Sahagún. Part 1: Introduction and Indices, Utah 1982. Howard F. Cline, Luis Nicolan d'Olwer: Sahagún and His Works. In: Handbook of the Middle American Indians. Bd. 13. Austin 1973, S. 186–196.

[26] A. R. Oberschall 1962, S. 26 f. Vgl. dazu das ENZYKLOPÄDISCHE STICHWORT.

[27] M. F. Maury: The Physical Geography of the Sea. New York 1855. Die Umfrage ist beschrieben auf den S. V–XV. Die teilnehmenden Länder: Frankreich, England, Rußland, Schweden, Norwegen, Niederlande, Dänemark, Belgien, Portugal, USA, Preußen, Spanien, Hamburg, Bremen, Chile, Österreich und Brasilien. (S. XVII f.)

Professor der Statistik Arthur L. Bowley vor der Royal Statistical Society die Methode zur Bildung eines repräsentativen Querschnitts bei Bevölkerungsumfragen beschrieben.[28]

Konfrontierung mit dem Stichprobenverfahren

Solange die statistischen Erhebungen nur eine Sache der Behörden waren und die gleichförmigen Zahlenreihen der Selbstmordstatistik, der Statistik der Verbrechen, Unglücksfälle, Geburten, Heiraten usw. nur in Jahrbüchern und in der statistischen Fachliteratur erschienen, ließ sich eine Verarbeitung der Zusammenhänge ganz gut zurückstellen. Den oberen Bildungsschichten – erst recht natürlich der übrigen Bevölkerung – sind infolgedessen die Gedankengänge über die Beziehungen zwischen dem Gesetz der großen Zahl und dem Menschen fremd geblieben.

Dies zeigte sich klar bei der zweiten Konfrontierung: beim Aufkommen der Stichprobenverfahren und der demoskopischen Methode, als der statistische Zugriff nicht länger auf Vollerhebungen und amtliche Unterlagen beschränkt blieb, und man auf Schritt und Tritt Ausschnitten und Mosaiksteinen aus dem Merkmalsbereich begegnete. Es ging nun nicht mehr allein um die unheimliche Gleichförmigkeit der Moralstatistik von Jahrfünft zu Jahrfünft, für die man die Erklärung der Mathematiker von den konstanten Ursachen sogleich und ohne besonderes Bedürfnis nach Verständnis akzeptiert hatte – sofern man sich mit diesen Regelmäßigkeiten und dem damit verknüpften Gedanken der Vorausbestimmbarkeit menschlicher Handlungen überhaupt auseinandersetzte.

Zwei neue Züge traten jetzt hinzu: erstens das Prinzip der

[28] 1912: erste statistisch-repräsentative Erhebung nach dem Random-Prinzip (vgl. S. 236): Arthur L. Bowley: Livelyhood and Poverty. 1915. Vgl. Mark Abrams: Social Surveys and Social Action. London 1951.

repräsentativen Stichprobe, bei der von einem kleinen Teil der Bevölkerung auf die ganze Bevölkerung geschlossen wurde, und zweitens eine fast unübersehbare Erweiterung der Erhebungsthemen über die mehr oder minder handgreiflichen Fakten der amtlichen Statistik hinaus. Unbegreiflich, wenn nicht absurd, erscheint dem Publikum dabei die Gleichförmigkeit der Befunde, ob nun die Ermittlung bei tausend Personen vorgenommen wurde oder bei vielen Millionen, die Tatsache also, daß ein Teil, ein winziger Bruchteil für alle zu sprechen vermag.

Wiederum (wie schon bei der Begegnung mit der Moralstatistik) stand der nachweisbare Sachverhalt im statistischen Bereich der Erfahrung im Individualbereich gegenüber. Der Kritiker wird ungefähr so argumentieren wie der frühere Chef des Suhrkamp-Verlags, Siegfried Unseld: Ich selbst bin nicht gefragt worden, also kann man über meine Meinung überhaupt nichts sagen. Gleich mir sind 99,9 Prozent der Bevölkerung nicht gefragt worden, also kann man auch über die Meinung dieses Teils der Bevölkerung nichts sagen.[29]

Seine Erfahrung im Individualbereich überträgt er wie selbstverständlich auf den statistischen Bereich. Seiner Erfahrung nach kann niemand etwas über seine Meinung sagen, der ihn nicht gefragt oder auf irgendeine andere Weise persönliche Erkundigungen über ihn eingezogen hat. Dieser Gewißheit ungeachtet sind dem objektiven Sachverhalt nach Aussagen möglich, die ihn einschließen.

Es ist eine Verkennung des hier gestellten Problems, wenn die Theorie der Stichprobe, um die Schwierigkeiten zu überwinden, an Gegenständen und Beispielen anschaulich gemacht wird: wie man etwa vom Wein nur einen Schluck nimmt, um die Güte der ganzen Flasche oder des Fasses zu beurteilen, oder wie der Getreidehändler nur hier und da eine Handvoll Körner nimmt, um den angebotenen Weizen in der Qualität abzuschätzen usw. Die Gültigkeit des Stichprobenprinzips gegenüber den Dingen (auch Pflanzen und Tieren) – schwarzen und weißen Kugeln, Haselnüssen, um nur einige der gebräuchlichsten Demonstrations-Objekte zu nennen – wird gefühlsmäßig nicht bestritten. Das Unzulässige oder Unmögliche liegt der Empfindung nach in der Übertragung dieses Prinzips auf Menschen. In der Ver-

[29] Mündlicher Bericht von Heinz Maier-Leibnitz.

letzung des menschlichen Selbstbewußtseins ist die Schwierigkeit, ist der entscheidende Punkt zu sehen. Der Widerspruch zwischen objektiv-nachweisbarem Sachverhalt und subjektiver Erfahrung könnte allein für sich durchaus hingenommen werden. Über zahlreiche Sinnestäuschungen hat sich der Mensch von der fortschreitenden Naturwissenschaft willig belehren lassen, unter Umständen empfinden wir den Widerspruch zwischen Sein und Schein sogar als Reiz.

Dies gilt jedoch in keinem Fall, wenn die dem Menschen existentiell notwendigen Annahmen angerührt und in Frage gestellt werden. Gerade darum handelt es sich aber bei der Konfrontierung zunächst mit der Moralstatistik und dann mit dem Stichprobenverfahren; denn ungeachtet der logisch-mathematischen Erklärungen entsteht der unabweisbare Eindruck, als seien in einem Zug die menschliche Willensfreiheit und damit das individuelle Selbstwertgefühl hinfällig geworden. Darum baut sich auch der Widerwille gegen das Stichprobenprinzip nur sehr langsam ab: Am Anfang der siebziger Jahre beauftragte die Katholische Kirche das Institut für Demoskopie Allensbach mit einer Vollerhebung, einer Umfrage bei *allen* deutschen Katholiken mit dem Argument, jeder Mensch habe eine Seele und Seelen könne man nicht durch Stichproben repräsentieren lassen. 20 Millionen Fragebögen wurden verschickt, über vier Millionen kamen beantwortet zurück. Sie wurden in großen Güterzügen nach Italien gefahren, weil dort das Übertragen der Ergebnisse auf Lochkarten (die damals üblichen Datenträger) billiger war. Doch trotz dieses Aufwandes hätte man nichts Zuverlässiges über die deutschen Katholiken erfahren, wenn nicht die Untersuchung durch eine parallellaufende Stichproben-Befragung mit 6000 Befragten abgesichert worden wäre.[30] Und noch 20 Jahre später, 1994, ließ die französische Regierung eine Vollerhebung unter allen sieben Millionen Jugendlichen in Frankreich durchführen, um die Gründe einer Welle von Jugendunruhen zu erfahren.[31]

[30] Gerhard Schmidtchen: Zwischen Kirche und Gesellschaft. Forschungsbericht über die Umfragen zur gemeinsamen Synode der Bistümer in der Bundesrepublik Deutschland. Freiburg u. a. 1972.

[31] Frankreichs Jugend hat das Wort. Mit einer Fragebogenaktion reagiert die Regierung auf die Proteste vom Frühjahr. In: Die Welt, 20. Juni 1994, S. 3.

Das Unbehagen gegenüber Zahlen

In Deutschland finden wir die Aversion, das Unbehagen fast überall, wo der Merkmalsbereich, der statistische Bereich, die Welt der Variablen, in Erscheinung tritt. Zunächst schon bei der Zahl, dem Symbol und zugleich dem wichtigsten Element des Mehrzahlbereichs.

Hier ist noch einmal an die Bemerkung von Adolph Wagner zu erinnern, die Wissenschaftler schenkten den Thesen Quételets von den Gesetzen der »Physik der Gesellschaft« und der ganzen Moralstatistik vielleicht deshalb wenig Beachtung, weil so viele von ihnen eine Abneigung gegen Zahlen und Tabellen hätten. Keinen Zahlensinn, kein Zahlengedächtnis zu haben, wird allgemein, soweit sich sehen läßt, nicht als Beeinträchtigung der Intelligenz und (wenn es sich nicht um die Abart der Geldverschwendung handelt) überhaupt nicht als besonderer Schaden betrachtet.

Sicherlich hat die Mahnung Alexander von Oettingens in der Einleitung zu seiner Moralstatistik[32], Nachdenken und Nachzählen seien verwandte Begriffe, und dieses möge man sich immer (als Theologe) vor Augen halten, keinen besonderen Beifall gefunden. Umgekehrt werden aber eine Forderung wie: »Der Mensch muß im Mittelpunkt aller Überlegungen stehen – nicht die Ziffer« oder ein Buchtitel wie ›Der unberechenbare Mensch‹[33] das Publikum sogleich ansprechen.

[32] Die Moralstatistik. Erlangen 1868.
[33] Adolf Bauer. Nürnberg 1961.

Abstoßende Gleichförmigkeit im statistischen Bereich

Ein anderes Charakteristikum des statistischen Bereichs, die Gleichförmigkeit, wie sie für die Teile angenommen werden muß, um zählen zu können, wird ebenso als abstoßend empfunden. Im Sprachgebrauch verrät sich das in Wendungen wie »alles über einen Kamm scheren«, »nach Schema F«, »Schablone«, »Abklatsch« und dergleichen, die, sobald sie auf den Menschen bezogen sind, ein eindeutig negatives Vorzeichen haben.

Das gleiche Unbehagen tritt nun gegenüber der Statistik schlechthin auf. Über dieses Gebiet ist wohl nichts so bekannt wie der abfällige Satz, man könne mit Statistik alles beweisen. Dem Statistiker ist die allgemeine Neigung, sich von der Statistik grundsätzlich zu distanzieren und gleichzeitig von ihr für praktische Zwecke umfangreich Gebrauch zu machen, sehr vertraut.

Der Mensch als Bruchteil der Menschengattung

Die Redewendungen und Wortschöpfungen, wie sie der Merkmalsbereich fordert und erzeugt, verstärken, wo immer man ihnen begegnet, das Unbehagen. Beispiele liefert schon die Lektüre der ›Göttlichen Ordnung‹ von Süßmilch, in deren Text beispielsweise von der »vortrefflichen Ordnung der Sterbenden nach dem verschiedenen Alter« die Rede ist. Die entsprechende Tabelle trägt die Überschrift »Von der bewundernswerten Ordnung der Sterbenden nach dem Alter«.[34]

Sätze von Quételet in der Art: »Vor allem müssen wir vom

[34] Süßmilch 1761, Bd. 1., S. VII, 320 f.

einzelnen Menschen abstrahieren, wir dürfen ihn nur als einen Bruchteil der Menschengattung betrachten«[35], oder sein Begriff vom »mittleren Menschen« bis hin zu dem Ausdruck »Menschenmaterial«, den hervorgebracht zu haben Paul Reiwald die Statistik gleichsam beschuldigt[36], illustrieren das Gemeinte hinreichend.

Kehren wir zu der eingangs aufgeworfenen Frage nach den Wurzeln des Unbehagens gegenüber dem Merkmalsbereich zurück, so wird man vielleicht an diesem Punkt bereits finden, man brauche nach Ursachen nicht länger zu suchen. Die statistische Demonstration der Regelhaftigkeit privater Schicksale, wie sie die Moralstatistik zuerst lieferte, und die Art, wie bei den Stichprobenverfahren Individualität ignoriert wird, reichen völlig aus, das Gefühl der Abwehr zu begründen.

Gute Einzahl, böse Mehrzahl

Dennoch gibt es Anzeichen für weitere Zusammenhänge. Es soll noch einmal an den eben zitierten Satz angeknüpft werden: »Der Mensch muß im Mittelpunkt aller Überlegungen stehen – nicht die Ziffer.« Bemerkenswerterweise wird bei solchen Äußerungen meistens die Einzahl »der Mensch« und nicht die Mehrzahl »die Menschen« verwendet, obwohl der sachliche Zusammenhang in der Regel eigentlich die Mehrzahl verlangt. Im wohlmeinenden, positiven Sinn spricht man jedoch eher vom Singular »Der Mensch ist gut«[37], während der Plural »die Menschen« sich besser eignet, mit einer negativen Betrachtung (»die Menschen sind eben so«) verknüpft zu werden. Anscheinend besitzt die Einzahl gleichsam ein positives und die Mehrzahl ein negatives Vorzeichen: Das Individuelle, Persönliche ist gut, das Kollektive, Unpersönliche ist schlecht.

[35] Quételet 1838, S. 3.
[36] Vom Geist der Massen. Zürich 1948, S. 25.
[37] ›Der Mensch ist gut‹ lautete der Titel eines Buches von Leonhard Frank, Potsdam 1918.

Das Unbehagen gegenüber dem statistischen Bereich wäre demgemäß auch durch die negative Aura des Plurals mit hervorgerufen. So wurde bereits von Sighele und Le Bon ohne Bezug auf das Gesetz der großen Zahl angenommen, in der »akuten Masse« fänden eine Häufung und Verstärkung der gemeinsamen negativen Elemente statt.

Die Erfahrung scheint diese Annahme zu bestätigen; jeder Demagoge macht Gebrauch davon, daß sich in einer Menschenmenge leicht negative Emotionen entfachen lassen, vor allem Haß.

Und doch trifft sie nicht allgemein zu. Auch positive Affekte können in der Masse verstärkt auftreten. Freude wächst in der Menge zu Jubel an (eigentümlicherweise wird der Ausdruck »Jubel« kaum für den individuellen Bereich gebraucht), und in einer großen Gruppe kann der einzelne begeisterter, selbstloser und opferbereiter werden.

Die These von Sighele und Le Bon scheint vielmehr auf einer Täuschung zu beruhen. Die aufgehetzte, hysterische Masse, der lynchende Mob, ist eine seltene und nur kurzfristig auftretende gesellschaftliche Erscheinung, hat aber die Wissenschaft seit der französischen Revolution, seit dem Sturm auf die Bastille, besonders fasziniert.

In einer solchen anonymen Massensituation verschiebt sich der Wirkungsbereich der sozialen Kontrolle. Der einzelne muß teilnehmen, mitmachen, wenigstens sichtlich zustimmen, wenn er nicht lebensbedrohlich isoliert werden will, wenn er verhindern will, daß sich der Zorn der Masse gegen ihn richtet. Andere gesellschaftliche Regeln sind dagegen aufgehoben. Nur die Teilnahme, die »richtige Gesinnung« zählt, alles andere wird davon überlagert. Affekte, die sonst von der Gesellschaft zur Selbsterhaltung kontrolliert, eingedämmt werden, und die das Individuum deshalb gegenüber der Umwelt verbirgt, brechen sich ungestraft Bahn. Dies führt in der Masse, in der man anonym, »gesichtslos« wird, »untertaucht«, zu Verhaltensweisen, die der einzelne in einer normalen Alltagssituation niemals an den Tag legen würde.[38] Daraus kann leicht der Eindruck entstehen, in der Masse »summierten« sich nur die negativen Eigenschaften,

[38] Vgl. Elisabeth Noelle-Neumann: Die Schweigespirale. Öffentliche Meinung – unsere soziale Haut. München 2001. Vor allem S. 154-160.

obwohl nach demselben psychologischen »Mechanismus« auch allgemein als positiv bewertete soziale Instinkte, wie Selbstaufopferung und Hilfsbereitschaft, deren Realisierung sich in der normalen Alltagssituation aus Gründen der Selbsterhaltung, der »Räson«, Hindernisse entgegenstellen, in der Masse »geweckt« werden können.[39] Aber auch diese Tatsache sieht man allgemein – und besonders als Gebildeter – mit beträchtlichem Mißtrauen an. – Das affektive, selbst wissenschaftliche Untersuchungen störende Verhältnis zur »Masse«, zur »Mehrzahl« überhaupt, fände damit in dem in einer Kulturgesellschaft durchaus verständlichen Unbehagen gegenüber dem Instinkt, dem Triebhaften ganz allgemein seine Erklärung.

Ist Statistik oberflächlich?

Zu den bisher erwähnten Ursachen des gefühlsmäßigen Unbehagens gegenüber der demoskopischen Methode tritt noch eine weitere hinzu, die allerdings mehr eine Art intellektuellen Unbehagens hervorruft: Die Umfrageergebnisse – wie allgemein die Befunde im Mehrzahlbereich – haben etwas Stückhaftes an sich, was sich leicht aus der Methode erklärt, bei der nur weniges scharf gefaßt werden kann und von allem anderen abstrahiert wird; dieses Stückwerk befriedigt nicht das geistige Bedürfnis nach Ganzheit, nach vollem Verstehen und Umfassen. Manchmal entwickelt sich aus der Empfindung des Stückhaften die Ansicht, die Befunde blieben nur »an der Oberfläche«. Das ist allerdings eine Täuschung.

[39] Darauf hat übrigens auch schon Le Bon hingewiesen: »Das persönliche Interesse ist bei den Massen selten eine mächtige Triebfeder, während sie bei dem Individuum als Einzelwesen fast die einzige ist.« Und: »Wenn wir unter dem Begriff Sittlichkeit das momentane Hervortreten bestimmter Eigenschaften wie Entsagung, Ergebenheit, Uneigennützigkeit, Selbstaufopferung und Billigkeit verstehen, so können wir sagen: Die Massen weisen ... eine sehr hohe Sittlichkeit auf.« Gustave Le Bon: La Psychologie des foules. Paris 1895. Deutsch: Psychologie der Massen. Stuttgart 1982, S. 43 (Kröners Taschenausgabe. Bd. 99).

Das Mißverständnis, dem die Umfragemethode und ihre Resultate begegnen, entsteht durch die Übertragung von Vorstellungen, Denkgewohnheiten, Erfahrungen und Erwartungen, die zum Individualbereich gehören, auf den statistischen oder Merkmalsbereich, und umgekehrt durch die Erklärung von Erscheinungen des Merkmalsbereichs in Begriffen des Individualbereichs. Wenn die Notwendigkeit der Trennung des einen vom anderen vor Augen steht und die dem statistischen Denken adäquaten Erwartungen gehegt, Erfahrungen gesammelt, Denkgewohnheiten, Methoden und Vorstellungen gebildet werden, klären sich die Mißverständnisse.

Diese falschen Übertragungen spielen auch eine erhebliche Rolle bei methodisch falschen Konzeptionen der Umfrageforschung, mit denen wir uns in den folgenden Abschnitten beschäftigen werden. Wie die Übertragung von Vorstellungen des Individualbereichs auf den Mehrzahlbereich und auch umgekehrt im einzelnen läuft und notwendig Mißverständnisse veranlaßt, soll an einigen Beispielen vorgeführt werden.

Falsche Übertragung von Vorstellungen des Individualbereichs in den statistischen Bereich

Das erste Beispiel betrifft die eingangs erwähnte Fehlprognose des amerikanischen Gallup-Instituts über den Ausgang der Präsidentschaftswahl 1948. Das Wahlergebnis, das die Prognose widerlegte, wurde an vielen Stellen als eine Art Ehrenrettung des freien, unabhängigen Amerikaners empfunden, der gleichsam den Meinungsforschern eine Lehre erteilt und bewiesen habe, daß er sich noch lange nicht vorschreiben lasse, wem er in der Wahlzelle im Schutze seiner verfassungsmäßig verankerten staatsbürgerlichen Rechte in geheimer Wahl seine Stimme gebe. Ganz die gleichen Reaktionen, den gleichen Triumph lösten auch die Fehlprognosen der britischen Institute zur Parlamentswahl von 1992 aus.

Freiheit, Unabhängigkeit, Geheimnis – Worte und Begriffe des Persönlichkeitsbereichs werden hier in den Bereich der Wahrscheinlichkeitsrechnung übertragen und verknüpfen sich zu einem Mißverständnis über das Verhältnis zwischen Wahlprognose und Wahlresultat.

Demoskopie und Massenkultur

Das zweite Beispiel entstammt der Alltagserfahrung, die wohl in jedem Institut für Umfrageforschung gemacht wird. Beim Besprechen der Zuverlässigkeit von Umfrageergebnissen mit Besuchern und bei der Beantwortung der Frage, wie man denn aus tausend oder zweitausend Interviews auf die Ansichten oder Wünsche einer erwachsenen deutschen Bevölkerung von mehr als 60 Millionen schließen könne, wird gelegentlich an einem Schaubild gezeigt, wie die Umfrageergebnisse nach dem Zählen der ersten hundert, dann zweihundert, dreihundert aus dem ganzen Land eingehenden Interviews aussehen, und wie sich schon sehr bald, bei achthundert oder tausend Interviews, die Resultate stabilisieren und weiter eingehende tausend oder zweitausend oder mehr Fragebogen nichts mehr daran verändern.

Auf die Schlußfolgerung, die Befragung von achthundert oder tausend Personen reiche, um zu einem hinlänglich zuverlässigen Gesamtergebnis zu kommen, wird vielfach vom Besucher in kulturpessimistischer Stimmung bemerkt, dies sei nun wirklich ein schlimmer Beweis für die immer anonymer werdende Massenkultur. Hier werden Erscheinungen des Merkmalsbereichs, die auf dem Gesetz der großen Zahl beruhen und die ebenso aufträten, hätte man es mit einer Bevölkerung von lauter Käuzen und Sonderlingen zu tun, in die Vorstellungswelt des Einzahlbereichs übertragen, es wird auf eine große Zahl von in ihrer Ganzheit uniformen Menschen und von da aus auf eine »Massenkultur« geschlossen. Dieser Schluß wäre aber nur dann zutreffend, wenn – in einer statistischen Definition – immer mehr Menschen immer mehr Merkmalsausprägungen und deren Kombinationen gemeinsam hätten.

Verlust der Ganzheit

Das dritte Beispiel ist die häufig erhobene Forderung an die Veranstalter von Umfragen, nicht die Zahl, sondern der Mensch möge im Mittelpunkt der Untersuchungen stehen. Ein Beispiel aus den Anfangsjahren der Radiohörer-Forschung: In einem Aufsatz ›Hörerforschung in der Sackgasse?‹[40] beschrieb ein Rundfunkmann, welche Wege die Hörerforschung seiner Ansicht nach einschlagen müßte, um für die Programmgestaltung des Senders von Nutzen zu sein:

»Kleine, ausgesuchte Gruppen bestimmter Bevölkerungsschichten, eine Gruppe von Arbeitern, eine Gruppe aus einer kleinen Dorfgemeinde, eine Gruppe von Sekretärinnen, eine Gruppe von Hausfrauen – sie bringe man in das Studio, führe ihnen eine oder zwei bestimmte Sendungen vor und frage sie, unterhalte sich mit ihnen ... hier kommt es nicht so sehr auf die Quantitäten an (ich sage nicht, daß man sie vollkommen ausschalten soll!) wie auf die Begründung und die Beziehung zwischen Aussage und Persönlichkeit des Zuhörers. Nicht auf die genaue Prozentzahl der zufälligen Hörer, sondern auf das Urteil einer begrenzten Zahl von Einzelpersonen sowie auf den ganzen Hintergrund dieses Urteils kommt es an. Wenig Prozente und wenig Tabellen. Wenig Befragte. Keine Fragebogen, keine Prüfung – sondern gründliche Gespräche mit wenigen, dazu qualifizierten Menschen und mehr Arbeit im Detail!«

Die Frage, wie denn bei solchem Vorgehen Wiederholbarkeit und Überprüfbarkeit, also die Kriterien von Wissenschaft, gesi-

[40] Wolfhart Müller. In: Rufer und Hörer (Stuttgart, Schwabenverlag), 6, Heft 9, Juni 1952, S. 499.

chert werden sollen, wird nicht gestellt, obwohl es doch gerade auf dieses Fundament der Ergebnisse ankommt, wenn man weitreichende Konsequenzen, zum Beispiel in der Gestaltung des Programmschemas, darauf stützen will.

Derselbe Gedankengang findet sich durchaus auch bei Sozialwissenschaftlern: »Vermehrt läßt sich heute in den Sozialwissenschaften ein Unbehagen an den konventionellen Methoden und insbesondere an der bislang dominierenden Stellung standardisierter Massenbefragungen feststellen. Der zentrale Einwand gegen die Verwendung sogenannter quantitativer Verfahren zielt darauf ab, daß durch *standardisierte* Fragebogen, Beobachtungsschemata usw. das soziale Feld in seiner Vielfalt eingeschränkt, nur sehr ausschnittsweise erfaßt und komplexe Strukturen sehr vereinfacht und zu reduziert dargestellt würden.«[41]

Der verständliche Wunsch, vollständig in den komplexen Lebensvorgang einzudringen, alles zu umfassen, entspringt dem Bedürfnis nach der »Ganzheit« des Individualbereichs und übertragen es auf den Zahlenbereich. Diese Forderungen kann die Umfragemethode in der Tat nicht erfüllen. Man tritt mit Erwartungen an sie heran, die auf einem Mißverständnis beruhen und enttäuscht werden müssen.

Warum können diese Erwartungen nicht erfüllt werden? Das hängt mit dem Wesen des Zählens zusammen, über das sich die Kritiker der Umfrageforschung im allgemeinen wenig Gedanken machen, aber über dessen Erfordernisse man sich Klarheit verschaffen muß, wenn man die Methoden der Umfrageforschung verstehen will. Wir können nicht zählen, ohne vorweg Einheitlichkeit hergestellt zu haben – also von der Fülle der Ganzheit bis auf jeweils ein Merkmal oder wenige kombinierte Merkmale abstrahiert zu haben, die Ganzheit, wie es anschaulich heißt, »zu vernachlässigen«.

Aber: muß überhaupt gezählt werden? Gibt es nicht andere, bessere Wege der Erkenntnis, besitzen wir nicht feinere Arten der Wahrnehmung? Auf diese Frage werden wir gleich zurückkommen.

[41] Siegfried Lamnek: Qualitative Sozialforschung. Bd. 1. Methodologie. 2. Auflage. Weinheim 1993, S. 4.

Wie gut ist der Apfelwein? Fallstudien sind eindrucksvoller als Prozentangaben

Auf welchen Gebieten die Umfrageforschung auch angewandt wird – in der Volkswirtschaft, Betriebswirtschaft, Soziologie, Psychologie, Publizistik, Rechtswissenschaft, Medizin –, immer haben die Erkenntnisse, die man dabei gewinnt, gemeinsam, daß der Blickwinkel, unter dem der Mensch betrachtet wird, in einer ungewohnten Weise verschoben ist. Gewohnt und selbstverständlich ist es uns, die Menschen, die uns begegnen, mit denen wir zu tun haben, mit denen wir leben, als einmalige Individuen zu sehen. Selbst da, wo die Wahrnehmung charakteristische Züge zu einem Typ zusammenzieht, macht sie sich ein geschlossenes Bild, stellt sie sich einen ganzen Menschen vor. Sich von dieser Sichtweise zu lösen, fällt schwer, denn selbst wenn es dem Verstand gelingt, den Wechsel vom Individual- zum Merkmalsbereich zu vollziehen, unbewußt bleibt das menschliche Wahrnehmungsverhalten auf Einzelpersonen ausgerichtet, wie das folgende Beispiel zeigt:

Der Münchener Kommunikationsforscher Hans-Bernd Brosius spielte – einer Idee des Mainzer Publizistikwissenschaftlers Gregor Daschmann folgend – einer Gruppe Versuchspersonen einen Radiobeitrag vor. Eine Mehrheit der Frankfurter, hieß es da, sei der Ansicht, der Apfelwein schmecke nicht mehr so gut wie früher, das habe eine Umfrage ergeben. Im Anschluß an dieses Umfrageergebnis folgten dann Interviews mit Straßenpassanten im Originalton. Die äußerten sich ganz anders: Der Apfelwein sei so gut wie immer, keine Rede davon, daß er nicht mehr so gut schmecke wie früher. Darauf wurden die Versuchspersonen gefragt, was sie denn glaubten: Seien die meisten Frankfurter nun zufrieden mit dem Apfelwein oder nicht? Die Antworten zeigten, daß das anfangs genannte Umfrageergebnis vergessen war, regelrecht erdrückt von den so überzeugenden Original-Aussagen. Die Mehrheit war der Ansicht, den meisten Frankfurtern schmecke der Apfelwein noch genauso wie früher. In zahlreichen weiteren Experimenten wurde das Thema gewechselt, der Anteil der zustimmenden und ablehnenden Aussagen variiert – das Ergebnis blieb immer dasselbe: Die Hörer der Radiobeiträge bildeten ihre Meinung aufgrund der »willkürlich« ausgewählten Aussagen der Einzelpersonen und nicht auf der – viel zuverlässigeren – Grundlage des Umfrageergebnisses.[42]

Mehr als zwanzig amerikanische Forschungsarbeiten sind bereits dem Thema gewidmet worden: Was beeindruckt Menschen mehr: Fallstudien, in denen konkrete Personen in der Zeitung, im Radio, im Fernsehen ihre Ansichten und Erfahrungen mitteilen, oder Prozentzahlen, durch die, auf Umfragen gestützt, über Mehrheits- und Minderheitsmeinungen informiert wird? In allen Fällen zeigte sich, daß Menschen ihre Meinungen mehr auf Fallstudien stützen als auf Prozentzahlen. Der Grund könnte gut in der Abneigung gegenüber Zahlen liegen. Zahlen sind blutleer, werden als kalt empfunden. Daß Informationen, die als Zahlen mitgeteilt werden, so wirkungslos sind, wird meist gar nicht geglaubt; gerade umgekehrt hält man die Prozentzahlen der Umfragen für durchschlagend, obwohl es dafür keinen Anhaltspunkt gibt. Aus dem gleichen Grund sind auch schon viele sozialpsychologische Experimente fehlgeschlagen: Die Wissenschaftler simulierten mit Umfrageergebnissen, Prozentzahlen, wie angeblich bei einer Umfrage geantwortet worden sei, das Meinungsklima und waren enttäuscht, daß die Versuchspersonen darauf nicht reagierten. Sobald aber Mehrheits- oder Minderheitsverhalten konkret in Fallstudien erlebt wurde, reagierten die Versuchspersonen darauf wie im wirklichen Leben.[43]

Die individuelle Betrachtungsweise muß jedoch zwangsläufig aufgegeben werden, sobald man daran geht, Menschen zu zählen oder unter bestimmten Gesichtspunkten zu klassifizieren – wie es beispielsweise die Statistik, aber auch die Bürokratie tut. Die Abstraktion von der Person ist eine Vorbedingung für das Zählen, Verwalten, »Einsetzen« von Menschen. Der im amerikanischen Sprachgebrauch eingeführte Ausdruck »Human Engineering«, der bisher – anders als etwa »Human Relations« – noch kaum in Deutschland aufgegriffen worden ist, vermittelt etwas von diesem sonderbaren Verhältnis zum Menschen, das man gern als

[42] Hans-Bernd Brosius, Anke Bathelt: The Utility of Exemplars in Persuasive Communications. In: Communication Research, 21, 1994, S. 48–78.

[43] Man kann hier an die berühmten Konformitäts-Experimente von Solomon E. Asch denken: Asch wies nach, daß Menschen sich aus Isolationsfurcht den Urteilen ihrer Bezugsgruppe auch dann anschließen, wenn sie wissen, daß diese Urteile falsch sind. Siehe Solomon E. Asch: Effects of Group Pressure upon the Modification and Distortion of Judgements. In: H. Guetzkow (Hrsg.): Groups, Leadership, and Men. Pittsburgh 1951, S. 177–190.

»unmenschlich« bezeichnen würde. Alle Vorgänge, Tätigkeiten oder Betrachtungsweisen, bei denen Menschen nur unter bestimmten Aspekten, nur mit wenigen Merkmalen zur Geltung kommen, unter (vorsätzlicher) Vernachlässigung der komplexen Züge, die ihr ganzes Wesen, ihre Individualität ausmachen, lösen diesen gefühlsmäßigen Widerstand aus. Auch das Vokabular, soweit es sich schon gebildet hat, enthält etwas »Ungemütliches«. Anstelle der menschlichen Individualitäten werden Menschen »erfaßt«, die anonym gezählt oder als »Träger« bestimmter Merkmale oder Funktionen (Funktionäre) charakterisiert werden.[44]

Innerhalb der nach Merkmalen gebildeten Gruppen werden die Individuen grundsätzlich als gleichwertig, gleichartig, als auswechselbar und anonym betrachtet. Dieses Moment der angenommenen, unterstellten Identität ist charakteristisch. Die Gruppenmitglieder werden folglich auch gleich behandelt. Wo beispielsweise mit Fragebogen gearbeitet wird, Ausweise ausgestellt, Stempel gegeben werden, kann man annehmen, daß die vorliegenden Aufgaben mit Methoden des Denkens in Merkmalen bewältigt werden sollen, daß also die Individualität nicht berücksichtigt wird, sondern die betroffenen Personen nur unter bestimmten Kennzeichen ins Blickfeld kommen.

Der Merkmalsbereich: die Perspektive der Herrscher, Heerführer, der Bürokratie – und der Sozialwissenschaftler

Daß alle diese Tätigkeiten mit einem gewissen Odium behaftet sind, kann sich vielleicht aus der von alters her vorhandenen engen Verknüpfung zwischen Denken im Merkmalsbereich und Macht erklären. Wer eine größere Zahl von Menschen verwalten und lenken will, ist zum Mehrzahldenken gezwungen, und

[44] Den Gedanken, daß der einzelne Mensch nur partiell einbezogen wird, benutzt Simmel bei der Beschreibung von Herrschaftsverhältnissen. Georg Simmel: Soziologie. Untersuchungen über die Formen der Vergesellschaftung. Leipzig 1908, S. 152.

umgekehrt: Denken im Mehrzahlbereich ermöglicht die Machtausübung. Hier dürfte eine weitere affektive Quelle des Widerstandes gegen die Umfrageforschung zu suchen sein: Der Widerwille gegen die Art, Menschen nur unter bestimmten Merkmalen ins Auge zu fassen, ist zugleich ein Widerwille gegen den dahinter vermuteten Machtanspruch. Das Unbehagliche dieser Denkweise wird noch verständlicher, wenn man sich klarmacht, daß alle Formen des Erfassens und »Manipulierens« einer größeren Zahl von Menschen für einzelne von ihnen Härten bringen, und zwar selbst dann, wenn es sich um ein im ganzen wohltätiges Vorhaben handelt (wie etwa eine Reform im Gesundheitswesen). Aus dieser Denkungsart stammt der Ruf der Bürokratie, »kaltherzig«, »unmenschlich«, »ungerecht« zu sein und ganz allgemein sinnwidrig zu handeln, wenn auch andererseits keine Verwaltung, keine Untersuchung, die einer großen Zahl von Menschen gilt, keine »Ordnung« ohne dieses Denken im Mehrzahlbereich möglich ist.

Wie tief der Widerwille gegen das Denken im Mehrzahlbereich verwurzelt ist, und welche Kraft solche Einstellungen entwickeln können, zeigt das Beispiel der Volkszählung, die in der Bundesrepublik Deutschland für das Jahr 1983 geplant war. Obwohl diese rein statistische Erhebung weder der Machtausübung dienen sollte noch irgend jemandem irgendwelche Nachteile bringen konnte, wurde mühelos mit eben diesen Behauptungen ein so heftiger Widerstand in der Bevölkerung mobilisiert, daß die Volkszählung erst vier Jahre verspätet, begleitet von aufwendigen Aufklärungskampagnen der Bundesregierung, stattfinden konnte.[45]

Die Übertragung solcher – in ihren Wurzeln wahrscheinlich durchaus berechtigten – Widerstände auf die Umfrageforschung beruht auf einem Mißverständnis. Weil die Umfrageforschung die gleiche »Sprache« spricht wie der Gesetzgeber oder

[45] Die für April 1983 vorgesehene Volkszählung wurde nach einer Klage vor dem Bundesverfassungsgericht durch eine einstweilige Verfügung vom 12. 4. 1983 kurzfristig ausgesetzt. In seinem Urteil vom 15. Dezember 1983 betonte das Gericht: »Das Erhebungsprogramm des Volkszählungsgesetzes 1983 ... führt nicht zu einer mit der Würde des Menschen unvereinbaren Registrierung und Katalogisierung der Persönlichkeit.« Es bedürfe allerdings »ergänzender verfahrensrechtlicher Vorkehrungen zur Durchführung und Organisation der Datenerhebung«. BVerfGE 65, 1–2. Siehe auch: Gesetz über eine Volks-, Berufs-, Wohnungs- und Arbeitsstättenzählung (Volkszählungsgesetz 1983) vom 25. März 1982. Bundesgesetzblatt Nr. 13, 1982, vom 31. März 1982.

die Administratoren, wird unbewußt geschlossen, die Umfragen stellten eine gefährliche Macht dar. Beharrlich wird angenommen, daß durch die Veröffentlichung von Umfrageergebnissen die Meinungen der Bevölkerung beeinflußt werden. Empirische Belege für eine solche Beeinflussung gibt es nicht, obwohl viele Untersuchungen sich mit diesem vermuteten Einfluß befaßt haben.[46]

Wir müssen zählen, um Nachweise führen zu können

Um sich das Denken in Merkmalen anschaulicher zu machen, könnte man es mit einer Perspektive vergleichen, die neue Ansichten, neue Erkenntnismöglichkeiten, neue Ansatzpunkte bietet, während man zugleich andere Einblicke verliert.

Die Sozialforschung gewinnt bei der Einengung des Blicks auf Variablen die Fähigkeit zu zählen, zu messen, und das bedeutet: Wie die Naturwissenschaftler können auch die Sozialwissenschaftler mit statistischen Methoden ihre Theorien einer empirischen Prüfung unterziehen, sie können mit statistischen Beobachtungsmitteln Entdeckungen machen, wiederholbare

[46] Meinungsbildend wirken die Ergebnisse der Umfrageforschung nach bisherigen Erkenntnissen nur dann, wenn in der Öffentlichkeit »pluralistic ignorance« vorliegt. Wenn eine bestimmte Einstellung in einer moralisch geladenen Streitfrage fälschlich für eine Minderheitenmeinung gehalten wird und demoskopische Ergebnisse zeigen, daß es tatsächlich eine weit verbreitete Einstellung ist, dann hat das Einfluß: Die Anhänger einer Meinung gewinnen Selbstvertrauen, die Bereitschaft zum öffentlichen Bekenntnis wächst. Der ursprünglich als Minderheitenmeinung angesehene Standpunkt gewinnt auch in der Öffentlichkeit an Stärke. Elisabeth Noelle-Neumann: Öffentliche Meinung. In: Elisabeth Noelle-Neumann, Winfried Schulz, Jürgen Wilke (Hrsg.): Fischer-Lexikon Publizistik Massenkommunikation. Frankfurt am Main 2002, S. 392-406, Dort S. 406. Siehe auch Wolfgang Donsbach: Die Rolle der Demoskopie in der Wahlkampf-Kommunikation. Empirische und normative Aspekte der Hypothese über den Einfluß der Meinungsforschung auf die Wählermeinung. In: Zeitschrift für Politik 31, 1984, S. 388-407. Wolfgang Donsbach: Who's Afraid of Election Polls? Normative and Empirical Arguments for the Freedom of Pre-Election Surveys. Amsterdam 2001. Zumindest wahrscheinlich scheint in seltenen Fällen auch ein indirekter Einfluß der Demoskopie auf die Bevölkerungsmeinung zu sein, wenn Umfragen

und überprüfbare Experimente durchführen, Nachweise vorlegen und in der Arbeit von Generationen ein gesichertes, im Auffinden der Zusammenhänge immer umfassenderes Wissen über die Menschen zusammentragen.

So betriebene Sozialwissenschaft ist ebensowenig unmenschlich wie Biologie oder Medizin, die schon viel früher bei ihrer Beschäftigung mit den Menschen in Merkmalen gedacht haben.

Aussagen über alle sind nicht Aussagen über jeden

Die Einführung in den vorliegenden Methoden-Band hat das Unbehagen gegenüber der Demoskopie so deutlich wie möglich bezeichnet; denn wenn man sich darüber nicht zuvor Rechenschaft ablegt, kann man die in vieler Hinsicht befremdenden methodischen Grundsätze nicht bereitwillig durchdenken.

Das Unbehagen beruht auf Mißverständnis, auf der Übertragung von Denkweisen, Vorstellungen, Erfahrungen, Wertmaßstäben aus der Welt der individuellen Erscheinungen in den statistischen, nur durch Merkmale, durch Variablen bestimmten Bereich, auf irreführenden Übertragungen, die auch in umgekehrter Richtung laufen. Die Methoden der Umfrageforschung bleiben unverständlich, wenn man sich in diesem Wechsel der Perspektiven nicht übt, wenn man die beiden Bereiche nicht zu unterscheiden vermag. Der statistische Bereich benötigt auch konsequent seine eigene Sprache, »the language of variables«, wie man im Amerikanischen formuliert hat.

So fremd dürfte uns eigentlich das Nebeneinander der beiden Bereiche nicht sein; denn unsere Sprache besitzt bereits – seit

Journalisten so sehr beeindrucken, daß sich dadurch der Gesamttenor der Medienberichterstattung ändert. Hierzu: Thomas Petersen: A Spiral of Silence in the 2002 German Federal Elections and the Role of Public Opinion Research in Opinion Formation in Election Campaigns. Vortrag, gehalten auf dem Jahreskongreß der American Association of Public Opinion Research (AAPOR) am 18. Mai 2003 in Nashville, USA.

wann? – die notwendige Unterscheidungskraft zwischen einer Aussage über jeden und einer Aussage über alle.

Moralstatistik und Repräsentativumfragen vermögen erstaunlich zuverlässige Aussagen über alle zu machen, über die Gruppe, über das Aggregat, aber nicht über jeden. Über den einzelnen in seiner individuellen Vielfalt wissen sie nichts, die menschliche Persönlichkeit betreffen sie nicht, sie bleibt ihnen entzogen.

Eine schöne Beschreibung des statistischen Unterschieds zwischen »allen« und »jedem« stammt von dem britischen Schriftsteller Arthur Conan Doyle. In dem im Jahr 1890 geschriebenen Roman »Im Zeichen der Vier« läßt er seine Hauptfigur Sherlock Holmes sagen: »Der einzelne Mensch ist ein unlösbares Rätsel, aber zusammengenommen werden die Menschen zu einer statistischen Gewißheit. Man kann, zum Beispiel, niemals voraussagen, was ein bestimmter Mensch tun wird, aber mit großer Präzision kann man sagen, was der Durchschnitt einer großen Zahl von Menschen im Schilde führt. Die Individuen sind äußerst verschieden und wechselhaft, aber Prozentzahlen sind konstant. Das lehren uns die Statistiker.«[47]

[47] Arthur Conan Doyle: The Sign of the Four. Oxford und New York 1993, S. 84.

I. Das demoskopische Interview

Die Umfrageforschung ist heute etwas viel Selbstverständlicheres, viel Alltäglicheres als vor vierzig Jahren, als die erste Ausgabe dieses Buches erschien. Ein mittlerweile beträchtlicher Anteil der Bevölkerung war auch schon am Entstehen dieser Ergebnisse beteiligt: Im Juli 1991 sagten 35 Prozent der erwachsenen Einwohner der Bundesrepublik Deutschland, sie seien einmal oder mehrfach von einem Interviewer bei einer Bevölkerungs-Umfrage befragt worden.[1] Rund 28 Millionen Deutsche hatten also bis zu diesem Zeitpunkt schon ein demoskopisches Interview erlebt. Aber auch von diesen Personen sind sich sicherlich viele nicht ganz darüber im klaren, welchen Regeln dieses Gespräch, an dem sie teilgenommen haben, gehorchte.

Eine mündliche, standardisierte, persönliche oder telefonische Befragung von Personen, die nach statistischen Prinzipien ausgewählt sind. In dieser Formel stecken verschiedene Schlüsselbegriffe der Umfrageforschung, die zunächst noch nichtssagend sind und erst im weiteren verdeutlicht werden sollen.

Charakteristisch für den merkwürdigen Vorgang des »demoskopischen Interviews« ist es, wie verschieden die Beteiligten diesen Vorgang sehen. Für die Befragten ist es im Idealfall ein lebendiges, persönliches, durch die Anonymität eigenartig gelöstes Gespräch, für die Interviewer eine in jeder Einzelheit festgelegte »schematische« Befragung und aus der Perspektive des hinter dem Interviewer stehenden Forschers eine möglichst einheitlich angelegte experimentelle Situation, in der die Befragten reagieren.

Das demoskopische Interview, mit dessen Hilfe der empirische Sozialforscher sein Urmaterial sammelt, wirkt auf den Außenstehenden so fremdartig, daß man es in den Anfangsjahren der Demoskopie oft als »amerikanisch« klassifizierte und zugleich annahm, Amerikaner seien wohl bereit, sich in dieser

[1] Allensbacher Archiv, IfD-Umfrage Nr. 5053, Juli 1991.

Weise befragen zu lassen, aber in Deutschland werde das kaum gehen. Diese Sorge treibt heute niemanden mehr um. Längst ist bekannt, daß die Deutschen nicht weniger bereitwillig Auskunft geben als die Amerikaner. Demoskopische Interviews finden täglich auf der ganzen Welt statt. Zwar ist die Auskunfsbereitschaft in den letzten Jahrzehnten etwas zurückgegangen, aber nach wie vor kann man in jeder Gegend in Deutschland bei einer beliebigen Zahl zufällig ausgewählter Personen vorsprechen und es wird einem immerhin jeder Zweite ohne große Bedenken ein Interview gewähren.

Umdenken: Das Gespräch ist kein Gespräch

Der Zugang zum Verständnis der Umfrageforschung würde sich leichter erschließen, wenn ihre Arbeitsmethoden nicht teilweise eine so täuschende Ähnlichkeit mit Vorgängen und Erfahrungen des Alltags hätten. Das demoskopische Interview gleicht einem Gespräch zwischen zwei Menschen – nur charakterisiert durch eine Reihe von Unarten. Es ist kein Wunder, daß viele Leute, denen die Befragungsmethode beschrieben wird, spontan erklären: »Wenn mich jemand fragen würde, ich würde nicht antworten.« Der Interviewer ruft zur Unzeit an und bittet um ein Gespräch, beansprucht die Zeit des Befragten, unterbricht bei der Arbeit oder stört Freizeitpläne. Oder er klingelt wie ein Hausierer an der Wohnungstür, und obwohl er in der Regel ein Fremder ist, läßt er sich am Küchentisch oder Wohnzimmertisch nieder und stellt Fragen nach völlig privaten Dingen – z. B. nach Gesundheit, Einkommen, Zukunftsplänen, politischen Ansichten, Jugenderlebnissen –, wechselt sprunghaft die Themen, geht überhaupt nicht persönlich auf seine Gesprächspartner ein, sondern schert alle Befragten über einen Kamm, führt das ganze Gespräch »nach Schema F« und verstößt dabei gegen alle Regeln einer gebildeten Unterhaltung.

Mißversteht man das demoskopische Interview in diesem

Sinn als gesellschaftliche Situation, als Gespräch, beurteilt man es nach den dafür eingebürgerten Wertmaßstäben und Konventionen, muß es in der Tat Widerstand hervorrufen: »Wenn mich jemand fragen würde, ich würde nicht antworten.« Die Wissenschaftler, die die Umfragemethode in Deutschland einführten, meinten teilweise selbst, das Interview müsse einem normalen Alltagsgespräch möglichst weitgehend nachgebildet sein. Die »Nürnberger Schule« der Gesellschaft für Konsumforschung (GfK), die seit 1934 in Deutschland Umfragen durchführte, betrachtete es als wünschenswert, wenn die »Korrespondentinnen« Bekannte befragten, um rückhaltlose Auskunft zu erhalten. Sie sollten ihre Interviews als möglichst natürliche Gespräche ohne Fragebogen durchführen, vielleicht sogar in einer Form, die den Befragten gar nicht bewußt werden ließ, daß sie »interviewt« wurden.[2]

Damit waren verschiedene der oben beschriebenen schockierenden Eigenschaften des demoskopischen Interviews vermieden – der Einbruch eines Fremden in den persönlichen Bereich des Befragten, die Standardisierung nach »Schema F«. Auftraggeber, die von den neuen Methoden der Marktforschung überzeugt werden sollten, aber auch die Wissenschaftler selbst nahmen an, man würde auf diese Weise die zuverlässigsten, aufrichtigsten Auskünfte erhalten.

Diese Annahme hat sich nicht bestätigt. Die Gründe dafür werden an späterer Stelle erörtert. Das Nürnberger Befragungsgespräch war außerdem als Kernstück von Repräsentativ-Erhebungen ungeeignet, weil es sich der einwandfreien statistischen Behandlung entzog. Weder ließ sich die Repräsentanz der Befragtengruppe sichern, noch die Gleichartigkeit der Mosaiksteine, die standardisierte Erfassung und Abgrenzung der »Merkmale« (zum Beispiel: Einkommen des Haushalts, Inter-

[2] In einem Bericht über eine Umfrage der GfK heißt es: »Auf diesem Vertrauensverhältnis baut sich die besondere Befragungsmethode der GfK, die ›Nürnberger Methode‹ auf: Die Fragen sollen im Verlauf eines Gesprächs gestellt, nicht aber von einem Fragebogen abgelesen und in Gegenwart des Befragten eingetragen werden. Der Fragebogen, der jedes unverfängliche Gespräch zur peinlichen Ausfragerei macht, wird ausgeschaltet. Das Ideal ist dann erreicht, wenn der Befragte gar nicht merkt, daß er ausgefragt worden ist. Deshalb ist der Ablauf des Gesprächs auch nicht an die Reihenfolge der Fragen im Berichtsbogen gebunden ... Bei größeren Befragungen bedient sich der Korrespondent, ähnlich wie dies auch ein guter Reporter tut, eines kleinen Hand- oder Notizzettels.« (Die Bedarfsstruktur im Käufermarkt. Eine Basis-Untersuchung der Gesellschaft für Konsumforschung. Nürnberg, August 1953, S. 3.)

esse an bestimmten Produkten, medizinisches Wissen). Das bedeutet, daß mehrere Bedingungen des Zählens und der mathematisch-statistischen Analyse nicht erfüllt waren.

Von seiten der Bevölkerung, von der der Sozialforscher etwas erfahren möchte, auf die es also in erster Linie ankommt, gibt es auch gar keinen Grund, das demoskopische Interview als ein »Gespräch zwischen Bekannten« zu tarnen. Der Besuch des Fremden, die Anonymität, der sprunghafte Themenwechsel, die Einseitigkeit der Unterhaltung (der Interviewer liest nur seine Fragen vor), der ganze Vorgang wird rätselhaft bereitwillig aufgenommen, wenn einige Voraussetzungen gegeben sind, die an späterer Stelle näher beschrieben werden, aber hier schon summarisch angedeutet sein sollen: In den gesamten Vorgang des demoskopischen Interviews müssen Motive für den Befragten eingebaut werden, um den Test aufrichtig akzeptieren zu können. Das beginnt mit den ersten Worten des Interviews und sogar noch vorher mit dem Erscheinungsbild des Interviewers bzw. – bei Telefoninterviews – mit seiner Stimme. Wahrscheinlich ist es tatsächlich schwieriger, ein »Gespräch zwischen Bekannten« mit solchen Motiven zu versehen – ganz zu schweigen von den Anreizen zur Unaufrichtigkeit bei Unterhaltungen unter Bekannten. Das demoskopische Interview besitzt etwas von der Freiheit vom gesellschaftlichen Zwang, von der Gelöstheit des Gesprächs zwischen zwei Fremden in einem Eisenbahnabteil.

Interviewer und Befragte: die schwächsten Glieder in der Kette

Nachdem die Vorstellung abgelegt ist, das Interview sei ein Einzelgespräch oder müsse einem solchen Privatgespräch möglichst ähneln, kann man sich die Regeln des »statistisch-repräsentativ gestreuten, sozialwissenschaftlichen Forschungsinterviews« unbefangen verdeutlichen. Sie sind allein aus den

Aufgaben abzuleiten, die dem Interview im Zuge einer empirischen Untersuchung zufallen.

Eine solche Untersuchung ist meistens eine große Veranstaltung, an der zahlreiche Personen in aufeinanderfolgenden Phasen beteiligt sind: der Auftraggeber oder Geldgeber (Sponsor) der Studie, der Forscher – oft eine Forschergruppe: Soziologen, Psychologen, Wirtschaftswissenschaftler, Statistiker, Mathematiker –, der Leiter der Interviewer-Organisation, die Interviewer, die Befragten, die Spezialisten elektronischer Datenverarbeitung. Das Interview hat dabei in der Regel das *gesamte* Rohmaterial der Untersuchung zu liefern. Nichts anderes als Fragen der Interviewer, Antworten der Befragten, Aufzeichnungen der Interviewer über ihre Beobachtungen beim Befragten und in seiner Umgebung bilden die Grundlage der Forschungsergebnisse, auf die wiederum Überlegungen und Entscheidungen von oft großer Tragweite gestützt werden. Daran ändert sich im Prinzip auch dann nichts, wenn später im Bericht des Umfrageinstituts zusätzlich zum Vergleich auch Daten aus anderen Quellen berücksichtigt werden, wie zum Beispiel offizielle Statistiken oder Ergebnisse von Medieninhaltsanalysen.

Man muß sich wirklich vergegenwärtigen, wieviel von dem unscheinbaren Vorgang der Unterhaltung zweier Personen abhängt, um die Strenge der methodischen Regeln einzusehen. In der Kette der Mitwirkenden an einer solchen Studie fällt das Einbringen des »Rohmaterials« gerade denjenigen Personen zu, die als einzige keine Spezialisten des Fachs sind: den Interviewern und den Befragten. Daraus ist eine wichtige Regel abzuleiten: Interviewer und Befragte müssen bei Repräsentativ-Erhebungen von jeder nicht unbedingt notwendigen Anstrengung intellektueller, psychologischer, sprachlicher und technischer Art entlastet werden.

Wir werden im Zuge der Methoden-Beschreibung und erst recht in der Praxis viele Beispiele finden, wie bei der Planung von Untersuchungen der Statistiker sich selbst viel Arbeit in der Auswahl der Befragten aufhalsen kann – oder dem Interviewer; wie die Fragebogen-Konstrukteure und Spezialisten der Verschlüsselung und Datenverarbeitung sich selbst Mühe aufladen, oder wie sie die Mühe auf Interviewer und Befragte abwälzen können – und immer muß die Entscheidung zu Lasten der Statistiker, der Fragebogen-Konstrukteure, der Verschlüsselungsgruppe, der Techniker der Datenverarbeitung ausfallen. Sich diesen Grundsatz einzuprägen ist um so notwendiger, als bei der Planung einer Erhebung zwischen Statistikern, Fragebogen-Konstrukteuren, Datenverarbeitern und Analytikern die Befragten und die Interviewer abwesend sind. Es entwickelt sich also ohnehin eine natürliche Tendenz, ihnen Schwierigkeiten zuzuschieben. Ob man Interviewer und Befragte überfordert hat, bleibt meistens auf den ersten Blick verborgen. So kann der Sozialforscher zunächst verhältnismäßig bequem und ungestraft den Bogen überspannen: Er bekommt Antworten und damit Zahlen, mit denen er rechnen, und auf deren Grundlage er einen Bericht schreiben kann. Oft wird er gar nicht merken, daß seine Zahlen nicht stimmen, wertlos sind – eben weil er Interviewer und Befragte überfordert hat. Und nur selten ist jemand so neugierig wie jene Gruppe von Wissenschaftlern, die in den fünfziger Jahren eine Umfrage unter 2400 amerikanischen College-Professoren durchführte und anschließend von dem Soziologen David Riesman Interviewer und Professoren befragen ließ, um sich über den Vorgang dieser Interviews ihrer Hauptstudie kritisch informieren zu lassen.[3]

Nach der Befragung die Befragung über die Befragung. Das klingt kurios, war aber konsequent. Und es zeigt das Dilemma: Der Vorgang des Interviews ist die wichtigste und zugleich – zumindest bei mündlich-persönlichen Umfragen – die am schwersten zu kontrollierende Phase einer Umfrage.

[3] Paul F. Lazarsfeld u. a.: The Academic Mind. Social Scientists in a Time of Crisis. Glencoe, Illinois 1958, S. VII, 266 ff.

Radikale Trennung der Rolle von Forscher und Interviewer

Wir stehen abermals an einem höchst befremdlichen Punkt der demoskopischen Methode. Interviewer und Befragte seien die schwächsten Glieder in der Kette, hieß es, beide Nicht-Spezialisten. Beim Befragten ist das einzusehen – obgleich wir uns später noch mit diesem Thema auseinandersetzen müssen, ob man denn wirklich »Hinz und Kunz«[4] befragen müsse, statt sich an die klügeren Köpfe zu halten.

Aber warum soll der Interviewer kein Fachmann sein? Die kürzeste Antwort lautet: wegen der erforderlichen neutralen Unbefangenheit bei der Befragung, wegen der erforderlichen Gleichförmigkeit, der beliebigen Wiederholbarkeit und Überprüfbarkeit der Erhebung.

Dazu ein Beispiel: Bei der Vorbereitung einer Gesetzesreform zur Kostensenkung bei Zahnarztbehandlungen soll im Auftrag des Arbeits- und des Gesundheitsministeriums die Einstellung der Bevölkerung zu zwei verschiedenen Vorschlägen durch eine Repräsentativ-Umfrage erkundet werden. Da gibt es nun verschiedene Möglichkeiten:

Fall A: Ein Forscher reist zwei Monate durch Deutschland und spricht mit 500 statistisch ausgewählten Personen, beschreibt ihnen die beiden Modelle und notiert sich, was ihm darüber gesagt wird. Gelegentlich wird ihm erklärt, keines der beiden Modelle sei wirklich gut. Er erkundigt sich gründlich (manchmal ist, findet er, die Ansicht eines Befragten tatsächlich nur zu verstehen, wenn man seine besonderen Lebensumstände erfährt und mit aufzeichnet). Auch die Gegenvorschläge, die man ihm macht, schreibt der Forscher auf. Bei ganz unsinnigen Ideen setzt er gleich auseinander, warum sich so etwas nicht verwirklichen läßt. Übrigens lernt er im Zuge seiner Interviews

[4] »Ich meine, die meisten der 60 Fragen kann und muß man stellen, wenn man Ärzte, Geistliche, Juristen, vor allem Dichter, Philosophen, Anthropologen nach ihren Beobachtungen an ihren Mitmenschen ausforscht; aber Hinz und Kunz? Und was ist wissenschaftlich damit gewonnen?« stellt Leopold von Wiese in einer Rezension der Arbeit ›Die Umfrage in der Intimsphäre‹ (von Ludwig von Friedeburg, Stuttgart 1953; Beiträge zur Sexualforschung, 4. Heft) fest (Kölner Zeitschrift für Soziologie, 6, 1953/54, S. 121 f.).

immer besser, die zwei Pläne des Ministeriums klar und einfach zu beschreiben. Seinen Erfolg in dieser Hinsicht kann er selbst beobachten, denn immer öfter erhält er eindeutige Stellungnahmen zugunsten einer der beiden Lösungen. Manchmal allerdings begegnet er besonders gewissenhaften Leuten, die sich die Sache erst einmal überlegen oder sie auch mit einem Bekannten besprechen wollen, z. B. mit einem Arzt oder einem Freund, der Gewerkschaftsfunktionär ist. In solchen Fällen verabredet der Forscher, wenn er es irgend einrichten kann, noch eine zweite, spätere Unterredung. Er hat bei seinen Interviews das Gefühl, daß er immer rascher versteht, worauf seine Gesprächspartner hinauswollen. Allmählich kennt er die Argumente und braucht oft nur noch einen halben Satz zu hören, um zu wissen, welches der zwei Modelle besser gefällt. Noch immer gibt es Fälle, wo jemand keine der beiden Möglichkeiten wählt; von Anfang an hat er bei solchen Leuten auf Gegenvorschläge für bessere Lösungen für die Gesetzesreform gedrungen.

Bei einer ersten Durchzählung nach etwa 200 Interviews stellt sich heraus, daß er auf diese Weise von einem Drittel seiner Befragten nicht erfahren hat, welches der Modelle besser gefällt, wenn andere Lösungen nicht zur Debatte stehen. Darum faßt er nun immer noch einmal nach und fragt: »Angenommen, es gäbe nur diese beiden Möglichkeiten – welche würde Ihnen dann eher zusagen?«

Nachdem der – hier allerdings nur zur Illustration erfundene – Forscher seinen Bericht vorgelegt hat, wird das Ergebnis im Ministerium bezweifelt. Auch die Mitglieder des Bundestagsausschusses, die sich mit dem Bericht befassen, geraten darüber in eine Auseinandersetzung. Wie denn gefragt worden sei, verlangen mehrere Ausschußmitglieder zu wissen. Der Forscher erklärt, er habe jeweils die Worte gewählt, mit denen er die zwei Pläne am besten habe verständlich machen können. Begreiflicherweise müsse man einen Professor anders fragen als einen Arbeiter. Selbstverständlich habe er sich um strikte Objektivität bei seiner Erhebung bemüht.

Die Abgeordneten sind nicht ganz zufriedengestellt. Man veranlaßt sicherheitshalber eine zweite Befragung; ein anderer Forscher macht sich auf den Weg. Tatsächlich ergeben sich jetzt andere Resultate. Es ist interessant zu überlegen, was das für Gründe haben könnte:

1. Der Forscher, der die erste – oder zweite – Umfrage durchführte, hat keinen repräsentativen Querschnitt befragt, also nicht die richtige statistische Auswahl der Auskunftspersonen getroffen.

Diese Möglichkeit können wir ausschließen. Es ist nicht einzusehen, warum der Forscher, der sich ja erhebliche Mühe mit der Untersuchung gemacht hat, die feststehenden statistischen Prinzipien zur Auswahl der Befragten verletzt haben sollte.

2. Der erste und der zweite Forscher haben ihre Fragen verschieden formuliert. Wir werden später an Beispielen den alle Erwartungen weit übersteigenden Einfluß der Fragefassung betrachten.

Im vorliegenden Fall ist eine Überprüfung unmöglich. Die Fragen lagen nicht fest. Sie können zwar ungefähr zitiert werden, aber das reicht für eine exakte Wiederholung nicht aus, ganz abgesehen davon, daß der Forscher seine Formulierungen auch nach Ermessen abwandelte (um besser verstanden zu werden).

3. Der erste und der zweite Forscher haben verschiedene Ansichten darüber, welcher Plan des Ministeriums der bessere sei. Unbewußt hat das die Art, wie sie fragten, und auch das, was sie aus den Antworten heraushörten, beeinflußt.

Das ist eine unangenehme Vorstellung, weil die Ergebnisse der Untersuchung politische Bedeutung haben werden. Von der Hand weisen läßt sich die Möglichkeit einer solchen unbewußten Beeinflussung der Resultate durch den Forscher keinesfalls. Systematische Untersuchungen über den sogenannten »Interviewer-Einfluß« haben beispielsweise gezeigt, daß der Befrager »selektiv« hört. Er hört – bei aller Gewissenhaftigkeit – aus den Antworten eher heraus, was er zu hören erwartet.

Nun die entgegengesetzte Untersuchungsmethode, der Fall B: 400 Interviewer erhalten den Auftrag zur Durchführung von – durchschnittlich – je 5 Interviews. Im Fragebogen, dessen Fragen in vorgeschriebener Reihenfolge, wörtlich und ohne zusätzliche Erklärungen, vorgelesen werden müssen, stehen, verstreut zwischen Fragen über die allgemeine Wirtschaftslage, die Einstellung zur Kirche, über die in der Woche vor dem Interview gelesenen Zeitungen und Zeitschriften und über das Interesse an Fotoapparaten, die folgenden Fragen:[5]

---

1. »Wie lange ist das jetzt ungefähr her, daß Sie zum letzten Mal beim Zahnarzt waren, in diesem Jahr, im letzten Jahr oder ist das schon länger her?«

Vorgegebene Antworten: In diesem Jahr / Im letzten Jahr / Im vorletzten Jahr / Länger her / War noch nie beim Zahnarzt.

---

2. »Wie wichtig ist es Ihnen, gesunde Zähne zu haben, daß mit Ihren Zähnen alles in Ordnung ist? Bitte sagen Sie es mir anhand dieser Leiter hier. Null würde bedeuten, das ist Ihnen überhaupt nicht wichtig, und Zehn würde bedeuten, das ist Ihnen sehr wichtig. Welche Stufe wählen Sie?« (Der Interviewer überreicht ein Bildblatt, auf dem eine Leiter dargestellt ist, deren Sprossen von unten nach oben mit den Zahlen 1–10 durchnumeriert sind.)

Vorgegebene Antworten: 0 / 1 / 2 / 3 / 4 / 5 / 6 / 7 / 8 / 9 / 10.

---

3. »Wie sind Sie krankenversichert? Wenn Sie mir bitte einfach den oder die entsprechenden Buchstaben auf dieser Liste hier nennen.« (Interviewer überreicht eine Liste mit verschiedenen Versicherungsarten, jede aufgeführte Versicherungsart ist mit einem Buchstaben gekennzeichnet.)

Vorgegebene Antworten: a / b / c / d / e.

---

4. Informelle Ermittlung des Interviewers (das heißt Ermittlung ohne festgelegten Wortlaut der Frage): Hat der Befragte eine Zusatzversicherung für Zahnbehandlungen oder Zahnersatz abgeschlossen?

Mögliche Antworten: Ja / Nein.

---

5. »Damit die Kosten im Gesundheitswesen nicht weiter steigen, bezahlen die Krankenkassen ja nicht bei allen Behandlungen die vollen Kosten, die Patienten müssen häufig zuzahlen oder manche Kosten auch alleine tragen. Wie sehen Sie das, ist es notwendig, daß die Patienten häufig einen Teil der Behandlungskosten selber zahlen, oder ist das nicht notwendig, könnten Ihrer Meinung nach die Krankenkassen mehr bezahlen?«

Vorgegebene Antworten: Ist notwendig, daß Patienten einen Teil selbst bezahlen / Nicht notwendig, Krankenkassen sollen mehr bezahlen / Unentschieden, weiß nicht.

---

[5] Fragebogenauszug aus einer echten Umfrage (1995), die allerdings zahlreiche weitere Fragen zum Thema enthielt. Allensbacher Archiv, IfD-Umfrage 6010.

6. Der Interviewer überreichte ein Blatt, auf dem zwei Männer im Gespräch dargestellt waren, und stellte dazu die folgende Frage: »Hier unterhalten sich zwei über die Selbstbeteiligung bei Zahnbehandlungen. Welcher von beiden sagt eher das, was auch Sie meinen, der obere oder der untere?«

Der obere: »Mir ist es lieber, höhere Krankenkassenbeiträge zu zahlen und dafür die Zahnbehandlungen voll ersetzt zu bekommen.«

Der untere: »Mir ist es lieber, einen Teil der Kosten für die Zahnbehandlungen selbst zu übernehmen, wenn dafür die Krankenkassenbeiträge niedriger sind.«

Im Fragebogen vorgesehene Antworten: Der obere (lieber höhere Beiträge) / Der untere (lieber einen Teil selbst zahlen) / Unentschieden. (Bei jedem zweiten Interview wechselte die Reihenfolge der Vorgaben.)

---

7. »Hier haben wir einmal zwei Modelle aufgeschrieben, wie man die Kosten zwischen Patienten und Krankenkasse verteilen kann. Welches davon finden Sie persönlich besser, das Modell A oder das Modell B?« (Interviewer überreicht eine Liste, auf der die Modelle beschrieben sind):

A: »Die Krankenkassen übernehmen immer noch viele Leistungen voll. Die Krankenkassenbeiträge bleiben so hoch, wie sie sind.«

B: »Die Krankenkassen übernehmen nur noch bestimmte ›Grundleistungen‹. Was darüber hinaus geht, muß der Patient selbst bezahlen. Dadurch können die Krankenkassenbeiträge um ca. 20 Prozent gesenkt werden.«

Außerdem sind als Antworten im Fragebogen vorgesehen: Beide gefallen gleich gut / Beide gefallen *nicht* / Unentschieden, weiß nicht.

---

8. »Haben Sie Angst vor dem Zahnarzt? Würden Sie sagen: ›sehr‹, ›etwas‹ oder ›gar nicht‹?«

Außerdem enthält der Fragebogen die Antwort »Keine Angabe«.

Hier schließt sich noch eine Reihe weiterer Fragen an. Außerdem werden am Schluß etwa 30 statistische Daten zur Person des Befragten notiert. 400 Interviewer haben diese Fragen 2000 Personen vorgelesen, ihre Antworten notiert und die Fragebogen an die Zentrale des Instituts zurückgeschickt, das vom Ministerium mit der Untersuchung beauftragt ist. Das Rohergebnis liegt in wenigen Tagen vor. Aber um die Zeitfrage geht es hier nicht, wenngleich sie oft genug eine Rolle spielt. Wichtig ist: Die einwandfreie Zählbarkeit ist durch die Einheitlichkeit der Befragung gesichert; das Ministerium, der Bundestagsausschuß können das Fundament der Resultate überprüfen, sie können auch die Erhebung wiederholen; soweit wie möglich ist die Gefahr ausgeschlossen, daß – unbewußt – Temperament und Überzeugungen der beauftragten Forscher das Ergebnis färbten.

Aber was hat man auch alles dafür geopfert: das Eingehen auf den Befragten, die Anpassung an seinen Sprachschatz (Arbeiter und Professoren werden in der gleichen Weise befragt), es erfolgte keine Aufklärung der Befragten, die offenkundig falsche Vorstellungen von der Krankenkassenreform haben, und es wurde nichts unternommen, um besondere, ganz persönliche Gründe einer Einstellung zu verstehen.

Die Vorzüge der zuerst beschriebenen Forschungsmethode werden bewußt geopfert. Zum Teil haben sie innerhalb einer demoskopischen Erhebung überhaupt keine Funktion. Die Aufklärung falscher Vorstellungen beispielsweise, die Beihilfe zur Formung einer intelligenten Meinung ist im allgemeinen verdienstvoll, aber sinnlos, wenn man sich die wirklichen Aufgaben einer statistisch repräsentativen Untersuchung vergegenwärtigt, nämlich ein verbindliches Bild bestehender Verhältnisse zu geben. Zum Teil rangieren die geopferten Vorteile klar hinter denjenigen, die den ganzen Wert einer solchen Untersuchung ausmachen. Obenan in der Werteskala, die man sich ständig vergegenwärtigen muß, wenn man einen Untersuchungsplan entwirft, stehen: Vergleichbarkeit, Einheitlichkeit der Erhebung, der Antwortkategorien, einheitliche Notierung der Reaktionen, der Merkmalsausprägungen, Neutralität, Überprüfbarkeit, Wiederholbarkeit durch andere Personen. Auf Grund dieser Qualitäten entsteht ein von der Subjektivität des Forschers abgelöstes Untersuchungsergebnis.

Mit dem Wert der »Vergleichbarkeit, Einheitlichkeit« der Erhebung ist es merkwürdig. Natürlich wissen wir im Prinzip, daß Vergleichbarkeit der erste und wichtigste Imperativ jeder Zählung ist. In anderen Worten: Wir können nicht zählen, ohne vorweg eine Vergleichbarkeit hergestellt – oder unterstellt! – zu haben, handle es sich um Obst bestimmter Güteklassen oder Verkehrsunfälle, um Einwohner einer Stadt oder Antworten auf Interview-Fragen. Daß man ohne Vergleichbarkeit nicht zählen kann, ist uns nur zu selbstverständlich, wir sehen gar kein Problem darin. Mühe aufzuwenden, um diese Vergleichbarkeit herzustellen, liegt unseren Gedanken darum zunächst fern.

Der vorhin beschriebene Forscher, der die Umfrage zur Krankenkassenreform allein durchführte, hat, abgesehen von den anderen Mängeln seiner Untersuchung, auch unbefangen die Antworten, die er sich notiert hatte, ausgezählt, obwohl das Erfordernis der Einheitlichkeit, Vergleichbarkeit der Erhebung wenig erfüllt war. Die Fragen wurden von ihm verschieden formuliert, sie wurden auch allmählich mit seiner Übung und Erfahrung immer »klarer«; nach einiger Zeit fügte er einen Zusatz hinzu (»Angenommen, es gäbe nur diese beiden Möglichkeiten – welche würde Ihnen dann eher zusagen?«). Teils wurden seine Fragen spontan beantwortet, teils erlaubte er Bedenkzeit und Beratung mit Bekannten (Arzt, Gewerkschaftsfunktionär), teils klärte er seine Befragten auf, teils antworteten sie ohne besondere Aufklärung.

Man wird einwenden, der Forscher habe doch bei seinen Befragungen dazugelernt, er habe sich mehr und mehr verbessert – das könne doch unmöglich von Nachteil sein.

Dazulernen, Verbessern ist natürlich prinzipiell immer etwas Gutes. Aber es muß *vor* der Befragung stattfinden, zur Not auch nachher. Aber *während* einer statistischen Erhebung, also bei einem Vorgang, bei dem etwas gezählt werden soll, ist die Rangfolge der Werte umgekehrt.

Obenan steht das Erfordernis der »Invarianz«. Im Verlauf der Erhebung soll sich nichts ändern, Einheitlichkeit, Vergleichbarkeit der Erhebung ist die Vorbedingung des Zählens, die Vorbedingung für eine Aussage, auf die sich die gefundenen Zahlen beziehen.

Angenommen, der vorhin beschriebene Forscher ließe sich von diesen Grundsätzen statistischer Erkenntnis überzeugen – könnte er sie dann nicht auch selbst anwenden? Müssen die Rollen von Forscher und Interviewer wirklich getrennt sein? Könnte der Forscher nicht bei seinen 500 Interviews all diese Regeln – festliegender Wortlaut der Fragen, keine Erläuterungen, keine Aufklärung und so fort – strikt befolgen, und wäre damit nicht die Einheitlichkeit der Erhebung sogar besser gesichert als bei der Beteiligung von Hunderten von Interviewern?

Die Antwort ist: Nein. Eigenartigerweise bleibt man nicht der gleiche, während man 500 Interviews durchführt. Man erlebt einen »Lernprozeß«. Im Bewußtsein des vorhin beschriebenen Forschers spiegelte sich dieser Lernprozeß folgendermaßen: »Er hat bei seinen Interviews das Gefühl, daß er immer rascher versteht, worauf seine Gesprächspartner hinauswollen. Allmählich kennt er die Argumente und braucht oft nur noch einen halben Satz zu hören, um zu wissen, welcher der drei Pläne am besten gefällt...« Was hier beschrieben wird, ist das gefürchtete »selektive Hören« eine der bedenklichsten Fehlerquellen der Umfrageforschung. In einem späteren Abschnitt wird eines der Experimente dargestellt[6], mit denen der amerikanische Sozialforscher Herbert H. Hyman bei einer von der Rockefeller Foundation finanzierten Studie zum erstenmal diesen Vorgang nachwies.[7]

Stark vereinfacht läßt sich der Sachverhalt so zusammenfassen: Man hört, was man erwartet.

Dies zeigt auch ein Experiment, das vom Institut für Demoskopie Allensbach durchgeführt wurde, um diese Art des Interviewer-Einflusses nachzuweisen: Im Zusammenhang mit Zivilprozessen über den Schutz von Markenartikeln vor Nachahmungen taucht bisweilen die Frage auf, welche Kombination von Merkmalen für eine Marke Kennzeichenfunktion hat, also welche von mehreren farblichen und Formelementen zusammen vorhanden sein müssen, damit die Marke (ohne den Markennamen) wiedererkannt wird. Das nächstliegende wäre in einem solchen Fall, den Befragten nacheinander Bildkarten vorzulegen, auf denen diese Ausstattungsmerkmale mehr und mehr ergänzt werden bis zum vollständigen Bild der Packung, und im Interview festzuhalten, an welchem Punkt der Befragte die Marke wiedererkennt. Durch eine solche Veranstaltung erhält man jedoch zu hohe Angaben für ganz einfache Merkmale, auch dann, wenn man Vorsorge trifft, daß der Interviewer den Befragten nicht ungewollt – etwa, indem er die Karten offen neben sich liegen hat – in die vollständig ergänzten Bildkarten Einblick geben kann.

Wenn man dem Interviewer die ganze Serie von Bildern zur Verfügung stellte, gaben zwischen 3 und 6 Prozent der Befrag-

[6] Siehe S. 328.

[7] Siehe: Herbert H. Hyman: Interviewing in Social Research. Chicago 1954. Weitere Literatur dazu: Seymour Sudman u. a.: Modest Expectations: The Effects of Interviewer's Prior Expectations on Responses. In: Sociological Methods and Research, 6, November 1977, Nr. 2, S. 171–182. Eleanor Singer, Luane Kohnke-Aguirre: Interviewer Expectation Effects: A Replication and Extension. In: Public Opinion Quarterly, 43, 1979, S. 245–260. Robert M. Groves: Survey Errors and Survey Costs. New York u. a. 1989, S. 395–397.

ten an, sie könnten allein aus einem farbigen Viereck eine bestimmte Marke erkennen. Bei isolierter Vorlage – der Interviewer erhielt in diesem Falle nur das eine Bild und wußte selbst nicht, von welcher Marke das Bild stammte – konnte daraus praktisch niemand (0 bis 1 Prozent) die Marke »wiedererkennen«.[8]

Interviewer, die nur fünf oder sechs Befragungen auszuführen haben, können solche das Ohr verhärtende Erwartungen kaum aufbauen. Sie können natürlich schon vor Beginn der ersten Befragung voreingenommen sein, ein Problem, zu dem wir später zurückkehren; aber selbst dann ist es vorzuziehen, wenn Hunderte von Interviewern mit Voreingenommenheiten in verschiedener Richtung die Antworten aufzeichnen, als wenn es eine Person allein tut – gleich ob Forscher oder Interviewer. Das ist einer der wenigen Grundsätze der demoskopischen Methode, die unmittelbar einleuchten. Er widerspricht nämlich nicht, wie so vieles andere in der Demoskopie, persönlichen Alltagserfahrungen und Konventionen. Ganz im Gegenteil: Man weiß ja zur Genüge, wie sehr Menschen ihre Äußerungen danach abstimmen, mit wem sie gerade reden.[9] Macht eine Person allein alle Interviews einer Umfrage, so ist eine Beeinflussung der Ergebnisse durch das Wesen und die Ansichten dieser Person sicher zu befürchten.

Wir kommen zu dem Grundsatz des demoskopischen Interviews zurück, den wir aufgestellt haben: radikale Trennung der Rolle von Forscher und Interviewer. Hält sich der Forscher an die Regeln der strengen Einheitlichkeit des demoskopischen Interviews (gleiche Reihenfolge, gleicher Wortlaut der Fragen und so fort), so ist nicht einzusehen, warum er seine Zeit mit dem Interviewen zubringen sollte. Seine Qualitäten als Wissenschaftler kann er bei diesem Stil von Befragungen nicht mehr gebrauchen.

[8] Das Experiment wurde bei einem repräsentativen Querschnitt von insgesamt rund 6000 Personen durchgeführt, untergliedert in sieben homogene Experimentalgruppen. Allensbacher Archiv, IfD-Bericht Nr. 837.

[9] Darauf weist eine ganze Reihe von Experimenten hin, zum Beispiel bei Befragungen über Rassenprobleme in den USA durch schwarze und weiße Interviewer oder über Antisemitismus mit Juden und Nicht-Juden als Interviewern. D. Robinson, S. Rohde: Two Experiments with an Anti-Semitism Poll. In: Journal of Abnormal and Social Psychology, 41, 1946, S. 136–144. Herbert Hyman 1954, S. 159. Shirley Hatchett, Howard Schuman: White Respondents and Race-of-Interviewer Effects. In: Public Opinion Quarterly, 39, 1975/76, S. 523–528. Bruce A. Campbell: Race-of-Interviewer Effects Among Southern Adolescents. In: Public Opinion Quarterly, 45, 1981, S. 231–244.

Andererseits ist die Beweiskraft der Umfrageergebnisse stärker, wenn sich der Forscher an ihrer unmittelbaren Erhebung nicht selbst beteiligt hat. Mit der größten denkbaren Sicherheit ist dann die Beeinflussung der Resultate von irgendeiner beteiligten Stelle ausgeschlossen.

Eine große Zahl von Interviews durchzuführen, ist sehr ermüdend. Man kennt sogar in der Fachsprache den Begriff der »Interviewer-Fatigue« und bezeichnet damit eine Ermattung des Interviewers, die ihn häufig nach einiger Zeit geradezu unfähig macht, ein gutes Interview zu führen. Schon am Ende des 18. Jahrhunderts, bei einer der ersten »Umfragen«, die überhaupt bekanntgeworden sind (1795), ließ der englische Forscher Sir Frederic Morton Eden einen Interviewer mit seinem Fragebogen ein Jahr lang reisen und Erhebungen über die Lage der Armen anstellen – er überließ diese Aufgabe gern einem anderen.

Die Nutzanwendung der Regel, daß die Rollen von Forscher und Interviewer getrennt sein sollen, muß meist in umgekehrter Richtung gezogen werden. Das bedeutet, der Forscher darf seine Forschungsaufgaben nicht an die Interviewer weitergeben. Er muß sie selbst lösen und zwar durch »Übersetzung« seiner wissenschaftlichen Frage in die Frage-Serien eines Fragebogens, durch Übersetzung in »Testfragen«.[10]

Befaßt man sich näher mit den Schwierigkeiten der Fragebogen-Konstruktion, so versteht man, welche Versuchung darin liegt, sich die Sache durch »Anweisungen« an die Interviewer etwas einfacher zu machen.

Im Falle der Umfrage über die Krankenkassenreform könnte der Forscher die Ausarbeitung des Ministeriums über die beiden Modelle mit dem folgenden Auftrag an die Interviewer schicken: »Machen Sie sich gut mit den Möglichkeiten vertraut, damit Sie auch alle Rückfragen der Personen, die Sie interviewen, richtig beantworten können. Stellen Sie fest, welche der beiden Lösungen bei Ihren Befragten mehr Anklang findet. Ermitteln Sie, aus welchen Gründen die Befragten ihre Entscheidung treffen. Seien Sie dabei bitte sehr gründlich. Sondieren Sie, indem Sie mehrmals nachfragen: Gibt es sonst noch einen Grund, warum Sie sich so entschieden haben? Falls

[10] Siehe Kapitel »Der Fragebogen«, S. 93–207.

Ihnen die Einstellung eines Befragten widerspruchsvoll scheint, klären Sie diese Widersprüche bitte gleich auf. Wir möchten uns ein möglichst deutliches, zuverlässiges Bild von der Einstellung der Bevölkerung und von ihren Motiven machen...« Eine solche Anweisung ist zweifellos leicht zu verfassen. Aber eine »einheitliche, vergleichbare« Erhebung kann unter diesen Umständen nicht zustande kommen; es ist auch nicht mehr zu überprüfen, was zwischen dem Interviewer und dem Befragten eigentlich gesprochen worden ist. Und schließlich wurde die schwierige Aufgabe der Motivforschung, die durch direkte Fragen (»Warum denken Sie so?«) meist nicht lösbar ist, dem schwächsten Glied in der Kette zugeschoben: den Interviewern.

Die Standardisierung verlangt intensive Vorarbeit

An jedem Punkt, an dem wir die Regeln des individuellen Gesprächs verletzen, um die Bedingungen statistischer Auswertung zu erfüllen, setzen die prinzipiellen Zweifel an der Richtigkeit der Methode neu ein.

Bei der Beschreibung des Forschers, der 500 Interviews zu Fragen der Krankenkassenreform machte, hieß es: »Übrigens lernt er im Zuge seiner Interviews immer besser, die beiden Modelle klar und einfach zu beschreiben. Seinen Erfolg in dieser Hinsicht kann er richtig selbst beobachten, denn immer öfter erhält er eindeutige Stellungnahmen zugunsten einer der Lösungen.« Es ist im vorangegangenen Abschnitt bereits festgestellt worden, daß Verbesserungen im Verlauf einer Erhebung nicht zulässig sind, weil das Prinzip der Invarianz Vorrang hat. Die Einfachheit und Klarheit der Fragen, die narrensichere Verständlichkeit und ihre Treffsicherheit muß *vor* Beginn der Erhebung gesichert sein.

Aber wie erreicht man das? Wie verhindert man, daß die

Fragen an den Meinungen oder Gefühlen der Befragten vorbeigehen oder daß ganze Bereiche des zu untersuchenden Problems übergangen werden – einfach weil niemand auf die Idee kam, die richtigen Fragen zu stellen? Bei vielen Befragungsthemen besteht diese Gefahr kaum. Aber gerade bei komplizierten Untersuchungen, bei Themen, zu denen es keine vorherigen Erkenntnisse gibt, auf die eine Befragung aufbauen kann, wo keine Hypothesen vorliegen, kann die Suche nach der »richtigen« Frage zum Problem werden. Hier zeigen sich die unvermeidlichen Nachteile, die die oben beschriebenen befremdlichen Eigenschaften des demoskopischen Interviews mit sich bringen: Der Interviewer stellt nach »Schema F« seine Fragen, geht nicht persönlich auf den Befragten ein, schert alles über einen Kamm. Der Fragebogen preßt die Antworten zwangsläufig in ein Korsett. Und der Forscher merkt unter Umständen gar nicht, daß das Korsett nicht paßt, seine Daten wertlos sind, weil sie an der Hauptsache vorbeigehen, weil Schlüsselfragen fehlen. Man muß sich diese simple Tatsache klarmachen: Das demoskopische Interview liefert keine Antworten zu Fragen, die nicht gestellt wurden. Und da *während* der Befragung nicht korrigiert, »gelernt« werden kann, muß auch das Lernen vor Beginn der Befragung stattfinden.

Für dieses Lernen vor Beginn der Umfrage gibt es eine ganze Reihe von Verfahren, die unter dem irreführenden Begriff »Qualitative Forschung« zusammengefaßt werden:[11] unstrukturierte oder mit Hilfe eines Gesprächsleitfadens halb strukturierte Intensiv-Interviews oder Gruppendiskussionen (›focus groups‹). Irreführend ist der Begriff »qualitativ«, weil er suggeriert, diese Verfahren seien der demoskopischen, der »quantitativen« Fragemethode überlegen. Und so wird die »qualitative Sozialforschung« von manchen Autoren auch als die mehr Tiefgang vermittelnde Alternative zur Repräsentativumfrage angepriesen.[12] Diese Sichtweise verkennt den grundlegend unter-

[12] Z. B.: Christa Hoffmann-Riem: Die Sozialforschung einer interpretativen Soziologie. In: Kölner Zeitschrift für Soziologie und Sozialpsychologie, 32, 1980, S. 339–372.

[11] Zur »Qualitativen« Forschung: Walter Spöhring: Qualitative Sozialforschung. Stuttgart 1989. Siegfried Lamnek: Qualitative Sozialforschung. 2 Bde. 2. Auflage. Weinheim 1993. Uwe Flick: Qualitative Forschung. Theorie, Methoden, Anwendung in Psychologie und Sozialwissenschaften. Reinbek 1995.

schiedlichen Charakter beider Verfahren. Sie unterschätzt die Möglichkeiten der Repräsentativbefragung, vor allem aber ignoriert sie die Grenzen der »qualitativen« Forschung. Gruppendiskussionen und Tiefeninterviews haben alle Mängel, die die Untersuchung des Forschers, der die Umfrage zur Krankenkassenreform durchführte, auch hatte. Und sie haben noch einen weiteren Mangel: Sie sind in der Regel nur bei kleinen, nicht repräsentativen Stichproben durchführbar: Das heißt, die Ergebnisse »qualitativer Forschung« sind

- nicht für die Gesamtbevölkerung zu verallgemeinern
- nicht ausreichend standardisiert und damit
- nicht überprüfbar und
- nicht wiederholbar.

Mit anderen Worten: Sie erfüllen nicht die Grundbedingungen empirischer wissenschaftlicher Arbeit. Das bedeutet: Die Ergebnisse solcher Untersuchungen dürfen nicht die alleinige Grundlage von Analysen und Entscheidungen sein, es sei denn, das Ziel der Forschung wäre die individuelle, nicht zu verallgemeinernde Analyse der einzelnen Befragten. Das Allensbacher Institut zeigte in einem Methodenexperiment, daß die Ergebnisse von Gruppendiskussionen unter Umständen in die Irre führen können, während eine strukturierte Befragung selbst bei einer winzigen Stichprobe zuverlässigere Ergebnisse liefert.[13] Das liegt unter anderem daran, daß sich die Teilnehmer einer Gruppendiskussion mit ihren Äußerungen gegenseitig beeinflussen. Ein Effekt, der auch durchaus beabsichtigt ist. Der Experte in der Methode der Gruppendiskussion, Dr. Klaus Haupt, sagte sehr zu Recht bei einer Arbeitstagung im Statistischen Bundesamt: »Die Gruppendiskussion darf nicht dazu verkommen, daß man die Teilnehmer nacheinander zu den verschiedenen Punkten einzeln abfragt. Die Gruppendynamik muß durch die Leitung der Gruppendiskussion stimuliert werden.«[14]

Die qualitativen Verfahren ersetzen in der Sozialforschung keinesfalls die Repräsentativbefragung, aber ihr vorgeschaltet können sie wichtige Erkenntnisse liefern, die sich dann im Fra-

[13] Institut für Demoskopie Allensbach: Gruppendiskussion und Einzelinterview: Ein Methodenexperiment. Allensbach 1994. Über die Vorteile und Grenzen von Gruppendiskussionen und Einzelexplorationen siehe auch Klaus Haupt: Bewertung und Beurteilung von Fragebogen durch Gruppendiskussionen. In: Context, Folge 16, 1995, S. I–IX.

[14] 23. Juni 1995.

gebogen der repräsentativen Untersuchung widerspiegeln. Gelegentlich sind vorgeschaltete Gruppendiskussionen oder Intensivinterviews die Voraussetzung für den Erfolg einer Bevölkerungsumfrage. Denn sie können helfen, den schon mehrfach beschriebenen Mangel des demoskopischen Interviews auszugleichen: Sie können auf den Befragten eingehen, unterschiedlich nachfragen, variieren, Gedanken zutage fördern, die dem Forscher sonst womöglich gar nicht gekommen wären. Sie können ein bis dahin unbekanntes Thema so von allen Seiten beleuchten, daß die dann nachfolgende demoskopische Umfrage – bei aller Standardisierung – der Untersuchungsaufgabe gerecht wird.[15] Ein Fragenkatalog zu einem Intensiv-Interview könnte zum Beispiel so aussehen:[16]

Einleitungsfrage:
Wie läuft bei Ihnen ein ganz normaler Tag ab, wie sieht Ihr Alltag aus? Könnten Sie das einmal ausführlicher beschreiben?

Ergänzungsfragen
a) Jeder erlebt ja gute Tage, wo alles so läuft, wie man es sich wünscht, und unangenehme Tage, nach denen man total frustriert ist. Ein wirklich guter Tag: Was heißt das für Sie? Wann sind Sie mit einem Tag so richtig zufrieden?
b) Und ein Tag voller Frust? Was nervt Sie an solchen Tagen besonders?
c) Gibt es bei Ihnen im Alltag etwas, auf das Sie sich meistens richtig freuen? Was ist das?
d) Und wieweit gibt es unangenehme, lästige Dinge in Ihrem Alltag, die regelmäßig auf Sie zukommen?
e) Wieweit können Sie Ihren Alltag unter der Woche eigentlich so gestalten, wie Sie möchten, und wieweit müssen Sie sich anpassen?
f) Wie ist das in Ihrer Freizeit: Wieweit fühlen Sie sich da wirklich frei?
g) Wenn Sie morgens aufstehen: Wie ist da allgemein Ihre Stimmung, was sind Ihre ersten Gedanken?
h) Und abends: Wie fühlen Sie sich abends, wie ist da meistens Ihre Stimmung?
i) Fast jeder hat ja Aufgaben oder Phasen, wo man sich langweilt. Wann langweilen Sie sich, was ödet Sie an?

[15] Über den Wert, die Rolle und Regeln zur Durchführung von Vorstudien: Erp Ring: Signale der Gesellschaft. Psychologische Diagnostik in der Umfrageforschung. Göttingen und Stuttgart 1992, S. 20–41.

[16] Auszug aus dem Fragenkatalog eines längeren Intensiv-Interviews. Allensbacher Archiv, IfD-Umfrage 3211/PS, Juni 1991.

Man sieht: Es gibt keine Standardisierung, dem Redefluß der Befragten werden keine Grenzen gesetzt. Eine seriöse statistische Auswertung der durch einen solchen Fragebogen gewonnenen Antworten wäre unmöglich, die Antworten als Grundlage für einen Bericht zu verwenden wäre fahrlässig. Aber man erkennt auch den Wert des Intensiv-Interviews: Es kann die ganze Bandbreite möglicher Antworten zutage fördern.

Aber auch unabhängig von den Fällen, in denen solche Verfahren nötig sein können – wie etwa bei aufwendigen Untersuchungen, wo oft komplette Leitstudien, strukturierte Befragungen einer relativ kleinen, aber statistisch repräsentativen Personengruppe im Vorfeld der eigentlichen Untersuchung durchgeführt werden; ebenso bei allen anderen Umfragen, auch bei den einfachen, übersichtlichen Themen –, ist ein Vortest des Fragebogens unverzichtbar (man benutzt für einen solchen Vortest meistens den englischen Begriff Pretest). Sind die Fragebogen einmal unter den Interviewern verteilt, gibt es kein Zurück mehr. Also müssen ungeschickte Frageformulierungen und andere Quellen für Mißverständnisse oder unerwünschte Effekte vorher erkannt und korrigiert werden.

Aus der erforderlichen starren Festlegung aller Einzelheiten einer demoskopischen Erhebung ergibt sich die außerordentliche Bedeutung der vorweglaufenden Probebefragungen. Die Standardisierung bedingt den intensiven Vortest. Die Probebefragungen müssen von einer größeren Zahl von Experten vorgenommen werden, die teils an dem Forschungsprojekt beteiligt sein sollen, teils keine Kenntnis des Untersuchungsziels besitzen dürfen. Sie müssen unter echten Bedingungen erfolgen, also in der Regel mit Unbekannten geführt werden, und zwar mit Personen aus allen Bevölkerungsschichten bzw. eben aus jener Bevölkerungsschicht, die später repräsentativ befragt werden soll.

Man sieht: was der einzelne Forscher im Laufe von 200 Interviews zugelernt und an Verbesserungen ausgedacht hat, muß von der Gruppe der Probeinterviewer in relativ kurzer Zeitspanne – und unter Ausnutzung einer größeren Vielfalt der Gesichtspunkte – geleistet werden.

Der Forscher geniert sich

Bei der Erhebung seines Rohmaterials, bei der sogenannten »Feldarbeit«, muß der Forscher Interviewer und Befragte allein lassen. Um so lebhafter, sollte man annehmen, müßte sein Bedürfnis sein, Probebefragungen selbst vorzunehmen. Tatsächlich kann ihm auch niemand diese wichtige Erfahrung, die persönliche Beobachtung, abnehmen: Werden die Fragen spontan verstanden? Werden sie unbefangen beantwortet? Oder gibt es Zeichen eines Ausweichens, des Mißverständnisses, der Irritation, des Überdrusses, der Überanstrengung? Treffen die Fragen das Untersuchungsziel? Fehlen Schlüsselfragen? Nach einigen hundert Testinterviews mit vielen ganz verschiedenen Fragebogenentwürfen bekommt man ein feines Ohr für solche Wahrnehmungen.

Für viele Sozialforscher liegt im Vortest jedoch eine echte berufliche Klippe, wie etwa für einen jungen Medizinstudenten die Arbeit in der Anatomie, im Seziersaal, zu einer Klippe werden kann. Der junge Sozialforscher geniert sich, an fremden Wohnungstüren die Klingeln zu drücken (»wie ein Hausierer«). Er weiß: Man darf das demoskopische Interview nicht als gesellschaftliche Situation, als Gespräch mißverstehen (»Das Gespräch ist kein Gespräch«). Aber unwillkürlich sieht er sich selbst als unbefugten Eindringling (»Warum sollten mir die Leute antworten?« – »Wer weiß, was sie gerade vorhatten?« – »Ich kann doch nicht einfach nach ihrem Einkommen fragen«). Seine Unsicherheit weckt Unsicherheit auch bei den Personen, die ihm die Wohnungstür öffnen; darum erhält er anfangs viele Ablehnungen. Er braucht einige Zeit, um sich von der Rolle der Privatperson freizumachen und in die Rolle des Sozialforschers hineinzuwachsen, der seine experimentellen Anordnungen testet.

Der junge Mediziner überwindet sich, weil ihm die Notwendigkeit zwingend vor Augen steht. Der Sozialforscher hält es zunächst gar nicht für notwendig, selbst mit seinem Fragebogen zu interviewen. Er erscheint ihm am Schreibtisch ausgezeichnet. Und selten läuft der Sozialforscher Gefahr, daß die Ergebnisse, die er am Schluß einer Untersuchung vorlegt, an der Wirklichkeit kontrolliert werden können. Wer will denn nachweisen, die Bevölkerung denke anders über die beiden Modelle der Krankenkassenreform, als er in seinem Gutachten berichtet hat?

Für den Sozialforscher ist der Mangel an Kontrollen aber kein Vorteil! Leicht entwickelt sich daraus eine trügerische Sicherheit. Ob die dem Problem angemessenen Verfahrensweisen angewandt werden, hängt unter diesen Umständen von der Arbeitsmoral, der wissenschaftlichen Gesinnung ab. Dazu gehört, wie zuvor beschrieben, Entlastung von Interviewern und Befragten als den schwächsten Gliedern der Kette. Der Forscher nimmt die Mühen soweit wie möglich auf sich. Das heißt auch, daß er die Untersuchung in allen ihren Phasen so weit wie möglich selbst in der Hand behält und der Versuchung widersteht, Teile der Aufgabe, wie etwa die Stichprobengewinnung, die Feldarbeit oder die Aufbereitung der Daten, Dritten zu überlassen, die ihm dann das Ergebnis ihrer Arbeit zuleiten. Eine Vorgehensweise, die zur Folge hätte, daß der Forschungsverlauf als Ganzes nur noch schwer überblickt werden könnte.

Schließlich gehört zur wissenschaftlichen Gesinnung des Sozialforschers die stete – von geistigem Hochmut freie – Bereitschaft, die Möglichkeit eigenen Irrtums zu unterstellen. Das ist der Zustand, der zusammen mit der Leidenschaft für die Aufgabe, mit der wissenschaftlichen Neugierde, dem Sozialforscher hilft, mit immer größerer Sicherheit und schärferem Beobachtungsvermögen die Schwellen zu überschreiten und sich dabei zu vergegenwärtigen: Der Vortest ist die letzte Etappe vor der Erstarrung des Frageschemas, mit dem in Hunderten oder Tausenden standardisierter Interviews die Feldarbeit gleich darauf beginnt.

Das demoskopische Interview ist ein Reaktions-Experiment

Wir übergehen hier einen ebenso kennzeichnenden wie auch wieder befremdlichen Zug des demoskopischen Interviews: die Anonymität der Befragten und ihre Austauschbarkeit. Nicht als Personen, sondern als Angehörige von Gruppen – spröder gesagt: als »Träger von Merkmalen« – werden sie befragt. In dem Kapitel »Der repräsentative Querschnitt« kehren wir zu diesem Aspekt zurück.

Werden in demoskopischen Interviews Meinungen erforscht, oder werden – wie oft eingewendet wird – Meinungen dadurch erst hervorgerufen? Nehmen wir noch einmal das Beispiel der Umfrage zur Krankenkassenreform. Zwei Möglichkeiten wurden den Befragten zur Auswahl vorgelegt:

1. Die Krankenkassen übernehmen immer noch viele Leistungen voll. Die Krankenkassenbeiträge bleiben so hoch wie sie sind.
2. Die Krankenkassen übernehmen nur noch bestimmte »Grundleistungen«. Was darüber hinaus geht, muß der Patient selbst bezahlen. Dadurch können die Krankenkassenbeiträge um ca. 20 Prozent gesenkt werden.

Zweifellos hatte die große Mehrheit der Befragten vor Beginn des Interviews noch keine gleichsam bereitliegende Meinung darüber, welche dieser Regelungen die bessere sei. Das Vorlegen von Fragen zu Gegenständen, über die sich die Befragten vor dem Interview noch keine Meinung gebildet haben, ist keine Ausnahme. Bei den »Meinungsumfragen« werden also häufig keine fertigen Meinungen eingesammelt, sondern es werden Reaktionen festgestellt. Die Befragten »reagieren« in der experimentellen Test-Situation, indem sie die Testfragen beantworten. Sie mögen über die beste Krankenkassen-Regelung vor dem Interview noch keine klare Meinung gehabt haben, aber dennoch kommen die Ansichten, die sie nun äußern, nicht von ungefähr. Sie sind ein Ausdruck von Kenntnissen, von persönlichen Erfahrungen, Anlagen und Einstellungen, von persönlichen Interessen, die den realen und meist schwer veränderlichen Untergrund der Meinungen bilden. Die Meinung selbst mag sich eben erst im Interview gebildet haben, die Dispositionen, deren Indikator sie ist, sind vorgegeben und sind – etwa bei der Einführung einer Krankenkassenreform – eine politische Realität.

Im demoskopischen Interview müssen Testfragen, Beobachtungsformen und Testaufgaben gefunden werden, die den Befragten veranlassen, seine Haltung zu offenbaren. Diese Fragen oder Aufgaben wirken häufig provozierend sinnlos, wenn man den Fragebogen ohne Einweihung in die Untersuchungsabsichten liest.

»Gibt es eine Farbe, die Sie besonders gern haben? Welche?« Einwand des kritischen Lesers: »Meinen Sie für Krawatten oder als Farbe für Gardinen oder für was sonst?« Doch 90 Prozent der unbefangenen Bevölkerung fragen nicht so zurück, sondern nennen ihre Lieblingsfarbe – häufig Blau, in Süddeutschland auch oft Rot, in Norddeutschland ist Grün beliebter. Es ist gleichgültig, ob Testfragen beim Lesen sinnvoll und überzeugend klingen. Aber für die Befragten im demoskopischen Interview müssen sie plausibel wirken. Ob das der Fall ist, läßt sich beim Lesen eines Fragebogens mit Maßstäben der Logik, der Systematik, der thematischen Geschlossenheit nicht feststellen.

Das einfache In-Szene-Setzen der Fragebogen in einer Reihe von Probeinterviews bringt dagegen meist rasch zutage, ob gewisse – zum Teil dem ungeordneten Alltagsgespräch nachgebildete – Prinzipien der Einleitung, der Verknüpfung oder der Unterbrechung erfolgreich angewendet wurden.[17]

Der Einfallsreichtum beim Entwickeln der Testfragen entscheidet wohl vor allem anderen, ob eine Untersuchungsaufgabe überhaupt gelöst wird. So wurde z. B. bei einer Analyse der Motive, aus denen heraus Lezithin-Präparate verwendet werden, die Frage gestellt: »Die meisten Menschen kennen Zeiten, in denen sie unlustig und niedergeschlagen sind und alles grau in grau sehen. Sie grübeln dann vor sich hin, und nichts will ihnen recht gelingen. Wie ist es bei Ihnen in dieser Hinsicht: Geht es Ihnen auch manchmal so, oder kennen Sie diese niedergeschlagene Stimmung nicht?« Wäre diese Frage und mehrere ähnliche nicht erdacht worden, und wären die Interviewer nicht aufgefordert worden, am Ende des Interviews Notizen über

[17] Vgl. dazu den Abschnitt »Aufbau und Reihenfolge« des Kapitels »Der Fragebogen«, S. 120.

Größe und Figur der Befragten zu machen, dann wäre es beispielsweise nicht gelungen, nachzuweisen, daß besonders die von Kretschmer[18] beschriebenen zyklothymen Typen, Frauen eher heiterer, aber unter Stimmungsschwankungen leidender Art – im Körperbau oft Pykniker, eher klein und rundlich – , solche Stärkungsmittel gebrauchen, um depressive Phasen ein wenig zu überspielen.

Wie in diesem Fall, so liegen oft bei Beginn einer Untersuchung keine Hypothesen vor, die bereits in die richtige Richtung weisen und die Erfindung von Testfragen steuern. Aber selbst wenn man schon auf der Fährte ist, ergeben sich Testfragen keineswegs von allein, sondern sie sind Erzeugnisse der Intuition jener Gruppe von Personen, die an der Ausarbeitung des Fragebogens mitwirken.

Häufig scheint zwischen den Untersuchungsaufgaben und den Testfragen, den Test-Beobachtungen keine Beziehung zu bestehen. Als beispielsweise die unter Paul Lazarsfeld arbeitenden Wiener Sozialpsychologen Anfang der dreißiger Jahre bei ihren Studien der Arbeitslosen von Marienthal die Geh-Geschwindigkeit ihrer Versuchspersonen auf der Straße unbemerkt beobachteten und von einem Fenster aus maßen, war die Tragweite der Erkenntnisse, die mit diesem Test-Instrument gewonnen wurden, zunächst gar nicht abzusehen. Es wurde festgestellt, daß die arbeitslosen Männer besonders langsam gingen und häufig stehenblieben. Daraus wurde – im Zusammenhang mit anderen, ähnlich interpretierbaren Beobachtungen, wie Planlosigkeit in der Tageseinteilung, Zuspätkommen bei Mahlzeiten, Liegenlassen der Uhr – eine typische Folge der Arbeitslosigkeit klar: der »Zerfall der Zeitbewußtseins, das seinen Sinn als Ordnungsschema im Tagesverlauf verliert«.[19]

Die scheinbare Sinnlosigkeit vieler Beobachtungs-Kategorien und Testfragen im demoskopischen Interview darf nicht täuschen: Was man in einem solchen Fragebogen an eigenartig oder auch banal wirkenden Ermittlungsformen kombiniert findet, ist nur am Ertrag zu messen, daran, was sich mit dieser oder jener Testfrage »sichtbar« machen läßt. Man muß sich immer

[18] Ernst Kretschmer: Körperbau und Charakter. Berlin 1961.

[19] Marie Jahoda, Paul F. Lazarsfeld, Hans Zeisel: Die Arbeitslosen von Marienthal. Leipzig 1933. Neudruck Allensbach und Bonn 1960. Dort S. 89.

wieder aufs neue vergegenwärtigen: Das demoskopische Interview ist als Reaktions-Experiment zu verstehen, nicht als kluges Gespräch. Wie wir noch sehen werden, versucht man sogar gelegentlich, ohne Worte auszukommen und Testanordnungen zu finden, bei denen möglichst viel durch Beobachtung erledigt wird.

Deutlich läßt sich der Unterschied zwischen dem demoskopischen Interview und dem individuellen Interview, bei dem der einzelne unter seinem Namen auftritt und als Persönlichkeit befragt wird, noch auf die folgende Weise kennzeichnen:

»Ein individuelles Interview ist ein in sich geschlossenes Ganzes, das für sich mit seinen inneren Zusammenhängen ausgewertet wird. Der Interviewer hat dabei ständig das gesamte Interview-Ziel im Kopf: so etwa der Arzt gegenüber dem Patienten, der Rechtsanwalt in seinem Gespräch mit seinem Mandanten, der Journalist gegenüber dem von ihm Interviewten. Sie stellen sich in der Befragung ganz auf das Individuelle ein. Sie bemühen sich, auch sachlich weit auseinanderliegende Mitteilungen zu einem Bild zusammenzuziehen.

Das einzelne demoskopische Interview dagegen ist nur das Teilstück einer anderen ›Ganzheit‹, nämlich einer Umfrage; jede einzelne Frage innerhalb des Interviews soll wie ein identischer experimenteller Rahmen sein, auf den hin die Befragten mit ihren Antworten reagieren. Das Interview soll möglichst nicht ein geschlossenes Ganzes sein, sondern im Idealfall eine Summe von Fragen. Daraus erklärt sich die Eigentümlichkeit des zerhackt wirkenden demoskopischen Interviews, bei dem thematisch verwandte Fragen oft vorsätzlich in weitem zeitlichen Abstand voneinander gestellt werden oder ›Auslöscher-Fragen‹ oder ›Pufferfragen‹ (wie etwa die Vorlage eines Bildblattes mit Einfamilienhäusern, zur Entscheidung, welches man am liebsten besitzen möchte, zwischen zwei Fragekomplexen über die Einstellung zum Rundfunkprogramm) den Gedankengang unterbrechen, um die Ausstrahlung eben behandelter Themen auf die nachfolgenden Fragen zu verhindern.«[20]

Gelegentlich gibt es zwar Versuchsanordnungen, bei denen eine solche Ausstrahlung planmäßig hergestellt wird: z. B. bei Anzeigentests, wenn Fragen zu einem Produkt oder einer Marke gestellt werden, nachdem vorher Anzeigen gezeigt und bespro-

[20] Zitiert nach einem unveröffentlichten Manuskript von Wilhelm Schwarzenauer, Allensbach. Vgl. auch S. 134.

chen wurden.[21] Man will damit beobachten, wie sich die Einstellungen – beispielsweise zu einem Produkt – unter der Ausstrahlung der Anzeigen verändern, und vergleicht die Ergebnisse mit denjenigen Einstellungen einer Kontrollgruppe von Personen, die nicht durch Anzeigen beeinflußt wurden.

Bei der Untersuchung von Wirkungen (Wirkung von Anzeigen, überhaupt Werbung, Wirkung von Nachrichten, Massenmedien, Untersuchungen zur Beeinflußbarkeit beispielsweise des Geschmacks) wird man gelegentlich finden, daß eine Reihe von Fragen im demoskopischen Interview ein zusammenhängendes Ganzes bilden soll. Aber die Regel wird durch die Formel bezeichnet: »eine Summe von Fragen«. Das ist es, was man im allgemeinen bei der Fragebogen-Konstruktion anstrebt. Das Zusammenziehen zum Ganzen einer Diagnose erfolgt erst später bei der Analyse des Materials aus Hunderten und oft Tausenden von aufgezeichneten Antworten.

Bekehrungen im Interview – leicht, aber nutzlos

Man bemüht sich, die einzelnen Fragen im demoskopischen Interview soweit wie möglich gegeneinander zu isolieren, weil man den ganz unberechenbaren und oft erheblichen Einfluß fürchtet, den zuerst gestellte Fragen auf die Beantwortung der folgenden Fragen ausüben.

Die empfindliche Reaktion auf die Reihenfolge von Fragen oder auch von Alternativen innerhalb eines Fragetextes, auf einzelne Wendungen und Worte bildet eine ärgerliche Schwäche der demoskopischen Methode. Das erklärt sich teilweise aus dem gewissermaßen künstlich »gleichgeschalteten« Blickpunkt aller Befragten, aus dem gleichgerichteten Gedankenzusammenhang, der durch eine bestimmte Fragefolge hergestellt wird. Steht etwa am Ende eines Fragebogens mit vielen Fragen zu politischen

[21] Vgl. S. 469.

Themen die Erkundigung: »Einmal ganz allgemein gesprochen: Interessieren Sie sich für Politik?«, so ist der Gedankenzusammenhang, aus dem heraus die Antworten kommen, anders, als wenn Fragen über Versicherungen und Waschmittel vorausgehen. Auch die isolierende Wendung »einmal ganz allgemein gesprochen ...« zur Einleitung der Frage nach dem generellen Politikinteresse reicht nicht aus, um den Akzent, den die vorangegangenen Fragen gesetzt haben, ganz auszulöschen.[22]

Aber noch ein zweiter Faktor erklärt die leichte Beeinflußbarkeit der Antworten. Die Anonymität, in der das demoskopische Interview abläuft, ist zwar eine Voraussetzung für die Aufrichtigkeit der Auskünfte und eine Voraussetzung, um im gleichsam gesellschaftlich leeren Raum Themen ansprechen zu können, die man sonst konventionell nicht zu besprechen pflegt (religiöse Fragen, Einkommensverhältnisse, Intimsphäre, Hygiene und so weiter), aber zugleich begünstigt diese Anonymität auch die Nachgiebigkeit der Befragten, sobald sie den Eindruck gewinnen, der Interviewer (also der Fragebogen) wünsche eine bestimmte Antwort von ihnen zu hören. In der Situation des anonymen demoskopischen Interviews gibt es keine starken Motive, sich nachdrücklich für eine Überzeugung einzusetzen. Die Konsequenzlosigkeit der Antwort ist für das demoskopische Interview typisch. Über ihre Wirkungen muß man sich bei der Handhabung der Methoden Rechenschaft geben. In vieler Hinsicht wird dadurch die Aufgabe erleichtert, sich ein zutreffendes Bild vom Verhalten und von der Einstellung eines Menschen zu machen. Die Gefahr, daß die Befragten absichtlich nicht die Wahrheit sagen, ist dabei gering. Ihre Ehrlichkeit läßt sich leicht mit Fragen wie der folgenden testen:

»Sind Sie persönlich für oder gegen den Imponderabilienvorschlag der Regierung?«[23]

[22] In den Jahren 1992 und 1993 schwankte der Anteil derer, die auf die Frage »Einmal ganz allgemein gesprochen: Interessieren Sie sich für Politik?« mit »Ja« antworteten, zwischen 44 und 55 Prozent. Die vier Umfragen, bei denen das stärkste Politikinteresse ermittelt wurde, hatten im Durchschnitt einen Anteil von 60 Prozent politische Fragen. Die vier Befragungen, die das geringste Interesse an Politik ermittelten, hatten im Durchschnitt 35 Prozent Fragen zu politischen Themen. (Wobei in diesem Fall Umfragen, die im Vorfeld von Wahlen stattfanden, von der Analyse ausgenommen waren; denn in Zeiten größerer politischer Ereignisse steigt naturgemäß sowohl der Anteil politischer Fragen in den Fragebogen der Meinungsforschungsinstitute an als auch das politische Interesse der Bürger. Vgl. S. 415 über Scheinkorrelationen.) Allensbacher Archiv, IfD-Hauptbefragungen der Jahre 1992 und 1993.

[23] Allensbacher Archiv, IfD-Umfrage Nr. 6001, September 1994.

	Bevölkerung ab 16 Jahre
	%
Dafür	2
Dagegen	2
Unentschieden	8
Noch nicht davon gehört:	88
	100
n (Numerus, Anzahl der Befragten) =	2390

Den Imponderabilienvorschlag gibt es nicht, das Wort ist frei erfunden, die Befragten können also unmöglich eine Meinung dazu haben. Das Ergebnis zeigt: Nur sehr wenige scheuen sich zuzugeben, daß sie noch nie etwas vom »Imponderabilienvorschlag der Regierung« gehört haben und flüchten sich in eine Notlüge.

Es handelt sich bei diesem Thema nicht um eine Spielerei. Dort, wo die Umfrageforschung als Beweismittel im gewerblichen Rechtsschutz gebraucht wird, kann die Frage, ob man sich auf die Angaben der Befragten verlassen oder nicht verlassen kann, prozeßentscheidend werden.[24] Dazu eine Illustration:

Für ein Gerichtsverfahren sollte festgestellt werden, ob bei einem Produkt, das als Markennamen den Namen einer Kleinstadt trägt, dieser Markenname von der Bevölkerung als Herstellerhinweis oder als Ortsangabe verstanden wird. Dabei wurde auch erfragt, ein wie großer Teil der Bevölkerung von dieser bestimmten Kleinstadt in Westdeutschland gehört hatte.

Eine Repräsentativumfrage ergab, daß der Ort fast zwei Dritteln der Bevölkerung bekannt war. Beim Gericht kamen Zweifel auf: Könnte es sein, daß ein Teil der Befragten die Antwort »Ja, es gibt einen Ort namens XY« geraten hatte? Dies wurde überprüft, indem man in einer anderen repräsentativen Umfrage statt nach der Stadt XY im selben Wortlaut nach einem Ortsnamen fragte, der nicht existiert:[25]

[24] In Deutschland ist die Demoskopie seit 1957 als gerichtliches Beweismittel anerkannt. Näheres dazu siehe: Elisabeth Noelle-Neumann, Carl Schramm: Umfrageforschung in der Rechtspraxis. Weinheim 1961; Anne Niedermann: Umfrageforschung in der Rechtspraxis. München. Erscheint voraussichtlich 2004. Vgl. auch Hans Zeisel, David Kaye: Prove It with Figures. Empirical Methodology in Law and Ligitation. New York u. a. 1997.

[25] Allensbacher Archiv, IfD-Umfrage Nr. 6 019, September 1995.

»Wissen Sie zufällig, ob es einen Ort mit dem Namen ›Fulstein‹ gibt? Hier ist der Name noch einmal aufgeschrieben.«
(Interviewer überreicht eine Karte mit der Bezeichnung »Fulstein«)

	Bevölkerung ab 16 Jahre
	%
Ja, es gibt einen Ort mit dem Namen »Fulstein«	8
Nein, gibt es nicht, unentschieden, weiß nicht	92
	100
n =	2167

Auch hier zeigt sich, daß nur wenige Befragte Wissen vortäuschten, versuchten, die Antwort zu erraten. Die meisten sagten, den Ort »Fulstein« gebe es nicht oder gaben keine konkrete Antwort. Die Unaufrichtigkeit aus Konvention oder Interessenbezogenheit einschließlich der Tendenz, mit den Antworten dem Interviewer imponieren zu wollen, ist im demoskopischen Interview eine geringere Fehlerquelle als allgemein vermutet wird. Das Vortäuschen von Wissen wird insbesondere in der Oberschicht, deren Angehörige oft auf ihrem Bildungs- und Berufsweg mehrere Prüfungen absolvieren mußten, für nahezu selbstverständlich gehalten. Aber für die breite Bevölkerung gibt es keinen Grund, in dieser Weise Wissen vorzutäuschen. Auch Ulkreaktionen sind bemerkenswert selten. Aber umgekehrt lastet gerade bei moralisch stark aufgeladenen – oft politischen – Themen ein psychologischer Druck auf den Befragten, in einer »öffentlich erwünschten« Weise zu antworten.[26] Die Bereitwilligkeit, dem Interviewer »nachzugeben«, bildet bei vielen Untersuchungsaufgaben eine ernste Schwierigkeit.

Der Klassiker unter den »Bekehrungsfragen« ist die Umfrage des National Opinion Research Center im Jahre 1947 bei einem repräsentativen Querschnitt der amerikanischen Bevölkerung: »At the present time there are over 800 000 homeless people in Europe. Do you feel the US should let some of these people come here now?« Auf diese Frage stimmten 23 Prozent zu, die

[26] Man spricht auch von »political correctness« als Fehlerquelle. Der Befragte antwortet nicht, was er denkt, sondern was er für eine »politisch korrekte«, das heißt: moralisch korrekte Antwort hält. Zu solchen sozialpsychologischen Wirkungsmechanismen: Noelle-Neumann 2001.

Vereinigten Staaten sollten einem Teil der Heimatlosen Einwanderungserlaubnis geben.

Diejenigen, die nicht zustimmten, wurden weiter gefragt: »Do you feel, we should let some of them come here if other countries agreed to take some too?« Auf diesen Appell hin stimmten weitere 27 Prozent zu, einen Teil der europäischen Heimatlosen in die Vereinigten Staaten hereinzulassen.

Nach dieser Umfrage hätte man sagen können, 50 Prozent der Amerikaner befürworteten eine Aufnahme von Vertriebenen in den USA. Indessen hätte eine solche Feststellung die wahre Stimmung zur Zeit der Befragung kaum richtig wiedergegeben.[27] Oder ein anderes Beispiel vom Januar 1993: Frage: »Die Olympischen Spiele in Los Angeles, Seoul und Barcelona waren finanziell erfolgreich und haben zu wichtigen Neubauten geführt. Was ist Ihre Meinung zu Olympia 2000 in Berlin?«

Unter diesen Umständen sprachen sich 53 Prozent der Berliner für die Olympischen Spiele in ihrer Stadt aus. Alle vorhergehenden Umfragen hatten Mehrheiten dagegen ermittelt.[28]

Umfragen nach diesem Modell werden damit gerechtfertigt, man wolle feststellen, ein wie großer Teil der Bevölkerung eine Maßnahme billige, wenn man die Leute nur »richtig« aufkläre (z.B. darüber, daß Olympische Spiele nicht hohe Schulden nach sich ziehen müssen).

Indessen erreicht man mit solchen Fragen lediglich eine nachgiebige Zustimmung, die keine Realität besitzt. Man erhält ein trügerisches Zahlenbild, das gefährlichste Produkt repräsentativer Umfragen. Man scheut sich zwar in der Regel, allzu auffällige Suggestivfragen zu verwenden (»Sind Sie nicht auch der Meinung, daß ...«), die »aufklärende« Nachfrage aber ist noch keineswegs endgültig verbannt worden, wie es zu wünschen wäre.

Das gleiche gilt für Frageformen, die Argumente nur für eine

[27] »Public Opinion Quarterly«, Herbst 1947, S. 476.

[28] EMNID-Umfrage, zit. nach: Walter Dreher: Wer dreht an Volkes Meinung? In: Focus, 1994, Heft 2, S. 42–49, dort S. 48. Ein weiteres Beispiel, eine Frageserie aus einem Tiefen-Interview: »Warum backen Sie überhaupt Ihren Kuchen selber, anstatt ihn fertig zu kaufen? Wirklich nur wegen der Geldersparnis? Oder weil Sie glauben, Ihr Kuchen wäre besser? – Ist Ihre Arbeit nicht vielmehr eine sichtbare Krönung Ihrer sonst viel zuwenig beachteten Hausfrauentätigkeit, für die Sie endlich einmal Anerkennung von der Familie ernten?«

Bei einer so drängenden, überzeugenden »Frage« werden sich viele Frauen nicht die Mühe machen, dem Interviewer, der offenbar über sie schon besser Bescheid weiß als sie selbst, zu widersprechen.

Seite anführen, und die nur dann gelegentlich sinnvoll sein können, wenn es darum geht, die Wirkung bestimmter Argumente zu testen, dann aber nur im direkten Vergleich mit Frageformulierungen, die andere oder keine Argumente anführen.[29] Die Ergebnisse solcher Experimente dürfen dann aber auf keinen Fall mit der echten Bevölkerungsmeinung verwechselt werden. Denn nach der Alltagserfahrung der Befragten ist das Anführen von Argumenten nur für eine Seite ein sicheres Zeichen dafür, daß der Sprecher eine Entscheidung für eben diese Seite wünscht. Diesen Gefallen kann man ihm im demoskopischen Interview gut tun.

Aus dem gleichen Grund sind auch die sogenannten »deliberative polls«, die Ende der 90er Jahre in Teilen der Politikwissenschaft in Mode gekommen waren, als wenig nützlich anzusehen. Hierbei wurden hunderte Befragte zu ausführlichen Informationsveranstaltungen zusammengerufen und davor und danach über ihre Meinung zu dem dort behandelten Thema befragt. Dabei spiegeln die Ergebnisse der zweiten Befragung ausschließlich die Wirkung der Schulung wieder. Über die tatsächliche Meinungsbildung der Bevölkerung – selbst wenn sie unter idealen Bedingungen stattfände – kann man auf diese Weise nichts erfahren.[30] Sehr friedfertig reagieren die Befragten auch auf Sprachfloskeln oder Techniken, wie man sie von jemandem kennt, der einen von seinem Standpunkt überzeugen will. Aus privatem Streitgespräch kennt man etwa den triumphierenden Hinweis auf einen Widerspruch (»Vorhin hast du aber gesagt ...«). Es ist sinnlos, im demoskopischen Interview Befragte ihrer Widersprüche »zu überführen«, so verlockend es auch sein mag, etwa als Gegner der Buchpreisbindung den Interviewer zu einem Befragten sagen zu lassen: »Vorhin haben Sie erklärt, die Bücher sind zu teuer. Jetzt sagen Sie, Sie sind dafür, daß Bücher überall gleich viel kosten. Das ist ein Widerspruch. Werden Sie sich bitte klar: Wenn Sie wollen, daß die Bücher billiger werden, müssen Sie auch gegen die Preisbindung stimmen ...«

[29] Vgl. dazu im Kapitel »Analyse« S. 472.

[30] James S. Fishkin: Bringing Deliberation to Democracy. In: The Public Perspective, Dezember/Januar 1996, S. 1-4. Warren J. Mitofsky: It's Not Deliberative and It's Not a Poll. In: The Public Perspective Dezember/Januar 1996, S. 4-6.

Man kann die ganze Bevölkerung hören, aber nicht zur ganzen Bevölkerung sprechen

Von den Fällen des Mißbrauchs können wir hier absehen: Zweifellos erscheint manches »Bekehrungs-Modell« in einem demoskopischen Interview, um die vorteilhaften Ergebnisse propagandistisch auszunutzen. Da die Sanftmut der Befragten im Interview, ihre Bereitschaft, gewünschte Antworten zu geben, heute noch nicht allgemein bekannt ist, lassen sich damit tatsächlich bedenkliche Wirkungen erzielen.

Oft geht das Verlangen der Auftraggeber von Umfragen nach »Aufklärung« der Befragten aber auch auf einen merkwürdigen Trugschluß zurück. Scheinbar erfüllt sich im Interview, im »Bekehrungs-Modell« ein Wunschtraum des Politikers: Ein repräsentativer Querschnitt der Bevölkerung, also eigentlich die ganze Bevölkerung, hört in festgelegten Formulierungen die Argumente, die für ihn, seine Partei, seinen Standpunkt sprechen. Da er durch Wahlprognosen und glaubhafte Versicherungen weiß, daß die beispielsweise 2000 Befragten tatsächlich die ganze Bevölkerung repräsentieren, bildet sich unbewußt die Vorstellung, man könne nicht nur von dem repräsentativen Querschnitt auf alle schließen, sondern, indem man die Befragten aufklärend überzeuge, alle aufklären und überzeugen.

Die Idee der statistischen Repräsentation durch Stichproben bleibt unserem Denken ungewohnt. Wir müssen uns ausdrücklich vergegenwärtigen: Man kann mit Hilfe der Demoskopie die ganze Bevölkerung hören oder sehen, aber man kann nicht zur ganzen Bevölkerung sprechen.

II. Der Fragebogen

Programmfrage und Testfrage

Am Beginn einer Erhebung steht nicht die Formulierung des Fragebogens. Am Beginn steht die Aufzeichnung der Untersuchungsaufgaben, der Untersuchungsziele, der Programmfragen. Dieser erste Abschnitt kommt bei vielen Untersuchungen zu kurz, weil er nicht klar genug als besondere Phase von entscheidender Tragweite erkannt wird. Mit einer eigenartigen Ungeduld wendet sich das Interesse aller Beteiligten der »Aufstellung des Fragebogens« zu – so, als komme erst damit die beschlossene Umfrage richtig in Gang. In der Art, wie die Formulierung der Probleme, die geklärt werden sollen – und auch die Formulierung der Gründe, warum diesen Problemen eine Repräsentativ-Untersuchung gewidmet wird –, vernachlässigt wird und statt dessen Fragebogenfragen ausgedacht werden, liegt nicht nur eine Verkennung des Wertes der Vorbereitung, sondern auch eine Unterschätzung der Schwierigkeiten einer Fragebogen-Konstruktion. Auf den ersten Blick sieht ja auch alles ganz einfach aus. Das Bild der Demoskopie in der Öffentlichkeit wird von unkomplizierten Fragen geprägt. Einfache Erkundigungen nach dem Prinzip: »Sind Sie für oder gegen diesen oder jenen Politiker, für oder gegen dieses oder jenes Gesetz?« Aber in den meisten Fällen kommt man in der Umfrageforschung mit solchen »Abstimmungsfragen« nicht weit.

Bei den Juristen, die sich beim gewerblichen Rechtsschutz der Umfrageforschung bedienen, hat sich die Unterscheidung zwischen »Beweisfrage« und »Testfrage« eingebürgert.[1] Die »Beweisfrage« bezeichnet die Aufgabe, die »Testfrage« enthält

[1] Noelle-Neumann, Schramm 1961, Niedermann 2004.

den Wortlaut der Frage, wie sie einheitlich an die Befragten gerichtet wird.

Die Beweisfrage lautet beispielsweise, ob die Hausfrauen die Bezeichnung »Zöpfli« für eine bestimmte Art von Teigwaren als »Hersteller-Hinweis« oder als »Gattungsbegriff« auffassen; »Hersteller-Hinweis« – das heißt »Marke«, die eine Firma geprägt hat, um damit beim Publikum ihre Erzeugnisse von Erzeugnissen anderer Firmen abzuheben und eindeutig zu kennzeichnen. Das Gegenstück dazu sind »Gattungsbegriffe« wie »Spätzle« oder »Spaghetti«, aber auch allgemein »Teigwaren« oder »Lebensmittel«, Bezeichnungen einer Warenart oder Warenbeschaffenheit ohne Aussage über die Herstellerfirma.

Solche Erklärungen werden den Befragten nicht gegeben, und es hätte erst recht keinen Sinn, ihnen die »Beweisfrage« ohne Erklärung vorzulegen:

»Betrachten Sie die Bezeichnung ›Zöpfli‹ als
Hersteller-Hinweis oder als Gattungsbegriff?«

Statt dessen wird die Beweisfrage in die folgenden Testfragen übersetzt:

1. Interviewer überreicht ein Blatt, auf dem das Wort »ZÖPFLI« steht: »Hier steht Zöpfli – es handelt sich um eine Ware. Haben Sie davon schon einmal gehört oder gelesen?« Vorgegebene Antworten: Ja / Nein, noch nie.

2. Falls Ja:
»Wissen Sie, um was für eine Ware es sich da handelt?« Vorgegebene Antworten: Ja, und zwar: (Raum für wörtliches Notieren der Antwort)/ Unmöglich zu sagen.

3. Falls Angabe gemacht wurde: »Glauben Sie, daß Zöpfli von einer ganz bestimmten Firma oder von verschiedenen Firmen hergestellt werden?« Vorgegebene Antworten: Von einer bestimmten Firma / Von verschiedenen Firmen / Weiß nicht.

4. Falls von einer bestimmten Firma:
»Und wie heißt diese Firma?« (Raum für wörtliches Notieren der Antwort)

Die letzte, die vierte Testfrage, ist rechtlich nicht erforderlich, aber zur Klärung der Sachlage dienlich. Sie wird darum in der Regel bei solchen Untersuchungen hinzugefügt.

Ein Lehrbuch der Fragebogenmethode und -technik müßte sich überwiegend mit solchen »Übersetzungen« der »Beweisfragen« oder – wie man in der Umfrageforschung sagt – »Programmfragen« in »Testfragen« befassen. Übersetzungen sind das Kernstück der Umfragemethode. Die Mehrzahl der Aufgaben, mit denen die Umfrageforschung befaßt ist, kann man nicht unmittelbar in Fragen gekleidet an die Befragten weitergeben. Man könnte diese Feststellung beinahe als banal empfinden, wären nicht Mißbrauch und Versagen der Umfrageforschung überwiegend auf das naive Gleichsetzen von »Programmfrage« und »Testfrage« zurückzuführen, auf die Unkenntnis, daß es bei der Mehrzahl aller Untersuchungsaufgaben – mögen sie dem Politiker, Geschäftsmann, dem Publizisten oder Juristen auch noch so einfach erscheinen – einer Übersetzung bedarf, und zwar einer Übersetzung aus umfassender methodischer Erfahrung heraus.

Man muß die Methode aus ihren Fehlerquellen verstehen

Die Gründe, warum eine Übersetzung erforderlich ist, können hier summarisch aufgezählt werden:

1. Weil sprachliche Verständigungsschwierigkeiten bestehen, weil die Begriffe, mit denen die Beweisfrage oder die Untersuchungsaufgabe formuliert ist, der Bevölkerung nichts sagen, oder weil sie falsch verstanden oder auch verschieden ausgelegt werden, weil sie vieldeutig sind oder suggestiven Charakter haben, weil sie emotional oder, was meist das gleiche ist, moralisch »geladen« sind.

2. Weil die Beweisfragen oder Untersuchungsaufgaben oft abstrakter Art sind, so daß viele Befragte sie nicht verstehen können. Die Bevölkerung antwortet um so ergiebiger und treffender, je konkreter die Testfragen formuliert sind.

3. Weil die sprachliche Begabung der Befragten nicht aus-

reicht oder durch Verschlossenheit, Schüchternheit zu sehr gehemmt wird, um auf Anhieb die Meinung oder Erfahrung oder Verhaltensweise usw., nach der gefragt wird, zutreffend zu beschreiben.

4. Weil die Beobachtungsgabe nicht ausreicht, weil also die Sachverhalte, nach denen gefragt wird, nicht oder nur ungenau wahrgenommen werden.

5. Weil die Erinnerung zu schwach ist, um verläßliche Auskünfte zu geben. Die Wahrnehmung fand statt, ist aber ganz oder teilweise wieder ausgelöscht.

6. Weil Ermüdung die Aussagefähigkeit oder -bereitschaft zerstören kann. Viele Forschungsziele oder auch Techniken verlangen vom einzelnen Befragten eine große Zahl von Auskünften, die nur durch geeignete »Übersetzung« verläßlich, ohne Ermattung erlangt werden.

7. Weil Mißtrauen oder Angst politischer, wirtschaftlicher, gesellschaftlicher oder religiöser Art die Befragten am Sprechen hindern könnte. Hier spielt vor allem die Isolationsfurcht eine Rolle, die Angst des Befragten, sich durch seine Aussagen vor dem Interviewer bloßzustellen und öffentlicher Mißbilligung auszusetzen, etwa durch ein offenes Bekenntnis zu Rechtsextremismus oder Alkoholismus.

8. Weil Prestige-Bedürfnis die Antworten verfälschen könnte. (Dieser Faktor spielt jedoch eine geringere Rolle, als man allgemein annimmt.)

9. Weil die Ermittlungen Sachverhalte betreffen, die als persönliche, private Frage empfunden werden, über die man einem Außenstehenden nichts mitteilen will (dieser Grund, eine Frage nicht beantworten zu wollen, wird am ehesten einleuchten, aber in der Praxis spielt er eine verhältnismäßig geringe Rolle).

10. Weil Rationalisierungen und Selbsttäuschungen aller Art die Antworten verzerren. Das Bedürfnis, widerspruchsfrei, »vernünftig« zu antworten, ist hier zuzuordnen. Das »Ich-Ideal«, wie man sich selbst sehen will oder auch, wie andere einen sehen sollen, stellt zahlreiche Forderungen, die der einzelne Mensch meist unbewußt an sich selbst stellt. Daraus erwachsen für die Fragebogen-Konstruktion erhebliche Komplikationen.

11. Weil bei vielen Untersuchungen nach Sachverhalten, Verhaltensweisen oder Einstellungen geforscht wird, die den

Befragten unbewußt sind; sie können also auch bei gutem Willen, direkt befragt, keine Auskunft geben.

12. Weil Höflichkeit gegenüber dem Interviewer oder dem vermeintlichen Auftraggeber (man spricht auch vom »Sponsorship-effect«) die Antworten beeinflussen könnte.

Dieser »Sponsorship-effect« bildet eine besondere Fehlerquelle. Wenn Institute regelmäßig für eine bestimmte Organisation, eine bestimmte Partei, ein bestimmtes Großunternehmen arbeiten, muß besondere Sorgfalt auf Neutralisierung der Fragebogen verwandt werden, um den Auftraggeber für die Interviewer nicht kenntlich zu machen. Auch die Befragten werden beeinflußt, wenn sie den Eindruck gewinnen, daß eine Umfrage für einen bestimmten Auftraggeber vorgenommen wird, und zwar in der Richtung von Höflichkeitsantworten.[2] Aber besonders kritisch ist es, wenn sich in der Interviewer-Organisation der Eindruck verbreitet, daß die Ergebnisse für einen bestimmten Auftraggeber erhoben werden.

Schon in der Frühzeit der Hörerforschung berichtete der Direktor der Hörerforschung der BBC, Robert Silvey, daß die BBC beim Einsatz eigener Interviewer, die den Auftraggeber nannten, regelmäßig zu günstige Ergebnisse für die BBC erhielt.[3]

Immer wieder bedrängen Organisationen als Auftraggeber von Umfragen Institute, zur Kostensenkung die Interviews durch Angehörige ihrer Organisation durchführen zu lassen. Welche Wirkung das hat, zeigte ein Quasi-Experiment, das das englische Institut MORI bei einer internationalen Umfrage für die Umweltschutzorganisation Greenpeace eher unfreiwillig durchführte.[4] In Belgien insistierte Greenpeace bei dem dort mit der Durchführung beauftragten Institut darauf, zur Senkung der Kosten wenigstens einen Teil der Interviews durch Greenpeace-Mitarbeiter durchführen zu lassen.

Bei dieser Umfrage in Belgien wurden insgesamt 604 Inter-

[2] Vgl. S. 87.

[3] Robert Silvey: Who's listening? The Story of BBC Audience Research. London 1974.

[4] Robert M. Worcester und Daryll Upsall: You Can't Sink a Rainbow: Greenpeace – Myths, Magic and Misunderstanding – the Role of Market Research in the Campaign to Save the Planet. Vortrag auf dem Kongreß der WAPOR am 20.9.1995 in Den Haag. Das Projekt wurde bei MORI von John Leaman betreut. Zum Thema Quasi-Experimente siehe S. 485.

views durchgeführt, davon 155 durch Greenpeace-Mitarbeiter. Der Vergleich der Ergebnisse der Interviews, die von regulären Interviewern und die von Greenpeace-Mitarbeitern durchgeführt worden sind, zeigte nicht überall, aber bei vielen Fragen signifikante Abweichungen, also Abweichungen, die nicht allein auf die Zufallswahrscheinlichkeit zurückgeführt werden können, zum Beispiel:

Frage: »Auf diesem Blatt stehen verschiedene Eigenschaften, die eine Umweltschutz-Organisation haben kann ... Welche von diesen Eigenschaften müßte eine Umweltschutz-Organisation haben, die Sie unterstützen würden?« (Vorlage einer Liste)

	Belgische Bevölkerung, September 1994	
	Von Greenpeace-Mitarbeitern befragt	Von regulären Interviewern des belgischen Instituts befragt
	%	%
– Auszug aus den Angaben – Es wählten aus:		
»Macht mir die Bedeutung von Umweltproblemen klar«	57	45
»Läßt seine Förderer mitbestimmen«	46	35
»Hat ein effektives Erziehungs-Programm«	45	36
»Ist bekannt in Belgien«	48	32

Frage: »Was denken Sie, in welchen von diesen Bereichen ist Greenpeace überall tätig?« (Vorlage einer Liste)

	Belgische Bevölkerung, September 1994	
	Von Greenpeace-Mitarbeitern befragt	Von regulären Interviewern des belgischen Instituts befragt
	%	%
– Auszug aus den Angaben – Es wählten aus:		
»Wehrt sich gegen die Verschwendung fossiler Brennstoffe wie Kohle und Öl«	36	24
»Ermutigt die Leute, ihre Haushaltsabfälle zu recyceln«	51	35

Frage: »Würden Sie jetzt bitte noch einmal diese Liste durchgehen und die Eigenschaften heraussuchen, die zu Ihrem Bild oder zu Ihrem Eindruck von Greenpeace passen.« (Vorlage einer Liste)

	Belgische Bevölkerung, September 1994	
	Von Greenpeace-Mitarbeitern befragt	Von regulären Interviewern des belgischen Instituts befragt
	%	%
– Auszug aus den Angaben – Es wählten aus:		
»Zeigt den Menschen, wie man im Einklang mit der Natur leben kann«	48	38

Aufgrund dieser Befunde wurde bei MORI beschlossen, den Bericht über die Untersuchung ohne die von Greenpeace-Mitarbeitern durchgeführten Interviews abzufassen.

Eine Fehlerquelle, von der häufig vermutet wird, sie sei für die Umfragemethode bedenklich, die Unstetigkeit der Meinungen (»Wenn Sie mich heute fragen, denke ich so; wenn Sie mich morgen fragen, anders ...«), wird man in dieser Aufstellung vermissen. Die Erwartung, sie sei ein kritischer Punkt, geht vermutlich auf die Vorstellung von der sprichwörtlichen, aber durch empirische Erhebungen nicht bestätigten »Wankelmütigkeit der Masse« zurück; ebenso aber auf die Erfahrungen, die der Intellektuelle mit sich selbst macht – mit seiner bei der übrigen Bevölkerung wenig verbreiteten Fähigkeit, eine Frage aus verschiedener Perspektive zu sehen und je nach Stimmung oder Situation verschiedene Ansichten mit einiger Überzeugung zu vertreten.

Ausgespart sind hier die Fehlerquellen, die nicht bei den Befragten liegen, sondern bei den Interviewern. Ihnen ist ein späterer Abschnitt gewidmet.[5]

Die Programmfrage wird »übersetzt« – die Testfrage wird »formuliert«

Schon jetzt ist deutlich: Nur die wenigsten Programmfragen oder »Beweisfragen« können unübersetzt in einen Fragebogen aufgenommen werden, nämlich nur diejenigen, die in keinem der eben aufgezählten Punkte auf Schwierigkeiten treffen können. Das werden am ehesten Tatsachenfragen sein, Fragen nach einfachen, konkreten, leicht nachprüfbaren Sachverhalten, zum Beispiel:

a) »Benutzen Sie manchmal hier in Hamburg die S- oder U-Bahn oder den Omnibus?«
b) »Und wann sind Sie zum letztenmal S-Bahn, U-Bahn oder Omnibus hier in Hamburg gefahren?«

Diese Fragen könnten so oder so ähnlich gestellt werden, wenn etwa die Ermittlungsaufgabe lautet, festzustellen, ein wie großer

[5] Siehe »Der Interviewer-Einfluß«, S. 372.

Teil der Bevölkerung Hamburgs in einem gewissen Zeitraum die öffentlichen Verkehrsmittel benutzt.

Das heißt nicht etwa, die Formulierung der Frage sei schon in Ordnung – es bedeutet nur, daß eine Übersetzung der »Programmfrage« in »Testfragen« hier nicht erforderlich scheint. Man könnte ohne sonderliche Gefahr für das Ergebnis sogar direkt und ohne größeres Bemühen um einfache, konkrete Formulierung fragen:

»Gehören Sie zu dem Teil der Hamburger Bevölkerung, der mindestens einmal im Monat die öffentlichen Verkehrsmittel – S-Bahn, U-Bahn oder Omnibus – benutzt?«

Eine kurze Überprüfung:

1. Sprachliche Verständigungsschwierigkeiten? – Nein
2. Frage zu abstrakt? – Nein
3. Wird die Beredsamkeit des Befragten überfordert? – Nein
4. Unzureichendes Beobachtungsvermögen, um Auskunft zu geben? – Nein
5. Überforderung des Gedächtnisses? – Nein
6. Ermüdungsgefahr? Zu umfangreiches Fragepensum? – Nein
7. Gefahr der Gefälligkeitsantwort? – Kaum
8. Aussageverweigerung aus Angst, Mißtrauen, Isolationsfurcht? – Kaum
9. Prestigepunkt? – Kaum
10. Auskunftsbereitschaft blockiert, weil Thema zu privat? – Nein
11. Konflikt-Möglichkeit mit dem Ich-Ideal? – Nein
12. Benutzung der öffentlichen Verkehrsmittel unbewußt? – Nein

Jetzt ein Gegenbeispiel:

Die Untersuchungsaufgabe lautet:

»Warum gehen immer weniger junge Frauen wählen?«

Der nächstliegende Weg wäre sicher, einen repräsentativen Querschnitt junger Frauen zu befragen:

»Haben Sie bei der letzten Wahl gewählt, und wenn nein, warum nicht?«

Indessen wäre es unmöglich, auf diese Weise die richtige Antwort zu finden. Hier kann der Forscher seinen Auftrag nicht ohne Übersetzung der Frage an die Befragten weiterreichen.

Ohne schon in eine genaue Überprüfung einzutreten, fallen sogleich die folgenden Schwierigkeiten auf: die Motive, nach denen hier gefragt wird, sind vielen Leuten nicht bewußt, Beobachtungsvermögen und Beredsamkeit werden überfordert, Mißtrauen, Isolationsfurcht, Prestigebedürfnis, »Ich-Ideal« könnten die Antworten verfälschen, besonders »vernünftige« Antworten werden geradezu herausgefordert.

Die Aufgabe muß also übersetzt werden, wobei die Übersetzung in dem hier behandelten konkreten Fall über 30 einzelne Testfragen erforderte, die überdies nicht nur jungen Frauen, sondern, um Vergleichsmöglichkeiten zu schaffen, auch Männern und älteren Frauen gestellt werden mußten.[6]

Die meisten Ermittlungsaufgaben treffen in dieser Weise auf eine oder mehrere der zuvor aufgezählten Schwierigkeiten. Umgeht man sie nicht durch Übersetzung, so gelangt man selbst bei Beachtung aller anderen Grundsätze der Methode zu abwegigen Resultaten. Ob eine Übersetzung erforderlich oder ob lediglich die Arbeit der Formulierung zu leisten ist, läßt sich nur entscheiden, wenn zunächst die Untersuchungsaufgabe in der ersten Phase einer Erhebung sauber fixiert wird.

Übrigens sprechen auch die große Zahl der Personen, die meist an einer Erhebung mitarbeiten, und die lange Laufzeit bis zum Abschluß einer Analyse dafür, die Aufgaben gleich zu Beginn sorgfältig aufzuzeichnen.

Sagen die Leute die Wahrheit?

Für die Notwendigkeit der Übersetzung findet der Umfrageforscher bei den Gremien, die eine Untersuchung in Auftrag geben oder dabei beratend mitwirken, oft kein Verständnis. Paradoxerweise ist der Widerstand gegen die Übersetzung meist

[6] Junge Nichtwählerinnen. Eine Analyse der Entwicklung der Anzahl, Struktur und Motive junger Nichtwählerinnen. Allensbacher Archiv, IfD-Bericht Nr. 5169, 1992.

um so ausgeprägter, je stärker überhaupt bezweifelt wird, daß man »von den Leuten die Wahrheit erfährt«. Aber der Zusammenhang ist nicht unverständlich: Der Zweifel am Wert der Antworten ist in der Regel nur der Ausdruck eines allgemeinen Mißtrauens gegenüber der Methode; im Prozeß der Übersetzung der Beweisfragen in Testfragen entzieht sich ein Fragebogenentwurf immer mehr der Kontrolle durch den Auftraggeber, weil der Zusammenhang zwischen Ermittlungszielen und Fragebogen immer undurchsichtiger wird; das heißt, die Spannung zwischen Auftraggeber und Forscher nimmt zu.

Die Beweisfragen, auf die es ankommt, sind oft im ganzen Bogen nicht mehr zu finden, dafür aber lange Frageserien, deren Sinn nicht in wenigen Worten zu erklären ist und die oft provozierend bloßer Spielerei ähneln. Zugespitzt: Je besser ein Fragebogenentwurf ist, desto weniger überzeugend wirkt er auf den Leser. Die Überzeugungskraft sollte man darum nicht vom Fragebogen mit seinen Testfragen erwarten, sondern von der späteren Analyse, dem Ergebnisbericht. Der berechtigte Zweifel, ob man »von den Leuten die Wahrheit erfährt«, muß nicht zerstreut, sondern genährt werden. Denn der Umfrageforscher hat in der Tat erhebliche Schwierigkeiten zu überwinden, um – nach den Aussagen der Leute – ein zutreffendes Bild zu gewinnen. Indem dies betont wird, wird vielleicht die Zahl der naiven Umfragen eingedämmt, in denen plump die Programmfragen ohne jede Übersetzung aneinandergereiht sind. In keiner Phase einer statistisch-repräsentativen Erhebung drängen sich Laien so eifrig zur Mitwirkung vor wie beim »Schmieden« des Fragebogens. Und doch ist gerade dies die empfindlichste, komplizierteste Phase, von deren Bearbeitung vor allem anderen Niveau und Ertrag einer Erhebung abhängen.

»Nicht der Interviewer, der Fragebogen muß schlau sein«[7]

Bei einer Umfrage unter Einkäufern von glasverarbeitenden Industriebetrieben fragte der Interviewer:[8]

---

1. »Wenn Sie einmal überschlagen: Wieviel Stück gebogenes Glas haben Sie innerhalb der letzten 12 Monate insgesamt verarbeitet?«
(Falls: »weiß nicht«: »ungefähr«)

...... Stück

2a) »Wenn Sie einmal an Ihren letzten größeren Auftrag denken, als Sie gebogenes Glas bestellt haben: Wieviel Stück waren das (ungefähr)?«

...... Stück

2b) »Um welche Art von Glas handelte es sich dabei? Um ...
... einfach gebogenes Glas .... ( )
... gebogenes Verbundsicherheitsglas (VSG) .... ( )
... gebogenes Einscheibensicherheitsglas (ESG)?« .. ( )

---

3. »Wenn Sie jetzt einmal Ihren Verbrauch von gebogenem Einscheibensicherheitsglas beschreiben sollten: Welche Glasstärken benötigen Sie?«

...... mm
...... mm
...... mm

---

4. »Wieviel Prozent von diesem ESG entfallen etwa auf
– reine Kreisausschnittsbiegungen ... Prozent
– auf Biegungen mit zwei geraden Verlängerungen ... Prozent
– auf Biegungen mit einer geraden Verlängerung?« ... Prozent

5a) »Und nun zum Biegeradius für dieses Glas: In welchem Anteil benötigen Sie ESG mit einem Biegeradius zwischen 90 und 2100 Millimetern – in welchem Anteil unter 90 Millimetern und in welchem Anteil über 2100 Millimetern? ...«

---

[7] Diese knappe Formulierung eines Grundsatzes der Umfrageforschung stammt aus Gerhard Schmidtchen: Der Anwendungsbereich betriebssoziologischer Umfragen. Bern 1962, S. 9.

[8] Allensbacher Archiv, IfD-Umfrage Nr. 6 668, April 1990.

Hier unterbrach der Glaseinkäufer und sagte erstaunt: »Sie wissen wirklich gut Bescheid!«

Er irrte sich. Der Interviewer hatte sich noch nie mit »Einscheibensicherheitsglas«, Biegeradien usw. beschäftigt. Nicht er wußte so gut Bescheid, sondern all dieses Wissen steckte im Fragebogen, und dieses Wissen las er wörtlich vor.

Ein anderes Beispiel: Eine Umfrage bei Einkäufern von Industriebetrieben, die Walzwerkerzeugnisse verarbeiten. Wir greifen ein Stück aus der Mitte des Interviews heraus. Um das Beispiel zweifach auszunutzen, wird zugleich die Fragebogentechnik kommentiert.

5b) »Wie haben Sie Stahlmuffenrohre beim letzten Mal bezogen: vom Lager eines Händlers oder über den Händler vom Werkslager, oder haben Sie ohne Händler direkt bei der Herstellerfirma gekauft?«	Vom Lager des Händlers .... ( ) Über Händler vom Werkslager .... ( ) Direkt beim Hersteller .... ( )

Fragebogentechnischer Kommentar: Verhaltensfrage; objektive Stich-Sachermittlung: Verhalten beim letzten Kauf.

5c) »Und wissen Sie zufällig, von welchem Werk die Stahlmuffenrohre hergestellt wurden, wer der Hersteller ist?«

Ja, und zwar: ....

Weiß nicht .... ( )

Fragebogentechnischer Kommentar: Wissensfrage (Informationsfrage). Kann einen Maßstab dafür abgeben, wieweit beim Einkauf überhaupt auf die Namen der Hersteller geachtet wird.

5d) »Von welchem Herstellerwerk sind Stahlmuffenrohre Ihrer Ansicht nach am besten?«

Am besten von: ....

Alle gleich .... ( )

Weiß nicht .... ( )

Fragebogentechnischer Kommentar: Einstellungsfrage.

5e) »Wenn Sie Stahlmuffenrohre bestellen: Sehen Sie da zu, daß Sie Stahlmuffenrohre von einem bestimmten Werk bekommen, oder ist es Ihnen im Grunde egal, von welcher Herstellerfirma Ihr Händler Stahlmuffenrohre bezieht?«	bestimmten Werk ..... ( ) im Grunde egal .... ( )

Andere Antworten (notieren!) ....

Fragebogentechnischer Kommentar: Verhaltensfrage, subjektiv: der Einkäufer wird gefragt, wie er es allgemein *macht. Dient zur Bildung von Verhaltensgruppen. Zugleich: Einstellungsfrage zur Prüfung der Marken- oder Herstellerbindung.*

6a) »Jetzt eine Frage zu den Händlern: Da ist es doch grundsätzlich so, daß es auf der einen Seite die Handelsgesellschaften der großen Herstellerwerke gibt und daneben die vielen selbständigen Händler, die an keinen Hersteller fest gebunden sind. Gibt es hier am Ort Handelsgesellschaften der großen Werke?«	Ja, am Ort............ ( ) Nein .... ( )

Fragebogentechnischer Kommentar: Frage nach einem Tatbestand (Faktfrage); ist zugleich ein Grenzfall zur Wissensfrage. In Zweifelsfällen wird man die Angaben objektiv prüfen, d. h. in diesem Fall im Branchen-Telefonbuch oder in Listen der Niederlassungen der einzelnen Firmen nachsehen, wieweit die Angaben stimmen.
Definition des Frage-Gegenstandes durch Umschreibung in der Frage und Gegenüberstellung von »Handelsgesellschaften« und »freien Händlern«.

6b) Informell: Wie weit liegt die nächste Niederlassung einer Werkhandelsgesellschaft entfernt, wieviel Kilometer ungefähr?

...... km　　　Keine Ahnung .... ( )

Fragebogentechnischer Kommentar: Faktfrage; Vorfrage und Nachfrage dienen zur Gruppenbildung bei der Analyse der Verhaltensweisen, z. B. Einkaufsgewohnheiten, falls »Werkhandelsgesellschaft am Ort«, »weniger als 25 km entfernt«, »25 bis... km entfernt« usw.

---

7. »Von wo bezieht man Ihrer Ansicht nach alles in allem das Material günstiger, was halten Sie für vorteilhafter: den Einkauf bei einer Handelsgesellschaft oder bei einem freien Händler?«

Handelsgesellschaft . . . . ( )*
Freier Händler . . . . ( )*
Gleich, kein Unterschied . . . . ( )
Weiß nicht, kein Urteil . . . . . . ( )

Fragebogentechnischer Kommentar: Meinungs-, Einstellungsfrage.

* »Und warum – könnten Sie mir das noch näher erklären?«

. . . .

Fragebogentechnischer Kommentar: Motivfrage, allgemein. Dient dazu, einen ersten Überblick zu bekommen über mögliche – vorwiegend rationale – Begründungen für die Wahl des Lieferanten. Man erzielt spontane Angaben, wobei die Spontaneität drei verschiedene Bedeutungen haben kann:

a) die Angabe ist besonders leicht zu formulieren, ein Klischee;
b) die Angabe klingt nach Ansicht des Befragten am vernünftigsten;
c) die Angabe betrifft den für ihn wichtigsten, am meisten im Vordergrund stehenden Punkt.

Will man weiter wissen, welches Gewicht die einzelnen angeführten Begründungen haben, muß man – abgesehen von indirekten Ermittlungsformen, Korrelationsanalysen (S. 409ff.) – die Argumente mit Detailfragen einzeln abfragen (siehe Fragen 17, 18 auf den Seiten 142–143). Falls man zu viele Argumente abzufragen hat, hilft man sich, indem man die Einzelfragen bei einer gegabelten Befragung auf zwei oder mehr »Stränge« der Umfrage verteilt.[9]
Man verliert dabei allerdings die Möglichkeit, die Zusammenhänge zwischen Argumenten, die auf verschiedene Stränge verteilt wurden, zu studieren.[10]

---

8. Informell: Noch eine Frage zu all den Erzeugnissen, über die wir vorhin gesprochen haben – Rohre, Bleche, Form- und Stabstahl: Beziehen Sie dieses Material hauptsächlich von einem Händler oder von verschiedenen Händlern?

Nur, hauptsächlich
von einem . . . . ( )**
von verschiedenen . . . . ( )

** Gleich übergehen zum nächsten Themenkomplex

[9] Siehe den Abschnitt »Halbgruppen«, S. 289.
[10] Zur Motivforschung vgl. S. 492.

Fragebogentechnischer Kommentar: Pauschale Verhaltensfrage; informell, weil der Interviewer in vielen Fällen aus den vorangegangenen Antworten in diesem Punkt Bescheid weiß über die Gepflogenheiten des Befragten. Dient im Interview zur Steuerung des Gesprächs, um die Nachfrage sinnvoll anschließen zu können (wäre also auch notwendig, wenn sie nicht ausgewertet würde), wird aber auch später in der Analyse gebraucht.

---

9. »Es gibt ja oft mehrere Gründe, weshalb man im konkreten Fall zu dem einen Händler geht und nicht zu einem anderen. Darf ich Ihnen jetzt einige Punkte vorlesen und Sie jeweils fragen, ob das für Sie bei der Wahl des Händlers häufig eine Rolle spielt oder keine Rolle spielt?«

Fragebogentechnischer Kommentar: Einleitungsfloskel für die darauf folgende längere, etwas monotone Frageserie; dient der psychologischen Vorbereitung des Befragten (gehört zum Thema »Höflichkeit«!).

»Die erste Frage wäre: Spielen die Lieferfristen häufig eine Rolle, ich meine, daß Sie jeweils dort bestellen, wer am schnellsten liefern kann, oder sind die Lieferfristen heute praktisch gleich, so daß das meist nicht ausschlaggebend ist?«	Spielt eine große Rolle.... ( ) Spielt auch mit .... ( ) Spielt keine Rolle .... ( )

Andere Antworten: ....

Fragebogentechnischer Kommentar: Motivfrage, geschlossen, mit Intensitätsabstufungen. Es wird nach der Rolle eines einzelnen Faktors bei der Wahl des Händlers gefragt. Grammatikfehler bei der Frageformulierung, um die Verständlichkeit zu erhöhen; statt des monotonen: »bei dem Händler bestellen, der...« heißt es »dort bestellen, wer...«.

---

10. »Und sind die Zahlungsbedingungen oder Rabattsätze bei den einzelnen Händlern häufig doch verschieden, so daß Sie jeweils zu dem gehen, der in dieser Hinsicht das günstigste Angebot macht, oder ist das praktisch bei allen Händlern gleich, so daß dieser Punkt keine Rolle spielt?«	Spielt eine große Rolle .. ( ) Spielt auch mit .... ( ) Spielt keine Rolle .... ( )

Andere Antworten: ....

Hier folgten sieben weitere Motivfragen zu Faktoren, die die Wahl des Händlers beeinflussen könnten.

Man begegnet immer wieder der Vorstellung, Umfragen mit standardisierten Fragebogen und »normalen« Interviewern seien nur auf allgemein zugänglichen Gebieten der Konsumforschung und politischen »Meinungsforschung« durchführbar. Für Untersuchungen auf Spezialgebieten müsse man Fachleute hinzuziehen, die die Terminologie beherrschten und in die Probleme des Feldes eingeweiht seien. Ähnliches hört man, wenn es um psychologisch anspruchsvolle Themen geht: Motive, aus der Kirche auszutreten oder Ursachen dafür, daß Jugendliche das Rauchen beginnen.[11] Solche Bereiche seien viel zu vielschichtig und kompliziert, um mit den »holzschnittartigen Methoden« der Umfrageforschung erfaßt zu werden. Das klingt zweifellos überzeugend, ist aber nur ein weiterer der zahlreichen »Common-Sense«-Irrtümer, die die richtige Benutzung der Umfrageforschung so erschweren.

Die fachliche Terminologie und die genaue Kenntnis der Probleme werden bei den vorbereitenden Interviews und bei der Gestaltung des Fragebogens benötigt, anschließend aber muß auch der komplizierteste Sachverhalt einheitlich untersucht werden.[12]

Das Festlegen eines Fragebogens auf Spezialgebiete – z. B. auf das Gebiet des Einkaufs von Glas oder Walzwerkerzeugnissen – ist mühsam, und der Umfrageforscher setzt sich mit seinem durchstrukturierten Fragebogenschema viel mehr der kritischen Prüfung der Fachleute aus als bei der bloßen Formulierung eines lockeren Leitfadens für Interviews durch »Spezialisten«. Allerdings muß die Forschergruppe bereit sein, sich in intensiver Arbeit in die Probleme, die Sprache des betreffenden Gebiets einzuarbeiten, gegebenenfalls das Untersuchungsfeld durch Vorstudien, Leitfadengespräche u. a. im Vorfeld abzu-

[11] Kirchenaustritte. Eine Untersuchung zur Entwicklung und den Motiven der Kirchenaustritte. Allensbacher Archiv, IfD-Bericht Nr. 5133, 1992. Kirchenaustritte. Begründungen und tatsächliche Gründe für einen Austritt aus der katholischen Kirche. Allensbacher Archiv, IfD-Bericht Nr. 5259, Mai 1993. Reinhold Bergler (Hrsg.): Ursachen gesundheitlichen Fehlverhaltens im Jugendalter. Eine empirische Untersuchung am Beispiel des Zigarettenkonsums. Einstieg und Gewohnheitsbildung. Köln 1995 (Schriftenreihe zur angewandten Sozialpsychologie, Bd. 2).

[12] Siehe auch die Beispiele auf S. 580–583.

klopfen.[13] Der Einwand, eine bestimmte Untersuchungsaufgabe sei zu schwierig, um sie in ein Fragebogenschema zu übersetzen, entspringt lediglich mangelnder Erfahrung.

Fragebogenkonferenz

Leider ist die Fragebogenentwicklung der Teil einer demoskopischen Untersuchung, bei dem viele Meinungsforschungsinstitute glauben, am ehesten sparen zu können. Während bei der Gewinnung der Stichprobe der Befragten und bei der Datenverarbeitung oft und mit Recht große Sorgfalt angewendet wird, wird der Fragebogen, der mehr als alle anderen Komponenten der Umfrageforschung den Erkenntniswert einer Studie bestimmt, oft sträflich vernachlässigt. Unter dem Druck der weitverbreiteten Kriterien für Auftragsvergabe in der Markt- und Meinungsforschung – billiger, schneller – und angesichts der Unmöglichkeit, die Kosten für Stichprobe, Interviewer, Aufbereitung und Computer-Tabellenbände herabzudrücken, werden die Kosten dort eingespart, wo es auf den ersten Blick praktisch niemand bemerkt, nämlich am Fragebogen. Oft gibt es noch dazu das großzügige Angebot, der Auftraggeber dürfe sogar den Fragebogen selbst schreiben.

Die Zusammenstellung der Programmfragen, der Fragen, die durch die Untersuchung bearbeitet werden sollen, ist in solchen Fällen bereits der Fragebogen. Eine Unterscheidung zwischen Programmfragen und Testfragen, die Übersetzung der Programmfragen in Testfragen findet nicht statt. Der Auftraggeber ist beruhigt. Er findet seine Programmfragen im Fragebogen wieder und sogar genau in den Formulierungen mit der Verwendung der Fachbegriffe, die ihm als Experten richtig erscheint.

[13] Siehe oben, S. 76.

In vielen Instituten hat sich eine hohe Sensibilität entwickelt, Fragen zu vermeiden, an denen sich die Gültigkeit der Ergebnisse, ihre Übereinstimmung mit den in der Wirklichkeit gegebenen Verhältnissen kontrollieren ließe.[14] In aller Regel schreibt dann ein einziger Mitarbeiter, der Projektleiter, den Fragebogen, Pretests werden nicht vorgenommen.[15] Der Statistiker und Fragebogen-Experte Hans Akkerboom von der Hochschule Niederrhein in Mönchengladbach, beschrieb diese weitverbreitete Einstellung mit den Worten: »Der Fragebogen, das ist für viele eine Sache für den Samstagnachmittag ... Im statistischen Büro waren wir mit Ausschöpfungsquoten beschäftigt.«[16]

Ohne einen guten Fragebogen ist bei der Demoskopie alles nichts. Daß dennoch viele Umfragen gerade an dieser Stelle mangelnde Qualität aufweisen, liegt vor allem daran, daß bei der Fragebogenentwicklung praktisch keine Rationalisierung möglich ist. Kein Computer nimmt den Forschern die Arbeit, das Denken ab. Und es darf sich auch nicht ein einzelner Forscher allein den Fragebogen ausdenken. Die Gefahr, daß Irrtümer übersehen werden, wäre zu groß. Fragebogenarbeit ist Teamarbeit.[17]

Um die Erfahrungen, die Perspektiven, die Einfallskraft und die kritischen Überlegungen, die bei der Gestaltung von Fragebogen einfließen, zu vervielfachen, arbeiten in der Regel drei oder vier Personen in einer ständigen Fragebogenkonferenz gemeinsam daran. Fragebogenkonferenzen gibt es bis heute nur in sehr wenigen Umfrageinstituten der Welt. Es ist darum wichtig, die Gründe zu nennen, warum es im Interesse der Qualität der Umfrageforschung grundsätzlich Fragebogenkonferenzen geben sollte – so grundsätzlich wie eine statistische Abteilung oder eine Interviewer-Organisation oder Computer zur Datenerfassung und -verarbeitung.

[14] Siehe S. 296.

[15] Zum Thema Pretest siehe S. 79.

[16] Auf einer Tagung zum Thema Fragebogenentwicklung und Pretests beim Statistischen Bundesamt in Wiesbaden am 22. Juni 1995.

[17] Vgl.: Gert Gutjahr: Psychologie des Interviews in Praxis und Theorie. Heidelberg 1985, S. 31–32.

Die wichtigsten Gründe sind:

1. »Es gibt *nur* ein perspektivisches Sehen, *nur* ein perspektivisches ›Erkennen‹.«[18] Die Fragebogenkonferenz wird so zusammengesetzt, daß möglichst verschiedene Perspektiven in ihr vertreten sind: Männer und Frauen, Menschen ganz verschiedenen Alters, verschiedene Studienfächer – ein abgeschlossenes Studium ist in der Regel die Voraussetzung für alle Mitglieder der Fragebogenkonferenz. Wünschenswert ist, daß die Mitglieder der Fragebogenkonferenz aus verschiedenen Regionen des Landes stammen, aus verschiedenen sozialen Schichten. Nicht nur wünschenswert, sondern notwendig ist, daß sie sich in ihrer politischen Orientierung unterscheiden. Das ist nahezu die einzige Möglichkeit, politisch einseitige Fragebogen zu vermeiden. Die Erfahrung zeigt, daß eine einseitige Frageformulierung als neutral empfunden wird, wenn sie in der Richtung der eigenen Überzeugungen verzerrt ist. Dagegen wird die Einseitigkeit sofort wahrgenommen, wenn die Formulierung eigenen Überzeugungen zuwiderläuft. Durch eine Fragebogenkonferenz, deren Mitglieder entgegengesetzte politische Überzeugungen haben, ist gesichert, daß Einseitigkeit bemerkt wird, mal von der einen, mal von der anderen Seite, und damit korrigiert werden kann.

Durch die verschiedenen Perspektiven, Lebenserfahrungen, durch verschiedenes Fachwissen der Mitglieder der Fragebogenkonferenz wird außerdem eine größere Zahl von Aspekten, die für die Untersuchungsaufgabe wichtig sein können, eingebracht. Es leuchtet sicher unmittelbar ein, daß drei oder vier Personen mit sehr verschiedenem Hintergrund mehr einfällt, was den Fragebogen anreichert, als einer Person, die allein den Fragebogen entwirft.

Einiges müssen die Mitglieder der Fragebogenkonferenz gemeinsam haben: sprachliche, journalistische, literarische Fähigkeiten, gute Allgemeinbildung, gute aktuelle Information im Bereich von Politik, Wirtschaft, Kultur, und zwar nicht nur aus dem Fernsehen und Radio, sondern aus Tages- und Wochenzeitungen und Monatszeitschriften. Schließlich ist die

[18] Friedrich Nietzsche: Zur Genealogie der Moral. Dritte Abhandlung: Was bedeuten asketische Ideale? § 12. In: Friedrich Nietzsche: Werke. Kritische Gesamtausgabe. Berlin und New York 1967 ff., Bd. IV, 2, S. 383.

Fähigkeit zu Teamwork, Selbstkritik, Disziplin und Toleranz erforderlich.

2. Fragebogenentwicklung verlangt Spezialkenntnisse, wie man sie nur durch dauernde Beschäftigung mit Fragebogen – Entwurf und Test – gewinnt. Das ist auch der Hauptgrund, warum eine Ad-hoc-Fragebogenkonferenz, für ein bestimmtes einzelnes Projekt zusammengesetzt, nicht den gleichen Effekt haben kann.

Die Kunst der Übersetzung von Programmfragen in Testfragen, wie sie im Fragebogen selbst stehen, verlangt auch Kenntnis der zahlreichen Fragemodelle, die entwickelt wurden. Wahrscheinlich käme man leicht auf fünfzig verschiedene Modelle.[19] Der Fragebogenspezialist muß wissen, unter welchen Umständen welche Modelle zu verwenden sind.

Erforderlich ist außerdem die Kenntnis der Interviewer-Situation, in der die Fragen sich bewähren sollen, so daß der Interviewer sich tatsächlich an seine Vorschrift hält: »Fragen wörtlich vorlesen, bei Rückfragen die Frage einfach zum zweiten Mal vorlesen, keine eigenen Erklärungen.«[20]

Erforderlich ist auch die Kenntnis von Daten-Aufbereitung und -Analyse. Beim Aufstellen des Fragebogens müssen die technischen und geistigen Erfordernisse der späteren Verarbeitungsstufe vor Augen stehen[21] und ebenso die Programmfragen, die schließlich zu beantworten sind.

Notwendig sind auch die Spezialkenntnisse über den besten Aufbau eines Fragebogens, Eisbrecherfragen[22], Pufferfragen, Spielfragen zur Belebung, zur Motivation der Befragten[23] sowie die Kenntnis, welche Fragen am Anfang, welche besser am Ende des Interviews plaziert werden.[24]

Dazu kommt die Beherrschung der Fragebogentechnik, Filterführung[25], Faktfragen[26], die im Wortlaut zu stellen sind,

[19] Einige Beispiele finden sich auf den S. 130–190.
[20] Siehe hierzu S. 319.
[21] Siehe hierzu ausführlicher S. 453.
[22] Siehe S. 134.
[23] Siehe S. 134.
[24] Siehe S. 198.
[25] Siehe S. 140–142.
[26] Siehe S. 132–133.

informelle, an keinen bestimmten Wortlaut gebundene Fragen[27], Interviewer-Beobachtungen, ohne dazu eine Frage zu stellen[28], kurze Interviewer-Instruktionen.

Zur Fragebogentechnik, die man beherrschen muß, gehört auch die Beobachtung von Kontext-Effekten: Wieweit Fragen, die vor – oder sogar nach! – Kernfragen gestellt werden, die Ergebnisse der Kernfragen beeinflussen können.[29] Ausstrahlungseffekte von Fragen auf nachher oder sogar vorher gestellte Fragen gehören zu den größten Fehlerquellen allgemein, aber speziell auch bei Trendanalysen[30], wenn nämlich Fragen wörtlich in späteren Umfragen wiederholt werden, um einen Trend zu beobachten, aber das Frage-Umfeld und damit die Assoziationen, der Bezugsrahmen, auf den hin die Frage beantwortet wird, wechselt.[31]

Zur Fragebogentechnik gehört schließlich auch die Kenntnis der Modelle zur Aktivierung des Befragten, bei denen nicht der Interviewer sortiert, schreibt, prüft, sondern, wo immer möglich, der Befragte selbst aktiv werden kann.[32] Der Befragte soll beschäftigt werden, er soll selbst etwas tun. Alle Mitglieder der Fragebogenkonferenz sind vertraut mit diesen Aufgaben, aber erst in der Zusammenarbeit werden die optimalen Lösungen gefunden.

3. Nicht alle Fragen, die durch eine Umfrage geklärt werden sollen, müssen übersetzt werden. Es gibt Faktfragen, die ohne weiteres direkt gestellt werden können: »Haben Sie einen Führerschein?«, gegebenenfalls: »Welche Klasse?«

Viele Fragen gehören zum Typ der »Abstimmungsfrage«, wie man sie auch in einer Abstimmung der ganzen Bevölkerung vorlegen könnte: »Ja/Nein«, »Dafür/Dagegen«, »Gute Meinung/Keine gute Meinung«. Abstimmungsfragen mit ihren Ergebnissen sind es in erster Linie, die heute die Medien überschwemmen, oft mit bemerkenswert verschiedenen Ergebnissen. Um nur ein Beispiel zu nennen: Ein Umfrageinstitut

[27] Siehe S. 140.
[28] Siehe S. 189.
[29] Siehe S. 86–87.
[30] Siehe S. 487.
[31] Ein Beispiel auf S. 87, Fußnote 22.
[32] Siehe S. 168–169.

fragte für einen Fernseh-Nachrichtensender im Juli 1995: »Sind Sie für den großen Lauschangriff, also für das Abhören in Wohnungen, oder sind Sie dagegen?« 35 Prozent waren dafür, 63 Prozent dagegen, keine Angabe machten 2 Prozent der Befragten.[33] Ein anderes Institut fragte im Auftrag einer überregionalen Tageszeitung: »Sind Sie dafür, daß das Abhören in Privatwohnungen erlaubt wird, damit man das organisierte Verbrechen wirksamer bekämpfen kann, oder sind Sie dagegen, weil dadurch der Schutz der Privatsphäre zu stark eingeschränkt wird?« Das Ergebnis: Dafür waren 53 Prozent, dagegen 27 Prozent, unentschieden 20 Prozent der Befragten.[34]

Gerade weil Abstimmungsfragen je nach Formulierung zu entgegengesetzten Ergebnissen führen können, müssen, wenn an einer wirklichen Klärung der Einstellung der Bevölkerung gelegen ist, in der Regel mehrere Fragen gestellt werden, um ein Gesamtbild zu gewinnen, und es ist auch die Übersetzung der Programmfragen in Testfragen erforderlich. Grundsätzlich muß bei der Präsentation von Ergebnissen von Repräsentativumfragen der Wortlaut der gestellten Fragen angegeben werden.

Hier spielen die Indikator-Fragen[35] eine wichtige Rolle. In seinem Buch »Regeln der soziologischen Methode«[36] hat Emile Durkheim schon zur Jahrhundertwende beschrieben, warum man Indikator-Fragen braucht. Wenn ein Sachverhalt nicht zuverlässig direkt festgestellt werden kann, muß man übergehen auf die Frage nach Sachverhalten, die nicht für sich interessieren, aber von denen man auf den gesuchten Sachverhalt zurückschließen kann.[37]

Oft findet man in einem Fragebogen ganz unbegreifliche Fragen, wie etwa: »Wann haben Sie zuletzt lauthals gelacht?« Eine Indikator-Frage, mit der zum Beispiel das allgemeine Lebensgefühl, das Befinden des Befragten, auch das subjektive Freiheits-

33 EMNID-Umfrage im Auftrag des Nachrichtenkanals n-tv, gesendet am Sonntag, dem 27. 8. 1995.

34 Institut für Demoskopie Allensbach im Auftrag der Frankfurter Allgemeinen Zeitung (Allensbacher Archiv, IfD-Umfrage Nr. 6008, November 1994).

35 Siehe S. 144–145.

36 Emile Durkheim: Les règles de la méthode sociologique. Paris 1895. Deutsch: Regeln der Soziologischen Methode. Neuwied 1961.

37 Siehe S. 143–144.

empfinden am Arbeitsplatz erforscht werden kann, ohne daß der Zweck dafür erkennbar wird.[38]

Zur Übersetzung in Indikator-Fragen gehört auch die Beherrschung von Tests aus der psychologischen Individualdiagnose: Satzergänzungstests[39], Baumzeichen-Test[40], Rorschach-Test[41], Thematic-Apperception-Test (TAT)[42].

Ebenfalls gehört dazu die Kenntnis graphischer Hilfsmittel im Interview, wie auch die Erfindung von Bildern, mit denen der Fragegegenstand anschaulich gemacht wird.

Die Erfindung der Indikator-Fragen als Übersetzung von Forschungsfragen in Testfragen gelingt im Zusammenwirken einer Fragebogenkonferenz besser, als wenn ein Wissenschaftler allein daran arbeitet.

Zum Funktionieren der Fragebogenkonferenz gehört eine bestimmte Ausstattung: ein gut geordnetes Archiv, aus dem mühelos frühere Berichte angefordert werden können, die als Hintergrund für das neue Projekt benötigt werden. Außerdem müssen – früher entwickelte Fragen zu einem bestimmten Thema, zu einem bestimmten Modell in wenigen Minuten zu beschaffen sein, dann die dazugehörigen Fragebogen, um das frühere Umfeld zu prüfen, und benötigt werden auch die dazugehörigen Code-Pläne, also Fragebogen mit eingetragenen Gesamtergebnissen (»Marginals«), um zu prüfen, wie sich bei früheren Einschaltungen einer Frage die Ergebnisse auf die Antwortkategorien verteilten.

Zudem sollte die Fragebogenkonferenz einen festen Platz haben, einen kleinen Konferenzraum.

Zum Ablauf der Tätigkeiten in der Fragebogenkonferenz: Voraussetzung für den Erfolg sind gute Vorarbeit, das Studium der Unterlagen, die zum Projekt und zur Auftragserteilung ge-

[38] Elisabeth Noelle-Neumann, Burkhard Strümpel: Macht Arbeit krank? Macht Arbeit glücklich? Eine aktuelle Kontroverse. München und Zürich 1984, S. 71. Dort auch der Beleg für den Zusammenhang zwischen Lachen und dem subjektiven Freiheitsempfinden am Arbeitsplatz. Befragte, die sagten, sie fühlten sich bei ihren beruflichen Entscheidungen ganz frei und unabhängig, sagten zu 46 Prozent, sie hätten am Tag vor dem Interview zuletzt lauthals gelacht. Bei den Personen, die meinten, sie hätten kaum oder keine Entscheidungsfreiheit im Beruf, waren es nur 29 Prozent.

[39] Siehe S. 160–163.

[40] Siehe S. 180–181.

[41] Siehe S. 177–179.

[42] Siehe S. 182–185.

hören. Am Anfang der Beratung steht die Aufstellung der Aufgaben der Untersuchung, der Programmfragen, eine Beratung der Untersuchungsanlage, der Schwierigkeiten, die zu überwinden sind, der geeigneten Methode. Die Aufzeichnung von Programmfragen, Untersuchungskonzept und Methode ist oft schon Bestandteil des Angebots an den Auftraggeber oder des Antrags zur Förderung des Projekts.

Es folgt eine gemeinsame Aufstellung von Fragen, teils direkten Fragen, teils Übersetzungen der Programmfragen, das Heranziehen von bereits bekannten Modellen, neuen Entwürfen. Die Arbeit verläuft in einem Wechselspiel: Zunächst schweigende Arbeit an Texten, dann Diskussion der verschiedenen Entwürfe. In der Regel gibt es dabei große Unterschiede im Ansatz und in der Anschaulichkeit und Lebendigkeit der Sprache.

Man erlebt die Qualitätssteigerung des Fragebogens unmittelbar. Das ist auch der Grund, warum viele Auftraggeber von demoskopischen Untersuchungen es lieben, ganztägig in der Fragebogenkonferenz mitzuarbeiten. Hierarchie gibt es in der Fragebogenkonferenz nicht, fast immer steht am Schluß der Beratung der einzelnen Fragen allgemeine Übereinstimmung darüber, was die beste Lösung ist.

Sorge um Zeitverschwendung darf es nicht geben. Nicht selten fordert die Übersetzung einer Programmfrage in Testfragen eine oder zwei Stunden. Es darf auch keine Bedenken geben, daß viele Entwürfe – etwa 80 Prozent – im Papierkorb landen. Das ist der Preis für einen optimalen Fragebogen.

Jeder Fragebogen wird getestet, und zwar sowohl von dem Projektleiter als auch von allen Mitgliedern der Fragebogenkonferenz und auch von Mitarbeitern aus vielen Abteilungen des Instituts, aus der statistischen Abteilung, dem Interviewer-Ressort, der Abteilung für die Verschlüsselung offener Fragen, der Datenverarbeitung. Schließlich wird der Fragebogen auch von erfahrenen Interviewern getestet, vor allem bei Fragebogen mit neuer, noch nie bearbeiteter Thematik oder neuer Methode.

Warum müssen die leitenden Wissenschaftler die Fragebogen selbst testen? Wir sind bereits auf den Seiten 79 bis 81 darauf eingegangen: Zunächst ist es wichtig, daß sich der Umfrageforscher gleichsam freischwimmt. Er muß sich frei machen von den Regeln des konventionellen Umgangs von Menschen untereinander, er muß fremde Menschen ansprechen können, es muß für ihn normal werden, nach persönlichen Dingen zu fragen, über die man im sonstigen Leben nach Konvention keinen Fremden befragen würde. Wenn es für den Interviewer, auch den Wissenschaftler normal geworden ist, solche Fragen zu stellen, erscheint es auch dem Befragten normal. Man kann sagen, daß in der Regel etwa hundert Interviews selber durchgeführt werden müssen, bis man unbefangen geworden ist bei der Bitte um ein Interview an fremder Wohnungstür.[43]

Das Testen des Fragebogens ist selbst eine Kunst, darum darf der Wissenschaftler das Testen nicht ganz an die Interviewer delegieren. Dabei kann eine Systematik wie die von Oksenberg und anderen[44], woran man schlechte Fragen erkennt, nützlich sein. Sie sagen beispielsweise, daß Rückfragen der Befragten mit der Bitte um Erläuterung immer ein Zeichen sind, daß die Frage überprüft werden muß, ebenso allgemein jede Unterbrechung des Interviews durch den Befragten.

Beim Test bemerkt man, ob die Fragen falsch verstanden werden. Man beobachtet unmittelbar, wie spontan oder langsam und angespannt die Antworten kommen, wie interessiert oder gelangweilt oder auch peinlich berührt der Befragte ist. Man empfindet unmittelbar, daß eine Frage zu lang ist, zu umständlich, zu kompliziert. Gleich im Interview, im Angesicht des Befragten versucht man dann, die einfachere, anschaulichere, kraftvollere Formulierung zu finden. Man löst sich von der Papiersprache und notiert sofort beim Interview, wie die bessere Formulierung lauten könnte. Selbst stundenlange Diskussionen in der Fragebogenkonferenz haben nicht dieses Potential des plötzlich gefundenen Ausdrucks der Umgangssprache.

Ebenso werden Kontext-Effekte[45] oft nur entdeckt, wenn man interviewt. Der Befragte antwortet aus einem Bezugsrahmen heraus, an den niemand in der Fragebogenkonferenz gedacht hatte. George Gallup erzählte einmal[46], nach seiner verheerenden Fehlprognose bei der Präsidentschaftswahl von

[43] Siehe auch S. 80.

[44] Lois Oksenberg, Charles Cannell, Graham Kalton: New Strategies for Pretesting Survey Questions. In: Journal of Official Statistics 7, 1991, S. 349–365.

[45] Siehe S. 86–87.

[46] Mündliche Mitteilung an die Autorin.

1948[47] habe er sich sofort gedacht: »Wenn ich selbst Probeinterviews durchgeführt hätte, wäre mir das nicht passiert.« Von da an, von 1948 an, habe er, solange er das Institut leitete, bei jeder Umfrage selbst Probeinterviews gemacht.

Bestimmte Erlebnisse im Interview vergißt man nie, etwa die Antwort einer Bäuerin auf die Frage »Glauben Sie, daß Goethe ein moralisches Leben geführt hat?«: »Wenn Sie schon so fragen, wird es wohl unmoralisch gewesen sein.«

Es hat sich bewährt, die Probeinterviews zu institutionalisieren. In Gruppen fahren die Wissenschaftler und die nichtwissenschaftlichen Mitarbeiter in irgendeinen Teil des Ortes, der Stadt, verlassen gemeinsam das Fahrzeug, verteilen sich in verschiedene Richtungen, um Probeinterview-Partner zu suchen, ihre Interviews zu machen, und treffen sich zur vereinbarten Zeit zwei, drei Stunden später wieder.

Die Fragebogen-Korrekturarbeiten sollten so schnell wie möglich an die Probeinterviews anschließen. Zuerst trägt jeder in den Korrekturbogen seine Erfahrungen, Beobachtungen, Korrekturvorschläge ein. Die Konferenz mit der Diskussion schließt sich an. Dabei werden nach Bedarf die Ergebnisse einzelner Fragen aus den Probeinterviews mit Strichliste ausgezählt, zum Teil zeigt schon die Verteilung der Antworten, daß eine Frage einseitig ist oder falsch verstanden wurde.

Natürlich ist es auch sinnvoll, die in der Feldarbeit besonders erfahrenen Interviewer nach ihren Erfahrungen zu fragen, um ihre Kritik zu bitten und in jedem Fall das Schreiben eines Erfahrungsberichts zur Regel zu machen, der dann nicht nur in der Interviewer-Abteilung gelesen wird, sondern auch von den Mitgliedern der Fragebogenkonferenz. Die Hauptsache bleibt jedoch, daß die Wissenschaftler den Fragebogen selbst testen. Wenn dies geschieht, sollte man keine Spezialtruppe von Pretest-Interviewern aufbauen. Mit der Information an die Interviewer: »Dies ist ein Pretest!« geht etwas von der Normalität verloren, auf die es bei den Reaktionen der Interviewer gerade ankommt.

[47] Siehe S. 22–23.

Aufbau und Reihenfolge: »Ich habe Ihren Fragebogen geordnet«

Der Fragebogen bestimmt die Dramaturgie des Interviews: Erwärmung am Anfang, Kontakt, Erweckung des Interesses, Gewinnen des Vertrauens, Bekräftigung des Selbstvertrauens des Befragten, Vermittlung von Motiven, die weiteren Fragen mit gutem Willen zu beantworten. Die Aufnahme von Personenstands-Daten gehört nicht an den Anfang.

Im Wechsel folgen dann die oft unvermeidlichen monotonen Frageserien – z.B. für jede innerhalb der letzten vier Wochen gelesene Zeitschrift: wo gelesen, wie das Heft bekommen, wie regelmäßig wird die Zeitschrift gelesen? – oder nacheinander für jeden von vierzehn Bundesministern: »Wie ist Ihre Einstellung zu ihm/ihr: gute Meinung, keine gute Meinung, weder/noch, kein Urteil?« – und unterhaltsame Fragen: z. B. Vorlage eines Bildblattes mit Darstellung von unterschiedlich möblierten Wohnzimmern: »Welches von diesen Zimmern gefällt Ihnen am besten?«

Im Wechsel folgen Spannung und Auflockerung, im Wechsel Examensfragen zur Prüfung des Wissens – »Wissen Sie das zufällig: Hat Luther vor oder nach dem 30jährigen Krieg gelebt?« – »In Berlin gibt es außer dem Bundestag auch noch den Bundesrat. Wissen Sie, wozu der Bundesrat da ist ...?« – und Ermittlungen, bei denen der Befragte Zensuren verteilt oder um seinen Ratschlag gebeten wird:

»Zwei Eheleute streiten sich darüber, ob sie in der alten Wohnung bleiben oder umziehen sollen. Der Mann sagt, wir ziehen in eine andere Wohnung, und die Frau sagt, wir bleiben hier. So geht der Streit wochenlang, und sie können sich einfach nicht einigen. Was finden Sie: Wer soll in diesem Fall die letzte Entscheidung, das letzte Wort haben – der Ehemann oder die Ehefrau?«[48]

Im Wechsel folgen Fragen aus verschiedenen Themenbereichen. Eine der häufigsten sich wiederholenden Formulierungen

[48] Allensbacher Archiv, IfD-Umfragen Nr. 70, Januar 1954, Nr. 1635, Juli/August 1960, Nr. 6019, September 1995. Das Ergebnis: (s. S. 121)

im Fragebogen lautet: »Jetzt eine ganz andere Frage...« Thematisch zusammenhängende Ermittlungen werden zerteilt, nach sechs Fragen über den Einkauf und Verbrauch von Schokolade heißt es: »Eine andere Frage...« und fünf Minuten später: »Um noch einmal auf Schokolade zurückzukommen...«[49]

Das sind Maßnahmen, um Ermüdung oder Langeweile beim Befragten zu verhindern, um den Einfluß auszuschalten, den eine vorangegangene Frage auf die Beantwortung der folgenden haben könnte, um Widersprüchlichkeit oder Festigkeit von Einstellungen zu testen.[50]

Der künstliche Wechsel wirkt auf den Befragten keineswegs unnatürlich, das normale alltägliche Gespräch zwischen Menschen ist ähnlich sprunghaft; aber im Fragebogen schwarz auf weiß festgelegt, mag es den Leser vielleicht überraschen. Man kann jenen Interviewer verstehen, der einen Fragebogen auseinanderschnitt, neu zusammenklebte und ihn der Leitung des Umfrageinstituts mit dem freundlichen Hinweis schickte: »Ich habe Ihren Fragebogen geordnet.«

Es wäre jedoch nicht nur überflüssig, sondern falsch, würde man versuchen, einen Fragebogen möglichst »logisch« aufzubauen, etwa wie man einen Vortrag oder eine gelenkte Diskussion aufbaut. Das Gegenstück eines demoskopischen Fragebogens ist vielleicht das »Sokratische Gespräch«, bei dem sich eine Frage logisch auf der vorhergehenden aufbaut, bis der Befragte zwingend aus seinen bisherigen Antworten einen logischen Schluß zieht. Diese Wirkung kann bei einem demoskopischen Fragebogen ganz unbeabsichtigt einsetzen, wenn die Fragen nach Themen sortiert aneinandergereiht werden.[51]

	1954 %	1960 %	1995 %
Der Ehemann	56	51	18
Die Ehefrau	25	22	16
Andere Antwort	14	9	21
Gleichberechtigt	–	–	5
Kein Urteil	5	18	40
	100	100	100
n =	985	1999	1100

[49] Über das Unbehagen, das ein solcher scheinbar willkürlich zusammengestellter Fragebogen dem literarisch anspruchsvolleren Leser bereitet, s. S. 60.

[50] Siehe S. 86–87.

[51] Siehe auch die Ausführungen auf S. 85–86.

Um das Interview nicht allzu wechselhaft erscheinen zu lassen, genügt in Imitation der assoziativen Verknüpfung von Themen im Alltagsgespräch der bloße Schein einer sachlichen Verknüpfung: »Der französische Staatschef hat...« – »Was bringt man von einer Reise nach Frankreich Ihrer Ansicht nach am besten als Geschenk mit?«

Monotone Frageserien werden wahrscheinlich am zweckmäßigsten in der Mitte des Interviews gestellt, Fragen persönlicher Natur oder Fragen, bei denen die Gefahr besteht, sie könnten unaufrichtig beantwortet werden, eher gegen Ende, Fragen, deren Beantwortung leicht beeinflußbar erscheint, am Anfang, bevor das Interview selbst mit seinen Themen Einfluß ausüben kann. Eine Frage wie: »Was halten Sie für die wichtigste Frage, mit der man sich heute in Deutschland allgemein beschäftigen sollte?« muß beispielsweise am Beginn des Interviews gestellt werden.

Da das Interview insgesamt starke Spannung erzeugt, gehört an das Ende, bevor die statistischen Daten zur Person notiert werden, keine banale Ermittlung (»Benutzen Sie Hautcreme?«), sondern eine Auflockerung:

»Zum Schluß noch eine ganz andere Frage: Ist Ihnen in den letzten drei Jahren einmal etwas gestohlen worden, oder ist Ihnen das in den letzten drei Jahren nie passiert?«

Oder eine Frage mit einigem Pathos:

»Wenn Sie Ihr Leben noch einmal von vorn anfangen könnten: würden Sie dann vieles anders machen oder alles wieder genauso?«

Fragebogen mit guten Manieren

Auch ein Fragebogen kann gute oder schlechte Manieren haben, kann höflich und rücksichtsvoll oder grob und egoistisch sein. Einige der oben aufgezählten Regeln oder Hinweise gehören zu den »guten Manieren«, z.B. die Wahl der Kontaktfragen am

Beginn oder die Plazierung einer interessanten oder lustigen Frage am Ende des Interviews. Ob die Ergebnisse einer Umfrage dadurch besser, zuverlässiger werden, ist noch nicht systematisch untersucht worden. Für den Gebrauch psychologischer Höflichkeit spricht ausreichend, daß man damit die Wahrscheinlichkeit bereitwilliger Auskunft im Interview wie bei der Angabe der statistischen Daten verstärkt.

Fast unmerklich jedoch werden aus Fragen guter Manieren im Interview Bedingungen, deren Einhaltung die Qualität der Ergebnisse unmittelbar bestimmt.

Wenn beim Aufbau eines Fragebogens versäumt wird:

1. durch Abwechslung Ermüdung zu verhindern und
2. zu berücksichtigen, wie leicht Antworten durch vorangegangene Fragen beeinflußt werden, dann erhält man ohne Warnung wertlose, aufs gröbste verzerrte Resultate.

Der Lernprozeß im Interview: »Kommt danach WARUM?«

Zu dem Einfluß, den das Interview selbst auf die Antworten ausübt, trägt auch der Lernprozeß bei, der sich während der Befragung vollzieht und den man bei der Konstruktion des Fragebogens einkalkulieren muß. Der Befragte erfährt durch den Text der Fragen Neues. Nicht selten wird der Interviewer gebeten, Antworten auf vorangegangene Fragen dann nachträglich zu ändern. Eine solche »Verbesserung« ist aber für die Auswertung unbrauchbar, weil das statistische Prinzip des einheitlichen Vorgehens[52] dadurch verletzt wird und ebenso der Grundsatz, daß jede Frage gleichsam isoliert für sich selbst beantwortet werden soll (der Fragebogen als eine »Summe von Fragen«), damit die Ergebnisse für eine Bevölkerung verallgemeinert werden können, die in ihrer Haltung zu dem fraglichen Punkt auch

[52] Siehe S. 71.

nicht durch vorangegangene Fragen beeinflußt oder aufgeklärt wurde.[53]

Daß man im Interview neues Wissen vermitteln kann, ohne die Erforschung unbefangener Einstellungen zu gefährden, allein durch Aufbau und Reihenfolge der Fragen, ist ein wichtiger Vorteil der mündlichen (gleich ob persönlich oder telefonisch durchgeführten) gegenüber der schriftlichen Umfrage, bei der nichts den Ausfüllenden hindert, zu Beginn erst einmal den ganzen Fragebogen durchzulesen.[54] – Aber der Befragte erfährt nicht nur Neues im Interview. Er wird auch formal trainiert. Er lernt, welche Art von Antworten ihm gleichsam als »Strafe« eine geistig anstrengende Nachfrage einbrockt, und paßt sich an. In der Mitte eines Interviews, wo neben »geschlossenen Fragen«[55] mehrfach Fragen mit offener Nachfrage verwendet worden waren wie: »Warum denken Sie so? Könnten Sie mir das noch näher erklären?«, wurde eine junge Frau gefragt: »Einmal ganz allgemein gefragt: Sind Sie enttäuscht von den vier Parteien CDU/CSU, SPD, FDP und den Grünen, oder würden Sie das nicht sagen?« Die Antwort der jungen Frau lautete: »Kommt danach ›Warum‹?«

Hier wurde eine Reaktion ausgesprochen, die im allgemeinen fast unbewußt vor sich geht, und die sich in den Ergebnissen der Umfrage widerspiegelt. Bei der Frage: »Sind Sie enttäuscht von den vier Parteien ...« sank der Anteil derer, die sagten: »Ich bin enttäuscht«, um 10 Prozent, wenn danach gefragt wurde: »Und warum sind Sie enttäuscht, könnten Sie das bitte ein wenig erläutern?«[56] Durch einen kurzen Blick auf den Fragebogen, den der Interviewer oft nicht verhindern kann, hatten viele

[53] Vgl. S. 86–87.
[54] Siehe den Abschnitt über schriftliche Umfragen, S. 315–317.
[55] Vgl. S. 128–130 und Beispiele S. 131–132.
[56] Die genauen Ergebnisse:

	Gruppe A (ohne Nachfrage) %	Gruppe B (mit Nachfrage) %
Enttäuscht	53	44
Würde ich nicht sagen	24	29
Unentschieden	23	27
	100	100
n =	1074	1082

Allensbacher Archiv, IfD-Umfrage Nr. 5069, September 1992.

Befragte festgestellt, daß ihnen bei der Antwort »ja« eine Nachfrage drohte. Also antworteten sie so, daß ihnen die Zusatzfrage erspart blieb. Für den Fragebogen-Konstrukteur bedeutet das, daß er »Warum-Fragen« so sparsam wie möglich einsetzen sollte, um Lern-Effekte zu vermeiden. Als »offene Fragen« (Fragen ohne Antwortvorgaben) sind sie ohnehin nur Notlösungen für den Fall, daß nicht genug Informationen vorliegen, um eine Liste mit möglichen Antworten zusammenzustellen.[57]

Wie lange darf ein Interview dauern?

Wie lange ein Interview dauern darf, ist eine der am häufigsten zur Methode gestellten Fragen. Eine kurze Antwort darauf, wie sie in der Regel gewünscht wird, lautet: etwa vierzig Minuten.

Diese Antwort ist nicht falsch und doch irreführend. Für Forscher, die einen Fragebogen für ein mündlich-persönliches Interview entwickeln, stellen diese Zeitangaben eine schwer einzuhaltende Obergrenze dar. Oft müssen Fragebogen-Konstrukteure schweren Herzens auf Fragen verzichten, die sie gerne gestellt hätten – und trotzdem wird nicht selten das Zeitlimit deutlich überschritten. Telefoninterviews sind dagegen in der Regel wesentlich kürzer. Die Möglichkeiten, komplizierte Analysemodelle zu verwenden, sind hier so stark eingeschränkt, daß die Länge des Fragebogens in den meisten Fällen kein Problem darstellt.[58] Vor allem aber gilt: Die richtige oder tragbare Dauer eines Interviews ist nicht allein nach der Uhr zu messen, die reine Uhrzeit, die für Fragen und Antworten gebraucht

[57] Siehe S. 128–130. Vgl. Laure M. Sharp: Respondent Burden: A First Measurement Effort. In: Horst Baier, (u. a.) (Hrsg.): Öffentliche Meinung und sozialer Wandel. Public Opinion and Social Change. Opladen 1981, S. 195–208. Thomas Petersen: Das Feldexperiment in der Umfrageforschung. Frankfurt am Main 2002, S. 193-201.

[58] Frey u. a. berichten von verschiedenen Telefonumfragen, bei denen Befragungsdauer von 40 Minuten und länger keine erhöhte Zahl von Interviewabbrüchen zur Folge hatten. James H. Frey (u. a.): Telefonumfragen in der Sozialforschung. Methoden, Techniken, Befragungspraxis. Opladen 1990, S. 49 f.

wird, ist nicht die Hauptsache. Die richtige Dauer eines Interviews ist nicht mechanisch, sondern nach psychologischem Maß zu bestimmen. Indem man Fragen hinzufügt, kann man ein Interview psychologisch verkürzen.

Ein egoistischer Fragebogen, bei dessen Aufbau und Formulierung die Forscher nur an sich gedacht haben, nur daran, was sie selbst erfahren möchten, kann schon ein Interview von zehn Minuten lästig machen und die Befragten so verschließen, daß der Ertrag der Erhebung wertlos wird.

Woran sollen die Forscher denken, wenn nicht an ihr eigenes Programm? Sie sollten überlegen, über welche Themen ihre Befragten gern sprechen möchten, welche Fragen oder Bildvorlagen sie interessieren werden, und solche Fragen sollten sie in ihr Programm einschieben, auch wenn das Interview dadurch objektiv länger wird. Ein Interview soll Unterhaltungscharakter haben, es soll für den Befragten so angenehm wie möglich sein.

Manchem Auftraggeber einer Marktanalyse sind die eingestreuten »Unterhaltungsfragen«, »Spielfragen«, »Pufferfragen« ein Dorn im Auge: »Alles von meinem Geld.«

Der Fragebogen sollte ohnehin nicht »ausgehandelt« werden; es ist lediglich festzulegen, welche Aufgaben die Untersuchung zu lösen hat. Aber wenn man schon einmal die »Spielfragen« diskutiert – etwa die Vorlage von Bildblättern mit Gartenzwergen oder Wohnzimmereinrichtungen oder Damenhüten: »Welcher gefällt Ihnen am besten?«[59] –, so müssen die Bedingungen dargelegt werden, von denen bereitwillige, vollständige, stichhaltige Auskünfte bei einer Bevölkerungsumfrage nun einmal abhängig sind.

Nach einem gut aufgebauten Interview erkundigen sich manchmal am Schluß die Befragten schüchtern: »Kostet das jetzt was?« Die Freundlichkeit, die den Forschern (bei Probeinterviews) und den Interviewern vielfach begegnet, darf nie vergessen lassen: Die Befragten gewähren ein Interview, sie schenken sogar dem hartgesottenen Auftraggeber der Marktanalyse ihre Zeit, aber sie lassen sich nicht kommandieren, sie fühlen sich zu nichts verpflichtet, sie haben keinen Grund, einem Interviewer zu erlauben, sie zu strapazieren, sie geistig turnen zu lassen. Es muß ihnen – den größten Teil der Zeit jedenfalls – Spaß

[59] Siehe S. 135–136.

machen. Dann kann ein Interview sogar eine Stunde oder länger dauern – es wird kaum bemerkt.

Ob ein Interview ein tragbares psychologisches Zeitmaß hat, läßt sich prüfen. Man erkundigt sich am Ende beim Befragten, wie lange das Interview nach seinem Gefühl gedauert habe, und vergleicht die Angaben mit der tatsächlich verstrichenen Zeit. Bei einer guten Dramaturgie des Interviews wird die Dauer im allgemeinen von den Befragten sehr unterschätzt.

Obwohl dem Interviewer das Interview oft langweiliger erscheint als dem Befragten, ist es zur Kontrolle der Untersuchungsanlage zweckmäßig, am Ende des Interviews auf dem Fragebogen vom Interviewer notieren zu lassen: »Das Interview war in der Länge – gut / etwas zu lang / viel zu lang.« Oder es wird am Ende an die Befragten selbst die ausdrückliche Frage gerichtet: »Wie fanden Sie das Interview in der Länge?«

Der taube Interviewer

Da der Interviewer streng an Reihenfolge und Wortlaut der Fragen gebunden ist, muß es ihm mit Hilfe eines vorausschauend konstruierten Fragebogens erspart werden, daß der Befragte ihn für taub hält. Situationen, in denen der Befragte erstaunt sagt: »Ich habe Ihnen doch eben schon erklärt…« sind gar nicht leicht zu vermeiden. Sie entstehen, wenn eine Frage vorzeitig zu Antworten einlädt, die erst später im Interview ausdrücklich eingeholt werden.

Ein Modellfall. Das Interview wird eröffnet mit: »Was halten Sie für die wichtigste Frage, mit der man sich heute in Deutschland allgemein beschäftigen sollte?« Antwort: »Die Arbeitslosigkeit.« Drei Fragen weiter liest der Interviewer aus seinem Fragebogen vor: »Wir haben ja zur Zeit über drei Millionen Arbeitslose in Deutschland. Würden Sie sagen, das ist ein Grund zur Sorge, oder würden Sie das nicht sagen?«

Der Befragte antwortet: »Aber ich sagte Ihnen doch eben

schon ...« Erlebt der Interviewer wiederholt, daß ihn der Fragebogen in solche Lagen manövriert, gewöhnt er sich begreiflicherweise an, zu improvisieren. »Sie sagten mir ja eben schon, daß Sie ...« oder, noch bedenklicher, er kreuzt Antworten an, ohne die Fragen überhaupt vorgelesen zu haben, und die Einheitlichkeit der Erhebung ist zerstört.[60]

Müssen die »offene« Frage nach der »wichtigsten Frage, mit der man sich heute in Deutschland allgemein beschäftigen sollte« und die Frage nach der Sorge über die Arbeitslosigkeit im selben Fragebogen stehen, so sollten sie wenigstens möglichst weit auseinander gerückt sein. Dann wird der Interviewer vom Befragten nicht für taub gehalten, sondern bloß für vergeßlich, und das ist tragbar.

Die Fragebogenkonferenz kann nicht vermeiden, daß manche Befragte durch fast jede Frage zu umfassenden Erklärungen angeregt werden, die drohen, das ganze Interview aus den Angeln zu heben. In diesen Fällen läßt sich das Gespräch mit dem beliebig oft wiederholbaren Hinweis eindämmen: »Darauf kommen wir später.«

Die »offene Frage« stammt aus dem Einzelgespräch und ist für statistische Verarbeitung meist weniger gut geeignet

Man nimmt (mit Recht) allgemein an, daß die Art der Frage die Ergebnisse beeinflußt[61], und stellt sich (zu Unrecht) oft vor, man müsse die Frage möglichst »offen« formulieren, um jede Beeinflussung der Antworten zu vermeiden, also beispielsweise: »Was denken Sie so über die Gewerkschaften?«

Indessen ist die »offene« Frage – eine der vielen technischen Frageformen, die der Umfrageforschung zur Verfügung

[60] Siehe S. 70–71.
[61] Siehe S. 132.

stehen – kein Ausweg. Was man wissen möchte, muß man offenkundig fragen; andernfalls erhält man höchstens zufällig einzelne Angaben zu dem Kernpunkt, den man klären wollte.[62] Ein weiterer Nachteil der offenen Frage ist die starke Abhängigkeit vom Ausdrucksvermögen der Befragten: Angehörige der gehobenen Bildungsschichten kommen stärker zu Wort, da sie in ganz anderer Weise wendig im Formulieren ihrer Ansichten sind als die einfachen Bevölkerungskreise.

Außerdem macht sich bei der offenen Frage der Interviewer-Einfluß besonders bemerkbar: Die Erklärungen der Befragten fallen verschieden aus, je nach dem Verhalten des Interviewers. – Darüber hinaus schreiben die Interviewer nicht jedes Wort, das der Befragte sagt, mit, sondern vor allem das, was ihnen verständlich, überzeugend erscheint. Was sie erwartet haben, registrieren sie – unbewußt – besser als das Unerwartete.

Die »offene« Frage ohne Vorgabe von Antworten wird richtig benutzt, um

- Wissen zu überprüfen[63];

[62] Man spricht von der »Multidimensionalität der offenen Frage« (Hans Zeisel). Beispiel: »Was ist Ihre Meinung über Bundeskanzler Schröder?« Auf diese Frage kann man etwa antworten, indem man seine Ansichten über die Person Schröders mitteilt, oder indem man seine Politik allgemein beurteilt, oder indem man zu jüngsten politischen Entscheidungen der Regierung Stellung nimmt.

[63] Bei solchen »Wissensfragen« wäre es sogar verfehlt, die richtige Antwortvorgabe, die nicht vorzulesen ist, in den Fragebogen zu drucken. Dies wurde mehrfach nachgewiesen, wie an dem folgenden Beispiel:

Fragefassung A:
»Im Fernsehen und in der Zeitung werden heutzutage so viele Fremdwörter gebraucht. Oft weiß man gar nicht, was damit gemeint ist. Wissen Sie zum Beispiel, was ›Esperanto‹ bedeutet?«
Ja, und zwar .... Weiß nicht 1

Fragefassung B: Gleicher Text, aber andere Vorgaben:
Einheitliche Weltsprache .... Andere Antwort 1
Weiß nicht 2

	Fragefassung A (im Fragebogen nur Kommentarzeile)	Fragefassung B (richtige Antwort im Fragebogen eingedruckt)
	%	%
Richtige oder annähernd richtige Angaben	35	52
Vage Angaben – »Zusammenfassung mehrerer Sprachen«, »Hilfssprache«, »Fremdsprache«	13	1
Falsche Angaben – »Turngerät«, »Tanz«, »Einheitskurzschrift«	2	2
Keine Angabe, weiß nicht	50	45
	100	100

(Allensbacher Archiv, IfD-Umfrage Nr. 1072)

– den Sprachgebrauch der Bevölkerung zu einem bestimmten Themenbereich kennenzulernen;

– »Aktualität« von Themen oder Argumenten zu messen (»Was halten Sie für die wichtigste Frage, mit der man sich heute in Deutschland allgemein beschäftigen sollte?«). Mit der »Aktualität« verknüpft ist die für die Umfrageforschung noch schwierige Messung von »Intensität« [64];

– Neuland zu untersuchen oder Gebiete von besonderer individueller Vielfalt (zum Beispiel Lieblingsgerichte, Träume, Sorgen).

Die »offene« Frage bleibt im Fragebogen eine Ausnahme. Sie wird vor allem in Voruntersuchungen verwendet. Sie ist die typische Frageform des Einzelgesprächs und besitzt darum auf den ersten Blick große Anziehungskraft, aber für statistische Verarbeitungen ist sie meist nicht zu gebrauchen.

Beispiele fragebogentechnischer Lösungen

Nicht alle der im Kapitel »Fragebogenkonferenz« (S. 110–119) in Stichworten erwähnten Fragemodelle können in diesem Buch detailliert vorgeführt werden. Aber einige der geläufigsten und wichtigsten Frageformen sollen im folgenden mit Beispielen belegt werden. Auf den Abdruck längerer geschlossener Passagen aus Fragebögen mußte zugunsten der systematischen Beschreibung der verschiedenen Modelle weitgehend verzichtet werden. Längere Fragebogenauszüge finden sich auf den Seiten 104 bis 108 und 140 bis 142. Niemand liest gerne seitenlange Fragelisten, wenn er nicht wenigstens gelegentlich auch Antworten präsentiert bekommt. Darum haben wir in vielen Fällen zu den Fragetexten die Gesamtergebnisse hinzugefügt.

64 Zum Wert spontaner Aussagen siehe auch S. 107 (die Notiz zur »Warum«-Nachfrage zu Frage 7).

Die einfachste Frageform ist die *geschlossene Frage ohne ausformulierte Antwortalternative:*

1. »Halten Sie den Sozialismus für eine gute Idee, die schlecht ausgeführt wurde?«[65]

		Oktober 2000
		%
Ja	1	36
Nein	2	34
Unentschieden	3	30
		100

Solche einfachen Ja-Nein-Fragen gelten allgemein als typisch für die Demoskopie. Tatsächlich werden sie aber viel seltener verwendet, als oft angenommen wird. In guten Fragebogen liegt ihr Anteil bei höchstens 10 Prozent aller Fragen. Die andere Grundform der *geschlossenen Frage* ist die Version *mit ausformulierter Antwortalternative,* wie zum Beispiel:

2. »Ist die deutsche Wiedervereinigung für Sie eher Anlaß zur Freude oder zur Sorge?«[66]

		August/September 2003	
		Deutschland	
		West	Ost
		%	%
Eher zur Freude	1	43	52
Eher zur Sorge	2	31	22
Unmöglich zu sagen	3	26	26
		100	100

Im Fragebogen werden also zwei Möglichkeiten zur Auswahl angeboten. In der Regel wird man nach Möglichkeit die Frageversion mit ausformulierter Alternative vorziehen, weil sie den verschiedenen Positionen die gleiche Chance gibt, ausgewählt zu werden. Die geschlossene Frage ohne Alternative wird vor allem verwendet, wenn nur die Zustimmung oder Ablehnung

[65] Allensbacher Archiv, IfD-Umfrage Nr. 6098.
[66] Allensbacher Archiv, IfD-Umfrage Nr. 7046.

zu *einer* bestimmten Position festgestellt werden soll oder wenn sich eine Alternative zu der zu testenden Position nicht finden läßt. Wie stark bereits die Wahl zwischen diesen beiden einfachen Frageformen das Ergebnis einer Umfrage beeinflussen kann, zeigt das folgende Beispiel:

Frageform 1:
»Finden Sie, daß in einem Betrieb alle Arbeiter in der Gewerkschaft sein sollten?«

Frageform 2:
»Finden Sie, daß in einem Betrieb alle Arbeiter in der Gewerkschaft sein sollten, oder muß man es jedem einzelnen überlassen, ob er in der Gewerkschaft sein will oder nicht?«
Es antworteten:[67]

	bei Frageform 1	bei Frageform 2
	%	%
Alle sollten in der Gewerkschaft sein	36	14
Bin dagegen, ist Sache des einzelnen	35	81
Unentschieden	29	5
	100	100

Unabhängig von der Form kann man die Fragen einer demoskopischen Untersuchung auch inhaltlich, nach ihrer Funktion einteilen. So kann man zum Beispiel Fragen nach einem Tatbestand (Faktfragen), Einstellungs- bzw. Meinungsfragen und Verhaltensfragen unterscheiden. Das oben angeführte Beispiel »Halten Sie den Sozialismus für eine gute Idee, die schlecht ausgeführt wurde?« ist, wie sich leicht erkennen läßt, Einstellungs- bzw. Meinungsfrage. Das folgende Beispiel zeigt erst eine *Verhaltens-* und dann eine *Faktfrage*.

[67] Die beiden Frageformen wurden nach der Methode der gegabelten Befragung (split ballot, siehe S. 192–193) zwei gleich großen repräsentativen Querschnitten der Bevölkerung (1138 und 1115 Befragte) vorgelegt. Allensbacher Archiv, IfD-Umfrage Nr. 6003, September 1994.

3. »Könnten Sie schätzen, wieviel Stunden Sie an einem normalen Werktag – also montags bis freitags – fernsehen, wieviel Stunden durchschnittlich pro Tag?«[68]

		Februar 2004
		%
Bis zu eine Stunde	1	24
Bis zu drei Stunden	2	51
Mehr als drei Stunden ...	3	24
sehe nie fern	4	1
** Gleich übergehen zum nächsten Fragekomplex		100

4. »Gibt es in Ihrem Haushalt einen oder mehrere PCs, Computer?«[70]

		Frühjahr 2003
Ja, einen	1	44
Ja, mehrere	2	15
Nein	3	41
** Gleich übergehen zum nächsten Fragekomplex		100

Im Kapitel »Fragebogen mit guten Manieren« (S. 122–123) war bereits von der wichtigen Rolle der Kontakt- oder »Eisbrecher«frage die Rede, die am Beginn des Interviews die Neugierde des Befragten wecken, ihn motivieren soll, das Interview zu geben und durchzuhalten. Ob das gelingt, läßt sich im Pretest[69] beobachten. Viele Eröffnungsfragen weisen sich schon dadurch als ungeeignet aus, daß sie die meisten Befragten mit »Nein« beantworten. Ein »Nein« am Anfang des Interviews ist grundsätzlich kein guter Beginn. Fragen, die die meisten verneinen, sind keine guten Eisbrecherfragen. Eisbrecherfragen sollten unterhaltsam und nicht zu schwer sein, aber auch nicht banal wirken. Der Befragte soll das Gefühl bekommen, daß seine Meinung ernstgenommen wird. Eine gute Eisbrecherfrage wirkt so, als könnte man mit ihr auch ein normales Alltagsgespräch eröffnen. Zwei Beispiele:

[68] Allensbacher Archiv, IfD-Umfrage Nr. 7052.
[69] Allensbacher Markt- und Werbeträger-Analyse (AWA) 2004"

5. »Es gibt ja Menschen, die *morgens* munterer sind, andere kommen erst *abends* richtig in Schwung. Wie ist das bei Ihnen?«[70]

		April 1999
		%
Morgens munterer	1	39
Eher abends	2	32
Unentschieden, teils, teils	3	29
		100

6. »Sehen Sie den kommenden 12 Monaten mit *Hoffnungen* oder *Befürchtungen* entgegen?«
(Bei Rückfragen: ›Allgemein oder persönlich?‹ folgt der Hinweis: »Je nachdem, was Sie zur Zeit mehr beschäftigt!«)[71]

		Februar 2004
		%
Mit Hoffnungen	1	36
Mit Befürchtungen	2	26
Mit Skepsis	3	30
Unentschieden	4	8
		100

Solche »Eisbrecherfragen« sind für die spätere Analyse oft keinesfalls bedeutungslos. Die beiden oben angeführten Beispiele bringen wertvolle Ergebnisse. So ist beispielsweise die Frage nach den »Hoffnungen« oder »Befürchtungen« – die Gründe dafür sind bisher unklar – ein äußerst zuverlässiger Indikator für die Wirtschaftsentwicklung im darauffolgenden Jahr.[72]
Einen ähnlichen, aber oft noch etwas mehr spielerischen Charakter haben die Schlußfragen, die vor der Ermittlung statistischer Daten (Alter, Beruf, Einkommen usw.) gestellt werden. Zwei Beispiele finden sich auf S. 192.

Die dritte Form der »spielerischen« Fragen stellen die *»Pufferfragen«* dar, die zwischen solche Erkundigungen eingeschoben werden, bei denen man befürchtet, sie könnten sich gegenseitig beeinflussen. Pufferfragen reißen den Befragten aus dem

[70] Allensbacher Archiv, IfD-Umfrage Nr. 6076.
[71] Allensbacher Archiv, IfD-Umfrage Nr. 7052.
[72] Siehe hierzu: Elisabeth Noelle-Neumann: The Public as Prophet: Findings from Continuous Survey Research and their Importance for Early Diagnosis of Economic Growth. In: International Journal of Public Opinion Research, 1, 1989, S. 136–150.

Gedankenzusammenhang der vorangegangenen Fragen heraus, lenken ab und stellen so eine Trennung zwischen den vorherigen und den nachfolgenden Fragen her.[73] Prinzipiell lassen sich alle »Eisbrecher-« und Schlußfragen auch als Puffer benutzen, wenn sie inhaltlich mit den sie umgebenden Themen nichts zu tun haben. Man kann auch – allerdings naturgemäß nur bei mündlich-persönlichen Befragungen – ein unterhaltsames Bildblatt verwenden:

---

7. Interviewer überreicht Bildblatt!
»Hier sind acht Wohnzimmer abgebildet. Welches von diesen Zimmern gefällt Ihnen am besten – ich meine: für welches würden Sie sich entscheiden, wenn Sie in einem davon wohnen sollten?«[74] (Bei Rückfragen: »Einmal ganz abgesehen von den Preisen der Möbel.«)

		Juni 1997
		%
Moderne Klassik	1	10
Funktional	2	20
Altenglisch	3	7
Antik	4	9
Avantgardistisch	5	6
Mobiles Wohnen	6	21
Konservativ	7	23
Rustikal	8	6
Unentschieden	9	3
		100

Nicht alle geschlossenen Fragen lassen sich eindeutig mit »Ja« oder »Nein« oder mit anderen eindeutigen Kategorien wie »Hoffnungen« oder »Befürchtungen« beantworten. Oft kann es sinnvoll sein, die Antworten der Befragten mit Hilfe einer subjektiven Skala in eine Rangfolge zu bringen, je nachdem, wie

[73] Allerdings ist die Wirkung solcher Pufferfragen begrenzt. Die Möglichkeit, ablenkende Fragen zwischen zwei sich beeinflussende Fragebogenabschnitte einzufügen, entlastet den Forscher nicht von der Aufgabe, die Reihenfolge der Fragen sorgfältig zu planen (Siehe auch S. 120–122). In einem Experiment von George F. Bishop haben Pufferfragen Reihenfolgeeffekte nicht verhindern können. George F. Bishop: Context Effects on Self-Perceptions of Interest in Government and Public Affairs. In: Hippler, Hans-J., Norbert Schwarz, Seymour Sudman (Hrsg.): Social Information Processing and Survey Methodology. New York u. a. 1987, S. 179–199.

[74] Allensbacher Archiv, IfD-Umfrage Nr. 6045.

Abb. 4

sehr der Befragte der in der Frage vorgestellten Meinung oder Tatsache zustimmt, oder welche Bedeutung er der jeweiligen Sache beimißt. Eine subjektive Skala wurde zum Beispiel in der folgenden Frage angewendet:

---

8. »Wie würden Sie im großen und ganzen Ihren Gesundheitszustand beschreiben?«[75]

		März 2004
		%
»Sehr gut«	1	15
»Ziemlich gut«	2	45
»Es geht«	3	35
»Ziemlich schlecht«	4	4
»Sehr schlecht«	5	x*
Keine Angabe	6	1
		100

* x bedeutet: Weniger als 0,5 Prozent der Befragten gaben diese Antwort

---

In diesem Fall werden die verbalen Abstufungen vom Interviewer vorgelesen (sie sind darum auch in Anführungszeichen gesetzt). Fünf- oder siebenstufige Skalenkonstruktionen erfreuen sich in der Sozialforschung seit vielen Jahren einer inflationären Beliebtheit, weil sie auf den ersten Blick die Analyse stark zu vereinfachen scheinen. Nicht selten sieht man Fragebogen, bei denen den Befragten lange Listen mit zu bewertenden Aussagen (»Items«) im folgenden Stil vorgelegt oder vorgelesen werden:

	Stimme sehr zu	Stimme etwas zu	Teils/ teils	Stimme eher nicht zu	Stimme gar nicht zu
Ich gehe eigentlich ganz gerne zur Arbeit	1	2	3	4	5
Unter meinen Kollegen/ Kolleginnen habe ich viele Freunde/Freundinnen	1	2	3	4	5
Arbeiten macht mir Spaß	1	2	3	4	5
Arbeit ist für mich ein notwendiges Übel	1	2	3	4	5
Meine Arbeit ist meistens ziemlich langweilig	1	2	3	4	5

[75] Allensbacher Archiv, IfD-Umfrage Nr. 7054.

»Fragen« wie diese werden dann gelegentlich zu Hunderten seitenweise vorgeführt oder vorgelesen und die Befragten haben immer nur die Möglichkeit zwischen den Stufen 1 bis 5 oder 1 bis 7 zu entscheiden.[76] Solche Umfragen verstoßen gegen zahlreiche Grundregeln der Fragebogenkonstruktion. Auf die Aussage »Meine Arbeit ist meistens ziemlich langweilig« könnte der Befragte mit Recht antworten: »Ihr Fragebogen aber auch.« Solche langen, gleichförmigen Listen sind ermüdend, die Befragten verlieren das Interesse und antworten schließlich wahllos, um die Tortur möglichst schnell hinter sich zu bringen. Das äußert sich zum Beispiel darin, daß die Befragten gegen Ende einer solchen langen Liste sich immer weniger für die Extrempositionen (in diesem Fall: »stimme sehr zu« oder »stimme gar nicht zu«) entscheiden und sich zunehmend auf die bequemere Mittelposition zurückziehen, die für den Befragten immer dann einen leichten Ausweg darstellt, wenn er sich nicht sofort entscheiden kann, ob er der zu bewertenden Aussage zustimmt oder nicht.[77] Hinzu kommt, daß solche mehrstufigen Skalen nicht auf alles und jedes anwendbar sind. Nicht selten werden die Kategorien – weil sie eigentlich für die gestellte Frage ungeeignet sind – bei der Analyse wieder zu eindeutigeren Gruppen wie »Zustimmende« und »Ablehnende« zusammengefaßt. In einem Experiment unter der Leitung von Erp Ring konnte gezeigt werden, daß es in den weitaus meisten Fällen nicht nötig ist, daß die Befragten ihre Antworten nach fünf Stufen differenziert geben. Man kann gerade bei großen Befragtenzahlen die Items nach nur einer Dimension (zum Beispiel »trifft zu«) auswählen lassen, ohne daß ein nennenswerter Informationsverlust eintritt.[78]

Es gibt gelegentlich Fragen, bei denen der Interviewpartner mit Recht antworten könnte: »Woher soll ich das wissen?« Um auf

[76] Solche 5- oder 7stufigen Skalen, in der Regel zusammengefaßt in langen Aussage-Batterien, werden nach dem Sozialforscher Rensis Likert »Likert-Skalen« genannt. Zuerst vorgestellt in: Rensis Likert: A Technique for the Measurement of Attitudes. In: Archives of Psychology, 140, 1932, S. 1–55.

[77] Erp Ring: Questionnaire Monotony Endangers the Comparability of Results; it Should be Avoided. In: Research That Works for Today's Marketing Problems. ESOMAR Congress Report. Amsterdam 1976, S. 429–446. Elisabeth Noelle-Neumann: Dullness and Monotony as Problems of Questionnaire Methodology. Paper presented at the 44th ISI Conference in Madrid, September 1983.

[78] Ring 1992, S. 163.

solche Fragen trotzdem eine Antwort zu bekommen, kann eine einleitende Floskel helfen, die einer solchen Reaktion bereits im voraus den »Wind aus den Segeln« nimmt:

---

9. »Wissen kann das natürlich niemand, aber was glauben Sie, wer bei der kommenden Bundestagswahl die meisten Stimmen bekommt: Die SPD und Bündnis 90/Die Grünen oder die CDU/CSU und die FDP?«

SPD und Bündnis 90/die Grünen . . . 1
CDU/CSU und FDP 2
Unmöglich zu sagen 3

Auch bei Themen, bei denen die Gefahr besteht, daß Prestige-Antworten zutage gefördert werden, also »Notlügen« des Befragten, weil ihm die ehrliche Antwort unangenehm ist, werden einleitende Sätze vor die eigentliche Frage gestellt, um der Antwort die mögliche Peinlichkeit zu nehmen. So wurde bei einer Studie über Haarwaschmittel gefragt:

---

10. »Würden Sie mir noch ein paar Fragen über Ihre Gewohnheiten bei der Haarwäsche beantworten? Viele Menschen sagen ja, daß es schädlich für das Haar und die Kopfhaut ist, wenn man sich allzu häufig den Kopf wäscht. Könnten Sie mir sagen, wann Sie zum letzten Mal Ihre Haare gewaschen haben – einmal abgesehen von heute?«[79]

Gestern 1
Vorgestern 2
Vor . . . . Tagen
Vor . . . . Wochen
Vor . . . . Monaten
Wasche die Haare nicht 3

Demjenigen, der seine Haare selten wäscht, wird versucht, mit dieser Frage etwas von seiner Isolationsfurcht (vgl S. 96) zu nehmen: »Du bist nicht allein, ›viele Leute‹ waschen ihre Haare auch selten.«

Entfernt vergleichbar mit solchen Konstruktionen sind die sogenannten »Fallgruben-Fragen«, mit denen das Wissen oder die Ehrlichkeit der Befragten erprobt wird, ohne daß diese das Gefühl haben, sich zu blamieren:

[79] Allensbacher Archiv, IfD-Umfrage Nr. 253, 1962.

11. »Wenn Sie in der Zeitung die Nachricht finden, daß ein Gesetz im Bundestag in zweiter Lesung angenommen ist: Heißt das, daß die sich beim ersten Mal nicht einigen konnten, oder müssen alle Gesetze zweimal gelesen werden, oder was bedeutet es sonst?«[80]

Die richtige Antwort: »Gesetze müssen dreimal gelesen werden« ist in der Frage nicht erwähnt. Der Befragte kann antworten wie er will, er bleibt in der Position des Sachverständigen, der um Auskunft gefragt wird.

Im Verlauf eines demoskopischen Interviews kann es nötig werden, daß verschiedene Personen unterschiedlich befragt werden müssen, je nachdem, ob sie beispielsweise eine bestimmte Zeitung lesen oder nicht, ob sie zur Miete wohnen oder ein Haus oder eine Eigentumswohnung besitzen, ob sie einen PC benutzen oder nicht und so weiter. Damit in einem solchen Fall nicht falschen Personen die falschen Fragen gestellt werden, gibt es eine Reihe von Mitteln, mit deren Hilfe das Interview flexibel gesteuert wird, ohne daß die Einheitlichkeit der Erhebung verlorengeht. Der folgende Fragebogenauszug aus einer Studie über das Brillentragen wurde der Übersicht halber im Zusammenhang belassen. Wie auf den Seiten 105 bis 108 finden sich jeweils unter den einzelnen Fragen kurze Kommentare zur Funktion.

12. Informell: Trägt der Befragte ständig oder gelegentlich eine Brille – abgesehen von normalen Sonnenbrillen oder Schutzbrillen?

Ja, ständig eine Brille 1
Ja, gelegentlich eine Brille 2
Nein .... 3 **

** Gleich übergehen zum nächsten Fragekomplex

»Informelle Ermittlung« heißt, der Interviewer kann seine eigenen Worte wählen, je nachdem, ob er die Antwort schon aus früheren Antworten kennt oder nicht. Bei »Nein« Auskopplung, es werden nur Brillenträger weiter befragt. Die Frage dient dazu, die Brillenträger aus der Gesamtheit der Befragten »herauszufiltern«, darum spricht man auch von »Filterfragen«.

[80] Allensbacher Archiv, IfD-Umfrage Nr. 5113, Oktober 1994.

13. »Wann haben Sie die letzte Brille oder das letzte Mal ein neues Gestell angeschafft? Wann war die *letzte* Anschaffung?«

Anschaffungsjahr: ....

Offene Frage (Siehe S. 128–130), Antworten in Zahlenangaben

---

14. Interviewer-Einstufung: Hat der Befragte die letzte Brillenanschaffung (ganze Brille, neue Gläser, neues Gestell) innerhalb der letzten 12 Monate gemacht?

Ja 1
Nein, länger her .... 2 **

** Gleich übergehen zu Frage 18

»Interviewer-Einstufung«: Es handelt sich um keine Frage, sondern um eine Filterführung. Der Interviewer kreist von sich aus nach den Antworten auf Frage 13 die zutreffende Angabe ein.

---

15. »Haben Sie außerdem in den letzten 12 Monaten noch eine neue Brille oder neue Gläser oder ein neues Gestell für sich angeschafft?« (Wieder abgesehen von normalen Sonnenbrillen und dergleichen)

Ja 1
Nein 2

Einfache geschlossene Frage mit Zusatzerläuterung in Klammern für den Bedarfsfall.

---

16. Informell: Wieviel komplette neue Brillen, neue Gläser oder neue Gestelle hat der Befragte innerhalb der letzten 12 Monate insgesamt für sich angeschafft?

Komplette neue Brillen:	/1/2/3/4/	mehr als 4... ( )
Neue Gläser:	/1/2/3/4/5/6/7/8/	mehr als 8... ( )
Neue Gestelle:	/1/2/3/4/	mehr als 4... ( )

Informelle Ermittlung, der Interviewer stuft anhand seiner Kenntnisse aus den vorangegangenen Fragen ein, gegebenenfalls kann er sich auch noch einmal mit einer Nachfrage an den Befragten wenden.

Am Ende dieses Fragekomplexes sind jetzt nur noch Brillenträger, die im vorausgegangenen Jahr mindestens eine neue Brille, neue Gläser oder ein neues Brillengestell für sich gekauft haben, übrig, »herausgefiltert«. Auch die genaue Zahl der Neuanschaffungen ist bekannt. Nur diesen Personen wird jetzt die folgende Frage vorgelegt:

17. Interviewer-Anweisung: Nun für alle der in den letzten 12 Monaten angeschafften Brillen, Gestelle und Gläser im Kasten unten eintragen, aus welchem Material sie sind

Was wurde neu angeschafft?	Falls neue Brille oder neues Gestell angeschafft: »Aus welchem Material ist das Gestell?« (Falls Bügel und Fassung aus unterschiedlichem Material: Entscheidend ist die Fassung der Gläser)	Falls neue Brille oder neue Gläser angeschafft: »Aus welchem Material sind die Gläser?«
Letzte Brillen-anschaffung Komplette neue Brille . . . . . . ( ) Nur neues Gestell . . . . . ( ) Nur neue Gläser . . . . ( )	Gestell Aus Metall . . . . ( ) Aus Kunststoff . . . . ( ) Randlos . . . . ( )	Brillengläser Aus Glas . . . . ( ) Aus Kunststoff . . ( ) Weiß nicht . . . . . . ( )

(Es folgen entsprechende Kästen für die vorletzte und die drittletzte Brillenanschaffung.)

»Kasten«, *eine technische Form, die gewählt wird, wenn mehrere Informationen monotoner Art für eine größere Anzahl gleichartiger Fälle einzeln erfragt werden müssen. Der Interviewer ist nicht strikt an einen Wortlaut der Frage gebunden, da die Fragen so eindeutige Tatbestände betreffen, daß keine störende Varianz entstehen kann. Solche »Kästen« sind sehr beliebt bei Fragebogen-Konstrukteuren, weil sie platzsparend sind. Indessen sind »Kasten-Ermittlungen« in ihren Ergebnissen weniger genau, als wenn dieselben Fragen als Einzelfragen – notfalls zehnmal hintereinander – im Fragebogen stünden.*

In einem anderen Fragebogen über dasselbe Thema findet sich die folgende Passage:

18. »Wie viele Brillen, mit denen Sie gut sehen können, haben Sie zur Zeit?« (Abgesehen von *normalen* Sonnenbrillen oder Schutzbrillen)

mehrere, und zwar:
(Anzahl notieren) . . . . Brillen ***
Eine Brille . . . . ( ) *

* ← → ***

»Ich möchte Sie noch etwas zu dieser Brille fragen.«

a) »Tragen Sie diese Brille zur Zeit ständig oder nur bei bestimmten Gelegenheiten, oder benutzen Sie sie nicht?«

Ständig . . . . ( )
Nur zu bestimmten Gelegenheiten . . . . ( )
Benutze sie nicht . . . . ( )

»Ich möchte Sie noch etwas zu diesen Brillen fragen.«

A) »Tragen Sie diese Brillen zur Zeit ständig oder nur bei bestimmten Gelegenheiten, oder benutzen Sie keine davon?«
(Mehreres kann angegeben werden)

Ständig . . . . ( )
Nur zu bestimmten Gelegenheiten . . . . ( )
Benutze keine davon . . . . ( )**

** Gleich übergehen zum nächsten Fragekomplex

B) »Und tragen Sie eine dieser Brillen hauptsächlich oder tragen Sie alle etwa gleich oft?«

Eine hauptsächlich . . . . ( )
Alle etwa gleich oft . . . . ( )

Am Beginn steht also eine Faktfrage mit ergänzender Erklärung für den Bedarfsfall in Klammern. Je nachdem, wie die Antwort ausfällt, wird der Interviewer für die folgenden Fragen auf die mit einem oder mit drei Sternchen gekennzeichnete Spalte verwiesen.

Eine besondere Rolle spielen bei der Umfrageforschung die sogenannten *Indikator-Fragen* (siehe auch Seite 115), also Fragen, bei denen die Antwort der Befragten nicht im wörtlichen Sinne von Interesse ist, sondern bei denen die Antwort Aufschlüsse gibt über etwas anderes, was »hinter« der Frage steht. Die Indikatorfrage ist der klassische Fall, an dem man den Unterschied zwischen Programm- und Testfrage am besten illustrieren kann: Die Frage hat mit dem zu untersuchenden Gegenstand auf den ersten Blick nichts zu tun.

So würde man zum Beispiel kaum fragen: »Ist Ihnen das Gleichheits- oder das Leistungsprinzip wichtiger?« Statt dessen könnte man die folgende Indikatorfrage einsetzen:

---

19. »Jetzt möchte ich Ihnen einen Fall erzählen: Zwei Sekretärinnen sind gleich alt und tun praktisch die gleiche Arbeit, aber eines Tages stellt die eine fest, daß die andere 300 Mark im Monat mehr bekommt. Die besser bezahlte Sekretärin ist jedoch tüchtiger und zuverlässiger und arbeitet rascher. Halten Sie es für gerecht, daß die eine mehr bekommt, oder halten Sie das nicht für gerecht?«[81]

		Nov./Dez. 2001
		%
Gerecht	1	83
Nicht gerecht	2	10
Unentschieden	3	7
		100

Mit der folgenden Indikator-Frage lassen sich Personen identifizieren, die besonders auf Sauberkeit und Ästhetik achten:

---

20. »Ist Ihnen in den letzten drei, vier Wochen zufällig einmal aufgefallen, daß jemand schmutzige Schuhe anhatte, oder ist Ihnen da niemand aufgefallen?«[82]

		Februar 1980
		%
Aufgefallen	1	49
Nicht aufgefallen	2	51
		100

Ein weiteres Beipiel für eine Indikatorfrage ist der »Buh-Test«, mit dessen Hilfe man feststellen kann, ob auf einem bestimmten Thema öffentlich moralischer Druck lastet, ob die Gefahr besteht, daß sich jemand in der Öffentlichkeit isoliert, wenn er bestimmte Meinungen äußert:

[82] Allensbacher Archiv, IfD-Umfrage Nr. 3174.
[81] Allensbacher Archiv, IfD-Umfrage Nr. 4228.

21. »Ich möchte Ihnen nun einen Vorfall erzählen, der sich bei einer großen öffentlichen Diskussion über Gentechnik ereignet hat. Zwei Hauptredner waren zu hören: Der eine sprach sich dafür aus, die Gentechnik in Deutschland zu fördern, der andere sprach sich dagegen aus. Einer der beiden Redner wurde vom Publikum ausgebuht. Was meinen Sie, welcher von beiden wurde ausgebuht: derjenige, der für die Förderung sprach, oder derjenige, der dagegen war?«[83]

Ausgebuht wurde derjenige,	Juli 2000
	%
der dafür war 1	56
der dagegen war 2	19
Unentschieden 3	25
	100

[83] Allensbacher Archiv, IfD-Umfrage Nr. 6093.

Listen, Bilder, Karten: Wo das Telefon versagt

Die bisher vorgeführten Fragebeispiele sind – mit Ausnahme der Wohnzimmer-Frage – prinzipiell alle sowohl in mündlich-persönlichen als auch in Telefonumfragen anwendbar. Aber die komplizierten, textreichen Indikatorfragen, der Buh-Test, markieren bereits die Grenze dessen, was Demoskopie durch den Telefonhörer zu leisten vermag. Anspruchsvolle Themen lassen sich nach wie vor nur mit mündlich-persönlichen Umfragen untersuchen. Das liegt vor allem daran, daß der Interviewer dem Befragten am Wohnzimmertisch Listen, Bilder, Texte, Gegenstände zeigen, Kartenspiele zum Sortieren geben kann. Es gibt ein ganzes Arsenal von Meßinstrumenten, die bei komplizierten oder umfangreichen Untersuchungsgegenständen unentbehrlich sind und bei denen das Telefon versagt. Die folgenden Beispiele zeigen einige der wichtigsten.

Ein sehr häufig verwendetes Instrument sind *Listenvorlagen*. Immer dann, wenn mehr als drei, vier verschiedene Antwortmöglichkeiten existieren und die Frage durch das Vorlesen aller Kategorien unübersichtlich würde, oder aber wenn bei etwas empfindlichen Fragen den Befragten das Gefühl von Diskretion vermittelt werden soll, kommen Listenfragen zum Einsatz.

---

22. Interviewer überreicht graue Liste 1
»Hier auf dieser Liste stehen verschiedene Spiele und Beschäftigungen, die Kinder und Jugendliche gern tun. Ist da etwas dabei, was Sie als Kind besonders gern gemacht haben, wo Sie besonders viel Spaß daran gehabt haben?«[84]
(Alles Genannte einkreisen!)
/1/2/3/4/5/6/7/8/9/10/11/12/13/14/15/16/17/18/

Zu Frage 22
Liste 1
(1) Räuber und Gendarm, Cowboy und Indianer und ähnliches
(2) Mit Puppen, Stofftieren spielen
(3) Elektrische Eisenbahnanlage
(4) Lesen

[84] Allensbacher Archiv, IfD-Umfrage Nr. 5047, Januar 1991.

(5) Malen, Zeichnen
(6) Basteln, Werken
(7) Handarbeiten, nähen, stricken, häkeln
(8) Fernsehen
(9) Mit technischen Baukästen spielen (Metall-, Plastikbaukästen)
(10) Mit Bausteinen zum Zusammenstecken (zum Beispiel Lego) spielen
(11) Mit lebenden Tieren spielen
(12) Modellbau (Flugzeuge, Schiffe usw.)
(13) Mit einer Autorennbahn spielen
(14) Sport treiben
(15) Chemiekasten, Physikkasten, Elektrokasten usw.
(16) Mikroskop
(17) Spiele im Freien
(18) Mich mit meiner Sammlung beschäftigen

Mit Hilfe von Listenvorlagen kann man auch den Befragten die Gelegenheit geben, etwas nachzulesen. Ein Beispiel ist die im Abschnitt »Das demoskopische Interview« beschriebene Frage zur Krankenkassenreform (S. 65). Hätte der Interviewer nicht eine Liste vorgelegt, auf der die zwei in Frage kommenden Möglichkeiten aufgeschrieben waren, hätte er mit Nachfragen und Mißverständnissen rechnen müssen. Mit Hilfe einer Liste kann also der Befragte auch über etwas kompliziertere, »nicht hörfunkgeeignete« Sachverhalte informiert werden, die die Voraussetzung oder die Grundlage weiterer Fragen sind. Dabei ist der Begriff »Liste« nicht zu wörtlich zu nehmen: Nicht jede »Liste« muß Punkte zur Auswahl anbieten. So wurden zum Beispiel Hochschullehrer befragt:

---

23 a) »Haben Sie schon vom Doktorandenförderungsprogramm der Post gehört?«

Ja 1
Nein 2

23 b) Interviewer überreicht rosa Liste 1
»Hier ist das Förderungsprogramm ganz kurz beschrieben.«
(Interviewer bitte Zeit zum Lesen lassen!)

Zu Frage 23 b)
Liste 1
Damit sich die Forschung an den Hochschulen verstärkt mit rechts-, wirtschafts- und sozialwissenschaftlichen Perspektiven der Kommuni-

kationsdienste auseinandersetzt, hat das Postministerium ein Doktorandenförderungsprogramm gestartet. Jährlich können bis zu fünf Stipendien neu vergeben werden. Sie werden bis zu drei Jahre lang in Höhe von 1200,– DM monatlich gewährt – gegebenenfalls mit Familienzuschlägen.

Es wäre nicht sinnvoll, diesen Text vorzulesen, der beim ersten Mal kaum vollständig verstanden werden würde. Das Interview würde durch ein lästiges Frage-und-Antwort-Spiel gestört: »Also warum noch mal machen die das?« »Was sagten Sie: Wie oft gibt es das?« »Wer macht das?« »Wieviel Geld war das noch?« Den Text auf der Listenvorlage konnten sich die Befragten in Ruhe durchlesen. Und erst dann wurde die Frage gestellt:

Noch 23 b)
»Die Nachfrage nach diesen Poststipendien ist bisher gering. Wie erklären Sie sich das, wo könnten die Gründe dafür liegen?«
....
....
Unmöglich zu sagen … ( )

Neben den Listenvorlagen spielen in der Demoskopie auch die sogenannten Bildblätter eine große Rolle, wobei man zwischen Skalen-, Dialog- und sonstigen Bildblättern unterscheiden kann. Skalen-Bildblätter helfen sowohl den Befragten als auch dem Forscher, auch solche Meinungen gedanklich zu strukturieren, in eine zählbare Form zu bringen, die auf den ersten Blick sehr persönlich, kaum mit einem »starren« Instrument meßbar erscheinen. Stimmungen, politische Standorte, sogar Ängste, der Grad einer Emotion. All dieses läßt sich mit Hilfe der richtigen, das heißt passend und phantasievoll entwickelten und richtig eingesetzten Skala erschließen.

Die folgenden Beispiele stellen einen kleinen Ausschnitt aus dem »Skalen-Arsenal« des Instituts für Demoskopie Allensbach dar. Links ist jeweils der Wortlaut der Frage wiedergegeben, die Abbildung rechts zeigt das dazugehörige Bildblatt.[85]

[85] Die Beispiele stammen aus den folgenden Umfragen: Allensbacher Archiv, IfD-Umfragen Nr. 5040, September 1989, 1440, April 1990, 5055, September 1991, 3215, September 1991, 3225/A, September 1992, 3235/PS/G, Dezember 1992, 5075, Januar 1993, 5095, Mai 1994, 6011, Sommer 1995.

24. Interviewer legt graues Bildblatt 1 bereit!
»Parteien werden ja manchmal danach eingeteilt, ob sie links, in der Mitte oder rechts stehen. Ich habe hier eine Liste, auf der ein Bandmaß aufgezeichnet ist.«
(Interviewer überreicht graues Bildblatt 1!)
»Wie würden Sie Ihren eigenen politischen Standort beschreiben, wo auf diesem Bandmaß würden Sie sich selbst einstufen?«
Bei .... Grad

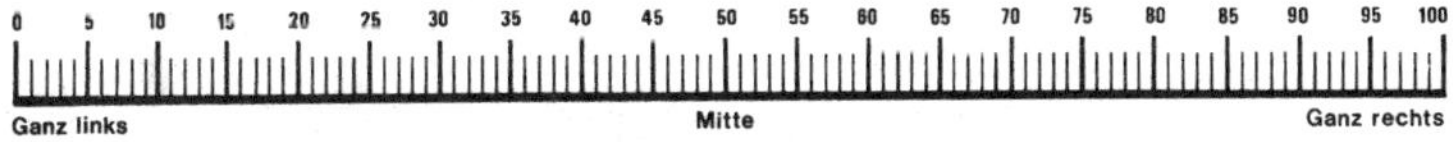

Abb. 5

25. »Wie sehr interessiert Sie das Thema Abtreibung, wie sehr beschäftigt Sie dieses Thema? Sagen Sie es mir bitte nach diesem Thermometer hier: Null bedeutet, das interessiert Sie überhaupt nicht und 100 bedeutet, das interessiert Sie sehr stark.
Welche Zahl nehmen Sie?«
.... Grad

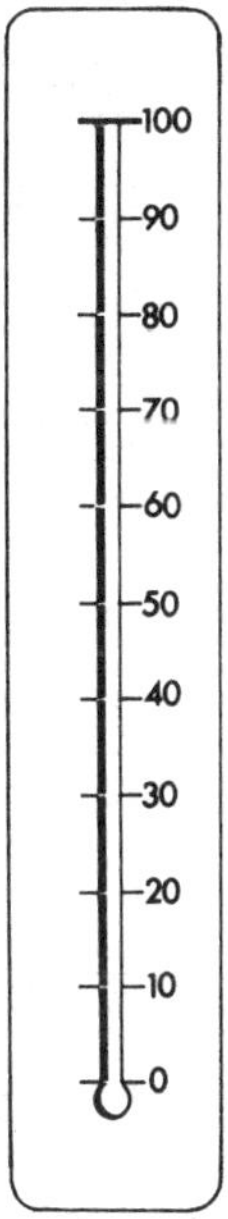

Abb. 6

26. Interviewer überreicht rosa Bildblatt 3!
»Wenn Sie einmal alles in allem nehmen, wie zufrieden sind Sie insgesamt zur Zeit mit Ihrem Leben? Sagen Sie es mir bitte nach dieser Leiter hier. Null bedeutet ›überhaupt nicht zufrieden‹, und 10 ›völlig zufrieden‹.
(Genannte Stufe einkreisen!)
/ 0 / 1 / 2 / 3 / 4 / 5 / 6 / 7 / 8 / 9 / 10 /
Unmöglich zu sagen ... ( )

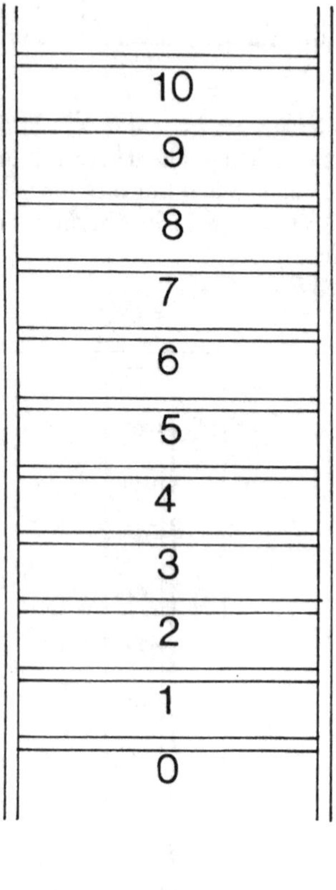

Abb. 7

(Aus einer Umfrage unter Gartenbesitzern:)
27. Interviewer überreicht gelbes Bildblatt 4!
»Man sagt von einem Menschen, daß er einem nahe- oder fernsteht. Das kann man auch auf den Garten übertragen. Könnten Sie mir nach diesem Bildblatt hier sagen, wie nahe oder wie fern Ihnen Ihr Garten steht? Eins würde bedeuten, daß Ihnen Ihr Garten sehr nahesteht, und zehn würde bedeuten, daß Ihnen Ihr Garten sehr fernsteht. Welche Stufe wählen Sie?«
(Genannte Stufe einkreisen!)
/ 1 / 2 / 3 / 4 / 5 / 6 / 7 / 8 / 9 / 10 /
Weiß nicht, keine Angabe ... ( )

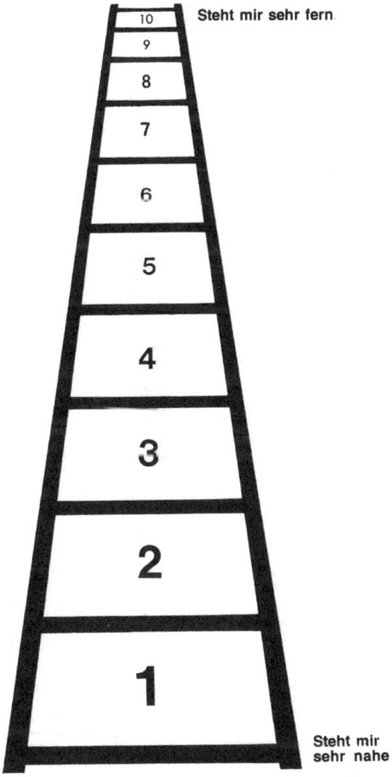

Abb. 8

28. Interviewer überreicht grünes Bildblatt 5!
»Könnten Sie mir sagen, wie sehr Sie insgesamt mit der Wirtschaftspolitik der Bundesregierung einverstanden sind? Vielleicht sagen Sie es mir nach diesem Bildblatt mit den schwarzen und weißen Kästchen. +5 würde bedeuten: Sie sind mit der Wirtschaftspolitik der Bundesregierung voll und ganz einverstanden, und –5, Sie sind mit ihr überhaupt nicht einverstanden. Welches Kästchen würden Sie wählen?«[86]
/ -5 / -4 / -3 / -2 / -1 / 0 / +1 / +2 / +3 / +4 / +5 /
Unentschieden … ( )

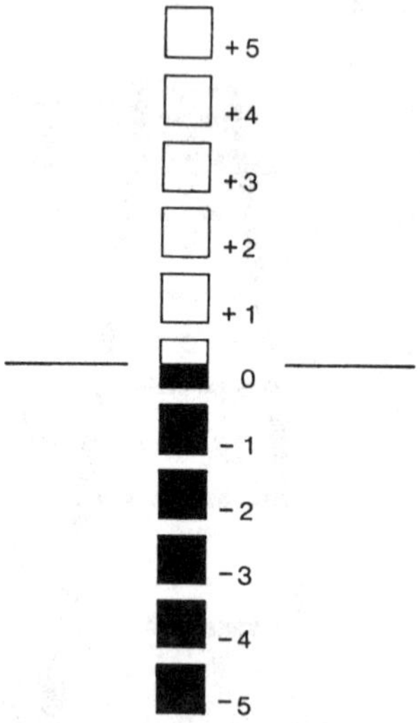

Abb. 9

[86] Diese Skala ist eine geringfügige Abwandlung der »Stapel-Skala« des amerikanischen Gallup-Instituts, das dieses Bildblatt 1961 einsetzte, um die Popularität des damaligen US-Präsidenten Kennedy zu ermitteln. American Institute of Public Opinion News Service, 20. Jan. 1961. Die Skala ist benannt nach ihrem Erfinder Jan Stapel, dem Gründer und Direktor des Netherlands Institute of Public Opinion and Market Research (NIPO). Für die Entwicklung dieser Skala wurde Stapel 1981 der erste Helen-Dinerman-Award der World Association for Public Opinion Research (WAPOR) für besondere Verdienste um die Umfrageforschung verliehen.

(Eine Frage vom September 1990)

29. »Wieweit unterscheiden sich die Ziele von Gewerkschaft und Arbeitgebern, wieweit überschneiden sie sich? Sagen Sie es mir bitte nach diesem Bildblatt hier: 1 heißt, die Ziele liegen weit auseinander, es gibt keine Gemeinsamkeiten, und 5 heißt, die Ziele sind vollkommen gleich. Welche dieser fünf Zeichnungen drückt am besten aus, wieweit sich die Ziele von Gewerkschaft und Arbeitgebern überschneiden?«

(Genanntes einkreisen!)

/ 1 / 2 / 3 / 4 / 5 /

Unmöglich zu sagen. . . . . . . ( )

Keine Angabe . . . . ( )

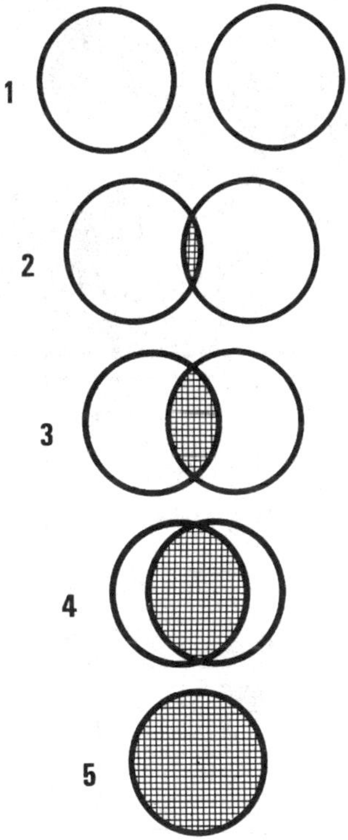

Abb. 10

30. Interviewer überreicht graues Bildblatt 7!
»Etwas anderes: Wie drückend empfinden Sie die Belastung durch die neuen Steuererhöhungen – Könnten Sie es nach diesem Bildblatt sagen? Es geht so: Das kleine Quadrat unten bedeutet geringe Belastung, und das große Quadrat oben bedeutet: außerordentlich starke Belastung. Welche Stufe würden Sie für sich sagen?«
(Genanntes einkreisen)
/ A / B / C / D /

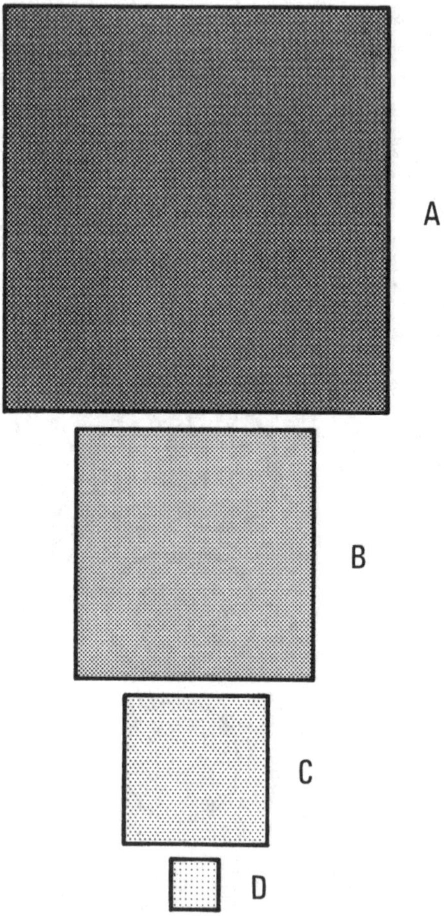

Abb. 11

31. Interviewer legt blaues Bildblatt 8 bereit!
»Noch eine Frage zu Ihrer Arbeit. Wie schnell vergeht Ihnen bei Ihrer Arbeit die Zeit? Das ist sicher schwer zu sagen, deshalb habe ich ein Bildblatt mitgebracht.«
(Interviewer überreicht blaues Bildblatt 8!)
»1 auf dem Blatt würde bedeuten, die Zeit steht fast still; und 7, die Zeit bei der Arbeit vergeht rasend schnell. Welche Nummer von 1 bis 7 trifft auf Ihre Arbeitszeit am ehesten zu?«
(Genanntes einkreisen!)
/ 1 / 2 / 3 / 4 / 5 / 6 / 7 /
Unmöglich zu sagen … ( )

Abb. 12

Die Beispiele zeigen: Skala ist nicht gleich Skala. Erst durch die dem jeweiligen Thema angepaßte optische Unterstützung per Bildblatt werden die Fragen beantwortbar. Selbst die sonst wohl jeden Menschen hoffnungslos überfordernde Frage: »Wie schnell vergeht die Zeit?« wird mit Hilfe des Bildblattes gegliedert und damit beiden Seiten, dem Befragten für seine Antwort und dem Forscher für seine Analyse, zugänglich gemacht.[87]

Die zweite große Gruppe der Bildblätter, die *Dialogbildblätter*, bieten die Möglichkeit, verschiedene Argumente gleichwertig nebeneinander darzustellen.

---

32. Interviewer überreicht rosa Bildblatt 9!
»Hier unterhalten sich Eltern darüber, ob Kinder Mitglied einer Kirche sein sollten oder nicht. Welcher von beiden sagt eher das, was auch Sie meinen, der obere oder der untere?«[88]

		November 1992
		%
Der obere	1	51
Der untere	2	38
Unentschieden, weiß nicht .	3	11
		100

---

[87] Über die Anwendung der Temposkala »Wie schnell vergeht die Zeit?« Siehe: Ring 1992, S. 268–271.

[88] Allensbacher Archiv, IfD-Umfrage Nr. 5072.

O
"Ich finde es gut, wenn Kinder Mitglied einer Kirche sind. Nur so können Sie die Kirche kennenlernen und ihre eigene Meinung dazu entwickeln."
"Ich finde es nicht so gut, wenn Kinder Mitglied einer Kirche sind. Ich finde es besser, wenn Kinder später selbst entscheiden können, ob Sie einer Kirche angehören oder nicht."
U

Abb. 13

Dieses Beispiel stellt die Grundform, die am häufigsten verwendete Variante des Dialogblattes dar. Aber der Vielfalt sind kaum Grenzen gesetzt: Zwei Personen, drei Personen oder mehr, und nicht immer werden Argumente gegeneinandergestellt. Bei einer Untersuchung über Kaffee wurde zum Beispiel mit dem folgenden Bildblatt untersucht, wie sehr die Befragten den Namen einer Kaffeesorte mit einer bestimmten Rösterei in Verbindung brachten.

---

33. Interviewer überreicht blaues Bildblatt 10!
»Hier unterhalten sich zwei Frauen. Wenn Sie dieses Gespräch einmal lesen. Haben Sie im Zusammenhang mit Kaffee schon einmal von ›Sana‹ gehört?«[89]

Ja, davon gehört 1*
Nein, nicht davon gehört 2
Unentschieden, weiß nicht 3

* »Und wissen Sie, was gemeint ist, was das für ein Kaffee ist, den die eine der beiden Frauen gekauft hat?«
Ja, und zwar ....
Keine Angabe, weiß nicht ... ( )

---

[89] Allensbacher Archiv, IfD-Umfrage Nr. 5038, August 1990.

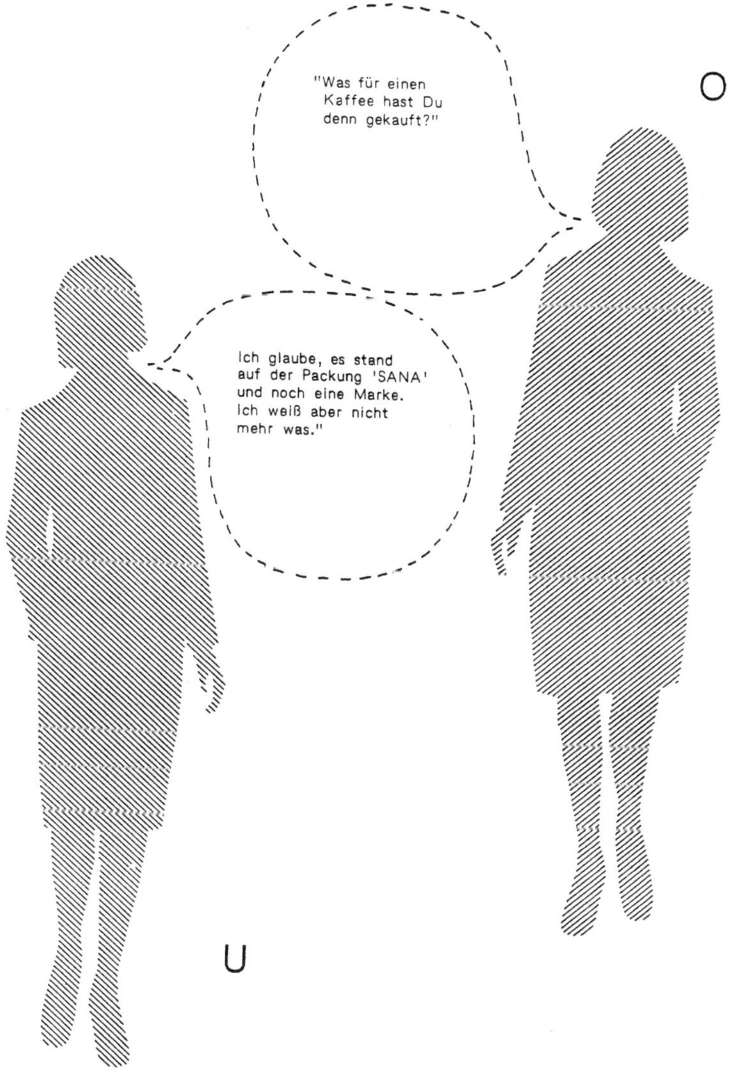
O
"Was für einen Kaffee hast Du denn gekauft?"
Ich glaube, es stand auf der Packung 'SANA' und noch eine Marke. Ich weiß aber nicht mehr was."
U

Abb. 14

Eine Abwandlung des Dialogblattes ist der sogenannte *Satzergänzungstest.* Hier geht es darum, daß die Befragten ihre Assoziationen zu dem vorgegebenen Thema äußern. Wie bei Dialogblättern generell, kommt es auch hier darauf an, daß die Figuren nur schemenhaft gezeichnet sind, keine persönlichen Merkmale haben. Der Befragte soll seine eigenen Assoziationen in den Mund der abgebildeten Figur legen. Eine Antwort nach dem Prinzip: »Der hier abgebildete Typ würde so und so reagieren«[90] soll vermieden werden. Ein Satzergänzungstest sollte möglichst am Anfang eines Themenkomplexes stehen, damit die Antworten noch unbeeinflußt von etwaigen anderen Fragen zu demselben Thema gegeben werden können.

---

34. Interviewer überreicht Bildblatt 11!
»Hier unterhalten sich zwei über das Kindergeld. Leider haben wir nicht ganz mitbekommen, was der zweite geantwortet hat. Was meinen Sie, was könnte er geantwortet haben? Wie geht dieser Satz wohl zu Ende?«[91]
Ich glaube, er hat es nicht beantragt, weil: . . . .
. . . .
Keine Angabe . . . . ( )
Befragter weiß nicht,
was Kindergeld ist . . . . ( )

---

[90] Ring 1992, S. 149. Dort auch die ausführliche Beschreibung des Satzergänzungstests und seiner Einsatzmöglichkeiten.
[91] Allensbacher Archiv, IfD-Umfrage Nr. 5054, August 1991.

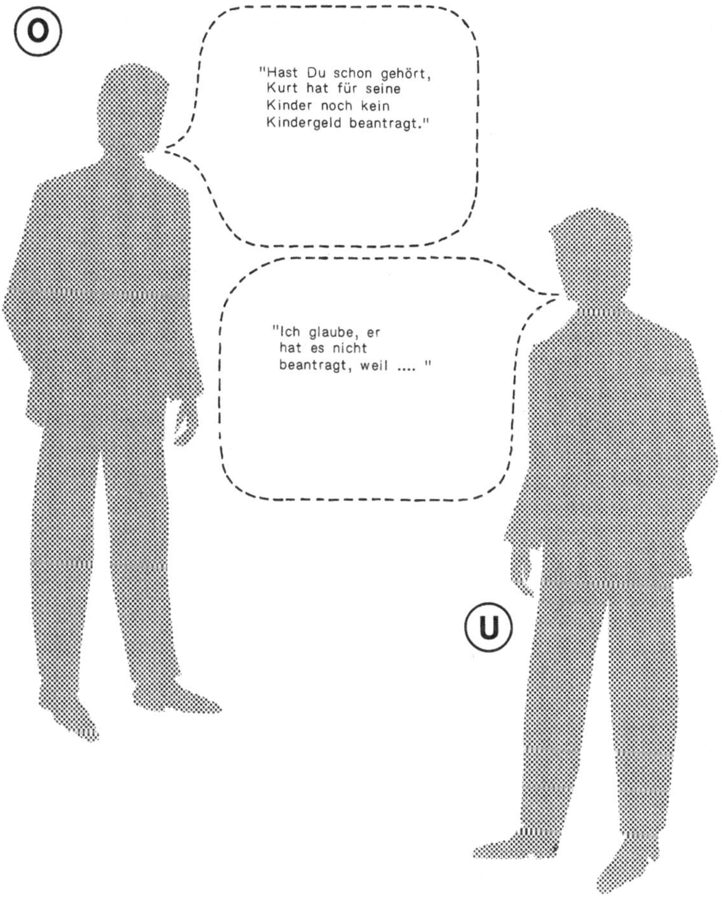
O
"Hast Du schon gehört, Kurt hat für seine Kinder noch kein Kindergeld beantragt."
"Ich glaube, er hat es nicht beantragt, weil .... "
U

Abb. 15

Bei dieser Frage zeigt sich noch ein anderer Aspekt, der bei Bildblättern zu beachten ist: Männer unterhalten sich anders untereinander als Frauen untereinander. Oft spielt das bei Dialogblättern keine Rolle, etwa wenn es, wie bei Frage 31, um die Bewertung zweier Argumente geht. In diesem Fall aber sollte ermittelt werden, was die Befragten für Gründe sehen, kein Kindergeld zu beantragen. Auf keinen Fall ging es darum festzustellen, was Frauen glauben, was Männer wohl zu diesem Thema zu sagen hätten. Darum wurden die Interviewer angewiesen, wenn sie Frauen befragten, die folgende Version der Frage vorzulegen:

---

34. Interviewer überreicht Bildblatt 11!
»Hier unterhalten sich zwei über das Kindergeld. Leider haben wir nicht ganz mitbekommen, was *die* zweite geantwortet hat. Was meinen Sie, was könnte *sie* geantwortet haben, wie ging dieser Satz wohl zu Ende?
Ich glaube, *sie* hat es nicht beantragt, weil ....

....

Keine Angabe .... ( )
Befragte weiß nicht,
was Kindergeld ist .... ( )

O
"Hast Du schon gehört, Erika hat für ihre Kinder noch kein Kinder-geld beantragt."
"Ich glaube, sie hat es nicht beantragt, weil .... "
U

Abb. 16

Mit Dialogblättern allein sind die Möglichkeiten der Bildvorlage bei weitem noch nicht ausgeschöpft. Bildblätter können den Befragten helfen, sich bestimmte Situationen lebhafter vorzustellen. Es können Gegenstände vorgeführt werden zur Bewertung: »Welchen Gartenzwerg würden Sie auswählen?«, »In welchem Haus möchten Sie lieber wohnen?«, »Welches Plakat gefällt Ihnen besser?« oder – wie auf Seite 136 bereits gezeigt: »Welches Zimmer gefällt Ihnen am besten?« Der Vielfalt der Möglichkeiten sind kaum Grenzen gesetzt, sie kann hier nur angedeutet werden. Das folgende Bildblatt wird in der Wahlforschung – gemeinsam mit einer ganzen Reihe anderer Fragen – verwendet, um festzustellen, mit welchen Ansichten man sich in der Öffentlichkeit isoliert.[92]

---

38. Interviewer überreicht weißes Bildblatt 12!
»Etwas anderes: Hier ist ein Auto abgebildet, an dem ein Reifen aufgeschnitten wurde. Hinten auf der Heckseite ist ein Aufkleber für eine Partei. Man kann nicht mehr lesen, welche Partei auf dem Aufkleber stand – aber was vermuten Sie: Bei Aufklebern für welche Partei ist die Gefahr am größten, daß Reifen zerschnitten werden, bei welcher Partei?«[93]

Abb. 17

[92] Siehe hierzu: Noelle-Neumann 1991, bes. S. 79–83.
[93] Allensbacher Archiv, IfD-Umfrage Nr. 5039/II, September 1990.

Mit dem folgenden Bildblatt können Personen identifiziert werden, die emotional auf politische Fragen reagieren.[94] So ergibt sich die Möglichkeit, die Bevölkerung zu beschreiben, die zu emotionaler Reaktion in einer Sachdebatte tendiert. Im vorliegenden Beispiel reagierten Frauen (48 Prozent) häufiger emotional als Männer (44 Prozent), Personen mit Haupt- und Realschulbildung (48 Prozent) mehr als Befragte mit Abitur oder Hochschulausbildung (38 Prozent), und auch politisch links orientierte[95] Personen geben im Durchschnitt häufiger die emotionale Antwort: »Er hat recht« (49 Prozent) als bürgerlich-konservativ eingestellte[96] (42 Prozent). Gleichzeitig wird der Grad der Emotionalisierung gemessen, mit der das betreffende Thema in der Öffentlichkeit diskutiert wird.

---

36. Interviewer legt rosa Bildblatt 13 bereit!
»Etwas anderes: Ich möchte Ihnen einmal erzählen, was sich neulich bei einer Podiumsdiskussion über den Treibhauseffekt und die Klimaveränderungen ereignet hat. Zwei Experten sprachen darüber, was die neuesten Statistiken und Messungen über das Klima sagen und wieviel Schadstoffe wirklich in der Luft vorhanden sind. Plötzlich springt ein Zuhörer auf und ruft etwas in den Saal. Wenn Sie das bitte einmal lesen.«
(Interviewer überreicht rosa Bildblatt 13! Bitte Zeit zum Lesen lassen!)
»Würden Sie sagen, er hat ganz recht oder nicht recht?«

		Frühjahr 1995
		%
Hat recht	1	46
Hat nicht recht	2	25
Unmöglich zu sagen	3	29
		100

---

94 Allensbacher Archiv, IfD-Umfrage Nr. 6011, Frühjahr 1995.
95 Anhänger der SPD, von Bündnis 90/Den Grünen und der PDS.
96 Anhänger der CDU/CSU und der FDP.

"Was interessieren mich Zahlen und Statistiken in diesem Zusammenhang! Wie kann man überhaupt so kalt über ein Thema reden, das über unsere ganze Zukunft entscheidet!"

Abb. 18

Eine besondere Form des Bildblattes stellen »neutralisierte« Bildvorlagen dar, wie sie in Umfragen verwendet werden, die als Informationsgrundlage bei Zivilprozessen dienen sollen[97], etwa wenn es darum geht herauszufinden, ob die Gefahr besteht, daß die Massageöl-Verpackungen zweier verschiedener Hersteller von den Kunden im Drogeriemarkt verwechselt werden.[98]

---

37. Interviewer nimmt die Vorderseite der »Öl-Packung« aus dem *roten* Kuvert und überreicht sie dem/der Befragten.
»Hier habe ich die Vorderseite einer Packung für Öl zur Körperpflege. Der Name ist darauf absichtlich unkenntlich gemacht. Erkennen Sie diese Packung? Haben Sie ein Öl in so einer Packung schon mal gekauft oder gesehen?«

Ja, schon mal gekauft	1
Nur gesehen	2
Weiß nicht genau, unsicher	3
Nein, bestimmt noch nicht gesehen	4

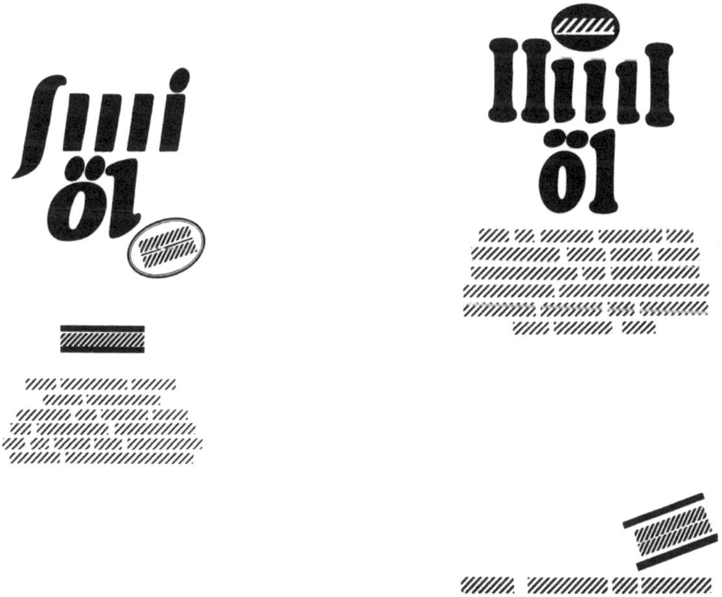

Abb. 19

[97] Zu diesem Thema: Elisabeth Noelle-Neumann, Carl Schramm 1961.

[98] Allensbacher Archiv, IfD-Umfrage Nr. 5009, August 1988. BGH, Urteil vom 31. 1. 1991. GRUR 1992, Nr. 1, S. 48–53.

Nach dem Prinzip des Split-Ballot-Experiments (siehe S. 192) bekam die eine Hälfte der Befragten die Packung des einen Herstellers und die andere Hälfte die ebenfalls neutralisierte, sehr ähnliche Packung des anderen Herstellers vorgeführt. Die neutralisierten Bilder machten es unmöglich, die Herstellerfirma anhand des Produktnamens zu identifizieren. Nur die Aufmachung allein wurde getestet. Der Befragte konnte seine Meinung nicht durch sorgfältiges Lesen überprüfen. Durch die neutralisierte Bildvorlage wurde das flüchtige Wahrnehmen nachempfunden, mit dem der Kunde beim Einkaufen das von ihm gesuchte Produkt identifiziert, ohne den Text auf der Verpackung zu lesen, und das die Voraussetzung dafür ist, daß überhaupt die Produkte verschiedener Hersteller miteinander verwechselt werden.

Die dritte große Gruppe der Fragebogeninstrumente, die nur bei mündlich-persönlichen Interviews eingesetzt werden können, sind die *Kartenspiele*, die immer dann verwendet werden, wenn unter einer so großen Zahl von Möglichkeiten ausgewählt werden soll, daß eine Listenvorlage zu lang und unübersichtlich würde. Kartenspiele haben auch den Vorteil, daß keine Reihenfolge-Effekte (siehe S. 201) auftreten können: Die Karten-Stapel werden vor der Übergabe an den Befragten gemischt, so daß jede Karte mit der gleichen Wahrscheinlichkeit sich an jeder Stelle im Stapel befinden kann.[99] Ein weiterer Vorteil liegt in der Aktivierung der Befragten, die bei den meisten anderen Frageformen zu einer passiven Haltung gezwungen sind. Der Interviewer bestimmt das Geschehen: Er stellt die Fragen, legt Listen und Bildblätter vor und schreibt Antworten auf, während ihm der Befragte nahezu untätig gegenübersitzt und seine – meist kurzen – Antworten gibt. Mit einem Kartenspiel wird diese Situation für einen kurzen Zeitraum umgedreht: Nun ist es der Befragte, der die Karten einzeln durchsieht und gegebenenfalls sortiert. Er ist in diesem Moment der Handelnde, während der Interviewer zusieht und abwartet. Die Aufmerksamkeit des Befragten wird durch diese Aktivierung gestärkt, das Interview erscheint ihm interessanter, abwechslungsreicher und kürzer.

[99] Experimente des Instituts für Demoskopie Allensbach deuten darauf hin, daß selbst dann, wenn die Karten nicht gemischt werden, sondern vom Interviewer nach Nummern sortiert überreicht werden, sich keine Reihenfolge-Effekte ergeben. Allensbacher Archiv, IfD-Umfrage Nr. 6019.

Dieses Grundprinzip der Aktivierung der Befragten läßt sich in vielen Bereichen der Fragebogentechnik verwirklichen. Zum Beispiel bittet man die Befragten, Kreuzchen auf Skalen oder in Landkarten zu setzen, oder man läßt sie einen kurzen, einfachen Zusatz-Fragebogen selbst ausfüllen, während der Interviewer mit Eintragungen oder dem Ordnen von Papieren beschäftigt ist. Kartenspiele lassen sich oft mit Listen, Skalen oder ähnlichen Vorlagen kombinieren, wie bei dem folgenden Beispiel: Der Interviewer legt vier Pappstreifen nebeneinander vor dem Befragten auf den Tisch.

---

38. Interviewer, nun bitte die *vier blauen Streifen* in der Reihenfolge 1 bis 4 vor die/den Befragte(n) legen und dazu das *gelbe* Kartenspiel überreichen!
»Es soll einmal untersucht werden, was den Menschen heute Sorgen bereitet, was sie bedrückt. Könnten Sie diese Karten bitte jetzt einmal auf diese Streifen hier verteilen – je nachdem, was für Sie persönlich zutrifft? Karten, bei denen Sie sich gar nicht entscheiden können, legen Sie einfach beiseite!«
(Interviewer, alle auf den jeweiligen Streifen liegenden Kartennummern einkreisen!)

Streifen 1: Darüber bin ich im Augenblick sehr besorgt	/1/2/3/4/5/6/7/8/9/10/11/12/13/14/15/ /16/17/18/19/20/
Streifen 2: Darüber mache ich mir schon häufiger Sorgen	/1/2/3/4/5/6/7/8/9/10/11/12/13/14/15/ /16/17/18/19/20/
Streifen 3: Darüber bin ich manchmal etwas besorgt	/1/2/3/4/5/6/7/8/9/10/11/12/13/14/15/ /16/17/18/19/20/
Streifen 4: Darüber mache ich mir überhaupt keine Sorgen	/1/2/3/4/5/6/7/8/9/10/11/12/13/14/15/ /16/17/18/19/20/

Auf den Karten stehen die folgenden Aussagen, je eine Aussage pro Karte:

1. Über Arbeitslosigkeit
2. Daß unsere Regierung zu schwach ist
3. Daß es mit unserer Wirtschaft bergab geht
4. Daß die Verbrechen immer mehr zunehmen, daß Deutschland immer unsicherer wird
5. Daß Rohheit und Gewalt unter Kindern und Jungen Leuten zunehmen
6. Daß viele junge Menschen keinen Ausbildungsplatz, keinen Beruf finden
7. Wegen der hohen Steuern und Sozialabgaben
8. Daß fanatische islamische Fundamentalisten Terroranschläge verüben
9. Daß die Preise immer mehr steigen
10. Daß zu viele Ausländer nach Deutschland kommen
11. Daß es zwischen Ost- und Westdeutschland noch keine wirkliche Einheit gibt
12. Daß deutsche Soldaten sich an internationalen Kampfeinsätzen beteiligen müssen
13. Daß unser Schul- und Ausbildungswesen nicht gut genug ist
14. Daß persönliche Daten immer weniger sicher sind, daß der Datenschutz abgebaut wird
15. Daß sich die Gesundheitsversorgung verschlechtert, daß Leistungen gekürzt werden
16. Daß die Spannungen zwischen der westlichen und der islamischen Welt zunehmen
17. Daß die Regierung zu wenig in die Wirtschaft eingreift, um Wirtschaftswachstum und Arbeitsplätze zu sichern
18. Daß notwendige Reformen nicht angepackt werden
19. Daß junge Familien vom Staat nicht genügend unterstützt werden
20. Daß Ostdeutschland wirtschaftlich nicht vorankommt

Ein gut durchgemischter Kartenstapel erfüllt die Regeln der Zufallsauswahl (siehe den Abschnitt: Der repräsentative Querschnitt. S. 208–317). Das heißt, jede Karte kann mit gleicher Wahrscheinlichkeit an jeder Stelle im Stapel liegen. Diese Tatsache macht sich eine besondere Variante des Kartenspiels zunutze: Das *Ludwigsche Kartenzieh-Verfahren.*[100] Will man zum Beispiel ausführliche Informationen zu zehn verschiede-

[100] Herta Ludwig, die das Verfahren erfunden hat, arbeitete von 1952 bis 1988 in der Fragebogenkonferenz des Allensbacher Instituts.

nen Entwürfen eines Schmuckstückes erfragen, wäre der Fragebogen hoffnungslos überlastet, wenn man den Befragten jedes einzelne Stück vorführen und eine ganze Reihe immer wieder gleicher Fragen dazu stellen würde. Das Interview würde zu lang und zu monoton, mit allen oben beschriebenen Auswirkungen auf die Ergebnisse (S. 138). Man kann dieses Problem lösen, indem man zehn Karten anfertigt, auf denen je eines der Stücke abgebildet ist. Nun weist man den Interviewer an, die Karten gründlich zu mischen, dem Befragten als Fächer verdeckt hinzuhalten und ihn aufzufordern, *eine* Karte zu ziehen. Nur zu dem auf dieser Karte abgebildeten Stück werden im folgenden die Fragen gestellt. Weil die Befragten zusammengenommen einen repräsentativen Querschnitt der Bevölkerung darstellen und das Ziehen der Karten ebenfalls nach den Regeln der Zufallsauswahl erfolgt, erhält man auf diese Weise für jedes der zehn Schmuckstücke Informationen von einer kleinen, aber doch repräsentativen Stichprobe.

Der Vorstoß ins Unbewußte[101]

Ein landläufiges Vorurteil besagt, mit repräsentativen Umfragen würden nur Meinungen und Stimmungen gemessen werden, die tieferliegenden psychologischen Ursachen dieser Meinungen und Stimmungen würden dagegen mit den Mitteln der Demoskopie nicht erfaßt. Diese Ansicht ist falsch. Sie beruht auf Mißverständnissen sowohl auf seiten der Psychologie als auch auf seiten der Umfrageforschung. Für viele Psychologen gilt das, was von demoskopischen Instituten untersucht wird, als politische Meinungs- oder kommerzielle Marktforschung, die ihre wissenschaftliche Arbeit kaum berühren. Umgekehrt

[101] Beispiele in diesem Kapitel: Allensbacher Archiv, IfD-Umfragen Nr. 2219/Sch., Sept./Okt. 1981, AWA 1985, 5075, Januar 1993, 3055, Mai/Juni 1978, 5005, Mai/Juni 1988, 5096, Mai/Juni 1994.

schenken viele Sozial- und Meinungsforscher den Erkenntnissen der Psychologie so wenig Aufmerksamkeit, daß selbst in vielen Umfrageinstituten geglaubt wird, die Möglichkeiten der Demoskopie erschöpften sich mit dem Messen von Marktchancen bestimmter Produkte oder momentaner politischer Strömungen.

Tatsächlich sind der Umfrageforschung aber keineswegs solche engen Grenzen gesetzt. Der bereits dargestellte Buh-Test[102], der Satzergänzungstest[103], das Prinzip der Indikator-Fragen:[104] all das zeigt bereits, daß bei geschickter Fragestellung auch Unbewußtes sichtbar gemacht werden kann. Eine ganze Reihe von Methoden und Erkenntnissen der Individualpsychologie läßt sich für die Demoskopie nutzbar machen. Über die Möglichkeiten der psychologischen Diagnostik in der Umfrageforschung hat Erp Ring ein sehr lesenswertes Buch geschrieben.[105] Wir können hier nur auf einige wenige Beispiele eingehen.

Bei einer Befragung unter Gymnasiasten sollte festgestellt werden, für welche Berufe sich technisch-naturwissenschaftlich begabte Schüler interessierten.[106]

Dem Umfrageforscher stellt sich das Problem: Woran erkennt man technisch-naturwissenschaftlich begabte Schüler? In diesem Fall brachte ein kleiner Intelligenztest die Lösung:

[102] Siehe S. 144–145.
[103] Siehe S. 160–163.
[104] Siehe S. 143–144.
[105] Ring 1992.
[106] Die Auswirkungen wachsender Technikskepsis auf das Interesse an technisch-naturwissenschaftlichen Studiengängen. Allensbacher Archiv, IfD-Bericht Nr. 2807, 1982.

Interviewer überreicht weißes Bildblatt 12!
39. »Etwas ganz anderes: Würden Sie sich bitte einmal diese Zeichnung etwas genauer ansehen. In welcher Richtung wird sich die Kiste bewegen: aufwärts, abwärts oder überhaupt nicht?«

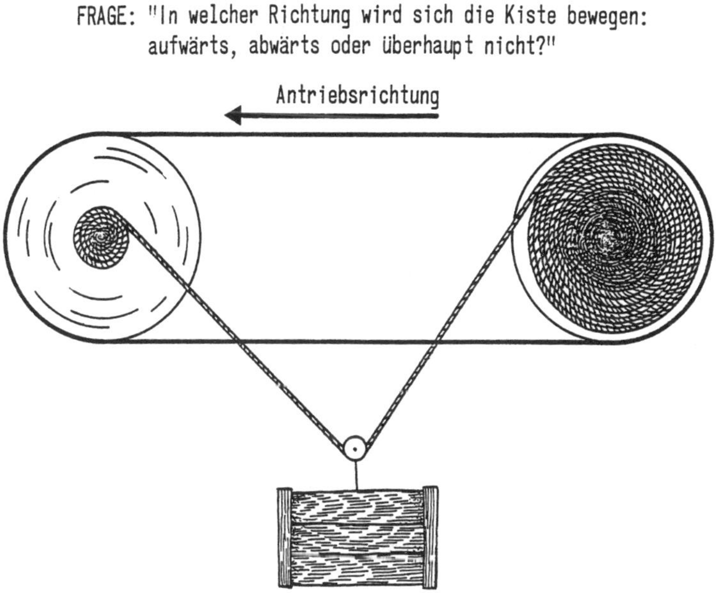

Abb. 20

Einwand eines Individualpsychologen: Diese eine Frage allein ist noch lange kein Intelligenztest! Man braucht viel mehr Fragen und Tests, um daraus auf die technische Intelligenz einer Versuchsperson zu schließen! Der Einwand ist richtig, verliert für die Anwendung in der Umfrageforschung jedoch seine Bedeutung, wenn man sich noch einmal eine der Grundregeln der Demoskopie vergegenwärtigt. Nicht über jeden, sondern über alle soll etwas ausgesagt werden. Sicherlich werden viele technisch Unbegabte die Aufgabe richtig lösen, indem sie zum Beispiel die Lösung einfach erraten. Umgekehrt wird der eine oder andere Befragte an dem Problem scheitern, obwohl er sonst durchaus technisch begabt ist. Aber in der Gruppe derer, die die Aufgabe richtig lösen, befinden sich mit Sicherheit mehr technisch Begabte als in der Gruppe derer, die eine falsche Antwort geben. Einzig und allein diese Tatsache ist für die Analyse von Bedeutung. Denn nun lassen sich die Meinungen und Verhaltensweisen von Befragten mit einer – im Durchschnitt – höheren technischen Intelligenz mit der Gruppe derjenigen vergleichen, die – wiederum im Durchschnitt – eine geringere technische Begabung haben. Ein klarer Unterschied tritt hervor zwischen den psychologischen Methoden der Individualpsychologie und denen der psychologischen Umfrageforschung: Ein Individualpsychologe stellt viele Fragen an wenige Personen, ein sozialpsychologischer Umfrageforscher stellt wenige Fragen an viele.

Ein weiteres Beispiel für einen Intelligenztest, mit dem die Konzentrationsfähigkeit und die Präzision beim Betrachten eines Bildes gemessen wird. Gleichzeitig illustriert das Beispiel auch noch einmal das Prinzip der Aktivierung der Befragten: Sie haben so lange Zeit, das Bild zu betrachten, wie der Interviewer braucht, um seine Unterlagen zu sortieren.

Interviewer überreicht Bleistift und rosa Bildblatt R!

40. »Sie kennen sicher aus den Illustrierten dieses kleine Spiel: Man sieht zwei gleiche Bilder, aber es gibt ein paar ganz kleine Unterschiede, weil entweder ein Strich zuviel oder zuwenig gezeichnet ist. Wir möchten einmal feststellen, wie schwierig eigentlich solche Aufgaben sind.

Darf ich Ihnen deshalb ein solches Blatt geben, und Sie kreisen mit dem Bleistift hier die Unterschiede an, die Ihnen auffallen. Also dort, wo im rechten Bild etwas anders ist, machen Sie einfach einen Kreis. Sie haben etwa eine Minute Zeit, in dieser Zeit werde ich die Karten hier sortieren.«

(Interviewer überreicht dem Befragten das Bildblatt und läßt es sich zurückgeben, wenn er mit dem Sortieren der Karten fertig ist.)

Abb. 21

Eine andere Art der aus der Psychologie in die Umfrageforschung übertragenen Frageformen sind die sogenannten assoziativen Verfahren, also Fragen, bei denen die Befragten ermuntert werden, spontane Gedanken, Vorstellungen oder Erinnerungsverbindungen zu äußern. Ein Beispiel ist oben bereits vorgeführt worden: der Satzergänzungstest.[107] Assoziationen, die mit einem bestimmten Wort verbunden sind, kann man mit einer offenen Frage ermitteln:

---

41. »Vielleicht kennen Sie das Spiel, das ich Ihnen jetzt beschreiben möchte: Jemand sagt ein Wort, und nun muß sich der andere schnell hintereinander mehrere neue Wörter ausdenken, die irgendwie mit dem ersten zu tun haben. Zum Beispiel: Ich sage: ›Wald‹. Da könnte einem dann einfallen: Eiche, Bäume, Strauch, Hirsch, Jäger usw. Jetzt möchte ich Ihnen auch ein solches Wort nennen. Erzählen Sie bitte schnell hintereinander, was Ihnen da alles durch den Kopf geht, auch Einzelheiten, Dinge, die Sie nebensächlich finden! Das Wort heißt: ›Europa‹.«

....

Diese Frage hat natürlich den Nachteil aller offenen Fragen: Die Ergebnisse müssen erst mit relativ großem Aufwand für die Analyse verwertbar gemacht werden.[108] Mit einigen, zum Beispiel durch Intensiv-Interviews ermittelten, Vorinformationen, lassen sich aber auch Assoziationstests in die Form einer geschlossenen Frage bringen:[109]

---

42. »Jetzt möchte ich Sie bitten, an einem interessanten Experiment mitzumachen. Wenn man irgendein Wort hört, dann fällt einem ja meist alles mögliche dazu ein. Es kommen einem bestimmte Gedanken und Gefühle, die gerade zu diesem Wort passen; wenn Sie zum Beispiel an *Krankenhaus* denken – woran könnten Sie da vor allem denken? Ich lese Ihnen jetzt verschiedenes vor, und Sie sagen mir bitte immer, ob Ihnen bei Krankenhaus dies sehr, etwas oder gar nicht in den Sinn kommt.«

[107] Siehe S. 160–163.
[108] Siehe S. 128–130 und S. 377–395.
[109] Allensbacher Archiv, IfD-Umfrage Nr. 4096.

			Oktober 1987 %
a)	»Denken Sie bei Krankenhaus zum Beispiel an weiße Mäntel?«	Ja 1	64
		Etwas ... 2	14
		Nein 3	22
b)	»Und denken Sie bei Krankenhaus an Blumen, an Geschenke?«	Ja 1	42
		Etwas ... 2	19
		Nein 3	39
c)	»Und an Angst?«	Ja 1	55
		Etwas ... 2	29
		Nein 3	16
d)	»An unangenehme Luft?«	Ja 1	57
		Etwas ... 2	23
		Nein 3	20
e)	»An hilfsbereite Schwestern?«	Ja 1	60
		Etwas ... 2	28
		Nein 3	12
f)	»An Kaserne?«	Ja 1	12
		Etwas ... 2	18
		Nein 3	70

Ein Klassiker der modernen Psychologie ist der Rorschach-Test[110], bei dem einer Versuchsperson nacheinander zehn verschiedene Klecksgebilde mit der Bitte vorgelegt werden, sie zu deuten. Aus dem Inhalt, dem Tempo und der Vielfalt der Antworten lassen sich Rückschlüsse auf die Interessenschwerpunkte der Versuchsperson ziehen, auf ihre Intelligenz, ihre geistige Beweglichkeit und Phantasie. Der Rorschach-Test läßt sich im Prinzip auch in der Demoskopie anwenden. Da es in der Umfrageforschung nicht um die Diagnose von Einzelpersonen geht und die Vielfalt der Antworten durch die große Zahl der

110 Benannt nach seinem Erfinder Hermann Rorschach. Hermann Rorschach: Psychodiagnostik. Bern 1921. Zur Verwendung in der Umfrageforschung: Erp Ring: Die Rorschach-Technik in der psychologischen Gesellschaftsdiagnostik. In: Psychologie und Praxis, 14, 1970, S. 160–172. Ders.: Die Rorschach-Technik in der Gesellschaftsdiagnostik. Resultate einer Repräsentativerhebung bei 4000 Personen. In: A. Serrate (Hrsg.): Rorschachiana. Bd. 10. Bern 1970, S. 239–251. Siehe besonders Erp Ring: Signale der Gesellschaft. Göttingen, Stuttgart 1992. S. 177–180.

Befragten hergestellt wird, reicht es aus, den Befragten eines der Klecksgebilde aus dem Rorschach-Test vorzuführen:

---

43. Interviewer legt weiße Bildkarte vor den Befragten (in der Lage wie unten abgebildet)!
»Etwas ganz anderes: Ich habe hier ein Bild, das ganz durch Zufall entstanden ist. Könnten Sie mir sagen, was das sein könnte, was so ähnlich ist, was man darin sehen kann? – Sie können ruhig zwei oder drei Antworten geben, weil man ja darin verschiedenes sehen kann.«
(Interviewer: Wenn der Befragte nach einiger Zeit noch keine Antwort gegeben hat, ermuntern Sie ihn bitte: »Was könnte denn so ähnlich sein?« – »Was kann man darin sehen?« – Bei Rückfragen, ob man das Blatt drehen darf, ob man auch kleine Details deuten darf usw., bejahen Sie kurz. Von selbst geben Sie aber keine Hinweise, daß dies möglich ist. – Die Antworten müssen unbedingt *wörtlich* aufgeschrieben werden, auch die Ihnen nebensächlich erscheinenden Wörter dürfen auf keinen Fall ausgelassen werden!)

Wortlaut der Antworten

1. Antwort: ....
....
....
2. Antwort: ....
....
....
3. Antwort: ....
....
....

---

44. Interviewer-Notizen:
a) Nach dem Vorlesen der Fragen vergingen bis zur ersten Antwort des Befragten ...... Sekunden
b) Der Befragte hat die weiße Bildkarte
   – gedreht .... ( )
   – nicht gedreht ... ( )

---

45. Achtung Interviewer:
Erst wenn der Befragte keine weiteren Antworten mehr gibt, zu jeder Antwort einzeln nachfragen:

a) Zur 1. Antwort: »Und welchen Teil haben Sie mit…
(Interviewer, noch mal erste Antwort vorlesen) gemeint?«
Interviewer diesen Teil im Bild unten auf dieser Seite einkreisen und »1« dazuschreiben!
b) Zur 2. Antwort: »Und welchen Teil haben Sie mit …
(Interviewer, zweite Antwort vorlesen) gemeint?«
Interviewer diesen Teil im Bild unten auf dieser Seite einkreisen und »2« dazuschreiben!
c) Zur 3. Antwort: »Und welchen Teil haben Sie mit …
(Interviewer, dritte Antwort vorlesen) gemeint?«
Interviewer diesen Teil im Bild unten auf dieser Seite einkreisen und »3« dazuschreiben!

Abb. 22

Auf ähnliche Weise lassen sich auch andere psychologische Tests in der Umfrageforschung anwenden, wie zum Beispiel der Baumtest:[111]

46.

a) »Und jetzt noch etwas anderes: Könnten Sie auf dieses Blatt einen Obstbaum zeichnen? Also nur ein Obstbaum soll es sein, alles andere können Sie zeichnen, wie Sie wollen – Sie können das ganze Blatt verwenden.«
(Achtung Interviewer: Bitte einen Stift übergeben und den Befragten auf der nächsten Seite zeichnen lassen!)
(Interviewer: Wenn der Befragte noch nicht gleich zu zeichnen beginnt, ermuntern Sie ihn bitte mit diesen Worten: »Vielleicht versuchen Sie es einmal. Ein Baum ist gar nicht so schwer zu zeichnen. – Ob Sie schön zeichnen, ist dabei nicht wichtig. – Bisher haben alle Leute, mit denen ich sprach, einen Baum gezeichnet. – Versuchen Sie es ruhig, es wird schon gehen. – Sie können zeichnen, wie Sie wollen.«)

b) Interviewer-Notiz:
Der Befragte zeichnet einen Baum
– mit der linken Hand .... ()
– mit der rechten Hand .... ()
Der Befragte war trotz aller Versuche
nicht zum Zeichnen zu bewegen .... ()

Solche in den Fragebogen eingebauten psychologischen Tests wirken auf den ersten Blick oft wie Spielereien ohne wirklichen Erkenntniswert. Aber ihre Ergebnisse können hochinteressant sein. Zum Beispiel können sie Befunde der Individualdiagnostik auf repräsentativer Basis überprüfen. Beim Rorschach-Test zeigte sich beispielsweise, daß diejenigen Befragten, die sogenannte »Bewegungsantworten« gaben, also Personen, die in dem vorgelegten Bild Bewegungen gesehen hatten, sich deutlich stärker für Reisen, Bücher, Musik und Geselligkeit interessierten als die anderen Befragten. Sie äußerten ein größeres Vertrauen zu anderen Menschen und zeigten ein überdurchschnittlich starkes Interesse am Interview. Damit bestätigte sich auf gesellschaftsdiagnostischer Ebene ein Befund, der aus der Individualdiagnostik bereits bekannt war.[112] Neu war dagegen die

[111] K. Koch: Der Baumtest. 2. Auflage. Bern 1954.
[112] E. Bohm: Lehrbuch der Rorschach-Psychodiagnostik. 3. Auflage. Stuttgart 1967, S. 61.

Erkenntnis, daß fast die Hälfte aller Befragten »Bewegungsantworten« gaben, während die Gruppe derjenigen, die »originelle Antworten« gaben, nur 6 Prozent der Befragten – und damit der gesamten Bevölkerung – ausmachte.

Aber nicht nur für die akademische, auch für die Marktforschung können psychologische Tests von Interesse sein. So zeichneten zum Beispiel Personen, die ein bestimmtes Urlaubsgebiet bevorzugten, beim Baumtest besonders kleine Bäume, mit geraden und weniger welligen oder diffusen Strichen, mehr Wurzeln und weniger Strichkreuzungen. »Vor allem«, schreibt Ring[113], »wirkten die Bäume insgesamt nüchterner, weniger kraftvoll, weniger selbstbewußt. Man konnte ihnen geringere Dynamik, weniger Aktivität zusprechen. Das ließ sich aus anderen Befunden absichern, denn gegenüber anderen Urlaubern nahmen sie auch seltener an bestimmten Aktivitäten wie Sport, Ausflugsfahrten, Tanzen teil, betätigten sich auch weniger im Garten.«

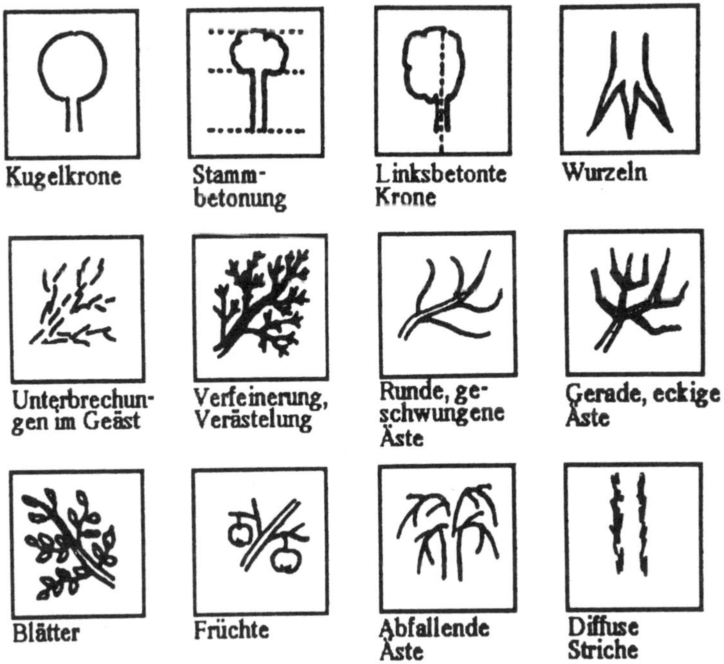

Abb. 23

113 1992, S. 185.

Zu den projektiven Verfahren gehört auch der thematische Apperzeptionstest (TAT) von Murray (1943), bei dem einer Versuchsperson eine Reihe inhaltlich sehr verschiedener Bilder vorgelegt werden. Zu jedem dieser Bilder soll der Befragte nun eine Geschichte erzählen. Auch diese Methode kann – in abgewandelter Form – in der Umfrageforschung eingesetzt werden. Zum Beispiel, wenn untersucht werden soll, welche Reaktionen ein Plakatentwurf beim Befragten auslöst. Hier kann es, schreibt Ring,[114] »zweckmäßig sein, die Befragten nicht nur direkt nach ihren Reaktionen zu fragen, sondern ... mit Hilfe von Bildmaterial Beziehungen einzufangen, die sie sonst vielleicht nicht zu geben bereit sind. Es wird also zum Beispiel das Bild einer Person gezeigt, die in der Zeitung oder Illustrierten gerade ein Bild oder eine Anzeige ansieht, die auch der Befragte selbst vor sich liegen hat. Wie könnte die Person auf dem Bild in diesem Fall reagieren, was geht ihr durch den Kopf, was empfindet sie?«

[114] 1992, S. 174.

47.

Interviewer: Bildblatt bei Männern so drehen, daß das große M oben ist, und überreichen!

Männer

a) »Auf diesem Bild hier sieht sich ein Mann in einer Illustrierten genau diese Anzeige an, die wir hier haben. Er betrachtet die Anzeige sehr lange, und dabei geht ihm so alles mögliche durch den Kopf. – Was meinen Sie nun, woran wird er denken, was wird er sich vorstellen, wenn er diese Anzeige angesehen hat? Was wäre denn möglich? Bitte erzählen Sie.«

....
....
....
....

b) »Und was für Gefühle oder Stimmungen könnte er denn so dabei haben, wenn er im Zusammenhang mit der Anzeige seinen Gedanken nachgeht?«

....
....
....
....

Interviewer: Bildblatt bei Frauen so drehen, daß das große F oben ist, und überreichen!

Frauen

A) »Auf diesem Bild hier sieht sich eine Frau in einer Illustrierten genau diese Anzeige an, die wir hier haben. Sie betrachtet die Anzeige sehr lange, und dabei geht ihr so alles mögliche durch den Kopf. – Was meinen Sie nun, woran wird sie denken, was wird sie sich vorstellen, wenn sie diese Anzeige angesehen hat? Was wäre denn möglich? Bitte erzählen Sie.«

....
....
....
....

B) »Und was für Gefühle oder Stimmungen könnte sie denn so dabei haben, wenn sie im Zusammenhang mit der Anzeige ihren Gedanken nachgeht?«

....
....
....
....

Abb. 24

Abb. 25

Mit aus der Psychologie inspirierten Fragemodellen können ängstliche, aggressive, mehr oder weniger glückliche oder psychisch stabile Menschen aus der Gesamtheit der Befragten hervorgehoben werden. Die folgende Frage ist ein Beispiel für einen Aggressionstest.

---

48. Interviewer überreicht Bildblatt 1!
»Sehen Sie sich bitte einmal dieses Bild hier an: Da kommt ein Mensch gerade in ein Abteil der Eisenbahn und stößt dabei dem anderen hier an den Kopf und macht ihn auch noch schmutzig. Leider steht nicht dabei, was der mit der Beule und dem schmutzigen Hemd jetzt zu dem anderen sagt. – Was könnte er wohl sagen? Könnten Sie seine Worte ergänzen?«

....

Abb. 26

Zu den Antworten dieses Tests schreibt Ring: »Rund ein Drittel der Antworten fällt in die Kategorie der aggressiven Äußerungen. Daraus darf man nun nicht die Folgerung ziehen, ein Drittel der Bevölkerung sei aggressiv ... Aber eines ist wichtig: Unter Personen, die hier aggressiv reagieren, wird man insgesamt mehr aggressive Menschen erwarten können als unter anderen.«[115]

Wie identifiziert man aber glückliche oder zumindest heitere, ausgeglichenere Menschen? Der Umfrageforschung stehen hier mehrere, sich gegenseitig ergänzende Möglichkeiten zur Verfügung. Einen Ansatz bietet das von dem Chicagoer Psychologen Mihaly Czikszentmihalyi beschriebene »Flow-Erlebnis«[116], das sich zum Beispiel in die folgende demoskopische Frage übersetzen läßt:

49. »Kennen Sie das, wenn Sie in eine Tätigkeit so vertieft sind, daß alles andere bedeutungslos wird und Sie die Zeit völlig vergessen? Würden Sie sagen ...«[117]

		2003
		%
»Ja, das erlebe ich öfter«	1	26
»Ja, das erlebe ich ab und zu«	2	37
»Ja, kenne ich, aber nur ganz selten«	3	20
»Nein, das kenne ich nicht«	4	14
Weiß nicht, keine Angabe	5	3
		100

Eine andere Möglichkeit, glückliche von weniger glücklichen Menschen zu unterscheiden, bietet die von Norman M. Bradburn, dem Leiter des National Opinion Research Center (NORC) in Chicago entwickelte Affekt-Balance-Skala[118], bei der den Befragten 5 positive und 5 negative Gefühle vorgelesen werden:

[115] Ring 1992, S. 171.

[116] Mihaly Csikszentmihalyi: Flow. The Psychology of Optimal Experience. New York 1990. Deutsch: Das Geheimnis des Glücks. 2. Auflage. Stuttgart 1992.

[117] Allensbacher Archiv, AWA 2003.

[118] Norman Bradburn: The Structure of Psychological Well-Being. Chicago 1969. Ders. und David Caplovitz: Reports on Happiness. A Pilot Study of Behavior Related to Mental Health. Chicago 1965. Die Skala wurde vom Institut für Demoskopie Allensbach ins Deutsche übertragen. Die deutschen Formulierungen aus: Allensbacher Werbeträger-Analyse (AWA) 1994.

50. »Wir möchten herausfinden, wie sich die Menschen heute so im allgemeinen fühlen – wie ging es Ihnen in der letzten Zeit? – Zum Beispiel:«

		Deutschland, Bevölkerung ab 14 Jahren %
a) »Waren Sie von etwas ganz begeistert, ganz besonders interessiert daran?« (Positives Gefühl)	Ja 1	62
	Nein 2	38
	Keine Angabe . 3	x[119]
b) »Haben Sie sich in letzter Zeit mal so unruhig gefühlt, daß Sie nicht stillsitzen konnten?« (Negatives Gefühl)	Ja 1	45
	Nein 2	55
	Keine Angabe . 3	x
c) »Haben Sie mal ein Lob, ein Kompliment erhalten, das Ihnen gutgetan hat?« (Positives Gefühl)	Ja 1	72
	Nein 2	28
	Keine Angabe . 3	x
d) »Haben Sie sich mal sehr einsam gefühlt, so als ob die anderen Menschen ganz weit weg von Ihnen stehen?« (Negatives Gefühl)	Ja 1	31
	Nein 2	69
	Keine Angabe . 3	x
e) »Waren Sie froh, etwas fertiggebracht zu haben?« (Positives Gefühl)	Ja 1	88
	Nein 2	12
	Keine Angabe . 3	x
f) »Haben Sie sich mal schrecklich gelangweilt?« (Negatives Gefühl)	Ja 1	26
	Nein 2	74
	Keine Angabe . 3	x
g) »Kam es mal vor, daß Sie sich wie im siebten Himmel gefühlt haben, das Leben einfach wunderbar fanden?« (Positives Gefühl)	Ja 1	42
	Nein 2	58
	Keine Angabe . 3	x
h) »Und daß Sie sich sehr niedergeschlagen, sehr unglücklich gefühlt haben?« (Negatives Gefühl)	Ja 1	41
	Nein 2	59
	Keine Angabe . 3	x

[119] »x« bedeutet: Die Antwort wurde von weniger als 0,5 Prozent der Befragten gegeben. In der Tabelle wird der Wert auf Null abgerundet.

i)	»Und hatten Sie in letzter Zeit mal das Gefühl, alles läuft, wie ich es mir wünsche?« (Positives Gefühl)	Ja . . . . 1 Nein . . . . 2 Keine Angabe . 3	53 47 x
j)	»Und daß Sie verstört waren, weil Sie jemand kritisiert hat?« (Negatives Gefühl)	Ja . . . . 1 Nein . . . . 2 Keine Angabe . 3	22 78 x

Die von den Befragten genannten positiven und negativen Gefühle lassen sich nun gegeneinander aufrechnen zu einer »Skala des subjektiven Wohlbefindens«:

	Deutschland, Bevölkerung ab 14 Jahren[120] %
Positive Gefühle überwiegen stark (3 bis 5 mehr positive als negative Gefühle angegeben)	35
Positive Gefühle überwiegen leicht (1 bis 2 mehr positive als negative Gefühle angegeben)	35
Positive und negative Gefühle gleichen sich aus	13
Negative Gefühle überwiegen	17
	100
n =	19698

Der Interviewer als Beobachter

Bei einer demoskopischen Untersuchung, deren Aufgabe es ist, fröhliche und weniger fröhliche Menschen zu identifizieren, liegt der Gedanke nahe, die Interviewer als Beobachter in den Untersuchungsprozeß einzubeziehen. Sie sind die einzigen, die die Befragten persönlich kennenlernen und somit als einzige in

120 Allensbacher Werbeträger-Analyse (AWA) 1994.

der Lage, das Verhalten, die Mimik, die Gestik ihrer Interviewpartner zu beobachten und einzuschätzen. Nun sind Interviewer zwar keine geschulten Ausdrucksbeobachter und sollen es auch nicht werden, aber einige Signale sind doch oft leicht zu erkennen und einzustufen. Allerdings dürfen die Interviewer dabei nicht zu eigenen Schlußfolgerungen ermutigt werden: Das Prinzip der radikalen Trennung von Forscher und Interviewer muß beibehalten werden. Das folgende Beispiel zeigt einen sogenannten Ausdruckstest. Der Bogen wird vom Interviewer nach der Befragung selbst ausgefüllt.[121]

Interviewer-Eindruck (nach Beobachtung):

a)	Der/die Befragte spricht	– eher laut	( )
		– eher leise	( )
b)	Die Mundwinkel des/der Befragten weisen	– nach oben	( )
		– nach unten	( )
		– Schwer zu sagen, aber doch	
		– eher nach oben	( )
		– eher nach unten	( )
		– Unmöglich zu sagen	( )
c)	Der Blick ist	– frei	( )
		– eher ausweichend	( )
		– Unmöglich zu sagen	( )
d)	Die Haltung ist	– locker, gelöst	( )
		– steif	( )
		– Unmöglich zu sagen	( )
e)	Die Bewegungen sind	– lebhaft	( )
		– sparsam, zurückhaltend ..	( )
		– Unmöglich zu sagen	( )
f)	Der Befragte sieht insgesamt	– ganz fröhlich aus	( )
		– nicht so fröhlich aus	( )
		– Unmöglich zu sagen	( )

Die Ergebnisse dieses Ausdruckstests stimmen mit denen der Affekt-Balance-Skala von Bradburn überein.[122]

121 Allensbacher Archiv, Allensbacher Werbeträger-Analyse (AWA) 1995.

122 Korrelation: PHI=.45. Ring 1992, S. 197. Elisabeth Noelle-Neumann: Lebensfreude – kein Thema für die Kirche? Fragen zu einem Test über Bewegungs- und Mienenspiel von Katholiken. In: Herder Korrespondenz, 28, 1974, S. 41–47.

Hundert Stolperfallen

»Aber ich hab' doch alles genau so gemacht, wie es im Buch steht!« könnte sich ein ratloser Forscher sagen, der kopfschüttelnd auf die unbrauchbaren Trümmer seiner Untersuchung blickt. Tatsächlich kann es sein, daß jemand mit Sorgfalt und Umsicht eine Umfrage durchführt: solide Stichprobe, sorgfältige Interviewer-Betreuung, Themenmischung im Fragebogen, keine ungeschickten Fragereihenfolgen, Vielfalt der verwendeten Instrumente und so weiter. Und trotzdem sind die Ergebnisse wertlos, weil die falschen Fragen gestellt wurden, oder weil zwar im Prinzip die richtigen Fragen gestellt worden sind, auch formal den Regeln gehorchend, aber trotzdem falsch formuliert.

Wiederum ist es eine sehr einfache Tatsache, die so oft in der Sozialforschung übersehen wird: Es gibt unzählige Forschungsarbeiten, die sich mit der Qualität von Stichproben auseinandersetzen. Jahrzehntelang stritt man sich, welches Stichprobenverfahren das bessere sei, die Quotenauswahl oder das Random-Prinzip.[123] Viele Arbeiten setzen sich damit auseinander, welche mathematisch-statistischen Analyseverfahren wann angewendet werden sollten oder mit welchem Verfahren Fehler der Interviewer vermieden werden können, zum Beispiel durch den Einsatz von CAPI-(Computer Assisted Personal Interview) oder CATI-(Computer Assisted Telephone Interview) Systemen, die falsche Eintragungen bei Filterfragen verhindern, weil der Fragebogen im Computer gespeichert ist und das Programm automatisch die Reihenfolge der Fragen festlegt.

Dies alles sind interessante und auch wichtige Fragen, mit einigen werden wir uns in diesem Buch auch noch beschäftigen. Aber den größten Einfluß auf die Ergebnisse einer Umfrage haben immer noch die Frage und der Fragebogen.

Natürlich: Eine solide Stichprobe, sorgfältige Interviewer-Instruktion, ein leistungsfähiges Computerprogramm, alles dies sind Voraussetzungen dafür, daß eine Umfrage richtig durchgeführt werden kann. Aber dies alles ist vergebliche Mühe, wenn

[123] Siehe dazu den Abschnitt »Der repräsentative Querschnitt«, vor allem S. 263–281.

die Ergebnisse durch ungeschickt formulierte Fragen verzerrt werden, und zwar um so mehr, je unsicherer, schwankender die Bevölkerungsmeinung zu dem betreffenden Thema ist. Wie sehr selbst einzelne, scheinbar nebensächliche Worte das Ergebnis einer Umfrage verändern können, zeigt das folgende Beispiel:

Frage an Gruppe A: »Glauben Sie an die große Liebe?«

Frage an Gruppe B: »Glauben Sie *eigentlich* an die große Liebe?«

	Gruppe A (ohne »eigentlich«)	Gruppe B (mit »eigentlich«)
	%	%
Ja	52	57*
Nein	29	26
Ungewiß	19	17
	100	100
n (= Numerus, absolute Zahl der Fälle)	1061	1039

* Der Unterschied ist zum Niveau = 5 Prozent signifikant. Das bedeutet, daß dieser Unterschied mit einer Sicherheit von mindestens 100 – 5 = 95 Prozent nicht zufällig ist (vgl. S. 473 und 542).

Die Methode, mit der sich solche Effekte feststellen lassen, ist die *»gegabelte Befragung«*, auch *»split ballot«* genannt. Die Idee des »split ballot« taucht zum ersten Mal in dem 1944 veröffentlichten Buch »Gauging Public Opinion« von Hadley Cantril auf.[124] Schon dort wurde die gegabelte Befragung als Methode vorgeschlagen, die Wirkung von Frageformulierungen, Namensnennungen, Argumenten zu prüfen. Das Prinzip ist einfach: Es werden zwei oder vier verschiedene Fragebogen-Versionen hergestellt, die sich dadurch unterscheiden, daß einzelne Worte, Frageteile ausgewechselt, anders formuliert oder anders angeordnet sind. Dementsprechend wird die gesamte Stichprobe der Befragten systematisch in jeweils repräsentative »Halbgruppen« oder »Viertelgruppen« aufgeteilt, beispielsweise, indem Fragebogen mit gerader Nummer die eine, Fragebogen mit ungerader Nummer die andere Variante enthalten. Auf diese Weise wird jeder einzelne Befragte nur mit einer Variante des Fragebogens interviewt, ohne die anderen Fassungen

[124] Hadley Cantril 1944, S. 77–82.

zu kennen. Und auch die Interviewer lernen nur eine Variante kennen, denn sie erhalten nur Fragebogen derselben Version. Die gegabelte Befragung ist damit ein kontrolliertes Feldexperiment.[125]

»Feldexperiment« bezeichnet den Unterschied zu den schon seit der Jahrhundertwende in der Psychologie gut etablierten »Laboratoriums-Experimenten«, die auch in Verbindung mit Fragebogen ab Anfang der dreißiger Jahre in die wissenschaftliche Arbeit Eingang fanden. Feldexperiment bedeutet: Die Versuchspersonen bleiben in ihren natürlichen Lebensumständen, sie werden nicht ins Labor geholt, und weder sie noch die Interviewer wissen, daß sie an einem Experiment teilnehmen. Das Experiment allerdings folgt dem klassischen Modell, daß alle Umstände im Ablauf der Untersuchung einheitlich sind, egalisiert[126], bis auf den experimentellen Faktor, der in Experimental- und Kontrollgruppe variiert wird. Aus dem Unterschied der Ergebnisse von experimenteller und Kontrollgruppe wird auf die Wirkung des experimentellen Faktors geschlossen, da es – abgesehen natürlich von den statistischen Schwankungsbereichen – andere Gründe für den Unterschied nicht geben kann.

Nur durch ständige Split-Ballot-Experimente können Frageformulierungs- oder Reihenfolge-Effekte festgestellt werden. Unter Kontrolle halten heißt: zumindest den Einfluß der Frageformulierung erkennen. Nicht immer wird man entscheiden können, welche Frageform die wirkliche Meinung der Befrag-

[125] Zum Feldexperiment: Elisabeth Noelle-Neumann: Die Rolle des Experiments in der Publizistikwissenschaft. In: Publizistik, 10, 1965, S. 239–250. (Festschrift Otto Groth). Wiederabgedruckt in: Elisabeth Noelle-Neumann: Öffentlichkeit als Bedrohung. Beiträge zur empirischen Kommunikationsforschung. Freiburg und München 1977, S. 43–61. Winfried Schulz: Kausalität und Experiment in den Sozialwissenschaften. Methodologie und Forschungstechnik. Mainz 1970. E. Zimmermann: Das Experiment in den Sozialwissenschaften. Stuttgart 1972. Leonard Saxe, Michelle Fine: Social Experiments. Methods for Design and Evaluation. Beverly Hills und London 1981, Petersen 2002.

Weitere Fragebogenexperimente: Elisabeth Noelle-Neumann 1970. Howard Schuman, Stanley Presser: Questions and Answers in Attitude Surveys. Experiments on Question Form, Wording, and Context. New York u. a. 1981. Hans-J. Hippler, Norbert Schwarz, Elisabeth Noelle-Neumann: Response Order Effects in Dichotomous Questions: The Impact of Administration Mode. Vortrag auf der Jahrestagung der American Association for Public Opinion Research (AAPOR), St. Petersburg Beach, Fl., 1989. Norbert Schwarz, Hans-J. Hippler, Elisabeth Noelle-Neumann: A Cognitive Model of Response Order Effects in Survey Measurement. In: Norbert Schwarz, Seymour Sudman (Hrsg.): Context Effects in Social and Psychological Research. New York, u. a., 1992, S. 187–201.

[126] Robert Pagès: Das Experiment in der Soziologie. In: René König (Hrsg.): Handbuch der empirischen Sozialforschung. Bd. 1. Stuttgart 1962, S. 418–450.

ten besser ermittelt. Gerade bei Themen, wo sich die Meinungsbildung im Wandel befindet, kann sich das Ergebnis, je nachdem, wie die Frage formuliert wird, regelrecht umdrehen:[127]

Frage Gruppe A:
»Wenn Sie an die Bundestagswahl im Herbst denken: Wäre es gut, wenn die Regierung in Bonn wechseln würde, oder wäre es nicht gut?«

Frage Gruppe B:
»Wenn Sie an die Bundestagswahl im Herbst denken: Was wäre Ihnen persönlich lieber, wenn die bisherige Regierungskoalition aus CDU/CSU und FDP an der Regierung bleibt, oder wenn eine rot-grüne Koalition, also eine Koalition aus SPD und Bündnis 90/die Grünen die Regierung übernimmt?«

	Version A %	Version B %
Wechsel wäre gut / Für SPD und Bündnis 90 / die Grünen	46	38
Wechsel wäre nicht gut / Für CDU/CSU und FDP	35	42
Unentschieden / Weiß nicht	19	20
	100	100
n =	934	907

In diesem Fall wird man das Ergebnis so hinnehmen müssen, wie es ist: Ein großer Teil der Bevölkerung war anscheinend in dieser Frage so schwankend, daß er sich von der Frageformulierung leiten ließ. Auch dies ist ein wichtiges Ergebnis, aber welche Frageformulierung die »bessere« ist, läßt sich nicht endgültig entscheiden. Oft ist es aber auch so, daß sich mit Hilfe von Split-Ballot-Experimenten Mängel im Fragebogen finden und ausgleichen lassen. Bei etwas komplizierteren Themen ist es zum Beispiel ein schwerer Fehler, auf Erläuterungen zu verzichten, selbst dann, wenn es sich um Sachauskünfte handelt, über die der Befragte eigentlich Bescheid wissen müßte:[128]

[127] Allensbacher Archiv, IfD-Umfrage Nr. 5097, Juni 1994.
[128] Allensbacher Archiv, IfD-Umfrage Nr. 2296, Februar 1990.

Frage Gruppe A: »Sind Sie zusätzlich in einer privaten Krankenversicherung, ich meine, selbst – oder auch mitversichert?«

Frage Gruppe B: »Haben Sie eine Krankenhaustagegeldversicherung oder eine sonstige Zusatzversicherung bei einer privaten Krankenkasse abgeschlossen, egal, ob Sie selbst- oder auch mitversichert sind?«

	Gruppe A (knapper Text)	Gruppe B (ausführlicher Text)
	%	%
Ja	18	36
Nein	82	61
Keine Angabe	x	3
	100	100
n =	543	556

(Das »x« bedeutet: Weniger als 0,5 Prozent der Befragten gaben diese Antwort)

Schon auf S. 132 haben wir gezeigt, daß es wichtig ist, nach Möglichkeit einfache Ja-Nein-Fragen zu vermeiden und Formulierungen zu suchen, die den Befragten die Wahl zwischen zwei Positionen ermöglichen. Hier ein weiteres Beispiel:[129]

Frage an nichtberufstätige Hausfrauen:

Gruppe A: »Würden Sie eigentlich gern berufstätig sein, wenn es möglich wäre?«

Gruppe B: »Würden Sie eigentlich gern berufstätig sein, oder machen Sie am liebsten nur Ihren Haushalt?«

	Antworten bei fehlender Alternative (A)	Antworten bei ausformulierter Alternative (B)
	%	%
Es möchten berufstätig sein	52	38
Nein, mache lieber den Haushalt	32	46
Unentschieden	16	16
	100	100
n =	295	292

129 Allensbacher Archiv, IfD-Umfrage Nr. 2090, Februar 1973.

Um Verzerrungen der Ergebnisse infolge einer fehlenden Antwortalternative zu vermeiden, reicht es meist nicht aus, mit kurzen Nebensätzen zu erweitern wie »... oder glauben Sie das nicht«, oder »... oder sind Sie anderer Meinung?« Beide Positionen müssen in der Frage gleichgewichtig dargestellt werden. Howard Schuman und Stanley Presser haben das in Amerika anhand einer ganzen Reihe von Experimenten zeigen können[130], unter anderem auch anhand der schon bekannten Frage: »Finden Sie, daß alle Arbeiter in der Gewerkschaft sein sollten?«[131]

Frage an Gruppe A: »Finden Sie, daß in einem Betrieb alle Arbeiter in der Gewerkschaft sein sollten, oder finden Sie das nicht?«

Frage an Gruppe B: »Finden Sie, daß in einem Betrieb alle Arbeiter in der Gewerkschaft sein sollten, oder muß man es jedem einzelnen überlassen, ob er in der Gewerkschaft sein will oder nicht?«

Es antworteten

	Bei Frageform A	Bei Frageform B
	%	%
Alle sollten in der Gewerkschaft sein	32	23
Finde ich nicht, ist Sache des einzelnen	68	77
	100	100

Ebenso stark können die Ergebnisse schwanken, je nachdem, ob eine scharfe oder weniger scharfe Frageformulierung gewählt wird. Wiederum ein Beispiel von Schuman und Presser:[132]

130 Howard Schuman, Stanley Presser 1981, S. 186–189.
131 Vgl. oben, S. 132.
132 1981, S. 277, Übersetzung von den Autoren.

Frage an Gruppe A:	»Finden Sie, die Vereinigten Staaten sollten öffentliche Äußerungen gegen die Demokratie *verbieten*?«	
Frage an Gruppe B:	»Finden Sie, die Vereinigten Staaten sollten öffentliche Äußerungen gegen die Demokratie *erlauben*?«	
	Frühjahr 1976	
	Gruppe A (»verbieten«) %	Gruppe B (»erlauben«) %
Verbieten, bzw. nicht erlauben	21	48
Nicht verbieten, bzw. erlauben	79	52
	100	100
n =	1475	1375

So wie ein Teil der Befragten es vermeidet, besonders scharf formulierten Positionen zuzustimmen, besteht auch bei vielen eine Abneigung, auf eine Frage mit »nein« zu antworten, wie das folgende Experiment der englischen Meinungsforscher Roger Stubbs und Peter Hutton[133] zeigt:[134] Den Befragten wurde eine Liste mit Statements vorgelegt, die sie anhand einer fünfstufigen Skala (»stimme sehr zu«, »stimme eher zu«, »teils/teils«, »lehne eher ab«, »lehne ganz ab«) bewerten konnten. Die zustimmenden und ablehnenden Antworten sind in der Tabelle zu jeweils einer Gruppe zusammengefaßt.

[133] Vom Institut »Market & Opinion Research International« (MORI) in London.

[134] Roger J. Stubbs, Peter F. Hutton: Yea-Saying: Myth or Reality in Attitude Response? In: ESOMAR (Hrsg.): Research that works for today's marketing problems (ESOMAR-Kongreß, Venedig, 5.–9. September 1976). Amsterdam 1976, S. 447–473.

Gruppe A: »Ich finde, Gewerkschaften sind wichtig, um die Interessen der Arbeiter zu vertreten.«

Gruppe B: »Ich finde, Gewerkschaften sind nicht wichtig, um die Interessen der Arbeiter zu vertreten.«

	Großbritannien Bevölkerung ab 18 Jahren Oktober 1975 Version A %	 Version B %	
Ja, Gewerkschaften sind wichtig	73	59	*Nein*, Gewerkschaften sind nicht unwichtig
Nein, Gewerkschaften sind nicht wichtig	15	26	*Ja*, Gewerkschaften sind unwichtig
Neutral/keine Angabe	12	15	Neutral/keine Angabe
	100	100	
n =	884	913	

Auf eine Frage mit »nein« antworten zu müssen, ist vielen Befragten etwas unangenehm.[135] Darum ist es auch nicht geschickt, ein Interview mit einer Frage zu eröffnen, die von den meisten mit »nein« beantwortet wird. Ein solcher – wenn auch nur leichter – Mißklang gleich am Anfang eines Interviews schadet der Atmosphäre, in der das Gespräch stattfindet, und von der es abhängt, ob der Befragte bereit ist, das ganze Interview zu geben und durchzuhalten.[136]

Aber nicht nur die Frageformulierung, auch die Auswahl der vorgegebenen Antwortkategorien kann einen unerwartet starken Einfluß auf das Ergebnis einer Umfrage haben. Oft läßt es sich nicht vermeiden, daß der Interviewer dem Befragten bei seiner Antwort »hilft«, indem er entgegen der Anweisung die vorgegebenen Antwortkategorien vorliest. Oder aber der Befragte sieht den Fragebogen und richtet anhand der vorgegebenen Kategorien seine Antworten aus. Norbert Schwarz und Hans-

135 Über die Gründe siehe auch S. 86–91: Bekehrungen im Interview – leicht, aber nutzlos.
136 Siehe S. 120.

J. Hippler[137] konnten solche Effekte mit einem Split-Ballot-Experiment zeigen. Erhoben wurde, wie lange die Befragten täglich fernsehen. Die Frage war in beiden Gruppen gleich, es unterschieden sich nur die Antwortkategorien:

Gruppe A	Gruppe B
– bis zu einer halben Stunde	– bis zu 2 1/2 Stunden
– 1/2 bis 1 Stunde	– 2 1/2 bis 3 Stunden
– 1 bis 1 1/2 Stunden	– 3 bis 3 1/2 Stunden
– 1 1/2 bis 2 Stunden	– 3 1/2 bis 4 Stunden
– 2 bis 2 1/2 Stunden	– 4 bis 4 1/2 Stunden
– mehr als 2 1/2 Stunden	– mehr als 4 1/2 Stunden

In der Gruppe A sagten 16 Prozent der Befragten, sie sähen länger als 2 1/2 Stunden am Tag fern, in der Gruppe B waren es 37 Prozent. Ein großer Anteil der Befragten orientierte sich also an den vorgegebenen Kategorien, die zu zeigen schienen, was »normal« ist. Für den Fragebogenkonstrukteur bedeutet das: Solche Fehlerquellen müssen bei der Fragebogenentwicklung bedacht werden. In diesem konkreten Fall: Die Antwortvorgaben müssen, will man die tatsächliche Fernsehdauer ermitteln, sorgfältig auf ihre Wirklichkeitsnähe hin überprüft werden. Das durchschnittliche Verhalten sollte auch die Mitte der vorgegebenen Bandbreite ausmachen. Eine realistische Vorgabe für die Frage nach dem Fernsehkonsum zeigt die Frage 3 auf Seite 133.

Ein zweites Beispiel: Um den Einfluß verschiedener Skalen auf das Antwortverhalten zu prüfen, führte das Institut für Demoskopie Allensbach[138] das folgende Experiment durch. In der einen Halbgruppe A wurde die folgende Frage gestellt:

137 Norbert Schwarz, Hans-J. Hippler: What Response Scales May Tell Your Respondents: Informative Functions of Response Alternatives. In: Hans-J. Hippler, Norbert Schwarz, Seymour Sudman (Hrsg.) 1987, S. 163–178. Experimente mit verschiedenen Formulierungen bei Likert-Skalen (Siehe S. 137–138) bei: Robert M. Worcester, Timothy R. Burns: A Statistical Examination of the Relative Precision of Verbal Scales. In: Journal of the Market Research Society, 17, 1975, S. 181–197.

138 Allensbacher Archiv, IfD-Umfrage Nr. 5007. Siehe auch: Hans-J. Hippler u. a.: Der Einfluß numerischer Werte auf die Bedeutung verbaler Skalenendpunkte. In: ZUMA-Nachrichten, 28, Mai 1991, S. 54–64.

»Wie erfolgreich waren Sie bisher in Ihrem Leben? Sagen Sie es bitte nach dieser Leiter hier. Es geht so: Null bedeutet überhaupt nicht erfolgreich und 10 bedeutet, Sie waren bisher außerordentlich erfolgreich. Welche Zahl nehmen Sie?«

Dazu wurde die schon gezeigte[139] zehnstufige Leiter vorgelegt. Der anderen Halbgruppe B wurde diese Frage gestellt:

»Wie erfolgreich waren Sie bisher in Ihrem Leben? Sagen Sie es bitte nach dieser Leiter hier. Es geht so: –5 bedeutet überhaupt nicht erfolgreich und +5 bedeutet, Sie waren bisher außerordentlich erfolgreich. Welche Zahl nehmen Sie?«

Dazu wurde eine andere Skala vorgelegt, nämlich die ebenfalls bereits vorgestellte[140] Stapel-Skala. Die Fragen an beide Gruppen waren also gleich, unterschiedlich war nur die Skalenvorlage. Obwohl beide Skalen die gleiche Anzahl Stufen enthielten, unterschieden sich die Ergebnisse deutlich:

Abb. 27

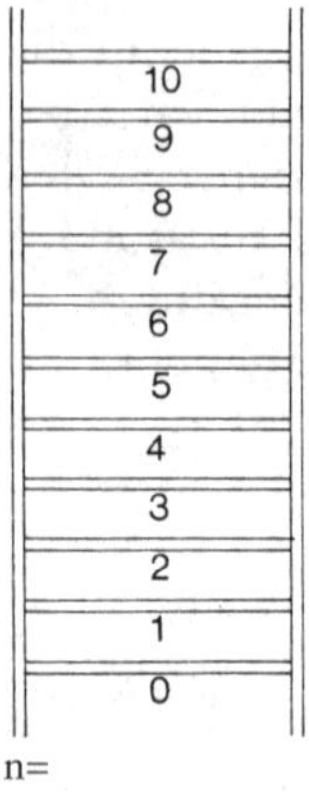

	Gruppe A Leiter es wählten die Stufe %	Gruppe B Stapel-Skala %	
10	3	4	+5
9	6	14	+4
8	20	35	+3
7	20	23	+2
6	14	9	+1
5	20	9	0
4	7	1	–1
3	5	1	–2
2	2	1	–3
1	x	x	–4
0	x	1	–5
Unentsch.	3	2	
	100	100	
n=	480	552	

Abb. 28

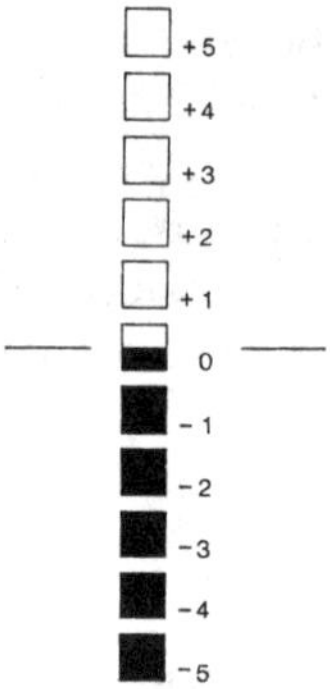

x = weniger als 0,5 Prozent

[139] Siehe oben, S. 150, Frage 26.
[140] Siehe oben, S. 152, Frage 28.

In diesem Fall erscheint die bei der Gruppe A verwandte Leiter die geeignetere zu sein: Die Antworten verteilen sich fast über die gesamte Bandbreite, die meisten befinden sich im mittleren Bereich, während bei Gruppe B der Minusbereich der Skala praktisch gar nicht genutzt wurde. So drastisch wollte sich niemand als erfolglos beschreiben. So wurde praktisch die Hälfte der Stufen »verschenkt«, die Auswertung müßte sich auf die oberen fünf Stufen beschränken, in denen sich die Antworten stark häufen. Die in der Gruppe B verwendete Stapel-Skala, mit der positive und negative Felder gemessen werden können, wäre dagegen dann vorzuziehen, wenn es darum ginge, zum Beispiel die Popularität verschiedener Politiker zu erfragen.

Gelegentlich bietet das Prinzip des gegabelten Fragebogens auch die Möglichkeit, die Effekte auszugleichen, die durch eben diese Methode sichtbar gemacht worden sind. Dies ist bei bestimmten *Reihenfolgeeffekten* der Fall. So ist es zum Beispiel bei Dialogblättern (siehe S. 156) keineswegs gleichgültig, ob ein Argument oben oder unten steht. Das untere hat in den meisten Fällen eine größere Chance ausgewählt zu werden als das obere, wie bei dem folgenden Beispiel:[141]

[141] Damit korrigieren wir an dieser Stelle eine Ansicht, die – auch von der Autorin dieses Buches – vertreten wurde in dem Artikel: Norbert Schwarz, Hans-J. Hippler, Elisabeth Noelle-Neumann 1992. Dort hieß es (S. 191), die erste Position sei bevorzugt, wenn das Dialogblatt den Befragten vorgelegt, aber nicht vorgelesen werde. Eine Überprüfung dieser These anhand von 21 Split-Ballot-Experimenten ergab jedoch, daß in 15 Fällen die zweite Position bevorzugt wurde und nur in 5 Fällen die erste (Allensbacher Archiv, IfD-Umfragen Nr. 5075, Jan. 1993–6012, Feb. 1995).

Frage: »Ich möchte Ihnen jetzt einen Fall erzählen: In einem kleinen Ort soll eine Fabrik gebaut werden. Der Gemeinderat hat den Bau genehmigt, die Bevölkerung ist sehr dagegen. Ein Prozeß vor Gericht hat ergeben, daß die Bevölkerung nichts dagegen unternehmen kann und die Fabrik gebaut werden muß. In einer öffentlichen Veranstaltung treten nun zwei Redner auf, die folgendes sagen. Wenn Sie das bitte einmal lesen. Wem würden Sie eher zustimmen, dem oberen oder dem unteren?«

	Das Argument befand sich auf Platz 1 %	auf Platz 2 %
»Der Gemeinderat und das Gericht haben beschlossen, daß die Fabrik gebaut wird. Wir haben den Gemeinderat gewählt, also müssen wir jetzt diese demokratische Entscheidung mittragen und dürfen uns nicht länger gegen den Bau wehren.«	46	59
»Das sehe ich anders. Wir, die Bürger sind gegen die Fabrik. Wenn der Gemeinderat das nicht sieht, die Bevölkerung kann das besser beurteilen. Wir müssen auf jeden Fall den Bau der Fabrik verhindern, auch wenn wir vielleicht Gewalt anwenden müssen.«	26	35

Der Grund für diese Verzerrung (im Amerikanischen »recency effect« genannt) ist bisher unklar. Es spricht einiges dafür, daß das zuletzt gelesene Argument im Gedächtnis der Befragten stärker präsent bleibt, also die Erinnerung an die erste Position teilweise überlagert.[142] Auffällig ist auch, daß die Reihenfolge-

[142] Eine Möglichkeit der Erklärung bietet das Zwei-Speicher-Modell, bei dem angenommen wird, daß das Gedächtnis Informationen über zwei hintereinandergeschaltete Speichersysteme entnimmt, einen Kurz- und einen Langzeitspeicher. Das zweite Argument des Dialogblattes befindet sich bei Beantwortung der Frage noch im Kurzzeitspeicher, in dem die Information etwa eine halbe Minute verbleibt. Siehe Roberta L. Klatzky: Human Memory. San Francisco 1980, S. 16–21. Georg Lilienthal: Der Einfluß der Reihenfolge und der Präsentationsform von Fernsehnachrichten auf die Erinnerung und das Verstehen. Magisterarbeit Mainz 1990, S. 18–21.

Effekte um so stärker werden, je länger die Texte der Antwortmöglichkeiten sind.[143]

JE LÄNGER DIE ALTERNATIVEN SIND, UM SO STÄRKER BEEINFLUSST DIE REIHENFOLGE DER ARGUMENTE DIE ERGEBNISSE

	Auf einem Bildblatt dargebotene Dialoge mit		
	bis zu 26 Wörtern	27–35 Wörtern	36 und mehr Wörtern
Durchschnittliche Schwankung der Ergebnisse, je nachdem, ob eine Alternative am ersten oder am zweiten Platz erscheint	2,9 %	3,6 %	4,7 %
Zahl der Umfragen	17	33	54

Eine vollständige, verläßliche Regel, unter welchen Bedingungen diese Effekte auftreten und in welche Richtung sie wirken, läßt sich aus der bisherigen Forschung leider nicht ableiten. Es werden sogar Fälle beobachtet, in denen nicht ein Recency-, sondern ein Primacy-Effekt auftritt, das heißt die Alternative am ersten Platz wird bevorzugt. Diese Erscheinung ist vor allem bei kurzen Fragen gefunden worden, tritt jedoch im Vergleich zum Recency-Effekt selten auf. Wir haben gesehen, daß die Länge der Fragetexte eine Rolle spielt: Starke Recency-Effekte können ein Hinweis auf schlechte, weil zu lange, wirre und unübersichtliche Fragen sein. Das bedeutet umgekehrt: Die Alternativen sollten möglichst kurz formuliert werden. Aber der Grad der Verzerrung ist unter anderem auch vom Fragethema abhängig: Je weniger fest die Meinung der Befragten ist, je unsicherer sie sich ihrer Antwort sind, desto stärker ist der Effekt. Gerade bei Themen, die in der öffentlichen Diskussion, intensiv umstritten sind, bei denen sich das Meinungsklima im Wandel befindet, wo alte Mehrheitsüberzeugungen ins Wanken geraten und eine Umwertung in der Öffentlichkeit stattfindet, sind stärkere Effekte der Frageformulierung, auch der Reihenfolge, in

143 Aus: Elisabeth Noelle-Neumann: Session on Methodology. Vortrag bei der AAPOR-WAPOR Conference, 31. Mai 1974. Manuskript im Allensbacher Archiv.

der Argumente präsentiert werden, zu erwarten. Betrifft eine Frage dagegen ein Thema, bei dem in der Bevölkerung feste und über die Zeit beständige Überzeugungen vorherrschen, ist der Einfluß der äußeren Form der Frage gering.

Da gerade bei den für die Meinungsforschung so interessanten Themen, die in der öffentlichen Meinung umkämpft sind, solche Verzerrungen auftreten können, muß man bei Dialog-Fragen grundsätzlich eine gegabelte Befragung vorsehen: Die Hälfte der Befragten bekommt die Argumente in umgekehrter Reihenfolge präsentiert. Das gilt auch speziell nach Abschluß eines Kampfes um öffentliche Meinung und der Durchsetzung einer Meinung als öffentliche Meinung. In dieser Situation läßt sich die gegabelte Befragung geradezu als diagnostisches Instrument verwenden. Man kann damit prüfen, ob der Prozeß der öffentlichen Meinungsbildung noch in Gang ist, die Reihenfolge der Alternativen also weiterhin einen starken Einfluß hat, oder ob der Prozeß abgeschlossen ist: Die Reihenfolge der Alternativen hat nur noch geringe Wirkung auf das Ergebnis.

Aber nicht alle Verzerrungen, die sich aus der Reihenfolge der vorgestellten Argumente ergeben, sind leicht auszugleichen. Schuman und Presser stellten fest, daß bei Fragen mit drei Antwortmöglichkeiten die mittlere Position benachteiligt ist:[144]

Frage an Gruppe A: »Sollte es in unserem Land Ehepaaren leichter gemacht werden, sich scheiden zu lassen, oder schwerer, oder sollte sich nichts daran ändern?«

Es sollte leichter werden	23%
Es sollte schwerer werden	36%
Es sollte sich nichts ändern	41%
	100%

Frage an Gruppe B: »Sollte es in unserem Land Ehepaaren leichter gemacht werden, sich scheiden zu lassen, oder sollte sich nichts daran ändern, oder sollte es schwerer gemacht werden?«

Es sollte leichter werden	25%
Es sollte sich nichts ändern	29%
Es sollte schwerer werden	46%
	100%

---

144 Schuman, Presser 1981, S. 65. Übersetzt von den Autoren.

Noch ist nicht genau genug untersucht worden, wie oft und in welcher Stärke dieser Effekt auftritt.[145] Ihn systematisch auszuschalten, wäre in der Regel zu aufwendig: Man müßte die Stichprobe entsprechend den möglichen Antwortkombinationen in sechs Teilstichproben aufteilen, was nur bei CAPI- oder CATI-Interviews[146] ohne große Probleme machbar ist. Bei herkömmlichen Umfragen wird man sich vorerst darauf beschränken müssen, sich für ein Modell zu entscheiden und dieses konsequent beizubehalten (außer natürlich bei Experimenten), damit die Ergebnisse im Zeittrend[147] verglichen werden können.

Eine besondere Schwierigkeit ist bei Listenvorlagen zu beachten: Wie Erp Ring anhand einer Liste mit 18 Punkten zeigen konnte[148], werden die Listenpunkte nicht alle mit der gleichen Konzentration und Sorgfalt angesehen.

Ring schreibt dazu: »Der durch die Reihenfolge der Listenpunkte gegebene Einfluß bringt für den auf Platz 1 stehenden Namen den stärksten Vorteil. Den stärksten Nachteil haben bei einer Liste mit 18 Punkten nicht die letzten und auch nicht genau die mittleren Plätze, sondern die Plätze 13 und 14. Es sind also die am Ende des dritten Viertels stehenden Namen.... Das Prinzip der Einflüsse wird jetzt verständlich: Die Probanden beachten besonders die ersten Items (= Listenpunkte). Bei den darauffolgenden läßt ihre Konzentration mehr und mehr nach, um erst ganz am Schluß noch einmal anzusteigen.«

Auch dieser Effekt läßt sich bei einer gegabelten Befragung ausgleichen, indem man die Liste »asymmetrisch rotiert«. Das heißt in diesem konkreten Fall, daß die Listenplätze 1 bis 14 und 15 bis 18 bei der Hälfte der Fragebogen in der Reihenfolge umgekehrt werden. Eine Liste mit 18 Städtenamen sähe also in den beiden Halbgruppen so aus:

[145] Mehrere Versuche, im Allensbacher Institut diesen Effekt nachzuvollziehen, sind ohne Ergebnis geblieben: Es ergaben sich keine Unterschiede zwischen den beiden Halbgruppen. Es spricht einiges dafür, daß dieser Effekt nicht sehr häufig auftritt, vermutlich nur bei Fragen, die Themen betreffen, bei denen sich die Bevölkerungsmeinung im Wandel befindet (Vgl. S. 203). Allensbacher Archiv, IfD-Umfrage Nr. 6019, September 1995.

[146] Siehe S. 191.

[147] Siehe S. 487–490.

[148] Erp Ring: Wie man bei Listenfragen Einflüsse der Reihenfolge ausschalten kann. In: Psychologie und Praxis, 17, 1974, S. 105–113.

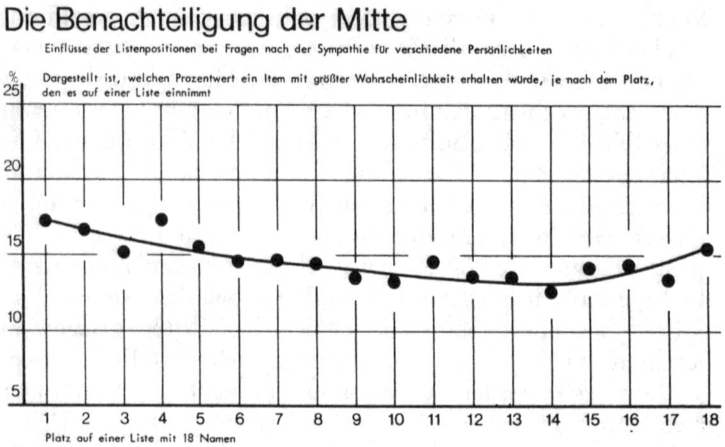

Abb. 29: Aus: Ring 1974, S. 109

Gruppe A	Gruppe B
1 Hamburg	14 Mainz
2 Köln	13 Dortmund
3 Berlin	12 Rostock
4 Bremen	11 Nürnberg
5 München	10 Lübeck
6 Düsseldorf	9 Dresden
7 Leipzig	8 Hannover
8 Hannover	7 Leipzig
9 Dresden	6 Düsseldorf
10 Lübeck	5 München
11 Nürnberg	4 Bremen
12 Rostock	3 Berlin
13 Dortmund	2 Köln
14 Mainz	1 Hamburg
15 Frankfurt	18 Kiel
16 Stuttgart	17 Erfurt
17 Erfurt	16 Stuttgart
18 Kiel	15 Frankfurt

Auf diese Weise hat – beide Halbgruppen zusammengerechnet – jeder Name die gleiche Chance, ausgewählt zu werden.

Diese Beispiele stellen nur einen kleinen Ausschnitt aus den vielen möglichen Fehlerquellen dar.[149] Hundert Stolperfallen liegen auf dem Weg zu einem guten Fragebogen. Auch Kontext-Effekte, wie auf Seite 86 bis 87 beschrieben, gehören in dieses Kapitel. Dies alles zeigt vor allem eines: Fragebogenarbeit erfordert Übung und Fingerspitzengefühl. Die Kunst der Fragebogentechnik lernt man nur in der Praxis. Verglichen mit anderen Phasen der Umfragemethode ist die Methodenlehre des Fragebogens noch wenig entwickelt. Einige Grundsätze sind schulmäßig erlernbar. Sie anzuwenden erfordert jedoch vor allem Erfahrung. Ähnlich wie ein Chirurg eine bestimmte Zahl von Operationen durchgeführt haben muß, bevor er sich »Facharzt für Chirurgie« nennen kann, müßte auch der empirische Sozialforscher bei der Entwicklung einer entsprechenden Mindestzahl – etwa fünfzig – Fragebogen mitgearbeitet haben, bevor er sich als Experte bezeichnen könnte. Dazu gehört selbstverständlich auch das Testen der Fragebogen unter echten Feldbedingungen.

Die besondere Schwierigkeit der Fragebogen-Konstruktion liegt in dem Kompromiß, der gefunden werden muß zwischen der Rücksichtnahme auf die Psychologie der Befragten, die Bedürfnisse der Interviewer, der Statistiker und EDV-Spezialisten, der Analytiker und Berichterstatter auf der einen Seite – und den Untersuchungszielen auf der anderen. Alle Arbeitsphasen der Methode müssen beherrscht werden, bevor man einen solchen Kompromiß, einen sachgemäßen Fragebogen formulieren kann.

[149] Eine Bestandsaufnahme der bisherigen Forschung, vor allem über die Wahrnehmungsprozesse bei den Befragten und die sich daraus ergebenden Folgen für die Fragebogengestaltung: Seymour Sudman, Norman M. Bradburn, Norbert Schwarz: Thinking About Answers. The Application of Cognitive Processes to Survey Methodology. San Francisco 1996.

III. Der repräsentative Querschnitt

»Das Geheimrezept verraten Sie sicher nicht!«

Zeitungsleser, die schon am Tag vor einer Bundestagswahl auf ein Prozent genau die späteren amtlichen Ergebnisse als Resultat von Bevölkerungsumfragen mit 2000 Interviews veröffentlicht finden, halten die Auswahl dieser 2000 Befragten, die Bildung des »repräsentativen Querschnitts«, oft für das eigentliche Geheimrezept der Demoskopie.

In Wirklichkeit ist die mathematisch-statistische Grundlage derjenige Teil der demoskopischen Methode, der am klarsten verständlich, am raschesten in der richtigen Handhabung erlernbar und in seiner Entwicklung am weitesten fortgeschritten ist. Dementsprechend steht für diesen Bereich auch eine gute und umfangreiche Fachliteratur zur Verfügung, hier liegt auch der Schwerpunkt der meisten Handbücher zur empirischen Sozialforschung.[1]

[1] M. J. Slonim: Sampling in a Nutshell. New York 1960. W. A. Wallis, H. V. Roberts: Methoden der Statistik. Freiburg im Breisgau 1959. Hans Kellerer: Theorie und Technik des Stichprobenverfahrens. 2. Auflage. München 1953 (Einzelschriften der Deutschen Statistischen Gesellschaft, Nr. 5). Ders.: Statistik im modernen Wirtschafts- und Sozialleben. 5. Auflage. Reinbek 1963. O. Anderson: Probleme der statistischen Methodenlehre in den Sozialwissenschaften. 3. Auflage. Würzburg 1957. W. E. Deming: Sample Decision in Business Research. New York, 1960. F. T. Stephan, P. H. McCarthey: Sampling Opinions. An Analysis of Survey Procedure. New York und London 1958. M. H. Hansen, W. N. Hurwitz, W. G. Madow: Sample Survey Methods and Theory. 2 Bde. New York und London 1953. B. V. Sukhatme: Sampling Theory of Surveys with Applications. New Delhi und Ames 1954. A. Linder: Statistische Methoden für Naturwissenschaftler, Mediziner und Ingenieure. 3. Auflage. Basel und Stuttgart 1960. E. Weber: Grundriß der biologischen Statistik für Naturwissenschaftler, Landwirte und Mediziner. 3. Auflage. Jena 1957. F. Yates: Sampling Methods for Censuses and Surveys. 2. Auflage. London 1953. Vic Barnett: Elements of Sampling Theory. London 1974. William G. Cochran: Sampling Techniques. 3. Auflage. New York u. a. 1977. David Freedman u. a.: Statistics. New York und London 1980. Delbert C. Miller: Handbook of Research Design and Social Measurement. 5. Auflage. Newbury Park u. a. 1991. David S. Moore, George P. McCabe: Introduction to the Practice of Statistics. 2. Auflage. New York 1993. Siegfried Heiler, Paul Michels: Deskriptive und explorative Datenanalyse. München und Wien 1994. Rainer Schnell, u. a.: Methoden der empirischen

Zweifellos sind Wahlprognosen geeignet, ohne weiteres klarzumachen, daß sich das Stichprobenprinzip auch bei Menschen tatsächlich anwenden läßt. Diese Demonstration ist wichtig, denn von allein leuchtet es gewiß nicht ein, daß man von wenigen hundert oder tausend Menschen auf Verhalten und Einstellung von Millionen schließen kann.

Oft wird angenommen, George Gallup habe die »Meinungsforschung«, die »Befragung des repräsentativen Querschnitts« erfunden. Das stimmt streng genommen nicht. Kein Zweifel: Gallups bahnbrechende Arbeiten markieren den Beginn der modernen Meinungsforschung. Aber erfunden hat er die Repräsentativumfrage nicht. Die Methode hat sich Schritt für Schritt seit dem Ende des 18. Jahrhunderts entwickelt;[2] aber durch das Schwergewicht, das Gallup auf die Wahlprognosen legte – besonders durch den ersten dramatischen Wettkampf 1936 zwischen seinen Umfragen mit moderner Stichprobe und nur wenigen tausend Interviews einerseits und der damals bekannten amerikanischen Zeitschrift ›Literary Digest‹ andererseits, die ihre Prognose auf eine Mammutveranstaltung von 10 Millionen ausgesandten Fragekarten stützte und trotzdem zu einem falschen Ergebnis kam –, hat er tatsächlich das weltweite Interesse und Vertrauen in die Meinungsforschung begründet.

Umgekehrt war es auch Gallup, der mit seiner für damalige Verhältnisse relativ knappen Fehlprognose von 1948 – 5 Prozent Abweichung zwischen Prognose und Abstimmungsergebnis, vor allem aber durch sein Tippen auf den falschen Mann – allen Zweifeln neue Nahrung gab, Demoskopie, das sei ja doch nur Kaffeesatzleserei. Überzeugend konnten solche Ansichten wiederum durch Wahlprognosen widerlegt werden.[3]

Sozialforschung. München und Wien 1992. Helmut Kromrey: Empirische Sozialforschung. Modelle und Methoden der Datenerhebung und Datenauswertung. 5. Auflage. Opladen 1991. Thomas Knieper (Hrsg.): Statistik. Eine Einführung für Kommunikationsberufe. München 1993. Wilfried Laatz: Empirische Methoden. Ein Lehrbuch für Sozialwissenschaftler. 2. Auflage. Berlin u. a. 1985. Jürgen Friedrichs: Methoden empirischer Sozialforschung. 13. Auflage. Opladen 1985. Andreas Diekmann: Empirische Sozialforschung. Grundlagen, Methoden, Anwendungen. Reinbek 1995.

[2] Zur geschichtlichen Entwicklung vergleiche das Enzyklopädische Stichwort.

[3] Siehe Einleitung, S. 25 bis 27 mit dem Vergleich von Prognosen und amtlichen Wahlergebnissen.

Die Wahrscheinlichkeitsrechnung, auf der die Stichproben-Erhebungen basieren und die auch die Genauigkeit der Wahlprognosen erklärt, geht in ihren Anfängen bis ins 17. Jahrhundert zurück.[4] Aber erst am Beginn des 20. Jahrhunderts wurde die im »Gesetz der großen Zahl« niedergelegte Mathematik mit den Bevölkerungs-Befragungen in eine Gedankenverbindung gebracht.

Der folgende Abschnitt soll das Gesetz der großen Zahl und seine Anwendung auf Personen bei Repräsentativ-Umfragen verdeutlichen.

Die mathematische Grundlage, das »Gesetz der großen Zahl«

Wer aus einem großen Sack mit Haselnüssen ganz zufällig 10 Stück herausholt und findet, daß 5 davon taub sind, wird geneigt sein, einen Rückschluß auf den gesamten Inhalt des Sackes zu ziehen. Der Pedant wird ihm allerdings entgegenhalten, daß man über die weiteren im Sack befindlichen Nüsse überhaupt nichts Genaues wisse, und der Pedant hat natürlich recht; denn was man tatsächlich behaupten kann, ist nur, daß der Sack zu Anfang mindestens 5 taube und mindestens 5 volle Nüsse enthielt. Aber der Pedant hat so sehr recht, daß man, wenn man seiner Betrachtungsweise bis zu Ende folgt, überhaupt aufhören müßte, Urteile abzugeben oder Entschlüsse zu fassen; denn die vollkommene und exakte Kenntnis aller Voraussetzungen, derer man dazu eigentlich bedarf, wird man in Wirklichkeit nie oder fast nie erlangen.

Wenn nun aber derjenige, der die 5 tauben Nüsse zog, aus dieser Stichprobe folgert, in dem Sack dürfte »ziemlich genau die Hälfte« aller Haselnüsse schlecht sein, so stützt er sich immer

4 Siehe Enzyklopädisches Stichwort.

noch auf eine recht brauchbare Unterlage. Die meisten Urteile, nach denen wir unser Verhalten einrichten, sind von viel dürftigeren Erfahrungen abgeleitet.[5]

Für den Statistiker ist die Stichprobe von 10 Stück freilich sehr klein, und die Wahrscheinlichkeitsrechnung belegt, warum er aus einer so geringen Menge nur ungern Schlüsse zieht. Es läßt sich leicht ausrechnen, was in unserem Falle die Abschätzung »ziemlich genau die Hälfte« aussagt, das heißt, wie groß die Erwartungswerte für den effektiven Inhalt des Sackes sind.

Dabei kommt es nicht so sehr darauf an, mit wieviel Stück von jeder Sorte man es zu tun hat, sondern welches Verhältnis oder welche Zusammensetzung in Prozent vorliegt. Die statistischen Aussagen über große Quantitäten werden meist in Prozentzahlen gegeben. So ist es für uns gleichgültig, welches Volumen der Sack besitzt, ob er 2000, 20000 oder zwei Millionen Haselnüsse enthält, sofern sich der Inhalt nur gut, das heißt gleichmäßig gemischt hat.

Der Statistiker kann nun Angaben darüber machen, wie groß die Chance ist, daß der Anteil der tauben Nüsse in unserem Sack einen gewissen Wert nicht übersteigt. So mag sich ein möglicher Käufer vielleicht dafür interessieren, welche Wahrscheinlichkeit dafür besteht, daß nicht mehr als 80 Prozent der Haselnüsse taub sind. Bei dem gewählten Beispiel einer Stichprobe von 10 Nüssen, unter denen sich 5 schlechte befinden, sind mit einer Wahrscheinlichkeit von 49/50 nicht mehr als 80 Prozent taub. Mit anderen Worten: die Chancen stehen 49 : 1, daß sich in dem Sack höchstens 80 Prozent taube Nüsse befinden. Dagegen stehen sie nur noch 3 : 1, daß es maximal 60 Prozent schlechte sind.

Der Interessent für den Sack Nüsse wird sich aber mit einer so unsicheren Aussage nicht begnügen. Er wird genauer in Erfahrung bringen wollen, welchen Anteil die tauben Nüsse ausmachen können. Der Statistiker wird ihm raten, die Stichprobe zu vergrößern, dem Sack nicht nur 10, sondern vielleicht 100 Nüsse zu entnehmen. Ergibt sich nun ein Verhältnis von 50 tauben zu 50 vollen Nüssen, so darf man unterstellen, daß der Anteil der vollen Nüsse am Inhalt des Sackes mit einer Wahrscheinlichkeit von 95/100 zwischen 40 und 60 Prozent liegt, und die Wahrscheinlichkeit ist 99/100, daß sich in dem Sack nicht

[5] Vgl. das »Apfelwein-Experiment«, S. 52–53.

weniger als 35 Prozent und nicht mehr als 65 Prozent schlechte Nüsse befinden.

Würde sich der Interessent auch mit dieser Aussage noch nicht zufriedengeben, müßte man noch mehr Nüsse aus dem Sack herausholen – zum Beispiel 1 000 Stück. Tritt dann wieder ein Verhältnis von 500 tauben zu 500 vollen Nüssen auf, so hat er eine Wahrscheinlichkeit von 95/100, daß der Sack nicht weniger als 47 Prozent und nicht mehr als 53 Prozent volle Nüsse enthält. Wir sehen, daß die Sicherheit der Aussage über die Zusammensetzung des Sackinhalts zunimmt, je mehr Nüsse man prüft, je größer die Stichprobe wird. Wie diese Angaben über die Verläßlichkeit der statistischen Aussagen zustande kommen, zeigen die Abbildungen 30 und 31.

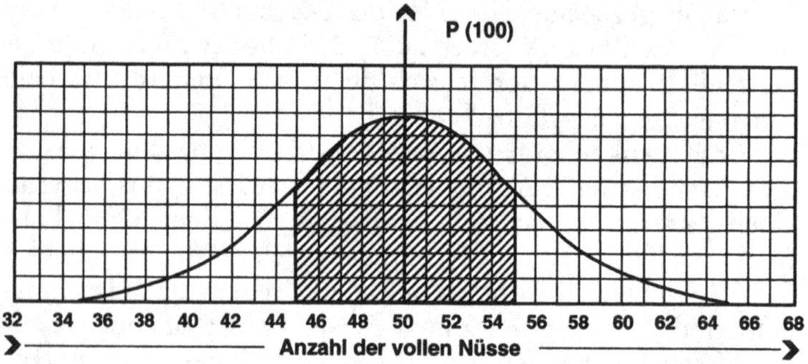

100

Abb. 30

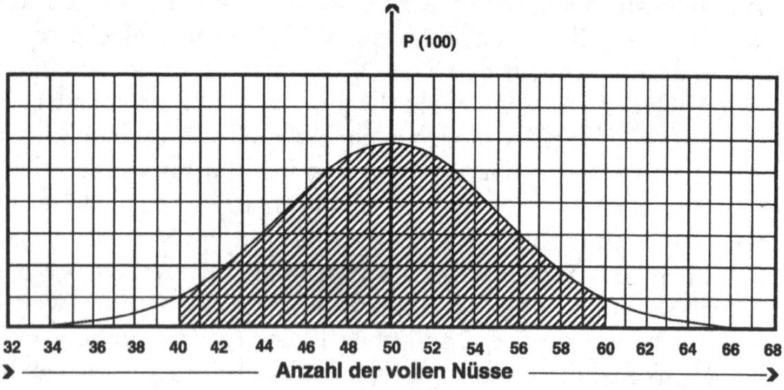

Abb. 31

Betrachten wir zunächst Abbildung 30. Die Kurve gibt an, innerhalb welcher Grenzen der Anteil der vollen Nüsse am Sackinhalt schwanken kann, wenn eine Stichprobe von 100 Nüssen zu einem Resultat von 50 : 50 geführt hat.

Die Kurve überdeckt genau 100 Kästchen. Die schraffierten Felder des Kurvenbildes erfassen 67 Kästchen, und zwar innerhalb der Grenzen von 45 bis 55 Prozent. Danach besteht also eine Chance von zwei Dritteln dafür, daß sich in dem Sack nicht weniger als 45 Prozent und nicht mehr als 55 Prozent volle Nüsse befinden.

Will man diese Aussage weiter präzisieren, so muß auch der nichtschraffierte Teil des Kurvenbildes in Abbildung 30 in das Kalkül einbezogen werden. Wie das geschieht, wird in Abbildung 31 demonstriert. Hier bedeckt der schraffierte Teil genau 95 Kästchen, jetzt aber innerhalb der Grenzen von 40 bis 60 Prozent. Somit gewinnt man eine Chance von 95 Prozent, daß der Sackinhalt aus nicht weniger als 40 Prozent und nicht mehr als 60 Prozent vollen Nüssen besteht.

Die in den Abbildungen 30 und 31 wiedergegebene Glocken-Kurve nimmt eine andere Gestalt an, wenn sich die Stichprobe nicht mehr aus 100 Elementen, sondern aus 1000 Elementen zusammensetzt. Nun müssen die Toleranzen noch sehr viel geringer werden als bei einem Versuchsmaterial von 100 Elementen: Abbildung 32 liefert den Nachweis dafür, daß sich diese Erwartung bestätigt. Zu Vergleichszwecken ist hier das Kurvenbild für Stichproben von 100 Elementen noch einmal herangezogen worden. Bei Stichproben von 1000 Elementen sind also Toleranzen von mehr als 5 Prozent äußerst selten.

Die Genauigkeit der Messung läßt sich am einfachsten durch die sogenannte »mittlere quadratische Abweichung« charakterisieren, die bei physikalischen, astronomischen und geodätischen Messungen eine bedeutende Rolle spielt. Die Wahrscheinlichkeit, daß der effektive Wert innerhalb der Grenzen dieser Abweichung liegt, ist mit zwei Dritteln zu veranschlagen. Abweichungen, die doppelt so groß sind, haben nur noch einen Erwartungswert von 1/20; darüber hinaus sinkt die Wahrscheinlichkeit rasch auf winzige Werte.

Diese »mittlere quadratische Abweichung«, auch »Standard-Fehler« genannt, ist für die beiden Beispiele in Abbildung 32 gezeigt worden: bei der Stichprobe von 100 Elementen beträgt

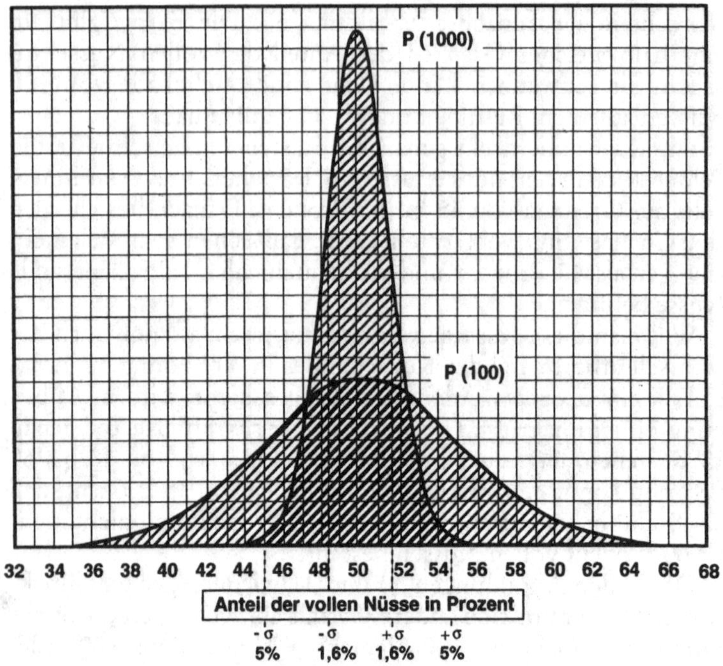

Abb. 32

er 5 Prozent, bei 1000 Elementen nur noch 1,6 Prozent. Bei einer Stichprobe von 2000 Elementen würde er sich weiter auf 1,1 Prozent reduzieren. Die Dinge liegen nun nicht so, daß sich der sogenannte Standard-Fehler bei Verdoppelung der Stichprobe halbiert; um den Fehler zu halbieren, muß man die Stichprobe vielmehr vervierfachen. Die Genauigkeit der Messungen wächst also viel langsamer – ähnlich wie bei Ferngläsern, wo man für die verdoppelte Schärfe auch jeweils den vierfachen Preis zahlen muß.

Die Sicherheit einer statistischen Aussage hängt nicht nur vom Umfang der Stichprobe ab, sondern auch von der relativen Größe der Teilgruppe, die man speziell ins Auge fassen will. Bisher hatten wir uns mit der Feststellung begnügt, daß sich in unseren Stichproben je zur Hälfte taube und volle Nüsse befinden. Welche Aussage ist nun aber möglich, wenn sich unter 100 Elementen 10 taube und 90 volle Nüsse befinden? Die

Theorie lehrt, daß wir dann mit geringeren Toleranzen zu rechnen haben (Abbildung 33). Abweichungen von mehr als 5 Prozent werden dann wesentlich seltener. Die Anzahl nichtschraffierter Kästchen im Kurvenbild ist dann gleich 10, wir haben es also mit einer Chance von 9/10 zu tun, daß der Sack nicht weniger als 5 Prozent und nicht mehr als 15 Prozent taube Nüsse enthält. Zieht man noch einmal das darunter befindliche Kurvenbild mit einem Verhältnis von 50:50 schlechten zu guten Nüssen heran (Abbildung 34), so sieht man mit einem Blick, daß dort die Wahrscheinlichkeit einer Abweichung von mehr als 5 Prozent sehr viel näher lag. 33 Kästchen blieben außerhalb des schraffierten Kurvenbildes: Wir besitzen also nur eine Chance von rd. zwei Dritteln, daß unser Haselnuß-Sack mit nicht weniger als 45 und nicht mehr als 55 Prozent tauben Nüssen gefüllt ist.

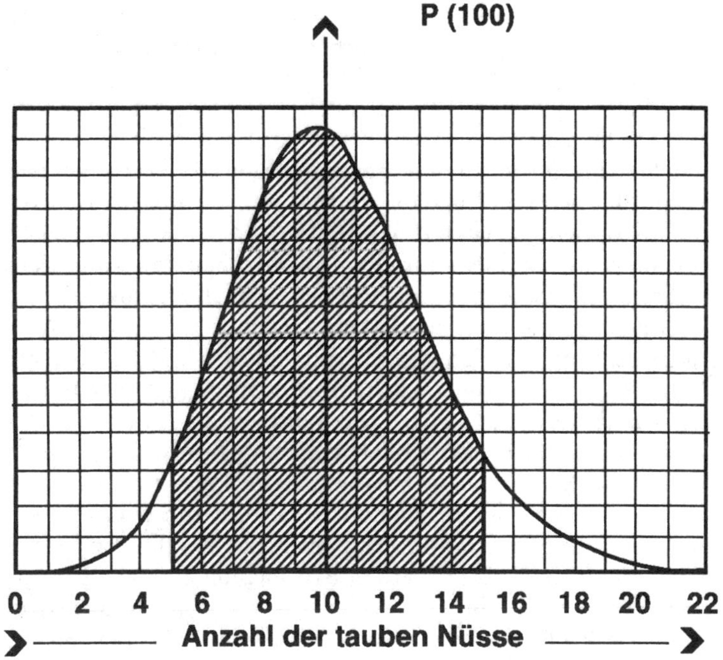

Abb. 33

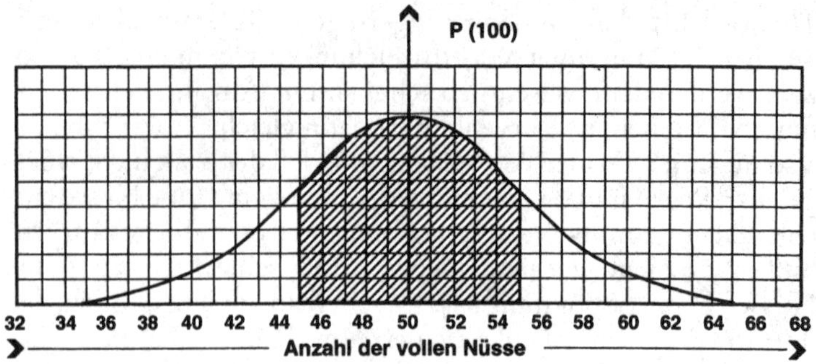

100

Abb. 34

Welchen Umfang man für eine Stichprobe wählt, hängt davon ab, welche Genauigkeit man für seine Schlüsse braucht, oder besser: welche Genauigkeit angesichts des jeweiligen Problems erstrebenswert und erreichbar ist. Für gewisse naturwissenschaftliche, medizinische oder auch psychologische Untersuchungen bedeutet es schon viel, wenn der statistischen Auswertung 50 Fälle zur Verfügung stehen, gelegentlich können es aber auch Millionen von Einzelprozessen sein, die automatisch von Meßinstrumenten geliefert werden.

Von »großen Zahlen« spricht man in der Statistik dann, wenn der Standard-Fehler etwa in derselben Größenordnung liegt wie bei Messungen, die in Handel und Gewerbe üblich sind. Messungen, die mit einer geringeren Toleranz als 1,6 Prozent ausgeführt werden, gibt es im täglichen Leben im allgemeinen nur bei der Zeit und bei der Länge. Die meisten Gewichte, z. B. von Brotlaiben, differieren erheblich mehr, eine Briefwaage ist selten auf mehr als 2 Prozent zuverlässig, worauf sogar die Post Rücksicht nimmt, und der sogenannte Schankgewinn wird erst von 10 Prozent an aufwärts wirklich bemerkbar. Bei billigen elektrischen Meßinstrumenten werden Abweichungen von 5 Prozent hingenommen, und bei den Tachometern von Kraftfahrzeugen sind sogar Fehlanzeigen von 10 Prozent keine Seltenheit. Soweit also die Wahrscheinlichkeitsrechnung richtig angewendet wird und ihre Voraussetzungen – für den besonderen statistischen Fall – gegeben sind, können ihre Resultate aus Stichproben, die etwa zwischen 200 und 2000 Elementen liegen, ohne weiteres mit den Meßergebnissen, die im täglichen Leben als genügend zuverlässig und verbindlich gelten, konkurrieren.

Alle diese Beispiele wurzeln im »Gesetz der großen Zahl«, dessen Geburtsort der Spieltisch ist. Seit seiner ersten Formulierung durch Jakob Bernoulli sind mehr als 280 Jahre vergangen. Im Laufe dieser Zeit hat es mannigfache Interpretationen erlebt. Manche Mathematiker haben es vorwiegend theoretisch, andere überwiegend von der praktischen Statistik her begründet. In der von Antoine Augustin Cournot festgelegten Fassung lautet es etwa so:

1. Ereignisse, deren Wahrscheinlichkeiten sehr klein sind, treten sehr selten auf.

2. Die Wahrscheinlichkeit dafür, daß die relative Häufigkeit um nicht mehr als einen vorgegebenen Betrag von der ihr entsprechenden Wahrscheinlichkeit abweicht, wird um so größer, je größer der Umfang der Beobachtungs-Serie ist.

Schlußfolgerung: Bei genügend großem Umfang der Beobachtungs-Serie wird die relative Häufigkeit von der ihr entsprechenden Wahrscheinlichkeit nur sehr selten um mehr als einen vorgegebenen beliebig kleinen Betrag abweichen.

Dieses Gesetz hat sich auf dem Gebiet der Physik, der Chemie, der Biologie, der Medizin, der Psychologie und der Sozialwissenschaften ebenso nachhaltig ausgewirkt wie die Einführung der Integral- und Differentialrechnung. Das Mißtrauen aber, das man der Anwendung einer Theorie auf die Praxis entgegenbringt, hat die Statistiker nicht ruhen lassen. Es gibt viele hundert Versuchsreihen, die einmal den Griff von verschiedenfarbigen Kugeln oder den Wurf von Münzen und Würfeln oder auch die Analyse von Roulette-Nummern zum Gegenstand haben, in denen die praktische Tauglichkeit der Wahrscheinlichkeitstheorie nachgeprüft wurde. Die Gesamtheit dieser Versuche hat die Brauchbarkeit der Theorie bestätigt, ausgenommen solche Experimente, wo z. B. die Würfel nicht gleichmäßig beschaffen waren und deshalb eine Wiederkehr bestimmter Zahlen begünstigten.

Westergaard z. B. hat aus einem Sack, der je zur Hälfte mit roten und weißen Kugeln gefüllt war, insgesamt 100 mal 100 Kugeln gezogen: davon waren 5011 weiß, 4989 rot. Da die Kugeln jeweils in Serie von 100 Stück entnommen wurden, erhielt man 100 Stichproben. Sie wurden einzeln ausgewertet. Das Ergebnis dieser Auszählungen der weißen Kugeln wird in Abbildung 14 dargestellt. Diese Illustration zeigt, daß sich in 9 von 100 Stichproben genau 50 weiße Kugeln fanden. Bei 11 dieser Stichproben waren 49 Kugeln weiß.

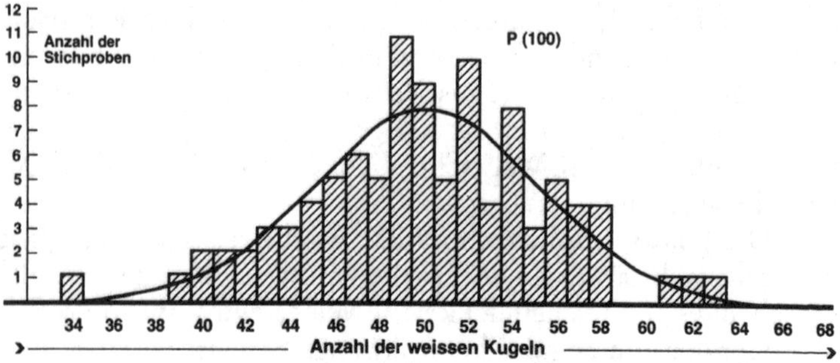

Abb. 35

Nur 2 Stichproben förderten lediglich 40 weiße Kugeln zutage. Die Glocken-Kurve in Abbildung 35 zeigt den idealen Grenzfall bei unendlicher Wiederholung des Experiments. Vergleicht man ihren Verlauf mit dem in Abbildung 30 gezeigten, so stellt man völlige Übereinstimmung fest.

Wie ausgeführt, wird der sogenannte Standard-Fehler nur in rund einem Drittel der Fälle überschritten, der doppelte Standard-Fehler im Durchschnitt nur 5mal bei 100 Stichproben. Bei dem Versuch, der in Abbildung 35 dargestellt wurde, liegt der Standard-Fehler bei 5 Prozent. Die weitere Auswertung führt zu dem Befund, daß nur 30 Stichproben eine Abweichung von mehr als 5 Prozent erreichen, und jenseits des zweifachen Standard-Fehlers, also mehr als 10 Prozent vom Mittelwert entfernt, liegen 5 Stichproben. Diese und viele andere Experimente und auf indirekte Beweisführung angelegte Versuche, besonders in der Physik, lassen keinen Zweifel daran aufkommen, daß man mit Hilfe der Wahrscheinlichkeitsrechnung zutreffende, scharfgeschnittene Ergebnisse erzielen kann. Freilich müssen jeweils die Voraussetzungen der Berechnung vorhanden sein, ein Problem, das im Einzelfall gründlich zu untersuchen ist. Schon unser Beispiel von den Haselnüssen im Sack verlangt die Nachforschung, ob nicht durch gelegentliches Bewegen und Schütteln des Sackes die tauben Nüsse nach oben gewandert sind und sich dort gehäuft haben, oder ob die eine Sorte nicht im Mittel größer war als die andere und deshalb bei der Auswahl der Stichprobe bevorzugt wurde.

Die Bedingung, wie man eine korrekte Stichprobe aus einer Gesamtheit gewinnen kann, lautet in ihrer einfachsten Fassung wie folgt: Jedes Element dieser Gesamtheit muß die gleiche Chance haben, in die Stichprobe aufgenommen zu werden. Damit ist zugleich gesagt, daß man Stichproben-Verfahren überall dort anwenden kann, wo sich eine Gesamtheit aus gleichartigen, aber unterscheidbaren Mitgliedern oder Bestandteilen oder sonstigen Einheiten zusammensetzt. Es braucht sich dabei nicht notwendig, wie bei unserem Beispiel mit den Nüssen, um Objekte zu handeln. Die gleichen Gesetze gelten auch für Ereignisse und Fälle, und deshalb sind das Würfelspiel oder das Roulette gleichfalls beliebte Beispiele; denn hier sind die einzelnen Würfe oder Spiele die Einheiten innerhalb der Gesamtheit einer beliebig langen Spielserie. Mit solchen einfachen Beispielen kann jeder experimentieren, der sich die geringe Mühe macht und selber nachprüft, wie sich bei wachsender Zahl die Verhältnisse immer genauer einstellen.

Für die Erläuterung und einfache Nachprüfung der Stichproben-Verfahren eignen sich Würfel oder schwarze und weiße Kugeln besonders gut. In der Praxis interessieren jedoch andere Gesamtheiten: Bei der Umfrageforschung handelt es sich meist um die Bevölkerung oder um wichtige Teilgruppen davon, also um Gesamtheiten, die sich z.B. aus erwachsenen Personen, Wählern oder Hausfrauen zusammensetzen. Die Mitglieder solcher Gesamtheiten sind Personen, wobei offenbar zutrifft, was wir oben vorausgesetzt haben, daß nämlich diese Mitglieder gleichartig, aber unterscheidbar sind.

Wer diesen wichtigen Punkt mißversteht, könnte vielleicht meinen, man hätte das Gesetz der großen Zahl bei Würfeln oder weißen und schwarzen Kugeln gefunden und es dann ganz naiv auf Menschen übertragen. Das ist natürlich eine grobe Verkennung der Lage. Die Stichproben-Theorie ist ein mathematisches Modell. Sie ist nicht dazu geeignet, Individuen zu analysieren. Die Vielfalt, das Besondere der Einzelpersönlichkeit wird von ihr nicht erfaßt, wohl aber einzelne vergleichbare Merkmale. So verstanden kann das Stichproben-Verfahren dann mit Blick auf die Gesamtheit aller die Vielfalt der Erscheinungen ordnen helfen, sei es um der Erkenntnis willen oder als Grundlage für planvolles Handeln. Das Erstaunliche dieses Prinzips liegt in seiner Einfachheit. Gerade dadurch kann es auf eine Vielfalt von Problemen und Erscheinungen angewendet werden, die für den oberflächlichen Betrachter nicht das geringste miteinander gemeinsam haben.

Die praktische Anwendung des Prinzips auf die Bevölkerung und ihre Teilgruppen ist natürlich ungleich schwieriger als die einfachen statistischen Experimente, die man am grünen Tisch unternehmen kann. Wenn man sich z.B. aus der Bevölkerung Deutschlands eine Stichprobe verschaffen will, dann braucht man exakte und vollständige Unterlagen, wie sich die Bevölkerung auf die Länder, Regierungsbezirke, Kreise und Gemeinden verteilt und wie die Personen oder Haushalte bei den Behörden erfaßt und registriert sind.

Die praktische Schwierigkeit besteht also darin, daß die exakten Unterlagen für die Gesamtheit schwer zu beschaffen sind und daß die Mitglieder in mühsamer Kleinarbeit ausgewählt und nachher für das Interview erreicht werden müssen. Ein anderer Punkt, der viel mehr ins Auge fällt, bereitet dagegen keine Schwierigkeit, die Tatsache nämlich, daß sich die Personen, ganz anders als schwarze und weiße Kugeln, nicht in ein paar wenigen, sondern in unzähligen Merkmalen unterscheiden; denn für jedes einzelne dieser unzähligen Merkmale gilt jeweils das Gesetz der großen Zahl, wenn die Stichprobenauswahl korrekt vorgenommen und das Merkmal in der Stichprobe zuverlässig festgestellt wurde.

Kehren wir zum Vergleich noch einmal zu unserem Beispiel von den Haselnüssen zurück. Wählt man unter Beachtung der Prinzipien, nach denen die Nüsse aus dem Sack gezogen wurden, aus der gesamten Einwohnerschaft Deutschlands etwa 1 000 Personen aus, so kann man diese z.B. nach Männern und Frauen auszählen oder nach Personen mit Volksschulbildung und solchen mit höherer Schulbildung. Die gleichen statistischen Wahrscheinlichkeiten, die für die Beschaffenheit der Nüsse eintraten, lassen sich mit Hilfe dieser Stichprobe auch für die Gesamtbevölkerung berechnen – eben bezogen auf Merkmale wie Schulbildung oder Geschlecht. Stellt sich dabei heraus, daß unter den 1000 Personen 550 Frauen und 450 Männer anzutreffen sind, so wird man daraus folgern, daß die Gesamtbevölkerung zu »ungefähr« 55 Prozent aus Frauen und zu 45 Prozent aus Männern besteht. Weiter wird man die Wahrscheinlichkeit angeben können, daß es in Wirklichkeit nicht weniger als 52 und nicht mehr als 58 Prozent Frauen sind: Sie ist gleich 95/100. Wir erhalten also hier dieselbe Wahrscheinlichkeit für die annähernde Richtigkeit des Stichproben-Ergebnisses wie bei den Nüssen.

Es soll aber noch an einem Beispiel gezeigt werden, daß Bevölkerungs-Stichproben, sofern sie richtig ausgewählt sind, den gleichen statistischen Verteilungsgesetzen gehorchen wie die Stichproben von Nüssen oder schwarzen und weißen Kugeln. Am Modell eines repräsentativen Querschnitts von 4000 Personen wurde die Häufigkeit des Kirchenbesuches der westdeutschen Bevölkerung untersucht.[6] Die Stichprobe ergab folgendes Resultat:

Kirchenbesuch	März bis Juni 1995
	%
Jeden/fast jeden Sonntag	13
Ab und zu	20
Selten	31
Nie	36
	100

Spaltet man diese Stichprobe von 4000 Personen in Gruppen zu je 40 Personen, so entstehen 100 Teil-Stichproben. Diese Aufteilung führt Verhältnisse herbei, als habe man 100 repräsentative Querschnitte von je 40 Personen befragt. Diese Teil-Stichproben finden nun nicht ausnahmslos den gleichen Prozentsatz für Personen heraus, die nur »selten« zur Kirche gehen. Für die Teil-Stichproben ergeben sich mehr oder weniger abweichende Resultate. Nach dem Gesetz der großen Zahl müssen dabei kleinere Abweichungen häufiger auftreten als große.

[6] Allensbacher Archiv, IfD-Umfragen Nr. 6012, 6013, 6014, 6015.

Abbildung 36 zeigt die Meßwerte im einzelnen. Sie bestätigt die theoretische Erwartung. Ein Anteil von 31 Prozent »seltenen« Kirchenbesuchern, das sind 12 bis 13 von 40 Befragten, trat in 16 bzw. 13 der 100 Teil-Stichproben auf, dagegen nur in einer Teil-Stichprobe ein Anteil von 12 Prozent = 5 von 40 Befragten. An der Glocken-Kurve läßt sich ablesen, welche Verteilung man im Grenzfall zu erwarten hätte, wenn nicht nur 100, sondern beliebig viele Teil-Stichproben untersucht worden wären.

In der Diskussion über Stichproben-Ergebnisse wird zuweilen übersehen, daß geringfügige Differenzen zwischen zwei Resultaten nicht ohne weiteres zum Ausgangspunkt soziologischer oder psychologischer Interpretationen gemacht werden dürfen. Bei solchen Gelegenheiten muß man immer auf die Theorie zurückgreifen, weil sie Auskunft darüber gibt, ob eine Divergenz zwischen zwei Zahlen schon als »wesentlich« bezeichnet werden kann oder nur »zufälligen« Charakter hat. Dieses Problem soll nachfolgend erläutert werden.

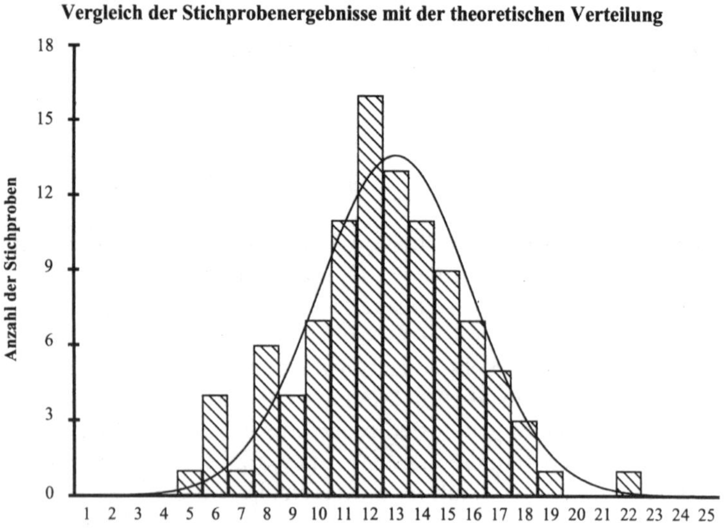

Abb. 36: Zahl der seltenen Kirchenbesucher in der Stichprobe

Ein repräsentativer Querschnitt der erwachsenen Bevölkerung in Deutschland (davon 1000 Männer und 1100 Frauen) wurde gefragt: »Was halten Sie ganz allgemein von internationalen Umwelt- oder Klimakonferenzen? Halten Sie die für sinnvoll, kann man damit etwas erreichen, oder würden Sie das nicht sagen?«[7]

Frage: »Was halten Sie ganz allgemein von internationalen Umwelt- oder Klimakonferenzen? Halten Sie die für sinnvoll, kann man damit etwas erreichen, oder würden Sie das nicht sagen?«

	Bevölkerung ab 16 Jahren April 1995	
	Männer	Frauen
	%	%
Halte ich für sinnvoll	48	51
Würde ich nicht sagen	34	27
Unentschieden	18	22
	100	100

Die Männer meinten zu 48 Prozent, die Frauen zu 51 Prozent, solche Konferenzen seien sinnvoll. Da es sich in beiden Fällen um Stichproben-Resultate handelt, die mit einem statistischen Fehler behaftet sind, stellt sich die Frage, ob die Differenz nur infolge der relativen Ungenauigkeit der Messung entstanden ist, also ob wir nicht, wenn alle 61 Millionen Erwachsene befragt worden wären, bei Männern und Frauen möglicherweise genau das gleiche Ergebnis gemessen hätten.

Die formelmäßige Berechnung[8] weist eine Chance von knapp 9 Prozent dafür nach, daß diese Differenz durch Zufall entstanden sein kann. Umgekehrt haben wir eine Chance von rund 91 Prozent, daß Frauen tatsächlich etwas häufiger als Männer der Ansicht sind, Umwelt- oder Klimakonferenzen seien sinnvoll. Doch dem Sozialforscher wäre diese Aussage nicht sicher genug, und er würde nur mit Einschränkungen angeben, daß Frauen vermutlich häufiger Klimakonferenzen befürworten als Männer. Dagegen würde er mit gutem Recht behaupten, daß Männer deutlich häufiger Umwelt- und Klimakonferenzen für

[7] Allensbacher Archiv, IfD-Umfrage Nr. 6014, April 1995.
[8] Zur Berechnung von Korrelations-Koeffizienten siehe S. 547–548.

nicht sinnvoll halten (34 Prozent) als Frauen (27 Prozent). Hier hat er nämlich eine Irrtums-Wahrscheinlichkeit von nur 0,0002 Prozent zu veranschlagen.

Allerdings sollte man auch nicht in den entgegengesetzten Fehler verfallen und in der Forschung alle Ergebnisse unbeachtet lassen, die nicht, wie der Statistiker es ausdrückt: »signifikant« sind, die also noch innerhalb der möglichen Fehlerspanne liegen. Es haben nämlich nicht alle Werte der Toleranzspanne die gleiche Wahrscheinlichkeit, bei einer Stichprobenerhebung gefunden zu werden, sondern die dicht am »wahren Wert« liegenden haben eine größere Chance, wie man auch an Abbildung 32 ablesen kann. Infolgedessen kann man sagen: Der in der Stichprobenerhebung gefundene Wert hat eine größere Wahrscheinlichkeit als andere Werte, innerhalb der Toleranzspanne auch der wahre Wert zu sein. Bei nichtsignifikanten Werten ist außerdem zu prüfen, ob sie durch andere Befunde gestützt werden; in diesem Fall kann man sie bei einer Analyse schwach ausgeprägter Tendenzen eher mit verwenden.

Anleitung zur Benutzung der folgenden Tabellen: Für den mathematisch interessierten Leser finden sich auf den Tafeln I und II Tabellen, von denen die Fehlerspannen und die Sicherheitsgrenzen abgelesen werden können.

Nehmen wir an, in einer Stichprobe von 500 Personen habe sich ein Anteil von 25 Prozent lediger Personen ergeben. Man sucht jetzt auf Tafel I $n = 500$ und den p-Wert 25/75 auf. Am Schnittpunkt findet man ein $\sigma = 1{,}94$ Prozent. Es kann also mit einer Wahrscheinlichkeit von – genau – 68,269 Prozent damit gerechnet werden, daß der Anteil der Ledigen in Wirklichkeit zwischen rund 23 Prozent und 27 Prozent beträgt. Jedoch besteht immer noch die Chance von 31,731 Prozent, daß es tatsächlich weniger als 23 Prozent oder mehr als 27 Prozent Ledige sind. Wem diese Sicherheit zu klein ist, der wird auf Tafel II für $2\ \sigma$ die entsprechenden Werte aufsuchen und dabei einen Wert von $2\ \sigma = 3{,}88$ Prozent finden. Hier kann mit einer Wahrscheinlichkeit von 95,45 Prozent erwartet werden, daß der Anteil der Ledigen zwischen rd. 21 Prozent und 29 Prozent zu finden ist.

Statistische Fehlerspannen

Werte von σ — einfacher Standard-Fehler — in Prozenten

Signifikanzniveau 68,269 Prozent

n = Umfang der Stichprobe

p = Häufigkeit eines Merkmals in der Grundgesamtheit in Prozenten

	p									
n	50	40	30	25	20	15	10	8	5	2
	50	60	70	75	80	85	90	92	95	98
100	5,00	4,90	4,60	4,33	4,00	3,57	3,00			
150	4,08	4,00	3,76	3,54	3,26	2,91	2,45	2,20		
200	3,55	3,47	3,26	3,07	2,84	2,53	2,13	1,91	1,55	
250	3,16	3,10	2,91	2,75	2,53	2,26	1,90	1,71	1,38	0,89
300	2,90	2,84	2,65	2,50	2,32	2,07	1,74	1,57	1,26	0,81
400	2,50	2,45	2,30	2,16	2,00	1,78	1,50	1,35	1,09	0,70
500	2,24	2,20	2,06	1,94	1,80	1,60	1,34	1,21	0,97	0,63
600	2,05	2,00	1,89	1,78	1,64	1,46	1,23	1,11	0,89	0,57
700	1,89	1,85	1,74	1,64	1,51	1,35	1,13	1,02	0,82	0,53
800	1,77	1,73	1,63	1,53	1,42	1,26	1,06	0,95	0,77	0,50
1 000	1,58	1,55	1,45	1,37	1,26	1,13	0,95	0,85	0,69	0,44
1 200	1,45	1,42	1,33	1,25	1,16	1,03	0,87	0,78	0,63	0,41
1 400	1,35	1,31	1,23	1,16	1,07	0,96	0,81	0,72	0,59	0,38
1 600	1,25	1,22	1,15	1,08	1,00	0,90	0,75	0,68	0,55	0,35
1 800	1,18	1,16	1,09	1,02	0,95	0,84	0,71	0,64	0,51	0,33
2 000	1,12	1,10	1,03	0,97	0,90	0,80	0,67	0,60	0,49	0,31
2 500	1,00	0,98	0,92	0,86	0,80	0,71	0,60	0,54	0,44	0,28
3 000	0,92	0,90	0,84	0,79	0,73	0,65	0,55	0,50	0,40	0,26
4 000	0,79	0,77	0,73	0,69	0,63	0,56	0,47	0,43	0,34	0,22
5 000	0,70	0,69	0,65	0,61	0,56	0,50	0,42	0,38	0,31	0,20
6 000	0,65	0,64	0,60	0,56	0,52	0,46	0,39	0,35	0,28	0,18
7 000	0,60	0,59	0,55	0,52	0,48	0,43	0,36	0,32	0,26	0,17
8 000	0,56	0,55	0,52	0,48	0,45	0,40	0,34	0,30	0,24	0,16
10 000	0,50	0,49	0,46	0,43	0,40	0,36	0,30	0,27	0,22	0,14
15 000	0,41	0,40	0,38	0,35	0,33	0,29	0,24	0,22	0,18	0,11

Anmerkung: Die Lücke in der rechten oberen Ecke erklärt sich daraus, daß man bei kleinem n und kleinem p (bzw. p nahe an 100 Prozent) den Wert für σ nicht durch eine einzige Zahl ausdrücken kann. (Die Binominalverteilung wird merklich unsymmetrisch und weicht von der Normalverteilung ab, d. h., die Fehlerspannen nach oben und nach unten nehmen verschiedene Werte an.) Der Standard-Fehler, auch ‹mittlerer Fehler› genannt, läßt sich nach der Formel

$$\sigma = \sqrt{\frac{p \cdot q}{n}}$$

bestimmen, wobei q = 1 − p = Grundwahrscheinlichkeit für Nichtauftreten des Merkmals.

Abb. 37a: Tafel I

Statistische Fehlerspannen

Werte von 2 σ – doppelter Standard-Fehler – in Prozenten
Signifikanzniveau 95,45 Prozent

n = Umfang der Stichprobe
p = Häufigkeit eines Merkmals in der Grundgesamtheit in Prozenten

n	p									
	50 50	40 60	30 70	25 75	20 80	15 85	10 90	8 92	5 95	2 98
100	10,00	9,80	9,20	8,66	8,00	7,14				
150	8,16	8,00	7,52	7,08	6,52	5,82				
200	7,10	6,94	6,52	6,14	5,68	5,06	4,26			
250	6,32	6,20	5,82	5,50	5,06	4,52	3,80	3,42		
300	5,80	5,68	5,30	5,00	4,64	4,14	3,48	3,14		
400	5,00	4,90	4,60	4,32	4,00	3,56	3,00	2,70	2,18	
500	4,48	4,40	4,12	3,88	3,60	3,20	2,68	2,42	1,94	
600	4,10	4,00	3,78	3,56	3,28	2,92	2,46	2,22	1,78	
700	3,78	3,70	3,48	3,28	3,02	2,70	2,26	2,04	1,64	
800	3,54	3,46	3,26	3,06	2,84	2,52	2,12	1,90	1,54	1,00
1 000	3,16	3,10	2,90	2,64	2,52	2,26	1,90	1,70	1,38	0,88
1 200	2,90	2,84	2,66	2,50	2,32	2,06	1,74	1,56	1,26	0,82
1 400	2,70	2,62	2,46	2,32	2,14	1,92	1,62	1,44	1,18	0,76
1 600	2,50	2,44	2,30	2,16	2,00	1,80	1,50	1,36	1,10	0,70
1 800	2,36	2,32	2,18	2,04	1,90	1,68	1,42	1,28	1,02	0,66
2 000	2,24	2,20	2,06	1,94	1,80	1,60	1,34	1,20	0,98	0,62
2 500	2,00	1,96	1,84	1,72	1,60	1,42	1,20	1,08	0,88	0,56
3 000	1,84	1,80	1,68	1,58	1,46	1,30	1,10	1,00	0,80	0,52
4 000	1,58	1,54	1,46	1,38	1,26	1,12	0,94	0,86	0,68	0,44
5 000	1,40	1,38	1,30	1,22	1,12	1,00	0,84	0,76	0,62	0,40
6 000	1,30	1,28	1,20	1,12	1,04	0,92	0,78	0,70	0,56	0,36
7 000	1,20	1,18	1,10	1,04	0,96	0,86	0,72	0,64	0,52	0,34
8 000	1,12	1,10	1,04	0,96	0,90	0,80	0,68	0,60	0,48	0,32
10 000	1,00	0,98	0,92	0,87	0,80	0,71	0,60	0,54	0,44	0,28
15 000	0,82	0,80	0,75	0,71	0,65	0,58	0,49	0,44	0,36	0,23

Anmerkung: Die Lücke in der rechten oberen Ecke erklärt sich daraus, daß man bei kleinem n und kleinem p (bzw. p nahe an 100 Prozent) den Wert für σ nicht durch eine einzige Zahl ausdrücken kann. (Die Binominalverteilung wird merklich unsymmetrisch und weicht von der Normalverteilung ab, d. h., die Fehlerspannen nach oben und nach unten nehmen verschiedene Werte an).

Abb. 37b: Tafel II

Drei statistische Schlüsse und viele Formeln

»Man hat mir gesagt,« schrieb der englische Physiker Stephen W. Hawking, »daß jede Gleichung im Buch die Verkaufszahlen halbiert. Ich beschloß darum, auf mathematische Formeln ganz zu verzichten.«[9] Wir haben uns bemüht, in diesem Buch möglichst nach demselben Grundsatz zu verfahren, und hoffen, nicht einen Teil unserer Leser zu verschrecken, wenn wir für einige wenige Seiten unserem Vorsatz untreu werden. Die Formeln kann man beim Lesen überspringen, aber sie sind nicht überflüssig, denn das Stichprobenprinzip läßt sich leichter verstehen, wenn man sich drei Grundregeln verdeutlicht, auf denen die Umfrageforschung beruht.

1. Wenn man aus einer bekannten Urmenge, beispielsweise der Bevölkerung eines Landes, von der man weiß, daß 53 Prozent Frauen sind, eine Stichprobe zieht, bei der alle Personen die gleiche Chance haben, ausgewählt zu werden, dann schließt man daraus, daß die Stichprobe die Merkmale der Urmenge mit einer hohen und berechenbaren Wahrscheinlichkeit in annähernd der gleichen Verteilung enthält, daß sich also in diesem Fall in der Stichprobe ebenfalls ungefähr 53 Prozent Frauen befinden. Man spricht vom *statistischen Inklusionsschluß*.

2. Der zweite gedankliche Schritt, der *statistische Repräsentationsschluß*, ist der wichtigste für die Umfrageforschung: Wenn eine korrekt gezogene Stichprobe die Verteilung der Merkmale einer bekannten Grundgesamtheit mit großer Genauigkeit abbildet, dann kann man umgekehrt schließen, daß auch Merkmale, die man in dieser Stichprobe findet, und von denen man vorher nicht wußte, in welchem Anteil sie in der Grundgesamtheit vertreten sind, sich mit einer hohen und berechenbaren Wahrscheinlichkeit in nahezu der gleichen Verteilung wie in der Stichprobe in der Urmenge wiederfinden.

[9] Stephen W. Hawking: Eine kurze Geschichte der Zeit. Die Suche nach der Urkraft des Universums. Reinbek 1988. Dort S. 7. Original: A Brief History of Time: From the Big Bang to Black Holes. New York 1988.

Statistischer Inklusionsschluss

Schluß von der Zusammensetzung der Urmenge auf die zu erwartende Zusammensetzung einer entnommenen Stichprobe

Bekannte Urmenge

Die Urmenge enthält U Elemente, von denen T ein gewisses Merkmal "Schwarz" haben. Der bekannte Anteil dieser Elemente betrage $p = T / U$.

Die Stichprobe, die aus dieser Urmenge herausgehoben wurde, habe insgesamt N Elemente, von denen eine unbekannte Anzahl M oder ein unbekannter Anteil M / N das Merkmal "Schwarz" haben.

Gesucht ist der wahrscheinliche Mittelwert p' für die unbekannte Zusammensetzung M / N der Stichprobe sowie die Streuung s^2 für den Schätzwert Al und der relative Standardfehler σ für den Schätzwert p

Unbekannte Stichprobe

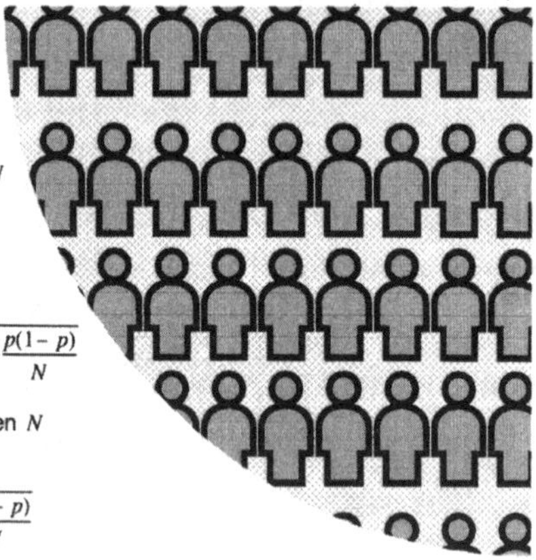

Der wahrscheinliche Mittelwert von M / N ist in allen Fällen $p' = p = \frac{T}{U}$

Allgemeine Formeln für die Streuung:

$$s^2 = N \frac{U - N}{U - 1} p(1 - p), \qquad \sigma = \sqrt{\frac{U - N}{U - 1} \frac{p(1 - p)}{N}}$$

Vereinfachte Formeln, wenn U groß gegen N und N groß gegen I ist:

$$s^2 = N \cdot p(1 - p), \qquad \sigma = \sqrt{\frac{p(1 - p)}{N}}$$

Abb. 38

Statistischer Repräsentationsschluß

Schluß von einer Stichprobe bekannter Zusammensetzung auf die zugehörige Urmenge

Unbekannte Urmenge

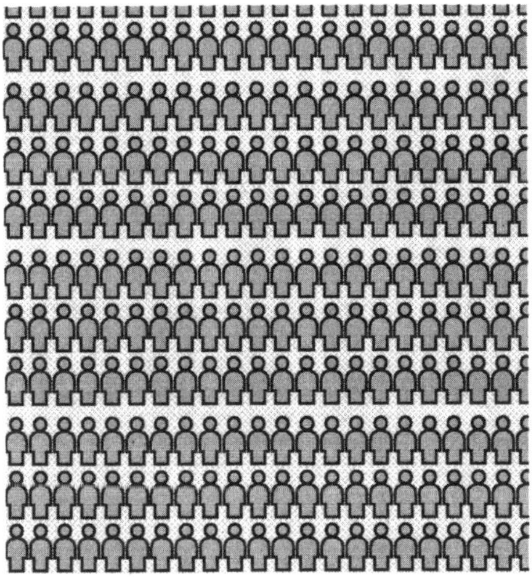

Die Stichprobe enthält N Elemente,von denen M ein gewisses Merkmal "Schwarz" haben.

Die Urmenge, aus der diese Stichprobe herausgehoben wurde, hat insgesamt U Ele-

kannte Anzahl T das Merkmal "Schwarz" hat.

$p = T / U$

Gesucht ist der wahrscheinliche Mittelwert p' für die unbekannte Zusammensetzung p der Urmenge, sowie die Streuung s^2 für den Schätzwert von T und der relative Standardfehler σ für den Schätzwert p.

Bekannte Stichprobe

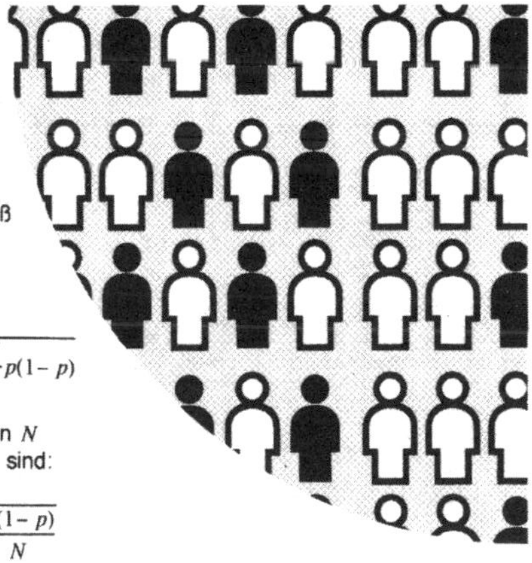

Allgemeine Formeln:

$$p' = \frac{U+2}{U}\,\frac{M+1}{N+2} - \frac{1}{U}$$

$$s^2 = \frac{(U+2)(U-N)}{N+3}\,\frac{M+1}{N+2}\left(1 - \frac{M+1}{N+2}\right)$$

Vereinfachte Formeln, wenn U und M groß gegen 1 sind:

$$p' = p = \frac{M}{N}$$

$$s^2 = \frac{U(U-N)}{N}p(1-p); \qquad \sigma = \sqrt{\frac{U-N}{U \cdot N}p(1-p)}$$

Vereinfachte Formeln, wenn U groß gegen N und sowohl M wie $(N-M)$ groß gegen 1 sind:

$$p' = p = \frac{M}{N}; \qquad s^2 = \frac{U^2}{N}p(1-p); \qquad \sigma = \sqrt{\frac{p(1-p)}{N}}$$

Abb. 39

Statistischer Transponierungsschluss

Schluß von der bekannten Zusammensetzung einer Stichprobe I auf die unbekannte Zusammensetzung einer Stichprobe II, die der gleichen Urmenge entnommen wurde

Bekannte Stichprobe

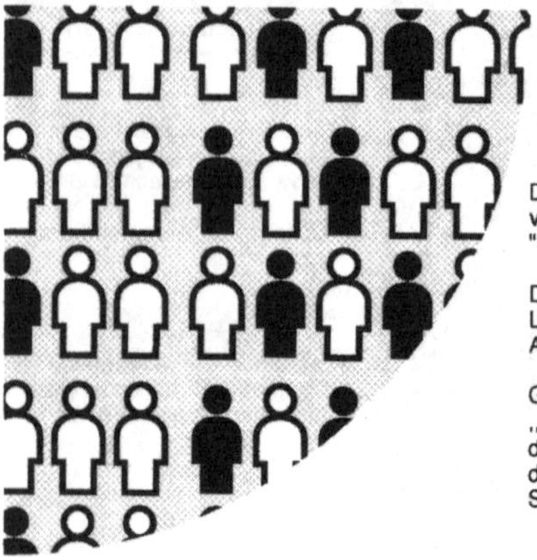

Die Stichprobe I enthält N Elemente, von denen M ein gewisses Merkmal "Schwarz" haben.

Die Stichprobe II enthalte insgesamt L Elemente, von denen eine unbekannte Anzahl K das Merkmal "Schwarz" hat.

Gesucht ist der wahrscheinliche Mittelwert p' „für die unbekannte Zusammensetzung K/L der Stichprobe II, sowie die Streuung s^2 für den Schätzwert von K, bzw. der relative Standardfehler σ für den Schätzwert p'.

Allgemeine Formeln:

$$p = \frac{M+1}{N+1} \qquad s^2 = \frac{N+L+2}{N+3}\,\frac{M+1}{N+2}\left(1-\frac{M+1}{N+2}\right)$$

$$\sigma = \sqrt{\frac{N+L+2}{L(N+3)}\,p'(1-p')}$$

Unbekannte Stichprobe

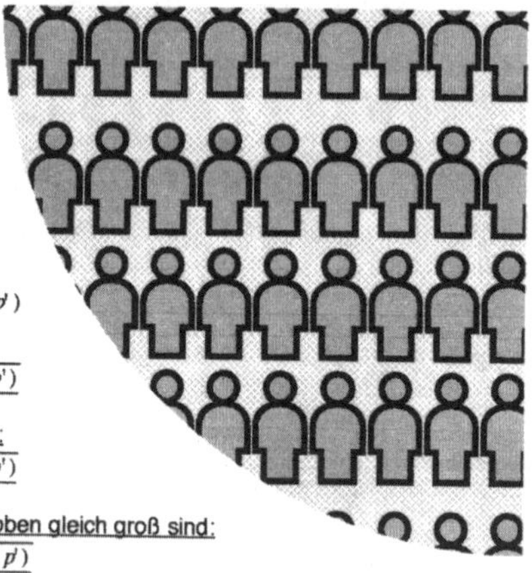

Vereinfachte Formeln:

Wenn N, M und L groß gegen 1 sind:

$$p' = \frac{M}{N} \qquad s^2 = \frac{L(N+L)}{N}\,\frac{M}{N}\left(1-\frac{M}{N}\right)$$

$$\sigma = \sqrt{\frac{N+L}{NL}\,p'(1-p')} = \sqrt{\left(\frac{1}{N}+\frac{1}{L}\right)p'(1-p')}$$

Wenn N groß gegen L und L groß gegen 1:

$$p' = \frac{M}{N} \qquad s^2 = Lp'(1-p') \qquad \sigma' = \sqrt{\frac{p'(1-p')}{L}}$$

Wenn L groß gegen N und 'N groß gegen 1:

$$p' = \frac{M}{N} \qquad s^2 = \frac{L}{N}\,p'(1-p'); \qquad \sigma = \sqrt{\frac{p'(1-p')}{N}}$$

Wenn N = L groß gegen 1, also die Stichproben gleich groß sind:

$$p' = \frac{M}{N} \qquad s^2 = 2Np'(1-p') \qquad \sigma = \sqrt{\frac{2p'(1-p')}{N}}$$

Abb. 40

3. Wenn man nun also von einer bekannten Urmenge auf eine unbekannte Stichprobe und von einer bekannten Stichprobe auf eine unbekannte Urmenge schließen kann, dann kann man auch – wenn auch mit geringerer Genauigkeit – von einer bekannten Stichprobe auf eine unbekannte Stichprobe schließen, wenn beide Stichproben derselben Grundgesamtheit entnommen wurden, denn die bekannte Stichprobe liefert Informationen über die Urmenge, die dann ihrerseits die Grundlage für den Schluß auf die unbekannte Stichprobe ist. Das bedeutet: Das Stichprobenverfahren ist – ein wichtiges Kriterium für Wissenschaftlichkeit – wiederholbar. Mehrere Stichproben, aus derselben Grundgesamtheit entnommen, enthalten mit großer und berechenbarer Wahrscheinlichkeit annähernd die gleiche Merkmalsverteilung. Man spricht vom *statistischen Transponierungsschluß*.

Das verkleinerte Modell

Das soziologisch-statistische Modell des repräsentativen Querschnitts, das der Umfrageforschung zugrunde liegt, muß man sich folgendermaßen vorstellen: Der gesamte interessierende Personenkreis, der vor der Anlage einer Untersuchung abgegrenzt werden muß, setzt sich aus Personen verschiedenen Alters, Berufs und so weiter in den einzelnen Bundesländern und Gemeindegrößenklassen zusammen. Es ist nun die Idee des repräsentativen Querschnitts, ein in der Zusammensetzung dieser Personengruppe gleichwertiges verkleinertes Modell zu erstellen. In dem verkleinerten Modell der Gesamtgruppe sind auch die zu untersuchenden Ansichten und Antwort-Kategorien in modellgerechtem Anteil vertreten, wenn dieses Modell nach bestimmten Verfahren korrekt zusammengesetzt wurde.

Abgrenzung des »Universums«: Über wen soll die Untersuchung aussagen?

Am Anfang, unmittelbar nach der Formulierung der Untersuchungsaufgabe, ist festzulegen (zu definieren), auf welchen Personenkreis sich die Ermittlungen richten sollen, für welche Gesamtgruppe, »Population«, für welches »Universum« die Ergebnisse der Erhebung gelten sollen.

Selbst bei dem üblichen Fall einer Bevölkerungsumfrage muß z. B. die Altersabgrenzung geklärt werden: Soll die Ansicht der Wahlberechtigten erforscht werden oder der Bevölkerung von 16 Jahren an oder – um die jugendlichen Konsumenten noch vollzähliger einzubeziehen – von 14 Jahren an? Soll eine obere Altersgrenze festgesetzt werden, z. B. welche Zeitschriften lesen Personen zwischen 16 und 70 Jahren?

So gibt es zahlreiche verschiedenartige Abgrenzungen des Universums. Es interessieren vielleicht nur Männer oder nur Frauen, nur die Bevölkerung einer bestimmten Stadt oder eines bestimmten Gebiets oder Einwohner einer Ortsklasse, etwa Einwohner von Landgemeinden, Abonnenten einer Tageszeitung, Autobesitzer, Angehörige eines bestimmten Berufs, Angehörige eines bestimmten Betriebes – vielleicht aber auch die Ehepartner der Angehörigen dieses Betriebes? Das wäre zu entscheiden.

Vielleicht kommt es darauf an, eine Information nicht über Personen, sondern über Haushalte zu erhalten. Diese Aufzählung könnte lange fortgesetzt werden. Ganz beliebig kann man allerdings das »Universum« nicht festlegen. Man muß schon bei der Definition des Personenkreises, für den die Untersuchung Gültigkeit haben soll, an die praktischen Möglichkeiten denken, eine »repräsentative« Stichprobe zu bilden.

Die Meinung aller Edelgesinnten

Eine Voraussetzung ist in der Regel die eindeutige, objektive Abgrenzung. Alle Beispiele, die oben aufgezählt worden sind, enthielten solche objektiven Bestimmungen, wenngleich im Ernstfall die Festlegung noch präzisiert werden müßte. »Abonnenten einer Tageszeitung«: Ist an die Haushaltsvorstände gedacht oder an alle Erwachsenen im Abonnentenhaushalt? »Autobesitzer«: Sollen es »Eigentümer« im juristischen Sinn sein oder »Besitzer« – also auch Personen, denen von ihrem Betrieb ein Wagen zur Verfügung gestellt wurde?

»Die Meinung aller Edelgesinnten« festzustellen, ein solcher Auftrag würde in jedem Fall keine objektive Abgrenzung der Personengruppe enthalten, für die die Ergebnisse Gültigkeit haben sollen. Ebenso ist es nicht möglich, eine Umfrage bei »guten Ärzten« zu veranstalten, sondern man könnte die Ansicht »aller Ärzte« erforschen oder »aller praktischen Ärzte« oder »aller praktischen Ärzte und Fachärzte« oder »aller Krankenhausärzte«. Selbst die Größe der Praxis eines Arztes könnte vielleicht als Abgrenzungsmerkmal verwendet werden.

Warum man manchmal die falschen Leute befragen muß

Angenommen, ein Hersteller von Fotoapparaten möchte seinen Absatz steigern und darum wissen, warum viele Menschen nicht fotografieren und was man tun müßte, um diese Leute als Kunden zu gewinnen. Auf den ersten Blick scheint klar, was zu tun ist: Man befragt Personen, die nicht fotografieren nach ihren Hobbys, Interessen und nach den Bedingungen, unter denen sie bereit wären, sich eine Kamera zu kaufen. Sicherlich kämen dabei interessante Informationen heraus, aber die wichtigste Erkenntnis bliebe dem Kamerahersteller verborgen. Fragt man nämlich diejenigen, die bereits einen Fotoapparat besitzen: »Wann haben Sie zum ersten Mal im Leben fotografiert, einen Film verknipst, wie alt waren Sie da?«, dann zeigt sich: Wenn jemand nicht vor seinem 20. Lebensjahr angefangen hat zu fotografieren, ist es sehr unwahrscheinlich, daß er später noch damit anfängt. Erst die Befragung derjenigen, um die es eigentlich gar nicht ging, bringt hier ein praktisch verwertbares Ergebnis: Eine Werbekampagne, die sich an ältere Personen wendet und sie einlädt, mit dem Fotografieren zu beginnen, wäre weitgehend verlorenes Geld. Statt dessen müßte der Kamerahersteller sich darum bemühen, daß mehr junge Menschen vor dem 20. Lebensjahr anfangen zu fotografieren.

Dies ist kein Einzelfall. Bei einer Untersuchung, die die Marktchancen verschiedener Wolldeckenmuster testen sollte, bevorzugten die Leute, die in der nächsten Zeit eine Wolldecke kaufen wollten, andere Muster als die Personen, die erst kürzlich eine Decke gekauft hatten. Die Angaben letzterer waren als Prognose für den künftigen Verkaufserfolg der verschiedenen Muster besser geeignet.[10] Ähnliches ist häufig im Zusammenhang mit Gegenständen zu beobachten, die nur in großen Zeitabständen gekauft werden. Der Geschmack bleibt gleichsam stehen, bis man sich auf einen neuen Kauf vorbereitet, bei Bekannten mit geweckter Aufmerksamkeit neu angeschaffte Decken sieht und im Geschäft das moderne Angebot in aller Breite kennenlernt. Diejenigen, die sich kürzlich Decken kauften, besitzen bereits die Orientierung, die sich auch die zukünftigen Käufer vor ihrer Kaufentscheidung verschaffen werden.

Als Regel ist festzuhalten, daß man bei Untersuchungen über zukünftiges Verhalten, zukünftige Entscheidungen, oft sozusagen die »Falschen« befragen muß, nicht diejenigen, die sich in der nächsten Zukunft entscheiden werden, sondern diejenigen, die sich vor kurzem bereits entschieden haben. Von ihnen erfährt man in bester, wirklichkeitsgetreuer Annäherung, was die zukünftigen Käufer tun werden.

Die Regel ist leicht ausgesprochen, aber ihre Befolgung verlangt abermals ein schwieriges Umdenken von unserer gewohn-

[10] Allensbacher Archiv, IfD-Bericht Nr. 177.

ten Welt, unserer Personen-Orientierung, in den statistischen Bereich. Will man beispielsweise für die Vorbereitung eines Wohnbaugesetzes die Finanzierungspläne der Leute erforschen, die ein Eigenheim bauen wollen, ihre Absichten in bezug auf die Grundstückswahl und ihre Baupläne, so gehört eine erhebliche Entschlußkraft dazu, sich mit allen Fragen an diejenigen zu wenden, die mit ihrem Eigenheim gerade eben fertig geworden sind. Könnten sich nicht die zukünftigen Eigenheimbauherren ganz anders verhalten, andere Pläne und Wünsche haben? Das muß abgewogen werden. Die Wahrscheinlichkeit ist gering, umgekehrt aber die Gefahr groß, unrealistische Auskünfte von Leuten zu bekommen, die in zahlreichen Fragen noch ohne jene Erfahrungen sind, die schließlich ihre Entscheidungen bestimmen werden.

»Falsche« Personen müssen im übrigen oft auch aus Vergleichsgründen befragt werden, schon um das Entdeckungspotential einer Umfrage, also die Möglichkeit, auf überraschende Ergebnisse zu stoßen, nicht unnötig einzuengen. Ein Beispiel findet sich auf Seite 443. Um den Grad der Verunsicherung der Ostdeutschen nach der politischen Wende und den Veränderungen im Zusammenhang mit der deutschen Wiedervereinigung zu ermitteln, wurden aus Vergleichszwecken Ost- *und* Westdeutsche befragt. Wäre dies nicht geschehen, hätte man nicht erfahren, daß die Verunsicherung der Befragten im Westen – wider alle Erwartung – größer war als im Osten.

Wer wird befragt? Die Auswahl der Zielperson

»Ein echtes statistisches Problem«, schreibt Kellerer über Stichprobenuntersuchungen[11], »entsteht im Zusammenhang mit folgenden drei Fragen:

a) wie umfangreich soll die Stichprobe sein;

[11] Kellerer 1963, S. 110.

b) wie soll die Auswahl der in die Stichprobe einzubeziehenden Elemente erfolgen;

c) inwieweit kann man sich auf Ergebnisse von Stichproben verlassen, das heißt inwieweit geben sie den wahren Sachverhalt genügend gut wieder?«

Die Fragen a) und c) sind in dem vorangegangenen Abschnitt über das »Gesetz der großen Zahl« schon berührt worden, und wir kehren später noch einmal zu ihnen zurück. Zunächst wenden wir uns der Frage b) zu: »Wie soll die Auswahl der in die Stichprobe einzubeziehenden Elemente erfolgen?« Man kann ganz allgemein von Elementen sprechen; denn die Auswahlprinzipien sind praktisch immer die gleichen, ob man nun eine Stichprobe von Personen zusammenstellt oder von Haushalten, von Einzelhandelsgeschäften, Tankstellen, Kinos, Schulhäusern, Bauernhöfen oder Vereinen usw.

»Random« und »Quota«

Es lassen sich prinzipiell zwei Methoden zur Auswahl repräsentativer Stichproben, repräsentativer Querschnitte unterscheiden:

a) »Zufallgesteuerte« Auswahlmethoden, die dem wahrscheinlichkeitstheoretischen Modell möglichst nahe kommen. Man spricht unter Benutzung des englischen Wortes für »Zufall« auch von »Random-Methode« oder verwendet das englische Wort für »Wahrscheinlichkeit« und bezeichnet eine nach diesem System ausgewählte Stichprobe als »Probability-Stichprobe«.

b) Auswahl mit Hilfe von Quoten, die dem Interviewer vorschreiben, wieviel Personen er aus verschiedenen Bevölkerungsgruppen zu befragen hat.

»Sie überlassen die Auswahl dem Zufall? Das ist aber sehr leichtsinnig«

Ein Unternehmer, der sich entschlossen hat, eine Marktanalyse durchführen zu lassen, und sich nun im Marktforschungsinstitut bei einem Rundgang die Arbeitsverfahren erklären läßt, gerät fast unvermeidlich noch einmal in eine Vertrauenskrise, wenn ihm in der Abteilung Statistik der Mathematiker mit Nachdruck erklärt: »Die Auswahl der Befragten erfolgt nach dem reinen Zufall.«

Immer wieder finden wir, daß der Doppelsinn der Schlüsselbegriffe dieses Feldes die Verständigung erschwert und zu Mißverständnissen geradezu einlädt.

Der »Zufall« des Mathematikers ist das Gegenteil dessen, was wir normalerweise unter »Zufall« verstehen, ein streng systematisches Verfahren, um die Bedingung zu erfüllen: »Jedes Element des Universums, das repräsentiert werden soll, muß eine berechenbare und von Null verschiedene Chance haben, ausgewählt zu werden.«[12]

Einen Zufall, der diese Bedingung erfüllt, kennen wir aus der allgemeinen Lebenserfahrung nur durch die Lotterie: Jeder, der sich ein Los kauft, vertraut darauf, daß alle Sicherheitsvorkehrungen getroffen sind, damit jedes Los eine gleiche und von Null verschiedene Chance hat, gezogen zu werden.

Ebensolche Bedingungen müssen hergestellt werden, um Personen für eine »Random-Stichprobe« einer Bevölkerungsumfrage auszuwählen. Im Prinzip (von statistischen Sonderfällen brauchen wir hier nicht zu sprechen, vgl. etwa S. 240 bis 241 zum geschichteten Auswahlverfahren) muß zunächst jeder Angehörige der Bevölkerungsgruppe, deren Meinung oder Verhalten erkundet werden soll, die gleiche Chance haben, für die Stichprobe ausgewählt zu werden. Dabei hat die »Zufallssteuerung« die Aufgabe, »jedes subjektive Moment bei der Auswahl auszuscheiden«.[13]

[12] Kellerer 1963, S. 149.
[13] Kellerer 1963, S. 151.

Grundtypen von Random-Auswahlverfahren

Es gibt verschiedene Möglichkeiten, wie eine solche Random-Auswahl vor sich gehen kann. Man kann vier Typen von Auswahlverfahren unterscheiden:[14]

a) das einfache;
b) das geschichtete;
c) das Klumpen-Auswahlverfahren;
d) das mehrstufige Verfahren.

Das *einfache Stichproben-Verfahren* ist die Grundform der Random-Auswahl. Hier ist das Lotterie-Prinzip am deutlichsten erkennbar. Ein Beispiel:[15]

In der Abonnentendatei einer lokalen Tageszeitung befinden sich die Namen und Adressen von 8000 Personen. Der Umfang der Stichprobe sei auf 400 festgelegt. Nach dem Urnenmodell müßten wir die 8000 Namen auf Lotterieröllchen schreiben, diese in eine große Lostrommel stecken, das Ganze gut durchmischen und dann 400 Röllchen herausziehen.

In der Praxis spart man sich die Mühe und numeriert – sofern das nicht von der Abonnentenverwaltung der Zeitung ohnehin längst getan wurde – die Namen in der Datei von 1 bis 8000 durch. Wenn das geschehen ist, kann man die Stichprobe mit Hilfe von Zufallszahlentafeln ziehen. Darunter versteht man lange, in der Regel vom Computer erstellte (»generierte«) Listen mit Tausenden von Ziffern, die in völlig zufälliger Weise aufeinander folgen. Das heißt:

– An jeder beliebigen Stelle der Zufallszahlentafel kann mit gleicher Wahrscheinlichkeit eine der Ziffern 0, 1, 2, 3, 4, 5, 6, 7, 8 oder 9 stehen.

– Die Zahlen sind voneinander unabhängig. Keine der Zahlen besitzt einen Einfluß auf das Auftauchen einer anderen (Umgangssprachlich: »Die Zahlen haben kein Gedächtnis«).[16]

Unter Verwendung einer derartigen Zufallszahlentafel – man kann sie als »Urne auf Vorrat« bezeichnen – hätten wir in unserem Falle so vorzugehen: Wir beginnen an irgendeiner Stelle des Tabellenwerks und nehmen jeweils vier aufeinanderfolgende Ziffern zusammen. Als Ergebnis erhalten wir etwa 1081; 4123; 6357; 3180; 0089; ... Deshalb kommen in

[14] Kellerer 1963, S. 144. Siehe auch Friedrichs 1985, S. 139–144.

[15] Das Beispiel ist eine leicht abgewandelte Version des Beispiels von Kellerer 1963, S. 144–145.

[16] Leicht abgewandelt übernommen aus: Knieper 1993, S. 54.

unsere Auswahl die Abonnenten mit den in der Datei vermerkten Ordnungsnummern 1081; 4123; 6357; 3180; 89; Zahlen über 8000 lassen wir außer acht.

Einfacher ist das Vorgehen beim »systematischen Auswahlverfahren«. Der Stichprobenumfang n = 400 aus dem eben genannten Beispiel ist der 20. Teil von 8000. Wir beginnen mit einer der ersten 20 Zahlen, z. B. mit 3. Dann nehmen wir von diesem Startpunkt aus jeden 20. Abonnenten, also die Personen mit den Nummern 3; 23, 43; ...; 7983. Besonders günstig ist dieses Vorhaben, wenn die Elemente der Grundgesamtheit ohnehin bereits laufend numeriert sind und in der richtigen Reihenfolge stehen.

TABLE OF RANDOM DIGITS

05500	83183	15461	88997	96634	39343	76187	51649	69036	04387	43933
05501	86561	67600	87081	76544	08982	44799	33555	05868	05527	41848
05502	27512	89046	61975	79250	64579	21693	78499	77459	73214	50062
05503	61330	11838	37496	74484	83272	89275	10818	38111	87939	44211
05504	45991	21942	34406	28785	41740	84445	77205	84394	40760	73845
05505	17361	67790	10353	36885	34317	44264	62994	23179	86523	35982
05506	11364	46345	40639	19572	34159	12518	86926	65650	14931	57011
05507	13487	32387	76475	72583	57269	02420	57224	07061	28379	21115
05508	17471	44765	26548	66533	61231	65829	31960	22771	61051	03459
05509	23375	29913	24245	78402	03791	21882	77019	79658	47396	86300
05510	79409	54902	27283	19483	87369	81683	54726	46546	95474	54716
05511	40624	97378	15645	87183	08818	44776	41489	12313	88860	09769
05512	47740	49996	90997	40690	73062	99417	84362	36977	56369	33825
05513	76063	24841	77021	90894	16615	13830	51094	31691	97311	47805
05514	85552	39430	08275	29116	76537	95406	02098	86244	47511	92035
05515	73400	98752	94428	82470	70234	73327	08371	99302	13947	18310
05516	41227	45475	89941	82220	08842	19485	79705	80566	50682	96893
05517	66320	30514	47330	42274	93579	79302	54240	24684	30781	01110
05518	00073	79317	11694	06965	89006	94316	48751	43521	95198	95046
05519	19931	62537	55575	41981	08748	11998	42525	51396	77505	85222
05520	87074	08966	20423	48407	68906	90485	99587	62608	73296	11785
05521	74563	92361	75481	22882	22919	01961	57961	65696	97895	34882
05522	33982	03375	06982	00338	60557	16906	95057	64678	84564	58282
05523	95867	32783	17767	06580	69379	21304	54385	57337	66048	41470
05524	09816	65864	15555	43592	80089	40820	92984	23197	14041	50563
05525	13779	17566	55197	55767	30887	28696	06354	94094	43299	10142
05526	96515	24730	14411	98243	03526	00286	94458	84907	43064	89119
05527	06581	66943	72967	97927	81196	15864	14293	68163	50903	35519
05528	78198	10415	16231	82188	84332	40420	93463	00800	72462	56395
05529	72217	51940	16252	86297	68166	83136	84292	30992	22657	93321
05530	36602	57329	94716	80613	52102	02741	25523	50508	03878	62175
05531	35220	00526	97050	74475	93497	39667	48890	38895	43131	11725
05532	37659	02508	02161	82227	82576	00971	96152	59703	45999	66196
05533	06123	81274	09518	38568	99416	66646	19522	92783	06648	37495
05534	32472	45765	64687	06419	90828	54913	04257	20390	70620	34744
05535	41937	54184	53475	57677	92683	77875	53562	73074	68772	17265
05536	64203	17781	64522	40751	98591	63881	77361	50224	90595	94544
05537	54748	28150	09088	95562	66008	41668	61055	12113	41145	33638
05538	89617	19797	18631	16868	32211	97243	07806	86319	56303	25722
05539	63114	46266	86924	42113	16959	35570	07168	74833	90074	40452
05540	48797	96322	89434	67288	17497	11072	03346	07911	13655	47458
05541	94761	68684	54663	56219	14889	90785	42384	79738	90052	02784
05542	22523	08100	38128	66588	06899	61628	56409	32917	81762	33800
05543	77245	32835	57649	06567	40270	86475	00593	52298	73492	48076
05544	94958	53811	06706	05420	43164	20010	55845	23310	24208	17860
05545	64716	84933	35061	22454	65854	62172	19370	08400	77516	80402
05546	18339	99156	94403	32952	27225	48489	42531	46612	62830	18599
05547	82150	89664	56067	07766	90242	77855	53638	48039	14134	68254
05548	71143	09316	84551	48576	04613	17628	05044	83303	38751	74867
05549	00944	53807	43766	59023	77152	34989	00924	75152	03837	81996

Abb. 41

»Eine dritte Methode«, schreibt Kellerer, »ist das ›Schlußzifferverfahren‹. Wir setzen wieder eine von 1 bis N durchnumerierte Gesamtheit voraus. Um aus ihr 20% aller Fälle auszuwählen, brauchen wir nur wie folgt zu verfahren: Es werden alle Elemente genommen, deren Schlußziffer beispielsweise entweder 2 oder 9 ist, da ja jede dieser beiden Schlußziffern 2 bzw. 9 je mit 10% in der Gesamtheit vertreten ist. Um 3% zu erhalten, genügt es, alle die Einheiten auszuwählen, deren Ordnungsnummer etwa mit den Zahlenpaaren 21 oder 48 oder 73 endet.«[17]

Auch das sogenannte »Geburtstagsverfahren« bringt eine gute Annäherung an eine Zufalls-Stichprobe. Hierbei werden alle die Personen ausgewählt, die an einem bestimmten Tag – beispielsweise am 15. Februar – irgendeines Kalenderjahres geboren wurden. Natürlich können auch mehrere Geburtstage für die Auswahl herangezogen werden, um den Umfang der Stichprobe zu vergrößern. Dabei geht man von der im allgemeinen zutreffenden Annahme aus, daß kein Zusammenhang besteht zwischen dem Geburtstag einerseits und den interessierenden statistischen Merkmalen andererseits. Man nimmt an, daß der Kalendertag der Geburt ohne Einfluß beispielsweise auf das Einkommen, das Konsumverhalten oder die politischen Einstellungen der betreffenden Person ist.

Geschichtete Auswahlverfahren wendet man an, wenn die Grundgesamtheit, die man durch eine Stichprobenerhebung untersuchen möchte, wenig homogen ist. Man bildet in solchem Fall verschiedene Schichten, die in sich eine größere Homogenität besitzen, und trifft die weitere Auswahl dann *innerhalb* der einzelnen Schichten, um den Streuungsbereich zu verkleinern. Man führt also praktisch ein Element der Quotenauswahl in das Random-Verfahren ein. Ein Beispiel:

Es soll eine Untersuchung unter den Abonnenten einer Tageszeitung durchgeführt werden, die in Süddeutschland sehr verbreitet ist, in Norddeutschland aber nur wenige Leser hat. Zöge man aus der Abonnentendatei dieser Zeitung eine einfache Zufallsstichprobe, dann wäre das Risiko relativ groß, daß sich die wenigen norddeutschen Leser der Zeitung, die sich in der Stichprobe befinden, nicht genau so über das Gebiet Norddeutschlands verteilen, wie es der tatsächlichen Abonnentenstruktur entspräche. Will man also ganz sichergehen, daß die Stich-

[17] Kellerer 1963, S. 144–147.

probe auch die norddeutsche Abonnentenschaft der Zeitung wirklich repräsentativ abbildet, sortiert man die Abonnentendatei zuerst nach Bundesländern und zieht dann nicht *eine* Zufallsstichprobe, sondern *sechzehn*, für jedes Bundesland eine eigene. Auf diese Weise geht man sicher, daß die gesamte, aus sechzehn einzelnen Auswahlprozeduren zusammengefügte Stichprobe die Verteilung der Abonnenten über alle Bundesländer genau widerspiegelt. Wie bei einer einfachen Random-Auswahl hat auch hier jeder Abonnent die gleiche Chance, ausgewählt zu werden, denn die Größe der einzelnen Stichproben im Verhältnis zur Gesamtzahl der Befragten entspricht genau dem Anteil der Abonnenten aus dem jeweiligen Bundesland an der Gesamtzahl der Bezieher der Zeitung. Man spricht in einem solchen Fall von einer »proportional geschichteten Auswahl«.[18]

Das *Klumpen-Auswahlverfahren* wird von Kellerer mit dem folgenden Beispiel beschrieben:[19]

»Soll auf repräsentativer Basis etwa eine Erhebung über die Mieter in der Großstadt A im Interviewer-Verfahren durchgeführt werden, so taucht die Schwierigkeit auf, daß wir kein Verzeichnis aller Mieter haben, aus dem wir eine Stichprobe ziehen können. Wir können uns dann so helfen: Das gesamte Stadtgebiet wird anhand eines Stadtplanes mit sehr großem Maßstab in beispielsweise M = 2000 Häuserblöcke eingeteilt; diese werden in Serpentinenform von 1 bis 2000 durchnumeriert. Ist diese Vorarbeit getan, so kann jeder 20. Block in die Erhebung einbezogen werden. Wir haben dann nur in den 100 ausgewählten Häuserblöcken eine genaue Bestandsaufnahme aller Mieter vorzunehmen. Dieses ›Flächen-Stichproben-Verfahren‹ kann sogar dann noch vorteilhaft sein, wenn tatsächlich eine Liste aller Mieter vorliegt, und zwar aus zwei Gründen:

a) Da sich das Flächen-Stichproben-Verfahren auf bestimmte Häuserblöcke beschränkt, werden die Wegkosten und der Zeitaufwand verringert.

b) Eine Liste ist nie völlig *à jour*, weil dauernd neue Zu- und Abgänge erfolgen. Das Flächen-Stichproben-Verfahren berücksichtigt aber die Fluktuation automatisch.«

[18] Unter bestimmten Bedingungen kann es auch sinnvoll sein, eine »disproportional geschichtete« Stichprobe zu ziehen. In diesem Fall etwa, wenn die norddeutschen Abonnenten der Zeitung genauer analysiert werden sollen. Man nimmt dann einen überproportional großen Anteil Norddeutscher in die Stichprobe auf. Für die Verwendung von so gewonnenen Daten gelten dieselben Regeln wie bei einer »Überquote« (siehe S. 288).

[19] 1963, S. 150–151. Aus Gründen der Aktualität und der Verständlichkeit minimal von den Verfassern redigiert.

Bei dem vierten Grundmodell, dem *Mehr-Stufen-Auswahlverfahren*, werden in gewisser Weise auch zunächst »Klumpen« aus der »Grundgesamtheit« nach systematischem Zufall ausgewählt, beispielsweise bestimmte Kreise oder Orte des Bundesgebiets. Innerhalb der »Klumpen« oder »Zellen« – auch nach englischem Vorbild »spots« oder »sample points« genannt – erfolgt jedoch abermals eine Auswahl nach einfachen Stichprobenprinzipien.

Hier ein Beispiel für das Vorgehen bei einer dreistufigen geschichteten Random-Stichprobe[20], die für die deutsche Bevölkerung repräsentativ ist.

1. Stufe: Auswahl der »sampling points«
Als Auswahlgrundlage dient eine Zusammenstellung sämtlicher Stimmbezirke zur letzten Bundestagswahl mit Angaben über die jeweilige Anzahl der Haushalte und der wahlberechtigten Personen.

Die Stimmbezirke werden sortiert nach Bundesländern, Regierungsbezirken, Landkreisen und nach Gemeindegrößenklassen, gegebenenfalls auch nach Stadtteilen, wobei vor allem bei Großstädten nicht die politischen Ortsgrenzen zugrunde gelegt werden, sondern die Grenzen der Verstädterungszonen.[21] Außerdem werden kleine Stimmbezirke mit weniger als 400 wahlberechtigten Bürgern zu »synthetischen Stimmbezirken« zusammengefaßt. Auf diese Weise erhält man 64 000[22]

[20] Die folgende Darstellung beschreibt das ADM (Arbeitskreis Deutscher Marktforschungsinstitute e. V.)-Stichproben-System, Stand 1993. Vgl. auch Elisabeth Noelle-Neumann, Edgar Piel (Hrsg.): Eine Generation später. Bundesrepublik Deutschland 1953–1979. München u. a. 1983, S. 234. Die erste Stufe der Gewinnung der Randomstichprobe, also die Auswahl der Stimmbezirke wird für die Mitglieder-Institute des ADM zentral durchgeführt, das heißt, die Institute bekommen ihre »sampling points«, also die Stichprobe aus den Stimmbezirken, zugeteilt, wobei es keine Überschneidungen gibt: Jedes Institut hat also repräsentative Stichproben der deutschen Stimmbezirke zur Verfügung, aber jede dieser Stichproben enthält andere Stimmbezirke, keiner ist doppelt vertreten.

[21] Daß die politischen Ortsgrenzen oft zu einer ungenauen Schichtung führen können, zeigt sich vor allem in den Randbezirken großer Städte: Eine kleine Ortschaft, die unmittelbar hinter der Stadtgrenze Hamburgs liegt, wäre unter Umständen formal als Dorf, Landgemeinde einzustufen. Tatsächlich aber ist diese Gemeinde entgegen der politischen Gliederung der Großstadt zuzuordnen, die die Infrastruktur und den Lebensstil der Bewohner bestimmt. Siehe: BIK Ascherpurwis + Behrens GmbH (Hrsg.): Die Abgrenzung von Stadtregionen in der Bundesrepublik Deutschland (Boustedt-Revision) auf Basis des Zensus von 1987. Stand: Juli 1993. Dies. (Hrsg.): BIK-Stadtregionen in den neuen Bundesländern. Bericht zur Abgrenzung der BIK-Stadtregionen Ost. März 1992.

[22] 50 000 in Westdeutschland, 14 000 in den neuen Bundesländern.

teils echte und teils zusammengefügte Bezirke, aus denen man nun eine geschichtete Zufalls-Stichprobe von 420[23] Stimmbezirken zieht.

2. Stufe: Auswahl der Haushalte
In jedem der ausgewählten Stimmbezirke wird nun durch die Interviewer des Instituts eine systematische Vorab-Auflistung von Haushaltsadressen vorgenommen. Die Interviewer werden angewiesen, nach genauen Regeln vorgegebene Straßenzüge zu »begehen« und die Namen und Adressen der Bewohner aufzulisten.[24] In jedem Stimmbezirk wird dabei die gleiche Zahl von Haushalten notiert. Aus jeder dieser Listen werden dann – wiederum nach dem Zufallsprinzip – beispielsweise fünf Adressen ausgewählt. In diesem Fall bekäme man also eine Zufalls-Stichprobe von 2100 Haushalten.

3. Stufe: Auswahl der Befragten
In den ausgewählten Privathaushalten wird nun nach dem Geburtstagsprinzip[25] der Interviewpartner bestimmt: Es wird diejenige Person ab 16 Jahren ausgewählt, deren Geburtstag (der Tag im Monat) die niedrigste Zahl zwischen 1 und 31 aufweist.[26] Wenn die Zielperson nicht zu Hause ist, muß der Interviewer sie erneut aufsuchen, eventuell sogar mehrmals. Manche Personen werden auch nach mehrmaliger Besuchswiederholung nicht

[23] Ganz genau genommen: zwei Stichproben von je 210 Wahlbezirken.
[24] Siehe S. 245–252.
[25] Vgl. S. 240.
[26] Eine andere Möglichkeit bietet der sogenannte »Schwedenschlüssel«, ein Verfahren, bei dem der Interviewer zunächst alle erwachsenen Personen eines Haushalts nach einem bestimmten Schema auflistet, zum Beispiel vom ältesten bis zum jüngsten Mann und von der ältesten bis zur jüngsten Frau. Anhand einer kleinen Zufallszahlentafel, die er bei sich trägt, kann er nun genau ablesen, welche Person er zu befragen hat. Zum ersten Mal wurde dieses Verfahren beschrieben in: Wilson, Elmo C.: Adapting Probability Sampling to Western Europe. In: Public Opinion Quarterly, 14, 1950, S. 215–223. Der Begriff »Schwedenschlüssel« geht auf den Mediaforscher Herrmann Wolff zurück. Wilson beschreibt das Verfahren unter anderem ausführlich anhand von schwedischen Beispielen. Wolff übernahm die Methode, merkte sich aber nicht den Autor des Artikels, sondern nur das Stichwort »Schweden«. Siehe: Koschnik, Wolfgang J.: Standard-Lexikon für Mediaplanung und Mediaforschung. München u. a. 1988, S. 484–485. Das Schwedenschlüssel-Verfahren scheint auf den ersten Blick besonders exakt zu sein, provoziert aber Fälschungen, weil die umständlichen Anweisungen von den Interviewern (und den Befragten) als lästig empfunden werden und ihre Einhaltung kaum kontrolliert werden kann (siehe S. 272). Das einfachere und eher spielerisch wirkende Geburtstagsprinzip erfüllt denselben Zweck und eignet sich wesentlich besser als Gesprächseröffnung.

angetroffen. Ein anderer Teil der ausgewählten Gesprächspartner verweigert die Antwort. Es kommen also nicht 2100 Interviews zustande, sondern vielleicht nur 1500. Wir werden auf dieses Problem im Kapitel »Für und wider Random und Quote« zurückkommen.[27]

Ein Nachteil dieses mehrstufigen Auswahlverfahrens ist, daß zwar jeder Haushalt die gleiche Chance hat, in die Stichprobe zu gelangen, nicht aber jede Person: Wer in einem Mehrpersonen-Haushalt wohnt, hat eine geringere Chance, befragt zu werden als jemand, der alleine lebt. Eine Folge davon ist, daß zum Beispiel junge Leute unter 20 Jahren in der Stichprobe unterrepräsentiert sind, weil viele in dem Alter noch bei den Eltern leben. Um solche Verzerrungen auszugleichen, muß die in der Stichprobe gefundene Verteilung der Merkmale der Befragten mit den amtlichen Daten verglichen und gegebenenfalls rechnerisch korrigiert werden.[28] Allerdings ist damit der Stichproben-Fehler nur scheinbar ausgeglichen, wirklich behoben ist er nicht: Personen, die allein leben können nicht Personen repräsentieren, die unter ganz anderen Verhältnissen, in Mehrpersonen-Haushalten, wohnen.[29]

Der Hauptgrund für die regelmäßige Unterrepräsentation von jungen Leuten ist allerdings, daß man sie viel weniger zu Hause antrifft als ältere: Die jüngeren sind viel mobiler. Auch diese Fehlerquelle läßt sich nicht durch Gewichtung ausgleichen. Sehr häusliche junge Leute können ihre sehr mobilen Altersgenossen nicht repräsentieren, können nicht für sie sprechen.

[27] Siehe S. 263–276.

[28] Zum Verfahren der Gewichtung siehe S. 290–296.

[29] Zu diesem Thema: Walter Bien: Gewichtung: Schönheitskorrektur von Stichproben, mit dem Ziel, selber ruhiger zu schlafen und den Auftraggeber nicht mißtrauisch zu machen. Oder: Was nicht ist, ist nicht. Vortrag, gehalten auf der Herbsttagung der Deutschen Gesellschaft für Soziologie, Sektion Methoden, am 6. 10. 1995 in Marburg.

Listen, Dateien oder Flächenstichproben

Es gehört zum Wesen der »Random-Stichprobe«, daß die Auswahl nach einem »Zufalls-Mechanismus« aus der Grundgesamtheit aller Personen oder Elemente erfolgen muß, die durch die Erhebung repräsentiert werden sollen. Um dies zu verwirklichen, muß die Grundgesamtheit in irgendeiner Form für die Auswahlprozedur zugänglich sein. Es müssen entweder vollständige, auf dem laufenden gehaltene Listen oder Dateien aller Personen der Grundgesamtheit zur Verfügung stehen. Wo sie fehlen oder etwa aus Gründen des Datenschutzes für die Meinungsforschung nicht zugänglich sind, käme eine »Flächenstichprobe« in Betracht. Beispiele sind die oben beschriebene Umfrage bei Mietern und die mehrstufige Stichprobe nach dem ADM-Stichprobensystem.[30]

Bei der Auswahl einzelner Personen oder Haushalte nach der Flächenstichproben-Methode muß allerdings besonders gesichert sein, daß nicht bestimmte Personengruppen bei der Auswahl systematisch benachteiligt werden – etwa Leute, die in Hinterhäusern oder Dachwohnungen leben oder zur Untermiete wohnen. Andererseits muß verhindert werden, daß Personen, die leicht in der Wohnung zu erreichen sind, bevorzugt werden. Aus diesem Grund muß man die Auswahl der Stichprobe und die Interviews in getrennten Arbeitsgängen vornehmen lassen.[31]

Die folgende Interviewer-Anweisung illustriert, wie die Adressenermittlung bei einer Random-Stichprobe, also die

[30] Siehe S. 242–244.

[31] Auch aus anderen Gründen kann eine solche Trennung notwendig werden. So besteht beispielsweise bei Umfragen unter Landwirten die Gefahr, daß die Interviewer bevorzugt große Bauernhöfe aufsuchen. In einem solchen Fall wird eine getrennte Adressenermittlung durchgeführt. Der Interviewer erhält dazu eine Quotenanweisung, die ihm angibt, wieviel Landwirte mit einer landwirtschaftlichen Nutzfläche von weniger als 5 ha, wieviel mit 5 bis 10 ha usw. er auswählen soll (dieser Quotierung werden die amtlichen statistischen Daten zugrunde gelegt). Außerdem werden nur Landwirte notiert, deren Namen mit einem bestimmten Buchstaben oder dem im Alphabet folgenden Buchstaben beginnt (kombiniertes Quota-Random-Verfahren; eventuellen Interviewer-Einflüssen bei der Auswahl werden dadurch enge Grenzen gesetzt)! Die Adressen werden von den Interviewern an das Institut zurückgeschickt, dort kontrolliert und dann – zusammen mit den Befragungs-Unterlagen – wieder an die Interviewer verteilt (Allensbacher Archiv, IfD-Bericht Nr. 918)

zweite Etappe bei dem eben beschriebenen dreistufigen Auswahlverfahren[32], vor sich gehen kann:

Interviewer-Anweisung zur Adressenermittlung

Aufgabe: Wir benötigen jeweils genau 30 Adressen von Privathaushalten, die in einer festgelegten Reihenfolge in einem genau abgegrenzten Gebiet ermittelt werden müssen.

Mit Hilfe der von Ihnen aufgelisteten Adressen werden dann im Institut nach einem mathematischen Zufallsverfahren Stichproben für künftige Befragungen gezogen. Für die Qualität dieser Stichproben ist es unerläßlich, daß die folgenden Anweisungen ganz genau befolgt werden. Unkorrekt oder fehlerhaft ermittelte Adressenlisten sind für unsere Arbeit wertlos und können deshalb nicht honoriert werden. **Deshalb rufen Sie uns bitte umgehend an, wenn trotz der Anweisungen noch Fragen offengeblieben sind oder irgendwelche Schwierigkeiten bei der »Begehung« Ihres Gebietes und der Adressenermittlung auftreten.**

1. Welche Art von Adressen muß ermittelt werden?
Für unsere künftigen Untersuchungen benötigen wir Adressen von Privathaushalten, ausgenommen Haushalte von Ausländern.

Als Privathaushalt gilt jede Personengemeinschaft, die zusammen wohnt oder gemeinsam wirtschaftet, gleichgültig, ob es sich um verwandte Personen handelt oder nicht. Beispielsweise zählt eine Wohngemeinschaft von nicht miteinander verwandten Studenten als ein einziger Privathaushalt. Auch Hausangestellte, die bei einer Familie freie Kost und Wohnung haben, zählen zu diesem einen Haushalt. Dagegen gilt ein Untermieter, der für sich selbst wirtschaftet, stets als eigener Haushalt; in solchen Fällen können also in einer Wohnung mehrere Privathaushalte leben. Natürlich bilden auch allein wohnende Personen jeweils einen Privathaushalt. Anstaltshaushalte (z. B. Altersheime) gelten nicht als Privathaushalte; allerdings können Anstalten Privathaushalte beherbergen (z. B. Haushalt des Hausmeisters), die bei der Adressenerhebung berücksichtigt werden müssen. Studentenwohnheime sind natürlich keine Anstalten in unserem Sinne; hier handelt es sich wieder ausschließlich um Privathaushalte.

Nach diesen Erläuterungen ist klar, daß bei der Ermittlung folgende Haushalte nicht berücksichtigt werden dürfen:
- Ausländerhaushalte,
- Anstaltshaushalte (Krankenhaus, Gefängnis, Internat, Kaserne, Altersheim, Waisenhaus und dergleichen),

[32] Siehe S. 242–244.

– Geschäfts- und Büroräume (soweit sie nicht gleichzeitig als Wohnung dienen),
– leerstehende Wohnungen.

Dagegen kann es in Gebäuden, die keine ausgesprochenen Wohnhäuser sind – etwa in Fabriken, Schulen, Verwaltungsgebäuden, Geschäftshäusern – durchaus Privathaushalte geben (beispielsweise des Pförtners oder Hausmeisters). Diese Haushalte müssen unbedingt berücksichtigt werden, da es sich hier nicht um Anstaltshaushalte handelt. Ebenso müssen die Privathaushalte in Anstalten (z. B. des Anstaltsleiters oder Personals) beachtet werden.

2. In welchem Gebiet werden die Adressen ermittelt?
Auf der Gebietsbeschreibung ist Ihnen zunächst der Einsatzort vorgegeben, in dem die 30 Haushaltsadressen ermittelt werden sollen. Weiter folgt dann eine detaillierte Angabe Ihres Ermittlungsgebietes innerhalb des Ortes.

In einigen Fällen ist Ihnen nur der Ortsname oder ein Gemeindeteil als Ermittlungsgebiet vorgegeben. Ihre Beschreibung kann aber auch die Form haben: »Alle Straßen nördlich der Bundesstraße 13« oder so ähnlich. In diesen Fällen ist dann die gesamte Gemeinde oder der gesamte Gemeindeteil oder das so beschriebene Gebiet Ihr Ermittlungsbezirk.

In einigen anderen Fällen kann Ihre Beschreibung lauten: »Alle Straßen mit den Anfangsbuchstaben von F–M«. Dann dürfen Sie nur in den Straßen Ihres Einsatzortes mit eben diesen Anfangsbuchstaben Adressen erheben.

Manchmal ist Ihnen auch eine Skizze oder ein Ausschnitt aus einem Stadtplan als Ermittlungsgebiet beigefügt. Dann ist klar, daß Sie nur innerhalb der genau markierten Grenzen Adressen ermitteln dürfen.

In der Regel handelt es sich bei der Beschreibung jedoch um die Vorgabe von Straßen, meist auch von bestimmten Hausnummern. Sie dürfen dann nur in den vorgegebenen Straßen beziehungsweise in den entsprechenden Straßenteilen die Adressen ermitteln. Dabei ist eine wichtige Besonderheit zu beachten: **Die mittels Hausnummern gegebenen Abgrenzungen beziehen sich jeweils *nur* auf die geraden oder *nur* auf die ungeraden Nummern.**

Würde beispielsweise die Abgrenzung Ihres Bezirks wie folgt aussehen:

Bahnhofstraße
Einsteinstraße 2–18
Hansastraße 7–63
Merianstraße 3–Ende
Poststraße 31–79 und 26–82,

dann gehören zunächst sämtliche Wohnungen der Bahnhofstraße zu Ihrem Bezirk. **Allgemein gilt: Ist Ihnen nur der Straßenname vorge-**

geben, so gehören stets alle Wohnungen dieser Straße zu Ihrem Gebiet.

In der Einsteinstraße dürfen Sie dagegen nur die geraden Hausnummern zwischen 2 und 18 berücksichtigen, also Nr. 2, 4, 6 und so weiter bis Nr. 18, während entsprechend in der Hansastraße nur die ungeraden Hausnummern 7, 9, 11 und so weiter bis 63 zu Ihrem Gebiet gehören. Auch in der Merianstraße sind für Sie nur die Hausnummern von Nr. 3 bis zum Ende der Straße gültig. Sind bei einer Straße sowohl gerade als auch ungerade Nummern zu berücksichtigen, so ist dies wie bei der Poststraße vermerkt: Hier sind die Nummern 31, 33, 35 und so weiter bis 79 und die Nummern 26, 28, 30 und so weiter bis 82 in die Begehung einzubeziehen.

3. Welchen Weg gehen Sie bei der Adressenermittlung?
Nun kennen Sie also genau Ihren Ermittlungsbezirk und wissen, welche Art von Haushaltsadressen Sie notieren müssen. Aber welchen Weg gehen Sie dabei durch Ihren Bezirk?

a) In den Fällen, in denen wir Ihnen konkrete Straßennamen vorgeben konnten, beginnen Sie mit der Begehung Ihres Gebietes bei der Startadresse, die auf Ihrer Adressenliste angegeben und auf der Gebietsbeschreibung mit einem roten Sternchen markiert ist. Sind Ihnen für diese Startadresse in der Gebietsbeschreibung Hausnummern vorgegeben, so beginnen Sie bei der niedrigsten angegebenen Nummer bis hin zur letztgenannten, wobei Sie allerdings immer auf der gleichen Straßenseite bleiben müssen. Sind für die Startadresse keine Hausnummern vorgegeben, so beginnen Sie mit der niedrigsten vorhandenen Nummer dieser Straße und begehen diese, immer auf derselben Seite bleibend, bis zu ihrem Ende, genau in der Reihenfolge der Hausnummern.

Gehört auch die andere Straßenseite ganz oder teilweise zu Ihrem Bezirk, so begehen Sie anschließend den entsprechenden Abschnitt von der höchsten zugehörigen Hausnummer bis zur niedrigsten.

Gerade in kleineren Orten kann es aber auch vorkommen, daß es in einer Straße überhaupt keine Hausnummern gibt. In solchen Fällen ist es Ihnen freigestellt, welche Straßenseite Sie zuerst begehen und in welcher Richtung Sie beginnen. Sie müssen nur wieder zunächst die eine Seite vollständig begehen und die andere Seite dann in umgekehrter Richtung zurückgehen.

Sind Sie mit der Ermittlung in der ersten Straße fertig, so verfahren Sie nach dem gleichen Prinzip mit der nächsten (nach der roten Markierung) in der Bezirksbeschreibung angegebenen Straße, dann mit der übernächsten und so weiter, bis Sie die benötigten 30 Adressen ermittelt haben. Ist Ihre Startadresse (rote Markierung) nicht die erste angegebene Straße der Gebietsbeschreibung, so können Sie natürlich nach der letzten angegebenen Straße mit der ersten Straße fortsetzen.

Ein Beispiel: Nehmen Sie an, bei den unter Punkt 2 beispielhaft aufgeführten Straßen wäre die Merianstraße mit dem roten Sternchen markiert. Sie beginnen dann Ihren Weg bei der Merianstraße Nr. 3 und begehen diese Straße in Richtung aufsteigender Nummern (5, 7, 9 usw.) bis zu deren Ende. Die andere Straßenseite (mit den geraden Hausnummern) wird nicht begangen, sondern es geht weiter mit der niedrigsten angegebenen Nummer der Poststraße, also bei Poststraße Nr. 26. Hier laufen Sie, immer auf derselben Seite bleibend, bis zur Nr. 82, anschließend gehen Sie die Poststraße auf der anderen Seite bei Nr. 79 beginnend bis zur Nr. 31 zurück. Die nächste Straße für die Adressenermittlung ist dann die Bahnhofstraße. Da keine Nummern in der Beschreibung angegeben sind, gehören beide Seiten mit allen Wohnungen zu Ihrem Gebiet. Sie starten hier bei der niedrigsten vorhandenen Nummer (meist wird dies die Nr. 1 sein) und begehen die entsprechende Straßenseite vollständig. Anschließend gehen Sie die Bahnhofstraße auf der anderen Straßenseite, bei der höchsten Hausnummer beginnend, wieder zurück. Hätten Sie dann immer noch keine 30 Adressen zusammen, kämen dann noch die Einsteinstraße und die Hansastraße in den angegebenen Abschnitten nach dem gleichen System an die Reihe.

b) In den Fällen, in denen wir für Ihr Gebiet keine Straßennamen vorgegeben haben, finden Sie auf dem Adressenblatt bei der Rubrik Startadresse einen eingekreisten Buchstaben, zum Beispiel G. Ihre Startadresse ist dann die in alphabetischer Reihenfolge erste Straße in Ihrem Begehungsgebiet mit dem Anfangsbuchstaben G.

Diese Straße begehen Sie genauso, wie unter a) beschrieben. Die nächste Straße, die Sie dann nach den gleichen Regeln begehen müssen, ist dann die im Alphabet folgende Straße und so weiter.

Am besten nehmen Sie dazu einen Stadtplan zu Hilfe, der ein vollständiges, alphabetisch geordnetes Straßenverzeichnis enthält. Dort können Sie einfach alle Straßen, die in Ihrem Bezirk liegen, kennzeichnen und können dann leicht, mit dem Buchstaben G beginnend, die richtige Reihenfolge für die Begehung ablesen.

Sollte es einmal vorkommen, daß es keine Straße mit dem vorgegebenen Buchstaben als Anfangsbuchstaben gibt, dann beginnen Sie einfach mit dem nächsten Buchstaben im Alphabet, in unserem Beispiel also mit »H«. Dabei gilt die Regel, daß nach dem letzten Buchstaben »Z« mit dem Buchstaben »A« fortgesetzt wird.

4. Auflistung von Adressen auf Ihrem Weg

Auf der beigefügten Adressenliste finden Sie die Anweisung, ob in Ihrem Bezirk jeder Haushalt oder nur jeder zweite, dritte oder fünfte Haushalt aufgelistet werden soll. Sollten Sie etwa laut Anweisung jeden fünften Haushalt in Ihrem Gebiet aufnehmen, so müssen Sie, beginnend mit dem ersten Haushalt bei Ihrer Startadresse, sämtliche Privathaushalte (wie unter Punkt 1 beschrieben), mit 1 beginnend, abzählen und die genaue Anschrift jedes fünften Privathaushalts notieren. Die erste Adresse, die Sie zu notieren haben, wäre also die des fünften Haushalts von der Startadresse ab gezählt. Dabei zählen Sie in den Häusern an dem Ihnen beschriebenen Weg die Wohnungstüren beziehungsweise Wohnungseingänge, und zwar vom Erdgeschoß aufwärts bis ins oberste Stockwerk. Beachten Sie dabei auch eventuell vorhandene Kellerwohnungen oder Souterrains, die noch vor den Wohnungen des Erdgeschosses zu zählen sind. Beim Aufstieg in die oberen Stockwerke müssen Sie, falls vorhanden, auch die Zwischenstockwerke berücksichtigen. Schließlich müssen Sie noch auf Mansardenwohnungen, ausgebaute Dachstudios und so weiter achten.

Innerhalb jeder Etage beginnen Sie mit dem Haushalt, der sich ganz links vom Aufgang befindet, und fahren mit Zählen und Notieren im Uhrzeigersinn bis zum ganz rechts gelegenen Haushalt fort.

Schließlich müssen Sie auch die Hinterhäuser und Anbauten besonders sorgfältig berücksichtigen. Zuerst suchen Sie bitte immer das Vorderhaus und danach das Hinterhaus auf. Bei Häusern mit gleicher Nummer (z. B. 13a, 13b, 13c) gehen Sie bitte in alphabetischer Reihenfolge vor.

Sollten an einer Wohnungstür zwei oder mehrere Namensschilder vorhanden sein, müssen Sie unbedingt ermitteln, ob es sich hier um einen oder mehrere Haushalte handelt (vergleiche Punkt 1). Für die Reihenfolge des Zählens und Notierens gilt dann bei mehreren Haushalten innerhalb einer Wohnung die alphabetische Anordnung der Familiennamen der Haushaltsvorstände.

Ebenso müssen Sie sich bei Wohnungen, an denen kein Namensschild vorhanden ist, zum Beispiel durch Anfrage bei Nachbarn vergewissern, ob hier jemand wohnt oder nicht. Derartige Wohnungen zählen nur dann nicht, wenn sie leerstehen.

Bei Anstalten, Fabriken, Schulen, Verwaltungsgebäuden, Geschäftshäusern und so weiter müssen Sie überprüfen, ob es dort auch Privathaushalte gibt, die Sie mitzählen müssen.

5. Ausfüllen der Adressenliste

Zugegeben, diese Adressenermittlung mutet zunächst recht schwierig an, aber in Wirklichkeit ist sie es gar nicht. Sie müssen sich nur genau klarmachen, welchen Bezirk Sie zu begehen haben und in welcher Reihenfolge Sie vorgehen müssen. Dann zählen Sie einfach alle Privathaushalte, wie beschrieben, ab und notieren gemäß dem auf der Adressenliste angegebenen Abstand die Adresse jedes soundsovielten Privathaushaltes.

Das korrekte Ausfüllen der Adressenliste ist für uns genau so wichtig wie die richtige Vorgehensweise. Zu jeder Haushaltsadresse benötigen wir, wie aus der Liste ersichtlich ist, den Familiennamen und, soweit er auf dem Namensschild angegeben ist, den Vornamen oder den Anfangsbuchstaben des Vornamens des Haushaltsvorstandes. Außerdem notieren Sie bitte immer den Straßennamen und die Nummer des Hauses.

Bitte tragen Sie sämtliche Angaben unbedingt gut lesbar mit Blockschrift in die Liste ein!

Schließlich möchten wir Sie bitten, Ihre Adressenliste vor der Rücksendung noch einmal zu überprüfen: Es kann beim Aufnehmen der Adressen vorgekommen sein, daß Eintragungen ungenau vorgenommen wurden oder gar Hausnummern vergessen wurden.

6. Was tun bei unvorhergesehenen Schwierigkeiten?
Wir haben uns bemüht, alle möglichen Umstände bei der Adressenermittlung zu berücksichtigen. Allerdings ist es im Einzelfall durchaus möglich, daß die örtlichen Gegebenheiten nicht mit unserer Anweisung in Einklang zu bringen sind. Sei es, etwa in kleinen Dörfern, daß es keine Straßennamen oder kein Numerierungssystem gibt, sei es, etwa in dünn

GEBIETSBESCHREIBUNG für die Adressenermittlung

Einsatzort: Hamburg-Finkenwerder

Spot-Nr.: 7/41

Ermittlungsgebiet:

Emder Straße
Ostfrieslandstraße
Norderneyweg
Finkenwerder Landscheideweg 60-98
Finkenwerder Norddeich 61-93, 88-62
Harlinger Landweg
Mellumer Weg
* Stader Chaussee 1-29
Norderschulweg
Steendiek 1-13
Uhlenhoffweg

Abb. 42

ADRESSENLISTE

INTERVIEWER: A. Kröger	WOHNORT: Hamburg-Sasel
SPOT-NR.: 7/41	EINSATZORT: Hamburg-Finkenwerder
Aufzunehmen ist jeder 5. Haushalt	
STARTADRESSE: Stader Chaussee	

ACHTUNG INTERVIEWER: Bitte unbedingt in Blockschrift schreiben!

Lfd. Nr.	Straße	Haus-nummer	Familienname	Vorname
1.	STADER CHAUSSEE	3a	FREFAT	ALWINE
2.	STADER CHAUSSEE	5	PETERSEN	GEORG
3.	STADER CHAUSSEE	7	GLEICH	SUSANNE
4.	STADER CHAUSSEE	11c	GRABOWSKI	WALTRAUT
5.	STADER CHAUSSEE	13	SCHNEEKLOTH	CHRISTA
6.				

Abb. 43

besiedelten Gebieten, daß der Auswahlabstand zu groß geraten ist. Bitte schicken Sie uns dann Ihre Unterlagen nicht gleich unbearbeitet oder unvollständig ausgefüllt zurück, sondern rufen Sie kurz im Interviewer-Ressort an. Dort wird man Ihnen sofort für Ihre konkrete Situation eine praktische Lösung anbieten können.

Stichproben mit Denkfehlern

Das einfache Prinzip des Zufallsmechanismus der Random-Stichprobe täuscht darüber hinweg, wie leicht unscheinbare Denkfehler die Auswahl verderben können. Kellerer gibt dafür das folgende Beispiel:

»Es soll im Interviewer-Verfahren eine Untersuchung über die soziale Lage der Münchener Familien, die volksschulpflichtige Kinder haben, durchgeführt werden. Da es ein Adressenverzeichnis dieser Familien nicht gibt, hilft man sich so: In jeder Volksschule wird von jedem 10. Kind die Adresse der Eltern erfragt und zu diesen ein Interviewer geschickt. Daß diese Auswahl falsch ist, ergibt sich so: Familien mit z. B. 3 volksschulpflichtigen Kindern haben gegenüber Familien mit nur 1 volksschulpflichtigen Kind eine dreifache Chance, in die Auswahl zu kommen. Man kann diese ›Verzerrung‹ nachträglich durch eine entsprechende Gewichtung der Ergebnisse beseitigen, indem Familien mit 1 Kind das Gewicht 1, Familien mit 2 Kindern das Gewicht 1/2, Familien mit 3 Kindern das Gewicht 1/3 usw. bekommen.«[33]

Einen sehr viel gröberen Fehler zeigt der folgende Fall:

Eine überregionale Tageszeitung will ermitteln, wie zufrieden ihre Leser mit der Zeitung sind, welche Artikel sie bevorzugen, wo sie die Zeitung lesen, zu Hause, in der U-Bahn, bei der Arbeit. Zu diesem Zweck wählt sie nach dem Zufallsprinzip aus ihrer Abonnentendatei 1000 Privatadressen aus, an die ein Fragebogen verschickt wird mit der Bitte, ihn auszufüllen und in einem beigefügten Freiumschlag zurückzuschicken. Eine Fehlerquelle liegt darin, daß nur die Abonnenten der Zeitung einen Fragebogen bekommen, nicht aber die Leser, die ihre Zeitung am Kiosk kaufen. Diese Kiosk-Käufer spielen gerade bei überregionalen Zeitungen eine große Rolle, sie unterscheiden sich auch höchstwahrscheinlich sowohl in ihren demographischen und psychologischen Merkmalen als auch in ihren Lesegewohnheiten und Interessen von den Abonnenten. Es wird also nur ein bestimmter Teil der Leserschaft erfaßt, die Abonnenten, während gerade die Kiosk-Käufer ein besonders inter-

[33] 1963, S. 156.

essantes Segment darstellen mit der Chance, sie als Abonnenten zu gewinnen. Dazu kommt, daß trotz des beigefügten Freiumschlags vielleicht nur 20 Prozent der angeschriebenen Haushalte antworten werden. Es ist nun aber wahrscheinlich, daß diejenigen Leser, die sich ihrer Zeitung stark verbunden fühlen und mit ihr besonders zufrieden sind, eine höhere Antwortfreudigkeit haben als die übrigen, so daß die Marktforscher des Verlages aufgrund ihrer Umfrage zu unberechenbar verzerrten Ergebnissen kommen.

Der Übergang von schriftlichen Umfragen auf mündliche mit sorgfältig kontrollierter repräsentativer Stichprobe ist ja – soweit es die Verallgemeinerungsfähigkeit der Ergebnisse betrifft – der entscheidende Fortschritt der Demoskopie seit dem Durchbruch bei den amerikanischen Präsidentschaftswahlen von 1936. Damals wurde vor der ganzen Welt demonstriert, daß 10 Millionen verschickte Fragebogen zu einem falschen Ergebnis und wenige tausend Interviews mit repräsentativem Querschnitt zu der richtigen Prognose führten. Das Prinzip heißt: Es darf nicht von der Entscheidung des einzelnen abhängen, ob er in die Stichprobe gelangt oder nicht (»self selection«), sondern alle Personen, die zum »Universum« gehören, für das die Ergebnisse verallgemeinert werden sollen, müssen die gleiche oder berechenbare Chance haben, in die Stichprobe zu gelangen. Heute, siebzig Jahre später, sind Meinungsumfragen in der ganzen Welt populär geworden, und damit hat sich die Neigung, Umfragen zu veranstalten, außerordentlich gesteigert, oft ohne daß die Vorbedingung, daß nämlich eine repräsentative Stichprobe ermittelt werden muß, noch beachtet wird. Das Ergebnis solcher nichtrepräsentativen Umfragen – dazu zählen heute auch die meisten Internet-Umfragen – ist zwischen Zeitverschwendung und Betrug einzustufen.

Die Quotenmethode

Die Auswahl nach Quoten strebt das gleiche Ziel an wie die Random-Auswahl – einen modellgerechten Miniaturquerschnitt für die Befragung zu erhalten –, nimmt aber praktisch den entgegengesetzten Ausgangspunkt. Anstatt von der Grundgesamtheit auszugehen und aus ihren »Elementen« in verschiedenen zufallsgelenkten Schritten die Zielperson für die Stichprobe auszuwählen, beginnt man mit einer Aufstellung der statistischen Proportionen der Grundgesamtheit. An Hand von Daten der amtlichen Statistik oder von bereits durchgeführten Repräsentativerhebungen kommt man beispielsweise zu der Feststellung, daß 52 Prozent der Grundgesamtheit (Bevölkerung in Deutschland von 16 Jahren an) Frauen sind und 48 Prozent Männer; daß 17 Prozent unter 30, 28 Prozent zwischen 30 und 44 Jahren, 23 Prozent zwischen 45 und 59 Jahren, 32 Prozent 60 Jahre und älter sind.[34]

Weiterhin ist bekannt, wieviel Prozent in Landgemeinden (weniger als 2000 Einwohner) wohnen, wieviel in Kleinstädten (2000 bis unter 20 000 Einwohner), wieviel in Mittelstädten (20 000 bis unter 100 000 Einwohner) und wieviel in Großstädten wohnen, wie sie sich auf die verschiedenen Bundesländer und innerhalb der Bundesländer auf die Regierungsbezirke verteilen. Man kennt den Anteil der Berufstätigen und Nichtberufstätigen und weiß auch, wieviel den verschiedenen Berufsgruppen (Arbeiter, Angestellte, Beamte, Landwirte, selbständige Geschäftsleute, freie Berufe) angehören.

Da der modellgerechte Miniaturquerschnitt die gleichen Proportionen besitzen soll, arbeitet man für jeden Interviewer, der an der Umfrage beteiligt ist, eine »Quote« aus: wieviel Männer und Frauen er befragen soll, wieviel Angehörige der verschiedenen Altersgruppen, wieviel Berufstätige, wieviel Personen aus den verschiedenen Berufsgruppen und wieviel nichtberufstätige Angehörige in den verschiedenen Berufskreisen. Werden diese ausgearbeiteten Quoten zusammengesetzt, so ergibt sich in allen diesen statistischen Proportionen das Bild der Grundge-

[34] Angaben nach Mikrozensus 2002.

samtheit. Die richtige Verteilung auf Ortsgrößen, Länder oder Regierungsbezirke ergibt sich in der Regel aus der Zahl der Aufträge an die Interviewer in den verschiedenen Gebieten und in den verschiedenen Ortsgrößen. Die Repräsentanz auch in den übrigen, nicht durch Quote gesteuerten Merkmalen wird erreicht, indem die Interviewer bei ihrem Bemühen, die aufgegebenen Quoten zu erfüllen, praktisch zu einer Zufallsauswahl von Befragten veranlaßt werden. An welche Bedingungen dieser Vorgang geknüpft ist, wird auf S. 278 bis 279 näher beschrieben.

Eine »Quotenanweisung« für den einzelnen Interviewer sieht beispielsweise so aus wie in Abbildung 44 wiedergegeben.«

Innerhalb der angegebenen Quoten haben die Interviewer freie Hand, wen sie sich zur Befragung auswählen. Allerdings dürfen sie dieselbe Person nicht öfter als einmal im halben Jahr befragen.[35]

[35] Siehe Interviewer-Anweisung (S. 345).

Quotenanweisung

Name des Interviewers: L. Mahler

Wohnort: Berlin

Insgesamt: 5 Interviews

im Wohnort/in: Berlin

Umfrage 1767

Fragebogen Nr.: 51–55

Gemeindegröße:

Gemeinden unter 2000 Einwohner*	1	2	3	4	5	6	7	8	9	10
2000 – unter 5000 Einwohner*	1	2	3	4	5	6	7	8	9	10
5000 – unter 20000 Einwohner*	1	2	3	4	5	6	7	8	9	10
20000 – unter 100000 Einwohner*	1	2	3	4	5	6	7	8	9	10
100000 – unter 500000 Einwohner*	1	2	3	4	5	6	7	8	9	10
500000 und mehr Einwohner*	1	2	3	4	5	●	7	8	9	10

Alter:	2 männlich					3 weiblich				
16–29 Jahre	1	2	3	4	5	1	●	3	4	5
30–44 Jahre	1	●	3	4	5	1	2	3	4	5
45–59 Jahre	1	2	3	4	5	1	●	3	4	5
60 Jahre und älter	1	●	3	4	5	1	●	3	4	5

Berufstätige:										
Landwirte und mithelfende Familienangehörige in der Land- und Forstwirtschaft (auch Gartenbau und Tierhaltung)	1	2	3	4	5	1	2	3	4	5
Arbeiter (auch Landarbeiter, Facharbeiter, nichtselbständige Handwerker und Auszubildende)	1	2	3	4	5	1	●	3	4	5
Angestellte und Beamte (auch Auszubildende und Soldaten)	1	●	3	4	5	1	2	3	4	5
Selbständige und mithelfende Familienangehörige in Handel und Gewerbe (auch freie Berufe)	1	●	3	4	5	1	2	3	4	5
Nichtberufstätige (auch Arbeitslose): (Bei Rentnern [-innen] frühere Berufsstellung, bei Arbeitslosen letzte Berufsstellung, bei Hausfrauen, Schülern [-innen], Studenten [-innen] usw. Berufsstellung des Ernährers)										
Landwirte (auch Gartenbau, Tierhaltung)	1	2	3	4	5	1	2	3	4	5
Arbeiter (auch Landarbeiter, Facharbeiter usw.)	1	2	3	4	5	1	2	3	4	5
Angestellte und Beamte	1	2	3	4	5	1	●	3	4	5
Selbständige in Handel und Gewerbe (auch freie Berufe)	1	2	3	4	5	1	●	3	4	5

Anmerkung:

Gültig sind die Zahlen vor jedem Punkt. Wäre zum Beispiel in der Zeile »Arbeiter, weiblich« die Zahl 3 gestempelt, so wären in diesem Falle zwei Arbeiterinnen zu interviewen. Im übrigen streichen Sie bitte die zutreffenden Angaben der Statistik nach jedem Interview ab, damit Sie gleich übersehen können, wieviel Interviews in der betreffenden Kategorie noch weiterhin durchzuführen sind.

* Maßgebend ist die Einwohnerzahl der gesamten Gemeinde, nicht die Größe von Ortsteilen oder eingemeindeten Vororten.

Abb. 44

Repräsentative und nichtrepräsentative Quotenauswahl[36]

Das Quoten-Verfahren, das in der Praxis eine so große Rolle spielt, wird oft mißverstanden. Die Repräsentanz der Quoten-Stichprobe wird nicht gesichert, indem bestimmte »quotierte« Merkmale – Geschlecht, Alter usw. genauso verteilt sind wie in der Grundgesamtheit. Man kann sich zahlreiche Stichproben denken – beispielsweise Patienten von Krankenhäusern oder Bahnreisende –, die in ihrer Zusammensetzung nach Geschlecht, Alter, Berufsgruppe, regionaler Verteilung den Proportionen der erwachsenen Bevölkerung Deutschlands genau entsprechen, ohne deshalb in irgendeiner Weise eine repräsentative Stichprobe der erwachsenen Bevölkerung zu bilden.

Die wirkliche Funktion der Quoten ist: sie sollen den Interviewer zu einer Zufallsauswahl veranlassen, bei der jedes Mitglied der Grundgesamtheit praktisch die gleiche Chance hat, in die Stichprobe zu gelangen; ohne das Wirken eines solchen Zufalls-Mechanismus ist die Bildung einer repräsentativen Stichprobe nicht möglich. Erst in zweiter Linie wirken die Quoten außerdem wie eine »Schichtung« bei Random-Stichproben[37], indem sie in bestimmten Merkmalen die Übereinstimmung zwischen Stichprobe und »Universum« sichern. Die wirkliche Aufgabe der Quoten – den Interviewer zu einer Zufallsauswahl zu veranlassen – zu kennen, ist wichtig, um die Methode richtig zu handhaben, z.B. den richtigen Schwierigkeitsgrad der Quote zu finden, weder zu leicht noch zu schwer, und als Quotenmerkmale Punkte zu wählen, bei denen es mit der Zufallsauswahl hapern könnte. So muß der Interviewer z.B. durch Quoten gezwungen werden, aus seiner eigenen sozialen Schicht oder Alters- oder Geschlechtsgruppe herauszugehen

[36] Siehe Gerhard Schmidtchen: Die repräsentative Quotenauswahl. Bericht über ein Quota-Random-Experiment des Instituts für Demoskopie Allensbach, unveröffentlichtes Manuskript, Allensbach 1962, wo diese Unterscheidung erstmals getroffen wird. Auch in: G.Schmidtchen: Representative Quota Sampling. Experimental Comparisons between Quota and Random Samples together with some Conclusions. Vortrag beim ESOMAR-Kongreß in Evian am 4. September 1962. Die folgenden Abschnitte über das Quotenverfahren stützen sich zum Teil auf diese Arbeiten.

[37] Siehe S. 240–241.

sowie Personen zu befragen, die seltener zu Hause sind, wie beispielsweise berufstätige, insbesondere jüngere Menschen.

Gleiche Chance für jeden

Diese Bedingungen herzustellen, ist nicht einfach. Die Interviews müssen beispielsweise auf eine große Zahl von Interviewern verteilt werden. Die Fragebogen müssen eine Themenmischung enthalten; denn die Interviewer haben – auch wenn sie ausdrücklich instruiert werden, eine neutrale Auswahl zu treffen – eine unbewußte Tendenz, bei Befragungen, die sich auf nur ein Thema konzentrieren, Personen auszuwählen, die ihnen besonders sachverständig erscheinen. Die Tendenz, sich zur Klärung von Fragen an sachverständig scheinende Menschen zu wenden, ist eine von früher Kindheit an tief verwurzelte Gewohnheit, gegen die schwer anzugehen ist. Sobald Interviewer das gleiche tun und sich bei einer politischen Umfrage an politisch interessiert wirkende Personen wenden, bei einer Umfrage über Versicherungen an in Finanzfragen besonders Sachkundige, bei kirchlichen Themen an besonders religiöse Leute, sind die Ergebnisse nicht mehr zu verallgemeinern. Gerade verallgemeinern zu können ist jedoch der Sinn einer Repräsentativ-Umfrage. Um eine statistisch neutrale Auswahl der Versuchspersonen bei Anwendung der Quoten-Methode zu sichern, empfiehlt es sich daher, entweder den Gegenstand der Untersuchung durch Vorschaltung einiger thematisch anderer Fragekomplexe zu tarnen, oder die zu klärenden Fragen in einen sogenannten »Omnibus«, eine Mehr-Themen-Umfrage, einzuschließen, die verschiedene, sich gegenseitig nicht beeinflussende Themen nacheinander behandelt.

Auch die Art der Quotenvorschriften trägt dazu bei, praktisch eine Zufallsauswahl herbeizuführen. Zunächst wird mit Hilfe der Quoten die richtige Besetzung von »Schichten« erreicht. Innerhalb der Schichten aber wird offenbar ein Zufalls-

Mechanismus wirksam, indem die Interviewer angesichts der Schwierigkeit, die in ihre Quoten passenden Personen zu finden, von persönlichen Vorlieben und Bequemlichkeiten abgehen müssen, und damit wird praktisch die gleiche Auswahlchance für jeden gesichert.

Es könnte naheliegen, den Interviewern möglichst schwer erfüllbare Quoten aufzugeben, um sie damit zu einer um so »zufälligeren« Auswahl zu zwingen. Der Bogen sollte aber nicht überspannt werden. Durch gar zu komplizierte Vorschriften kann man die Interviewer leicht zum Fälschen erziehen, indem sie auf den Gedanken verfallen, die statistischen Daten ihrer Befragten kurzerhand der Quote »anzupassen«.

Das Mißverständnis der gezielten oder bewußten Auswahl

Die Quoten-Methode wird häufig auch als »bewußte« oder »gezielte« Auswahl bezeichnet.[38] Bei diesem Ausdruck spielt teilweise die Vorstellung mit, eine nach Quoten ausgewählte Stichprobe sei nur in den eng mit den Quotenmerkmalen verknüpften Bereichen repräsentativ. Man müsse darum je nach dem Thema der Untersuchung Quoten ausgeben, bei denen man einen starken Zusammenhang mit dem Untersuchungsgegenstand vermuten könne.[39]

Wurde zuvor bei jeder Übereinstimmung zwischen bestimmten statistischen Daten einer Stichprobe mit denjenigen der Grundgesamtheit voreilig ein insgesamt repräsentativer Charakter unterstellt (Beispiel: Personen, die man am Bahnhof nach

[38] Z. B. bei Friedrichs 1985, S. 130–135.

[39] Z. B. Kromrey 1991: »Die Merkmale müssen mit den Untersuchungsmerkmalen ausreichend hoch korrelieren, damit aus der Repräsentativität im Hinblick auf die Quotierungsmerkmale auch auf die Repräsentativität hinsichtlich der eigentlich interessierenden Variablen geschlossen werden kann.« Daß es sich bei der Quotenauswahl nicht um den Typ der »bewußten Auswahl« handelt, wird dargelegt von Ulrich Peter Beck: Über den Unterschied zwischen Quoten-Verfahren und bewußter Auswahl. Allensbach 1963.

Quoten ausgewählt hat oder Testpersonen im psychologischen Institut, deren Gruppe nach Geschlecht, Alter und Bildung zusammengesetzt ist wie die Bevölkerung insgesamt), so läuft hier das Mißverständnis umgekehrt. Man hält bei allen Quoten-Stichproben nur den Bereich für repräsentativ, der durch die Quote gesteuert wurde, und verwirft den Anspruch der Repräsentation für alle mit den Quotenmerkmalen nicht eng verknüpften Sachverhalte.

Eine in so begrenztem Sinn repräsentative Stichprobe wäre allerdings bei den meisten Untersuchungsaufgaben nutzlos. Durch richtige Handhabung – Erfüllung aller Bedingungen für eine neutrale Auswahl – kommt es darauf an, auch bei der Quotenauswahl einen so allgemein repräsentativen Charakter zu sichern, daß alle Einzelergebnisse, die an der Stichprobe ausgezählt werden, gleichfalls die Verhältnisse der Grundgesamtheit widerspiegeln. Der Nachweis, daß dies nicht etwa nur gelegentlich, sondern mit Sicherheit erreicht werden kann, ist oft erbracht worden.[40]

Ohne daß die Quotenanweisungen an die Interviewer etwas über den Familienstand, die Konfession oder die Größe des Haushalts, in dem die Befragten leben, aussagen, ergeben sich die Proportionen, die die amtliche Statistik in diesen Merkmalen für die Bevölkerung ausweist, auch in der Quoten-Stichprobe.[41]

Das gleiche gilt beispielsweise auch für den ebenfalls anhand offizieller Daten leicht zu kontrollierenden Anteil der Gewerkschaftsmitglieder. Zur Überprüfung der Methode werden bei Umfragen nach der Quoten-Methode laufend wechselnde Fragen nach Sachverhalten eingeschlossen, die sich an externen Daten[42] kontrollieren lassen. Weichen bei repräsentativer Orts-

[40] Siehe Fußnote 59 auf S. 270–271.

[41] Beispiel siehe S. 265.

[42] Außerdem werden interne Kontrollen vorgenommen. Beispielsweise müssen in einer für die Gesamtbevölkerung repräsentativen Stichprobe ebensoviel verheiratete Männer wie Frauen sein (abgesehen von geringfügigen Abweichungen, die auch die amtliche Statistik aufweist). – Eine andere Kontrollmöglichkeit zur Auswahl der befragten Personen in den Haushalten beschreibt Tennstädt: Man sortiert die Umfrageergebnisse nach der Zahl der Erwachsenen im Haushalt und erhält z. B. fünf Gruppen: Alleinstehende, Befragte aus Zwei-, Drei-, Vierpersonen-Haushalten und Befragte aus Haushaltungen, die fünf und mehr Erwachsene umfassen. Nun greift man ein Merkmal heraus, das nur jeweils für ein einziges erwachsenes Haushaltsmitglied zutreffen kann, beispielsweise: Hauptverdiener oder der Älteste im Haus-

Der repräsentative Bevölkerungsquerschnitt

Wie setzt sich die deutsche Bevölkerung ab 16 Jahren in Deutschland zusammen?

Original- und Schätzwerte nach dem Mikrozensus 2002

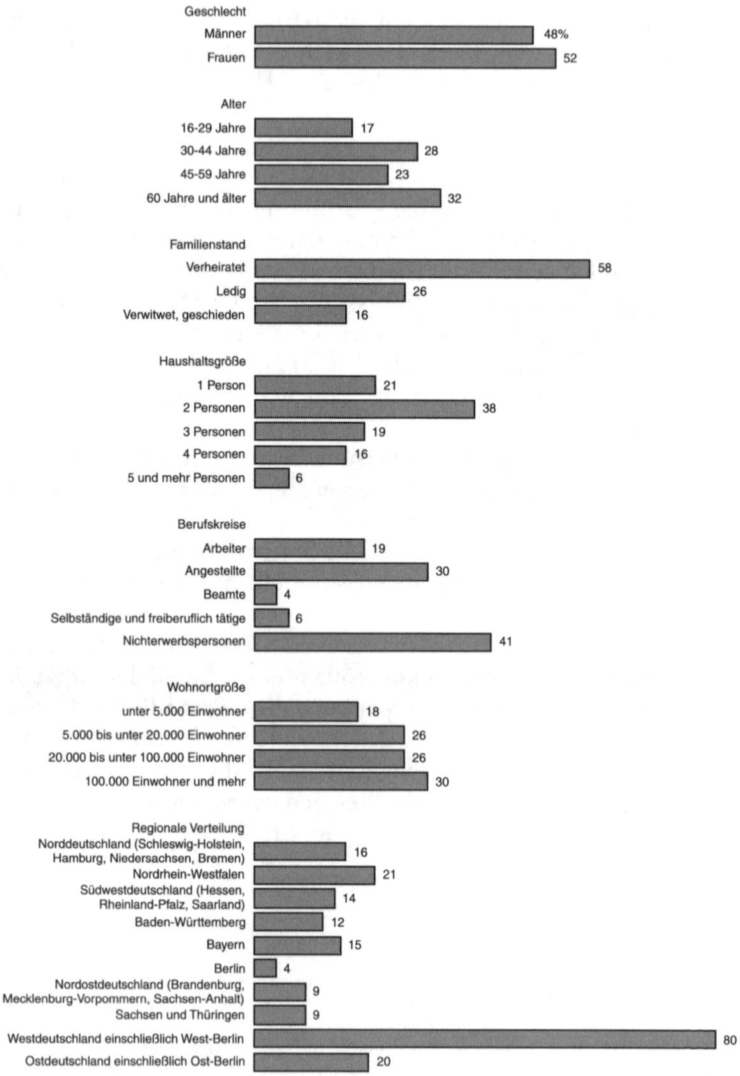

Abb. 45

auswahl die Ergebnisse der Quotenumfrage von den Kontrolldaten ab, empfiehlt es sich zu überprüfen, ob das Kontrollmerkmal nicht verschieden definiert war, so daß hier und da in Wirklichkeit etwas Verschiedenes gezählt wurde.

Für und wider »Random« und Quote

Die Entwicklungsgeschichte der Umfrageforschung wurde über Jahrzehnte hinweg stark durch die Auseinandersetzung über die Vorzüge und Nachteile der Random- und der Quotenauswahl beherrscht.

Diese Debatte war teilweise überraschend hitzig[43], weil es nicht nur um reine Sachfragen ging, sondern persönliche geistige Dispositionen – mehr rationalistischer oder mehr psychologischer, mehr theoretischer oder mehr empirischer Art – mit ins Spiel kamen.

Zugunsten der »echten« Random-Stichprobe spricht stark die hier vollständig entwickelte Theorie. Nur die Random-Auswahl erfolgt, wie beschrieben[44], nach wahrscheinlichkeitstheoretischen Modellen. Rein theoretisch – aber auch nur theoretisch – kann man das Gesetz der großen Zahl und die davon abgeleiteten statistischen Fehlerspannen beim heutigen Stand der Wissenschaft deshalb tatsächlich nur auf Ergebnisse von Repräsentativ-Erhebungen anwenden, die auf Random-Stichproben basieren. Ein Beispiel: Bei einer Befragung eines reprä-

halt usw. Da das betreffende Merkmal nur ein einziges Mal in jedem Haushalt vorkommen kann, müssen es 100 Prozent der Alleinstehenden aufweisen, 50 Prozent der Befragten aus Zweipersonen-Haushalten, 33 Prozent der Personen aus Dreipersonen-Haushalten und so fort. Friedrich Tennstädt: Über innere Kontrollen des repräsentativen Charakters von Stichproben. Unveröffentlichtes Manuskript, Allensbacher Archiv.

[43] Z. B. Friedrich Wendt: Wann wird das Quotensystem begraben? In: Allgemeines Statistisches Archiv, 1960, 1. Heft. Diese Streitschrift wird beantwortet durch Ulrich Beck: Über den Unterschied zwischen Quoten-Verfahren und bewußter Auswahl. Allensbacher Archiv o. J.

[44] Siehe S. 237.

sentativen Querschnitts von 2000 Personen wird der Vorschlag einer stärkeren Selbstbeteiligung bei Krankheitskosten von 25 Prozent der berufstätigen Arbeitnehmer bejaht. Nach der Wahrscheinlichkeitsrechnung beträgt die Fehlerspanne bei einer von 25 Prozent erteilten Antwort und einer Basis von 2000 Personen + 1,94 Prozentpunkte bei einem Signifikanzniveau von 95 Prozent (doppelter Standard-Fehler[45]).

Theoretisch kann man nur unter der Bedingung, daß die 2000 Personen nach einem Random-Modell ausgewählt wurden, dieses Ergebnis in der folgenden Form verallgemeinern: Mit 95prozentiger Sicherheit würden bei einer Befragung aller Arbeitnehmer in Deutschland zwischen 23 Prozent und 27 Prozent die Frage nach der Selbstbeteiligung bejahen.

»Das Ziel muß sein«, schreibt Kellerer, »die Stichprobe mit vertretbarem Aufwand an Kosten und Zeit so zu planen, daß das Risiko eines falschen Schlusses möglichst klein wird. Die Größe des Fehlerrisikos – oder anders gesehen: der Sicherheitsgrad der Aussage – muß durch eine bestimmte Zahl ausgedrückt werden können.«[46]

Diese Bedingung erfüllt – aus Sicht des Statistikers – nur eine Erhebung auf der Grundlage einer Random-Stichprobe. Nur bei einer Random-Auswahl scheinen alle subjektiven Einflüsse systematisch soweit wie möglich ausgeschaltet zu sein, so daß sich das Wahrscheinlichkeitsgesetz ungehindert auswirken kann. Trotz zahlreicher empirischer Bewährungsproben ist ein theoretischer Beweis bisher noch nicht erbracht worden – und läßt sich vielleicht auch nie erbringen –, daß bei richtig gehandhabter Quotenauswahl (Erfüllung bestimmter Bedingungen in der Steuerung der Interviewer) die Ergebnisse gleichfalls innerhalb entsprechender Fehlerspannen verallgemeinert werden dürfen. Lediglich die Wahrscheinlichkeit, daß eine solche Verallgemeinerung zulässig ist, kann durch systematische Experimente zunehmend untermauert werden.

Das Institut für Demoskopie Allensbach hat während der letzten Jahrzehnte mehrmals Vergleichsexperimente durchgeführt, bei denen mit dem gleichen Fragebogen je ein Random- und ein Quotenquerschnitt zum selben Zeitpunkt befragt

[45] vgl. S. 224–226.
[46] Kellerer 1963, S. 115.

wurde. Jedesmal stimmten die Ergebnisse fast vollständig überein.[47]

Quote-Random-Vergleich
Struktur in nichtquotierten Merkmalen

	Quote	Random	Amtliche Statistik
	%	%	%
Konfession			
Protestanten	51	49	48
Katholiken	42	43	44
Andere und ohne Konfession	7	8	8
	100	100	100
Gewerkschaftlich			
– organisiert	20	20	21
– nicht organisiert	80	80	79
	100	100	100
Familienstand			
verheiratet	65	73	66
ledig	19	16	20
verwitwet, geschieden	16	11	14
	100	100	100
Haushaltsgröße			
Alleinstehende	18	9	16
2-Personen-Haushalt	28	28	30
3-Personen-Haushalt	21	22	22
4-Personen-Haushalt	17	22	19
5 und mehr Personen im Haushalt	16	19	13
	100	100	100

Quelle: Noelle-Neumann/Piel 1983

Bei der Ermittlung von Parteistärken erwies sich das Quoten-Verfahren sogar als überlegen:

[47] Schmidtchen, Quota-Sampling, 1962, Noelle-Neumann/Piel 1983, Allensbacher Werbeträger-Analyse (AWA) '85, Bd. 4: Methode/Fragebogen, S. 23–36, Allensbacher Werbeträger-Analyse (AWA) '86, Bd. 4: Methode/Fragebogen, S. 19–22, Allensbacher Werbeträger-Analyse (AWA) '87, Bd. 4: Methode/Fragebogen, S. 23–34.

Stimmen-verteilung:	Wahlberechtigte Bevölkerung in Schleswig-Holstein		
	Umfrageergebnisse vom August 1958 bei		Amtliches Wahlergebnis (Sept. 1958)
	Quoten-Auswahl	Random-Adressen-Auswahl	
	%	%	%
CDU	44	55	44,4
SPD	35	32	35,9
BHE	7	7	6,9
FDP	5	3	5,4
Andere Parteien	9	3	7,4
	100	100	100,0

Diese Experimente sind ein Grund dafür, daß trotz der Heftigkeit, mit der die Argumente vorgetragen wurden, die für die Random-Stichprobe sprechen, in Deutschland nach wie vor auch Quoten-Stichproben üblich sind, während in den USA, dem Land, in dem das Quoten-Prinzip erfunden wurde, heute ausschließlich Random-Stichproben gezogen werden.[48] Inzwischen haben sich die Wogen etwas geglättet, der Streit hat an Heftigkeit verloren. In Deutschland gelten Quote und Random allgemein als gleichwertig[49], in Großbritannien sind bereits zwei Umfrageinstitute, die Ende der sechziger Jahre das Random-System eingeführt hatten, zur Quoten-Stichprobe zurückgekehrt – der zuverlässigeren Ergebnisse wegen.[50] Trotzdem wird das Quoten-Verfahren auch heute noch in vielen Hand- und Lehrbüchern als »unwissenschaftliche Methode« nur am Rande behandelt.[51]

[48] Humphrey Taylor: Horses for Corses: How Different Countries Measure Public Opinion in Very Different Ways. In: The Public Perspective, Februar/März 1995, S. 3–7.

[49] So strich der Zentralverband der deutschen Werbewirtschaft (ZAW) in der Neuauflage des ZAW-Rahmenschemas für Werbeträger-Analysen, das die Regeln für Markt-Media-Untersuchungen festlegt, einen Passus, in dem es hieß, das Random-Verfahren sei dem Quotenverfahren vorzuziehen. ZAW-Rahmenschema für Werbeträgeranalysen. Allgemeine Regeln. 4. Auflage. Bonn 1986, S. 12. ZAW-Rahmenschema für Werbeträgeranalysen. 8. Auflage. Bonn 1994, S. 16.

[50] Taylor 1995, S. 7.

[51] Z. B. bei Friedrichs 1985, S. 135 (»Das Ideal wissenschaftlicher Untersuchungen ist dagegen [nämlich im Vergleich zum Quotenverfahren] die Wahrscheinlichkeitsstichprobe.«) Kromrey 1991, S. 203–207. Schnell u. a. 1992, S. 309–314.

Gegen den Anspruch, bei einer Random-Auswahl die Fehlerspanne, mit der die Ergebnisse behaftet sind, zuverlässig berechnen zu können, wird geltend gemacht, die Personen einer Random-Stichprobe könnten niemals vollständig befragt werden; die mathematisch genaue Berechenbarkeit der Fehlerspanne sei eine Fiktion, wenn die »Zielpersonen« nur zu 70 oder 80 Prozent interviewt werden könnten und über die restlichen 20 oder 30 Prozent nichts zu sagen sei.

Um diesem Einwand zu begegnen, hat man alle nur erdenkliche Mühe aufgewendet, um eine vollzählige Befragung der Zielpersonen zu erreichen. Tatsächlich jedoch bereitet schon eine 60prozentige »Erfüllungsquote« größte Schwierigkeiten und verlangt einen außerordentlichen Grad an Geschicklichkeit und Ausdauer der Interviewer, die oft drei- oder viermal bei einer durch Zufalls-Mechanismus ausgewählten Adresse vorsprechen müssen, um die Zielperson befragen zu können. Aber auch Ausschöpfungsquoten von 50 Prozent und weniger sind – wenn ungünstige Bedingungen herrschen – keine Seltenheit mehr.[52] Die folgende Tabelle zeigt ein Beispiel aus dem Jahr 1986, als auf dem Höhepunkt einer öffentlichen Diskussion um den Datenschutz fast 60 Prozent der Zielpersonen trotz mehrmaliger Wiederholungsbesuche nicht befragt werden konnten.

Ausschöpfung der Random-Welle bei der Allensbacher Werbeträger-Analyse 1986

	absolut	%
1. Ausgangsstichprobe	2856	100
2. Qualitätsneutrale Ausfälle		
Adresse nicht auffindbar	166	5,8
– Wohnung unbekannt, Untermieterzimmer nicht mehr vermietet	45	1,6
– Haushalt gehört nicht zum befragten Personenkreis (Ausländer, Anstalt usw.)	48	1,7
– Zielperson angetroffen aber krank, kann Interview nicht folgen	86	3,0
– Zielperson spricht nicht deutsch	7	0,2
Summe der qualitätsneutralen Ausfälle	352	12,3
3. Bereinigte Stichprobe	2504	100

52 Jochen Hansen: 70 Prozent? Ein Beitrag zur Ausschöpfung von Random-Stichproben. In: Planung und Analyse, 10, 1988, S. 398–401.

4. Systematische Ausfälle		
– im Haushalt niemand angetroffen	274	10,9
– Haushalt verweigert Auskunft	280	11,2
– Zielperson nicht angetroffen	64	2,6
– Zielperson verweigert Interview	708	28,3
– Sonstige Ausfallgründe	73	2,9
– Ausfallgründe vom Interviewer nicht genannt	55	2,2
Summe der Ausfälle	1454	58,1
5. Durchgeführte Interviews	1050	41,9

Dieses Beispiel ist keineswegs ein Ausnahmefall: 1994 versuchte das Zentrum für Umfragen, Methoden und Analysen (ZUMA) in Mannheim mit großem Aufwand eine Random-Stichprobe so weit wie möglich »auszuschöpfen«. Fünfzehn Wochen lang mußten die Interviewer immer wieder und wieder versuchen, ihre Zielpersonen zu erreichen und zu einem Interview zu bewegen. In manchen Fällen zehnmal und häufiger. Nach Ablauf dieser drei Monate lagen Interviews von 53,6 Prozent aller Zielpersonen vor.[53] Solche Werte stellen aus Sicht des Statistikers eine Katastrophe dar: Eine Umfrage, die weniger als 70 Prozent der ursprünglich gezogenen Stichprobe umfaßt, kann kaum noch als repräsentativ für die Grundgesamtheit gelten, denn es spricht wenig dafür, daß Personen, die schwer zu erreichen sind oder ein Interview verweigern, sich sonst genauso verhalten und die gleichen Meinungen haben wie die übrige Bevölkerung. Für die Frage, welches Stichprobenmodell, Quote oder Random, im Zweifel vorzuziehen ist, heißt das: Das Hauptargument, das für die Random-Auswahl zu sprechen schien, hat keine Gültigkeit. In der Praxis erfüllt auch die Random-Stichprobe nicht die Anforderungen der Wahrscheinlichkeitstheorie. Darum sind bei genauer Betrachtung auch aus dem statistischen Blickwinkel beide Methoden in zwei Punkten gleichwertig: Beide haben sich in der Praxis als zuverlässig

[53] Achim Koch, Siegfried Gabler, Michael Braun: Konzeption und Durchführung der »Allgemeinen Bevölkerungsumfrage der Sozialwissenschaften« (ALLBUS) 1994. ZUMA-Arbeitsbericht 94/11, Dezember 1994. Dort S. 79–85. Einen ähnlichen Versuch machte das Institut für Demoskopie Allensbach Anfang der achtziger Jahre: Fünf Monate lang, von November 1981 bis Anfang April 1982 mußten die Interviewer immer wieder versuchen, die Zielpersonen zu erreichen. Erst dann war eine Ausschöpfungsquote von 70 Prozent erreicht. Allensbacher Archiv, IfD-Umfrage Nr. 1503.

bewährt und keine von beiden kann sich mehr als die andere auf eine mathematische Theorie berufen.

Die Anstrengungen, immer feinere Zufallsmodelle für die Auswahl der Zielperson auszudenken und die Interviewer zu einer immer größeren Zahl von Reisen und Besuchen, ohne Rücksicht auf Kosten und Zeit, anzuhalten, um eine Steigerung der »Ausschöpfung der Stichprobe« zu erzwingen, wecken – abgesehen von den sehr bescheidenen Erfolgen dieser Maßnahmen – zwei Vorwürfe. Der eine: Mit verbissenem Dogmatismus versucht man eine Berechenbarkeit von Kommastellen zu erzwingen und ignoriert dabei alle anderen Fehlerquellen, die unvermeidlich sind, wenn es nicht um schwarze oder weiße Kugeln, sondern um Menschen geht –, um Menschen, die fragen, und Menschen, die befragt werden oder auch die Befragung verweigern und im strengen Sinn nicht den mathematischen Gesetzen zu unterwerfen sind. – Tatsächlich sind die nichtstatistischen Fehlerquellen bei der Anwendung der Random-Auswahl in der Sozialforschung bisher kaum planmäßig untersucht worden; wir kehren zu diesem Punkt noch zurück.[54]

Der andere Vorwurf: Aus Perfektionismus wird ohne Rücksicht auf Zeit und Kosten ein Glied in der Kette einer empirischen Erhebung mit geringen Erfolgen immer stärker und stärker geschmiedet. Was nützt dies aber, wenn die Kette in ihren übrigen Gliedern reißt, wenn Fragebogen, Aufbereitung, Analyse nach dem heutigen Stand der Methodenlehre nicht annähernd so stark zu schmieden sind?

Zur Illustration ein Beispiel von Kellerer:[55]

Ein Markenartikelhersteller hat bisher seine Ware jeweils in einfacher Verpackung zu einem Verbraucherpreis von 4,50 DM abgegeben. Er will nun zu einer ansprechenderen, aber aufwendigeren Verpackung übergehen. Um die Investitionskosten zu decken, müßte er allerdings den Verkaufspreis auf 5 DM erhöhen. Seine Hypothese bei dieser Überlegung ist: Durch die Neuerung wird der mengenmäßige Absatz trotz der Preiserhöhung gesteigert. Er befragt nun 1000 der bisherigen Abnehmer, ob sie mit dieser Neuerung einverstanden sind, und macht von dem Ergebnis dieser Befragung seine Entscheidung abhän-

[54] Vgl. S. 271–276.
[55] 1963, S. 129–130, von den Autoren leicht redigiert und modernisiert, im Inhalt aber prinzipiell unverändert.

gig. Kellerer beschreibt, welchen Genauigkeitsgrad der Fabrikant von dem Ergebnis der Umfrage fordern müsse, und schließt: »Der Fabrikant wird sich also für einen Prüfplan entscheiden, durch den beispielsweise $\alpha = 0{,}05$ und $\beta = 0{,}02$, also $\beta < \alpha$ festgelegt sind.«

Während der Statistiker abwägt, ob ein Genauigkeitsgrad von $\alpha = 0{,}05$ für die Prüfung einer Hypothese des Markenartikelfabrikanten ausreicht, sieht der Psychologe und Sozialwissenschaftler mit Sorge, daß die Ermittlungsmethode – Befragung von 1000 der bisherigen Abnehmer, ob sie mit dieser Neuerung einverstanden sind – völlig unzureichend ist. Anhand des auf Seite 95 bis 97 gegebenen Katalogs läßt sich leicht erkennen, warum die Käufer die Frage nicht verläßlich beantworten können, ob sie für das Erzeugnis in der neuen gefälligen Verpackung fünfzig Pfennig mehr zu zahlen bereit sind. Ob man den Antworten vertrauen kann, ist völlig unsicher; Fragen, die ihrem Sinn nach beginnen mit: »Würden Sie, wenn ...« gehören ohnehin zu einer kritischen, zu falschen Auskünften einladenden Kategorie.[56]

Wir haben oben gesehen, wie stark selbst leichte Veränderungen der Frageformulierung die Ergebnisse einer Umfrage beeinflussen können, wie sich durch das Hinzufügen des Wörtchens »eigentlich« das Ergebnis um 5 Prozent änderte[57], oder wie eine kleine Erläuterung dazu führte, daß sich die Zahl derer, die angaben, eine private Zusatz-Krankenversicherung zu haben, verdoppelte.[58] Auch an Hand von Daten aus Zeitschriftenleser-Analysen konnte nachgewiesen werden, daß eine geringfügige, formale Änderung des Fragemodells, mit dem die Größe der Leserschaft von Zeitschriften gemessen wird, eine zehnmal größere Veränderung der Ergebnisse zur Folge hat als ein Wechsel der Stichproben-Technik.[59]

[56] Dazu ein Beispiel aus den fünfziger Jahren: »Würden Sie eine elektrisch beheizte Bettdecke kaufen?« wurde im Jahr 1954 ein repräsentativer Querschnitt von Frauen gefragt. 5 Prozent erklärten ihre Absicht, auf elektrisch beheizte Bettdecken überzugehen. 10 Jahre später hatte sich noch nicht ein Prozent der Haushalte eine elektrisch beheizte Decke angeschafft.

[57] Siehe S. 192.

[58] Siehe S. 195.

[59] Renate Köcher, Friedrich Tennstädt: New Research Results Require Methodological Change. The Necessity of Validating and Adjusting Statements. The Model of a Media Analysis at the End of the 1970's. In: ESOMAR (Hrsg.): Seminar on Media Measurement and Media Choice: Ten Years of Progress ... or Stagnation? Amsterdam 1980, S. 269–303. Friedrich W. R. Tennstädt, Jochen Hansen: Validating the Recency as Through-the-Book

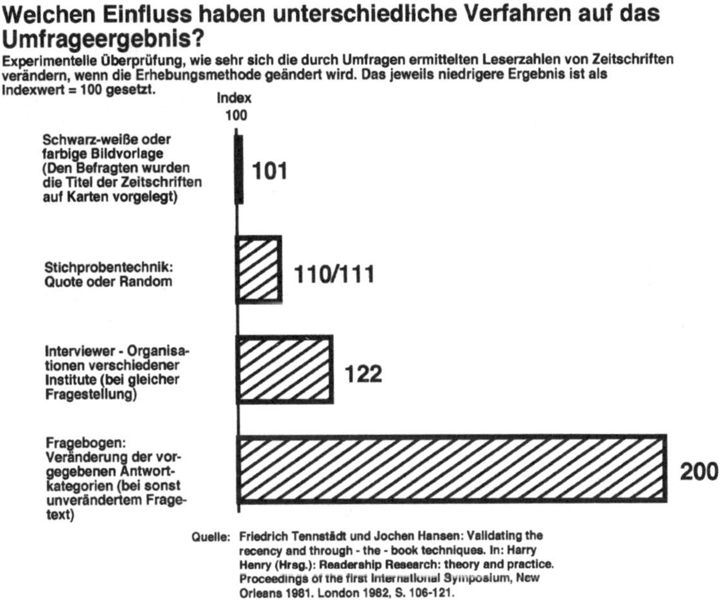

Abb. 46

Aus solchen Befunden muß man die Folgerung ziehen, bei Bevölkerungsumfragen sein Augenmerk nicht einseitig auf die theoretische Berechenbarkeit der statistischen Fehlerspanne zu richten, sondern mit Nachdruck den Einfluß des Fragebogens empirisch zu erforschen.

Wir wenden uns der Frage zu, welche nichtstatistischen Fehlerquellen mit der Random-Auswahl verbunden sind. Da sind zunächst die erheblichen Anforderungen an die Interview-

Techniques. In: Harry Henry (Hrsg.): Readership Research: Theory and Practice. Proceedings of the First International Symposium. New Orleans 1981. London 1982, S. 106–121. Tennstädt, Friedrich W. R.: Effects of Differing Methods on the Level of Magazine Readership Figures. In: Harry Henry (Hrsg.): Readership Research: Montreal 1983. Proceedings of the Second International Symposium. Amsterdam 1984, S. 229–241. Dort auch die Verweise auf die der Abbildung 46 zugrunde liegenden Einzel-Experimente. Einzige Ausnahme: Das Quota-Random-Experiment, das den Index-Wert 110 erbrachte. Hier waren die Leserzahlen von 155 Zeitschriften, ermittelt in der Allensbacher Werbeträger-Analyse (AWA) 1986, die Grundlage. Die Berechnung erfolgte nach dem bei Tennstädt und Hansen 1982, S. 111 beschriebenen Prinzip. Die Liste der Zeitschriften findet sich auf S. 16 (hellgelb) des Bandes IV: Methode/Fragebogen der AWA ’86.

er-Moral. Auf die bloße Anweisung der Zentrale hin, ganz bestimmte, namentlich bezeichnete Personen und niemand sonst seien zu befragen, müssen die Interviewer unverdrossen Zeit und Kraft, Geduld, Geschick und Zähigkeit aufwenden, um diesen Auftrag zu erfüllen. Dabei ist die »Zielperson« oft genug ein junger Mann, der ständig mit dem Moped unterwegs oder mit Freunden im Kino ist, während zu Hause die Eltern gern bereit wären, die Fragen des Interviewers zu beantworten; oder laut Vorschrift muß der schwerhörige Großvater befragt werden. Konkret in der Praxis erlebt, wirkt der statistische Zufallsmechanismus oft so widersinnig, daß der Interviewer, läßt man ihm nur etwas Einfluß auf dieses »Spiel des Zufalls«, beispielsweise durch eigene Auswahl der Zielperson im Haushalt nach »Zufallszahlen«, der Versuchung nicht immer widerstehen kann, das Los zu korrigieren. Daraus erklärt sich auch, daß bei Random-Stichproben, bei denen die Interviewer mit »Zufallszahlen« die letzte Auswahl treffen, meist zuwenig Männer und zuwenig junge Leute befragt werden – offensichtlich deshalb, weil die Männer und die jungen Menschen häufig nicht zu Hause sind. Man ist in solchen Fällen gezwungen, Gewichtungsoperationen vorzunehmen, um eine Übereinstimmung mit den amtlichen statistischen Daten zu erreichen, kann aber damit den Fehler im Grunde nicht beheben. Mobile Personen können nicht durch besonders leicht erreichbare Befragte repräsentiert, »ersetzt« werden.[60] Überläßt man die Zufallsauswahl nicht dem Interviewer, sondern bestimmt die Zielpersonen bereits endgültig in der Zentrale, werden auch bei Random-Stichproben Männer und Frauen fast im richtigen Verhältnis, junge und berufstätige Leute besser erreicht als dann, wenn der Interviewer selbst nach Zufallszahlen die Auswahl treffen soll. Dies beweist, daß die Interviewer-Moral überfordert wurde, daß die Interviewer, sobald man ihnen nur etwas Spielraum läßt, Wege finden, die leichter erreichbaren Personen im Haushalt zu befragen.

Manchmal läßt sich nur durch zweistufiges Vorgehen vermeiden, daß die Interviewer bei Random-Umfragen die Befragten selbst auswählen müssen. Das ist meistens bei bevölkerungsrepräsentativen Random-Umfragen der Fall, weil die

[60] Siehe auch S. 244. Bien 1995.

Daten der Einwohnermeldeämter nur in seltenen Ausnahmefällen Umfrageinstituten zur Verfügung stehen.[61] Hier muß dann auf das oben beschriebene mehrstufige Auswahlverfahren zurückgegriffen werden[62], bei dem die Interviewer zuerst durch Begehung die Adressen ermitteln, bei denen ein Interview stattfinden soll, und dann in einem weiteren Schritt im Haushalt die Zielpersonen. Ist man auf diese Methode angewiesen, muß auf jeden Fall die Adressenermittlung und die Auswahl der Befragten in den Haushalten in zwei getrennten Arbeitsgängen stattfinden. Man spricht auch von »Adressen-Random«: Die vom Interviewer ermittelten Adressen werden dem Institut zugeschickt. Dort werden von den Forschern und Statistikern die Haushalte ausgewählt, in denen ein Interview stattfinden soll. Diese Adressen werden dann an die Interviewer zurückgeschickt. Dagegen führt das sogenannte »Random-Route«-Verfahren, bei dem die Interviewer in einem einzigen Arbeitsgang die Haushalte auswählen und auch gleich vor Ort die Interviews durchführen, nicht zu einer echten Zufallsauswahl. Die eben beschriebenen Verzerrungen der Stichprobe: Zuwenig Männer, zuwenig junge und berufstätige Befragte, treten hier besonders stark auf, wie die folgende Tabelle zeigt: Bei einer Untersuchung des Deutschen Jugendinstituts[63] wurde ein Teil der Stichproben aus den Daten der Einwohnermeldeämter gezogen, ein Teil nach dem Random-Route-Verfahren gewonnen. Der Vergleich mit den amtlichen Statistiken[64] läßt die Mängel des Random-Route-Verfahrens sichtbar werden.[65]

[61] Nämlich nur dann, wenn das Forschungsvorhaben »im öffentlichen Interesse« liegt. Koch u. a. 1994, S. 54.

[62] S. 242–244.

[63] In Zusammenarbeit mit ZUMA und dem Marktforschungsinstitut Infratest, das die Feldarbeit organisierte. Die Stichprobengröße: insgesamt: 10 043 Befragte. Davon: Einwohnermeldeamt-Stichprobe: 3011 Personen, *random route*: 7032 Personen.

[64] Aus dem Mikrozensus (siehe S. 304) 1987.

[65] Die Tabelle ist aus dem folgenden Artikel übernommen: Christian Alt, Walter Bien, Dagmar Krebs: Wie zuverlässig ist die Verwirklichung von Stichprobenverfahren? Random Route versus Einwohnermeldeamtstichprobe. In: ZUMA-Nachrichten, 28, 1991, S. 65–72.

Verteilung von Geschlecht und Erwerbstätigkeit. *Random route* und Einwohnermeldeamts-Stichprobe verglichen mit der amtlichen Statistik
Ergebnisse eines Feldexperiments:

	Stichproben-Verfahren		
	Adresse aus dem Einwohner-meldeamt	Adresse eingesammelt durch *random route*	Amtliche Statistik
	%	%	%
Geschlecht			
– männlich	50	43	51
– weiblich	50	57	49
Erwerbstätig	71	64	77

Die Versuchung, nur dort, wo auch jemand im Hause ist, Interviews durchzuführen und im Haushalt selbst dann mit der erstbesten erreichbaren Person, ist bei *random route* besonders groß. Daß viele Interviewer dieser Versuchung erliegen, zeigt sich auch daran, daß bei Random-Route-Umfragen die »Zielpersonen« scheinbar – aber natürlich nur scheinbar – viel leichter erreicht werden: Um 54 Prozent aller in einer Bevölkerungsstichprobe enthaltenen Personen zu erreichen, brauchte das Mannheimer Zentrum für Umfragen, Methoden und Analysen (ZUMA) bei einer soliden Random-Stichprobe, gezogen im Jahr 1994 aus den Karteien von Einwohnermeldeämtern, 15 Wochen.[66] Zwei Jahre vorher war mit dem Random-Route-Verfahren dieselbe »Ausschöpfungsquote« bereits nach der Hälfte der Zeit erreicht. Beim eben erwähnten Experiment aus dem Jahr 1988 konnten bei Anwendung der verläßlichen Random-Stichprobe aus den Daten des Einwohnermeldeamtes etwa 25 Prozent aller Interviews gleich beim ersten Kontaktversuch durchgeführt werden, bei Random Route waren es fast 45 Prozent.

[66] Siehe S. 268.

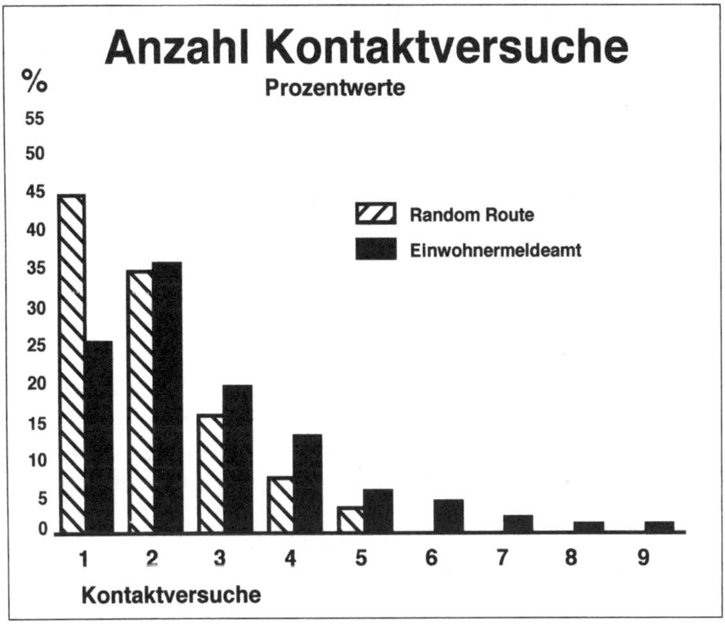

Abb. 47

Bedenklich ist auch der Verlust der Anonymität, der mit dem Gebrauch der Random-Auswahl verknüpft ist. Die Freiheit und Leichtigkeit des Interviews auch in Fragen, die man sonst nicht offen zu besprechen pflegt, sind zu einem guten Teil das Ergebnis der statistischen Anonymität. Das anonyme Element wird jedoch bei der Suche nach der »Zielperson«, nach den vielleicht zwei, drei oder vier Besuchen, die der Interviewer unternimmt, um sie anzutreffen, zum Teil zerstört. Hinzu kommt, daß der Interviewer einem grundsätzlich größeren Mißtrauen gegenübersteht als bei einer Quoten-Umfrage. Nicht selten reagieren die Befragten empört: »Woher haben Sie überhaupt meinen Namen und meine Adresse?«[67] Bei heiklen Fragen wird man darum vermutlich mit Verzerrungen rechnen müssen. Genauere

[67] Ein ausführlicher Bericht über die Erfahrungen der Interviewer mit dem Mißtrauen der Befragten bei Random-Umfragen: Allensbacher Werbeträger-Analyse (AWA) '86, Bd. 4: Methode / Fragebogen, S. 21–26.

Aussagen hierüber sind allerdings nicht möglich; das Anonymitätsproblem bei Random-Umfragen muß noch stärker untersucht werden.

Bleibt der Interviewer im Parterre?

In noch viel stärkerem Ausmaß verlangt das Quotenverfahren eine genauere Erforschung. Theoretisch, wie schon gesagt, läßt sich die statistische Fehlerspanne für Umfrageergebnisse auf der Basis einer Quotenauswahl nicht berechnen, aber vielleicht lassen sich empirische Regeln darüber aufstellen.[68]

Das subjektive Element ist zweifellos nicht ausgeschaltet. Die Interviewer haben innerhalb ihrer Quoten freie Hand. Aber wie nutzen sie diese Freiheit? Einwände gegen die Quotenauswahl stützen sich auf bestimmte Annahmen über das Verhalten der Interviewer. Zum Beispiel: Die Interviewer machten es sich bequem und stiegen nicht in oberste Stockwerke.[69] Sie wählten Leute zur Befragung aus, die ihnen sympathisch seien, die man leicht ansprechen könne. Diese Erwartungen haben sich bei systematischer Überprüfung nicht bestätigt.[70]

[68] Schmidtchen macht den Vorschlag, durch Zusammenstellen von Ergebnissen einer großen Zahl von Quotenumfragen die empirische Streuung festzustellen und daraus »empirische Fehlertafeln« für Quotenumfragen zu entwickeln. – Solche empirischen Fehlertafeln empfehlen sich auch für Random-Umfragen, die ja ebenfalls sozialpsychologischen Einflüssen unterliegen und – wie auf S. 268 bis 269 dargestellt – den wahrscheinlichkeitstheoretischen Voraussetzungen in der Praxis nie vollständig entsprechen können. – Erst die Gegenüberstellung solcher »empirischen Fehlertafeln« würde ein gerechtes Urteil über die Genauigkeit der verschiedenen Auswahlverfahren erlauben. Schmidtchen 1962, S. 103. Eine Auszählung der Streuung auf der Grundlage von 100 Wiederholungen derselben Frage in verschiedenen Repräsentativumfragen auf Quoten-Basis bestätigte, daß sich diese Streuung weitgehend so verhält, wie dies bei einer idealen Zufallsstichprobe zu erwarten wäre. Allerdings scheinen die »empirischen Fehlertoleranzen« geringfügig größer zu sein als theoretisch zu erwarten. Thomas Petersen: The last shall be first. Effects of question order and wording. Taking stock of 50 years of split ballot experiments. Vortrag, gehalten auf der 52 Jahreskonferenz der American Association of Public Opinion Research (AAPOR) am 18 Mai 1997 in Norfolk, USA.“

[69] Erwin K. Scheuch: Die Anwendung von Auswahl-Verfahren bei Repräsentativ-Befragungen. Dissertation. Köln 1956, S. 112.

QUOTE-RANDOM-VERGLEICH[71]

Kontakt bei Quotenauswahl leichter?
Frage: Wie war der Kontakt? War es leicht oder schwer, den Befragten für das Interview zu gewinnen?

	Quota	*random*
	%	%
Sehr leicht	18	30
Ziemlich leicht	36	33
Mittel	29	18
Etwas schwierig, sehr schwer	17	19
	100	100

Werden bei Quoten Sympathische bevorzugt?
Interviewer-Einstufung:
Der/die Befragte ist nach meinem Eindruck

mir persönlich sympathisch	78	79
mittel sympathisch	10	11
eher unsympathisch	12	10
	100	100

Werden bei Quoten Aufgeschlossene bevorzugt?
Interviewer-Einstufung:
Der/die Befragte ist nach meinem Eindruck

aufgeschlossen	85	86
mittel aufgeschlossen	2	2
verschlossen	13	12
	100	100

[71] Noelle-Neumann, Piel 1983, S. 230.

Bevorzugen Interviewer bei Quoten Parterre-Wohnungen?
Einstufung: Falls das Interview in der Wohnung des Befragten stattfand:
Wo wohnt der Befragte?

Keller	1	1
Erdgeschoß	35	34
1. Obergeschoß	26	26
2. Obergeschoß	13	8
3. Obergeschoß	5	4
4. Obergeschoß	2	3
5. Obergeschoß oder höher	1	2
Dachwohnung, Mansarde	1	1
Ganzes Haus	16	21
	100	100

Werden Quoteninterviews auf der Straße gemacht?
Das Interview fand statt:

In der Wohnung des Befragten	91	93
An der Arbeitsstätte	4	4
Auf der Straße, in einer Anlage, in einem Park, anderswo	5	3
	100	100

Aber ein anderer Fehler wurde entdeckt. Der Interviewer, der die letzte Wahl selbst treffen kann, bevorzugt für die Interviews Mietshäuser und vernachlässigt das Ein- oder Zweifamilienhaus.[72] Sobald solche Mängel aufgedeckt sind, lassen sie sich mit dem Quotenmechanismus korrigieren.

Fassen wir stichwortartig die wichtigsten Bedingungen für die Anwendung des Quotenverfahrens zusammen:[73]

1. Es müssen zuverlässige statistische Unterlagen zur Berechnung der Quote vorhanden sein.

2. Es ist eine objektive und zugleich spezifische Quote vorzugeben, die den Interviewer zu Befragungen außerhalb seines eigenen sozialen Milieus führt. Die Quote muß so formuliert sein, daß der Interviewer auswechselbare Befragte nicht allzu leicht findet (gewisser Schwierigkeitsgrad der Quote), aber auch nicht zu schwer (Fälschergefahr).

3. Der Fragebogen sollte verschiedene Themen behandeln; er

[72] Quota-Random-Experiment des Instituts für Demoskopie Allensbach.
[73] Vgl. Schmidtchen 1962, S. 66.

muß in allen sozialen Gruppen gleichmäßig zu erfolgreichen und angenehmen Interviews führen.

4. Die Zahl der Interview-Aufträge muß gering sein. Jeder Interviewer sollte höchstens zehn Interviews durchführen, besser weniger.

5. Die Befragungsaufträge müssen so verteilt werden, daß der Interviewer in der Regel an seinem Wohnort interviewen kann.[74]

6. Wenn möglich, sollte der größte Teil der Interviews (etwa 80 bis 90 Prozent) in den Wohnungen durchgeführt werden. Zu viele Interviews auf der Straße führen zu einer Überrepräsentation des mobilen Teils der Bevölkerung, der Personen, die häufig unterwegs sind.

7. In der Verwaltung des Interviewernetzes sollten Varianzen rigoros ausgeschaltet werden. Das geschieht am wirksamsten durch eine zentrale Leitung des Interviewernetzes.

8. Langfristig muß die Interviewer-Organisation gleichförmig behandelt werden. Dazu gehört insbesondere eine ausgeglichene thematische Beschäftigung des Interviewernetzes, also kein Übergewicht von Umfragen für eine bestimmte Partei oder Organisation.

Wenn diese Voraussetzungen erfüllt sind, führt die Quotenauswahl zu einer repräsentativen Stichprobe, wie sich besonders bei Wahlprognosen zeigt, wo die Validität meßbar wird. Die Bedingungen repräsentativer Quotenauswahl sind organisatorisch nicht leichter zu erfüllen, wie oft behauptet wird,[75] sondern schwerer. Unerfahrene Organisationen sollten besser mit Random-Stichproben arbeiten. Ein Nachteil der Quotenauswahl: Es ist weniger leicht, die Zuverlässigkeit der Arbeit der Interviewer zu kontrollieren. Aber was durch die verschärfte Kontrollmöglichkeit der Interviewer gewonnen wird, wird in Frage gestellt durch den groben Eingriff in die Anonymität.[76] Die effektivste Methode der Interviewer-Kontrolle: Fälscher-Fallen, die in den Fragebogen eingebaut werden, funktionieren unabhängig von der Art der Stichprobe.

[74] Es hat sich gezeigt, daß das Quotenverfahren in Fällen, in denen die Interviewer reisen und an ihnen völlig unbekannten Orten interviewen müssen, nicht immer zu einer repräsentativen Auswahl führt. Man wird in solchen Fällen also besser das Random-Verfahren anwenden.

[75] Zum Beispiel von Kellerer 1963, S. 166.

[76] Siehe S. 369–371.

Es müssen Vorteile und Nachteile abgewogen und über die Wirkungsweise der verschiedenen Verfahren bei verschiedener Art der Steuerung empirische Beobachtungen gesammelt werden.

Häufig wird das Auswahlverfahren auch durch praktische Umstände vorgeschrieben sein: Wo die statistischen Proportionen der Grundgesamtheit nicht bekannt sind, läßt sich das Quotenverfahren nicht anwenden, man muß – wenn man beispielsweise einen Querschnitt von Ärzten befragen wollte – auf Verzeichnisse zurückgreifen, also eine Zufalls-Auswahl treffen.

Wo Dateien fehlen oder nicht zugänglich sind und auch eine Flächenstichprobe unpraktikabel ist, kommt man oft mit der Quotenauswahl weiter. Als Beispiel kann man an eine Befragung von Jungwählern denken, die zum ersten Mal wählen gehen. Die statistische Zusammensetzung dieser Gruppe kann man allgemeinen Bevölkerungsumfragen entnehmen und danach Quoten berechnen.

Das Quotenverfahren hat die Eigenschaft, daß man mit seiner Hilfe auch ganz spezielle Personengruppen für eine Befragung auswählen kann: Will man beispielsweise Frauen aus gehobenen sozialen Schichten befragen oder Autofahrer, die einen VW Passat fahren, will man eine Marktuntersuchung bei Zigarettenrauchern durchführen oder eine Studie über die Eßgewohnheiten der Schwerstarbeiter im Ruhrgebiet, so ist das Random-Verfahren entweder überhaupt nicht anwendbar, oder es ist mit stark erhöhten Kosten verbunden.

Es ist vielleicht nützlich, sich bei der Auseinandersetzung um Quote und *random* noch einmal zu erinnern, warum überhaupt Stichproben-Erhebungen durchgeführt werden. »Die beiden Hauptgründe, die für die Anwendung des Stichproben-Verfahrens sprechen«, schreibt Kellerer, »sind Kostenersparnis und Zeitgewinn.«[77] In diesen beiden Punkten ist die Quotenauswahl der Zufalls-Auswahl überlegen. Dies macht eine sorgfältige wissenschaftliche Erforschung der Arbeitsweise des Quotenverfahrens wünschenswert, um daraus für die Sozialforschung Nutzen zu ziehen. Aber auch die kostspieligere und zeitraubendere Zufalls-Methode (kostspielig und zeitraubend wegen der Reisen zu den Zielpersonen und der wie-

[77] Kellerer 1963, S. 111.

derholten Besuche) ist mit ihrer gesicherten Objektivität und ihrer größeren Robustheit (bessere Kontrollmöglichkeit, geringere Störanfälligkeit durch Interviewer-Einfluß, Unabhängigkeit von Themen der Untersuchung) für die Sozialforschung unentbehrlich. Insbesondere bei Umfragen durch Veranstalter, die nicht laufend damit befaßt sind (Studentengruppen, Verbände, Verlage, die Umfragen in eigener Regie veranstalten), sollte die Random-Auswahlmethode unbedingt vorgezogen werden.

Immer dieselben Leute: Die Panel-Methode

Unter Panel versteht man in der Umfrageforschung eine Gruppe von Personen, die immer wieder im Abstand von einigen Wochen oder Monaten um ihre Ansichten gebeten werden. Der Panel-Analysen bedient man sich, um möglichst einwandfreie Kausalanalysen durchführen zu können, ohne die Begrenzung, die den Querschnittsbefragungen daraus erwächst, daß Menschen über das, was sie zu einem früheren Zeitpunkt gedacht, getan, gewollt haben, nur sehr ungenau aussagen können. Unentbehrlich ist die Panel-Methode in der Wirkungsforschung, etwa wenn es darum geht, den kausalen Zusammenhang zwischen der Wahrnehmung von Werbeappellen oder Wahlpropaganda und Stabilität oder Veränderung von Einstellung und Verhalten festzustellen.[78]

Zwei große Fragezeichen stehen hinter der Panel-Methode.

[78] Auch wenn es darum geht, Verbraucherverhalten mit technischen Mitteln zu registrieren, wird oft die Panel-Methode verwendet. Das bekannteste Beispiel ist das GfK-Fernsehpanel, mit dem die Einschaltquoten der Fernsehsender ermittelt werden: In den repräsentativ ausgewählten Haushalten werden Geräte installiert, die elektronisch registrieren, wann das Fernsehgerät eingeschaltet ist und welcher Kanal eingestellt ist. Die Mitglieder des Panels müssen nur per Knopfdruck auf der Fernbedienung angeben, welche Personen vor dem Fernseher sitzen. Der Grund, weshalb man sich hier der Panel-Methode bedient, ist offensichtlich: Man kann nicht jeden Tag die ganze elektronische Apparatur in tausenden neuen Haushalten installieren. Vgl. S. 477.

Unter dem Stichwort »Mortalität« und »Stichprobenverzerrung« wird bezweifelt, daß eine mehrfach befragte Personengruppe ihren statistisch-repräsentativen Charakter behält. Unter dem Stichwort »Panel-Effekt« oder »re-interview effect« wird der plausible Einwand erhoben, allein durch die wiederholte Befragung würden die Panel-Mitglieder in ihren Einstellungen untypisch werden, so daß man von ihnen nicht mehr auf die Allgemeinheit schließen könnte.

Beide Einwände sind berechtigt, wenn auch nicht in gleichem Maße. Schon bei der berühmten Panel-Befragung von Paul Lazarsfeld, bei der im Jahr 1940 600 Wähler sechsmal innerhalb eines halben Jahres interviewt wurden, ob sie für Roosevelt oder den republikanischen Präsidentschaftskandidaten Wilkie stimmen wollten, wurde ein Experiment angelegt, um den Panel-Effekt zu überprüfen: Drei weitere, statistisch vergleichbare Gruppen wurden nur je zweimal befragt: Einmal ganz am Anfang und dann jeweils nur noch einmal, und zwar zu unterschiedlichen Zeitpunkten, nämlich eine Gruppe gleichzeitig mit der zweiten, eine zum Zeitpunkt der dritten und eine parallel zur fünften »Welle« des Panels. 1952 hat Charles Y. Glock diese Daten systematisch ausgewertet. Er schrieb: »Vor allem ging es uns darum, festzustellen, ob Mitglieder des Panels sich vielleicht häufiger zusätzlich über das Untersuchungsthema informieren würden, als wenn sie nie befragt worden wären. Wir haben keine Hinweise finden können..., die diese Hypothesen bestätigen: Die Mitglieder des Panels waren in ihrem Informationsverhalten den Kontrollgruppen sehr ähnlich.«[79]

Der Befund wurde 1969 durch ein ähnlich angelegtes Experiment mit dem Wähler-Panel des Instituts für Demoskopie Allensbach bestätigt.[80] Wiederholtes Befragen führt also nicht oder kaum zu Verhaltensänderungen bei den einzelnen Befragten. Dennoch sorgt man sicherheitshalber dafür, daß die Panel-Mitglieder die eigentlichen Ziele einer Untersuchung nicht erkennen. Um zum Beispiel bei Werbeerfolgskontrollen zu ver-

[79] Charles Y. Glock: Participation Bias and Re-Interview Effect in Panel Studies. Diss. New York 1952, S. 194. Übersetzung durch die Autoren. Siehe auch: Paul Lazarsfeld (u. a.): The People's Choice. Dritte Auflage. New York 1968, S. XII–XV. Jochen Hansen: Das Panel. Zur Analyse von Verhaltens- und Einstellungswandel. Opladen 1982, S. 107–110.
[80] Hansen 1982, S. 109.

meiden, daß die Befragten auf den untersuchten Markt besonders achten – wodurch ihr Verhalten untypisch werden könnte –, werden auch andere Märkte in die Befragung einbezogen. Zusammengehörige Informationen werden in zwei getrennten Panel-Wellen ermittelt und erst in der Analyse zusammengefügt, damit den Befragten nicht bewußt wird, daß dieser Zusammenhang bei der Untersuchung geprüft werden soll.

Die Mortalität kann die Repräsentativität von Panel-Stichproben wesentlich stärker beeinträchtigen als der Panel-Effekt. Glock stellte anhand der Daten aus 16 verschiedenen Panel-Untersuchungen fest, daß – was nicht überrascht – solche Personen, die sich von Anfang an besonders für das Thema der Untersuchung interessierten, sich bereitwilliger mehrmals befragen ließen, so daß der Anteil der weniger Interessierten bei jeder Wiederholungsbefragung etwas zurückging.[81] Weil das so ist, sind Panel-Befragungen eine besondere Herausforderung für die Fragebogen-Konstrukteure und die Interviewer. Zwar werden Panel-Mitglieder praktisch genauso behandelt wie Befragte einer normalen Querschnittsbefragung, aber mit jeder neuen Welle müssen sie neu motiviert werden, nicht nur einmal an einer interessanten Umfrage teilzunehmen, sondern nun schon zum dritten, vierten, fünften, sechsten Mal immer die gleichen oder ähnliche Fragen zu beantworten. Mit einem guten, abwechslungsreichen Fragebogen und einem guten Interviewernetz läßt sich das Problem der Panel-Mortalität unter Kontrolle halten.

Bei langfristig angelegten Panel-Untersuchungen (manche Panels existieren jahrzehntelang) kommt man nicht umhin, gelegentlich neue »Mitglieder« in die Stichprobe aufzunehmen, um die Repräsentativität zu sichern. Hansen schreibt dazu: »Personen, die neu in die Grundgesamtheit wachsen, müssen aufgenommen werden; wenn ein Panel beispielsweise die Bevölkerung im Alter zwischen 16 und 65 Jahren abbilden soll, dann sind stets die gerade sechzehn Jahre alt gewordenen Personen in dem Anteil aufzunehmen, den sie an der abzubildenden Grundgesamtheit ausmachen.

Umgekehrt ist es bei denen, die sechsundsechzig Jahre alt

[81] Glock 1952, S. 118–144.

werden: Sie scheiden aus dem Panel aus, weil sie ja nicht mehr zur Grundgesamtheit zählen.

Selbst wenn man über fünf Jahre stets alle Panel-Mitglieder befragen könnte, also eine hundertprozentige Ausschöpfung hätte, wäre diese Stichprobe stets zur Neuaufnahme von Mitgliedern gezwungen, weil sie sonst »vergreisen« würde, nämlich nicht mehr die 16 bis 65jährigen abbildend, sondern die 21 bis 70jährigen. Durch die ständige Neuaufnahme dürfte am ehesten gesichert sein, daß sowohl die einzelne Panel-Welle wie auch die Verlaufsdaten auf repräsentativen Querschnitten beruhen. Denn von den neu aufgenommenen Mitgliedern nehmen bei den nachfolgenden Wellen stets noch die meisten teil.«[82]

Auf diese Weise erreicht man, daß bei jeder Panel-Welle die große Mehrheit der Teilnehmer bereits mehrmals befragt worden ist, so daß bei der Analyse immer genügend Fälle zur Verfügung stehen, bei denen Verhaltens- oder Meinungsänderungen beobachtet werden können, ohne daß sich die Größe und das Durchschnittsalter der Stichprobe verändert.

Trotzdem sollten solche langfristig angelegten Panels in regelmäßigen Abständen auf ihre Repräsentativität hin überprüft werden durch Vergleiche mit frischen Stichproben, in denen wörtlich die gleichen Fragen gestellt werden, wie im folgenden Beispiel:[83]

[82] Hansen 1982, S. 111.
[83] Allensbacher Archiv, IfD-Umfragen Nr. 5146 und 6065.

	August 1998, einen Monat vor der Bundestagswahl vom 27. September 1998	
	Panel-Gruppe seit 1969 in Westdeutschland, seit 1990 in Ostdeutschland regelmäßig befragt und ergänzt	Im Rahmen einer repräsentativen Mehr-Themen-Umfrage befragte Personen
Auf die Frage, welche Partei ihnen am sympathischsten ist, antworteten:	%	%
CDU/CSU	37	37
SPD	43	42
FDP	4	4
Bündnis 90/Die Grünen	7	7
PDS	4	4
Die Republikaner/DVU	1	2
Keine Angabe	4	4
	100	100
n =	1694	2212

Wieviel Prozent müssen befragt werden?

Fest verankert ist die Vorstellung, man müsse einen bestimmten Prozentsatz der Bevölkerung befragen, um zu ausreichend zuverlässigen Ergebnissen zu kommen. Als Nachweis für die Bedeutungslosigkeit eines Umfrageergebnisses kann man manchmal lesen, es seien ja nur 0,0001 Prozent der Grundgesamtheit befragt worden, jeder Befragte habe für 10000 andere mit sprechen müssen, es sei wohl klar, daß dies Unfug sei.

Man muß hier ganz umdenken. Die Genauigkeit von Stichproben-Erhebungen hängt (vom Sonderfall extrem kleiner Grundgesamtheiten können wir hier absehen) nicht von dem

Prozentsatz der Grundgesamtheit ab, der befragt wurde, sondern von der absoluten Zahl der Befragten.[84]

Wenn man noch einmal die Fehlertafeln auf den Seiten 225 und 226 aufschlägt, nach denen man die Genauigkeit von Umfrageergebnissen berechnen kann, so findet man zwei Größen, von denen die Toleranzspannen (innerhalb derer der wahre Wert mit einer bestimmten Sicherheit liegt) abhängen: von der Zahl der Befragungen, auf die sich ein Ergebnis stützt, und von der Größe des Prozentwertes, der sich für eine bestimmte Antwort ergibt.

Die Tatsache, daß man für kleine und große Bevölkerungen die gleiche Zahl von Befragungen braucht, um zu Ergebnissen von einer bestimmten Genauigkeit zu kommen, hat interessante praktische Konsequenzen. Man kann z. B. eine Umfrage nicht verbilligen, indem man sie auf ein kleines Gebiet, auf einige Städte beschränkt. In kleineren Ländern, zum Beispiel in Holland oder in der Schweiz, muß eine Bevölkerungsumfrage mit praktisch ebenso vielen Interviews geplant werden wie in den ganzen Vereinigten Staaten, um mit der gleichen Genauigkeit die Meinung der Bevölkerung zu erfahren.

Sind weniger als 2000 auch repräsentativ?

Da viele Bevölkerungsumfragen mit 2000 Interviews durchgeführt werden, hat sich hier und da die Annahme festgesetzt, erst bei 2000 Personen könne man von einem repräsentativen Querschnitt sprechen, bei einer geringeren Zahl lasse sich keine repräsentative Auswahl treffen.
Es ist noch einmal festzuhalten: Ob ein Querschnitt repräsentativ oder nicht repräsentativ ist, hängt von der methodisch richtigen Auswahl der Befragten ab, nicht von der Zahl der Perso-

[84] Siehe dazu auch Kellerer 1963, S. 122–125. Bortz 1985, S. 68–70. Knieper 1993, S. 325–327.

nen, die befragt wurden. Selbst 100 Personen können einen repräsentativen Querschnitt der Bevölkerung der Bundesrepublik bilden. Der Unterschied besteht nur in der Größe der Toleranzen.

Wie genau sollen die Ergebnisse sein?

»Wie genau sollen denn die Ergebnisse sein?« fragte der Statistiker einen Unternehmer, der eine Marktanalyse bestellen wollte. »Natürlich ganz genau!« antwortete der Unternehmer entrüstet. Wir wissen aber bereits, daß man bei Repräsentativ-Erhebungen immer mit Graden von Genauigkeit zu tun hat, mit Toleranzen, deren jeweilige Werte man z.B. aus der eben erwähnten Tafel der Fehlerspannen ablesen kann.

Es ist zweckmäßig, sich bei der Planung einer Umfrage schon darüber klarzuwerden, was neben den Gesamtergebnissen (den Ergebnissen für die ganze Befragtengruppe) später benötigt wird, für welche Untergruppen – z. B. verschiedene Altersgruppen oder Berufsgruppen – hinreichend zuverlässige Ergebnisse ermittelt werden sollen und welche Art von Korrelationsanalyse oder mathematisch-statistischer Verarbeitung des Materials geplant ist.[85] Denn erst von der bekannten oder geschätzten Größe der für die Analyse benötigten Untergruppen aus kann man entscheiden, wieviel Personen insgesamt befragt werden müssen.

Die bei allgemeinen Bevölkerungsumfragen üblichen 2000 Befragungen wären für die Gesamtergebnisse der Umfragen gar nicht erforderlich. Aber ein Querschnitt von 2000 Personen ist groß genug, um die elementaren demographischen Untergruppen – Männer und Frauen, Stadt und Land, Nord, West, Süd und so weiter – noch zahlenmäßig ausreichend zu repräsentieren.

[85] Vgl. S. 541–577.

Ein Sonderfall liegt vor, wenn verläßliche Ergebnisse noch für Untergruppen gebraucht werden, die im Gesamtquerschnitt zu klein sind, zum Beispiel für 16-, 17jährige; sie machen im normalen Querschnitt der deutschen Bevölkerung (von 16 Jahren an) nur 2,5 Prozent aus. Diese kleine Gruppe junger Männer und Mädchen, die man bei einer Umfrage mit insgesamt 2000 Interviews erreichen würde, liefert Ergebnisse mit zu großer Fehlerspanne. Hier braucht man nicht etwa 5000 Personen zu interviewen, um zweihundert 16- und 17jährige zu treffen, sondern man behilft sich mit einer »Überquote«. Die Berechnung sieht folgendermaßen aus:

Bevölkerung in Deutschland von 16 Jahren an (Stand: 1990, nach der Vereinigung der Bundesrepublik und der DDR am 3. Oktober des Jahres):		66 034 000
Darunter im Alter von:	16 Jahren	803 000
	17 Jahren	821 000
Zusammen:		1 624 000

In einem repräsentativen Querschnitt von 2000 Personen von 16 Jahren an sind demnach

$$\frac{1\,624\,000}{66\,034\,000} \times 2000 = 49 \text{ Personen}$$

im Alter von 16 und 17 Jahren.[86] Für diese zahlenmäßig kleine, aber für die Untersuchung wichtige Gruppe werden mehr Befragungsaufträge ausgegeben und so die statistische Basis verbreitert.[87] Um rund 200 Jugendliche dieser Altersgruppe zu erreichen, muß man eine »Überquote« von 160 Personen im Alter von 16 und 17 Jahren mit erfassen. Für die Auszählung der Gesamtergebnisse oder alle anderen Untergruppen außer der Zählung nach Altersgruppen wird die überquotierte Gruppe wieder auf ihre statistisch richtige Größe reduziert.

[86] Zahlenwerte nach: Statistisches Jahrbuch für die Bundesrepublik Deutschland 1992, S. 65.

[87] Auch bei der Random-Auswahl gibt es geeignete Verfahren zur Verstärkung bestimmter Gruppen. Siehe S. 241, Fußnote 18.

Halbgruppen: Die gegabelte Befragung[88]

Vorbild für die gegabelte Befragung (englisch: split ballot) ist das kontrollierte Experiment in den Naturwissenschaften. Man unterteilt die gesamte Befragtengruppe in zwei, vier oder auch mehr Teilstichproben. Jede dieser Befragtengruppen ist in sich repräsentativ für die Grundgesamtheit: im Falle einer allgemeinen Bevölkerungsumfrage also repräsentativ für die gesamte erwachsene Bevölkerung in Deutschland.[89]

Die statistische Repräsentanz der Teilstichproben läßt sich mit verschiedenen Techniken erreichen. Man weist beispielsweise die Interviewer an, in striktem Wechsel das erste Interview mit der Form A des Fragebogens, das zweite mit Form B, das dritte wieder mit Form A, das vierte mit Form B und so fort zu machen. Um das Verfahren zu sichern, kann man die Fragebogen auch durchnumerieren; Form A erhält ungerade und Form B gerade Nummern, und der Interviewer arbeitet nach der Anweisung, die Fragebogen in der Reihenfolge ihrer Numerierung bei den Interviews zu benutzen.

Die Qualität eines solchen statistischen Experiments wird wesentlich gesteigert, wenn die zwei (oder mehr) Stränge der Befragung schon an einem früheren Punkt, schon beim Interviewereinsatz, gegabelt werden. Die Hälfte der Interviewer – jeder zweite im Einsatzplan – erhält Form A, die Hälfte erhält Form B des Fragebogens. Auf diese Weise werden technische Fehler am ehesten verhindert, etwa Vergeßlichkeit, die Bogen regelmäßig beim Interviewen zu wechseln, oder Vorlagen, die zum B-Fragebogen gehören, versehentlich beim Interview mit einem A-Formular vorzulegen. Noch wichtiger: Die Interviewer sind nicht durch ihre Kenntnis des Experiments beeinflußt. Jede von ihnen ausgehende, auch unbewußte Einwirkung auf die Resultate des Experiments ist ausgeschlossen.[90] Allerdings läßt sich diese Methode lediglich anwenden, wenn der einzelne Interviewer nur wenig Interviews übernimmt. Überträgt man

88 Vgl. auch S. 192–193 und S. 469.

89 Über die Anwendungsfälle gegabelter Befragungen vgl. S. 194–207 und 469–476.

90 Dies ist ein wesentlicher Vorteil der gegabelten Befragung gegenüber dem Laboratoriums-Experiment, bei dem beide Seiten, sowohl die Interviewer als auch die Versuchspersonen, wissen, daß sie an einem Experiment teilnehmen.

ihm zwanzig, dreißig oder sogar noch mehr Interviews, würde damit der Raster der A- und B-Stichproben zu grob, eine statistische Vergleichbarkeit wäre nicht ausreichend gesichert. Bei Random-Stichproben muß die Zahl der Zellen (»Spots«) entsprechend größer gewählt werden, wenn man die Interviewer – auch getreu dem Prinzip der Entlastung – nur mit A- oder nur mit B-Bogen arbeiten lassen möchte.

Der »geschönte« Wähler?

Wir haben in den vorangegangenen Kapiteln beschrieben, mit welchem Aufwand aus der Gesamtbevölkerung eines Landes die zu befragenden Personen ausgewählt werden, damit die Stichprobe auch wirklich repräsentativ ist. Wir haben gezeigt, mit welchen Fragemodellen man den Interviewten zu Leibe rückt, um von ihnen ihre tatsächliche Meinung zu erfahren. Wir werden im weiteren Verlauf dieses Buches auch noch zeigen, welche Anweisungen den Interviewern gegeben werden, um sicherzustellen, daß die Umfrage auch wirklich unter standardisierten Bedingungen stattfindet.[91] Und alles das wird unternommen, damit die Ergebnisse der Wirklichkeit so nahe wie möglich kommen. Wer dies weiß, wird zuerst schockiert sein, wenn er erfährt, daß Umfrageergebnisse, zum Beispiel die vor einer Wahl ermittelten Parteistärken, um bis zu 10 Prozent verändert werden, bevor sie als Prognose an die Presse und das Fernsehen weitergegeben werden. Wozu dann der ganze Aufwand mit der Stichprobe und dem Fragebogen? Was ist überhaupt von der Umfragemethode zu halten, wenn am Ende ohnehin die Ergebnisse – scheinbar willkürlich – verändert werden? Die Demoskopie hatte in der Öffentlichkeit von Beginn an keinen besonders guten Ruf. Zu fremdartig schien die Methode[92], unglaublich oder zumindest rätselhaft, wie die Ergeb-

[91] Siehe S. 331–351.
[92] Siehe S. 28–58.

nisse zustande kamen. Umfrageinstitute schienen moderne Orakel[93] zu sein, etwas unseriöse Einrichtungen. Der Meinungsforscher als Kaffeesatzleser oder – wie auf unzähligen Karikaturen dargestellt – als Wahrsagerin, die in eine Kristallkugel starrt, »schwarze Kunst«.[94]

Als Ende der sechziger Jahre das Institut für Demoskopie Allensbach begann, seine durch Umfragen ermittelten Parteizahlen systematisch »umzugewichten«, also abzuändern, bevor sie veröffentlicht wurden, schien der Verdacht bestätigt: Die Demoskopie habe endgültig den Boden der Seriosität verlassen. Die Zahlen würden »nicht nur gezählt, sondern auch über den Daumen gepeilt« schrieb ›Der Spiegel‹.[95] Bis heute hat sich die Aufregung nicht wirklich gelegt. So beschrieb das Münchner Nachrichtenmagazin ›Focus‹ die Gewichtung von Umfragedaten als »Zahlenakrobatik« und »Gewichtungs-Alchimie«. Überschrift des betreffenden Textabschnitts: »Die getürkten Zahlen«.[96] Verbunden mit dem Unverständnis des Vorgangs der Gewichtung war auch immer der Verdacht, die Umfrageinstitute manipulierten absichtlich ihre Ergebnisse, um die Bevölkerung zu täuschen und so auf den Wahlkampf Einfluß zu nehmen. Eine Polemik in der Zeitschrift ›Die Woche‹ trug den Titel: ›Der geschönte Wähler‹.[97]

Was ist das für ein Verfahren, mit dem der einen Partei Prozente »weggenommen« und einer anderen Prozente »dazugegeben« werden? Im Grundprinzip ist die Gewichtung eine einfache Rechnung, die mit Alchimie und »über den Daumen peilen« nichts zu tun hat. Der Leser kennt die Methode bereits: Als wir das Prinzip der »Überquote« erklärt haben[98], haben wir darauf hingewiesen, daß man die überquotierte Gruppe wieder auf ihre statistisch richtige Größe reduzieren muß, wenn man Gesamtergebnisse errechnen will, die, trotz des übermäßigen Stichprobenanteils von in diesem Fall 16- und 17jährigen, für die

[93] Z. B.: Hans Magnus Enzensberger über das Jahrbuch der öffentlichen Meinung 1958–1964: »Das Orakel vom Bodensee«. In: Der Spiegel, 1965, Nr. 37, S. 112–115.

[94] Leserbrief in: Der Spiegel, dort 1965, Nr.40.

[95] »Wahl-Demoskopen: Mal klar, mal knapp«. In: Der Spiegel, 1978, Nr. 39, S. 63-77, dort S. 67.

[96] »Wer dreht an Volkes Meinung?« In: Focus, 1994, Nr. 2, S. 42–49, dort S. 48.

[97] In: Die Woche, 10. März 1994, S. 8.

[98] Siehe S. 288.

Gesamtbevölkerung repräsentativ sind.

Das also ist die Gewichtung: Ein einfaches Verfahren, das man immer dann anwendet, wenn bestimmte für das Ergebnis einer Befragung wichtige Bevölkerungsgruppen (z.B. Akademiker bei der Buchmarktforschung, junge Alleinstehende bei Untersuchungen zu Fertiggerichten) über- oder unterrepräsentiert sind. Die jeweiligen Gruppen werden dann entsprechend ihres tatsächlichen Anteils an der Gesamtbevölkerung umgewichtet.

Ein Beispiel: Um für Ost- und Westdeutschland getrennte Analysen durchführen zu können, wurden vom Institut für Demoskopie Allensbach nach der Wiedervereinigung einige Jahre hindurch je tausend Menschen im Westen und tausend im Osten befragt. Die Frage: »Ist die deutsche Wiedervereinigung für Sie eher Anlaß zur Freude oder eher zur Sorge?« ergab das folgende Ergebnis:[99]

	Westdeutschland %	Ostdeutschland %
Die Wiedervereinigung ist		
– eher Anlaß zur Freude	48	65
– eher zur Sorge	30	19
Unmöglich zu sagen	22	16
	100	100

Um nun das Ergebnis »eher Anlaß zur Freude« für Gesamtdeutschland auszurechnen, kann man nicht die beiden Werte für West- und Ostdeutschland einfach zusammenrechnen und durch zwei teilen, denn im Westen leben ziemlich genau viermal so viele Menschen wie im Osten. Darum müssen die Ergebnisse entsprechend dem Bevölkerungsanteil in West und Ost im Verhältnis 4 : 1 umgewichtet werden. Also:

- Anlaß zur Freude in Westdeutschland: 48%.
- Anlaß zur Freude in Ostdeutschland: 65%.
- Anlaß zur Freude Gesamtdeutschland:
  1. Schritt: 48 x 4 = 192
  2. Schritt: 192 + 65 = 257
  3. Schritt: 257 : 5 = 51

[99] Allensbacher Archiv, IfD-Umfrage Nr. 6087, Februar 2000.

Das richtige Ergebnis lautet also 51 Prozent.

Im Prinzip wird bei Wahlprognosen genauso vorgegangen, nur daß nicht demographische Daten die Grundlage der Gewichtung sind, sondern das vorangegangene Wahlergebnis. Man braucht drei Komponenten:

1. Das Ergebnis der »Sonntagsfrage«: »Wenn schon am nächsten Sonntag Wahl wäre, welche Partei würden Sie dann wählen?«[100]

2. Das Ergebnis der sogenannten »Rückerinnerungs«-(»recall«)Frage: »Würden Sie mir sagen, welche Partei Sie bei der letzten Wahl gewählt haben?«

3. Das amtliche Ergebnis der letzten Wahl.

Ein fiktives Beispiel für eine Wahlprognose: Hat eine Partei A bei der letzten Wahl 50 Prozent der Stimmen erhalten und kommt in der Rückerinnerung (»Was haben Sie bei der letzten Wahl gewählt?«) auf den zu tiefen Wert von 45 Prozent, so ergibt sich ein Gewichtungskoeffizient von

$$\frac{50}{45} = 1{,}11$$

Das heißt, die 45 Prozent der Befragten, die bei der letzten Wahl gewählt haben und sagen, sie hätten die Partei A gewählt, werden so gezählt, als würden sie 50 Prozent derer ausmachen, die bei der letzten Wahl gewählt und eine konkrete Angabe gemacht haben. Jeder einzelne von ihnen geht also in das Gesamtergebnis mit einem Gewichtungsfaktor von 1,11 ein, das heißt, hundert Personen mit diesen Merkmalen zählen soviel, als wären sie 111 Befragte.

Wenn eine Partei bei der Rückerinnerungsfrage auf einen zu tiefen Wert kommt, kommt zwangsläufig umgekehrt mindestens eine andere Partei auf einen zu hohen Wert. Das »Übergewicht«, das den Personen verliehen wird, die sagen, sie hätten bei der letzten Wahl die Partei A gewählt, gleicht sich also an

[100] Handelt es sich, wie bei Bundestagswahlen, um eine Wahl, bei der zwei Stimmen abgegeben werden, wird die Berechnung der Wahlabsicht etwas komplizierter: Die einfache »Sonntagsfrage« reicht nicht aus, sondern es werden durch zwei Filterfragen diejenigen Befragten heraussortiert, die die Absicht haben, mit der Erst- und der Zweitstimme verschiedene Parteien zu wählen. Diese Personen werden nun danach gefragt, welcher Partei sie ihre Zweitstimme geben wollen. Die Ergebnisse dieser beiden »Sonntagsfragen« werden dann miteinander verrechnet.

anderer Stelle aus. Nehmen wir an, die Partei B kommt bei der Frage: »Was haben Sie letztes Mal gewählt?« ebenfalls auf 45 Prozent, tatsächlich betrug das letzte Wahlergebnis aber nur 40 Prozent. Hier ergibt sich ein Gewichtungskoeffizient von

$$\frac{40}{45} = 0{,}89$$

Hundert Personen, die angeben, sie hätten bei der letzten Wahl Partei B gewählt, zählen also soviel wie 89 Personen, und zwar unabhängig davon, welche Wahlabsicht sie für die kommende Wahl äußern. Personen, die bei der letzten Wahl nicht gewählt haben oder keine Aussage darüber machen, wen sie das letzte Mal gewählt haben, sind von diesen Gewichtungsoperationen nicht betroffen. Sie gehen in das Gesamtergebnis mit dem unveränderten Gewicht von 1,0 ein.

Der Grund für die Verzerrung in der Rückerinnerung liegt darin, daß es unter Wählern der Partei A eine gewisse Zurückhaltung gibt, sich in der Gesprächssituation des Interviews zur Partei A zu bekennen. Gestützt auf die Theorie der öffentlichen Meinung und den darin angenommenen Prozeß der »Schweigespirale«[101] erklärt man die Unterbewertung einzelner Parteien durch »Meinungsklimadruck«, das Gefühl von Befragten, sich mit der Angabe der tatsächlich beim letzten Mal gewählten Partei unbeliebt zu machen. Die Verzerrung der Auskünfte über die zuletzt gewählte Partei spielte in den fünfziger und sechziger Jahren bei den Allensbacher Umfragen kaum eine Rolle. Erst gegen Ende der sechziger Jahre wurde das ein Problem für die Erarbeitung von Wahlprognosen. Nur durch die damals eingeführte Umgewichtung, also Berücksichtigung der Verzerrung und der Annahme, daß die Auskünfte über die zukünftige Wahlabsicht in der gleichen Richtung verzerrt sein werden wie die Auskunft über die zuletzt gewählte Partei, ist es möglich, eine gute Wahlprognose aufzustellen. Diese Methode der Umgewichtung nach Rückerinnerung hat sich auch in anderen europäischen Ländern zunehmend durchgesetzt, so zum Bei-

[101] Noelle-Neumann 2001; Elisabeth Noelle-Neumann: Öffentliche Meinung. In: Elisabeth Noelle-Neumann, Winfried Schulz, Jürgen Wilke (Hrsg.): Fischer-Lexikon Publizistik Massenkommunikation. Frankfurt am Main 2002, S. 392-406.

[102] Taylor 1995, S. 4.

spiel in Frankreich, Dänemark und Portugal.[102] Die genaue Auswirkung des Meinungsklimadrucks im Interview ist zuwenig erforscht. Ob manche Befragte bewußt die Unwahrheit sagen, ob ihre Erinnerung verzerrt ist, oder ob bestimmte Anhängerschaften unter Meinungsklimadruck häufiger das Interview verweigern – auch eine Art zu schweigen –, läßt sich nicht mit Sicherheit sagen.

Noch ein weiterer Schritt ist nötig, um aus einem Umfrage-Rohergebnis eine Wahlprognose zu machen: Regelmäßig knapp 30 Prozent der Befragten sagen, sie wüßten noch nicht, welche Partei sie wählen wollten oder verweigern bei der Sonntagsfrage die Aussage. Nun wäre es aber ein schwerer Fehler, diese Personen bei einer Wahlprognose einfach unter den Tisch fallen zu lassen, denn am Wahltag können sich die kurz vorher noch Unentschiedenen durchaus noch für eine Partei entscheiden. Auch sie wählen. Es ist deshalb notwendig, ihre Wahlpräferenzen zu erschließen. Um Fehlprognosen zu vermeiden, sucht man darum für diejenigen Befragten, die keine konkrete Wahlabsicht äußern, aus dem Datensatz der Umfrage sogenannte »statistische Zwillinge« heraus, also solche Personen, die eine klare Parteiangabe gemacht haben und die auf eine Reihe anderer Fragen im Fragebogen genauso geantwortet haben wie der Befragte, für den die Angabe über die Wahlabsicht fehlt. Auf diese Weise werden die »Unentschiedenen« den Parteien zugeordnet, die von ihren »statistischen Zwillingen« gewählt werden.

Die Ergebnisse dieser beiden Operationen werden noch in verschiedenen Schritten überprüft, zum Beispiel anhand der Ergebnisse einer Reihe von Testfragen, mit denen die Richtung und die Stärke des Meinungsklimadrucks gemessen wird.[103] Die Ergebnisse dieser Überprüfungen führen in der Regel nur noch zu geringen Korrekturen der Prognose.

Schließlich gibt es noch einen dritten Punkt zu beachten: Für George Gallup wurde die Wahlprognose für die US-Präsident-

103 Hierzu (und zum Thema Gewichtung allgemein): Hartmut Hentschel, Friedrich Tennstädt: Election Forecasts. Problems and Solutions. Revised Manuscript of a Paper Presented at the Conference on »Opinion Polls and Election Forecasts« – Held by the Centro de Investigaciones Sociológicas (CIS) and the Universidad Internacional Menendez Pelayo (UIMP). Sevilla 1985. Elisabeth Noelle-Neumann: Meinungsklima und Wahlforschung. In: Max Kaase, Hans-Dieter Klingemann (Hrsg.): Wahlen und Wähler. Analysen aus Anlaß der Bundestagswahl 1987. Opladen 1990, S. 481–530.

schaftswahl 1948 zum Desaster, weil er sechs Wochen vor der Wahl aufgehört hatte zu befragen. Ein beträchtlicher Teil der Wähler entscheidet sich aber erst kurz vor dem Wahltermin, welcher Partei er seine Stimme geben wird, so daß sich die Parteistärken in der letzten Phase des Wahlkampfes noch deutlich verändern. Für den Wahlforscher bedeutet das: Er muß kurz vor dem Wahltermin in möglichst kurzen Abständen immer wieder Umfragen durchführen, damit er den Trend der Wahlabsichten bis unmittelbar vor den Wahltag verfolgen kann.

Im Prinzip ist dies das ganze »Geheimnis« der Wahlprognosen: Beobachtung des Trends in den letzten Wochen vor der Wahl, Verteilung der »Unentschiedenen« und Gewichtung der Ergebnisse nach der Rückerinnerungsfrage.

Statt Alchimie, Kristallkugeln oder »über den Daumen peilen« also ein einfaches mathematisches, streng wissenschaftliches Verfahren. Juristen haben definiert, was wissenschaftlich ist: wiederholbar, überprüfbar, von anderen Wissenschaftlern nachvollziehbar. Alle diese Merkmale treffen auf die Umgewichtungsverfahren zu, die also nicht, wie es auf den ersten Blick schien, alle Bemühungen um die Genauigkeit der Umfrageergebnisse überflüssig und lächerlich erscheinen lassen, sondern sie sind Bestandteil dieser Bemühungen. Voraussetzung für gute Wahlprognosen eines Instituts, wie sie beispielsweise auf Seite 25 bis 27 gezeigt sind, ist selbstverständlich eine gute Stichprobe als Basis der Umfragen, ein guter, strukturierter Fragebogen, eine in jeder Hinsicht gute und zuverlässige Arbeit der Interviewer, eine sichere Datenanalyse. Gerade darum sind Wahlprognosen auf der Basis von Interviews, die vor dem Wahltag durchgeführt wurden und deren Ergebnis vor großer Öffentlichkeit vor der Bekanntgabe amtlicher Wahlergebnisse vorgestellt werden, ein Test für die Tauglichkeit der demoskopischen Methode oder auch ein Test der Qualität eines Instituts.

»Exit Polls«

Was man heute an Wahlabenden nach Schließung der Wahllokale im Fernsehen als erste Information über das vermutliche Wahlergebnis sieht, hat allerdings nichts mehr mit Wahlprognosen zu tun, die sich auf Interviews vor dem Wahltag stützen.

Diese ersten Informationen – in der Regel zur Eröffnung der Wahlsendung gleich um 18 Uhr mitgeteilt – stützen sich auf sogenannte »Exit Polls«, Befragungen *nach* der Wahl. Es handelt sich um Interviews mit Personen, die nach ihrer Stimmabgabe das Wahllokal verlassen. Sie werden nach Stichprobenprinzipien ausgewählt und gebeten, anonym anzugeben, wie sie gerade gewählt haben.

Diese Exit Polls zeigen in der Regel schon recht genau, wie die Wahl endgültig ausgeht. Sie beweisen abermals, wie gut das Prinzip der Stichproben-Befragung funktioniert. Aber sie haben nichts zu tun mit einer Qualitätskontrolle eines Instituts durch Wahlprognosen. Denn die zwei größten Schwierigkeiten einer Wahlprognose bestehen bei den Exit Polls nicht mehr: Man muß nicht mehr durch Befragen und Analyse bestimmen, ob eine Person wählen geht oder nicht; beim Exit Poll werden definitionsgemäß nur Personen befragt, die gerade gewählt haben. Und es gibt auch keine Notwendigkeit mehr, Wähler, die lange unentschieden bleiben, auf analytischem Weg der Partei zuzuordnen, die sie wahrscheinlich wählen werden, denn beim Exit Poll hat der Befragte sich entschieden. Der Unsicherheitsfaktor liegt nur noch in der Verweigerung des Interviews.

Hinz und Kunz

Kluge Leute haben an der Umfrageforschung immer wieder beanstandet, daß dabei »Hinz und Kunz«[104] befragt werden und nicht die Menschen, die etwas Vernünftiges zum Thema zu sagen hätten. In dem gesamten Abschnitt über den »repräsentativen Querschnitt« haben wir die Grundsätze und Kunstkniffe beschrieben, die man verfolgt, um wirklich Hinz und Kunz zu erreichen und nicht in erster Linie besonders interessierte oder gut vorbereitete Leute. Die »repräsentative Persönlichkeit«, die in der Stellenanzeige eines Unternehmens gesucht wird, oder die »repräsentativen Vertreter des Kulturlebens«, die zu einem Empfang erscheinen, und der »repräsentative Querschnitt« haben nichts miteinander zu tun. Das Wort »repräsentativ« hat in der Statistik gegenüber unserem üblichen Sprachgebrauch eine nahezu entgegengesetzte Bedeutung. Es bedeutet immer, daß man von den »Repräsentativen« auf »alle«, auf die Grundgesamtheit schließen kann.

Indessen sind »repräsentative Umfragen« nun auch nicht umgekehrt ganz untauglich dazu, Eliten oder Minoritäten zu hören. So wurden zum Beispiel 1987 aus den Nachschlagewerken ›Leitende Männer der Wirtschaft‹, ›OECKL-Taschenbuch des öffentlichen Lebens‹ und ›Handbuch der Großunternehmen‹ nach dem Random-Prinzip 550 Spitzenkräfte aus Wirtschaft, Politik und Verwaltung ausgewählt: Konzernvorstände, Aufsichtsräte, Parlamentspräsidenten, Parteivorstände, Staatssekretäre usw. Diese Personen bildeten den Grundstock eines »Elite-Panels«, das seitdem mehrmals im Jahr befragt wird.[105] Die Meinung der Informierten oder der von einem Thema besonders Betroffenen erfährt man auch, indem durch Hilfsfragen, Filterfragen[106] innerhalb des repräsentativen Querschnitts die Informierten von den Nichtinformierten, die Betroffenen von den Nichtbetroffenen gesondert werden. Ist der Querschnitt insgesamt repräsentativ, so ist auch die Untergruppe

[104] Siehe Fußnote auf S. 65 über Leopold von Wieses Anmerkungen zu einer Umfrage in der Intimsphäre.

[105] Hans-Josef Joest: Das Capital-Führungskräfte-Panel. In: Capital, 1987, Nr. 7, S. 113-120.

[106] Siehe auch S. 140–141.

repräsentativ, die man als besonders informiert oder beteiligt heraushebt, um ihre Antworten besonders auszuzählen.

Ein Beispiel: Man möchte die Meinung von Ehepaaren mit zwei oder mehr Kindern über die Regelung des Kindergeldes feststellen. Es wäre nicht so leicht, diese Gruppe in einer speziellen Umfrage repräsentativ zu erreichen. Aber in einer allgemeinen repräsentativen Bevölkerungsumfrage kann man durch zwei Hilfsfragen feststellen, wer Kinder bestimmter Altersstufen hat, und danach einen repräsentativen Querschnitt aller Beteiligten erhalten.

Schneeball oder Kette und andere unkonventionelle Auswahlverfahren

Die härtesten Nüsse auf dem Gebiet der Stichproben-Statistik sind jene Untersuchungsaufgaben, bei denen ein repräsentativer Querschnitt für eine Minorität gebildet werden soll, die in keiner Kartei, in keinem Verzeichnis steht, die nicht auf einem begrenzten Raum dicht beieinander wohnt, so daß man eine Flächenstichprobe anlegen könnte, und die auch sonst nicht an bestimmten Punkten zusammenkommt wie beispielsweise Fluggäste auf einem Flughafen. Wie soll man solche Personen in richtiger Auswahl finden, die so selten zu treffen sind, daß man unter 100 Leuten eines repräsentativen Bevölkerungsquerschnitts vielleicht zwei oder drei von ihnen erreicht?

Oft kann man in solchen Fällen den Umstand ausnutzen, daß aus einer repräsentativ gewonnenen Stichprobe eine weitere Stichprobe gewonnen werden kann, die dann ebenfalls repräsentativ ist. Beispiel: Ein Gericht gibt eine Umfrage unter Golfspielern in Auftrag: Es soll festgestellt werden, ob sie glauben, »Golf-Discount-Häuser« seien preiswerter als herkömmliche Ausrüstungs-Geschäfte. Wie gewinnt man eine Stichprobe unter Golfspielern? In diesem Fall konnte auf eine große Markt-Media-Analyse mit 20 000 Interviews zurückgegriffen werden, bei der die Adressen der Befragten notiert worden waren, und bei der unter anderem auch ermittelt worden war, wie viele Personen Golf spielten. Man konnte darum aus den 20 000 Interviews eine einwandfreie repräsentative Stichprobe von immerhin 300 Golfspielern zusammenstellen.

Einen Schritt weiter geht man mit dem Schneeballverfahren: Nur noch die Ausgangspersonen gehören der Originalstichprobe an. Von allen Befragten oder bestimmten Personen der Originalstichprobe erfragt man neue Adressen, zum Beispiel: »Kennen Sie Golfspieler?« Nehmen wir an, man möchte Personen befragen, die in den letzten Jahren ein Eigenheim gebaut haben. Ein Verzeichnis solcher Personen gibt es nicht, oder es ist nicht zugänglich, um daraus eine repräsentative Auswahl zu treffen. Man beginnt mit einer allgemeinen Bevölkerungsumfrage und findet dabei einige »repräsentative« Personen, die in den letzten drei Jahren ein Eigenheim gebaut haben. Ihre Adressen werden notiert. Man fragt sie und alle übrigen, ob sie sonst Leute kennen, die in den letzten drei Jahren ein Eigenheim gebaut haben, und notiert diese weiteren Adressen. Reicht die Zahl noch nicht aus, so erkundigt man sich beim späteren Interview mit den Personen, deren Adressen notiert wurden, abermals nach weiteren Personen, die ein Eigenheim gebaut haben. Wichtig ist, daß der Anfang der »Kette« durch einen Zufallsmechanismus gefunden wurde. Wenn diese Bedingung erfüllt ist, ist es sogar möglich, daß sich am Ende in der Gruppe der tatsächlich Befragten keine einzige Person mehr befindet, die bei der Stichprobengewinnung als Ausgangspunkt gedient hat. Als zum Beispiel eine Umfrage unter Deutsch- und Sozialkundelehrern durchgeführt werden sollte, und sich die offiziellen Listen der Schulbehörden als unzugänglich erwiesen, wurde das Problem auf folgende Weise gelöst: Bei einer normalen repräsentativen Bevölkerungsumfrage wurden die Befragten, die schulpflichtige Kinder hatten, um die Namen und Adressen der Deutsch- und Sozialkundelehrer ihrer Kinder gebeten. Die auf diese Weise gewonnene Lehrer-Stichprobe war repräsentativ, weil die Auswahl der Eltern nach dem Zufallsprinzip erfolgt war.[107] Allerdings hatten – rein theoretisch – Lehrer,

[107] Jürgen Wilke, Barbara Eschenauer: Massenmedien und Journalismus im Schulunterricht. Eine unbewältigte Herausforderung. Freiburg und München 1981, S. 212.

die viele Schüler unterrichteten, eine etwas größere Chance, in die Stichprobe zu gelangen, als diejenigen, die nur in kleinen Klassen Unterricht gaben. Im Falle der oben beschriebenen Befragung unter Eigenheimbesitzern könnte sich eine leichte Verzerrung zugunsten solcher Auskunftspersonen ergeben, die sehr viele Bekannte haben und darum eine statistisch erhöhte Chance, bei einer Umfrage genannt zu werden.

Die Zuverlässigkeit des Schneeballverfahrens läßt sich oft überprüfen, indem man neben der nach Schneeball gebildeten Umfrage und ihren Ergebnissen Parallelumfragen laufen läßt, oft über viele Monate hinweg, bei der die betreffenden Fragen abermals gestellt werden. Man erhält auf diese Weise eine Sammlung von Personen mit dem zunächst nur durch Schneeball gesuchten Merkmal und kann prüfen, ob die ohne Schneeball gebildete Stichprobe aus kumulierten Umfragen mehrerer Monate mit der ersten Stichprobe, die sich auf Schneeballverfahren stützte, übereinstimmt.

In den bisher genannten Fällen wurde die Schneeball-Methode als Behelfslösung eingesetzt, weil die Voraussetzungen für ein anderes, theoretisch zuverlässigeres Stichproben-Verfahren fehlten. In manchen Fällen ist dagegen das Schneeballverfahren keineswegs eine Notlösung, sondern die ideale Methode, nämlich dann, wenn soziale Netzwerke aufgespürt und untersucht werden sollen, wenn also Personen befragt werden sollen, die untereinander in Kontakt stehen. Mit solchen Untersuchungen sollen Fragen beantwortet werden wie: Wie oft und vertraulich sprechen die Befragten mit ihren Nachbarn, Freunden, Verwandten? Über welche Themen? Kennen sich die Freunde der zuerst befragten Personen untereinander? Wer gibt wem Ratschläge, wer folgt den Ratschlägen anderer? Haben Meinungsführer mehr und andere Kontakte zu ihrer Umwelt als sonstige Befragte? Welche Personen stehen in der Mitte einer Gemeinschaft und wer am Rande? Hier sind also die Beziehungen der Befragten zueinander der Hauptgegenstand der Untersuchung. Solche Netzwerke lassen sich nur mit dem Schneeballverfahren wirklich zuverlässig aufdecken, dessen besondere Eigenschaft es ja gerade ist, daß Bekannte der Ausgangspersonen befragt werden und bei Bedarf wiederum deren Bekannte.[108]

108 Zum Thema Netzwerke siehe: Michael Schenk: Soziale Netzwerke und Massenme-

Andere spezielle Stichproben-Probleme ergeben sich bei der Wirkungsforschung oder Motivforschung, bei der statistisch vergleichbare Gruppen untersucht werden, die sich lediglich in dem Faktor unterscheiden sollen, der Gegenstand der Untersuchung ist. (Vgl. dazu S. 460)

Repräsentative Querschnitte sind robust

»Ich stelle fest«, schrieb der Auftraggeber einer Meinungsanalyse an das Umfrageinstitut, »daß der befragte Querschnitt falsch ist. In Ihrer statistischen Übersicht zeigen Sie, daß unter den Befragten 48 Prozent Angestellte waren, während in der Bevölkerung laut Ihrer Aufstellung nur 46 Prozent Angestellte sind. Bei Arbeitern fragen Sie 32 Prozent statt 34 Prozent und bei Beamten 11 Prozent statt 9 Prozent. Kann man unter diesen Umständen denn den Ergebnissen noch vertrauen?«

Der Auftraggeber hatte sich in die statistische Übersicht vertieft, die zu jedem Untersuchungsbericht über Ergebnisse einer Repräsentativ-Erhebung gehören sollte und auf der die Zusammensetzung der befragten Personengruppe und zum Vergleich daneben die Zusammensetzung der Grundgesamtheit, die repräsentiert werden soll, gezeigt wird.[109]

Selbst wenn solche Abweichungen zwischen dem Querschnitt und der Allgemeinheit auftreten, wie sie dem Auftraggeber hier beim Vergleich auffielen, beeinträchtigen sie die Richtigkeit der Ergebnisse praktisch nicht. Ein korrigierter Querschnitt, der den amtlichen statistischen Zahlen genau entspricht, brächte für keine Frage mehr als ein Prozent Verände-

dien. Tübingen 1995. Über den Wert des Schneeballverfahrens: Ebenda, S. 39-40. Renate Mayntz, Kurt Holm und Peter Hübner erklären noch, daß Methoden wie das Schneeballverfahren »auf Grund ihrer unkontrollierbar verzerrenden Effekte« kaum mehr angewendet würden. Mayntz u. a. 1978, S. 82. Wie der Blick auf die Theorie der Netzwerke zeigt, ist das jedoch nicht unbedingt richtig.

109 Eine solche Gegenüberstellung der demographischen Zusammensetzung der Befragtengruppe mit den amtlichen statistischen Daten findet sich auf S. 305–308.

rung der Ergebnisse. Die Größenordnungen müssen erheblich verschoben sein, bis eine Auswirkung auf die Umfrageergebnisse zu erkennen ist. Zur Illustration zeigt die folgende Tabelle als Rechenexperiment das Ergebnis der Frage: »Wenn jemand sagt: ›Die Ehe ist eine überholte Einrichtung‹, würden Sie da zustimmen oder nicht zustimmen?«. Bei dieser Frage fallen die Antworten je nach Alter der Befragten unterschiedlich aus.[110]

Die erste Spalte zeigt das Umfrageergebnis bei ganz exakter Verteilung der Altersgruppen im Querschnitt, die 18- bis 29jährigen machen wie in der amtlichen Statistik 25 Prozent aus, in der zweiten Spalte wird gezeigt, wie das Ergebnis der Umfrage aussehen würde, wenn man die Altersgruppen im Querschnitt falsch ausgewählt und 35 Prozent statt richtig 25 Prozent junge Leute unter dreißig Jahren befragt hätte. In der dritten Spalte schließlich ist zu sehen, wie die Ergebnisse aussehen würden, wenn der Querschnitt noch mehr verzerrt worden wäre, wenn nämlich statt 25 sogar 50 Prozent aller Befragten bei dieser Umfrage unter 30 Jahren gewesen wären.

Frage: »Wenn jemand sagt: ›Die Ehe ist eine überholte Einrichtung.‹ Würden Sie da zustimmen oder nicht zustimmen?«

	Gesamtbevölkerung	Ergebnis bei verzerrtem Querschnitt*	Ergebnis bei grob verzerrtem Querschnitt**
	%	%	%
Stimme zu	13	14	16
stimme nicht zu	72	70	67
unentschieden	15	16	17
	100	100	100

*) Altersgruppe 18 bis 29 mit 35% vertreten statt mit 25%
**) Altersgruppe 18 bis 29 mit 50% vertreten statt mit 25%

Stichproben sind im großen und ganzen ziemlich robust und geben auch bei einigen demographischen Verzerrungen noch brauchbare Hinweise auf die Einstellung der Grundgesamtheit, die untersucht werden soll. Ganz anders – und zudem beträcht-

110 »Die Ehe ist überholt« sagten 21 Prozent der unter 30jährigen und nur 10 Prozent der Befragten über 80 Jahre. Quelle: Internationale Wertestudie 1990, Westdeutschland.

lich – wirkt es sich aus, wenn die Stichprobe nicht demographisch, sondern psychologisch verzerrt ist, zum Beispiel wenn die Gegner eines Vorschlags überproportional vertreten sind oder an der Umfrage besonders interessierte Personen. Es bleibt also dabei, daß der repräsentative Charakter der Stichprobe so gut wie möglich gesichert werden muß.

Die folgende Aufstellung zeigt das Modell einer statistischen Übersicht, wie sie als Anlage einem Bericht über Ergebnisse von Repräsentativ-Erhebungen beizufügen ist, um über die statistische Repräsentanz der Befragten-Gruppe Auskunft zu geben. Die in der Stichprobe gefundene Verteilung der Merkmale wird mit den amtlichen statistischen Daten verglichen. In Deutschland werden diese Daten unter anderem durch den sogenannten Mikrozensus erhoben, eine einmal im Jahr vom Statistischen Bundesamt und den statistischen Landesämtern durchgeführte Befragung einer repräsentativen Zufallsauswahl von einem Prozent der Bevölkerung, bei der die Bürger verpflichtet sind, Auskunft zu geben, beispielsweise über die Anzahl der zu ihrem Haushalt gehörenden Personen, deren Geschlecht und Alter, die Kinderzahl, Berufsstellung und ähnliche Grundinformationen, die für die Fortschreibung der amtlichen Daten nötig sind.[111] Daten des Mikrozensus dienen auch als Grundlage für die Berechnung des repräsentativen Bevölkerungsquerschnitts bei Quotenumfragen.[112]

Das Beispiel bezieht sich auf eine Umfrage mit Quoten-Auswahl-Methode. Eine entsprechende Übersicht wird auch bei Umfragen nach Random-Auswahl-Methode gegeben. Dort wird zusätzlich aufgeführt, wieviel Prozent der Zielpersonen befragt werden konnten und wie die Ausfälle entstanden.

[111] Siehe: Gesetze über die Durchführung einer Repräsentativstatistik der Bevölkerung und des Erwerbslebens (Mikrozensus) vom 16. März 1957. In: Bundesgesetzblatt Nr. 8, 1957, S. 287. Pressedienst des Bundesministeriums des Innern vom 11. Oktober 1995: Bundeskabinett beschließt Anschlußgesetz zur Fortführung des Mikrozensus 1996.

[112] Siehe S. 262.

UNTERSUCHUNGSDATEN

Befragter Personenkreis:	Deutsche Wohnbevölkerung ab 16 Jahre in der Bundesrepublik Deutschland.

Anzahl der Befragten:

Halbgruppe	West	Ost	Insg.	
A	661	415	1076	Personen
B	686	420	1106	Personen
Insg.	1347	835	2182	Personen

Auswahlmethode:	Repräsentative Quotenauswahl Die Gesamtstichprobe besteht aus zwei in sich repräsentativen Teilstichproben (Halbgruppen). Darüber hinaus erfolgte die Auswahl disproportional für die alten und die neuen Bundesländer: In jeder Halbgruppe und damit auch in der Gesamtstichprobe ist der Osten mit knapp 40 Prozent deutlich stärker berücksichtigt als es dem Bevölkerungsanteil von 20 Prozent entspricht. Den Interviewern wurden dabei Quoten vorgegeben, die ihnen vorschrieben, wie viel Personen sie zu befragen hatten und nach welchen Merkmalen diese auszuwählen waren. Die Befragungsaufträge oder Quoten wurden nach Maßgabe der amtlichen statistischen Unterlagen auf Bundesländer und Regierungsbezirke und innerhalb dieser regionalen Einheiten auf Groß-, Mittel- und Kleinstädte sowie Landgemeinden verteilt. Die weitere Verteilung der Quoten erfolgte auf Männer und Frauen, verschiedene Altersgruppen sowie auf Berufstätige und Nichtberufstätige und die verschiedenen Berufskreise.
Gewichtung:	Zur Aufhebung der Disproportionalität bezüglich alter und neuer Länder und zur Angleichung an Strukturdaten der amtlichen Statistik erfolgte eine faktorielle Gewichtung der Ergebnisse.
Repräsentanz:	Die gewichtete Stichprobe entspricht, wie die Gegenüberstellung mit den amtlichen statistischen Daten zeigt, der Gesamtbevölkerung ab 16 Jahre in der Bundesrepublik Deutschland. Diese Übereinstimmung im Rahmen der statistischen Genauigkeitsgrenzen ist eine notwendige Voraussetzung dafür, daß die Ergebnisse verallgemeinert werden dürfen.
Art der Interviews:	Die Befragung wurde mündlich-persönlich (Face-to-Face) nach einem einheitlichen Frageformular vorgenommen. Die Interviewer waren angewiesen, die Fragen wörtlich und in unveränderter Reihenfolge vorzulesen.
Anzahl der eingesetzten Interviewer:	An der Befragung waren insgesamt 490 nach strengen Testmethoden ausgewählte, nebenberuflich für das Institut tätige Mitarbeiter beteiligt.
Termin der Befragung:	Die Interviews wurden vom 28. April bis 8. Mai 2004 durchgeführt.
Archiv-Nr. der Umfrage:	7056

Abb. 48

STATISTIK

der in der Umfrage 7056 befragten Personengruppe (Deutsche Wohnbevölkerung ab 16 Jahre) im Vergleich zu den Zahlen der amtlichen Statistik.

	Repräsentative Bevölkerungsumfrage April/Mai 2004			amtliche Statistik (*)
	Insgesamt	Halbgruppe		
		A	B	
	%	%	%	%
REGIONALE VERTEILUNG				
Westl. Länder einschl. West-Berlin	80	80	80	80
Östl. Länder einschl. Ost-Berlin	20	20	20	20
	100	100	100	100
Norddeutschland (Schleswig-Holstein, Hamburg, Niedersachsen, Bremen)	16	16	16	16
Nordrhein-Westfalen	21	21	21	21
Südwestdeutschland (Hessen, Rheinland-Pfalz, Saarland)	14	14	14	14
Baden-Württemberg	12	12	12	12
Bayern	15	15	15	15
Berlin	4	4	4	4
Nordostdeutschland (Brandenburg, Mecklenb.-Vorp., Sachsen-Anhalt)	9	9	9	9
Sachsen und Thüringen	9	9	9	9
	100	100	100	100
WOHNORTGRÖSSE				
unter 5.000 Einwohner	18	18	18	18
5.000 bis unter 20.000 Einwohner	26	26	26	26
20.000 bis unter 100.000 Einwohner	26	26	26	26
100.000 und mehr Einwohner	30	30	30	30
	100	100	100	100
GESCHLECHT				
Männer	48	48	48	48
Frauen	52	52	52	52
	100	100	100	100
ALTER				
16 - 29 Jahre	17	17	17	17
30 - 44 Jahre	28	28	28	28
45 - 59 Jahre	23	23	23	23
60 Jahre und älter	32	32	32	32
	100	100	100	100

(*) Original- und Schätzwerte (für die deutsche Wohnbevölkerung ab 16 Jahre) nach Daten der amtlichen Statistik.
Quelle: Mikrozensus 2002.

Abb. 49

STATISTIK

der in der Umfrage 7056 befragten Personengruppe (Deutsche Wohnbevölkerung ab 16 Jahre) im Vergleich zu den Zahlen der amtlichen Statistik.

	Repräsentative Bevölkerungsumfrage April/Mai 2004			amtliche Statistik (*)
	Insgesamt	Halbgruppe A	Halbgruppe B	
	%	%	%	%
BERUFSTÄTIGKEIT				
Erwerbspersonen (Berufstätige und Arbeitslose)	60	60	60	59
Nichterwerbspersonen	40	40	40	41
	100	100	100	100
BERUFSKREISE (**)				
Arbeiter	20	20	20	19
Angestellte	29	29	29	30
Beamte	4	4	4	4
Selbständige und freiberuflich Tätige	7	7	7	6
Nichterwerbspersonen	40	40	40	41
	100	100	100	100
FAMILIENSTAND				
Verheiratet	60	60	59	58
- Männer	30	30	30	29
- Frauen	30	30	29	29
Ledig	24	24	24	26
Verwitwet, geschieden	16	16	17	16
	100	100	100	100
HAUSHALTSGRÖSSE				
Von der deutschen Wohnbevölkerung ab 16 Jahre leben in Haushalten mit				
- 1 Person	21	19	22	21
- 2 Personen	38	39	37	38
- 3 Personen	19	19	19	19
- 4 Personen	16	16	17	16
- 5 und mehr Personen	6	7	5	6
	100	100	100	100

(*) Original- und Schätzwerte (für die deutsche Wohnbevölkerung ab 16 Jahre) nach Daten der amtlichen Statistik.
Quelle: Mikrozensus 2002.

(**) für Berurufstätige und Arbeitslose (Einstufung Arbeitslose nach zuletzt ausgeübter Berufsstellung)

Abb. 50

Telefonische Umfragen

Wir haben uns in diesem Buch bisher wenig mit Telefonumfragen beschäftigt[113], obwohl diese Art der Befragung – besonders in den USA – eine immer größere Rolle spielt. Diese scheinbare Vernachlässigung hat zwei Gründe: Einmal gelten die Grundregeln der Demoskopie, Stichprobenziehung, Fragebogenkonstruktion, Psychologie des Interviews, Aufbereitung, Auswertung usw. prinzipiell für persönliche wie für Telefonbefragungen gleichermaßen. Zweitens sind mündlich-persönliche Interviews vielseitiger einsetzbar und in der Organisation wesentlich komplizierter, was man schon daran erkennt, daß man für Telefoninterviews kein über das ganze Land verstreutes Heer von Hunderten Interviewern braucht, sondern zwei bis drei Dutzend Telefonleitungen. Die Regeln und Einsatzmöglichkeiten der Demoskopie lassen sich also am Beispiel der persönlichen Befragung vollständiger darstellen.

Telefonumfragen haben gegenüber der konventionellen Umfrage einige Vorteile, aber auch einige gravierende Nachteile, die ihre Einsatzmöglichkeiten stark einschränken. Der hauptsächliche Vorteil besteht darin, daß Befragungen am Telefon ausgesprochen schnell durchzuführen sind. Auch die Kosten liegen etwas niedriger. Allerdings ist die Ersparnis geringer als oft erwartet wird. Das liegt daran, daß die Kosten der »Feldarbeit«, also der eigentlichen Befragung, nach regelmäßigen Nachkalkulationen nur etwa ein Drittel der Gesamtkosten einer Umfrage ausmachen.[114] Besonders wenn es darum geht, spontane Reaktionen der Bevölkerung auf aktuelle Ereignisse festzustellen, wird man sich – wenn möglich – der Telefonum-

[113] Zum Thema Telefonumfragen siehe: Robert M. Groves, Robert L. Kahn: Surveys by Telephone. A National Comparison with Personal Interviews. New York u. a. 1979. James H. Frey, u. a., 1990. Jürgen Zeh: Telefonumfragen als Instrument bei kommunikationswissenschaftlichen Fragestellungen. In: Publizistik, 31, 1986, S. 407–422. John A. Dillmann: Mail and Telephone Surveys. The Total Design Method. New York u. a. 1978. Robert M. Groves u. a.: Telephone Survey Methodology. New York u. a. 1988. Paul J. Lavrakas: Telephone Survey Methods. Sampling, Selection, and Supervision. 3. Auflage. Newbury Park u. a. 1988.

[114] Erfahrungssätze der betriebswirtschaftlichen Abteilung des Instituts für Demoskopie Allensbach.

frage bedienen,[115] weil die Ergebnisse binnen weniger Tage, unter Umständen sogar schon nach einigen Stunden vorliegen. Die Interviewer können in der Interviewerzentrale besser kontrolliert werden als bei persönlichen Interviews, Interviewer-Fehler, zum Beispiel bei Filter-Fragen[116] sind seltener. Die Einheitlichkeit der Befragung scheint vor allem bei CATI-Systemen (»Computer Assisted Telephone Interviewing«) besonders gut gesichert. Ein weiterer Vorteil ist, daß man bestimmte Bevölkerungsgruppen mit dem Telefon leichter erreicht: Eine Umfrage unter Ministern, Staatssekretären, Bundestagsabgeordneten, Präsidenten von Behörden, Spitzenmanagern und Aufsichtsräten ist praktisch nur per Telefon möglich.[117]

Diesen Vorteilen der Telefonumfrage stehen gravierende Nachteile gegenüber, die wir zum Teil im Abschnitt »Der Fragebogen« bereits beschrieben haben:[118] Viele Fragemodelle, psychologische Tests, Kartenspiele, Listenvorlagen usw. sind bei Telefonumfragen naturgemäß nicht anwendbar. Auch kann der Interviewer nicht aufgrund eigener Beobachtungen den Befragten einstufen, seinen sozialen Status schätzen oder – wie beim oben beschriebenen Ausdruckstest – bestimmte persönliche Merkmale im Fragebogen festhalten. Aber gerade diese Verfahren sind oft unentbehrlich, wenn man aus einer Umfrage wirklich einen Erkenntnisgewinn ziehen will. Das heißt, telefonische Umfragen können nur eingesetzt werden, wenn das Thema durch Faktfragen und »Abstimmungsfragen« bearbeitet werden kann. Dagegen kommen Telefonfragen für Ursachenforschung und Motivforschung, für gründliche Markt- und Medienanalysen, vergleichende Werbeträgerforschung – von Grundlagenforschung einmal ganz abgesehen – oft nicht in Frage. Hinzu kommt, daß Telefoninterviews, wie Experimente gezeigt haben[119], bei gleichem Fragebogen durchschnittlich nur

115 Siehe Zeh 1986, S. 407.

116 Siehe S. 140–141.

117 Das auf S. 298 erwähnte Elite-Panel des Instituts für Demoskopie Allensbach ist eine solche Telefonbefragung.

118 S. 146–171.

119 Herbert Geiger, Edgar Erben: Methodentest zur Überprüfung der Brauchbarkeit schriftlicher und telefonischer Umfragen zur Analyse des lokalen Bankenwettbewerbs. In: ESOMAR (Hrsg.): The Challenge of the Eighties (ESOMAR-Kongreß, Brüssel, 2.–6. September 1979). Amsterdam 1979, S. 225–243. Englisch: Ebd., S. 245–263.

halb so lange dauern wie persönlich durchgeführte Interviews, ein Zeichen dafür, daß am Telefon kürzer, flüchtiger geantwortet wird. Insbesondere fallen die Antworten auf offene Fragen viel kürzer aus.

Eine repräsentative Stichprobe ist bei Telefonumfragen vergleichsweise einfach zu gewinnen: In der Regel wird man nach Random-Prinzipien eine Zufallsauswahl aus der Gesamtdatei aller Telefonnummern mit Ausnahme der Geschäfts- und Telefax-Anschlüsse treffen. Die Auswahl des Gesprächspartners erfolgt dann wie beim persönlichen Interview nach dem »Geburtstagsprinzip« oder ähnlichen Verfahren.[120] Diese Methode hat den Nachteil, daß Nummern, die nicht im Telefonbuch stehen, nicht berücksichtigt werden. Der Anteil der Geheimnummern an der Gesamtzahl aller Telefonanschlüsse steigt aber stetig; zur Zeit (2004) liegt er bei etwa 25 Prozent. Ein weiteres Problem ist die steigende Zahl von Personen mit ISDN-Anschlüssen, die über mehrere Telefonnummern verfügen und damit auch eine überproportional große Chance haben, in die Stichprobe zu gelangen. Hinzu kommt der ebenfalls wachsende Anteil derjenigen, die nur noch über ein Mobiltelefon, nicht aber über einen Festnetz-Anschluß verfügen und deswegen auch in keinem Telefonverzeichnis aufgeführt sind.

Wollte man ganz sicher gehen, daß wirklich alle festen Telefonanschlüsse die gleiche Chance haben, in die Stichprobe zu gelangen, müßte man auf Zufallszahlen[121] zurückgreifen und diese anwählen. Der Nachteil dieses »Random Digit Dialing« (RDD) besteht darin, daß es viel mehr Zahlenkombinationen als Telefonnummern gibt. Das heißt, daß ein Interviewer oft mehrmals wählen muß, um einen Telefonanschluß zu erreichen.[122] Der Zeitaufwand läßt sich allerdings in Grenzen halten: Viele Telefon-Interviewer-Organisationen verfügen heute über CATI-Systeme, die die Zufallszahlen automatisch erstellen (»generieren«) und die Nummern automatisch anwählen, bis

[120] Siehe S. 240.

[121] Siehe S. 238–239.

[122] Bei Zeh, 1986, erwiesen sich zwei Drittel der angewählten Nummern als unbrauchbar. Hinzu kamen die bei Random-Stichproben unvermeidlichen Ausfälle durch Abwesenheit und Verweigerung, so daß schließlich auf ein durchgeführtes Interview zehn Wählversuche kamen. Zeh 1986, S. 414.

ein Telefonanschluß erreicht ist. Der Interviewer führt das Gespräch über Kopfhörer und Mikrophon.

Doch auch wenn sich die technischen Probleme des »Random Digit Dialing« relativ leicht lösen lassen, bleiben rechtliche Bedenken: Personen, die ihre Nummer nicht ins Telefonbuch eintragen lassen, zeigen damit, daß sie nur von Freunden und Bekannten angerufen werden möchten und nicht von Fremden, auch nicht von Telefoninterviewern. Diesen Wunsch muß die Markt- und Meinungsforschung respektieren, auch wenn die Qualität der Stichprobe darunter leidet und in Deutschland das Generieren von Telefonnummern (bisher) noch nicht ausdrücklich per Gerichtsurteil verboten wurde.[123] Der Arbeitskreis Deutscher Marktforschungsinstitute (ADM) hatte darum zwischenzeitlich seinen Mitgliedern untersagt, die ‚Random Digit Dialing'-Methode anzuwenden[124], diese Regelung erwies sich aber in der Praxis als nicht durchsetzbar.

Egal, welches Verfahren man anwendet, in jedem Fall handelt es sich bei Telefonnummern-Stichproben nicht um Personen, sondern um Haushaltsstichproben. Das heißt, ähnlich wie beim oben beschriebenen dreistufigen Random-Auswahlverfahren für mündlich-persönliche Umfragen[125] haben auch hier alleinlebende Personen eine erhöhte Chance in die Stichprobe zu geraten.

Zu bedenken ist bei Telefonumfragen, daß sie nur für den Bevölkerungsteil repräsentativ sind, der über ein Telefon im Haushalt verfügt. Das ist in Gebieten mit hoher Telefondichte, wie Deutschland, kein großes Problem. Telefonische Befragungen können – trotz der wachsenden Zahl der nicht ins Telefonbuch eingetragenen Anschlüsse – derzeit noch als repräsentativ für die Gesamtbevölkerung gelten.

Zu bedenken ist bei Telefonumfragen, daß sie nur für den

123 Dagegen sind Telefonanrufe zu Werbezwecken bei Personen, die nicht im Telefonbuch stehen, verboten. BGH, Urteil vom 8.12.1994 – LZR 189/92 (KG). Siehe: GRUR 1995, S. 220 und 492 f. Bei der EU-Behörde in Brüssel wird z. Zt. (September 1995) eine ISDN-Richtlinie vorbereitet, nach der auch unerbetene Telefonanrufe von Marktforschern verboten werden sollen. Siehe: Telefon-Umfragen: Peinliche Nachbarschaft. ISDN-Richtlinie: Kaltes Anrufen. In: Context, 11, 1995.

124 Beschluß der ordentlichen Mitgliederversammlung am 25. April 1991. Siehe: ADM-Intern, 1994, Nr. 3, 28.10.1994.

125 Siehe S. 242–243.

Bevölkerungsteil repräsentativ sind, der über ein Telefon im Haushalt verfügt. Das ist allerdings in Gebieten mit hoher Telefondichte wie Deutschland kein großes Problem. Telefonische Befragungen können - trotz der wachsenden Zahl der nicht ins Telefonbuch eingetragenen Anschlüsse - derzeit noch als repräsentativ für die Gesamtbevölkerung gelten.

Sehr wichtig ist, daß Telefoninterviews zu einer Tageszeit durchgeführt werden, zu der auch die meisten Berufstätigen in ihrer Wohnung erreicht werden können, in Deutschland am besten zwischen 18 und 20 Uhr.[126] Finden die Interviews früher am Tag statt, so erhält man eine verzerrte Stichprobe, in der Berufstätige, und damit vor allem Männer und allgemein Personen zwischen 30 und 45 Jahren unterrepräsentiert sind. Eine Tatsache, die die Grenzen des Geburtstagsverfahrens demonstriert: Offenbar behauptet ein beträchtlicher Teil derer, die sich am Telefon melden, selbst der gesuchte Gesprächspartner zu sein, wenn die eigentliche Zielperson nicht zu Hause ist. Ein generelles Problem bei Telefoninterviews ist ein oft überhöhter Anteil von Befragten mit hoher Schulbildung in der Stichprobe. Die Verständigung am Telefon ist schwieriger als im persönlichen Gespräch. Offenbar verweigern in dieser Situation überdurchschnittlich viele Personen aus den unteren Bildungsschichten das Interview.

Die Vor- und Nachteile von telefonischen Befragungen gegenüber mündlich-persönlichen Umfragen lassen sich wie folgt stichwortartig zusammenfassen:

Vorteile:
- Die Stichprobe ist örtlich besser verteilt.
- Die Interviews laufen einheitlicher ab.
- Es gibt weniger Interviewfehler bei Nachfragen.
- Die Feldzeiten sind kürzer.
- Die Kosten sind etwas geringer.
- Die Interviewer können besser kontrolliert werden.

Nachteile:
- Personen ohne Telefon werden nicht erreicht, die Umfrage repräsentiert dann nicht die ganze erwachsene Bevölkerung.

[126] Vgl. Hans-Bernd Brosius, Wolfgang Donsbach: Resource Optimisation and Sample Quality in Telephone Surveys. In: Marketing and Research Today, Mai 1989, S. 96–106.

- Die Verweigerungsrate ist etwas höher, und das Interview wird eher abgebrochen.
- Die Verweigerung der Antwort auf bestimmte Fragen ist häufiger. Merkmale für Personen und Haushalte, die das Interview verweigern, können am Telefon überwiegend nicht ermittelt werden.
- Der Interviewereinfluß ist stärker, weil der einzelne Interviewer eine größere Zahl von Interviews durchführt. Er ist auch stärker, weil Telefon-Interviewer homogener sind als Interviewer einer Feldorganisation. Man muß sich hier an die von Hyman zuerst aufgedeckte Fehlerquelle des selektiven Hörens erinnern.[127]
- Rückfragen sind schwieriger, Verständigung ist schwieriger.
- Aufgaben, wie Rangreihen angeben, lange Fragen beantworten, offene Fragen beantworten, lassen sich nicht durchführen, Auskünfte über Ereignisse oder Projekte zu geben ist schwieriger.
- Fragen, die Bildblatt-, Listenvorlagen oder Kartenspiele erfordern, können nicht gestellt werden.
- Die Interviewer können keine Beobachtungen über die Befragten, den Haushalt, die Nachbarschaft notieren.
- Interviews werden als weniger interessant, als größere Belastung empfunden. Sie dauern – bei gleichem Fragebogen – kürzer als persönliche Interviews. Die Antworten sind weniger ausführlich und unvollständiger. Dennoch werden Telefon-Interviews als länger empfunden.[128]

[127] Hyman 1954.

[128] Smith, Tom W.: A Comparison of Telephone and Personal Interviewing. 2nd Draft. Prepared for the General Social Survey (GSS) Board of Overseers. Manuskript 1984.

Schriftliche Umfragen[129]

Bei schriftlichen Umfragen kann man drei Verfahren unterscheiden. Das erste besteht darin, daß man die Fragebogen entweder mit der Post verschickt, in Zeitungen einlegt oder abdruckt, sie durch Boten in Briefkästen einwerfen läßt oder in den Geschäften den Kunden abgibt mit der Bitte, sie ausgefüllt zurückzuschicken.

Diese Art schriftlicher Befragung hat einen wesentlichen Mangel: Erfahrungsgemäß bleibt ein großer Teil der verschickten Fragebogen unbeantwortet. Bei vielen Empfängern fehlen die Motive, die sie dazu bewegen könnten, die Mühe des Ausfüllens auf sich zu nehmen.

Der Personenkreis, der solche Fragebogen beantwortet zurückschickt, ist nicht mehr repräsentativ. Es handelt sich um Personen, die besonderes Interesse am Thema haben, Personen, die viel Zeit haben und die schreibgewandt sind; sie beantworten den Fragebogen eher als die übrigen.[130]

Besonderen Einfluß auf die Höhe der Rücksendequote haben:

1. Motivierung der Befragten durch das Thema der Umfrage, Absender, Begleitbrief, Angebot eines kleinen Geschenks oder Angebot späterer Information über die Umfrageergebnisse.
2. Aufmachung der Sendung, graphische Gestaltung des Fragebogens.
3. Der Fragebogeninhalt: Der Fragebogen muß kurz sein, er

[129] Literatur zu diesem Thema: Dillman 1978. Dazu: Hans-J. Hippler, K. Seidel: Schriftliche Befragungen bei allgemeinen Bevölkerungsstichproben. Untersuchungen zur Dillmanschen »Total Design Method«. In: ZUMA-Nachrichten 16, 1985, S. 39–56. Hans-J. Hippler: Methodische Aspekte schriftlicher Befragungen. Probleme und Forschungsperspektiven. In: Planung und Analyse 15, 1988, Nr. 6, S. 244–248. G. Frasch: Der Rücklaufprozeß bei schriftlichen Befragungen. Frankfurt am Main 1987. D. C. Lockhart (Hrsg.): Making Effective Use of Mailed Questionnaires. San Francisco 1984.

[130] Vgl. S. 253–254 das Beispiel der Umfrage unter Zeitungsabonnenten. Ein verheerender Fehlschlag einer solchen schriftlichen Umfrage trug im Jahr 1936 wesentlich zum Durchbruch der modernen Demoskopie bei: Die Zeitschrift ›Literary Digest‹ hatte vor der damaligen US-Präsidentschaftswahl 10 Millionen »Stimmzettel« verschickt und machte auf der Grundlage der zurückgeschickten Antworten eine vollkommen falsche Prognose über den Wahlausgang, während die Prognosen der bis dahin unbekannten Forscher George Gallup, Archibald Crossley und Elmo Roper, die sich auf wenige tausend repräsentativ ausgewählte Befragte stützten, richtig waren. Siehe S. 209.

sollte in zehn bis fünfzehn Minuten beantwortbar sein und den Befragten so wenig Mühe wie möglich bereiten. Die Fragen sollen nach Aufbau und Formulierung interessant sein. Der Fragebogen muß mehrfach vorgetestet und überarbeitet werden, zuerst im persönlichen Interview, dann schriftlich. Man muß eine kleine Stichprobe vorweg aussenden, um zu prüfen, wie hoch die Antwortquote sein wird, und danach eventuell die Anlage noch einmal verbessern.

4. Erinnerungen, Bitte um Rücksendung bis zu einem bestimmten Termin. Da in der Regel die Anonymität auch bei schriftlichen Umfragen gesichert sein muß (keine Kennzeichnung der Fragebogen durch Nummern, die mit den Nummern einer Befragtenliste übereinstimmen!), hat sich ein bestimmtes Verfahren bewährt, um zu wissen, wer den Fragebogen noch nicht zurückgesendet hat und darum gemahnt werden muß: Man bittet die Befragten, getrennt von der Fragebogen-Sendung eine mit ihrem Namen versehene Postkarte mit der Nachricht zu schicken, daß der Fragebogen zurückgesandt wurde.

Bisweilen hilft man sich auch, indem man entweder die Personen, die den Fragebogen nicht beantwortet haben, nach einer gewissen Zeit aufsucht und ein mündliches Interview durchführt – sozusagen die Stichprobe »auffüllt« – oder indem man eine kleine repräsentative Nachbefragung durchführt mit Hilfe persönlicher, mündlicher Interviews, um die Ergebnisse der schriftlichen Befragung zu kontrollieren.

Abgesehen von den Schwierigkeiten, zu einer repräsentativen Stichprobe zu gelangen, muß man bei dieser Art von Befragung noch mit anderen Nachteilen rechnen: Der Befragte kann Familienmitglieder oder Bekannte zu Rate ziehen, bevor er den Fragebogen ausfüllt, man kann die Antworten nicht mehr eindeutig auf die Auskunftsperson beziehen. Der Befragte liest in vielen Fällen den ganzen Fragebogen durch, bevor er an die Beantwortung der einzelnen Fragen herangeht, so daß spätere Fragen im Fragebogen die Beantwortung vorangegangener Fragen beeinflussen und ein psychologischer Aufbau des Fragebogens zunichte gemacht wird.[131] Die Gefahr bewußter Verfälschungen und das Einfließen taktischer Überlegungen bei der

131 Norbert Schwarz, Hans J. Hippler: Subsequent Questions May Influence Answers to Preceeding Questions in Mail Surveys. In: Public Opinion Quarterly, 59, 1995, S.93–97.

Beantwortung der Fragen ist größer, wenn jemand einen Fragebogen ausfüllt, als beim persönlichen, mündlichen Interview.

Eine zweite Form der schriftlichen Befragung besteht darin, daß man an eine Anzahl Personen, die in einem Raum versammelt sind, Fragebogen verteilt. Der Bogen wird in Anwesenheit des Forschungsleiters – oder eines technischen Assistenten – ausgefüllt. Dieser steht nicht nur für rein technische Fragen zur Verfügung, sondern sorgt auch dafür, daß jeder Teilnehmer den Fragebogen selbständig ausfüllt, ohne sich mit anderen darüber zu unterhalten (»Klassenzimmer-Interview«, wie es vor allem bei Betriebsumfragen, in Schulen oder Universitäten angewandt wird).

Gelegentlich – eine dritte Variante – füllt auch eine Person einzeln den Bogen aus, der Forschungsassistent sitzt nur daneben. Er sorgt jeweils dafür, daß der Fragebogen nicht unbeantwortet liegenbleibt, wodurch die Gefahr der Verzerrung der Stichprobe durch Ausfälle vermieden wird. Außerdem kann er darauf achten, daß die Auskunftsperson den Bogen allein ausfüllt, ohne sich mit Familienangehörigen zu beraten. Er sieht auch darauf, daß die Fragen der Reihe nach beantwortet werden, ohne daß der Befragte vorher den ganzen Fragebogen durchliest.

Es gibt eine Reihe von Experimenten, mit denen geprüft worden ist, ob schriftliche oder mündliche Befragungen zuverlässigere Resultate erbringen.

Mündliche Interviews scheinen mehr konkrete Antworten zu liefern, schwierige Fragen werden eher beantwortet, da man die Befragten beim mündlichen Interview stärker motivieren kann zu antworten. Fragen, die ein Tabu berühren, scheinen bei schriftlichen Befragungen ehrlicher beantwortet zu werden, außerdem sind die Angaben der Auskunftspersonen detaillierter und ausführlicher. Auffällig ist bei schriftlichen Befragungen auch, daß die Befragten in der Tendenz verstärkt kritische Antworten geben.[132]

[132] Vgl. Carl Otto Jonsson: Questionnaires and Interview. Stockholm 1957. Ein Experiment von Lazarsfeld und Franzen, zitiert bei Herbert H. Hyman 1954. Geiger, Erben 1979.

Internet-Umfragen

Internet-Umfragen unterliegen derzeit noch der Einschränkung, daß im Jahr 2004 noch immer nur etwa die Hälfte der Bevölkerung in Deutschland das Internet nutzt und deswegen bis auf weiteres nur Umfragen unter bestimmten Bevölkerungsgruppen wie etwa Studenten über das Internet möglich sind. Abgesehen davon sind sie in ihrer Aussagekraft und in ihren Grenzen mit schriftlichen Umfragen vergleichbar. Allerdings hat es nach den bisherigen Erfahrungen den Anschein, als könnte bei E-Mail-gestützten Umfragen eine etwas größere Ausschöpfungsquote erreicht werden als bei postalischen Umfragen.[133] Mit Sicherheit läßt sich dies allerdings erst sagen, wenn ein noch größerer Teil der weniger an Informationstechnik interessierten Bevölkerung an das Internet angeschlossen ist.

In aller Regel können nur solche Internet-Befragungen als geeignetes Mittel der Sozialforschung angesehen werden, bei denen einem repräsentativ ausgewählten Personenkreis eine E-Mail zugesandt wird mit der Bitte, eine bestimmte Internet-Seite aufzurufen, die dann den Fragebogen enthält. Wenn, was meistens der Fall ist, keine Listen von gültigen E-Mail-Adressen zur Stichprobenziehung vorliegen, müssen die Befragten zuvor auf anderem Weg, etwa per Telefon, kontaktiert und ausgewählt werden. Internet-Umfragen, die ihre Befragten durch die Bekanntmachung über Werbebanner rekrutieren, weisen Ausschöpfungsquoten von weniger als einem Prozent auf und erbringen wegen der besonders stark ausgeprägten Selbst-Selektion der Befragten keine verallgemeinerbaren Ergebnisse.[134]

133 Kersten Vogt: Verzerrungen in elektronischen Befragungen? In: Bernad Batinic u. a. (Hrsg.): Online Research. Methoden, Anwendungen und Ergebnisse. Göttingen 1999, S. 127–143. Michael Hoppe, Rainer Lamp: The Quality of Online Panels. A Methodological Test. In: ESOMAR (Hrsg.): Net Effects 4. Worldwide Internet Conference and Exhibition, Barcelona, Spain, 11.–13. February 2001. Amsterdam 2001, S. 243–261.

134 Wolfgang Bandilla, Michael Bosnjak: Perspektiven der Online-Forschung. In: Statistisches Bundesamt (Hrsg.): Neue Erhebungsinstrumente und Methodeneffekte (Schriftenreihe Spektrum Bundesstatistik Bd. 15). Stuttgart 2000, S. 166–174.

IV. Interviewer-Organisation und Feldarbeit

Sorgfältige Auswahl – wenig Schulung

In den vorangegangenen Kapiteln ist schon oft von den Interviewern die Rede gewesen.[1] Man kann die methodischen Grundsätze der Umfrageforschung nicht behandeln, ohne dabei ständig die Rolle der Interviewer zu umschreiben, ohne ihre Psychologie zu berücksichtigen, ihren Einfluß auf die Befragten und deren Antworten abzuwägen und die Verfahren aus der Notwendigkeit zu begründen, die Interviewer zu einheitlichem Verhalten zu veranlassen.

Die Befragten und die Interviewer sind in der empirischen Sozialforschung die Hauptpersonen, die man nehmen muß, wie sie sind. Jeder neue, experimentell gewonnene Befund über Verhaltensweisen der Interviewer und ihre Wirkung auf die Befragten erzwingt eine Anpassung der Methode, nicht umgekehrt. Die »Schulung« der Interviewer wird auf ein Mindestmaß beschränkt.

Würde man beispielsweise morgen experimentell nachweisen, daß ein extrem langsam sprechender Interviewer bei den Befragten am erfolgreichsten ist, dann würde man nicht die Interviewer auf langsames Sprechen trainieren, sondern man würde bei der Auswahl langsam sprechende Bewerber bevorzugen. Die wichtigsten Eigenschaften eines guten Interviewers lassen sich ohnehin nicht anerziehen. Statt dessen entwickelt man Tests, um Personen zu finden, die diese Eigenschaften besitzen. Bildung und Beruf sind praktisch ohne Bedeutung –

[1] Z. B. S. 62: Interviewer und Befragte: die schwächsten Glieder in der Kette; S. 65: Radikale Trennung der Rolle von Forscher und Interviewer; S. 104: Nicht der Interviewer, der Fragebogen muß schlau sein; S. 127: Der taube Interviewer, oder im Kapitel »Der repräsentative Querschnitt« die Behandlung des Zusammenhangs zwischen statistischem Auswahl-System und Interviewer-Psychologie (S. 272).

selbst sichere orthographische Kenntnisse braucht z.B. ein Interviewer auf dem Land, der guten Kontakt zur Landbevölkerung finden soll, nicht zu besitzen. Auch die Aussprache von Fremdwörtern oder ausländischen Namen (soweit sie im Interview benötigt werden) nimmt der Fragebogen dem Interviewer ab, indem zum Beispiel der Begriff »Made in Germany« mit der Erläuterung »Sprich: ›Mäid in Tschörmeni‹« versehen wird. Dafür muß aber der Interviewer die Begabung haben, vom Befragten falsch ausgesprochene Wörter und Namen zu erkennen und sie unbefangen hinzunehmen.

Der kontaktfähige Pedant

Die Frage, wie denn der ideale Interviewer beschaffen sein müsse, läßt sich – jedenfalls weitgehend – mit der knappen Formel beantworten: ein kontaktfähiger Pedant.[2]

Man erkennt allerdings auch sofort, daß hier eine Kombination von Eigenschaften gefordert wird, die nach der Alltagserfahrung nicht so häufig bei einem Menschen zusammen kommen: vielleicht bei Frauen noch eher als bei Männern. Tatsächlich werden als Interviewer häufig Frauen beschäftigt. In der amerikanischen Literatur wird die Bezeichnung »Interviewer« meist ohne weiteres als weiblich behandelt (»The interviewer identified herself as ...«). Das Erfordernis der Pedanterie ist begründet in der Aufgabenteilung bei statistischen Erhebungen: »Radikale Trennung der Rolle von Forscher und Interviewer«.[3]

Die Interviewer sind gleichsam technische Assistenten, die eine Testapparatur bedienen, und zwar nach Vorschriften, die sie minuziös befolgen sollen, um sachliche Richtigkeit und Vollständigkeit, aber auch Einheitlichkeit des Verfahrens und damit statistische Auswertbarkeit, Wiederholbarkeit, Überprüfbarkeit zu sichern. Im übrigen ist es eine besondere Art von Pedan-

[2] Formulierung Erp Ring.
[3] Siehe S. 65–75.

terie, die der Interviewer benötigt und auf die hin die Auswahltests speziell angelegt werden: eine Bereitschaft, auch solche Vorschriften gewissenhaft zu befolgen, die nicht einleuchten; denn diese Vorschriften scheinen oft provozierend spielerisch, abwegig, umständlich (ganz besonders die »Zufallsmechanismen« zur Auswahl der »Zielpersonen« einer repräsentativen Random-Stichprobe), zugleich aber können sie dem Interviewer, der sie gewissenhaft befolgen will, fast unüberwindliche Hindernisse bereiten. Erklärungen an Hunderte von Interviewern, warum hier ein Testgegenstand gezeigt, da aber verborgen werden soll, warum hier an der Straßenbahnhaltestelle wartende Leute mit viel Zeit nicht befragt werden dürfen, die hastig aussteigenden und davoneilenden Fahrgäste dagegen angehalten und befragt werden sollen, warum hier der Zweck einer Umfrage verschleiert, da ausführlich in der Einleitung bekanntgegeben wird – solche Erklärungen sind nicht nur nahezu unmöglich, sie wären oft sogar schädlich; denn gerade die Unkenntnis der Ziele sichert am besten die Unbefangenheit des Fragens, das unverfälschte Aufzeichnen von Antworten und Beobachtungen sowie den Verzicht auf selbständige (d. h. statistisch nicht auswertbare) Recherchen und damit die Neutralität der Erhebung. Der Interviewer muß seinen Vorschriften und seinem Fragebogen »gläubig« folgen – das erklärt, warum Studenten selten gute Interviewer sind; denn sie werden in ihrem Studium zum Gegenteil einer gläubigen Hinnahme von Vorschriften erzogen.

Man hat viele Bilder aus technischen Bereichen gebraucht, um die eigenartige Rolle des Interviewers zu umschreiben. Wie ein Automat müsse er sich verhalten[4], wie ein Tonbandgerät lediglich alles aufzeichnen, was man zu ihm hinspreche.[5] Seitdem sich auch beim Interview computergestützte Verfahren, CAPI- und CATI-Systeme (S. 191) immer mehr durchsetzen, wandelt sich auch das optische Erscheinungsbild des Interviewers hin zum technischen: der Interviewer als derjenige, der den das Interview steuernden Computer bedient. Aber das Bild gibt die Wirklichkeit verzerrt wieder, denn es fehlt etwas Ent-

[4] Interviewer-Instruktion des Instituts für Markt- und Verbrauchsforschung der Freien Universität Berlin.

[5] »... muß der Interviewer wie ein völlig unpersönliches ›Sende- und Empfangsgerät‹ wirken ...« Kellerer 1963, S. 28.

scheidendes: die Kontaktfunktion, die menschliche Beziehung, die der Interviewer in die Situation einbringt von dem Augenblick an, da er der »Zielperson« gegenübertritt (oder diese den Telefonhörer abnimmt) und sie bewegt, sich ihm zu eröffnen. Man hat schon gelegentlich Kataloge aufgestellt, welche Eigenschaften ein Interviewer haben soll[6] – gesundes Aussehen bzw. eine angenehme Telefonstimme, ruhig, sicher, zuverlässig, aufrichtig, fröhlich, interessiert, sauber, gepflegt, natürlich –, im Grunde handelt es sich bei all dem nur darum, daß er kontaktfähig sein und sympathisch wirken muß. Derjenige, den er –, in der Regel unangekündigt! – um das Interview bittet, muß von ihm möglichst spontan gewonnen sein, er muß den Kontakt als angenehm empfinden. Der erste Eindruck im Augenblick, wenn das konventionelle Verhältnis zwischen Fremden durchbrochen werden soll, ist entscheidend. Später, wenn das Interview in Gang gekommen ist, wird es fast nie mehr vorzeitig beendet.

Dies alles gilt prinzipiell für jede Art des demoskopischen Interviews. In der Praxis spielen aber die Probleme und Regeln der Interviewer-Auswahl, -Organisation und -Kontrolle vor allem bei der Planung von mündlich-persönlichen Interviews eine Rolle. Das liegt schon daran, daß bei Telefonumfragen nicht 400 Interviewer gebraucht werden, die über das ganze Land verstreut leben, sondern etwa zwanzig, die sich alle in einem Raum, in der Zentrale selbst und unter der ständigen Aufsicht eines leitenden Mitarbeiters des Instituts befinden. Hinzu kommt, daß Telefoninterviews weniger Probleme in der Praxis bereiten: Die Fragebogen sind meist kurz, es muß an keiner fremden Tür geklingelt, keine »Quote« erfüllt werden, der Computer sucht lediglich Zufallszahlen, Telefonnummern aus, die dann nacheinander angewählt werden. Hinzu kommt, daß das Gespräch am Telefon für den Befragten unverfänglicher wirkt; der Zugang ist weniger von persönlicher Sympathie abhängig. Es steht kein Fremder vor der Tür, der in das Wohnzimmer möchte. Kurz: Die Hemmschwelle, die Fragen zu beantworten, ist geringer – zur Not könnte man ja den Hörer wieder auflegen. Ein freundlicher, gewinnender Tonfall am

[6] Otto Walter Haselhoff: Ein mehrdimensionales Testverfahren zur Messung und Prognose der Interviewer-Eignung. Vortrag auf dem ESOMAR/WAPOR-Kongreß in Baden-Baden 1961. Außerdem Mildred Parten: Surveys, Polls and Samples. New York 1950. Hyman 1954.

Telefon ist erlernbar, jedenfalls nicht so sehr von kaum veränderbaren persönlichen Eigenschaften abhängig wie die Kontaktfähigkeit an der Haustür. Persönliche Interviews verlangen dem Interviewer und der Organisationskraft des Instituts viel mehr ab als telefonische Befragungen. Die folgenden Kapitel befassen sich darum in der Hauptsache mit dieser klassischen Form der Demoskopie.

Die knappe Formel vom »kontaktfähigen Pedanten« verlangt zweifellos eine nähere Untersuchung, sie verlangt Ergänzungen.

500 Interviewer, die über verschiedene Ratschläge zum Thema »Mein bester Trick beim Interviewen« abstimmten, um zu entscheiden, welcher davon nach ihrer Erfahrung der nützlichste sei, setzten mit großer Mehrheit an den ersten Platz den Ratschlag: »Der beste Trick ist, keinen Trick zu haben – dem Befragten mit natürlicher Offenheit zu begegnen – nicht mit gespieltem, sondern mit wirklichem Interesse für seine jeweilige Situation.«[7]

Wir erkennen wieder eine Komponente der Kontaktfähigkeit, aber darüber hinaus wird hier vom Interviewer ein bestimmtes Verhältnis zur Umwelt gefordert, eine Offenheit, eine gespannte Teilnahme an menschlichen Dingen, frei von Ich-Bezogenheit, von Geltungstrieb, eine nicht auf Beeinflussung, sondern auf Beobachtung anderer gerichtete Energie. Eine solche Veranlagung ist erforderlich, um vollständige und zutreffende Auskünfte im Interview zu erhalten und sie unverfälscht niederzuschreiben – mit der »Neutralität eines Tonbandgeräts«. Sie ist aber auch erforderlich als Motiv der Interviewer-Tätigkeit. Ohne eine starke, über den persönlichen Umkreis weit hinausreichende soziologische und psychologische Neugierde, ohne Enthusiasmus für immer neue Einblicke dieser Art wird kaum jemand die Strapazen des Interviewens auf sich nehmen.

Als vierte Grundqualität eines Interviewers bei mündlich-persönlichen Befragungen – neben Kontaktfähigkeit, »blinder Pedanterie« und Interesse für Menschen – ist ein Charakterzug anzuführen, den man umschreiben könnte mit »moralischer Widerstandskraft«. Dazu gehört eine Zähigkeit im Überwinden von Hindernissen; denn das vollständige Ausschöpfen einer

[7] IfD-Preisausschreiben 1988.

Stichprobe[8] oder das Auffinden der letzten, eine »Quote« in vier Merkmalen erfüllenden Leute ist viel schwieriger, als der Leser einer statistischen Abhandlung über die Bildung von Stichproben annimmt – wie übrigens auch das Interviewen wesentlich ermüdender ist, als der Außenstehende erwartet. Überdies muß es überwiegend am Feierabend geleistet werden – das wird sich nicht ändern lassen – und an den Wochenenden, wenn man sich ringsum ausruht oder seinem Vergnügen nachgeht.[9]

Mit »moralischer Widerstandskraft« ist aber auch Ehrlichkeit gemeint; in der entscheidenden Phase – beim Auswählen und Befragen der Zielperson – arbeitet der Interviewer allein. Ohne eine Aufsicht zu spüren, soll er unangefochten seinen unbequemen und zeitraubenden Vorschriften folgen. Die Versuchung ist groß, bei der Erfüllung der Quotenvorgaben durch kleine Abänderungen etwas »nachzuhelfen« oder einige scheinbar leichte Fragen einfach selbst anzukreuzen, weil – so muß es dem Interviewer erscheinen – das ja in der Zentrale des Instituts »sowieso keiner merkt«. Fälschungen – grob oder subtil – sind darum ein ständiger Störfaktor, den man unter Kontrolle halten, aber nicht ganz ausschalten kann.[10]

Man wird, wie schon gesagt, die Interviewer nicht zu Fachleuten der Sozialforschung trainieren – weil sie bei der Rollentrennung von Forscher und Interviewer diese Fachkenntnisse nicht benötigen und allenfalls die Gefahr besteht, daß sie, mit halbem theoretischen Wissen oder mit eingehenden Informationen über die Ziele einer Untersuchung ausgerüstet, auf eigene Faust tätig werden, um das Befragungsergebnis zu »verbessern«. Aber dieser Grundsatz ist nicht radikal auszulegen. Der Interviewer braucht eine gewisse Vermittlung von Prinzipien der Sozialforschung, er muß mit einer Reihe von sachlichen Argumenten

[8] Im ZAW-Rahmenschema für Werbeträger-Analysen, 8. Auflage. Bonn 1994, wird als Ziel 70 Prozent Ausschöpfung von Adressen-Stichproben genannt. Dieser Zielwert ist allerdings spätestens seit Anfang der achtziger Jahre auch mit großem Aufwand (mehrmaliges Vorsprechen, unterstützende Telefonanrufe usw.) in der Praxis nicht mehr zu erreichen (siehe S. 267–268). Koch 1994. Institut für Demoskopie Allensbach: AWA '86. Bd. 4: Methode/Fragebogen, S. 19–22. Institut für Demoskopie Allensbach: AWA '87. Bd. 4: Methode/Fragebogen, S. 23–34, 274.

[9] Über die Hälfte der Interviewer des Instituts für Demoskopie Allensbach ist berufstätig (siehe S. 336). Der Wochentag der Befragung wird vom Interviewer in den Fragebogen eingetragen. Durchschnittlich knapp ein Drittel aller Interviews findet danach an Wochenenden statt, an Sonnabenden deutlich mehr als an Sonntagen.

[10] Vgl. S. 369–371 über das Fälscherproblem.

für das Vorgehen bei Bevölkerungsumfragen versorgt werden, um den Menschen, die er zur Befragung gewinnen soll, sicher und überzeugt zu begegnen. Er braucht sie auch zur Unterstützung seiner moralischen Widerstandskraft. Unter diesen beiden Gesichtspunkten wird das Informationsmaterial für die Interviewer ausgewählt. Entsprechende Beispiele einer »Einführung« und eines »Rundbriefes« finden sich auf Seite 337 bis 351.

Wie findet man Interviewer?

Für die Qualität einer Umfrage ist es wichtig, daß alle Phasen einer Untersuchung, alle Arbeitsschritte, alle Abteilungen an einem Ort konzentriert, in einer Hand bleiben. Das Auslagern bestimmter Arbeitsgänge, etwa die Vergabe der Feldarbeit oder der Datenauswertung an »Spezialisten« außerhalb des Instituts scheint auf den ersten Blick manchmal verlockend, zerreißt aber den Zusammenhang der Komponenten einer Umfrage. Alle Abteilungen müssen in ständigem Kontakt zueinander stehen und ohne besondere Absprachen in jeder Phase Erfahrungen austauschen können. Jeder Mitarbeiter muß Kenntnisse haben, was in den jeweils anderen Abteilungen vorgeht, und zwar nicht nur theoretisch, aus Fachbüchern angelesen, sondern aus unmittelbarer praktischer Erfahrung. So kann zum Beispiel jemand, der nicht aus täglicher eigener Anschauung die Probleme der Interviewer-Organisation, der Datenauswertung oder der Statistik kennt, kein guter Fragebogenkonstrukteur sein. Umgekehrt muß die Interviewer-Organisation jederzeit mit den Mitarbeitern der Fragebogenkonferenz oder den Stichproben-Statistikern Rücksprache halten können, etwa um sofort auf Probleme hinweisen zu können, die sich bei der praktischen Umsetzung der Stichproben-Pläne oder der Anlage des Fragebogens ergeben. Schließlich müssen auch die federführenden Forscher immer in der Lage sein, den Fortgang der Untersuchung zu überblicken und zu verfolgen.

Es gibt im Holländischen das Sprichwort: »Trage nie alle Eier in einem Korb«, eine bäuerliche Regel zur Risikoverteilung beim Transport der Eier zum Markt. Der große Pionier der empirischen Sozialforschung, Paul F. Lazarsfeld, drehte den Spruch um und erklärte zum Prinzip: »All eggs in one basket«. Bei jeder Gelegenheit wies er darauf hin, wie wichtig es sei, daß alle an einer Untersuchung Beteiligten in allen Phasen eng miteinander zusammenarbeiten.

Es hat also einen guten Grund, wenn Umfrageinstitute ihre eigenen Interviewer-Organisationen aufbauen. Entsprechend der Bevölkerungsdichte auf die Regierungsbezirke und Ortsgrößenklassen verteilt, umfaßt eine solche Befrager-Organisation im allgemeinen 1600 bis 1800 Interviewer.

Interviewer-Statistik Mo., 3. Mai 2004 West			ORTSGRÖSSE					
	–2000	2000–5000	5000–20 000	20 000–100 000	100 000–500 000	500 000 und mehr	Soll	Ist
Hamburg								
	0	0	0	0	0	25	26	25
Bremen								
	0	0	0	0	1	14	11	15
Schleswig-Holstein								
	9	4	11	11	14	0	43	49
Niedersachsen								
Hannover	2	3	6	13	2	13	34	39
Braunschweig	1	3	9	16	3	0	27	32
Lüneburg	7	7	14	7	0	0	24	35
Weser-Ems	0	1	15	17	7	0	36	40
Gesamt	10	14	44	53	12	13	121	146
Nordrhein-Westfalen								
Düsseldorf	0	0	0	21	39	21	81	81
Köln	0	1	8	32	9	18	63	68
Münster	0	0	8	26	12	0	39	46
Detmold	0	0	12	17	10	0	30	39
Arnsberg	0	0	15	28	17	16	58	76
Gesamt	0	1	43	124	87	55	271	310

Auszug aus einer Interviewer-Statistik.

Die Interviewer sind entsprechend der Bevölkerungsdichte auf die Regierungsbezirke und dort im entsprechenden Anteil auf Großstädte, Mittel- und Kleinstädte und Dörfer verteilt.

Als Maßstab ist zugrunde gelegt, daß gegebenenfalls gleichzeitig zwei Umfragen im Bundesgebiet mit je 2000 Interviews bei Übertragung von durchschnittlich 5 Interviews auf den einzelnen Interviewer durchgeführt werden können.

Vertreternetz: kein brauchbares Vorbild

Eine gewisse äußerliche Ähnlichkeit mit dem Stab von Reisenden, wie ihn große Firmen unterhalten, legt den Gedanken nahe, ein Interviewer-Netz nach verwandten Organisations-Prinzipien einzurichten und zu leiten. Tatsächlich ist das auch immer wieder versucht worden, unter anderem, weil Auftraggeber der Marktforschung zu einer so präsentierten Interviewer-Organisation am ehesten Vertrauen fassen.

Die Unzweckmäßigkeit, dieses Modell zu imitieren, stellte sich besonders rasch in der Frage der haupt- oder nebenberuflichen Beschäftigung heraus. Man braucht – von Ausnahmen abgesehen – Interviewer, die nebenberuflich tätig sind, und zwar – unabhängig von methodischen Gesichtspunkten, die gravierend genug sind, aber nicht leicht erkannt werden – auch aus praktischen Gründen. Bei der Abwicklung von Umfragen läßt sich schwer eine gleichmäßig laufende Beschäftigung von Interviewern sichern, und sie wäre darüber hinaus unökonomisch: Einer großen Zahl von Interviewern bei der einzelnen Erhebung nur wenige Interviews zu übertragen, sie stoßartig am Wohnort und in ihrem näheren Umkreis zu beschäftigen, spart Zeit und Reisekosten. Außerdem müssen die Interviews in erster Linie in den Abendstunden und am Wochenende erledigt werden, für einen Hauptberuf nicht eben anziehende Arbeitszeiten.

Hätte das Modell der hauptberuflich tätigen, regelmäßig geschulten, unter der Aufsicht von Distriktchefs arbeitenden, motorisierten und vielleicht sogar in Kolonnen eingesetzten Reisenden-Organisationen sachliche Vorzüge, dann müßte man trotz praktischer Schwierigkeiten Interviewer-Organisationen nach diesem Modell aufbauen. Aber das Gegenteil ist der Fall.

Zugespitzt formuliert: Beim Aufbau und bei der Steuerung von Interviewer-Organisationen sind immer gerade die dem Modell der Reisenden-Organisation entgegengesetzten Prinzipien zu befolgen. Das ist eigentlich keine große Überraschung, denn die Zwecke, die mit einer Interviewer-Organisation und mit einer Verkaufs-Organisation verfolgt werden, sind ja durchaus verschieden. Der Interviewer soll nicht reden, überzeugen, verkaufen, sondern hören, er soll, hat das Gespräch erst einmal begonnen, nicht aktiv sein, sondern weitgehend passiv.

Abermals: Man muß die Methode aus ihren Fehlerquellen verstehen

Die Organisationsprinzipien eines Interviewernetzes müssen aus den folgenden Gesichtspunkten entwickelt werden:

1. Sicherung der Invarianz: Alle Interviewer sollen sich beim Interviewen möglichst einheitlich verhalten.
2. Man muß Vorkehrungen treffen, damit die Persönlichkeit des Interviewers den Befragten bei seinen Antworten so wenig wie möglich beeinflußt.
3. Auch die Aufzeichnungen, die der Interviewer über Aussagen und Verhalten der Befragten macht, sollen sowenig wie möglich von der Persönlichkeit, den Ansichten und Erwartungen des Interviewers gefärbt werden.
4. Man muß berücksichtigen, daß die Leistungen eines Interviewers durch Erfahrungen nicht verbessert, sondern eher beeinträchtigt werden. Das ist eine eigentümliche Situation; man wird nicht leicht einen anderen Tätigkeitsbereich finden, von dem man das gleiche sagen könnte. Darum befremdet auch das Einkalkulieren dieses Umstandes den Außenstehen-

den besonders. Er ist das stärkste Hindernis einer Professionalisierung der Interviewer-Tätigkeit.

Wie kann das Sammeln von Erfahrungen schädlich sein? Je länger der Interviewer als Befrager arbeitet, desto mehr lassen auch seine Spannung, seine menschliche Teilnahme nach (»Interviewer-Fatigue«). Er glaubt zu wissen, welche Antworten zu erwarten sind (das gilt besonders, wenn man ihn viele Interviews mit dem gleichen Fragebogen machen läßt), und daraus entwickelt sich das »selektive Hören«, das auch aus dem Alltag bekannte Phänomen, daß man das wahrnimmt, womit man schon rechnet.[11]

Der amerikanische Sozialforscher Herbert Hyman hat diesen Vorgang bei einer von der Rockefeller Foundation ermöglichten Studie in Laboratoriums-Experimenten zum erstenmal nachgewiesen. Er ließ einer größeren Zahl von Interviewern Interviews auf Tonbändern vorspielen, die Interviewer mußten die Antworten in vorgegebene Antwortkategorien im Fragebogen einordnen. Dabei zeigte sich, daß die Interviewer etwas verschwommene Antworten meist so auslegten, wie sie es nach den übrigen Antworten des Befragten erwarteten. So wurden sinngemäß gleiche Antworten von den Interviewern verschieden eingestuft, je nachdem, welchem »Typ« von Befragtem sie in den Mund gelegt worden waren. Dies ist eine Form des »selektiven Hörens« (attitude-structure-expectation), die vor allem dann auftritt, wenn der Fragebogen sich intensiv mit einem einzigen Thema befaßt und einen logischen Aufbau hat.[12]

Daneben unterscheidet Hyman noch Erwartungen auf Grund der sozialen Stellung des Befragten (role expectations) und Wahrscheinlichkeitserwartungen (probability expectations), die sich dann einstellen, wenn mit dem gleichen Fra-

[11] Der Begriff stammt aus der Wahrnehmungspsychologie. Vgl. den Aufsatz: Harry L. Smith, Herbert Hyman: The Biasing Effect of Interviewer Expectations on Survey Results. In: Public Opinion Quarterly 14, 1950, S. 491–506. Hier ist das erwähnte Experiment erstmals beschrieben worden. Der Mensch nimmt nicht alle Eindrücke auf, die er durch die Sinnesorgane vermittelt bekommt, sondern vorwiegend das, was seinen vorgefaßten Meinungen, Wünschen und bereits gewonnenen Vorstellungen entspricht (»selektive Wahrnehmung«). In dieser Weise allgemein gefaßt, ist der Begriff nicht nur für das Verständnis des Interviewer-Einflusses wichtig (s. S. 372–374), sondern für die empirische Sozialforschung überhaupt. Vgl. auch S. 479–480.

[12] Über die Regeln für die Reihenfolge der Fragen in einem demoskopischen Interview siehe S. 120–122.

gebogen eine größere Zahl von Interviews durchgeführt wird. Unvermeidlich fühlt sich der Interviewer mit zunehmender Erfahrung auch als halber Spezialist der Sozialforschung und setzt mit einer aus der nichtstatistischen Perspektive stammenden Methodenkritik ein; seine Rolle führt dann leicht zur Frustration.[13]

5. Schließlich: Wenn sich ein Interviewer Fehler angewöhnt hat (z. B. bei den Antworten nachzuhelfen) oder Bequemlichkeiten, von Fälschungen nicht zu reden, muß man sich schon auf den Schatten eines solchen Verdachts hin von ihm trennen können. Der Versuch der Belehrung, der Umerziehung ist zu riskant. Die Interviewer-Tätigkeit ist ihrer Natur nach als Gespräch unter vier Augen so schwer kontrollierbar, daß man daraus entschieden Konsequenzen ziehen muß.
   Persönlich zum Interviewer geknüpfte Verbindungen, ein aufwendiges Trainingsprogramm, Honorar-Fixums-Verträge erschweren die notwendige Verabschiedung beim ersten und vielleicht noch ganz unsicheren Anzeichen seines Abweichens von den Vorschriften.
   So eigenartig, so unvergleichbar mit jeder anderen nebenberuflichen Tätigkeit die Aufgaben eines Interviewers sind, müssen auch die Grundsätze der Auswahl und Steuerung der Interviewer sein. Konventionelle Formen, gedankenlos aus anderen Bereichen übernommene Verfahren sind nicht am Platz.

[13] Die leidenschaftlichsten Kritiker der Umfrageforschung sind ehemalige Interviewer. Die Konzeption »Trennung der Rolle von Forscher und Interviewer« weist dem Interviewer eine psychologisch sehr schwierige Aufgabe zu, deren Spannung immer wieder zu erregten Ausbrüchen führt. Beispiele dafür sind die Streitschrift eines früheren Interviewers (A. Bauer 1961) und das Buch »Meinungsmacher-Report« des Interview-Fälschers Heiner Dorroch (Göttingen 1994). Siehe auch S. 369.

»Interessieren Sie sich für Menschen?«

Ein Inserat, mit dem man Interviewer sucht, kann z. B. so aussehen:

> »Interessieren Sie sich für Menschen?
>
> Wir brauchen Ihre Mitarbeit!
>
> Wir suchen Menschen, die schnell Kontakt finden, auf ihre Mitmenschen eingehen können und sich dafür interessieren, was um sie herum geschieht. Mit diesen Eigenschaften sind Sie als nebenberuflicher Interviewer für uns ein wertvoller Mitarbeiter.
>
> Interviewen ist interessant!
>
> Wir entwickeln und formulieren Fragebogen, Sie stellen diese Fragen zu den verschiedensten Bereichen des Lebens und hören, was die Menschen dazu sagen. Als unser Mitarbeiter erhalten Sie auch regelmäßig Ergebnisse der Umfragen, haben sozusagen das Ohr an der Zeit. Sie gehören dann zu uns.
>
> Über Ihren Brief mit kurzem Lebenslauf würden wir uns freuen. (Schüler und Studenten bitte erst nach Abschluß der Ausbildung). Wir schicken Ihnen dann weitere Informationen und Unterlagen zu.«

Wie findet man unter den eingehenden Bewerbungen heraus, wer ein guter Interviewer ist – kontaktfähig, pedantisch, am Leben seiner Mitmenschen interessiert, moralisch widerstandsfähig? Es ist keine Frage der Bildung oder der Berufstätigkeit oder des Alters, allenfalls eine Frage des Geschlechts: Bei Frauen scheint es die gesuchte Eigenschafts-Kombination häufiger zu geben als bei Männern. Hausfrauen, die früher einmal berufstätig waren, werden allgemein als Interviewerinnen besonders geschätzt.

Mit einer Batterie von Tests wird die Eignung der Bewerber überprüft.[14] Das Kernstück ist der Auftrag, eine Serie von Probeinterviews mit fremden Personen durchzuführen, die nach »Quotenanweisung« (siehe Muster auf S. 257) auszu-

[14] Auswahlsystem und Organisationsprinzipien werden hier anhand der vom Institut für Demoskopie Allensbach entwickelten Methoden beschrieben.

wählen sind, und einen kurzen »Erfahrungsbericht« darüber zu schreiben.[15]

Bei dieser ersten Berührung mit der Interviewer-Tätigkeit wird vielen Bewerbern bewußt, daß sie dazu keine Neigung haben. Ihnen und dem Institut bleiben alle sonstigen zeitraubenden Zeremonien erspart. Die in den Probeinterviews zusammengestellten Fragen testen die Fähigkeit des Bewerbers, die technischen Steuerungs-Signale eines Fragebogens zu verstehen, Genauigkeit, Ausdauer, Disziplin, Unbefangenheit bei politischen, finanziellen, persönlichen Fragen, die Fähigkeit, bereitwillige Auskünfte von den Befragten zu erlangen und die Worte des Befragten (bei offenen Fragen) unmittelbar festzuhalten. Die Wirkung des Interviewers auf den Befragten (aus einer Reihe von Indizien rekonstruiert), die Leserlichkeit der Handschrift sind weitere Punkte, nach denen die Probeinterviews testmäßig ausgewertet werden.

Test und Training zugleich

Charakteristisch ist die Kombination von Test und Training bei der Auswahl der Interviewer und auch später beim Umgang mit ihnen. Die Probeinterviews dienen selbstverständlich auch schon der Einarbeitung. Sehr bald zeigt sich, ob der Bewerber die schriftlichen Anweisungen gewissenhaft gelesen hat (vgl. dazu das Muster auf S. 337–351), ob er psychologisch stabil genug ist, ob er die für das Interviewen notwendige Unbefangenheit hat, ein wichtiger Bestandteil der Kontaktfähigkeit, ob er genug Vitalität (auch ein Bestandteil der Kontaktfähigkeit) und ob er die erforderliche Intelligenz besitzt.

Zum erstenmal ist in diesem Kapitel über Interviewer von Intelligenz die Rede. Der Interviewer muß intelligent genug sein,

[15] Die Bedeutung der »Probeinterviews« als Test für Interviewer-Bewerber wurde das erste Mal herausgehoben bei Parten 1950, S. 136.

um seine Anweisungen zu verstehen, die so einfach und anschaulich wie möglich für ihn abgefaßt sind, und er braucht eine ausreichende Intelligenz, um den Sinn von Antworten zu erfassen und bei längeren Erklärungen der Befragten das Wesentliche in seiner Aufzeichnung festzuhalten. Hier ist das Beispiel eines Tests dieser Fähigkeit:

TESTAUFGABE

»In einem unserer Fragebogen steht die folgende Frage:

›Manche Leute sagen: Wenn ein Student bei gewalttätigen Demonstrationen als Rädelsführer auftritt, sollte man ihm das Stipendium entziehen. Andere finden, das geht zu weit. Es darf niemand wegen seiner politischen Gesinnung benachteiligt werden. Welcher Meinung sind Sie?‹

Stipendium entziehen ..... ( )
Nicht entziehen .... ( )
Unentschieden .... ( )

Kommentar: ....
....

Sie lesen nun diese Frage einem temperamentvollen Automechaniker vor, der schon bei vorangegangenen Fragen deutlich seinen Unwillen gegen Demonstrationen kundtat und nun heraussprudelt:

›Ja, was soll man dazu sagen? Also meine Ansicht ist, man muß solche Unruhen mit allen rechtlich zur Verfügung stehenden Mitteln bekämpfen, da muß die Polizei hart durchgreifen. Und man muß sich die Anführer herausfischen und sie streng bestrafen. Es muß natürlich die rechtliche Seite gewahrt bleiben, und es geht nicht, daß man jemand das Recht auf ein Stipendium entzieht – aber was ich wichtig finde, ist, daß sich die Demokratie auch wehren kann gegen solche Gewalttäter, denn sonst haben wir eines Tages wieder die Kommunisten am Ruder, und wie das endet, haben wir ja mit der DDR erlebt.‹

Tragen Sie bei der Frage selbst ein, was Sie als Interviewer in diesem Fall in den Fragebogen schreiben würden.«

Richtig ist die Aufgabe gelöst, wenn »nicht entziehen« eingekreist ist. Der Test zeigt deutlich die Empfänglichkeit des Interviewers für Erwartungsschemata: Nach seinen übrigen Äußerungen müßte der Mechaniker für den Entzug der Stipendien sein, er ist es aber tatsächlich eindeutig nicht.

Kann man Interviewer ausschließlich auf schriftlichem Weg, ohne persönliche Prüfung auswählen? Die Auffassungen darüber gingen lange Zeit auseinander, und erst längere Reihen kontrollierter Experimente im Zuge methodischer Grundlagenforschung brachten eine eindeutige Klärung:[16] Die schriftliche Auswahl genügt.

Die persönliche Auswahl – immer nur zusätzlich zu Probeinterviews, auf die man auf keinen Fall verzichten darf – kann nutzen, schaden oder ohne Auswirkung sein. Sie kann nutzen, weil die äußere Erscheinung des Bewerbers durch Test und Foto schwer zu beurteilen ist, ebenso wie Stimme und deutliche Aussprache. Die persönliche Begegnung mag den Interviewer auch stärker der Aufgabe verpflichten. Andererseits ist der persönliche Eindruck, wieweit ein Bewerber zum Interviewen geeignet ist, oft verblüffend irreführend, die Kontaktfähigkeit mit anderen sozialen Schichten abzuschätzen ist fast unmöglich, und persönliche Sympathie liefert keine brauchbaren Maßstäbe, aber sie bestimmt unbewußt die Entscheidungen, ob ein Interviewer aufgenommen wird oder nicht.

Zentralisierte oder dezentralisierte Interviewer-Organisation

Ob das persönliche oder rein schriftliche Interviewer-Auswahlprinzip bevorzugt wird, wirkt sich meist auf die ganze Organisationsform des Interviewernetzes eines Instituts aus. Mit der persönlichen Auswahl geht im allgemeinen eine dezen-

[16] Elisabeth Noelle-Neumann: Über den methodischen Fortschritt in der Umfrageforschung. Allensbach und Bonn 1962. Elisabeth Noelle-Neumann: The Case of a Centralized Interviewer Organization (Die zentral gesteuerte Interviewer-Organisation) – Vortrag auf dem ESOMAR-Kongreß in Evian, September 1962.

Eine Gruppe von fünfzig Bewerbern wurde auf zwei unabhängig voneinander geführten Wegen beurteilt: Ein Psychologe, der schon lange mit Interviewern gearbeitet hatte, besuchte persönlich alle fünfzig Bewerber, testete sie und stufte sie nach ihrer Eignung auf einer Punkt-Skala ein. – Gleichzeitig und ohne Kontakt mit dem reisenden Psychologen wurden in der Zentrale im Institut schriftliche Tests der fünfzig Bewerber ausgewertet. Die Beurteilung stimmte so weit überein, daß eine ausschließliche Auswahl nach schriftlichen Tests gerechtfertigt erschien.

tralisierte Interviewer-Organisation Hand in Hand: Unter dem Interviewer-Chef in der Instituts-Zentrale arbeiten Bezirkschefs, die den Interviewern ihrer Region die Aufgaben zuteilen und sie kontrollieren. Das Vorbild ist unverkennbar das Modell der Reisenden-Organisation. Wie schon dargelegt, erklärt sich diese Form mehr aus Gewohnheit, als daß sie durch Zweckmäßigkeit gerechtfertigt wäre. – Bei schriftlichem Auswahlverfahren finden wir die Zentrale unter dem Interviewer-Chef wesentlich stärker besetzt, entsprechend der großen Zahl der Aufgaben, die bei der zentral geleiteten Interviewer-Organisation dort zusammenlaufen. Den oben (S. 327–329) aufgezählten fünf Grundsätzen kann man bei zentraler Steuerung am besten gerecht werden, vorab läßt sich die strikte Einheitlichkeit der Arbeitsweise der Interviewer einwandfrei durchsetzen.[17]

Die zentralisierte Form verlangt allerdings ein umfassend aufgebautes Kontrollsystem. Wo dies fehlt, ist ein korrekt arbeitendes Interviewernetz nicht zu erwarten.

Unter 100 Bewerbern auf ein Inserat der zitierten Art (S. 330) durchlaufen durchschnittlich 20 erfolgreich die Teststufen und werden – für eine durchschnittliche Dauer von knapp zwei Jahren – Mitglied der Interviewer-Organisation.[18]

Nebenbei gesagt bedeutet das zugleich, daß bei einem Netz von 1600 bis 1800 Interviewern pro Jahr etwa 30 Prozent, also 500 bis 600, ausgewechselt werden.

Auf der Karteikarte (bzw. in der Datei), die für jeden neu eingestellten Interviewer angelegt wird, ist die Adresse des Interviewers vermerkt, gegebenenfalls der Regierungsbezirk, die Ortsgrößenklasse des Wohnortes, das Maß der verfügbaren Zeit und der Bewegungsfreiheit (Reisen). Hinzu kommen Angaben über Alter, Schulbildung, Beruf, Autobesitz, das Datum der Einstellung und gegebenenfalls Sonderwünsche des Interviewers: Zeiten, in denen er keine Interviews durchführen will, bestimmte bevorzugte Umfragearten. Schließlich werden – sofern nötig – etwaige Auffälligkeiten registriert: Unregelmäßigkeiten bei der Arbeit, Verdacht auf Fälschung.

[17] Regionale Differenzen in Umfrageergebnissen können sich bei dezentralisierter Interviewer-Organisation aus der verschiedenen Arbeitsweise der Bezirkschefs erklären (Nachweise im Archiv des Instituts für Demoskopie Allensbach).

[18] Erfahrungssätze des Instituts für Demoskopie Allensbach.

Land Reg.-Bez. Ortsgr. Einsatz KB Test A Test B Sonder-Gr. zuverl. Random Klasse Offene Int.

Wohnort: 67o98 Bad Dürkheim

Straße: Walterstraße 17

Kreis: Bad Dürkheim

Land: Rheinl.-Pfalz

Reg.-Bez.: Rheinhess.-Pf.

Einw.-Z.: 17768

Name:

Heinz Weber

Mitarb. seit: 11.5.1993

Urlaub: vom ...... bis ......

Grund: ......

Beruf: Möbelschreiner

früher: ......

Geb.: 18.7.1961

Schule: Mittlere Reife

Zur Verwendg.	
Z	12 Std.
G	
F	

Ausweis Nr.: 537582

PKW vorhanden

PC u. Schreibmaschine

BILD

Bes. Wünsche: Arbeiter,
Selbständige, Jugendumfragen

Abb. 52

Die demographische Zusammensetzung einer Interviewer-Organisation

	Institut für Demoskopie Allensbach Stand: 3. Mai 2004	
	Zahl	Prozent
Insgesamt:	1976	100
Männer	904	46
Frauen	1072	54
		100
Alter:		
Unter 30 Jahren	95	5
30-39 Jahre	302	15
40-49 Jahre	512	26
50-59 Jahre	567	29
60-69 Jahre	398	20
70 Jahre und älter	102	5
		100
Schulbildung:		
Volks-/Hauptschule	257	13
Mittlere Reife	692	35
Höhere Schule	1027	52
		100
Berufstätig	1008	51
Rentner	395	20
Arbeitslos	316	16
Hausfrauen	257	13
		100

Umfangreiches Schulungsmaterial erhält der neu eingestellte Interviewer nicht, wie wir schon wissen, sondern eine Einführung, die so knapp gehalten ist, daß er sie wirklich liest und auch behalten kann. Würde man ein imponierendes »Interviewer-Handbuch« herausgeben, so ergäbe sich bei den Empfängern, den Interviewern, die folgende Lage:[19]

– der eine liest es minuziös und behält auch alles;

[19] Diskussionsreferat von Elisabeth Noelle-Neumann auf dem ESOMAR-Kongreß in Evian, September 1962, »Organisation von Interviewerstäben und Feldarbeit«.

- der zweite liest es minuziös, aber behält nur wenig;
- der nächste liest es genauso minuziös, behält ebenfalls wenig, aber gerade andere Dinge als der Kollege;
- ein weiterer liest es von vornherein sehr flüchtig.

Das ist die ideale Anordnung, um ungleichmäßige Interviewerarbeit zu erhalten. Darum sollten die Interviewer-Anweisungen möglichst knapp gehalten werden.

Das folgende Beispiel zeigt eine solche Interviewer-Einführung und vermittelt zugleich die Regeln, nach denen die »Feldarbeit« (aus dem Amerikanischen übernommene Bezeichnung – »Fieldwork« – für die Durchführung von statistisch-repräsentativ gesteuerten Interviews und Beobachtungen) vonstatten geht.

ABC des Interviewers[20]
Technische Anweisung zur Durchführung von Interviews

Um die Meinungen, Überzeugungen, Wünsche und Verhaltensweisen der ganzen Bevölkerung zu erfahren und der Öffentlichkeit bekanntzumachen, gibt es nur einen Weg: Eine kleine Gruppe, die in ihrer Zusammensetzung der Gesamtbevölkerung entspricht – ein »repräsentativer Querschnitt« –, wird befragt.

Jeder Schritt bei Bevölkerungsumfragen ist sorgfältig geplant: die Formulierung der Fragen, die Auswahl der Befragten, die Methode des Interviews, die statistische Auswertung der Ergebnisse. Durch langjährige Experimente sind alle Quellen von Unzulänglichkeiten soweit wie möglich ausgeschaltet.

Die Methoden des Interviewens sind denkbar einfach; denn wo es irgend geht, werden wir im Institut Ihnen die Arbeit erleichtern.

Für Sie gibt es nur wenige, dafür aber unbedingt feststehende Regeln, die wir in diesem kleinen Heftchen zusammengefaßt haben. Bitte denken Sie immer an eines: Wenn nicht jeder Interviewer den Regeln folgt, sind die Interviews wertlos. Demnach entscheiden letztlich Sie als Interviewer über die Brauchbarkeit der Ergebnisse.

Ob vor Ihrem ersten Interview, ob nach langjähriger Interviewer-Tätigkeit, dieses ABC will Ihr Berater sein. Heben Sie es deshalb bitte gut auf und sehen Sie des öfteren hinein.

Das Interview-Material
Das gesamte Material, das Sie zur Erledigung Ihrer Interviews bei einer

[20] Das ABC des Interviewers wurde von Erp Ring verfaßt.

Umfrage benötigen, schicken wir Ihnen mit der Post. Normalerweise enthält diese Sendung einige Frageformulare, eine »Quotenanweisung« oder eine Liste mit Adressen und eine Interviewer-Anweisung. Beginnen Sie zuerst mit dem Lesen der Interviewer-Anweisung; denn sie enthält all die besonderen Hinweise für die gerade vorliegenden Interviews; auch Hinweise zu einzelnen speziellen Fragen sind enthalten. Schlagen Sie bitte deshalb zugleich die betreffenden Fragen im Frageformular auf und machen Sie sich daran selbst klar, worauf besonders geachtet werden muß.

Das Frageformular
Für jedes Interview erhalten Sie ein Frageformular, das alle Ermittlungspunkte enthält. Lesen Sie bitte diesen Bogen vor dem Interview sorgfältig durch. Dabei ist vor allem auf die Fragen zu achten, zu denen im jeweiligen Begleitschreiben besondere Hinweise gegeben sind. Dies ist selbst für den erfahrensten Interviewer erforderlich; denn die kleinste Flüchtigkeit kann dazu führen, daß mitunter ein ganzes Frageformular unverwertbar wird.

Die Ermittlungsarten
Drei Wege beschreiten wir, wenn etwas in das Frageformular eingetragen werden soll:

1. DIE WÖRTLICHE FRAGE: Sie ist zugleich die wichtigste und mit Abstand am häufigsten verwendete Ermittlungsart. Die Frage muß hierbei Wort für Wort, genau wie sie im Bogen steht, von Ihnen vorgelesen werden. **Sie dürfen keine Einleitungen, keine Erklärungen hinzufügen.**

Kennzeichnung: der Fragetext steht in Anführungszeichen »...«

Im folgenden haben wir ein Muster eingefügt. An den »Gänsefüßchen« sehen Sie dort, daß die beiden Fragen des ersten Beispiels »wörtliche Fragen« sind.

Beispielblatt zum »ABC« für Interviewer

Beispiel 1

7. »Kennen Sie das, wenn einem an Sonntagen oder Feiertagen die Zeit so lang wird?«	Kenne ich .... 1 Kenne ich nicht 2

8. »Gibt es eine Farbe, die Sie besonders gern haben? (Welche?)«

....

Beispiel 2

11. »Benutzen Sie manchmal eine Hautcreme oder ein anderes Mittel, um Ihre Hände damit einzureiben?«	Ja, laufend .... 1 Ja, manchmal ...... 2 Nicht mehr, früher mal 3
12. INTERVIEWER: INFORMELLE ERMITTLUNG, ob die Hände des/derBefragten durch die tägliche Arbeit stark angegriffen oder beansprucht werden!	Sehr stark .... 4 Ziemlich .... 5 Wenig 6

Beispiel 3

16. »Trinken Sie in Ihrem Haushalt Kaffee?«	Ja, häufig .... 1 Ja, ab und zu ...... 2 Ja, selten .... 3 Nie .... 4** ** Gleich übergehen zu Frage 18!
17. »Haben Sie zur Zeit Kaffee im Hause vorrätig?« * »Haben Sie Kaffee von einer bestimmten Marke oder Firma?«	Ja .... 1* Nein .... 2 Ja, und zwar: .... Nein 3

Beispiel 4

20. »Wo möchten Sie lieber leben: auf dem Lande oder in der Stadt?«	In der Stadt .... 1* Auf dem Lande .... 2*** Unmöglich zu sagen 3

*	***
»Könnten Sie mir sagen, was Ihnen am Leben auf dem Lande nicht gefällt?«	»Könnten Sie mir sagen, was Ihnen am Leben in der Stadt nicht gefällt?« ....

Beispiel 5
23. »Und wann haben Sie zum letztenmal solches Pfefferminzbonbon gegessen? Können Sie sich daran erinnern?«
Heute/gestern ...(1) Vor ...... Tagen .... Wochen
...... Monaten .... Jahren

24. INTERVIEWER-NOTIZ! ....
Bitte einstufen:
Der Befragte hat Pfefferminzbonbons
innerhalb der letzten *acht*
Wochen gegessen 1
Das letzte Mal ist *mehr* als
acht Wochen her 2

Beispiel 6
INTERVIEWER-NOTIZ:
Der/die Befragte folgte dem Interview:
Sehr interessiert 1
Interessiert 2
Uninteressiert 3
Ungeduldig, wollte abbrechen 4
Das Interview war in der Länge:
Gerade richtig 5
Etwas zu lang 6
Viel zu lang 7
Soziale Schicht des Befragten:
A 8
B 9
C 0
D 1
Figur des/der Befragten:
Sehr schlank 2
Schlank 3
Vollschlank 4
Dick 5
Sehr dick 6

2. DIE INFORMELLE ERMITTLUNG: Hierbei ist etwas herauszufinden, ohne daß Sie dabei an eine bestimmte Form, also den Wortlaut der Frage gebunden sind. Sie können Ihre eigenen Worte verwenden und ganz zwanglos von der Auskunftsperson die Antwort ermitteln. Manchmal wissen Sie sogar schon durch eine vorangegangene Mitteilung im Interview, wie die Antwort bei der »INFORMELLEN

ERMITTLUNG« lauten muß, und können gleich ohne Rückfrage die entsprechende Einkreisung machen.

Kennzeichnung: INFORMELLE ERMITTLUNG:
INFORMELL:
(Beispiel 2, Frage 12 im Musterblatt)

3. DIE INTERVIEWER-NOTIZ: Bei dieser Angabe sind Sie auf Ihre eigene Beobachtung, Ihren Eindruck angewiesen. Als Interviewer beurteilen Sie den Befragten oder stellen Tatsachen fest. Diese Angaben tragen Sie in das Frageformular ein, ohne die Auskunftsperson danach fragen zu müssen.

Kennzeichnung: INTERVIEWER-NOTIZ

Oft – aber keineswegs immer – ist diese Notiz die einfachste Ermittlungsart. Das Beispiel 6 im Musterblatt zeigt den Schluß der Statistik als INTERVIEWER-NOTIZ. Gerade bei dieser letzten Notiz – nur bei dieser – ist erforderlich, daß Sie vom Befragten unbeobachtet die Eintragung vornehmen können, er also nicht mehr anwesend ist.

Eine etwas andere Form der Interviewer-Notiz ist das Einstufen einer zuvor – meist auf eine »offene Frage« – erhaltenen Antwort durch den Interviewer in zwei oder drei Gruppen.

INTERVIEWER-NOTIZ! Bitte einstufen:

Diesen Fall zeigt das Beispiel 5 im Musterblatt. Während Sie bei Frage 23 eintragen, wann zum letztenmal Pfefferminz gegessen worden ist, stufen Sie nun als Interviewer bei Punkt 24 ein, ob dies innerhalb der letzten 8 Wochen war oder länger her ist.

Das Notieren der Antworten

Die Antworten werden gleich während des Interviews im Frageformular selbst gekennzeichnet. Dabei müssen Sie zunächst darauf achten, ob die Frage hinsichtlich der Antwort »offen« oder »geschlossen« gestellt ist. Dies erkennen Sie sehr leicht, denn bei der »offenen« Frage finden Sie im Frageformular nichts als eine oder mehrere punktierte Linien zum Notieren der Antworten vor; bei der »geschlossenen« Frage hingegen setzen wir gleich hier im Institut eine begrenzte Anzahl von Antwort-Möglichkeiten in den Fragebogen hinein. Das Beispiel 1 zeigt zuerst eine »geschlossene« und dann eine »offene« Frage.

1. Bei einer offenen Frage schreiben Sie bitte jede Antwort im Wortlaut auf die Zeilen. Im Wortlaut: also nicht in der dritten Person (»Befragter meint...«), sondern in der Ich-Form (»Ich meine...«); im Wortlaut heißt auch, daß Dialektausdrücke ebenso aufgeschrieben werden. Besonders wichtig ist, daß Sie die Antworten nicht »frisieren«, also

in besseres Deutsch bringen. Je mehr wörtliche Antworten auf den punktierten Linien stehen, desto wertvoller ist das Interview! Das heißt, die Antworten müssen so umfassend wie möglich aufgeschrieben werden; sie dürfen nicht »abgehackt«, also um wesentliche Satzteile beschnitten sein. Was nämlich für Sie, da Sie noch unter dem Eindruck der zusammenhängenden Antwort stehen, klar erscheint, kann oft für die Auswertung, wo nur Ihre Eintragung vorliegt, unklar sein.

Selbst Antworten, die Ihnen nur unbedeutend erscheinen, wie »das weiß ich nicht«, »habe kein Interesse daran« usw., müssen wörtlich eingetragen sein; sie dürfen nicht durch einen Strich oder ein Fragezeichen angedeutet werden. Auf keinen Fall darf die punktierte Linie völlig leer bleiben. Es weiß ja sonst niemand, ob Sie diese Frage überhaupt gestellt haben.

2. Bei der geschlossenen Frage können wir Ihnen das Notieren der Antwort erleichtern. Sie kennzeichnen die Antwort einfach dadurch, daß Sie einen Kreis um die Codeziffer (V, X, 0–9) machen, die meist rechts von der Vorgabe steht (Beispiele 1, 2 im Musterblatt).

Sehr wichtig ist jetzt bei einer solchen Frage, daß unbedingt eine der vorgegebenen Antwortmöglichkeiten eingekreist wird. Mehrere Einkreisungen sind nur dann zulässig, wenn wir in den Fragebogen schreiben: »Mehreres kann eingekreist werden« oder »Alles Zutreffende einkreisen«.

Und noch eines: Die Antworten selbst sollen nicht von Ihnen vorgelesen werden, sonst ist ja der Befragte schon durch diese beeinflußt. Vorgaben können nur dann ausnahmsweise vorgelesen werden, wenn es nach der Antwort des Befragten nicht möglich ist zu entscheiden, welche der Vorgaben seine Meinung am besten trifft. Das könnte etwa bei der Frage 16 in Beispiel 3 einmal der Fall sein.

Gelegentlich setzen wir jedoch auch Vorgaben in »Gänsefüßchen« (Beispiel 2 im Musterblatt). Solche Vorgaben – aber nur solche – müssen unbedingt vorgelesen werden, genau wie es schon im vorigen Abschnitt für die Frage selbst gesagt worden ist.

Finden Sie bei einer »geschlossenen« Frage neben den Vorgaben noch eine punktierte Linie vor, so ist zusätzlich zur Einkreisung noch die Antwort im Wortlaut wie bei einer »offenen« Frage einzutragen.

Sternchenhinweise

Um Fragen in bestimmter Weise miteinander verbinden zu können und damit nicht an jede Auskunftsperson alle Fragen gestellt zu werden brauchen, setzen wir in den Fragebogen kleine Sternchen. Es hat seine genaue Bedeutung, ob wir ein, zwei oder drei Sternchen eintragen.

Ein Sternchen zeigt an, daß gleich im Anschluß eine Nachfrage zu stellen ist. Dies sehen Sie z. B. bei Frage 17 im Beispiel 3 auf dem Musterblatt. Antwortet der Befragte hier »Ja«, so kreisen Sie die »1« ein und sehen ein Sternchen; Sie haben also eine Nachfrage zu stellen und suchen deshalb gleich nach dem dazugehörigen Sternchen mit der Nachfrage. Hat der Befragte keinen Kaffee im Hause, so kreisen Sie die »2« ein und gehen gleich zur nächsten Frage über (im Beispiel nicht mehr eingetragen).

Zwei Sternchen, oder wie wir auch sagen »Doppelsternchen«, zeigen immer an, daß eine oder mehrere Fragen übersprungen werden. Dies zeigt die Frage 16 im Beispiel 3. Kreisen Sie hier die »4« ein, so sehen Sie zwei Sternchen. Den mit zwei Sternchen versehenen Hinweis finden Sie unter dem Strich: »Gleich übergehen zu Frage 18«. Sie brauchen also die Frage 17 nicht zu stellen.

Neben diesen beiden wichtigsten Fällen verwenden wir gelegentlich noch die Fragenteilung, die »Gabelung«. Diese gibt das Beispiel 4 wieder. Kreisen Sie die »1« ein, so zeigen Ihnen das eine Sternchen und der Pfeil an, daß die Nachfrage auf der linken Seite zu stellen ist. Bei der »2« werden Sie durch die drei Sternchen und den Pfeil auf die Nachfrage auf der rechten Seite hingewiesen.

Die Auswahlmethoden

Da bei Bevölkerungsumfragen die Gruppe der Befragten ein statistisch getreu verkleinertes Bild der deutschen Bevölkerung darstellen muß, dürfen die Auskunftspersonen nicht wahllos gesucht werden. Zwei Wege gibt es, um diesen Personenkreis zu bestimmen.

1. Das Randomverfahren als mathematisch reine Zufallsauswahl. Hier werden Ihnen genaue Adressen (Personen, Haushalte, Geschäfte usw.) angegeben. Es kommt nun darauf an, diese »Zielpersonen« zu treffen und mit ihnen das Interview durchzuführen.

2. Das Quotenverfahren ist die zweite Methode zur Auswahl der Auskunftspersonen. Hierzu erhalten Sie eine »Quotenanweisung«. Darin werden Sie dann feststellen können, wie viele Arbeiter, Angestellte, Hausfrauen usw. Sie zu befragen haben und aus welchen Altersgruppen die Befragten von Ihnen ausgewählt werden müssen. Wichtig ist ferner, daß die Befragten jeweils in Orten der vorgeschriebenen Ortsgrößenklasse wohnen – das ist in der Regel Ihr Wohnort selbst. Sie dürfen sich also nicht etwa an den Bahnhof stellen und dort Durchreisende befragen, die dann meist aus kleineren oder größeren Orten kommen.

Die Auskunftsperson

Wir sahen: Es ist auch beim Quotenverfahren nicht gleichgültig, wen wir mit Hilfe des Frageformulars befragen. Dazu noch einige grundsätzliche Punkte zur Auswahl der Auskunftsperson. Interviewen Sie wenn irgend möglich keine Ihnen persönlich näher bekannte Person. Da sie sich nicht anonym fühlt, leidet die Aufrichtigkeit der Antworten erheblich. Das überrascht Sie vielleicht zunächst. Sie würden denken, daß Bekannte offener sind und Fremde zurückhaltender. Aber systematische Grundlagenarbeiten haben das Gegenteil bewiesen.

Befragen Sie bei einer Umfrage niemals mehrere Personen aus derselben Familie. Solche Interviews stimmen einmal im politischen Teil weitgehend überein und decken sich auch bei Fragen nach statistischen Daten nahezu vollständig. Auch wenn der Befragte Auskünfte für die ganze Familie (Haushalt) geben soll, repräsentiert er ja seine Familie.

Befragen Sie niemanden öfter als einmal in einem halben Jahr. Jeder Befragte darf während der letzten sechs Monate nicht von Ihnen interviewt worden sein. Wenn dieser Grundsatz nicht befolgt würde, könnten sich große Fehler ergeben.

Es ist eine bekannte Schwierigkeit, genug Befragte in der untersten Einkommensgruppe zu erreichen. Suchen Sie also auch Personen aus sehr ärmlichen Verhältnissen auf. Es muß noch einmal unterstrichen werden, daß die Qualität des Befragungsergebnisses ganz und gar von der genauen Befolgung der Anweisung abhängt.

Das Interview

Somit sind nun die Vorarbeiten erledigt, und es kommt jetzt der entscheidende Punkt: das Interview selbst.

Zunächst ist es notwendig, daß Sie mit dem Befragten, wenn irgend möglich, beim Interview allein und ohne Zuhörer sind. Die Anwesenheit anderer Personen beeinflußt die Aussagen der Auskunftspersonen in jedem Fall, ganz gleich, ob sie in das Gespräch zwischen dem Interviewer und dem Befragten eingreifen oder lediglich zuhören. Nicht immer läßt sich in engen Wohnungen das Alleinsein erreichen. Wenn Sie zum Interviewen eine oder zwei illustrierte Zeitschriften mitnehmen, können Sie damit andere Anwesende ablenken.

Jede »wörtliche« Frage wird von Ihnen unverändert im Wortlaut vorgelesen. (Es dürfen dabei auch keine Einleitungen und Erklärungen hinzugefügt werden.) Die Antwort wird sofort, wenn sie erfolgt, in den Fragebogen geschrieben.

Weiter ist es wichtig, daß auch die Reihenfolge der Fragen genau eingehalten wird und der Befragte nicht in den Bogen sehen und mitlesen kann. Er darf nämlich nicht vorher wissen, welche Fragen nachfolgen, da sich mitunter später gestellte Fragen auf vorangehende beziehen, und wenn sie zu früh bekannt werden, die Antworten auf die zuerst kommenden Fragen bereits beeinflussen. Lesen Sie bitte deshalb auch keine neue Frage vor, bevor nicht die Antwort auf die vorangehende eingetragen ist. Es empfiehlt sich, das Interview durch das eigene Verhalten zeitlich möglichst zu verkürzen, ohne flüchtig zu werden. Der Befragte ermüdet leicht, und Abschweifungen im Anschluß an eine der ersten Fragen gefährden die sorgsame Durchführung des Interviews bis zu seinem Schluß.

Wird um die Erklärung einer Frage gebeten, bitte dieselbe Frage einfach langsam noch einmal vorlesen. Wird sie dann noch immer nicht verstanden, bitte notieren: »Nicht verstanden«. Auch ein bestimmter Begriff, den der Befragte nicht versteht, darf nicht erklärt werden.

Unter keinen Umständen die Antwort auf eine Frage in irgendeiner Richtung beeinflussen, weder durch Vorschlag einer Antwort (»in den Mund legen«), noch durch Nicken, Kopfschütteln und ähnliches. Neutral gehaltene Rückfragen des Interviewers sind erlaubt und sogar notwendig, wenn eine Antwort unklar erscheint. Solche neutralen Rückfragen sind z.B.: »Wie meinen Sie das?«, »Können Sie mir das noch näher erklären?«

Antworten und Kommentare sollen einen klaren Sinn ergeben. Zu allgemein gehaltene oder ausweichende Antworten müssen durch Nachfragen ergänzt und näher bestimmt werden. Bei Unentschiedenheit des Befragten keine Antwort herauspressen, sondern »Unentschieden« notieren oder einkreisen. Oft ist ein »Unentschieden« genauso aufschlußreich wie eine qualifizierte Antwort.

Jedem Interviewer geht es nach einiger Zeit so, daß er meint, man müsse dies oder jenes vorausschicken oder hinzufügen, um die Frage besser verständlich zu machen. Solche Eindrücke bitte dem Institut selbst mitteilen. Die Erfahrungen der Interviewer werden bei der Ausarbeitung neuer Frageformulare ständig sorgfältig ausgewertet. Aber bitte nicht auf eigene Faust ändern oder erweitern; denn jeder Interviewer verändert oder erweitert etwas anders. Damit verlieren die Ergebnisse ihren Sinn, in großer Zahl miteinander vergleichbar zu sein. Vergleichbar sind sie nur, wenn die Antworten auf wörtlich gleiche Fragen erfolgen.

Noch eine Bitte haben wir: Leserlich schreiben! Keine roten und grünen Stifte verwenden! Keine »Löcher« im Fragebogen lassen! Unvollständig ausgefüllte Frageformulare verlieren einen großen Teil ihres Wertes und sind oft überhaupt nicht zu gebrauchen. Dennoch sind »Löcher« immer noch besser als Eintragungen, die der Interviewer erst später nach eigenem Ermessen macht, wenn er bei der Durchsicht entdeckt, daß er eine Frage vergessen hat.

Unkorrekte Interviews

Wir möchten darauf hinweisen, daß folgende Arten von Interviews von uns nicht als echte und korrekte Befragungen angesehen werden:

1. Interviews mit sich selbst – oder Personen, die schon einmal vom selben Interviewer in den letzten 6 Monaten befragt worden sind.

2. Interviews, die nicht weisungsgemäß unter strenger Befolgung der Regeln – Fragen wörtlich vorlesen, nichts hinzusetzen, keine Diskussionen während des Interviews oder womöglich Nachhilfe bei den Antworten – durchgeführt wurden.

3. Frageformulare, die vom Interviewer eigenmächtig ohne Auskunftsperson ausgefüllt wurden.

Stichprobenuntersuchungen, die wir bei jeder Umfrage vornehmen, ermöglichen es, diese unkorrekten Bogen festzustellen, die wir bei der Auswertung nicht verwenden können.

Nach dem Interview
Wenn Sie das Interview durchgeführt haben, so denken Sie bitte daran, daß für Sie noch nicht die ganze Arbeit abgeschlossen ist. Beachten Sie vielmehr noch die folgenden Punkte:

Lernen Sie aus Ihrem eigenen Fragebogen! Sehen Sie sich das Frageformular noch einmal in Ruhe durch, um undeutlich geschriebene Worte gleich verbessern zu können. Wenn Sie weiter glauben, sich genau erinnern zu können, wie eine Angabe lautete, die Sie nicht aufgeschrieben haben, kann auch diese noch eingetragen werden. Machen Sie aber durch ein großes N daneben kenntlich, daß es sich um eine nachträgliche Eintragung handelt.

(Es folgen Anweisungen über die Einhaltung von Terminen, Beurlaubungen, Honorarregelungen und eine Verpflichtung, die vom Interviewer unterschrieben werden muß und u. a. die Auflage betrifft, beim Interview erhaltene Auskünfte vertraulich zu behandeln.)

Frau Peters großer Sohn: Ein Brief an Interviewer über Probleme des Messens

Zu der technischen Einführung kommt die konzeptionelle: Warum muß ein Interviewer seine Vorschriften so pedantisch befolgen, warum werden alle Befragten über einen Kamm geschoren? Warum darf der Interviewer auf den einzelnen in seiner Besonderheit gerade da, wo es interessant wird, nicht näher eingehen? Den Interviewern wird das etwa in der folgenden Art erklärt:[21]

An unsere neu eingetretenen Mitarbeiter!
Ob eine Bevölkerungsbefragung das richtige Ergebnis bringt oder ein

[21] Der folgende Text wurde von Wilhelm Schwarzenauer formuliert.

falsches, hängt weitgehend von der genauen statistischen Planung der Umfrage und von der wohldurchdachten Zusammenstellung des Fragebogens ab. Das eigentliche Kernstück einer Umfrage ist und bleibt jedoch immer das Interview selbst. Die zähe und gewissenhafte Arbeit des Interviewers im »Feld« entscheidet letzten Endes über den richtigen Ausgang der Umfrage.

Das Interview hat ja eine ganz merkwürdige Stellung im Rahmen einer Bevölkerungsumfrage: Sie als Interviewer haben einen Menschen vor sich, mit dem Sie sich ganz beschäftigen und dessen Antworten Sie im Zusammenhang mit allem anderen, was Sie am Befragten oder auch in seiner Wohnung beobachten können, erfassen und im Fragebogen festhalten. Für Sie sind die Antworten gerade in diesem Zusammenhang interessant. Hier im Institut wird jedoch später das ganze Interview zusammen mit meist mehreren tausend andern Interviews in Zahlen übersetzt und in den Computer eingegeben, der das Ergebnis auszählt. Wird damit der Mensch zu einer Nummer? Ist es vielleicht auch gar nicht so wichtig, was im einzelnen Interview geschieht, »gleicht« sich das alles wieder aus?

Suchen wir einmal nach einer dem Interview ähnlichen Situation, um dieser Frage näherzukommen. Denken wir beispielsweise an die Sprechstunde eines Arztes: Auch dort wird man »interviewt«, der Arzt fragt den Patienten nach seinen Schmerzen, nach seinem allgemeinen Befinden und erfährt – oft auf Umwegen, wie wir sie mit unseren Fragebogen übrigens auch beschreiten – all das, was er für seine Diagnose wissen muß. Macht er bei dieser Befragung einen Fehler, unterläßt er irgendeine wichtige Frage, so wird er sich irren. Er ist ein schlechter Arzt.

Wie ist es nun beim Umfrage-Interview: Warum kann der Interviewer es nicht auch so machen wie der Arzt, die Fragen so stellen, wie es nach seiner Erfahrung am besten ist, und daraus seine Diagnose stellen, die er dem Institut weiterleitet? Es sieht ja beinahe so aus, als hätte man zuwenig Vertrauen zu dem Interviewer!

Als Antwort auf diese beiden Fragen weisen wir Sie auf etwas hin, das Ihnen vielleicht zuerst wissenschaftlich-trocken vorkommen mag:

Damit das Ergebnis einer Umfrage sinnvoll ausgewertet werden kann, müssen alle Interviews dieser Umfrage miteinander vergleichbar sein, das heißt, sie müssen möglichst unter denselben Bedingungen durchgeführt worden sein.

Wenn Frau Peter ihrer Kollegin im Büro erzählt, daß ihr Sohn ihr schon bald über den Kopf wächst, so hat die Kollegin eine recht gute Vorstellung, wie groß der Sohn von Frau Peter ist. Sie hat diese ja anschaulich vor sich. – Wenn wir aber wissen wollen, wie groß heute im allgemeinen 15jährige Jungen in Deutschland sind, oder ob die Kinder in Großstädten allgemein größer sind als Landkinder, würde eine solche

Beschreibung nicht genügen. Wir müssen daher einen einheitlichen Maßstab nehmen. Man wird die Jungen einfach mit einem Metermaß messen.

Bei der Erforschung der Meinungen und Gewohnheiten der Bevölkerung ist dieser Maßstab das Interview, noch besser gesagt, jede einzelne Frage. Wir setzen diesen Maßstab an 2000 Personen in ganz Deutschland an und können dann die Verschiedenheiten ihrer Meinungen, Ansichten und Gewohnheiten erkennen. Es leuchtet ein, warum ein solcher Maßstab immer der gleiche sein muß.

Würden wir in unserem Beispiel die 15jährigen Jungen mit verschiedenen Maßstäben messen, so wäre uns wenig damit gedient. Sie brauchen sich nur vorzustellen, jeder »Interviewer« würde sich einen beliebig langen Stock abschneiden, die Jungen messen und dann nach Allensbach berichten: Drei Jungen sind zweieinhalbmal so groß wie meine Stocklänge, zwei nur zweieindrittel. Sie lachen, aber das ist gar nicht lächerlich. Wenn ein Interviewer die Fragen im Fragebogen nicht wörtlich vorliest, weil er meint, in diesem besonderen Fall wäre eine andere Fragestellung viel günstiger, so macht er damit nichts anderes als jener »Interviewer« mit seinem willkürlich abgeschnittenen Stock: Er mißt mit einem willkürlichen Maßstab.

Es ist vielleicht nicht vielen Menschen wirklich klar, was für eine Erfindung das Umfrage-Interview eigentlich ist. Es ist uns damit die Möglichkeit gegeben, an das so komplizierte Gefüge der Meinungen, Ansichten und Gewohnheiten des Menschen einen Maßstab anzulegen. Daß dieser Maßstab nicht ein Metermaß oder eine Stoppuhr sein kann, sondern ein viel empfindlicherer, nämlich die Sprache, leuchtet ein.

Es gibt übrigens wohl selten einen empfindlicheren Maßstab als gerade die Sprache. Das können Sie selbst täglich beobachten bei Redewendungen, die oft durch die Änderung des Tones oder eines einzigen Wortes eine ganz andere Bedeutung erhalten. So ist es beispielsweise ganz verschieden, ob man sagt: »Der Maier hat heute seine *blaue* Krawatte um« oder »Der Maier hat heute seine blaue *Krawatte* um«! Sie können sich selbst den durch die Änderung der Betonung bewirkten Bedeutungsunterschied ausmalen.

Durch die einheitlichen Fragebogen wird nun die Sprache als Maßstab verwendbar, wir haben genau wie in unserem genannten Beispiel wieder eine Maßeinheit gefunden.

Sie wissen nun, daß Sie mit dem Fragebogen ein äußerst empfindliches Meßinstrument handhaben. Sie dürfen nun aber genausowenig ängstlich werden wie ein junger Flugzeug-Pilot, dem zum erstenmal plötzlich klar wird, daß er mit seinem Steuerknüppel viele tausend PS in der Hand hat. Das wäre völlig verkehrt. Wenn sich der angehende Pilot genau an die Regeln hält, die er einfach gelernt hat, so ist es gar nicht so schwierig, das Ding funktioniert. Genauso ist es mit dem Interview: Wenn Sie sich ganz einfach dem Fragebogen anvertrauen und das »ABC« befolgen, so läuft die Umfrage glatt.

Sie merken schon: Es kommt bei einer Bevölkerungsumfrage darauf an, daß der ganze Ablauf jedes einzelnen Interviews genauso vor sich geht, wie bei allen übrigen tausendneunhundertneunundneunzig Befragungen einer Umfrage. Das ist auch der Grund dafür, daß wir die meisten Fragen in »Gänsefüßchen« gestellt haben und daß wir Sie immer wieder bitten, die Fragen wörtlich vorzulesen. Außerdem muß natürlich die Reihenfolge der Fragen immer die gleiche bleiben, und es geht auch beispielsweise nicht an, daß ein Interview an einem Tag begonnen und am nächsten Tag fortgesetzt wird. Andererseits ist es für uns äußerst wichtig zu erfahren, ob Sie mit den einzelnen Fragestellungen gut zurechtkamen, oder ob Sie dabei Schwierigkeiten hatten. Auch wenn jeder Fragebogen vielmals erprobt wird, bevor er in seiner endgültigen Fassung an Sie geschickt wird, so kann es vorkommen, daß beispielsweise regionale sprachliche Eigenheiten nicht berücksichtigt werden konnten. Deshalb möchten wir Sie bitten, uns Ihre Erfahrungen mit den Fragebogen jeweils im Erfahrungsbericht mitzuteilen.

Oberstes Gebot also: Sich streng an den Fragebogen halten!

Wir sind uns natürlich darüber klar, daß es an manchen Stellen des Interviews einfach notwendig ist, sich auf den einzelnen Befragten einzustellen. Deshalb haben wir auch manche Fragen, bei denen dies geboten erscheint, nicht in »Gänsefüßchen« gesetzt. Bei diesen heißt es dann »Informell« oder »Interviewer-Notiz« oder »Interviewer-Einstufung«. Hierher gehört aber auch die Einleitung des Interviews. Mit Absicht geben wir Ihnen hierzu keine Richtlinien; denn Sie werden sich ganz verschieden verhalten müssen, je nachdem, ob Sie einen Bankdirektor oder einen Schweißer vor sich haben, ob der Befragte schon von Meinungsforschung gehört hat, oder ob für ihn diese Dinge völliges Neuland bedeuten. Denken Sie jedoch bitte immer an eines:

Halten Sie die Einleitung so kurz und allgemein wie möglich. Sagen Sie dem Befragten, wenn es nicht anders geht, das Notwendigste, was er über die Meinungsforschung wissen muß, aber nicht mehr.

Wie Sie wohl selbst schon erfahren haben, kann es Schwierigkeiten bereiten, ein Interview wirklich all diesen Forderungen entsprechend sauber durchzuführen. Der Interviewer muß immer wieder Versuchungen widerstehen, die ihn zu Verstößen gegen die Regeln verleiten könnten. Dazu möchten wir noch einiges sagen.

Haben Sie schon einmal einen Menschen getroffen, der wirklich gut zuhören konnte? Haben Sie die allgemeinen Gespräche auf der Straße und im Geschäft einmal genau beobachtet? Sie werden dabei sehr selten einen Menschen gefunden haben, der wirklich aufmerksam zuhört, wenn ihm jemand etwas erzählt.

Frau Schulze unterhält sich mit Frau Hofrat darüber, daß neulich ihr Jüngster wieder eine »Eins« im Rechnen nach Hause gebracht hat, und sie hat kaum noch fertiggesprochen, so fällt ihr die Nachbarin ins Wort und klagt, der ungerechte Lehrer hätte ihrer Tochter schon wieder eine Strafarbeit verpaßt, wo doch die Renate von Mayers nebenan sich viel schlimmer aufgeführt hätte ... – Was der andere sagt, ist oft halb so wichtig – es gibt aber Gelegenheit, »einzuhaken« und mitzuteilen, was einen selbst bedrückt. –

Menschen, die gut zuhören können, sind sehr selten. Gerade das ist aber das Wichtigste beim Interviewen. Wenn Sie gut zuhören können, sind Sie ein guter Interviewer; wenn Sie es lernen, haben Sie außerdem für Ihr Leben etwas gewonnen.

Interviewen ist im wesentlichen nichts anderes als Zuhören

Es ist wohl eine der schlimmsten Sünden beim Interviewen, wenn der Interviewer eine Frage vorliest und dabei den Kugelschreiber schon bei einer bestimmten Vorgabe hat, um gleich einkreisen zu können – anstatt zuerst richtig zu horchen, was der Befragte wirklich sagt! Ob der Befragte Arbeiter ist oder Direktor einer großen Fabrik, die Meinung eines jeden Menschen ist interessant, wenn man richtig hinhört.

Übrigens: Eine Prüfung ist doch eigentlich etwas ziemlich Unangenehmes. Dies kommt daher, daß man bei allem, was man sagt, denken muß: Wie beurteilt das der Lehrer, der Professor, der Prüfer? Genauso geht es aber dem Befragten, wenn er spürt, daß der Interviewer ihn einschätzt.

Vielleicht haben Sie auch schon von Befragten gehört: »So dumme Antworten haben Sie wohl noch nicht oft bekommen, was?« Diesem Eindruck müssen Sie nach besten Kräften entgegenwirken. Es gehört große Selbstdisziplin dazu, sich als Interviewer möglichst auch innerlich jeden Urteils über den Befragten zu enthalten und ihn wirklich nur als einen Mitmenschen zu sehen.

Der Interviewer soll nicht Prüfer noch Richter sein, sondern aufmerksamer Zuhörer!

Interessant ist in diesem Zusammenhang übrigens das Ergebnis einer amerikanischen Untersuchung über den Eindruck, den eine Befragung bei den Befragten hinterlassen hat. Bei einer Nachbefragung wurde festgestellt, daß viele Befragte sich weder an den Namen des Befragungsinstituts noch an die Art der Fragestellung erinnert haben. Die Befragten erzählten dagegen immer wieder darüber, wie sich der Interviewer verhalten und welchen Eindruck er auf sie gemacht hat: Die gute oder schlechte Meinung über die Umfrageforschung in der

Bevölkerung hängt also viel mehr vom Interviewer ab, als man allgemein annimmt.

Das ist sicher eine sehr wichtige Erkenntnis, die wir Sie bitten, immer im Auge zu behalten!

Mit freundlichen Grüßen
Ihr
Interviewer-Ressort

»Das erklären wir den Interviewern!«

Nichts einfacher als bei erhebungstechnisch komplizierten Aufgaben zu beschließen: »Das erklären wir den Interviewern im Begleitschreiben zu den Fragebogen.« Noch größer ist diese Versuchung, wenn die Interviewer vor Beginn einer Umfrage zusammengeholt und mündlich »geschult« werden.

Welche Sicherheit gibt es, daß diese Instruktionen einheitlich sind, daß sie richtig verstanden, daß sie behalten werden?

Jede Interviewer-Handlung, die vielleicht zusätzlich zum Fragetext erforderlich ist, muß aus Anweisungen im Fragebogen selbst hervorgehen.[22]

Begleitschreiben oder mündliche Einführungen sollen lediglich den Interviewer anregen, sich mit dem Frageformular selbst richtig zu befassen, bevor er die Interviews beginnt.

Das Streben nach strikter Einheitlichkeit und der wissenschaftliche Grundsatz vollständiger, schriftlicher Dokumentation, nach welchen Weisungen bei einer Erhebung gearbeitet wurde, kommen sich hier entgegen.

Faszinierende Schulungsverfahren für Interviewer sind in den

[22] Wenn man beispielsweise sicherstellen will, daß Befragte, die ohne Brille kleine Schrift nicht gut lesen können, bei einer wichtigen Liste zum Lesen ihre Brille nehmen, wird im Fragebogen beschrieben, was der Interviewer tun soll:
ACHTUNG INTERVIEWER! Informelle Ermittlung:
Nimmt der Befragte zum Lesen im allgemeinen eine Brille?
JA ......1 *
NEIN ...2
* Falls der Befragte die Brille noch nicht da hat, jetzt heranholen lassen!

letzten Jahrzehnten ausgedacht worden. Interviewer wurden in Gruppen zusammengezogen, man spielte ihnen auf Tonbänder aufgenommene Interviews vor, ließ sie wie beim echten Interview Eintragungen im Fragebogen machen und diskutierte richtige und falsche Verfahrensweisen; Teilstücke von Interviews, vom Tonband ablaufend, illustrierten typische Fehler oder korrekte Anwendung der Regeln; Filmvorführungen, theaterähnliches In-Szene-Setzen von Interviews; aber auch Einzeltraining, der Interviewernovize begleitet den Meister, um bei einigen echten Interviews zuzuhören, dann werden die Rollen vertauscht, der Novize interviewt, der Meister hört zu und kritisiert später (eine unechte Situation, da der Befragte durch den schweigenden Zuhörer, dessen Rolle er nicht versteht, irritiert wird) – all diese Verfahren beruhigen den Außenstehenden zwar, der die ungewohnten Arbeitsmethoden der Umfrageforschung mit Argwohn ansieht, und sie beruhigen insbesondere den Auftraggeber, der einem Institut eine Untersuchungsaufgabe überträgt. Aber Notwendigkeit oder Nutzen dieser Verfahren sind bisher nicht nachgewiesen. Schriftliche Tests und Trainings-Methoden erreichen denselben Zweck und lassen sich bis zu jedem einzelnen Interviewer gleichmäßig durchgreifend anwenden.

Das soll am Beispiel eines »Preisausschreibens« illustriert werden. Als Kombination von Test und Training werden allen Mitgliedern eines Interviewernetzes Aufgaben zur Lösung zugeschickt. Die Beteiligung ist freiwillig, der Hauptgewinn und einige kleinere Preise werden unter den Einsendern richtiger Antworten ausgelost. Eine solche Aufgabe lautete:

INTERVIEWER-RUNDBRIEF

Liebe Interviewerinnen und Interviewer!

Der Frühling ist endlich da, überall sprießen saftig grüne Gräser und rote Tulpen, die Schwalben sind am Bodensee eingetroffen, es zwitschern und piepen die Finken, Drosseln – und Kiebitze.

Ja, es ist genau die richtige Zeit für die Neuauflage unseres nun schon traditionellen »Kiebitz-Preisausschreibens« für alle Allensbacher Interviewer, bei dem wir Ihnen die Gelegenheit geben möchten, einem (zugegebenermaßen erfundenen) Interviewerkollegen bei der Arbeit unauffällig über die Schulter zu schauen, eben zu »kiebitzen«.

Wie funktioniert nun das Preisausschreiben genau? Lesen Sie unsere Geschichte von Interviewer Müller. Sie sehen, daß die Abschnitte der

Geschichte mit Zahlen markiert sind. Auf dem beigefügten Antwortblatt tragen Sie dann jeweils in die passenden Zeilen knapp, also stichwortartig ein, was Herr Müller alles falsch gemacht hat, welches Verhalten von ihm Sie kritisieren müssen, und wie er es eigentlich hätte machen müssen. Es kann auch vorkommen, daß im einen oder anderen Abschnitt überhaupt kein Fehler versteckt ist, oder aber gleich mehrere. Und wenn Sie ein Verhalten von ihm besonders gut finden, dann sollten Sie das auch aufschreiben.

Wir werden die Antworten nach einem gerechten System auswerten: Bei jeder richtigen Antwort sammeln Sie Punkte, bei besonders scharfsinnigen Kommentaren vergeben wir hin und wieder sogar Pluspunkte. Es gewinnen die zehn Interviewer mit den höchsten Punktzahlen und ohne Fehler. Zwischen gleich guten Antworten entscheidet das Los. Wir werden die Auflösung selbstverständlich ausführlich in einem der nächsten Rundbriefe präsentieren und dazu die Gewinner bekanntgeben.

Zu gewinnen gibt es folgende Geldpreise:

1. Preis: 300 Euro, 2. Preis: 200 Euro 3. Preis: 100 Euro, 4. bis 10. Preis je 50 Euro.

Der Einsendeschluß ist diesmal der 31. Mai 1995. Für Ihre Antwort haben wir einen Rückumschlag beigelegt, das Porto übernehmen wir.

Bevor es losgeht noch ein Tip: Es schadet nichts, wenn Sie beim Fehlersuchen noch mal Ihre Broschüre »Interviewen für Allensbach« zur Hand nehmen – auch erfahrene »alte Hasen« könnten die eine oder andere Einzelheit inzwischen nicht mehr vor Augen haben, die im Preisausschreiben vorkommt. Wer die Broschüre gerade verlegt hat oder aus irgendwelchen anderen Gründen nicht mehr besitzt, kann sie sich selbstverständlich noch mal kostenlos vom Interviewer-Ressort schicken lassen, ein Anruf bei uns genügt.

Jetzt aber los, der Kiebitz hat schon auf der Schulter von Herrn Müller Platz genommen. Unser Interviewer ist in der Sommergasse unterwegs. Es gießt in Strömen, aber er kann gar nicht über seine Situation lachen. Er grübelt über die Quotenanweisung für die neueste Mehr-Themen-Umfrage nach, deren Erfüllung ihm diesmal schwerer fällt als sonst.

1. Vor einigen Tagen hatte er fünf Fragebogen im Briefkasten gefunden. Das übliche Anschreiben aus Allensbach dazu mit den Hinweisen zum Fragebogen spricht von einer »abwechslungsreichen Themenmischung«. Herr Müller hat sich vor dem ersten Interview den Fragebogen noch zu Hause genau durchgelesen, mit dem Anschreiben daneben. Es geht in der Umfrage um Versicherungen, um Probleme bei der Kindererziehung, es gibt ziemlich viele Fragen zum christlichen Glauben und zur Kirche, auch einige Ermittlungen zum Thema Zahnarzt, dazu wie immer etwas aktuelle Politik. Von den fünf Interviews hat er schon drei erledigt. Heute, am letzten Rücksendetag, fehlen ihm immer noch

zwei. Da begegnet ihm auf der Straße sein früherer Arbeitskollege, Herr Lutz. Es ist eine Kleinigkeit, ihn zum Interview zu bewegen: Bei dem Regen wirkt die Aussicht auf ein gemütliches, trockenes Plätzchen im nächsten Gasthof Wunder. Interviewer Müller überlegt noch einen Moment, ob der Gasthof auch ein geeigneter Ort für die Befragung ist. Er sieht beim Hereinkommen, daß kaum Gäste da und viele Tische frei sind, – hier kann das Interview ruhig stattfinden, sagt sich Herr Müller.

2. Die beiden setzen sich in eine freie Ecke und führen bei einem Bier das Interview. Alles läuft problemlos. Bei der Statistik erzählt Herr Müller seinem Ex-Kollegen, daß er nach seiner Quotenvorgabe eigentlich einen Angestellten oder Beamten im Alter von 45 bis 64 Jahren befragen sollte. »Bekommen Sie da keine Schwierigkeiten?« will Herr Lutz wissen, »das mit dem Alter kommt ja bei mir hin, aber ich habe mich doch inzwischen selbständig gemacht mit meiner Grundstücksvermittlung, wie Sie wissen.« »Nein, nein«, winkt Herr Müller ab. »Ich darf natürlich nicht so tun, als ob ich einen Beamten oder Angestellten befragt hätte, wenn es tatsächlich ein Selbständiger war. Aber weil ich heute einfach niemand anderen gefunden habe, befrage ich jetzt Sie. Ich werde das natürlich der Allensbacher Interviewer-Abteilung in meinen Erfahrungsbericht hineinschreiben, dann wissen die dort Bescheid und es geht alles klar. Und bei Ihnen kann ich sicher sein, daß ich solide Antworten bekomme, – das weiß ich doch noch von neulich, als ich Sie im letzten Dezember für die Umfrage zum Thema Fotografieren ausgequetscht habe!«

3. »So, jetzt muß ich aber weiter, also bis bald«, verabschiedet sich Herr Lutz und zahlt. »Ja, bis bald«, antwortet Herr Müller. Da kommt Herr Lutz noch einmal zurück: »Ach, ich habe da noch etwas, wo Sie mir einen echten Gefallen tun würden«, fällt Herrn Lutz ein, und er holt aus seinem Aktenkoffer einen dicken Stapel Hochglanzprospekte seiner Immobilienfirma hervor. »Dafür, daß ich mich so geduldig von Ihnen habe befragen lassen, könnten Sie doch die Prospekte hier an die Leute verteilen«, bittet Herr Lutz. Herr Müller zögert. »Natürlich nach dem Interview«, sagt Herr Lutz, »wenn das Ganze vorbei ist, hat das mit der Befragung doch überhaupt nichts mehr zu tun.« »Ja, das ist richtig«, meint Herr Müller und packt die Prospekte ein, »aber nur weil Sie es sind!«

4. Draußen regnet es immer noch. Herrn Müller gehen die Themen der Umfrage im Kopf herum, und er fragt sich, wer dazu bloß paßt. Es fällt ihm kein Bekannter ein, der sich für Versicherungen oder Zahnärzte besonders interessiert. Aber halt – das Thema Glauben, hier kommt er weiter. Da war doch neulich diese Frau, mit der er vor vier Wochen einen Interview-Termin ausgemacht hatte, und die dann plötzlich keine Zeit mehr dafür fand, weil sie bei der Vorbereitung des Gemeindefestes eingesprungen war. Sie scheint ziemlich aktiv zu sein in der Kirche. Es war ausgemacht, daß er bei einer der nächsten Befragungen noch einmal

anrufen darf. Die Telefonnummer und die anderen wichtigen Merkmale für die Quote hatte er sich doch irgendwo aufgeschrieben ... ja, da ist der Zettel. Das Alter – paßt genau in die Quote, sieht Herr Müller; sie ist jetzt Hausfrau und war früher Arbeiterin, – paßt auch, und die Chance ist hoch, daß sie am Nachmittag zu Hause ist. Herr Müller freut sich, daß er Allensbach wieder einmal eine wirklich an dem Thema interessierte Auskunftsperson bieten kann. Er zahlt sein Bier und macht sich auf den Weg in die Tulpenstraße.

5. Er hat Glück: Frau Berger ist zu Hause. Sie erinnert sich auch gleich wieder an das abgesagte Interview, aber sie ist viel argwöhnischer, als Herr Müller erwartet hatte: »Beim letzten Mal habe ich mir hinterher gedacht: Da könnte ja jeder kommen und behaupten, er ist von der Meinungsforschung«, sagt sie und weiß nicht recht, ob sie Herrn Müller hereinlassen soll. Dieser zückt seinen Interviewer-Ausweis vom Allensbacher Institut und läßt ihn Frau Berger in Ruhe betrachten. »Ja«, sagt sie, »das ist schon gut, daß Sie so einen Ausweis haben. Man kann heute gar nicht vorsichtig genug sein. Und da ist noch etwas: Wissen Sie, ich möchte mir diesen Fragebogen zuerst einmal genauer ansehen, bevor ich mich darauf einlasse, etwas zu sagen.« Müller schwitzt: »Jetzt darf sie mir bloß nicht abspringen, sonst platzt der Rücksendetermin!« denkt er und versucht so diplomatisch wie möglich zu antworten: »Einen kurzen Blick können Sie schon darauf werfen, man will ja einmal sehen, wie das gemacht ist. Aber bitte lesen Sie die Fragen noch nicht durch.« Er drückt ihr den Fragebogen in die Hand und wird eingelassen.

6. Im Wohnzimmer bietet Frau Berger Herrn Müller neben sich auf dem Sofa Platz an. Sie blättert ein wenig in dem Fragebogen herum und gibt ihn wieder an Herrn Müller zurück. »Na, dann schießen Sie mal los«, meint Frau Berger und versucht, einen Blick auf die erste Frage zu erhaschen. »Warten Sie noch«, sagt Herr Müller schnell. »Ich setze mich doch besser in den Sessel Ihnen gegenüber, da kann man sich wenigstens in die Augen schauen.«

7. Herr Müller beginnt das Interview. In einer Kartenspiel-Frage geht es um Themen, für die man sich interessiert. Frau Berger nimmt die erste Karte und stutzt: »Zölibat! Was ist das noch einmal genau?« fragt sie Herrn Müller. »Zölibat bedeutet, daß Pfarrer nicht heiraten dürfen«, erklärt dieser. Gleich bei der nächsten Karte fragt sie wieder nach: »Und das hier ... Atheismus? Ist das, wenn man nicht an Gott glaubt?« Herr Müller weiß es auch nicht und ist ratlos, was er nun machen soll. Es ist ihm peinlich, daß er hier nicht weiterhelfen kann. »Glauben Sie eigentlich selbst an Gott?« fragt jetzt auch noch Frau Berger. Herr Müller merkt, daß er seine Interviewpartnerin zum Kartenspiel zurückbringen und verhindern muß, daß er selbst ausgefragt wird. Darum antwortet er: »Ja, sicher glaube ich, daß es Gott gibt, aber wir sollten jetzt wirklich weitermachen, sonst raube ich Ihnen zuviel von Ihrer kostbaren Zeit.«

8. Frau Berger nimmt die Karten wieder auf. »Wie war jetzt die Frage noch mal?« erkundigt sie sich. »Ich lese sie Ihnen noch einmal vor«, bietet Herr Müller an. Frau Berger winkt ab, »das brauchen Sie nicht, sagen Sie mir einfach, wie ich da die Karten auf dem Blatt verteilen soll.« Herr Müller sagt: »Also es geht so ...« und wiederholt dann doch die gesamte Frage wörtlich. Frau Berger hat jetzt verstanden und verteilt ihre Karten. Die Karte mit dem »Atheismus« legt sie neben das Bildblatt und sagt: »Zu dem hier habe ich keine Meinung.« Herr Müller kringelt also die Ziffer bei der vorgesehenen Kategorie »Unentschieden, zur Seite gelegt« ein. Der Rest des Interviews läuft glatt, es macht Frau Berger und auch Herrn Müller richtig Spaß.
9. Als sich Herr Müller verabschiedet, wendet er noch seine bewährte Taktik an, durch die er schon häufiger zu neuen Interviewpartnern gekommen ist: Er fragt Frau Berger, ob sie nicht Bekannte hat, die sich vielleicht auch einmal von ihm für Allensbach befragen lassen würden. Frau Berger meint, sie würde für ihn gern einmal ihre Nachbarin fragen, die wäre bestimmt dazu bereit. Herr Müller ist stolz, daß er Frau Bergers Vertrauen in die Meinungsforschung wiederhergestellt hat. »Ich melde mich in ein paar Tagen«, kündigt er an, »dann können Sie mir ja sagen, ob Ihre Nachbarin befragt werden will.« Er packt zusammen und läßt ganz dezent einen von den Prospekten auf dem Sessel liegen.
10. Zu Hause verfaßt Herr Müller noch rasch seinen Erfahrungsbericht. Er berichtet über die Schwierigkeiten mit den Fremdwörtern beim Thema Glauben und vergißt auch nicht anzugeben, daß er im Interview Nr. 345 statt eines Beamten oder Angestellten einen Selbständigen interviewt hat. Und pünktlich geht die Post mit der letzten Leerung nach Allensbach ab.

Soviel zu Müllers Interviewnachmittag. Der Kiebitz macht sich davon, vermutlich beschäftigt mit Frühlingsgefühlen, und wir – wir warten auf Ihre Antworten und wünschen Ihnen recht viel Spaß beim Tüfteln!

AUFLÖSUNGEN:

Abschnitt 1:

Gut war: Interviewer Müller bereitete sich zu Hause vor. Dagegen war seine Zeitplanung ungeschickt: Am letzten Rücksendetag fehlten noch zwei Interviews.

Kein Fehler ist, daß ein Interview im Gasthof stattfindet, wenn wirklich ein durch Tischnachbarn ungestörtes Interview möglich ist.

Abschnitt 2:
Der Interviewer darf seine Quotenvorgaben auf keinen Fall eigenmächtig abändern. In seltenen Fällen ist eine Änderung nach vorheriger telefonischer Rücksprache mit der Interviewer-Abteilung möglich. Der Vermerk im Erfahrungsbericht genügt nicht.

Auch abgesehen davon war das Interview mit Herrn Lutz unzulässig, da er weniger als ein halbes Jahr vorher von Müller befragt worden war. Der nach Quotenanweisung arbeitende Befragte soll sich wechselnde Befragte suchen und – als Minimalvorschrift – niemanden öfter als einmal innerhalb von sechs Monaten befragen. Die Regel gilt auch dann, wenn, wie hier, die Umfragen ganz unterschiedliche Themen haben.

Abschnitt 3:
Die Übernahme irgendeiner Verkaufs- oder Werbetätigkeit in Verbindung mit dem Interviewauftrag ist unzulässig und führt zur Kündigung, auch wenn die Tätigkeit erst nach Ende des Interviews erfolgt.

Interviews sollten grundsätzlich freiwillig sein. Der Interviewer sollte es ablehnen, dem Befragten irgendwelche Gefälligkeiten als Gegenleistung für die Interviewbereitschaft zu erweisen.

Abschnitt 4:
Interviewpartner sollen keinesfalls nach besonderem Interesse für bestimmte Themen gesucht werden, außer bei Spezialumfragen, bei denen im Anschreiben besondere Eigenschaften oder Interessen der Interviewpartner über die Quotenvorgabe hinaus ausdrücklich genannt werden.

Kein Fehler ist es, sich die Namen möglicher Interviewpartner zu merken, um bei Bedarf darauf zurückgreifen zu können.

Abschnitt 5:
Gut war, daß der Interviewer seinen Ausweis dabeihatte und ihn einsetzte, als er merkte, daß er Vertrauen schaffen muß.

Weil alle Interviews unter den gleichen Bedingungen stattfinden müssen, darf der Interviewer den Fragebogen nicht aus der Hand geben, auch nicht ausnahmsweise, wenn dies zur Vorbedingung gemacht wird, um das Einverständnis zum Interview zu bekommen.

Abschnitt 6:
Der Interviewer verhält sich richtig: Er verhindert durch eine geschickte und zugleich höfliche Sitzplatzwahl, daß die Befragte mitlesen kann.

Abschnitt 7:
Der Interviewer gibt zweimal verbotene Erklärungen ab. Auch wenn er gerne helfen würde und sonst Unentschieden- oder Weiß-nicht-Antworten entstehen, darf er es auf keinen Fall.

Der Interviewer darf keine persönlichen Bemerkungen oder Kommentare zum Thema abgeben.

Abgesehen davon war es prinzipiell gut, das Interview nicht aus der Hand zu geben und die Aufmerksamkeit der Befragten wieder auf den Fragebogen zu lenken.

Abschnitt 8:
Der Interviewer verhält sich richtig: Er wiederholt die Frage wörtlich, ohne eigene Erklärungen.

Abschnitt 9:
Gegen die Methode, neue Interviewpartner durch Anfragen bei gerade befragten Personen zu gewinnen, ist nichts einzuwenden.

Allerdings ist darauf zu achten, daß zwar Bekannte oder Nachbarn befragt werden können, aber keine Familienmitglieder.

Der Interviewer darf keine Werbetätigkeit ausüben (siehe Abschnitt 3).

Abschnitt 10:
Gut ist, daß Interviewer Müller im Erfahrungsbericht die Verständnisschwierigkeiten beschreibt.
Die Quotenänderung darf nicht erst im Erfahrungsbericht angegeben werden (siehe Abschnitt 2).

Interviewer-Einsatz

Für eine allgemeine Bevölkerungsumfrage mit 2000 Interviews werden von der Zentrale 400 bis 500 Interviewer »eingesetzt«, das heißt mit Aufträgen für etwa 4 bis 5 Interviews versorgt. In der Praxis findet man auch größer gebündelte Zuteilungen bis 20, 30, vielleicht sogar 100 oder 150 Interviews. Für die kleinere Quoticrung spricht jedoch viel:

1. Keiner der Interviewer kann hier durch bewußte oder – in der Regel – unbewußte Auswirkungen seines Auftretens, seiner persönlichen Ansichten das Umfrageergebnis beeinflussen.

2. Der Interviewer baut im Verlauf von 5 bis 7 Interviews noch keine Erwartungen auf, wie dieser oder jener Typ seine Fragen beantworten wird. Er arbeitet eher mit offenem Ohr, nicht behindert durch das »selektive Hören«, das – wie bereits an früheren Stellen erwähnt – psychologisch dadurch entsteht, daß man das, was man erwartet, auch eher hört.[23]

3. Bei kleineren Quoten beginnt der Interviewer nicht sich zu langweilen, die Atmosphäre der Spannung bleibt erhalten, die für ein gutes Interview günstig ist.

4. Bei kleinen Quoten wird sorgfältiger gearbeitet.

5. Der Interviewer kommt nicht in Versuchung, Familienangehörige und Bekannte zur Durchführung von Interviews anzustellen oder Interviews zu fälschen. Die Tendenz dazu steigt nachweislich mit größeren Aufträgen.[24] Das heißt, je größer die Zahl der Interviewaufträge pro Interviewer ist, desto unzuverlässiger werden die Ergebnisse der Umfrage. Die Qualitätsverschlechterung, die bei einer Umfrage eintritt, wenn die Interviewer überlastet werden, läßt sich mit Daten aus Wahlumfragen nachweisen. Wie bereits erwähnt[25], bieten Wahlprognosen die sonst seltene Möglichkeit, die Qualität von Umfrageforschung zu überprüfen, denn in der Regel kann nur hier das Umfrageergebnis mit der sozialen Wirklichkeit, dem Ausgang der Wahl, verglichen werden. Im folgenden Beispiel konnte

[23] Siehe S. 72.
[24] Vgl. auch S. 371.
[25] Siehe S. 296.

anhand einer Wahlumfrage gezeigt werden, wie sich die Überbelastung der Interviewer auf das Umfrageergebnis auswirkt. Hierzu wurde das Ergebnis nach drei Interviewer-Gruppen getrennt ausgezählt, je nachdem, ob ein Interviewer bis zu 10, 11 bis 19 oder 20 und mehr Interviews durchgeführt hatte.[26]

STÄRKERE INTERVIEWERBELASTUNG: SCHLECHTERE PROGNOSEBASIS

Frage: »Wenn schon am nächsten Sonntag Landtagswahl wäre: Welche Partei würden Sie dann wählen – können Sie mir nach dieser Liste hier sagen, welche Partei das ist? Sie brauchen mir nur die entsprechende Nummer anzugeben.« (Vorlage einer Liste)

	Rheinland-Pfalz Februar 1975 Bevölkerung ab 18 Jahre Ergebnisse aus Fragebogen von Interviewern, die …		
	bis zu 10 Interviews durchführten	11–19 Interviews durchführten	20 und mehr Interviews durchführten
Durchschnittliche Abweichung der Ergebnisse vom amtlichen Wahlergebnis	1,6 %	6,4 %	6,9 %
Maximale Abweichung der Ergebnisse vom amtlichen Wahlergebnis	3,2 %	11,0 %	13,8 %

Das Experiment zeigt deutlich, daß wenn irgend möglich nie mehr als zehn Interviews auf einen Interviewer entfallen sollten. Liegt die Zahl der Interview-Aufträge höher, ist mit Verzerrungen des Ergebnisses zu rechnen. Umfragen, bei denen die Interviewer 100 oder mehr Interviews durchzuführen haben, sind nahezu wertlos. Darum wäre es auch unverantwortlich, wollte ein Umfrageinstitut aus Kostengründen die Zahl seiner Interviewer auf weniger als ungefähr 300 senken, etwa weil sich eine

[26] Allensbacher Archiv, IfD-Umfrage Nr. 2142, Februar 1975.

neu angeschaffte CAPI[27]-Ausrüstung rentabler einsetzen läßt, wenn die Interviewer stärker beschäftigt werden. Die so modern wirkende und Präzision suggerierende Technik würde mit einem Verlust an Qualität bezahlt, den kein noch so ausgeklügeltes Computerprogramm ausgleichen könnte.

»Feldarbeit« in der Wohnküche

»Ich stelle mir das so vor, daß ein Automechaniker befragt wird. Er liegt unter einem Wagen, an dem er gerade arbeitet. Nur Kopf und Schultern von ihm sind zu sehen. Der Interviewer beugt sich zu ihm hinunter und stellt ihm seine Fragen.« So beschrieb einmal ein Fernseh-Journalist, der ein echtes Interview aufnehmen wollte, wie die Szene sein sollte. Nicht gerade so, aber doch im Stil eines Ein-Minuten-Gesprächs im Gewühl einer belebten Straße oder wenigstens zwischen Tür und Angel – so werden im allgemeinen die Interviews demoskopischer Bevölkerungsumfragen in den Medien dargestellt. Das Bild des Interviewers in der Öffentlichkeit ist stark von der (ebenfalls irreführenden) Vorstellung vom Reporter geprägt. Auf Karikaturen zeigt sich immer dasselbe Bild: Der Meinungsforscher klingelt an der Haustür, lüpft kurz vor dem Hausbesitzer den Hut und fragt ohne weitere Einleitung: »Sind Sie für oder gegen die Regierung?«

Manche Meinungsforschungsinstitute nutzen sogar das Klischeebild des rasenden Reporters aus, um neue Interviewer zu werben: In der Anzeige sieht man dann eine junge Frau mit wehenden Haaren im Cabriolet sitzen. Der Text dazu: »In meiner Freizeit bin ich Interviewer«. Bei den Bewerbern, die sich auf solche Anzeigen melden, dürfte sich bald Enttäuschung breitmachen. Der Alltag des Interviewers ist mühsamer, langwieriger als meistens angenommen wird.

[27] Siehe S. 191.

Abb. 53: Aus: ›Chicago Tribune‹ 30.3.1980

Tatsächlich finden die meisten Befragungen in den Wohnungen statt, in Küchen, Wohnzimmern, Arbeitszimmern.[28]

Der Interviewer führt sich mit der denkbar kürzesten Erklärung ein. Sehr zu Recht bemerkt eine englische Interviewer-Anleitung[29], daß die meisten Befragten anfangs viel zu überrascht sind, um einer längeren Ausführung über Wesen und Zweck der Markt- und Meinungsforschung zu folgen. Man liest darum so bald wie möglich die erste Frage des Fragebogens vor und zeigt damit gleich am Beispiel, daß man lediglich Antwort auf leichte, interessante Fragen erbittet. Auch nach deutschen Erfahrungen erkundigen sich die Befragten oft erst in der Mitte des Interviews plötzlich nach dem Zweck der Veranstaltung, noch häufiger aber zeigen die Befragten dafür keinerlei Interesse und beginnen sich bei allgemeinen Erklärungen oder auch längeren Einleitungen zu einzelnen Fragen sichtlich zu langweilen.

Allerdings hat in den letzten Jahren das Mißtrauen in der

[28] Das typische Bild zeigt die bereits gebrachte Aufstellung für eine Umfrage nach Random – und eine andere nach Quotenauswahl (siehe S. 278).

[29] Anleitung des Instituts »Social Surveys«, London, gegründet 1937, im Juni 1995 vom britischen Gallup-Institut übernommen.

Bevölkerung den Interviewern gegenüber spürbar zugenommen; mehr und mehr Personen weigern sich auch, das Interview zu geben, um das sie gebeten werden. Für diese Entwicklung gibt es mehrere Gründe: einmal die Angst vor Hausierern und Betrügern, aber auch eine zunehmende Empfindlichkeit bei Fragen, die das Thema Datenschutz betreffen. Nicht selten stoßen Interviewer bei Umfragen, denen eine Random-Stichprobe (siehe S. 237–254) zugrunde liegt, auf die mißtrauische Frage: »Woher haben Sie überhaupt meine Adresse?«

Um Mißverständnissen vorzubeugen und um Vertrauen zu schaffen, zeigt der Interviewer einen Ausweis, der belegt, daß er wirklich Mitarbeiter eines demoskopischen Instituts ist und nichts verkaufen will. Zusätzlich kann er einen Handzettel überreichen, der noch einmal den Namen des Instituts enthält, in dessen Auftrag der Interviewer tätig ist, zusammen mit einem Dank für das gewährte Interview und eine kurze Erklärung des Zweckes der Bevölkerungsumfragen.

Seit 1947, dem Gründungsjahr unseres Institutes, haben wir über 2 Millionen Bundesbürger befragt.

Gerne würde unser Mitarbeiter auch mit Ihnen ein Interview durchführen.

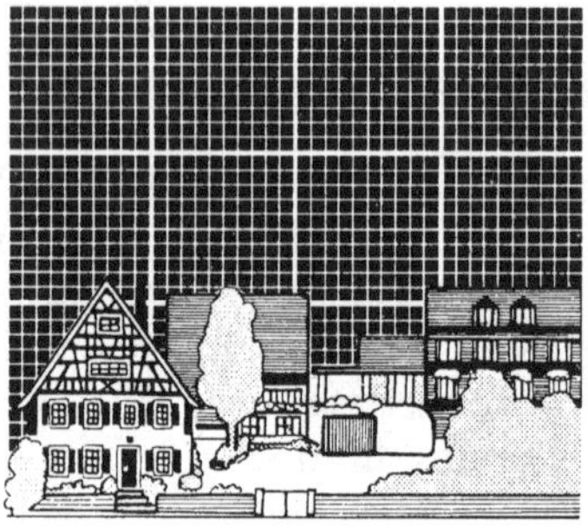

ALLENSBACH

INSTITUT FÜR DEMOSKOPIE
ALLENSBACH

Was *Demoskopie* ist, und weshalb *repräsentative Bevölkerungsumfragen* durchgeführt werden, möchten wir Ihnen hier kurz erläutern:

Abb. 54: Institutsfaltblättchen zum Verteilen

DEMOSKOPIE UND UMFRAGEN

Das Wort "Demoskopie" kommt aus dem Griechischen und besagt soviel wie "das Volk betrachten".

Die heutige Demoskopie ermittelt durch Umfragen, was die Bevölkerung denkt, wünscht oder ablehnt. Für eine Umfrage werden im allgemeinen 2.000 Bundesbürger um ein Interview gebeten. Diese 2.000 Befragten müssen nur *eine Bedingung* erfüllen: Die Befragtengruppe muß statistisch genauso zusammengesetzt sein wie die Gesamtbevölkerung: Menschen aus dem Norden und dem Süden, dem Osten und dem Westen, Stadt- und Landbewohner, Männer und Frauen jeden Alters, alle Berufsgruppen usw. müssen in der Stichprobe mit genau dem gleichen Anteil vertreten sein wie in der Gesamtbevölkerung der Bundesrepublik.

STATISTISCHE REPRÄSENTATIVITÄT

Dieses verkleinerte Abbild der bundesdeutschen Bevölkerung wird als statistisch *repräsentativer Gesamtquerschnitt* bezeichnet, der es ermöglicht, exakte Aussagen über Meinungen und Gewohnheiten der Bundesbürger zu machen.

WARUM BEFRAGUNGEN?

Wir zeigen Ihnen an drei Beispielen, weshalb wir die Ansichten, Wünsche und Kritik der Menschen kennenlernen wollen und Umfragen durchführen.

Ein Fabrikant verläßt sich nicht darauf, daß ihm an seinem Schreibtisch das Richtige einfällt. Er möchte das herstellen, was gebraucht wird, wofür Interesse besteht – so läßt er durch uns die Verbraucher befragen.

Fernsehen und Rundfunk wollen wissen, welche Sendungen "ankommen" und welche nicht, und lassen deswegen Hörer und Zuschauer durch uns befragen, um das Programm nach ihren Wünschen richtig zu gestalten.

Der Politiker erfährt durch Umfragen, wie die Bevölkerung die Lage beurteilt. Nur durch repräsentative Umfragen kann der Politiker die im Volk bestehenden Meinungen erfahren, und nur dann kann er sie in seine Überlegungen einbeziehen.

ANONYMITÄT UND DATENSCHUTZ

Unsere Befragten bleiben absolut anonym – ihr Name wird nie mit ihren Antworten zusammengeführt und unter keinen Umständen an Dritte weitergegeben.

In den meisten Befragungen wird der Name des Befragten nicht notiert, so daß hier Anonymität von vornherein gewährleistet ist. Bei Adressen-Interviews werden Namen und Adresse des Befragten von den Antworten getrennt – auch hier wird volle Anonymität gewährleistet. Sie können uns also ganz offen Ihre Meinung sagen!

DEMOSKOPIE IST FORSCHUNG

Demoskopie ist also ein wichtiger Teil der empirischen Sozialforschung. Wollen Sie mehr darüber erfahren, so empfehlen wir Ihnen das Buch „Alle, nicht jeder. Einführung in die Methoden der Demoskopie“ von Elisabeth Noelle-Neumann und Thomas Petersen.

Wir danken für Ihre Teilnahme an der Befragung!

ALLENSBACH

INSTITUT FÜR DEMOSKOPIE ALLENSBACH

Auswahl, Pflege, Einsatz, Kontrolle – die Interviewer-Organisation wird als Kollektiv behandelt

Schematisch aufgezählt ist das Interviewer-Ressort einer Instituts-Zentrale mit vier Aufgaben befaßt: Intakthalten des Netzes durch ständige Auswahl neuer Interviewer; kollektive und individuelle Pflege der Kontakte durch Rundbriefe[30], Test und Training (Preisausschreiben), persönliche Briefe; Einsatz der Interviewer; kollektive und individuelle Kontrolle.

Es ist dem Leser dieses Kapitels nicht mehr befremdlich, daß individuelle Briefe, individuelle Kritik der Interviewer nur eine untergeordnete Rolle spielen. Wie bei den Umfragen selbst, die nie die Persönlichkeit der Auskunftspersonen meinen, sondern das Verhalten von durch bestimmte Merkmale charakterisierten Personengruppen erforschen, werden auch die Interviewer vorwiegend als Gruppe behandelt.

Finden sich bei der Durchsicht der Fragebogen, die ein Interviewer zurückschickt, Bearbeitungsfehler, so erhält er einen brieflichen Hinweis; wiederholt er den Fehler, ist es besser, ihn auszuwechseln, als ihn weiter individuell zu trainieren. Unterläuft ein bestimmter Fehler einer größeren Zahl von Interviewern, müssen nicht die Interviewer belehrt werden, sondern dann ist die Fragebogentechnik, durch die die Interviewer gesteuert werden, fehlerhaft und änderungsbedürftig.

[30] Der Nutzen dieser Rundbriefe ließ sich experimentell nachweisen. Vgl. Noelle-Neumann 1962. Wilhelm Schwarzenauer: An Experiment on the Effect Intercircular Letters Have on Interviewers. In: European Research, November 1974, S. 243–247.

Das Fälscher-Problem

Fast zwanzig Jahre lang lebte der arbeitslose Maschinenschlosser Heiner Dorroch mit seiner Familie davon, daß er systematisch für insgesamt sieben Meinungsforschungsinstitute Interviews fälschte. In den Interviewernetzen einiger Institute war er sogar mehrfach vertreten – unter verschiedenen Namen. Am Ende von zwei Jahrzehnten Fälschertätigkeit schrieb er über diese Zeit ein Buch: ›Meinungsmacher-Report. Wie Umfrageergebnisse entstehen‹[31], in dem er den Instituten Nachlässigkeit und Ignoranz gegenüber den Bedürfnissen der Interviewer vorwirft. Dem Nachrichtenmagazin ›Der Spiegel‹ war die Geschichte immerhin so wichtig, daß es ihr unter dem Titel ›Ohrfeige an der Haustür‹ mehrere Seiten widmete.[32]

Das Bild von der Demoskopie, das damit in der Öffentlichkeit entstand, gibt die Wirklichkeit verzerrt wieder: Quasiprofessionelle Fälscher sind selten. Und bei aller Kritik an der mangelnden Interviewerkontrolle der betroffenen Institute darf eines nicht vergessen werden: Nicht sie waren die Betrüger, sondern der Interviewer, der ihnen jetzt auch noch die Schuld dafür gab, daß er sie betrogen hatte.

Drei Dinge zeigt der Fall Dorroch deutlich: erstens illustriert er den Ernst des Fälscher-Problems. Auch bei einer laufend durch Tests überwachten und gesäuberten Interviewer-Organisation ist damit zu rechnen, daß monatlich drei Prozent der eingesetzten Interviewer der Versuchung erliegen, Fragebogen bei sich zu Hause am Schreibtisch oder Küchentisch auszufüllen.[33] Nicht selten fingieren bereits Bewerber ihre ersten Probeinterviews, aber auch seit Jahren zuverlässig tätige Interviewer beginnen eines Tages zu fälschen.

Zweitens zeigt dieser Fall, daß eine regelmäßige, kontinuierliche Interviewerkontrolle keineswegs ein unnötiger, kostentreibender Aufwand ist, sondern im Interesse der Gültigkeit der Ergebnisse unentbehrlich, wobei es nicht ausreicht, sich allein

[31] Dorroch 1994.
[32] Der Spiegel, 1994, Nr. 26, S. 41–46.
[33] Erfahrungssatz des Instituts für Demoskopie Allensbach.

auf ein Verfahren zu verlassen. Es müssen alle Möglichkeiten genutzt werden, die geeignet sind, die Zahl der Fälschungen in Grenzen zu halten. Dazu gehören auch Fragebogen und Quoten-, bzw. Adressenvorgaben, die den Interviewer nicht überfordern.[34]

Drittens zeigt das Beispiel Dorroch, daß eine intensive Fälscher-Kontrolle tatsächlich auch wirkt, hilft, die Fälscher im Interviewer-Netz zu identifizieren, so daß sie aussortiert werden können: In dem Buch von Dorroch ist das Institut für Demoskopie Allensbach nicht erwähnt. Dabei hatte sich – wie eine nachträgliche Überprüfung der Interviewer-Kartei ergab – der Fälscher durchaus in Allensbach als Interviewer beworben, sogar zweimal, unter zwei verschiedenen Namen. Aber in beiden Fällen tappte er bereits beim Probeinterview in die in den Fragebogen eingebauten Fälscherfallen, worauf ihm das Interviewer-Ressort des Instituts mitteilte, daß man an einer Zusammenarbeit mit ihm nicht interessiert sei.

In der Regel werden verschiedene Systeme kombiniert, um die Fälschungsgefahr einzudämmen. Man appelliert an das Gewissen der Interviewer, indem man sie bereits bei der Einstellung die Erklärung unterzeichnen läßt: »Ich verpflichte mich hiermit... die angenommenen Befragungsaufträge ordnungsgemäß durchzuführen. Insbesondere verpflichte ich mich, *keine* unkorrekten Interviews durchzuführen.«

Falls die Adressen der Befragten vorliegen – bei Befragung nach dem Random-Auswahl-System oder auch bei einer Quotenauswahl, wenn die Adresse des Befragten am Schluß notiert wird –, werden bei einem bestimmten Prozentsatz der Befragten Wiederholungsbesuche gemacht, Kontroll-Interviews – etwa mit der Angabe, der erste Fragebogen sei verlorengegangen. Mit diesem Verfahren lassen sich die von den Instituten besonders gefürchteten Teilfälschungen aufdecken, jene Fälle, in denen die Interviewer zwar die vorgeschriebene Zielperson richtig befragt, aber im Fragebogen größere Partien übersprungen haben, um das Interview abzukürzen. Liegen die Adressen vor, sind auch Postkartenkontrollen üblich: Man übersendet den Befragten eine frankierte Karte mit der Bitte, durch bloßes Ankreuzen von Vorgaben mitzuteilen, ob sie kürzlich bei einer

[34] Siehe S. 278–279.

Bevölkerungsumfrage befragt wurden, über welche Themen, wie lange das Interview gedauert hat und ob sie bereit wären, sich später wieder einmal befragen zu lassen. Damit haben Interessierte wie Uninteressierte ein Motiv, die Karte ausgefüllt zurückzuschicken. Man kann bei unmittelbar an eine Umfrage anschließenden Postkartenkontrollen etwa 60 Prozent Rücksendungen erlangen.[35] Den gleichen Zweck erfüllen telefonische Rückfragen bei den Befragten.

Eine weitere Möglichkeit der Kontrolle bieten fingierte Adressen. Den Interviewern werden Adressen angegeben, die gar nicht existieren. Gibt ein Interviewer trotzdem einen ausgefüllten Fragebogen zurück, gibt er sich damit als Fälscher zu erkennen.[36]

Als Fälscherkontrolle empfiehlt sich auch die sorgfältige Durchsicht der Fragebogen, die allein durch ihr äußeres Bild verräterisch sein können und in denen insbesondere in den wörtlich aufgezeichneten Kommentaren auf offene Fragen Monotonie oder besonders aufgetragene Phantasie die fingierte Befragung vermuten lassen. Auffällig ist es auch, wenn ein Interviewer niemals Probleme hat, seine Quotenvorgaben zu erfüllen, oder wenn er bei Random-Stichproben besonders schnell seine Zielpersonen findet und befragt. Bei einer Random-Umfrage des Zentrums für Umfragen, Methoden und Analysen (ZUMA) in Mannheim führten die Interviewer während der Feldzeit durchschnittlich je sechs Interviews durch. In der gleichen Zeit schickten die Fälscher im Durchschnitt 13 ausgefüllte Fragebogen an das Institut zurück.[37]

Starke Widersprüche innerhalb eines Fragebogens sind dagegen kein Hinweis auf eine Fälschung.[38] Das zu Hause am Schreibtisch oder in der Konditorei ausgedachte Interview wird in der Regel sogar eher besonders stimmig oder logisch sein.

35 Der Prozentsatz der zurückgesandten Kontrollkarten hängt stark von der zeitlich raschen Folge zwischen Interview und Eintreffen der Kontroll-Postkarte ab.

36 Siehe: Wolfgang J. Koschnick: Standard-Lexikon für Mediaplanung und Mediaforschung. München u. a. 1988, S. 260.

37 Achim Koch: Gefälschte Interviews: Ergebnisse der Interviewer-Kontrolle beim ALLBUS 1994. In: ZUMA-Nachrichten 36, Mai 1995, S. 89–105. Dort S. 99f.

38 Siehe S. 445.

Der Interviewer-Einfluß

Es wurde eingangs gesagt, das standardisierte mündliche Interview sei vom Befragten aus gesehen ein lebendiges, persönliches Gespräch, vom Interviewer aus »eine in jeder Einzelheit festgelegte ›schematische‹ Befragung und aus der Perspektive des hinter dem Interviewer stehenden Forschers eine möglichst einheitlich angelegte experimentelle Situation, in der die Befragten reagieren«.[39]

Was in der experimentellen Situation vor sich geht, in der der Sozialforscher, vermittelt durch den Interviewer, die Befragten auf Fragen und Testmaterial reagieren läßt, und wie sich beide – Interviewer und Befragte – gegenseitig beeinflussen, muß noch lange systematisch erforscht werden. Antworten Frauen anders, wenn sie von Männern befragt werden, als bei einer Befragung durch Frauen?[40] Versucht der Interviewer (unbewußt) Antworten zu erlangen, die er für richtig hält, die seinen eigenen Überzeugungen entsprechen? Bemüht sich der Befragte, die Ansicht des Interviewers zu erraten und danach seine Antwort abzustimmen, mit seinen Antworten dem Interviewer gefällig zu sein oder ihm zu imponieren? Möglicherweise ist der Interviewer-Einfluß unterschiedlich in verschiedenen Kulturen, in verschiedenen sozialen Schichten, möglicherweise hängt er stark von anderen Persönlichkeitsmerkmalen bei Interviewern und Befragten ab, und sicherlich wird er maßgeblich durch die Fragebogentechnik bestimmt.[41] Je vollkommener ein Fragebogen

[39] Siehe S. 59.

[40] Daß das bei bestimmten Fragethemen so sein kann, wurde immer wieder in verschiedenen Experimenten gezeigt, es handelte sich aber immer um sehr spezielle Einzelfälle, aus denen sich eine Grundregel des Einflusses des Geschlechts der Interviewer nicht ableiten läßt, zudem waren die gemessenen Effekte in der Regel gering. J. R. Landis, u. a.: Feminist Attitudes as Related to Sex of the Interviewer. In: Pacific Sociological Review, 16, 1973, S. 305–314. J. Ballon, F. K. Del Boca: Gender Interaction Effects on Survey Measures in Telephone Interviews. Paper Presented at the American Association for Public Opinion Research (AAPOR) Annual Conference 1980. Zusammenfassend: Groves 1989, S. 401–404.

[41] Bei Hyman (1954, S. 217 f.) findet sich ein Experiment, bei dem man die am meisten benötigte Antwortvorgabe im Fragebogen systematisch wegließ. Dann setzte sich der Interviewer-Einfluß durch. Der Interviewer entschied nach eigener Neigung, welchen Antwortvorgaben er Antworten, für die er keine Vorgabe fand, zuordnete, oder ob er die Antwort wörtlich aufzeichnete und keine Kategorie ankreuzte. Der Interviewer-Einfluß ist auch

durchstrukturiert ist, desto weniger Spielraum bleibt für den Interviewer-Einfluß; wenn der Befragte seine Antworten nach Listen, Bildblättern mit Sprechblasen, Kartenspielen erteilt[42], ist der Interviewer-Einfluß praktisch ausgeschaltet.[43]

Auf jeden Fall muß man vor naiven Methoden zur Untersuchung des Problems warnen. Ob Frauen, durch Frauen befragt, anders antworten, als wenn sie von einem Mann interviewt werden, ist eine Frage, die sich, wie es scheint, leicht beantworten läßt. Man vergleicht die Auskünfte von Frauen, die von Männern interviewt wurden, mit den Auskünften von Frauen, die von Interviewerinnen befragt wurden. Das Ergebnis: Frauen, von Frauen befragt, gebrauchten – wenn man nach ihren Angaben ging – mehr Kosmetika als Frauen, die von Männern befragt wurden. Die Schlußfolgerung scheint auf der Hand zu liegen: Frauen scheuen sich, einem männlichen Interviewer ihre Schönheitspflege zu beschreiben. Die nähere Untersuchung zeigt jedoch, daß die Männer mehr Frauen in Dörfern – wo weniger Kosmetika gebraucht werden – zu befragen hatten, eine einfache Folge der Tatsache, daß man in Dörfern Männer leichter als Frauen als Interviewer gewinnt.

Ein anderes Beispiel: Interviewer, die mit der SPD sympathisieren, erfahren weit überdurchschnittlich oft von ihren Befragten, sie wollten bei der nächsten Wahl für die SPD stimmen. Eine voreilige Beurteilung dieses Sachverhalts ist gefährlich; denn es darf nicht übersehen werden: In Gegenden, in denen die Bevölkerung überwiegend zur SPD tendiert – zum Beispiel in Großstädten oder in bestimmten Bundesländern –, wohnen auch Interviewer, die überwiegend zur SPD neigen. Das gleiche gilt entsprechend für andere Parteien. Es besteht also ein zwangsläufiger Zusammenhang.

Schlüssige Untersuchungen über den Interviewer-Einfluß

abhängig von der Art der Frage (offen oder geschlossen; siehe Hyman, 1954, S. 213). Je weniger die vorgegebenen Antwortkategorien den tatsächlich vorhandenen Meinungs- oder Verhaltensstrukturen entsprechen, desto stärker wird der Interviewer-Einfluß wirksam, weil der Interviewer in Zweifelsfällen mehr oder weniger willkürlich einstuft, nur um eine Entscheidung herbeizuführen. – Sind die Antwortkategorien realistisch, so kann der Interviewer die Antworten ohne Schwierigkeiten richtig einstufen, der Interviewer-Einfluß wird gering (siehe Hyman 1954, S. 213). Über die Folgen unrealistischer Antwortkategorien siehe auch oben, S. 199.

42 Siehe Fragebogenkapitel (S. 146–171).

43 Franz-Reinhard Stroschein: Die Befragungstechnik in der demoskopischen Marktforschung. Dissertation Berlin 1962, S. 170.

lassen sich so schwer anstellen, weil der einzelne Interviewer – unter anderem, um möglichem Interviewer-Einfluß entgegenzuwirken – immer nur wenige Interviews in Auftrag bekommt. Man muß also schon besondere Interviewerstudien unternehmen, wie sie in großer Zahl von Hyman oder in neuerer Zeit von Groves zusammengestellt sind.

Die amerikanischen Experimente legen den Schluß nahe, daß sich bei sorgfältiger Fragebogen-Gestaltung der Interviewer-Einfluß in ziemlich engen Grenzen hält. Erst extreme Situationen – wenn zum Beispiel Schwarze über Rassenprobleme einmal durch schwarze und ein andermal durch weiße Interviewer befragt werden[44] – bringen deutlich erkennbare, vom Interviewer ausgehende Wirkungen hervor. Experten wie Norman Bradburn vom National Opinion Research Center (NORC) der University of Chicago schätzen, daß in den USA mehr als 2000 Untersuchungen durchgeführt wurden, um den Einfluß der Interviewer auf die Befragten zu studieren. Bisher hat dieses so besonders ausgeprägte Forschungsinteresse am Interviewer-Einfluß zu keinem eindrucksvollen Resultat geführt, aus dem Regeln hätten abgeleitet werden können, welche Art von Einfluß der Interviewer auf die Befragten in der Praxis berücksichtigen muß.

Man wünschte sich, die Einflüsse des Fragebogens auf die Umfrageergebnisse wären mit annähernd so großem Interesse erforscht worden.

[44] Siehe S. 73, Fußnote 9.

Interviewer im vorstatistischen Bereich

Wir haben uns in diesem Kapitel mit den besonderen Anforderungen an die Interviewer in der Umfrageforschung beschäftigt. Es wurde gezeigt, daß Auswahl der Interviewer und Steuerung einer Interviewer-Organisation nur zu begreifen sind, wenn man sich von Denkgewohnheiten löst, die sich bei anderen Lebensbereichen gebildet haben, und das zunächst Befremdende in der Rolle und der Behandlung des Interviewers als dem statistischen Bereich, dem Merkmalsbereich, adäquat erkennt. Wir lassen in dieser Darstellung den Interviewer des vorstatistischen Bereichs beiseite, wie er zur Vorbereitung von Studien, um Methoden zu überprüfen oder als Probeinterviewer für Fragebogen (beim »Pretest«) oder zur vorbereitenden Materialsammlung oder für freie, unstrukturierte »Intensiv-«(»Tiefen-«)Interviews nach Leitfaden ohne ausgearbeiteten Fragebogen tätig ist.[45] Diese Interviewer arbeiten als Experten. Es ist wünschenswert oder sogar notwendig, daß sie eine Spezialausbildung besitzen – z. B. als Psychologen, Soziologen, Pädagogen, Mediziner, Betriebswirte, Statistiker – oder daß sie durch mehrjährige Arbeit in Fachinstituten methodische Spezialkenntnisse auf dem Gebiet der Repräsentativ-Erhebungen erworben haben. Sie sind im Sinne des heute noch üblichen allgemeinen Sprachgebrauchs mehr »Interviewer« als die Interviewer der statistisch-repräsentativen Feldarbeit; der Sache nach aber sind sie wissenschaftliche Mitarbeiter, für die man im Interesse deutlicher Unterscheidung der Funktionen auch eine besondere Bezeichnung gebrauchen sollte.

Harry Henry sagt in seinem Buch ›Motivation Research‹ über den Interviewer im vorstatistischen Bereich: »Es wird mitunter gesagt, ›Tiefeninterviews‹ könnten nur von Psychologen durchgeführt werden, denn nur sie verstünden die notwendige Auslotung verborgener Tiefen. Das ist aber … wahrscheinlich unnötig und sogar irreführend. Selbst der glänzendste Psychologe kann im Verlaufe eines einzigen Interviews von zwanzig

[45] Siehe zu diesem Thema auch S. 76–79.

Minuten bis zu einigen Stunden nicht sehr tief eindringen... Aber wenn man auch keine Fachpsychologen dafür braucht, erfordert die Durchführung eines freien Gesprächs doch ganz besondere Eignungen, denn längst nicht jeder versteht es, den Befragten ›auszuholen‹, ohne ihm seine eigenen Ansichten und seine Persönlichkeit aufzudrängen, und ein Gespräch in Gang zu halten, während er gleichzeitig alles Gesagte aufzeichnet.«[46]

[46] London 1958. Die Übersetzung folgt der deutschen Ausgabe: Harry Henry: Was der Verbraucher wünscht. Düsseldorf 1960, S. 234 f.

V. Aufbereitung

Die Rückübersetzung

In der ersten Halbzeit einer repräsentativ-statistischen Studie besteht das Arbeitsprinzip im Zerlegen, in der zweiten Halbzeit im Zusammensetzen. Das soll im Zuge der folgenden Darstellung deutlich werden.

Zunächst handelt es sich darum, eine Untersuchungsaufgabe (Programmfrage, Beweisfrage) in einen Fragebogen zu übersetzen, und das bedeutet, von einfachsten Aufgaben, wie sie in der Forschung nur selten vorkommen, einmal abgesehen, immer eine Zerlegung in Testfragen. Die Qualität einer Studie wird weitgehend bestimmt durch die Treffsicherheit und den Grad der Konkretisierung, die bei der Entwicklung von Testfragen erreicht werden.[1]

Ein Element der Abstraktion bleibt dabei stets insofern erhalten, als selbst eine sehr konkrete Frage doch so gefaßt sein muß, daß sie für alle Personen, an die sie gerichtet werden soll, paßt. Die Konkretheit des Einzelfalls – noch immer beschnitten durch das vorgegebene Schema der Fragen und die überwiegende Erfassung der Antworten in vorgegebenen Kategorien – ergibt sich erst für den Interviewer bei der Feldarbeit.

Bei der Auswertung erfolgt dann die Rückübersetzung, die immer zugleich auch ein Zusammensetzen bedeutet. Jetzt richtet sich das Bemühen auf Abstraktion, deren Art und Grad durch die Untersuchungsziele bestimmt werden. Der erste Schritt – die Aufstellung des Planes für die Zurichtung der Antwort-Kategorien, um das Material zählbar zu machen – verlangt bereits eine Übersicht, welche Probleme durch die Erhebung zu klären sind, und kann keinesfalls routinemäßig technisch arbeitenden Hilfskräften überlassen werden. »Durch falsche Ver-

[1] Siehe S. 93–95.

schlüsselung werden mehr Fehler ausgelöst als durch falsch angelegte Stichproben«, schrieb einmal der Forschungsdirektor eines großen britischen Marktforschungsinstituts, und man muß ihm zustimmen.[2]

Der Verschlüsselungsplan

In einem Fragebogen steht die Frage: »Wenn Sie einmal an die nächste Zukunft denken, ich meine an die kommenden 12 Monate: Was ist Ihre größte Hoffnung für die nächsten 12 Monate, was sollte innerhalb des nächsten Jahres in Erfüllung gehen?«[3] Die Antworten, von den Interviewern gleich beim Interview in den Fragebogen eingetragen, lauteten: »Meine Rente soll stimmen« – »daß ich über mehr Geld verfüge« – »Gesundheit« – »daß ich einen Ausbildungsplatz kriege« – »ich möchte eine Familie gründen« – »eine vierwöchige Reise in die USA« – »daß ich mein Haus fertig bekomme« – »das Rauchen aufgeben« – »daß kein Krieg mehr kommt« – »daß Ost- und Westdeutschland schneller zusammenwachsen« – »daß ein Wirtschaftsaufschwung stattfindet« – »daß der Radikalismus nachläßt« – »weniger Kriminalität« – »verbesserter Umweltschutz« – »ein paar Lottomillionen« – »daß ich beruflich weiterkomme« – »kein Krieg mehr in Bosnien« – »meine Hochzeit« – »daß das Geld seinen Wert behält« – »ich möchte ins Grüne ziehen«.

So wie diese Antworten von den Interviewern in die Fragebogen eingetragen worden sind, kann man sie noch nicht zählen. Das liegt auf der Hand. Man muß sie dafür zurichten, »verschlüsseln«, eben – zum erstenmal, und es folgen noch viele ähnliche Schritte – zusammensetzen. Um dies zuwege zu bringen, wird eine Reihe von Gruppen oder Kategorien gebildet,

[2] John S. Downham (British Market Research Bureau): The Function of Coding. In: Readings in Market Research. London 1956, S. 79.

[3] Allensbacher Archiv, IfD-Umfrage Nr. 6017, Juli 1995.

und zwar genug, um alle Antworten aufzunehmen, die man auf eine Frage erhalten kann. Gruppen aufstellen und die Antworten einsortieren: das ist der Vorgang der Verschlüsselung. Es klingt einfach, aber es ist ein schwieriger Ordnungsprozeß. Man legt gleichsam über die Fülle des Antwortmaterials ein Netz und bestimmt durch die Größe und die Art der Maschen, wie ergiebig der Fischzug der Untersuchung ist. Zu der Frage: »Was sollte in den nächsten 12 Monaten möglichst in Erfüllung gehen?« kann man z. B. ein ganz grobes Netz knüpfen, indem man die Antworten in nur zwei Gruppen sortiert: »Einen Wunsch angegeben« und »Keinen Wunsch angegeben«. Die Art der Wünsche, alles, was da im einzelnen gesagt worden ist, schlüpft durch die Maschen eines solchen Netzes, wird nicht festgehalten, kann bei keiner späteren Auszählung mehr erscheinen.

Der Verschlüsselungsplan entsteht in zwei Etappen

Der Verschlüsselungsplan für eine Umfrage entsteht nicht erst, nachdem die Interviews abgeschlossen sind: Seine Entwicklung erfolgt in zwei Etappen. Die erste Etappe wird zusammen mit dem Entwurf des Fragebogens bearbeitet. Der Fragebogen enthält in der Form, in der er an die Interviewer versandt wird, bereits einen großen Teil des Verschlüsselungsplanes, und zwar enthält er schon die meisten Gruppen, nach denen die Antworten klassifiziert werden sollen, und ebenso das technische Signalsystem, also je nach Art des Computersystems die »Codezahlen«, mit denen die Antwortkategorien identifiziert werden, oder die Definitionen für die mit dem Bleistift anzustreichenden oder bei CAPI- und CATI-Systemen auf dem Computer-Monitor anzuwählenden Felder.[4] In groben Zügen muß man darum

[4] Siehe S. 191.

schon bei der Fixierung des Fragebogens wissen, welche Schritte später bei der Analyse getan werden sollen oder welche Möglichkeiten man sich wenigstens offenhalten will.

Die Antwortkategorien des Verschlüsselungsplans erscheinen im Fragebogen als Antwortvorgaben, die vom Interviewer gleich beim Interview nach den Antworten der Befragten markiert werden. Sie erscheinen außerdem auf Listen und Kartenspielen.

Diese fragebogentechnischen Hilfsmittel einheitlicher und vollständiger Ermittlungen im Interview dienen also zugleich der Auswertung. Man bemüht sich darum, sie zweckmäßig nach beiden Seiten hin abzufassen. Allerdings: Ein brauchbares Interview ist im Zweifel immer wichtiger als eine besonders schnell und reibungslos ablaufende Datenverarbeitung. Darum sind auch computerlesbare Fragebogen ein zweischneidiges Schwert: Sie vereinfachen die Datenverarbeitung, aber ihre Handhabung ist für den Interviewer oft umständlich, so etwa, wenn er Bleistiftstriche in winzige, unübersichtliche Kästchentabellen setzen muß. In solchen Fällen ist der Preis der eleganten Technik höher als der Nutzen, denn die beste Datenverarbeitung ist nutzlos, wenn die auszuwertenden Interviews nicht unter den bestmöglichen Bedingungen stattfinden. Im Falle des Konflikts hat darum die Fragebogen-Psychologie, der leichte, glatte Ablauf des Interviews für Interviewer und Befragte, den Vorrang.

Die Vorwegnahme der Verschlüsselung im Fragebogen setzt natürlich gründliche Vorstudien voraus, um vollständige und wirklichkeitsgetreue Antwortsysteme im Fragebogen-Schema zu entwickeln.[5]

Man wird im Zweifelsfall den Raster vorgegebener Antworten im Fragebogen stets durch eine offene Tür ergänzen, durch ein eingeschobenes: »Andere Antwort – bitte notieren!«, und dieses Material in der zweiten Etappe der Arbeit am Verschlüsselungsplan prüfen, wieweit es in schon vorgegebene Antwortgruppen einsortiert werden kann, oder ob es besser durch zusätzliche Kategorien, die man neu schafft, eingefangen wird. Dennoch kommen Ansichten zu kurz, die man wegen

[5] Über die Auswirkungen, wenn wichtige Antwortvorgaben im Fragebogen fehlen, vgl. auch S. 199.

lückenhafter Vorstudien nicht in das System der vorgegebenen Antworten aufgenommen hat. Die vorgegebene Antwort ist immer stärker, hat die bessere Chance, festgehalten zu werden, als Antworten, die die Befragten mit eigenen Worten formulieren und die Interviewer handschriftlich notieren müssen.

Wie kann es bei der Vorgabe von Antworten zu Konflikten zwischen Fragebogen-Technik und Auswertungs-Technik kommen? Ein Beispiel: Für die Auswertung und Analyse wird lediglich eine grobe Klassifizierung benötigt, die Befragten aber antworten von sich aus differenzierter, konkreter. Dem Interviewer soll das Zusammenziehen, Abstrahieren nicht zugemutet werden – teils, um ihn von dieser Mühe zu entlasten, noch mehr aber, weil ihm in Unkenntnis des Untersuchungszwecks ein Zusammenfassen von so verschiedenen Antworten unverständlich wäre. Die Lösung: Mehrere Antwortgruppen – so wie sie von den Befragten kommen – erscheinen im Fragebogen, aber alle diese Antwortgruppen erhalten dieselbe »Signierung«. Damit ist gesichert, daß sie später bei der Auswertung als eine Gruppe erscheinen.

Ein zweites Beispiel: Man wünscht für Auswertung und Analyse eine sehr feine Differenzierung der Antwortkategorien, zum Beispiel vor wieviel Tagen, Wochen, Monaten oder Jahren jemand zum letzten Mal einen Arzt aufgesucht hat. Würde man die benötigten 12 Kategorien gleich in den Fragebogen einsetzen, so ergäbe sich ein unübersichtliches Bild, der Interviewer müßte mit einiger Mühe nach der passenden Gruppe suchen. Für ihn ist einfacher, wenn er im Fragebogen etwa ein Schema findet wie:

Vor … Tagen … Wochen … Monaten … Jahren …
Noch nie beim Arzt gewesen … ( )

Hier setzt er die Angabe gerade so ein, wie er sie vom Befragten bekommt, und später erfolgt im Institut die Einordnung in die zwölf gewünschten Verschlüsselungsgruppen sowie die entsprechende »Signierung«: Neben die Frage wird an den Rand des Fragebogens die Zahl der Verschlüsselungsgruppe geschrieben, in die die Antwort fällt, oder bei schon im Fragebogen vorgegebener Zahlenreihe wird die entsprechende Zahl markiert. Man sieht an solchen Beispielen, wie sich Grundsätze der Methode im konkreten Fall bei der praktischen Arbeit auswirken. Der Grundsatz: Entlastung des Interviewers, Verlagerung der Mühe auf die Verschlüsselungsabteilung in der Zentrale.[6]

Die Verschlüsselung kann im allgemeinen nicht in einer einzigen Etappe gleich bei der Fixierung des Fragebogens erledigt werden, denn in der Regel muß ein Teil der Fragen »offen« gestellt werden[7], z.B. weil man die Antworten ohne größere Vorstudien (für die die Zeit oder das Geld nicht reichen oder die unökonomisch wären) nicht voraussehen kann, oder weil eine Vorgabe von Kategorien im Fragebogen die Aussagen des Befragten oder das Ohr des Interviewers beeinflussen würde, oder weil eine so große Zahl von Antworten möglich ist, daß der Fragebogen unübersichtlich würde, wollte man alle möglichen Angaben dort schon eindrucken.

Die zuvor zitierte Frage: »... was sollte im nächsten Jahr möglichst in Erfüllung gehen?« würde also, wie nahezu alle »offenen« Fragen, in der zweiten Etappe der Aufstellung des Verschlüsselungsplanes bearbeitet werden. Gelegentlich ist auch bei »offenen« Fragen schon in der ersten Etappe eine »Feldverschlüsselung« vorgesehen. Der Fragetext gibt keinerlei Hinweise auf die Art der möglichen Antworten, aber die Interviewer finden im Fragebogen eine größere Zahl von Kategorien vorgegeben und sollen die Auskünfte, die sie bekommen, sinngemäß zuordnen. Das ist zwar an sich eine Überforderung mit nicht recht übersehbaren Fehlerquellen, aber das Verfahren ist anwendbar, wenn Spontaneität der Angaben wünschenswert ist (wie sie nur durch »offene« Fragen zu erreichen ist) und man zugleich – bei komplexen Sachverhalten über die beste Zuordnung den Interviewer entscheiden lassen möchte, der die ganze Antwort gehört, den Befragten dabei gesehen hat und die Atmosphäre mit berücksichtigen kann. Oder aber wenn die möglichen Antworten so klar und eindeutig sind, daß die Zuordnung kein Problem für den Interviewer sein kann.

[6] Siehe S. 63–64.
[7] Siehe S. 128–130.

Zwei Beispiele:
1. »Welche Farbe haben Sie besonders gern?«
Blau (1) Violett (2) Grün (3) Rot (4) Gelb (5) Orange (6) Braun (7) Grau (8) Schwarz (9) Weiß (10)
Andere Farbe (notieren!) .... (11)

2. »Haben Sie in den letzten Monaten einen Traum gehabt, an den Sie sich noch erinnern?« Falls »Ja«: »Und wovon haben Sie da geträumt?« (Interviewer: Bitte einstufen – Mehreres kann angegeben werden!)
Von der Arbeit, vom Beruf (1) Von Familienangehörigen, Verwandten (2) Von Krieg (3) Vom Tod (4) Von verstorbenen Menschen (5) Reisen, Fahren (6) Von Geld (7) Von Schlangen, Spinnen, Ungeziefer (8) Von viel Wasser (9) Daß ich fliege (10) Daß ich falle, abstürze (11) Daß ich laufen, mich bewegen will und nicht kann (12) Daß ich verfolgt werde (13) Andere Angaben (notieren!) .... (14)

Der »Ganzheits-Eindruck«, den der Interviewer gewinnt und den man mit der »Feldverschlüsselung« einzufangen hofft, hat natürlich wieder etwas Faszinierendes, eine stete Verführung bei der Arbeit im statistischen Bereich. Spontan möchte man die Feldverschlüsselung für das beste Verfahren halten. Indessen: Man betritt dabei das Grenzgebiet sachgemäß gehandhabter Methode, die statistischen Qualitäten einer Untersuchung werden hier schon gefährdet. Etwa aus dem Motiv späterer Arbeitsersparnis allein dürfte man das Verfahren der »Feldverschlüsselung« nicht anwenden.

Sieben Regeln, wie man Zähl-Kategorien für Antworten auf offene Fragen bildet

Wir wenden uns »der größten Hoffnung für die nächsten zwölf Monate« zu. Die Arbeit beginnt mit einer Durchsicht von etwa 200 Fragebogen, einer kleinen Stichprobe aus der ganzen Umfrage. Für die dabei herausgezogenen Antworten sollen

geeignete Zähl-Kategorien gefunden werden.
Einige Regeln, die bei dem Entwurf einer solchen Verschlüsselung zu beachten sind, lauten:

1. Regel: Eine logische Ebene
Die Gruppen müssen logisch in einer Ebene liegen. Diese Regel wäre verletzt, wenn als Verschlüsselungsgruppen vorgesehen wären:
1. Hoffnung, gesund zu bleiben
2. Hoffnungen für Kinder, Familienangehörige
3. Hoffnungen auf finanzielle Besserstellung, Besserung der allgemeinen Wirtschaftslage
4. Hoffnung auf Erhalten des Friedens
5. ... usw.

Außerhalb der logischen Ebene liegen hier die »Hoffnungen für Kinder, Familienangehörige«. Benötigt man eine Verschlüsselung in mehreren logischen Ebenen, muß das Antwortmaterial mehrfach verschlüsselt werden, also beispielsweise:

A 1. Wünsche, Hoffnungen für sich selbst
  2. Wünsche, Hoffnungen für Familienangehörige, Menschen aus dem persönlichen Umkreis
  3. Wünsche und Hoffnungen, die die Allgemeinheit betreffen
B 1. Materielle, finanzielle Wünsche
  2. Gesundheitliche Wünsche
  3. Berufliche Wünsche
  4. ...
C 1. Wünsche, Hoffnungen auf Beharrung, Erhaltung derzeitiger Lage
  2. Wünsche, Hoffnungen auf Veränderung, Erreichen eines Ziels
  3. Wünsche, Hoffnungen auf Wiederherstellung eines früheren Zustandes

2. Regel: Trennschärfe
Die Kategorien innerhalb einer Ebene müssen trennscharf sein, so daß beim Einsortieren der Antworten nur selten ein Zweifel entstehen kann, ob eine Antwort in diese oder jene Kategorie gehört. Ein Verschlüsselungsentwurf der folgenden Art besitzt

keine ausreichende Trennschärfe, die Gruppen überschneiden sich:

1. Anschaffungswünsche (Möbel, Auto, Video-Kamera usw.)
2. Berufliche Wünsche, Hoffnung auf Besserung des Lebensstandards
3. Hoffnung auf Lotto- oder Toto-Treffer
4. …

Trennscharf aufgegliedert sähe der Verschlüsselungsplan folgendermaßen aus:

1. Hoffnungen in finanzieller Hinsicht, wirtschaftliche Hoffnungen, auch Anschaffungswünsche. Falls speziell die Häufigkeit des Wunsches nach einem Lotto- oder Toto-Treffer festgestellt werden soll, wird im Schlüsselplan zusätzlich zu 1 vorgesehen:
2. Zusatzpunkt: Hoffnung auf Lotto- oder Toto-Treffer. Antwort Lotto-Treffer wird dann signiert »1« und zusätzlich »2«.
3. Berufswünsche
4. …

Eine andere detaillierte Verschlüsselung des gleichen Materials:

1. Konkrete Anschaffungswünsche langlebiger Gebrauchsgüter (Auto, Kühlschrank, Fernsehgerät, Möbel usw.)
2. Wunsch nach Immobilien: Grundstück, Haus, Eigentumswohnung
3. Verdienststeigerung, Einkommenssteigerung (Lohn, Gehalt, Einkünfte der Selbständigen, Rentensteigerung, Steigerung des Einkommens aus Kapitalanlagen)
4. Preisstabilität oder Preissenkungen
5. Lotto- oder Toto-Gewinn
6. Sonstige Wünsche finanzieller Art
7. Allgemein ausgedrückte Hoffnungen auf Verbesserungen der finanziellen Verhältnisse, Steigerung des Lebensstandards

Ebenso detailliert können auch die beruflichen Wünsche rubriziert werden: Bestehen von Prüfungen, Einstellung in einem bestimmten Unternehmen, für eine bestimmte Tätigkeit, Beförderung, Erhaltung des Arbeitsplatzes, erfolgreicher Berufswechsel, Rückkehr in erlernten Beruf, günstige Veränderungen in der beruflichen Umwelt, im Verhältnis zu Vorgesetzten, Kollegen und so fort.

Eine versuchsweise Verteilung der Antworten aus einer kleinen Stichprobe von 100 bis 200 Fragebogen ergibt, welche dieser Kategorien in der Praxis überhaupt besetzt werden, und welche Art von Antworten so selten erteilt werden, daß man sie entweder auf etwas höherer Abstraktionsebene mit anderen zusammenfassen muß oder gut und gern unter »Sonstiges« fallen lassen kann.[8]

Ob es gelungen ist, ein Verschlüsselungsschema zu entwickeln, das Trennschärfe besitzt, läßt sich leicht durch einige praktische Schlüsselversuche überprüfen: Innerhalb einer logischen Ebene darf jede Antwort (oder jeder Teilaspekt einer komplexeren Aussage) nur in eine Verschlüsselungsgruppe passen.

Es ist möglich, Material auf höheren und tieferen Abstraktionsebenen mehrfach zu verschlüsseln – zum Beispiel als zusätzlichen untergeordneten Verschlüsselungspunkt (Zusatzpunkt) zu der Kategorie »Finanzielle Wünsche, wirtschaftliche Hoffnungen« den » Lotto- oder Toto-Gewinn«. Umgekehrt kann man zu detaillierten Punkten, wie die sieben Kategorien »Konkrete Anschaffungswünsche langlebiger Gebrauchsgüter« und so weiter, eine zusätzliche übergeordnete Sammelkategorie schaffen: »Finanzielle bzw. wirtschaftliche Wünsche«. Diese Sammelkategorien erleichtern die Aufstellung von Tabellen, weil der Prozeß des Zusammensetzens damit schon vorweggenommen wird.

Bloße Zitate von Aussprüchen der Befragten taugen nicht zur Bezeichnung von Verschlüsselungskategorien (»Weiterhin Ruhe und Frieden im Land« – »Ein kleines Häuschen«). Sie besitzen weder Trennschärfe, noch sind sie umfassend genug. Die Kategorien sollen begrifflich einwandfrei gefaßt werden.

3. Regel: Nicht am Wortlaut kleben: Verschiedene Wörter können das gleiche, sehr ähnliche Wörter Verschiedenes bedeuten

Statistische Arbeit verlangt eine starke Abstraktionsleistung – auch bei der Kristallisierung der Verschlüsselungskategorien. Es hängt vom Auffinden der gemeinsamen Nenner in den bunten,

[8] Eine Einschränkung vgl. S. 390.

scheinbar ganz verschiedenartigen Aussprüchen der Befragten ab, ob aus dem Rohmaterial bei der Verschlüsselung Substanz gewonnen wird; und auch umgekehrt hängt es vom Erkennen der verschiedenen Wurzeln ähnlich klingender Antworten und entsprechender Verschlüsselung in verschiedenen Kategorien ab.

Zwei schlichte Beispiele für den ersten und für den zweiten Fall: Frage: »Bevorzugen Sie für den Eßtisch eine Stoffdecke oder eine Plastikdecke?« Antwort: »Eine Stoffdecke.« Nachfrage: »Und warum?« Darauf wurde unter anderem geantwortet: »Stoff ist gemütlicher« – » Stoffdecken sind einladender und wärmer« – »Sieht festlicher aus« – »Stofftischdecken sind freundlicher« – »Es sieht viel netter und gemütlicher aus«. Andere Antworten lauteten: »Plastik wirkt so kalt« – »Ich finde Plastik ungemütlich« usw.

Der erste Entwurf des Verschlüsselungsplans begann:

Kategorie 1: Stoffdecken sind gemütlicher, wärmer, netter, freundlicher

Kategorie 2: Plastikdecken sind kalt, ungemütlich

Eine solche Rubrizierung wäre ein Fehler. Die angeführten Begründungen sind nicht in zwei Gruppen, sondern in einer Gruppe zu verschlüsseln: »Eine Tischdecke aus Stoff ist gemütlicher, wärmer, freundlicher, schöner als eine Plastikdecke.«

Für den zweiten Fall die Ergebnisse der Frage:

»Was sind Ihrer Meinung nach die wichtigsten Aufgaben des Staates, was würden Sie da nennen?«[9]

Es wurden unter anderem die folgenden Antworten gegeben:

»Für Sicherheit und Arbeit sorgen: soziale Absicherung« – »für Sicherheit, Gerechtigkeit, soziale Hilfe sorgen« – »Herstellen von Ruhe, Frieden, Sicherheit« – »soziale Sicherheit schaffen« – »für sichere Verhältnisse sorgen«.

Diese Antworten sind nicht in einer Gruppe – »für Sicherheit sorgen« – zu verschlüsseln, sondern sie fallen – jeweils zusammen mit teilweise ganz anders formulierten Antworten – in zwei verschiedene Kategorien:

1. Für Ruhe und Ordnung sorgen, Kriminalität bekämpfen (»Herstellen von Ruhe, Frieden, Sicherheit«, »für sichere Verhältnisse sorgen«).

[9] Allensbacher Archiv, IfD-Umfrage Nr. 5098, Juli 1994.

2. Armut bekämpfen, für soziale Gerechtigkeit sorgen (»für Sicherheit und Arbeit sorgen: soziale Absicherung«, »für Sicherheit, Gerechtigkeit, soziale Hilfe sorgen«, »soziale Sicherheit schaffen«).

In allen Antworten wird zwar das Wort »Sicherheit« gebraucht, aber es ist jeweils etwas Verschiedenes damit gemeint. Deswegen sind die Antworten getrennt zu verschlüsseln, je nachdem, ob von sozialer oder innerer Sicherheit die Rede ist.

4. Regel: Passende Fächer für jede Antwort
Die Antworten der Befragten müssen sich in den Verschlüsselungskategorien möglichst vollständig (ohne daß man ihnen Gewalt antut) unterbringen lassen. Ergibt eine probeweise Klassifizierung von 100 oder 200 Antworten, daß mehr als fünf Prozent unter »Sonstiges« fallen, ist das Verschlüsselungsschema unfertig. Eine Prüfung der sperrigen Antworten, die in keine bisher vorgesehene Gruppe passen, führt oft zur Erkenntnis eines Konstruktionsfehlers im ganzen Schema. Nach einem Umbau löst sich dann das Knäuel der »sonstigen Antworten« spielend auf.

5. Regel: Keine falsche Sparsamkeit, manches Material kann unverschlüsselt bleiben
Eine wichtige Einschränkung des oben genannten Grundsatzes: Man muß nicht alles unterbringen, was man in den Fragebogen an Antworten notiert findet, gleichsam aus Sparsamkeit, damit nichts verlorengeht. Es gibt vor allem zwei Fälle, in denen man entschlossen verzichten soll:

Erstens, wenn das Ziel der Untersuchung keine vollständige Erfassung fordert, sondern nur Häufigkeit und Zusammenhang ganz bestimmter Reaktionen, die mit der Testfrage gemessen werden sollten. Am Beispiel der »Hoffnungen für die nächsten zwölf Monate« illustriert: Vielleicht ist für den Zweck einer Studie nur wichtig zu wissen, wieviel und welche Menschen sich spontan für das neue Jahr als Dringlichstes eine gute Gesundheit wünschen. Alle anderen Angaben würde man dann bei der Verschlüsselung unberücksichtigt lassen (»Auswahl-Verschlüsselung«).

Zweitens: Keine Verschlüsselung »interessanter Antworten«, die nicht die Sache betreffen, nach der gefragt worden ist. Nehmen wir an, bei der Frage nach den »Hoffnungen für die nächsten zwölf Monate« finden sich häufiger Eintragungen der Interviewer in der Art: »Das letzte Jahr hat mich sehr enttäuscht.« Dies ist kein Grund, eine neue Verschlüsselungskategorie in den Schlüsselplan aufzunehmen. Nach dem Urteil über die letzten zwölf Monate wurde nicht gefragt. Ob diese Angaben im Fragebogen stehen oder nicht stehen, hängt von der Gesprächigkeit des Befragten und dem Schreibfleiß des Interviewers ab. Man kommt in keinem Fall zu einem statistisch brauchbaren Ergebnis.

6. Regel: Eindeutige Kategorien
Verschlüsselungskategorien müssen so eindeutig formuliert sein, daß sie von den verschiedenen Personen, die die Verschlüsselung vornehmen, gleich verstanden werden (im Englischen spricht man von der »Inter-Coder-Reliability«). Man pflegt dies zu prüfen, indem mehrere Mitglieder der Arbeitsgruppe einen Auszug von hundert oder zweihundert Antworten (neues Material: nicht die Antworten, mit deren Hilfe der Verschlüsselungsplan gebaut wurde) unabhängig voneinander signieren und anschließend vergleichen, ob sie die verschiedenen Antworten denselben Kategorien zugeordnet haben.

Bei gut aufeinander eingespielten Arbeitsgruppen gibt dieser Test allerdings noch keine ausreichende Sicherheit. Sie brächten es auch fertig, so wenig eindeutige Kategorien beim Signieren von Antworten einheitlich zu benutzen, wie »Politisch sehr richtig eingestellt« – »Politisch ziemlich richtig eingestellt« – »Politisch nicht ganz richtig eingestellt« – »Politisch falsch eingestellt«.

7. Regel: Untersuchungsziel und konkret angefallenes Material bestimmen zusammen die Verschlüsselungskategorien
Beim Entwickeln der Verschlüsselungskategorien muß man zwei Dinge zugleich im Auge haben: die Ziele der Untersuchung und das Material, das man in den Fragebogen findet.

Es wäre ein Fehler, Verschlüsselungskategorien aufzustellen, ohne vorher 100 bis 200 Antworten aus dem Fragebogen herauszuziehen. Man riskiert, daß einige der fein ausgedachten Gruppen unbenutzt bleiben, weil es Antworten dieser Art nicht gegeben hat, während andere Antwortkategorien des theoretisch ersonnenen Schemas 80 oder 90 Prozent aller Antworten schlucken und wichtige Gesichtspunkte, an die man nicht gedacht hatte, darin untergehen. Ebenso abträglich ist es, wenn über der Freude an der Materialfülle in den Fragebogen vergessen wird, mit welchem Untersuchungsziel eine Frage in den Fragebogen überhaupt eingesetzt wurde. Dann arbeitet man etwa ein Verschlüsselungssystem mit acht Fleischsorten, zehn Gemüsesorten, vier Kartoffelzubereitungen usw. aus, und doch sollte die Frage: »Was haben Sie am letzten Sonntag zum Mittagessen als Hauptgericht gehabt?« nur zeigen, in wie vielen und in welchen Haushalten am Sonntag zu Mittag ein Festtagsessen zubereitet wird.

Allein aus der Aufgabe der Untersuchung ergibt sich, ob Antworten auf die Frage: »Worauf achten Sie, wenn Sie einen Mantel kaufen?« minuziös verschlüsselt werden – »knitterfrei, nicht drückend, leicht wiederaushängend« – »schmutzt nicht leicht, unempfindlich, leicht zu reinigen« – »Farbe, Muster, schönes Aussehen« – »Preis« – »lege Wert auf gute Bedienung und Beratung« – »der Mantel muß mir stehen« – »daß es Naturfaser ist« und so fort – oder ob vielleicht allein die spontanen Angaben, in denen von Wolle die Rede ist – »ich achte darauf, ob es gute Wolle ist« – »guter Wollstoff« –, in einer Verschlüsselungskategorie gesammelt werden müssen.

Man kann auch nicht mechanisch Antworten, die nach dem Ergebnis der Vorauszählung selten sind, als »Sonstiges« unter den Tisch fallen lassen. Bei einer Umfrage, für was es sich lohnt, sein Leben einzusetzen, kann es wichtig sein, durch spezielles Erfassen der Antwort »Für das Christentum« auszuweisen, wie selten diese Erklärung war. Oder ein Beispiel aus der Marktforschung: Es kann den Hersteller von Spielzeugeisenbahnen durchaus interessieren, daß der Einwand gegen elektrische Eisenbahnen »Gefährlich für Kinder« von den Eltern praktisch nicht erhoben wurde.

Im allgemeinen gilt: lieber zunächst ein etwas zu fein gegliedertes Schlüsselsystem, man kann später noch immer verschiedene Gruppen zu einer verschmelzen. Dieser Gedanke sollte allerdings nicht dazu verführen, die Mühe, sich über den Auswertungsplan klarzuwerden, hinauszuschieben und eine unökonomische Verschlüsselungsprozedur durchzuführen, deren fein sortiertes Material nicht benötigt wird.

Hoffnungen in 21 Kategorien: Beispiel eines Verschlüsselungsplans

Hier folgt jetzt der Verschlüsselungsplan für die Frage nach den größten Hoffnungen für das kommende Jahr. Die Verschlüsselung hat mehrere Abstraktionsebenen und mehrere logische Ebenen. Jede Verschlüsselungsgruppe wird durch einige Originalantworten illustriert. Eingesetzt sind die Ergebnisse einer Umfrage unter 2000 Personen eines für die deutsche Bevölkerung (von sechzehn Jahren an) repräsentativen Querschnitts im Juli 1995 (Allensbacher Archiv, Umfrage Nr. 6017).

Frage: »Wenn Sie einmal an die nächste Zukunft denken, ich meine an die kommenden zwölf Monate: Was ist Ihre größte Hoffnung für die nächsten zwölf Monate, was sollte innerhalb des nächsten Jahres möglichst in Erfüllung gehen?«

CB 39

53% 1 Persönliche Bereiche

zusätzlich zu (1):

10% 2 Hoffnungen in finanzieller Hinsicht, wirtschaftliche Besserstellung, Anschaffungswünsche
»daß ich über mehr Geld verfüge« – »Miete nicht zu hoch« – »Ich möchte einen VW Golf kaufen« – »meine Rente soll stimmen« – »ein paar Lottomillionen« – »daß ich finanziell über die Runden komme« – »mehr Lohn«

21% 3 Hoffnungen, gesund zu bleiben, gesund zu werden
»Gesundheit erhalten« – »Gesundheit«

Zusätzlich zu (1,3):

8 % 4 Eigene Gesundheit
»ich möchte noch lange rüstig und gesund bleiben« – »daß ich gesund in Rente gehen kann« – »daß ich noch eine Weile lebe«

4 % 5 Gesundheit von Angehörigen
»daß wir alle gesund bleiben« – »daß der Tumor bei meinem Mann gutartig ist« – »daß meine Mutter wieder gesund wird«

20 % 6 Berufswünsche

zusätzlich zu (1,6):

14 % 7 Wünsche für den eigenen Beruf, die eigene Berufstätigkeit
»daß ich nach Ende meiner Lehre übernommen werde« – »daß ich im neuen Beruf und mit den neuen Kollegen zurechtkomme« – »daß ich in meinem Beruf meine Methodik besser durchsetzen kann« – »keinen Tag ohne Arbeit« – »ich hoffe, daß ich zum Bund als Berufssoldat gehen kann« – »daß ich einen Ausbildungsplatz kriege«

3 % 8 Wünsche für den Beruf, die Berufstätigkeit von Angehörigen
»einen Arbeitsplatz für meine Frau und meine Kinder« –»Arbeit für meine Kinder« – »daß mein Sohn seine Prüfungen besteht«

7 % 9 Hoffnungen, Wünsche für den familiären Bereich
»daß mein Sohn sich weiter um mich kümmert« – »ein Kind haben« – »die laufende Scheidung hinter mich bringen« – »daß meine Freundin wieder zu mir zurückkehrt« – »meine Hochzeit«

1 % 10 Reisewünsche, Urlaub, Ausflüge
»schöne Urlaubsreise« – »ich möchte mal in den Urlaub fahren nach Griechenland« – »vierwöchige Reise in die USA« – »daß unser Urlaub angenehm wird und wir ihn genießen können«

2 % 11 Neue Wohnung, Hausbau
»daß ich mein Haus fertig bekomme« – »daß ich eine bezahlbare Wohnung bekomme« – »ich möchte ins Grüne ziehen« – »wir möchten ein Haus bauen« – »Abschluß der Sanierung meiner Wohnung«

2 % 12 Sonstige Hoffnungen, Wünsche
»Verkehrsberuhigung vor der Haustür« – »daß ich die Fahrerlaubnis fürs Moped schaffe« – »das Rauchen aufgeben« – »daß kein Unwetter kommt«

CB 40

34 % 1 Allgemeiner (öffentlicher) Bereich
zusätzlich zu (1):

19 % 2 Hoffnung auf Besserung der weltpolitischen Lage, Frieden
zusätzlich zu (1,2):

3 % 3 Erhalt des Friedens
»daß kein Krieg mehr kommt« – »daß friedenserhaltende Maßnahmen ergriffen werden«

11 % 4 Wiederherstellung des Friedens in Krisen-/ Kriegsgebieten
»daß der Bürgerkrieg im ehemaligen Jugoslawien zu Ende geht« – »kein Krieg mehr in Bosnien« – »weniger Kriege in der Welt«

1 % 5 Zusammenwachsen Ost- und Westdeutschlands
»Unterschied zwischen Ost und West sollte abgebaut werden« – »Gelingen der Einheit« – »das Zusammenwachsen der beiden Teile der Bundesrepublik muß beschleunigt werden« – »Angleichung der Verhältnisse in Ost und West«

12 % 6 Stabilität der allgemeinen Wirtschaftslage
»daß ein Wirtschaftsaufschwung stattfindet« – »daß es mit der Wirtschaft weiter bergauf geht«
zusätzlich zu (1,6)
9 % 7 Abbau der Arbeitslosigkeit
»daß es nicht mehr so viele Arbeitslose gibt« – »weniger Arbeitslose« – »daß mehr Arbeitsplätze geschaffen werden«

1 % 8 Stabile Regierung, politische Ordnung in Deutschland
»daß der Radikalismus nachläßt« – »größere Rechtssicherheit« – »politische Stabilität«

7 % 9 Sonstige Hoffnungen, Wünsche
»mehr soziale Stabilität« – »ein Mittel gegen AIDS« – »verbesserter Umweltschutz« – »weniger Kriminalität« – »für alle eine gute Zukunft«

x % 10 Keine Hoffnungen, Wünsche für die Zukunft

20 % 11 Weiß nicht, keine (konkrete) Angabe

(x = weniger als 0,5 %)

Verschlüsselung von Zahlenangaben

Ganz andere Probleme stellen sich, wenn nicht Wörter (»qualitatives Material«), sondern Zahlen (»quantitatives Material«) verschlüsselt werden sollen: Angaben über Längen, Gewichte, Mengen, Zeitmaße, Geldbeträge: welcher Betrag durchschnittlich pro Jahr für Kleidung ausgegeben wird, wieviel Blattpflanzen in der Wohnung stehen – die Körpergröße des Befragten in Zentimetern und so fort. Hier kann man – wieder nach Vorauszählung einer kleinen Stichprobe – Klassen aufstellen. Zum Beispiel bei den Ausgaben für Kleidung: unter 200 Euro, 200 bis 299 Euro, 300 bis 399 Euro, 400 bis 499 Euro und so fort. Für die Berechnung von Durchschnittswerten haben solche Kategorien Nachteile, da der tatsächliche Durchschnittswert in den einzelnen Klassen in der Regel nicht gerade in der Mitte liegen wird. Sollen aber – wie es oft der Fall ist, und zwar wieder im Interesse einer möglichst starken Zusammenziehung der Befunde – Durchschnittswerte für verschiedene Befragtengruppen ausgewiesen werden, gelangt man zu präziseren Ergebnissen, wenn man die Einer-, Zehner- und Hunderterstellen der Zahlenangabe getrennt verschlüsselt. Das folgende Beispiel zeigt die Verschlüsselung und das Ergebnis einer Frage, bei der 101 verschiedene Zahlenangaben als Antwort möglich waren.

Frage: »Parteien werden ja manchmal danach eingeteilt, ob sie links, in der Mitte oder rechts stehen. Ich habe hier ein Bildblatt, auf dem ein Bandmaß aufgezeichnet ist. Wie würden Sie Ihren eigenen politischen Standort beschreiben, wo auf diesem Bandmaß würden Sie sich selbst einstufen?« (Vorlage eines Bildblattes)[10]
bei ... cm

Mit dieser Art der Verschlüsselung läßt sich nun für jede untersuchte Gruppe der genaue Durchschnittswert, in diesem Fall der durchschnittliche politische Standort, ermitteln. Aber auch die Möglichkeit, alle Befragten in zehn oder vier Gruppen einzuteilen, ist bei dieser Art der Verschlüsselung erhalten geblieben.

[10] Allensbacher Archiv, IfD-Umfrage Nr. 6076, April 1999. Eine Abbildung des Bildblattes befindet sich auf S. 149.

	Zehnerstelle <u>CB64</u>										Hunderter-stelle <u>CB63</u>	Σ
BZ	0	10	20	30	40	50	60	70	80	90	100	
Einer-stelle <u>CB 65</u> 0	1,5	0,8	2,2	4.5	9,3	32,8	8,3	5,6	2,3	0,8	1.1	68.1
1												×
2				0,1	0,2	0,3	0,1			0.2		0.8
3			0,1	0,1					0,1			0.2
4							0,1					0.1
5	0,4	1,0	4,2	4,5	5,4	4,1	4,2	3,3	0,9	0,1		28.1
6												×
7												×
8					0,1		0,2	0,1				0.4
9					0,1							0,2

Im Durchschnitt: 51,2 (West) / 46,3 (Ost) / 50,2 (Insg.)

(-) K.k.A. — (–) 2.1

100.0

Abb. 55

VI. Auswertung, Analyse

Die eindimensionale Grundtabelle: »Schlafen Sie meist leicht ein?«

Das »Auszählen« von Fragebogen, die technische Aufbereitung der Daten ist heute dank der rasanten Fortschritte in der Computertechnik in den letzten Jahrzehnten der einfachste, problemloseste Abschnitt einer demoskopischen Untersuchung geworden. Der Vorgang, der in den Anfangsjahren der Demoskopie noch zahlreiche Arbeitskräfte über Tage beschäftigte, ist auf Minuten zusammengeschrumpft. Der Computer zählt 2000 Fragebogen mit je 80 Fragen binnen weniger Minuten komplett durch und erstellt die wichtigsten Grundtabellen, in denen die Ergebnisse nach Alter, Geschlecht, Region, Schulbildung, Berufskreisen und politischer Ausrichtung unterteilt, dargestellt sind.

Tabellenbände mit Hunderten von Tabellen einer Umfrage anzufertigen, ist leicht geworden. Aber inhaltsreiche und klare Tabellen aufzustellen, ist schwierig geblieben. Diese Arbeit nimmt der Computer dem Kopf nicht ab.

Der Computer-Tabellenband liefert einen ersten Überblick über die gesamten Größenordnungen des Umfrageergebnisses. Die Daten sind bereits gewichtet[1], auch eindeutige Verschlüsselungs- oder Eintragungsfehler – etwa wenn Berliner als Bewohner einer Landgemeinde geführt werden oder Nichtraucher angeblich die Marke X rauchen – sind bereits vom Computer korrigiert. Nach einer ersten Durchsicht des Materials lassen sich die ersten Tabellen anfertigen. Zum Beispiel:

[1] Siehe S. 292.

Frage: »Schlafen Sie meist leicht oder schwer ein?«[2]

	Gesamtergebnis
	%
Leicht	51
Es geht	33
Schwer	15
Keine Angabe	1
	100
n (= Numerus, Absolute Zahl der Fälle) =	2179

Einfache, »eindimensionale« Tabellen dieser Art mit Gesamtergebnissen bilden den Ausgangspunkt jeder Berichterstattung. Ihr Wert liegt in der Beschreibung der Verhältnisse, sie stellen noch keine Analyse dar. Man kann die Tabelle auch so schreiben:

Frage: »Schlafen Sie meist leicht oder schwer ein?«

	Gesamtergebnis
	%
Leicht	51,1
Es geht	33,2
Schwer	14,6
Keine Angabe	1,1
	100,0
n =	2179

Oder auch so:

Frage: »Schlafen Sie meist leicht oder schwer ein?«

	Gesamtergebnis	
	%	n
Leicht	51	1113
Es geht	33	724
Schwer	15	318
Keine Angabe	1	24
	100	2179

2 Allensbacher Archiv, IfD-Umfrage Nr. 5076, Februar 1993.

Oder so:

Frage: »Schlafen Sie meist leicht oder schwer ein?«

	Projektion auf 61,5 Millionen Einwohner ab 16 Jahren in Deutschland
Es schlafen leicht ein	31,4 Mio.
Es geht	20,4 Mio.
Es schlafen schwer ein	9,0 Mio.
Keine Angabe machen	0,7 Mio.
	61,5 Mio.

Bei der letzten Tabelle haben wir die Ergebnisse, die wir im repräsentativen Querschnitt von 2179 Personen fanden, auf die ganze deutsche Bevölkerung, wie man sagt, »projiziert«, und zwar mit Hilfe einer Dreisatzrechnung mit den drei bekannten Größen: Unter 2179 Befragten antworteten 1113, sie schliefen leicht ein; unter 61,5 Millionen Personen ab 16 Jahren in Deutschland schlafen demnach 31,4 Millionen Personen leicht ein.

Warum Umfrageergebnisse meist in Prozentzahlen ausgedrückt werden

Warum werden die meisten Umfrageergebnisse in Prozentzahlen ausgedrückt? Hans Zeisel erklärt es in seinem 1947 zuerst veröffentlichten und bis heute unübertroffenen Buch ›Say it with Figures‹[3] folgendermaßen:

»Wofür man ganz allgemein Prozentzahlen verwendet, ist bekannt: Sie ermöglichen es, die relative Größe von zwei oder mehr Zahlen zu verdeutlichen. Diese Verdeutlichung kommt

[3] Die hier wiedergegebenen Abschnitte (übertragen von W. Schwarzenauer) werden mit Genehmigung des Verlags Harper & Brothers, New York, zitiert nach der 4. Auflage, S. 5 ff. Deutsche Ausgabe: Hans Zeisel: Die Sprache der Zahlen. Köln und Berlin 1970.

auf zweierlei Weise zustande. Erstens reduzieren sich bei der Prozentuierung alle Zahlen in den Bereich leichten Multiplizierens und Dividierens (Prozente sind im allgemeinen Zahlen unter hundert); zweitens wird dabei eine der Zahlen, die Basis, in die Zahl 100 verwandelt, eine Zahl, die durch andere Zahlen bequem teilbar ist und durch die auch andere Zahlen bequem zu teilen sind, wodurch man sich die relative Größe der verschiedenen Zahlen leicht vorstellen kann.

Man geht vor allem dann auf Prozentzahlen über, wenn zwei oder mehr Zahlenreihen miteinander verglichen werden sollen. Im folgenden Beispiel werden die Verkaufsziffern verschiedener Mehlmarken in zwei Gebieten verglichen.

Verkaufsziffern von vier Mehlmarken in zwei verschiedenen Gebieten (in Pfund)

Marke	Gebiet I	Gebiet II
A	5,836	2,888
B	1,710	1,728
C	13,723	3,736
D	7,450	0,224
Insgesamt wurden verkauft (in Pfund)	28,719	8,576

Die Darstellung in Prozenten zeigt den Sachverhalt. Prozentzahlen helfen uns, die Unterschiede in der Verteilung der Proportionen in den beiden verschiedenen Regionen zu erkennen:

Verkaufsziffern von vier Mehlmarken in zwei verschiedenen Gebieten (in Mengen)

Marke	Gebiet I	Gebiet II
A	20 %	34 %
B	6 %	20 %
C	48 %	43 %
D	26 %	3 %
Insgesamt	100 %	100 %

Die prozentuale Verteilung zeigt, indem sie die absoluten Unterschiede zwischen den beiden Regionen unsichtbar macht, um so klarer die relativen Anteile der Mehlmarken innerhalb der Regionen.

Die Beziehungen zwischen zwei Zahlen

Häufig erhalten wir bei Untersuchungen Zahlenergebnisse, die, für sich allein gesehen, sinnlos sind. Erst wenn diese Ergebnisse zueinander in Beziehung gesetzt werden, liefern sie die gewünschte Information.

Angenommen, wir haben während der Wahlkampagne für die Präsidentenwahlen 1948 eine Umfrage durchgeführt und einen repräsentativen Querschnitt von 15 000 Wählern im Staate New York nach ihrer Wahlabsicht gefragt: Wir haben festgestellt, daß 7650 Befragte erklären, sie werden Truman wählen,

7350 Befragte sagen, sie stimmen für Dewey. Wenn wir die Wahlaussichten von Truman berechnen wollen (und wir könnten für Dewey das gleiche machen), haben wir dazu zwei Zahlen zur Verfügung:

a) 7650 – die Zahl der befragten Wähler, die für Truman stimmen wollen,

b) 15 000 – die Größe des gesamten Querschnitts, der befragt wurde.

Die Zahl (a) für sich allein genommen sagt überhaupt nichts. Die Zahl (b) ist gar kein Ergebnis der Erhebung, sondern eine mehr oder weniger willkürlich festgesetzte Zahl. Was jedoch etwas aussagt, ist das Verhältnis zwischen den beiden Zahlen (a) und (b):

7650 / 15 000 = 0,51,

was bedeutet, daß 51 Prozent der Wähler die Absicht geäußert haben, sie würden Truman wählen. Keine der beiden Zahlen ist also für sich allein von Interesse, sondern nur das Verhältnis (a/b) zwischen diesen beiden Zahlen.

Prozente, das kann man ganz allgemein sagen, sind nichts anderes als Mittel zur Klärung von Beziehungen zwischen zwei Zahlen:

7650/15 000, 51/100 und 51 Prozent sind mathematisch gleichwertige Ausdrücke, aber 51 Prozent ist unter diesen drei Ausdrücken der einfachste und deshalb den übrigen vorzuziehen.

Beim Gebrauch von Prozentzahlen dürfen wir ihre hauptsächliche Funktion nicht aus dem Auge verlieren: Sie sollen die

Darstellung des Verhältnisses zwischen zwei oder mehr Zahlen möglichst vereinfachen. Aus der Tatsache, daß der Zweck des Gebrauchs von Prozentzahlen in erster Linie die Vereinfachung ist, ergeben sich praktische Folgerungen für die Art, wie man die Prozente darstellt.

Eines der in diesem Zusammenhang auftauchenden Probleme ist beispielsweise die Berechnung der Prozente auf Dezimalstellen.

Bekanntlich kann man Prozentzahlen bis zu jedem Grad der Genauigkeit berechnen: 170 ist beispielsweise 37,777... Prozent von 450.

Auf den ersten Blick mag es so aussehen, als erfülle eine Prozentzahl um so besser ihren Zweck, je genauer sie berechnet wird. Das angeführte Beispiel zeigt jedoch, daß die Prozentzahl mit jeder Dezimale, die hinzugefügt wird, etwas von ihrer ursprünglichen Einfachheit verliert. Werden sehr viele Dezimalstellen dargestellt, kann es sogar so weit kommen, daß die Prozentzahl schwieriger zu lesen ist als die ursprüngliche absolute Zahl. Dezimalen können einen wichtigen Vorteil der Prozente wieder zunichte machen, und man muß es sich daher sehr überlegen, bevor man Dezimalen einführt.

In der empirischen Sozialforschung und in der Marktforschung berechnet man Prozente im allgemeinen höchstens auf eine Dezimale; eine Dezimale betrachtet man sozusagen als einen vertretbaren Kompromiß zwischen Einfachheit und Genauigkeit. Wir dürfen jedoch nicht vergessen, daß auch eine einzige Dezimale die Lesbarkeit einer Tabelle beeinträchtigt.

Angenommen, Sie finden in einer Tabelle folgende drei Prozentzahlen:

Prozente	27,6	42,2	84,8
Gesamtzahl der Fälle (Basis)	(352)	(306)	(344)

Es besteht kein Zweifel daran, daß es viel leichter ist, diese drei Zahlen zu vergleichen, wenn die Prozente ohne Dezimale dastehen: 28 – 42 – 85. Bei einer solchen Verteilung ist auch der beim Weglassen der Dezimale in Kauf genommene Nachteil gering. Die Unterschiede zwischen den Zahlen treten viel klarer hervor, wenn die Prozente ohne Dezimale dastehen, und andererseits macht es in der Praxis im allgemeinen überhaupt keinen Unterschied, ob man beispielsweise 27,6 mit 42,2 oder ob man 28 mit 42 vergleicht.

Dagegen zeigt die folgende Tabelle einen Fall, bei dem es wesentlich ist, ob man die Dezimale wegläßt oder nicht:

Prozente	11,5	11,9	12,4
Gesamtzahl der Fälle (Basis)	(9,367)	(10,072)	(10,031)

Zwei Gründe sprechen dafür, bei dieser Tabelle die Dezimalen nicht wegzulassen. Erstens verschwände damit der Unterschied zwischen den drei Spalten völlig (alle drei Zahlen würden dann zu 12 %); und außerdem sind bei einer Stichprobe dieser Größe auch Unterschiede von Bruchteilen von Prozenten noch signifikant. Der gleiche Unterschied zwischen 11,5, 11,9 und 12,4 Prozent wäre bei einer Stichprobe von einigen hundert Fällen nicht signifikant, man könnte nicht mit einiger Sicherheit auf einen echten Unterschied zwischen den Gruppen schließen. Obwohl es mathematisch-statistisch niemals falsch sein kann, Prozente auf Dezimale genau auszurechnen, können Dezimalstellen psychologisch irreführen, indem sie eine größere Genauigkeit vortäuschen, als die ursprünglichen Zahlen für sich beanspruchen können. Sind die Prozentzahlen 11,5, 11,9 und 12,4 auf der Basis von 300 Fällen berechnet und nicht auf der Basis von rund 10000 Fällen, so ist es viel besser, auf die Bedeutungslosigkeit solcher Unterschiede hinzuweisen, indem man die Dezimale wegläßt und auf- bzw. abrundet: 12, 12, 12. Ließe man die Dezimale stehen, obwohl die Stichprobe so klein ist, mag der naive Leser, der eine solche Tabelle ansieht, dazu verleitet sein zu sagen: ›Da ist eine kleine, allmähliche Entwicklung sichtbar von 11,5 über 11,9 zu 12,4.‹ In Wirklichkeit ist ein solcher Eindruck überhaupt nicht gerechtfertigt.

Dezimalstellen sollten beibehalten werden in Fällen, in denen eine Wiederholung der Erhebung geplant ist, bei der die Resultate mit denen der ersten Erhebung verglichen werden sollen. Wir können im voraus nicht wissen, wie groß oder wie klein die gefundenen Unterschiede sein werden. Von diesen Ausnahmefällen abgesehen, kann man jedoch grundsätzlich sagen, daß eine Tabelle durch das Weglassen der Dezimalen stets an Klarheit und Übersichtlichkeit gewinnt und daß dadurch gleichzeitig vermieden wird, eine nicht vorhandene Genauigkeit vorzutäuschen, die eine Genauigkeit der Prozentrechnung ist und nicht eine Genauigkeit des Ergebnisses selbst.«

Absolute Zahlen: störend und notwendig

Über das Problem, ob in einer Tabelle neben den Prozentzahlen auch noch die absoluten Zahlen stehen sollen, äußert sich Zeisel folgendermaßen:[4]

»Jede Tabelle, sei sie noch so einfach, gewinnt an Übersichtlichkeit, wenn man die absoluten Zahlen wegläßt. Dadurch wird außerdem eine Tabelle für den Laien, der immer etwas Angst vor zu vielen Zahlen hat, anziehender. Immer dann, wenn die absoluten Zahlen in einer Tabelle entbehrlich sind, sollte man sie auch weglassen. Wenn wir jedoch aus irgendeinem Grund nicht nur die Prozente, sondern auch die absoluten Zahlen in einer Tabelle darstellen wollen, ohne die Tabelle zu überlasten, so gibt es immer noch die elegante Lösung, die absoluten Zahlen in einer gesonderten Tabelle zusammenzustellen und diese Tabelle entweder daneben- oder darunter zu stellen oder in einem Anhang beizufügen.«

Zeisel bemerkt zutreffend, man gerate bei der Entscheidung, absolute Zahlen in die Tabelle mit aufzunehmen oder fortzulassen, in einen Konflikt zwischen Erleichterung der Analyse und Lesbarkeit der Tabelle. Für die Zwecke der Analyse möchte man alle wesentlichen Zahlen beieinander haben, die Lesbarkeit einer Tabelle jedoch wird stark beeinträchtigt, wenn die Menge der Zahlen, die sie enthält, verdoppelt wird. Bei einfachen Gesamtergebnissen, wie wir sie eben zunächst betrachtet haben, fällt das noch nicht ins Gewicht, wohl aber, wenn eine Tabelle vielleicht vier oder sechs oder noch mehr Spalten enthält. Eine

4 1947, S. 22 ff.

praktische Lösung des Konflikts, wenn es nicht um einzelne Tabellen, sondern um ganze Untersuchungsberichte geht, besteht darin, ein Verzeichnis aller im Bericht erscheinenden Basisgruppen mit ihrer absoluten Zahl von Fällen anzufertigen und es als Lesezeichen einzulegen oder ausklappbar am Rande des Berichts einzufügen, damit es beim Lesen aufgeschlagen mit im Blickfeld liegt.

Die absolute Zahl der Fälle, auf die sich eine Prozentzahl stützt, möchte man in der Regel kennen, um die statistische Fehlerspanne des Ergebnisses abschätzen bzw. die Signifikanz eines Unterschiedes zwischen zwei gefundenen Werten prüfen zu können.[5]

Die angenehme, alles so vereinfachende Entfernung der unterschiedlichen absoluten Größen, wie sie bei der Umrechnung in Prozente erfolgt, birgt zweifellos die Gefahr von Mißverständnissen: Die absoluten Größen verschwinden leicht aus dem Gesichtskreis oder sind vielleicht überhaupt nicht mitgeteilt worden. Eine deutsche Illustrierte veröffentlichte einmal eine Parodie auf solche Berichte unter dem Titel: ›50 Prozent der deutschen Ärzte, die im letzten Jahr nach Indien auswanderten, starben in den ersten 12 Monaten‹. Später erfuhr der Leser, daß im ganzen letzten Jahr zwei deutsche Ärzte nach Indien ausgewandert waren.

Ist es nicht überhaupt ein arglistiges Täuschungsmanöver, bei weniger als 100 Fällen Prozentzahlen auszurechnen?

Im Prinzip spricht nichts dagegen, für kleine Gruppen Prozentwerte zu berechnen, um den Vergleich verschiedener Gruppen untereinander zu erleichtern, die gemeinsame Basis auf 100 hochzusetzen, wie sie bei größeren Gruppen auf 100 herabgesetzt wird. Doch sollten bei Stichproben-Erhebungen Prozentzahlen, die sich auf eine schmale statistische Basis von weniger als 100 Fällen stützen, wegen ihrer Unschärfe, ihrer erheblichen Fehlerspanne[6] grundsätzlich besonders gekennzeichnet werden – beispielsweise, indem sie als bloße »Indikationswerte« auf den Tabellen in Klammern gesetzt erscheinen.

[5] Siehe S. 542.
[6] Vgl. S. 210–226.

Wenn Prozentadditionen über 100 ergeben

Aus einer Untersuchung über Lotterien[7] stammt die folgende Tabelle, wiederum ein Gesamtergebnis:

Frage: »Hier auf dieser Liste steht verschiedenes. Machen Sie manchmal etwas davon?«

	Bevölkerung ab 16 Jahren Alte Bundesländer %
Beim Zahlenlotto mitmachen	45
Bei Preisausschreiben von großen Firmen, zum Beispiel Zeitschriften mitmachen	40
An einer Fernsehlotterie teilnehmen	34
Bei einer Wohltätigkeitstombola mitspielen	29
Bei einer Tombola auf dem Jahrmarkt teilnehmen	27
Rubbellose in der Lotto-Annahmestelle kaufen	23
Mit Bekannten um Geld Karten spielen	22
Mit Bekannten um etwas wetten	20
Prämiensparen in Verbindung mit einer Lotterie	13
An Glücksspiel-, Geldautomaten spielen	12
In der Klassenlotterie spielen	9
Fußballtoto spielen	7
Ins Spielcasino gehen	6
Bei einer »Game-Show«, einem Gewinnspiel im Fernsehen mitmachen	2
Beim Pilot- oder Pyramidenspiel mitmachen	1
Nichts davon	14
	304
n =	1036

Prozentwerte addieren sich auf mehr als 100, wenn auf eine Frage mehrere Antworten zugleich gegeben werden können (wenn sinnvollerweise auf die Frage nur eine Antwort möglich ist, beträgt die Summe der Prozente stets hundert). Ein anderes Beispiel lieferte uns schon der Schlüsselplan mit dem eingetragenen Gesamtergebnis der Frage: »Wenn Sie jetzt einmal an die

[7] Allensbacher Archiv, IfD-Umfrage Nr. 5047, Januar 1991.

nächste Zukunft denken, ich meine an die kommenden 12 Monate, was sollte im nächsten Jahr möglichst in Erfüllung gehen?« Dank solcher Antworten wie: »Gesundheit für meine Tochter und auch keine Flaute im Geschäft« addieren sich die Prozente für alle Wünsche im persönlichen Bereich nicht auf 53 %, sondern auf 63 %.

Man begegnet häufiger einem etwas verzweifelten Versuch, die Schönheitsfehler im Tabellenbild zu beseitigen, indem die Summe aller Antworten gleich 100 gesetzt, also als Basis der Prozentrechnung gewählt wird. Zum Beispiel:

	Die Angaben der 86 Prozent der Westdeutschen, die eine Form des Glücksspiels genannt haben, verteilen sich auf die Listenpunkte folgendermaßen:
	%
Beim Zahlenlotto mitmachen	16
Bei Preisausschreiben von großen Firmen, zum Beispiel in Zeitschriften mitmachen	14
An einer Fernsehlotterie teilnehmen	12
Bei einer Wohltätigkeitstombola mitspielen	10
Bei einer Tombola auf dem Jahrmarkt teilnehmen	9
Rubbellose in der Lotto-Annahmestelle kaufen	8
Mit Bekannten um Geld Karten spielen	8
Mit Bekannten um etwas wetten	7
Prämiensparen in Verbindung mit einer Lotterie	4
An Glücksspiel-, Geldautomaten spielen	4
In der Klassenlotterie spielen	3
Fußballtoto spielen	2
Ins Spielcasino gehen	2
Bei einer »Game-Show«, einem Gewinnspiel im Fernsehen mitmachen	1
Beim Pilot- oder Pyramidenspiel mitmachen	x[8]
	100
n =	891

[8] x bedeutet: weniger als 0,5 Prozent: Die Antwort kommt also zwar vor, der Wert wird aber bei der Berechnung der Gesamtsumme auf Null abgerundet.

Bei der Prozedur bleiben zwar die Reihenfolge und die Größenverhältnisse sichtbar, aber die Zahlen verlieren ihre konkrete Anschaulichkeit, wenn sie sich nicht mehr auf Personen beziehen (45 von 100 Westdeutschen spielen manchmal beim Zahlenlotto mit), sondern auf eine Summe von Angaben (unter allen Angaben fielen 16 Prozent auf »beim Zahlenlotto mitspielen«).

Dieser Einwand wiegt schwer; denn Statistik muß Mühe darauf verwenden, sich verständlich zu machen. Viele Menschen begegnen den Mitteilungen aus der Merkmals-Welt, dem Bereich der Variablen, mit einem, wie eingangs beschrieben wurde, unwillkürlichen Widerstand.[9]

Der Zugang darf darum nicht durch vermeidbare statistische Operationen weiter verbarrikadiert werden, sondern man muß umgekehrt bei der Gestaltung der Tabellen nach Hilfsmitteln suchen, sie anschaulich, menschlich erscheinen zu lassen.[10]

Ein anderer Weg, bei den Glücksspielen zu einer runden 100-Prozent-Tabelle zu gelangen, ist, in jeder Zeile die bisher fehlende Angabe, wieviel Prozent am Glücksspiel nicht teilnehmen, zu ergänzen – das heißt natürlich auch die Menge der Zahlen in der Tabelle zu verdoppeln. Man gelangt zu folgender Aufstellung:

	Bevölkerung ab 16 Jahren in Westdeutschland
Beim Zahlenlotto	%
– machen manchmal mit	45
– machen nicht mit	55
	100
An einer Fernsehlotterie	%
– nehmen manchmal teil	34
– nehmen nicht teil	66
	100

9 Vgl. dazu die Einleitung, S. 28–57.
10 Vgl. auch S. 545–549.

Oder raumsparender angeordnet:

	Bevölkerung ab 16 Jahren in Westdeutschland	
	es machen manchmal	es machen nicht
	%	%
Zahlenlotto	45	55 = 100
Fernsehlotterie	34	66 = 100

Oder eine weitere Möglichkeit bei Fragen mit wenig Antwortkategorien (wir verkürzen für den Zweck der Demonstration unsere Glücksspiel-Frage entsprechend):

	Bevölkerung ab 16 Jahren in Westdeutschland
	%
Es machen manchmal beim Zahlenlotto mit *und* nehmen an einer Fernsehlotterie teil	21
Es machen manchmal beim Zahlenlotto mit und nehmen *nicht* an einer Fernsehlotterie teil	24
Es nehmen manchmal an einer Fernsehlotterie teil und machen *nicht* beim Zahlenlotto mit	13
Es machen *weder* beim Zahlenlotto mit *noch* nehmen an einer Fernsehlotterie teil	42
	100

Wir erfahren bei dieser Art der Darstellung etwas über die Kombination der Verhaltensweisen – ein Modell, das sich auch bei drei oder vier Antwortkategorien herstellen läßt – bei allerdings zunehmender Unübersichtlichkeit. Wenn wir etwas über Kombinationen wissen möchten, ist das eine gute Tabellenform. Wenn uns die Kombinationen nicht interessieren, sollten wir sie auch nicht darstellen – selbst wenn jemand zu Recht darauf verweist, man könne sich aus einer solchen Tabelle von Kombinationen das Gesamtergebnis für die einzelnen Kategorien selbst zusammensetzen, erhalte also gleichsam mehr, nämlich zwei verschiedene Arten von Informationen, während umgekehrt aus dem einfachen Gesamtergebnis die Häufigkeit der Kombinationen noch nicht abzuleiten ist. Die Darstellung wird unklarer, unanschaulicher, und das spricht ausreichend dagegen.

Repräsentativ-Erhebungen fördern im allgemeinen eine erdrückende Masse an Daten zutage. Daraus ist eine allein vom Ziel der Untersuchung geleitete Auswahl zu treffen.

Das Einschlafen wird analysiert

Die ersten Schritte der Analyse von Umfragematerial bestehen darin, eindimensionale Tabellen, wie wir sie bisher betrachtet haben, durch zwei- oder mehrdimensionale Tabellen-Ausarbeitungen zu ergänzen. Anders ausgedrückt: Neben dem Gesamtergebnis werden die Ergebnisse für verschiedene Untergruppen einzeln ausgezählt und verglichen. Werden diese Gruppen durch ein einziges Merkmal – beispielsweise verschiedenes Alter – gekennzeichnet, erhalten wir eine zweidimensionale Tabelle. Im folgenden haben wir eine zweidimensionale Tabelle mit 12 Positionen:

HAT DAS LEBENSALTER EINEN EINFLUSS DARAUF, OB MAN LEICHT ODER SCHWER EINSCHLÄFT?
Frage: »Schlafen Sie meist leicht oder schwer ein?«

	18–29-jährige %	30–44-jährige %	45–59-jährige %	60jährige und ältere %
Leicht	72	58	49	27
Es geht	20	30	38	44
Schwer	6	11	12	28
Keine Angabe	2	1	1	1
	100	100	100	100
n =	523	572	550	534

Wir benutzen die erste Gelegenheit, um zwei übliche Bezeichnungen einzuführen: Die Gruppierung, die die Basis der Prozentzahlen abgibt, hier also das Alter, wird als »unabhängige Variable« bezeichnet. Das leichte oder schwere Einschlafen ist in diesem Fall die »abhängige Variable«.

Die »Zerlegung« (üblicher englischer Ausdruck »breakdown«) oder die »Sortierung« nach Altersgruppen und der Vergleich der Ergebnisse erweisen sich als nützlich. Über das bloße Wissen hinaus, wieviel Menschen leicht oder schwer einschlafen, erkennt man Zusammenhänge und erfährt beispielsweise, daß das Lebensalter einen Einfluß darauf hat, ob man leicht oder schwer einschläft. Als nächstes kommt einem die Vermutung, leicht oder schwer einzuschlafen könnte auch von den Umweltverhältnissen abhängen – ob jemand in einem friedlichen Dorf lebt oder in der nervösen Großstadt. Man zählt die Umfrage erneut aus, diesmal unterteilt nach Ortsgrößen und erhält das folgende Ergebnis:

LEICHTES UND SCHWERES EINSCHLAFEN IN STADT UND LAND

Frage: »Schlafen Sie meist leicht oder schwer ein?«

	Einwohner von		
	kleinen Ortschaften (bis 10 000 Einwohner)	Kleinstädten (10 000–50 000 Einwohner)	größeren Städten (50 000 und mehr Einwohner)
	%	%	%
Leicht	54	52	49
Es geht	30	32	36
Schwer	15	15	14
Keine Angabe	1	1	1
	100	100	100
n =	775	594	810

Großstädter schlafen also etwas weniger leicht ein als Landbewohner, aber der Unterschied ist sehr gering.

Als nächstes möchten wir prüfen, ob Männer und Frauen gleich gut einschlafen können. Es ergibt sich:

VERGLEICH VON MÄNNERN UND FRAUEN
Frage: »Schlafen Sie meist leicht oder schwer ein?«

	Männer	Frauen
	%	%
Leicht	59	44
Es geht	31	35
Schwer	9	20
Keine Angabe	1	1
	100	100
n =	1034	1145

Zunächst stellt man fest: Frauen schlafen schwerer ein als Männer. Nun ist bekannt, daß es durch die anscheinend biologisch bedingte längere Lebenserwartung der Frauen unter den Frauen mehr ältere Menschen gibt, und wir wissen bereits, daß ältere Menschen schwerer einschlafen. Erklärt sich vielleicht aus dem stärkeren Anteil der älteren Jahrgänge, daß Frauen durchschnittlich schwerer einschlafen als Männer?

Der Schritt von der zwei- zur dreidimensionalen Tabelle – eines der wichtigsten Manöver

Diese Frage läßt sich nur klären, wenn wir uns von den zweidimensionalen Tabellen trennen, bei denen die Gruppen jeweils nur durch ein Merkmal – Alter, Ortsgröße, Geschlecht – unterschieden waren, und auf dreidimensionale Tabellen übergehen, das heißt auf Tabellen, auf denen die Gruppen, für die wir die Ergebnisse auszählen, durch die Kombination von zwei Merkmalen definiert sind.[11]

[11] Zeisel demonstriert graphisch, daß die Ausdrucksweise »zweidimensional«, »dreidimensional« gut begründet ist (1970, S. 69 ff.). Vergleiche auch Paul F. Lazarsfeld: The Language of Social Research. A Reader in the Methodology of Social Research. Glencoe/Ill.

LEICHTES UND SCHWERES EINSCHLAFEN BEI MÄNNERN UND FRAUEN VERSCHIEDENER ALTERSGRUPPEN
Frage: »Schlafen Sie meist leicht oder schwer ein?«

	Männer				Frauen			
	Unter 30 Jahre %	30–44 Jahre %	45–59 Jahre %	60 Jahre u. älter %	Unter 30 Jahre %	30–44 Jahre %	45-59 Jahre %	60 Jahre u. älter %
Leicht	76	64	58	35	69	53	39	22
Es geht	19	28	33	49	21	31	44	41
Schwer	4	6	9	16	8	16	16	36
Keine Angabe	1	2	x	–	2	–	1	1
	100	100	100	100	100	100	100	100
n =	266	290	272	206	257	282	278	328

Zu der unabhängigen Variablen dieser Tabelle (Geschlecht) und der abhängigen Variablen (leichtes oder schweres Einschlafen) ist nun noch ein dritter Faktor, die »Test-Variable«, das Alter, getreten.

Zunächst sehen wir unsere ersten Befunde bestätigt: Das Lebensalter hat einen erheblichen Einfluß darauf, ob man leicht oder schwer einschläft, und zwar bei Männern ebenso wie bei Frauen. Aber nun zu der Frage, die wir eben aufgeworfen haben. Schlafen Männer wirklich leichter ein als Frauen? Um das ganz deutlich erkennen zu können, schreiben wir die dreidimensionale Tabelle noch einmal in etwas anderer Anordnung:

1955, S. 40 ff.: Das Konzept des »Property Space«, des »Merkmal-Raums«, der sich durch die Anordnung von Merkmalen in einem gedachten Koordinatenfeld ergibt.

LEICHTES UND SCHWERES EINSCHLAFEN BEI MÄNNERN UND FRAUEN VERSCHIEDENER ALTERSGRUPPEN
Frage: »Schlafen Sie meist leicht oder schwer ein?«

	unter 30jährige		30-bis44jährige		45- bis 59jährige		60jähr. u. ältere	
	Männer	Frauen	Männer	Frauen	Männer	Frauen	Männer	Frauen
	%	%	%	%	%	%	%	%
Leicht	76	69	64	53	58	39	35	22
Es geht	19	21	28	31	33	44	49	41
Schwer	4	8	6	16	9	16	16	36
Keine Angabe	1	2	2	–	x	1	–	1
	100	100	100	100	100	100	100	100
n =	266	257	290	282	272	278	206	328

Jetzt sehen wir: Die Aussage, Männer schlafen leichter ein als Frauen, trifft auf alle Altersgruppen zu, aber nicht gleichermaßen: Während die Unterschiede bei den Befragten unter 30 noch relativ gering sind, vergrößert sich der Abstand zwischen Männern und Frauen mit zunehmendem Alter. Bei der Altersgruppe ab 60 ist er sogar größer, als unsere erste, einfache Tabelle vermuten ließ.

»Das Alter wird konstant gehalten«

In der technischen Sprache des Analytikers sagt man, der Faktor, dessen verborgenen Einfluß auf die Ergebnisse man prüfen möchte, »wird konstant gehalten«. In unserem Beispiel des leichten und schweren Einschlafens vermuteten wir, daß Frauen nicht wirklich schwerer einschlafen, sondern daß es sich um den verborgenen Einfluß des höheren Durchschnittsalters von Frauen handeln könnte. Um uns Klarheit zu verschaffen, stellten wir eine Tabelle auf, bei der das Alter in vier Gruppen »konstant gehalten« war, das heißt, wir verglichen Männer und Frauen unter 30 Jahren und räumten damit die Störquelle des höheren Durchschnittsalters von Frauen aus dem Weg und taten das gleiche weiter, indem wir Männer und Frauen zwischen 30 und 44 Jahren verglichen, zwischen 45 und 59 und Männer und Frauen ab 60 Jahren, wobei zweifellos in der letzten Gruppe das Alter von Männern und Frauen nicht mehr ganz »konstant gehalten« war; denn das Durchschnittsalter der Frauen wird in dieser letzten Gruppe über dem der Männer liegen.

Das Beispiel hat auch gleich gezeigt, daß wir freie Hand haben, wenn wir eine solche Tabelle mit drei Faktoren aufstellen: entweder so, daß Männer und Frauen konstant gehalten erscheinen und die Altersgruppe darunter (die erste Anordnung), oder umgekehrt: die Altersgruppen konstant gehalten und darunter jeweils der Vergleich von Männern und Frauen. Im ersten Fall war die Testvariable das Geschlecht. Im zweiten Fall wählten wir das Alter als Testvariable. Obwohl es dieselben Zahlen sind, treten bei der einen oder anderen Anordnung verschiedene Sachverhalte deutlicher hervor.

Der kleine Schritt, den wir eben von der einfachen »Zerlegung« (break down) durch Einführung einer weiteren Variablen zur »Kreuztabellierung« (Cross-tabulation)[12] oder räumlich ausgedrückt, von der zweidimensionalen zur dreidimensionalen Tabelle getan haben, ist eines der wichtigsten Manöver bei jeder Analyse.

[12] Zum Sprachgebrauch siehe Lazarsfeld 1955, S. 115.

Scheinkorrelationen:[13] Fallgruben für Analytiker

Die Gesamtergebnisse, wie schon bemerkt, sind interessant als Beschreibung der Verhältnisse, aber sie lassen noch keinen Zusammenhang erkennen, man kann sie »interpretieren«, das heißt Vermutungen anstellen, wie die gefundenen Verhältnisse zu verstehen sind, aber ob diese Annahmen zutreffen, bleibt offen. Es folgen routinemäßig die »Zerlegungen« des Gesamtergebnisses, beispielsweise bei allgemeinen Bevölkerungsumfragen die Auszählung nach Geschlecht, Altersgruppen, Familienstand, Berufen, Einkommensgruppen, Schulbildung, Konfession, Haushaltsgröße, vielleicht Parteirichtung, Ortsgröße, regionalen Bereichen, z.B. nach Bundesländern. Die Voraussetzung dafür ist natürlich, daß diese Daten für jeden Befragten im Interview notiert und in den Computer eingegeben wurden. Es entstehen zweidimensionale Tabellen, durch die wir nicht nur eine viel differenziertere Beschreibung der Verhältnisse erhalten, sondern – durch Vergleich der Ergebnisse in den verschiedenen Gruppen – auch beginnen, Zusammenhänge zu erkennen.

Die Analyse wäre verhältnismäßig einfach, wenn nicht so viele dieser Tabellen zwei Fallgruben enthielten:

1. Die Ergebnisse der Gruppen, die man vergleicht, unterscheiden sich nicht, z.B. die Ergebnisse für Befragte mit viel oder wenig Fernsehkonsum. Man zieht die Folgerung, häufiges Fernsehen beeinflusse die Einstellung zu dieser Frage nicht. Tatsächlich ist die Übereinstimmung der Ergebnisse nur scheinbar, der Fernsehkonsum beeinflußt die Einstellung durchaus, aber der Einfluß ist überlagert durch einen zweiten, gegenläufi-

[13] Der Begriff Korrelation bezeichnet in der Statistik einen rein formalen Zusammenhang, ohne Entscheidung darüber, ob ein Ursache-Wirkungs-Verhältnis besteht. Der Begriff ist auch hier in diesem Sinne zu verstehen. Wenn ein ursächlicher Zusammenhang besteht, sprechen wir von »echter Korrelation«, während bei einer »Scheinkorrelation« kein solcher Zusammenhang da ist. Rein mathematisch formal gesehen ist natürlich auch eine »Scheinkorrelation« eine echte Korrelation. Über den Sprachgebrauch der Statistiker, um verschiedene Arten von Korrelationen zu unterscheiden, siehe S. Koller: Typisierung korrelativer Zusammenhänge. In: Metrika, Zeitschrift für theoretische und angewandte Statistik, 6, 1963, S. 65. Für den rein formalen Zusammenhang ist in der englischen Fachsprache auch die Bezeichnung »association« gebräuchlich.

gen Faktor, der gleichfalls sowohl mit dem Fernsehkonsum wie mit der untersuchten Frage in Verbindung steht und die Unterschiede aufhebt. Ein Beispiel folgt sogleich.

2. Die Ergebnisse der Gruppen, die man vergleicht, unterscheiden sich, und man schließt danach auf einen Zusammenhang zwischen den Gruppenmerkmalen und den erfragten Ergebnissen. Tatsächlich liegt kein Zusammenhang vor, es handelt sich um eine »Scheinkorrelation«, ausgelöst durch einen zweiten Faktor, der sowohl mit dem statistischen Merkmal, nach dem unsere Tabelle gruppiert ist, wie mit den Einstellungen zu der Frage, die unsere Tabelle untersucht, in einem echten Zusammenhang steht.

Die Auflösung solcher Täuschungen ist eines der wesentlichen Kennzeichen einer sachgemäßen Analyse.

Das Mittel der Auflösung ist die Einführung einer weiteren »Variablen«, die Einführung des Test-Faktors, mit dessen Hilfe die zweidimensionale in eine dreidimensionale Tabelle umgewandelt wird. Dabei tritt dann im ersten Fall der bis dahin verdeckte Unterschied hervor, im zweiten Fall wird der bis dahin beobachtete Unterschied wesentlich schwächer oder verschwindet oder kehrt sich sogar um. Betrachten wir zur Illustration der ersten Art von Fallgruben eine zweidimensionale Tabelle oder, wie man auch sagt, »einfache Korrelation«:

Frage: »Eine Frage zu Bundeskanzler Kohl: Sind Sie im großen und ganzen mit der Politik von Bundeskanzler Kohl einverstanden oder nicht einverstanden?«[14]

	Befragte mit einem durchschnittlichen täglichen Fernsehkonsum von		
	bis zu 1 Stunde	1–3 Stunden	Mehr als 3 Stunden
	%	%	%
Einverstanden	35	34	35
Nicht einverstanden	39	38	40
Unentschieden, kein Urteil	26	28	25
	100	100	100
n =	1521	3317	1469

[14] Allensbacher Archiv, IfD-Umfragen Nr. 6010, 6013, 6014; Januar–April 1995.

Gab es also im Jahr 1995 keinen Zusammenhang zwischen dem Fernsehkonsum und dem Urteil über den damaligen Bundeskanzler? Die folgende dreidimensionale Tabelle, oder »doppelte Korrelation«, bei der als neuer Faktor das Alter des Befragten eingeführt ist, zeigt ein anderes Bild:

Frage: »Eine Frage zu Bundeskanzler Kohl: Sind Sie im großen und ganzen mit der Politik von Bundeskanzler Kohl einverstanden oder nicht einverstanden?«

	Befragte mit einem durchschnittlichen täglichen Fernsehkonsum von		
	bis zu 1 Stunde	1–3 Stunden	Mehr als 3 Stunden
	%	%	%
16–29 Jahre			
Einverstanden	28	24	15
Nicht einverstanden	41	40	50
Unentschieden, kein Urteil	31	36	35
	100	100	100
n=	439	800	247
30–44 Jahre			
Einverstanden	32	26	18
Nicht einverstanden	44	48	53
Unentschieden, kein Urteil	24	26	29
	100	100	100
n =	513	940	222
45–59 Jahre			
Einverstanden	38	40	34
Nicht einverstanden	36	37	48
Unentschieden, kein Urteil	26	23	18
	100	100	100
n=	382	887	339
60 Jahre und älter			
Einverstanden	54	47	48
Nicht einverstanden	28	27	29
Unentschieden, kein Urteil	18	26	23
	100	100	100
n =	187	690	661

Die doppelte Korrelation von Alter und Fernsehkonsum bringt zutage, daß besonders bei den jüngeren Altersgruppen diejenigen, die besonders viel fernsahen, eine deutlich schlechtere Meinung von der Politik Kohls hatten als diejenigen, die selten vor dem Fernseher saßen. In der eindimensionalen Tabelle war dies nicht erkennbar, weil – wie man an den Zahlen der absoluten Fälle (n-Zahlen) sehen kann – ältere Menschen mehr fernsehen als jüngere und gleichzeitig – unabhängig vom Fernsehkonsum – mehr ältere als jüngere sich zustimmend zur Politik Kohls äußerten. Es waren also zwei Korrelationen, die sich gegenseitig aufhoben.

Macht fernsehen blind?

Der umgekehrte Fall, das interessante Ergebnis, das in Wirklichkeit nur eine Scheinkorrelation darstellt, findet sich im Material der Umfrageforschung wie allgemein in statistischem Material leider im Überfluß. Als einfaches Beispiel kann die folgende Tabelle dienen, die zu beweisen scheint, daß Menschen um so schlechtere Augen haben, je mehr sie fernsehen.

MACHT FERNSEHEN BLIND?

Frage: »Tragen Sie ständig oder gelegentlich eine Brille, abgesehen von normalen Sonnenbrillen oder Schutzbrillen, oder tragen Sie Haftschalen, Kontaktlinsen?«[15]

	Durchschnittlicher Fernsehkonsum an Werktagen			
	Bis etwa 1 Stunde	Etwa 2 Stunden	Etwa 3 Stunden	Etwa 4 Stunden und mehr
	%	%	%	%
Ja, trage Brille oder Kontaktlinsen	53	55	62	69
Nein	47	45	38	31
	100	100	100	100
n =	5077	6437	5111	3332

Der Faktor, der sowohl mit dem Fernsehkonsum als auch mit dem Brillentragen verbunden ist, aber hinter dieser trügerischen Tabelle verborgen bleibt, ist wiederum das Alter. Wenn es uns gelungen ist, diese versteckte Größe, diesen »Störfaktor« – im Englischen heißt er »spurious factor«, weil er die »spurious correlation«, die Scheinkorrelation, auslöst – zu finden und mit ihm eine dreidimensionale Tabelle aufstellen, klärt sich die Sachlage sogleich.

Hier zunächst der Nachweis, daß das Alter sowohl das Brillentragen als auch die Gewohnheit, lange fernzusehen, bestimmt:

15 Allensbacher Werbeträger-Analyse (AWA) 1994.

MIT ZUNEHMENDEM ALTER MEHR BRILLENTRÄGER

Frage: »Tragen Sie ständig oder gelegentlich eine Brille, abgesehen von normalen Sonnenbrillen oder Schutzbrillen, oder tragen Sie Haftschalen, Kontaktlinsen?«

	Alter			
	14–29 Jahre %	30–44 Jahre %	45–59 Jahre %	60 Jahre und älter %
Ja, trage Brille oder Kontaktlinsen	28	38	76	94
Nein	72	62	24	6
	100	100	100	100
n =	5712	5756	5177	3312

MIT ZUNEHMENDEM ALTER MEHR FERNSEHKONSUM

Frage: »Könnten Sie schätzen, wieviel Stunden Sie an einem normalen Werktag – montags bis freitags – fernsehen, wieviel Stunden durchschnittlich pro Tag?«

	Alter			
	14–29 Jahre %	30–44 Jahre %	45–59 Jahre %	60 Jahre und älter %
Bis etwa 1 Stunde	29	28	24	13
Etwa 2 Stunden	33	37	34	24
Etwa 3 Stunden	25	23	27	31
Etwa 4 Stunden und mehr	13	12	15	32
	100	100	100	100
n =	5712	5756	5177	3312

Und nun die Auflösung der Scheinkorrelation – durch Kombination der beiden Merkmale tägliches Fernsehen und Alter – in einer dreidimensionalen Tabelle:

FERNSEHEN MACHT NICHT BLIND

Frage: »Tragen Sie ständig oder gelegentlich eine Brille, abgesehen von normalen Sonnenbrillen oder Schutzbrillen, oder tragen Sie Haftschalen, Kontaktlinsen?«

	Durchschnittlicher Fernsehkonsum an Werktagen			
	Bis etwa 1 Stunde	Etwa 2 Stunden	Etwa 3 Stunden	Etwa 4 Stunden und mehr
	%	%	%	%
14–29 Jahre				
Ja, trage Brille oder Kontaktlinsen	31	27	27	24
Nein	69	73	73	76
	100	100	100	100
n =	1736	1875	1346	755
30–44 Jahre				
Ja, trage Brille oder Kontaktlinsen	41	37	37	36
Nein	59	63	63	64
	100	100	100	100
n =	1680	2054	1316	706
45–59 Jahre				
Ja, trage Brille oder Kontaktlinsen	74	75	76	79
Nein	26	25	24	21
	100	100	100	100
n =	1245	1715	1404	813
60 Jahre und älter				
Ja, trage Brille oder Kontaktlinsen	91	93	95	94
Nein	9	7	5	6
	100	100	100	100
n =	416	793	1045	1058

Es ist also keineswegs so, daß Personen, die viel fernsehen, schlechtere Augen haben als diejenigen, die wenig vor dem Fernseher sitzen. Selbst in dieser Tabelle wird das Bild noch durch einen versteckten Faktor beeinträchtigt: Bei den beiden jüngeren Altersgruppen scheint die Tabelle das Gegenteil des anfänglichen Befundes zu zeigen: Je mehr Fernsehkonsum, desto besser die Augen. Der Faktor, der hier noch – wenn auch in geringem Maße – das Bild verzerrt, ist der Bildungsgrad. Um wirklich zu erfahren, ob Fernsehen und Brilletragen in einem Zusammenhang stehen, müssen wir also noch ein weiteres statistisches Merkmal einführen und die folgende Tabelle aufstellen:

BRILLENTRÄGER UND SCHULBILDUNG
BEI UNTER 30JÄHRIGEN

	Befragte von 14–29 Jahren Durchschnittlicher TV-Konsum an Werktagen			
	Bis etwa 1 Stunde	Etwa 2 Stunden	Etwa 3 Stunden	Etwa 4 Stunden und mehr
	%	%	%	%
Volks-/Haupt-schulbildung				
Ja, trage Brille oder Kontaktlinsen	22	17	24	21
Nein	78	83	76	79
	100	100	100	100
n=	402	625	541	393
Höhere Schulbildung ohne Abitur				
Ja, trage Brille oder Kontaktlinsen	26	30	28	25
Nein	74	70	72	75
	100	100	100	100
n =	700	840	609	295

Abitur, Hochschulreife, Studium				
Ja, trage Brille oder Kontaktlinsen	43	39	37	41
Nein	57	61	63	59
	100	100	100	100
n =	634	410	196	67

Des Rätsels Lösung war also eine zweite, gegenläufige Scheinkorrelation: Befragte unter 30 mit geringer Schulbildung sehen mehr fern und tragen weniger Brillen als ihre höher ausgebildeten Altersgenossen.

Eine so detaillierte Aufschlüsselung, wie hier dargestellt, stößt allerdings in der Praxis oft auf Probleme. Abgesehen davon, daß mit jedem zusätzlich in die Analyse eingeführten Faktor die Tabellen immer unübersichtlicher werden, läßt oft auch die immer kleiner werdende Zahl der Fälle in den einzelnen Untergruppen den letzten eigentlich notwendigen Analyseschritt nicht mehr zu. Nur weil in diesem Fall die Antworten von fast 20000 Befragten zur Verfügung standen, war es möglich, die Gruppe der 14- bis 29jährigen noch einmal nach dem Bildungsgrad zu unterscheiden. Bei einer normalen Repräsentativbefragung von 2000 Personen wären die Fallzahlen in allen Analysegruppen deutlich unter 100 gesunken. Man sieht, wie rasch einer Analyse, die nach dieser Methode durchgeführt wird, Grenzen gesetzt sind. Unter bestimmten Voraussetzungen können jedoch mathematische Verfahren angewandt werden, mit denen man gleichfalls bestimmende Faktoren auffinden kann.[16]

[16] Z. B. die Regressionsanalyse, wenn die beteiligten Variablen in hinreichend viele Klassen unterteilt sind. Heiler, Michels 1994, S. 283–329.

Die Suche nach dem Stör-Faktor

Einem anderen Beispiel einer trügerischen Korrelation sind wir schon in einem früheren Abschnitt dieses Bandes begegnet.[17] Bei einer Studie über Interviewer-Einfluß wurde gefunden, daß Frauen, von Interviewerinnen befragt, den Gebrauch von mehr kosmetischen Erzeugnissen angaben als Frauen, die von männlichen Interviewern befragt wurden. Die Analyse zeigte, daß der versteckte bestimmende Faktor die Ortsgröße war: In Landgemeinden benutzen Frauen weniger Kosmetika, und in Landgemeinden wurden Frauen häufiger durch Männer befragt. Die Unterschiede verschwanden, sobald die Antworten an Interviewerinnen einerseits und an männliche Interviewer andererseits für die Ortsklassen verglichen wurden, sobald der Faktor Ortsklasse konstant gehalten wurde.

Hier ein anderer Befund aus einer Repräsentativbefragung: Personen, die in ihrer Freizeit als Hobby Modellbau betreiben, interessieren sich mehr für Politik. Ein wirklich sehr interessantes Ergebnis. Nach Überwindung der ersten Überraschung wird man zweifellos auch Erklärungen dafür finden. Etwa daß diese Leute über mehr Ruhe und Konzentrationsfähigkeit verfügen und deshalb die Vorgänge der Politik besser verfolgen können. Es gibt kein Umfrageergebnis, das man nicht alsbald interpretieren könnte – einschließlich der überraschenden Ergebnisse, die durch falsch in den Computer eingegebene Zählanweisungen zustande kommen. Diese bekannte Erscheinung zwingt dazu, alle Erklärungen, die man zur Hand hat, durch sorgfältige Analyse des Materials zu prüfen und erst, wenn man an den Grenzen des verfügbaren Materials angekommen ist, die Ad-hoc-Interpretation anzubieten – nicht als eine Perle der Forschung, sondern mit der Einschränkung, daß die Verbindung zwischen zwei bekannten Größen, die durch die Umfrage gefunden wurden, eine Unbekannte geblieben ist, die man bis zur Überprüfung durch eine »Interpretation« ersetzt.

Bei dem Befund, Modellbauer interessieren sich mehr für Politik, handelt es sich abermals um eine Scheinkorrelation. Der

[17] Siehe S. 373.

Stör-Faktor ist in diesem Fall das Geschlecht der Befragten, wie die folgende Tabelle zeigt:[18]

INTERESSIEREN SICH MODELLBAUER MEHR FÜR POLITIK?
Frage: »Interessieren Sie sich für Politik?«

	Hobby-Modellbauer	Nicht-Modellbauer
	%	%
Ja	51	45
Nicht besonders/gar nicht	49	55
	100	100
n =	1712	18006

MÄNNER INTERESSIEREN SICH MEHR FÜR POLITIK!
Frage: »Interessieren Sie sich für Politik?«

	Männer		Frauen[19]	
	Hobby Modell-bauer	Nicht-Modell-bauer	Hobby Modell-bauer	Nicht-Modell-bauer
	%	%	%	%
Ja	56	58	41	35
Nicht besonders/ gar nicht	44	42	59	65
	100	100	100	100
n =	1066	8343	646	9663

Hier ein Beispiel aus einer Betriebsumfrage.[20] Man hatte in diesem Unternehmen die Klage eines Teils der Mitarbeiter, sie fühlten sich oft allzu überlastet und gehetzt, mit Sorge gehört und

[18] Allensbacher Werbeträger-Analyse (AWA) 1995.

[19] Daß unter den Frauen die Modellbastler immer noch stärker an Politik interessiert sind als diejenigen, die keine Modelle bauen, könnte darauf hinweisen, daß hier noch ein weiterer verborgener Faktor wirksam ist, der sich nach der oben beschriebenen Methode wohl noch aufspüren ließe.

[20] Das Beispiel entstammt einer Analyse von Gerhard Schmidtchen (Allensbacher Archiv, IfD-Bericht Nr. 935).

nach Abhilfe gesucht. Da brachte die Betriebsumfrage das folgende unerwartete Ergebnis:

WIE SEHR BEFRIEDIGT SIE IHRE ARBEIT?

	Mitarbeiter, die sich gehetzt und überlastet fühlen	Mitarbeiter, die sich nicht gehetzt, überlastet fühlen
	%	%
Sehr	21	16
Ziemlich	49	41
Nicht so sehr	30	43
	100	100
n =	1148	1069

Unter verschiedenen Interpretationen, die alle einiges für sich hatten, entschieden sich die meisten Betrachter dieses Resultats für die Ansicht: Mitarbeiter, die sich gehetzt, überlastet fühlen, sähen dadurch ihre persönliche Bedeutung bestätigt, es befriedige ihr Selbstgefühl. Die Folge bei Annahme dieser These wäre gewesen, daß man die Klagen der Mitarbeiter über Hetze und Überlastung nicht mehr sehr ernst genommen hätte, vielleicht sogar von der Firmenspitze her die Entwicklung eines gewissen Überlastungsdrucks begünstigt hätte.

Die weitere Analyse legte den Zusammenhang offen. Der bestimmende Faktor dieser Scheinkorrelation war der Grad der Verantwortung, den jemand in seinem Arbeitsbereich trug.

WIE SEHR BEFRIEDIGT SIE IHRE ARBEIT?

	Mitarbeiter in verantwortlicher Position,			Mitarbeiter in weniger verantwortlicher Position,		
	die sich sehr gehetzt u. überlastet fühlen	die sich etwas gehetzt u. überlastet fühlen	die sich richtig ausgelastet fühlen	die sich sehr gehetzt u. überlastet fühlen	die sich etwas gehetzt u. überlastet fühlen	die sich richtig ausgelastet fühlen
	%	%	%	%	%	%
Sehr, ziemlich	72	81	83	36	58	70
Nicht so sehr	28	19	17	64	42	30
	100	100	100	100	100	100
n =	162	528	227	50	391	354

(In der Tabelle nicht dargestellt sind Mitarbeiter, die sich zuwenig ausgelastet fühlten. Sie waren überwiegend mit ihrer Arbeit unzufrieden.)

Die Scheinkorrelation, daß gehetzte Mitarbeiter besonders zufrieden sind, löst sich also auf folgendem Umweg auf: Führende Kräfte sind im allgemeinen stärker belastet als Mitarbeiter, die weniger Verantwortung tragen. Trotz größerer Belastung aber sind führende Kräfte allgemein mit ihrer Arbeitssituation zufriedener, finden ihre Arbeit interessanter, identifizieren sich mehr mit dem Unternehmen. Beachtet man jedoch das unterschiedliche Niveau der Verantwortung, so zeigt sich, daß auch bei Führungskräften die Arbeitsfreude sinkt, wenn sie ständig überlastet sind.

Lazarsfeld gibt das folgende einfache Modell für Scheinkorrelationen (t steht für Testvariable, bei Schulbildung z. B.: Höhere Schulbildung vorhanden, höhere Schulbildung nicht vorhanden).[21]

[21] Evidence and Inference in Social Research. In: D. Lerner (Hrsg.): Evidence and Inference. New York 1959, S. 126f.

	Gesamtgruppe				t vorhanden				t nicht vorhanden		
	x	$\bar{x}$			x	$\bar{x}$			x	$\bar{x}$	
y	10	6	16	y	9	3	12	y	1	3	4
			=				+				
$\bar{y}$	6	10	16	$\bar{y}$	3	1	4	$\bar{y}$	3	9	12
	16	16			12	4			4	12	

Abb. 56

Betrachtet man die Gesamtgruppe, so scheint zwischen x und y ein Zusammenhang zu bestehen. Leute, die y sind, sind eher x als Leute, die nicht y sind. Sobald aber der Faktor t – der versteckte bestimmende Faktor – mit in die Rechnung einbezogen wird und das Material getrennt für die beiden Gruppen »t vorhanden« und »t nicht vorhanden« ausgezählt wird, verschwindet jede Beziehung. Leute, die y sind, sind jetzt nicht mehr mit größerer Wahrscheinlichkeit auch x. Der umgekehrte Fall einer echten Korrelation wird folgendermaßen dargestellt:

	Gesamtgruppe				t vorhanden				t nicht vorhanden		
	x	$\bar{x}$			x	$\bar{x}$			x	$\bar{x}$	
y	10	6	16	y	5	3	8	y	5	3	8
			=				+				
$\bar{y}$	6	10	16	$\bar{y}$	3	5	8	$\bar{y}$	3	5	8
	16	16			8	8			8	8	

Abb. 57

Die »erklärende Korrelation« hilft, Kandidaten für Lebensversicherungen zu finden

Alltäglicher als das Verschwinden oder sogar die Umkehr eines Zusammenhanges, sobald der versteckte bestimmende Faktor gefunden ist, ist für den Analytiker der Effekt, daß sich durch die Mehrfachkorrelation der zuerst gefundene Zusammenhang abschwächt oder aber auch steigert. Mit jeder Beobachtung dieser Art wächst seine Einsicht in das Bedingungssystem, in die Umstände und Einflüsse, die in dem untersuchten Bereich eine Rolle spielen, bis er endlich Regeln formulieren und danach Prognosen aufstellen kann.

Wir wollen wieder ein Beispiel betrachten. Bei einer Umfrage über Versicherungen wurde gefunden, daß 58 Prozent der Deutschen eine Lebensversicherung abgeschlossen haben. Wie zuvor beschrieben, wurde dieses Gesamtergebnis zu Beginn der Analyse nach verschiedenen demographischen Merkmalen ausgezählt. Der Gesamtquerschnitt wurde in verschiedene Untergruppen »zerlegt«, und für diese Untergruppen wurden die Ergebnisse einzeln festgestellt. Die einfache Korrelation nach dem Lebensalter ergab die folgende Tabelle:[22]

BESITZ EINER LEBENSVERSICHERUNG BEI PERSONEN VERSCHIEDENEN ALTERS

	Befragte im Alter von			
	16–29 Jahren %	30–44 Jahren %	45–59 Jahren %	60 Jahren und älter %
Es haben eine Lebensversicherung abgeschlossen	56	74	75	50
Keine Lebensversicherung besitzen	44	26	25	50
	100	100	100	100
n =	492	533	524	516

[22] Allensbacher Archiv, IfD-Umfrage Nr. 6013, März 1995.

Die entscheidende Schwelle für den Abschluß einer Lebensversicherung scheint beim 30. Lebensjahr zu liegen. Der zu Beginn der Analyse angefertigte Zählplan sah weiter eine Zerlegung nach dem Familienstand vor. Hier das Ergebnis:

BESITZ EINER LEBENSVERSICHERUNG
NACH FAMILIENSTAND

	Ledige	Verheiratete
	%	%
Es haben eine Lebensversicherung abgeschlossen	51	73
Nein	49	27
	100	100
n =	514	1199

Nicht nur das Alter, sondern auch der Familienstand hängt eng mit dem Abschluß einer Lebensversicherung zusammen; verheiratete Berufstätige besitzen viel häufiger eine Lebensversicherung als ledige. Das könnte natürlich einfach daran liegen, daß verheiratete Berufstätige älter sind als ledige. Ebensogut könnte man aber auch umgekehrt die These aufstellen, Berufstätige über 30 besitzen häufiger eine Lebensversicherung, weil sie überwiegend verheiratet sind.

Welcher von zwei einflußreichen Faktoren ist der einflußreichere?

Um die Sachlage zu prüfen, halten wir den Faktor Alter konstant und zählen nun noch einmal den Besitz einer Lebensversicherung nach Familienstand. Wir prüfen also die doppelte Korrelation und gelangen wieder zu einer dreidimensionalen Tabelle:

BESITZ EINER LEBENSVERSICHERUNG BEI PERSONEN VERSCHIEDENEN ALTERS NACH FAMILIENSTAND

	Befragte im Alter von			
	18–29 Jahren		30 und mehr Jahren	
	die ledig sind	die verheiratet sind	die ledig sind	die verheiratet sind
	%	%	%	%
Es haben eine Lebensversicherung abgeschlossen	50	76	55	79
Nein	50	24	45	21
	100	100	100	100
n =	365	113	131	798

Nach dem ersten Ergebnis könnte man vermuten, es sei für eine Versicherungsgesellschaft sinnvoll, sich mit ihrer Werbung vor allem an die 30jährigen zu wenden. Jetzt erkennen wir, daß dies ein Fehler wäre: Die Jüngeren sind kaum weniger bereit, eine Lebensversicherung abzuschließen, falls sie eine Familie gegründet haben. Sie besitzen in größerer Zahl (76 Prozent) eine Lebensversicherung als ältere, die noch ledig sind (55 Prozent). Unser Ratschlag an die Versicherungsgesellschaft muß lauten, sich mit ihrer Werbung vor allem an Menschen zu wenden, die gerade geheiratet haben – und auch als Argument in erster Linie die Sicherung der Familie zu betonen. Der Zusammenhang zwischen dem Besitz einer Lebensversicherung und dem Lebensalter ist nur sehr abgeschwächt bestehen geblieben. Die doppelte Korrelation hat uns *erklärt*, warum wir bei den Befragten über 30 eher auf eine abgeschlossene Lebensversicherung stoßen: Weil sie in größerer Zahl verheiratet sind und Verheiratete den Wunsch haben, ihre Familie zu sichern.[23]

Der Zusammenhang zwischen dem Lebensalter und einer Lebensversicherung ist nicht als Scheinzusammenhang entlarvt, aber unsere Beschreibung der Sachlage ist jetzt präziser gewor-

[23] Zeisel gebraucht deshalb den Begriff der »erklärenden Korrelation«, vgl. Zeisel 1947, S. 190 ff.

den. Unsere Kenntnisse haben sich durch die Analyse mit mehreren Variablen (ein einfaches Beispiel für eine sogenannte »Multivariate Analyse«[24]) verfeinert.[25]

Kann etwas zutreffen und doch eine Scheinkorrelation sein? Ein Schema zur Bestimmung

Warum können wir mit solcher Bestimmtheit behaupten, die Befunde, Mitarbeiter im Betrieb x, die sich gehetzt fühlen, sind mit ihrer Arbeit zufriedener oder Modellbauer interessieren sich mehr für Politik, seien Scheinkorrelationen? Schließlich treffen die Aussagen doch offenkundig zu und könnten wahrscheinlich bei jeder Erhebung sogleich aufs neue bestätigt werden.

Wir sprechen von einer Scheinkorrelation, wenn zwar ein rechnerischer aber kein ursächlicher Zusammenhang besteht.

Zeisel[26] – ausgehend von einer Anregung Lazarsfelds – entwickelt zur Unterscheidung echter und trügerischer Korrelationen symbolische Darstellungsformen:

die symmetrische Figur x ← x → x steht für die Scheinkorrelation,
die asymmetrische x → x → x für echte Korrelationen.

Das Beispiel aus der Betriebsumfrage wäre in der folgenden Art darzustellen:

[24] Zu multivariaten Analysemethoden siehe auch S. 543, Fußnote 116.

[25] Einen Index für die Entscheidung, welcher von zwei korrelierenden Faktoren den stärkeren Einfluß auf Verhalten oder Einstellung in einem bestimmten Zusammenhang hat, gaben Frederick Williams und Frederick Mosteller: Education and Economic Status as Determinations of Opinion. In: Cantril 1944, S. 195.

[26] 1947, S. 204 ff.

Hetze, Überlastung	← Große Verantwortung → (zeitlich vorausgehender Faktor)	Befriedigung durch die Arbeit

Es ergibt sich eine symmetrische Anordnung: Große Verantwortung führt einerseits zu Hetze, Überlastung, andererseits zur Befriedigung durch die Aufgabe. Eine andere ursächliche Verknüpfung ist nicht möglich, da sich der Zusammenhang nicht umkehren läßt, denn eine Darstellung:

Hetze, Überlastung führt zu → großer Verantwortung

wäre offenkundig sinnlos. Vom zeitlichen Ablauf her betrachtet, ist »große Verantwortung« vorausgehend, »antecedent«.[27] Die echte Korrelation zwischen dem Alter und dem Besitz einer Lebensversicherung läßt sich asymmetrisch darstellen:

Steigendes Alter führt dazu → sich zu verheiraten (zeitlich dazwischentretender Faktor); führt dazu → eine Lebensversicherung abzuschließen.

Vom zeitlichen Ablauf her ist die Heirat nicht als vorausgehende, sondern als dazwischentretende (»intervening«) Variable anzusehen.

[27] Diese Einführung des Zeitfaktors ist im Schema von Zeisel noch nicht enthalten, sondern stammt von Lazarsfeld.

Ein dritter Fall: die bedingten Korrelationen

Neben echten, auf eine Kausalbeziehung hinweisenden, und neben trügerischen Korrelationen ist es nützlich, als dritte Kategorie – nach einem Einteilungsschema von Lazarsfeld – bedingte Korrelationen (»conditional relations«) zu unterscheiden.[28] Der Fall einer bedingten Korrelation ist gegeben, wenn bei Einführung der Testvariablen offenkundig wird, daß die zuerst beobachtete Korrelation abhängig vom Test-Faktor in ganz unterschiedlicher Stärke besteht. Dies bedeutet: Die Korrelation wird erst durch das Hinzutreten eines weiteren Faktors in ihrer Bedingtheit deutlich, sie gilt nicht schlechthin, sondern es gehören eigentlich zwei Faktoren zusammen dazu, um sie im richtigen Licht zu zeigen (also: falls x, dann y, aber nur dann, wenn auch z).

Ein Beispiel dafür besitzen wir in der ersten Tabelle mit drei Variablen, die auf S. 412 vorgeführt wurde.

Zunächst, in der ersten Präsentation der Tabelle, bot sich das gewohnte Bild einer Korrelation, bei der ein Faktor – in diesem Fall das Geschlecht – konstant gehalten war. Der Zusammenhang zwischen dem Lebensalter und leichtem oder schwerem Einschlafen bestätigte sich dabei. Das interessante, neue Überlegungen anregende Bild der bedingten Korrelation trat erst deutlich hervor, als wir in der nächsten Tabelle die gleichen Daten so anordneten, daß innerhalb jeder Altersgruppe die Ergebnisse für Männer und Frauen verglichen wurden und dabei erkennbar wurde, daß Frauen nicht gleichmäßig schwerer einschlafen als Männer, sondern abhängig vom Alter: Bis zum 30. Lebensjahr besteht nur ein sehr geringer Unterschied, mit zunehmenden Lebensjahren aber tritt ein immer stärkerer Unterschied hervor.[29]

[28] 1955, S. 112. Auch: Problems in Methodology. In: Robert K. Merton, u. a. (Hrsg.): Sociology Today. New York 1959, S. 67.

[29] Die Stärke des Einflusses verschiedener Faktoren auf ein Umfrageergebnis (oder auch mehrere) läßt sich auch mit Hilfe der Varianzanalyse (Streuungszerlegung) bestimmen, wenn die Daten bestimmte Bedingungen erfüllen, wie rationales Skalenniveau (siehe Seite 544–545) der abhängigen Variablen. Siehe Klaus Backhaus u. a.: Multivariate Analysemethoden. Eine anwendungsorientierte Einführung. Berlin u. a. 7. Auflage. 1994. Dort S. 56–89.

Nach welchen Gruppen soll das Material ausgezählt werden?

Bei unserer Diskussion ist nun schon beiläufig deutlich geworden, daß man sich bei der Auszählung des Materials nicht auf »Zerlegungen« nach demographischen Merkmalen – Geschlecht, Alter, Familienstand, Beruf, Ortsgröße usw. – beschränkt, sondern die gesamten Daten einer Erhebung einzeln oder kombiniert in jeder Richtung, die angezeigt scheint, gegeneinander auszählt. In unseren Beispielen begegneten uns als unabhängige Variable Modellbau als Hobby, Personen mit viel oder wenig Fernsehkonsum, eine Kreuztabellierung für Leute, die eine verantwortliche berufliche Position haben und sich gehetzt, überlastet fühlen, usw. Gerade die Beziehungen zwischen soziologischen und psychologischen Faktoren sind besonders lohnend zu untersuchen.

Demographische Gruppen, Verbrauchergruppen, Gruppen mit verschiedener Tradition, verschiedener Lebenserfahrung, Gruppen verschiedener Einstellung im politischen, gesellschaftlichen, kulturellen und religiösen Bereich, Gruppen mit verschiedenen Interessen, verschiedenem Informationsniveau, verschiedener Beteiligung an dem untersuchten Bereich, verschiedenen Familienverhältnissen, verschiedener psychologischer Disposition – das sind nur einige Beispiele, in welcher Art von Gruppierungen die Ergebnisse vergleichend ausgezählt werden können.

Ehemann sparsam, Ehefrau sparsam: Milieu-Analyse und andere Klassifikationen, die über das Individuum hinausgreifen

Man braucht durchaus nicht bei Gruppierungen stehenzubleiben, die sich auf die Person oder die Auskünfte der Befragten selbst beziehen, sondern man kann sie auch nach ihrer Umwelt und nach Auskünften der Umwelt einstufen oder nach den Beziehungen zwischen Befragten und Umwelt (zweischichtige Analyse).[30] Beispiele: Bei getrennter Befragung von Ehepartnern eine Gruppierung: Befragte aus Haushalten, in denen Ehemann und Ehefrau in ihren sozialökonomischen Ambitionen übereinstimmen, Befragte aus Haushalten, in denen die Ehefrau hochfliegendere Anschaffungspläne hat usw. (in der amerikanischen Fachsprache »Contextual Analysis«).[31] Ein interessantes Gruppierungsmerkmal: Auskünfte, Verhaltensweisen bei gutem Wetter, schlechtem Wetter, Antworten von persönlichkeitsstarken oder persönlichkeitsschwachen Personen[32] oder von Befragten, die nach dem Eindruck des Interviewers ganz fröhlich oder nicht so fröhlich aussehen. Eine andere Dimension der Gruppierung bildet die Zeit: Auskünfte aus verschiedenen Jahren, verschiedenen Jahreszeiten, verschiedenen Tageszeiten, vor und nach einem Ereignis, einem Einfluß. Die Gruppierung kann sich auch statt auf Personen auf Kollektive beziehen: Dörfer in Gegenden mit fruchtbarem Boden, mit kargem Boden, Haushalte mit mehreren Verdienern, Haushalte mit einem Verdiener; Betriebe mit einer Betriebskrankenkasse, Betriebe ohne Betriebskrankenkasse usw.

Es wäre nutzlos, alle Klassifikationsmöglichkeiten einer statistischen Analyse hier systematisch aufzuzählen. Von ihrer

[30] Vgl. Samuel A. Stouffer: Social Research to Test Ideas. Glencoe, Ill. 1962. Lazarsfeld u. a. 1958.

[31] Aus einer Studie über das Geldverhalten der Bevölkerung, durchgeführt von der Forschungsstelle für empirische Sozialökonomik der Universität Köln gemeinsam mit dem Institut für Demoskopie Allensbach (Allensbacher Archiv, IfD-Bericht Nr. 829). Es wurden jeweils alle erwachsenen Mitglieder eines Haushalts befragt. Dies ermöglichte beispielsweise eine Einstufung der Haushalte danach, ob beide Ehepartner in ihren Sparsamkeitsgrundsätzen übereinstimmen oder ob nur die Ehefrau oder der Ehemann sparsam ist, oder auch danach, wie sich die Ehepartner gegenseitig im Hinblick auf ihre Sparsamkeit beurteilen.

richtigen Wahl und der Einfallskraft, die der Analytiker dabei entwickelt, hängt hauptsächlich ab, wie vollständig und wie verläßlich das Problem einer Untersuchung geklärt wird und wieweit darüber hinaus unerwartete, aber wesentliche Zusammenhänge aufgedeckt werden. Allerdings entscheidet sich das meiste bereits mit dem Fragebogen. Die Fragen, die man nicht gestellt hat, die Merkmale des Befragten, die von den Interviewern nicht notiert wurden, sind endgültig für die Analyse verloren. Andererseits ist die Formulierung des Fragebogens von ständigen Überlegungen begleitet, welche Fragen »gegeneinander ausgezählt« werden sollen, welche psychologischen oder soziologischen Informationen man über die Befragten brauchen wird, um Zusammenhänge aufzuhellen, ihre Handlungsweise, Ansichten, Motive zu verstehen, welche Gruppen man später in der Analyse bilden will, welche Indizes[33] benutzt werden sollen, mit welchen Fragen eine Skalenanalyse versucht werden soll[34], welche Antwortkategorien benötigt werden, um eine Regressionsanalyse, eine Faktorenanalyse, eine Analyse latenter Strukturen[35] durchführen zu können.

Wer einen Fragebogen liest, kann von solchen Überlegungen allerdings nichts erkennen, er sieht lediglich die Fassade eines Forschungsinstruments.

Kreuz- und Quer-Auswertung: Das Umfragematerial wird durchgekämmt

Eine Analyse beginnt in der Regel mit der Auszählung, was die Angehörigen verschiedener Bevölkerungsgruppen auf die einzelnen Testfragen antworteten. Aber das ist nur der erste Schritt.

[32] Siehe S. 565–568.
[33] Vgl. S. 538–539.
[34] Vgl. S.530–537.
[35] Zu den mathematischen Analysemethoden siehe S. 541–570.

Es werden »kreuztabuliert« (gegeneinander ausgezählt):

a) Antworten auf Testfragen mit demographischen Merkmalen. Beispiel: »Hat das Wetter einen Einfluß auf Ihre Gesundheit?« nach Geschlecht, Alter, Ortsgrößen, regionalen Bereichen usw.

b) Demographische Merkmale mit demographischen Merkmalen. Beispiel: Geschlecht nach Alter, Alter nach Ortsgrößen, Ortsgrößen nach regionalen Bereichen.

c) Antworten auf Testfragen mit Antworten auf Testfragen. Beispiel: Was antworteten diejenigen, deren Gesundheit stark vom Wetter abhängt, auf die Frage nach dem leichten oder schweren Einschlafen?

d) Alle interessierenden Kombinationen zwischen demographischen Merkmalen und Antworten auf Testfragen mit anderen Merkmalen, anderen Antworten oder Kombinationen davon.

Korrelationszählungen dieser Art werden beispielsweise mit den folgenden Absichten durchgeführt:

1. In deskriptiver Absicht, um zusätzlich zu den Gesamtergebnissen die Sachverhalte auch für verschiedene Bevölkerungsgruppen beschreiben zu können. Beispiel: Wie denken junge, wie denken ältere Menschen? Wie groß ist die Zahl der Selbständigen, die ein Mobiltelefon besitzen? Wie der Geograph oder Geologe hat der Soziologe, der mit Umfragen arbeitet, oft eine vorwiegend deskriptive Aufgabe.[36]

2. Um Festigkeit (»consistency«), Widerspruchsfreiheit, Stimmigkeit zu prüfen: Wie konsequent oder inkonsequent, klar oder konfus wird eine Einstellung vertreten, eine Verhaltensweise durchgehalten? Beispiel: Sind die Befürworter eines europäischen Bundesstaates auch für das Wahlrecht von EU-Bürgern in Deutschland? Im Interview werden Fragen, die später zur Prüfung der Festigkeit einer Einstellung gegeneinander ausgezählt werden sollen, in möglichst großem Zeitabstand gestellt oder wenigstens durch Pufferfragen getrennt.[37] In wel-

[36] Hans L. Zetterberg: Theorie, Forschung und Praxis in der Soziologie. In: René König (Hrsg.): Handbuch der empirischen Sozialforschung. Bd. 1. Stuttgart 1962.

[37] Vgl. S. 134–135.

chem Umfang unterstützen Anhänger einer Partei bestimmte politische Maßnahmen, die diese Partei zu ihrem Programm erhoben hat? Wieviel Schokolade haben Leute, die nach eigener Angabe darauf achten, nicht zuzunehmen, in den letzten acht Tagen gegessen – verglichen mit Leuten, die sagen, sie machten sich um ihr Gewicht keine Sorgen? Die Aufklärung inkonsequenter Haltungen ist eine wichtige Aufgabe der Analyse. Dabei kann sich etwa ergeben, daß Befragte, die sich mehreren, widersprechende Standpunkte vertretenden Gruppen (Bezugsgruppen – »reference groups«) zugleich verbunden fühlen, in eine »Zerr-Situation« (»cross-pressure«) geraten und als Auswirkung davon in ihrem Handeln gelähmt werden.[38] Vielleicht ist aber auch nur die Meinung der Bevölkerung zu dem betreffenden Thema noch unsicher, schwankend,[39] oder aber das Thema ist in der Öffentlichkeit moralisch geladen, wertbesetzt, so daß zwischen dem eigenen Verhalten beziehungsweise der eigenen Meinung und den öffentlich »erwünschten« Meinungen und Verhaltensweisen Widersprüche entstehen können.[40] Das hat zur Folge, daß viele Befragte auf ähnliche Fragen unterschiedlich antworten, je nachdem, ob sie konkret oder allgemein gehalten sind, ob bestimmte Schlüsselbegriffe vorkommen oder nicht.

Ein interessanter Sonderfall, der teils die Festigkeit einer Verhaltensweise oder Einstellung innerhalb einer Gruppe analysiert, teils aber auch die Zuverlässigkeit der Angaben testet, ergibt sich, wenn verschiedene Personen getrennt über denselben Sachverhalt gefragt worden sind, zum Beispiel Arbeiter

[38] Paul F. Lazarsfeld gibt in seinem Buch ›The People's Choice‹ (1944, S. 56 ff.) ein Beispiel aus dem politischen Bereich. Er untersuchte mit Hilfe von Panel-Befragungen, die sich über mehrere Monate erstreckten, wie die Wähler allmählich zu einer Entscheidung kommen, welche Partei sie wählen wollen. Dabei stellte er fest, daß beispielsweise Katholiken (in den USA überwiegend demokratisch), die der gehobenen sozialen Schicht angehören (überwiegend Republikaner), oder umgekehrt: Protestanten aus einfachen sozialen Schichten, oder: Menschen, deren Familienangehörige eine andere politische Richtung vertreten als sie selbst, in eine Zerr-Situation geraten, was die Wirkung hat, daß sie die Wahlentscheidung lange hinauszögern und sich entweder überhaupt nicht oder erst knapp vor der Wahl für eine Partei entscheiden können. Vgl. auch Stouffer 1962, S. 39 ff.

[39] Vgl. S. 203.

[40] Dies ist zum Beispiel bei Themen aus dem Bereich Umweltschutz der Fall. Wie man bei einer Umfrage »sozial erwünschte« Antworten vermeidet, siehe S. 139. Zum theoretischen Hintergrund: Noelle-Neumann 2001. Elisabeth Noelle-Neumann: Wirkung der Massenmedien auf die Meinungsbildung. In: Elisabeth Noelle-Neumann, Winfried Schulz, Jürgen Wilke (Hrsg.) 1994, S. 518–571.

eines Betriebes und ihre Ehepartner[41] oder Ehemann und Ehefrau über Sparleistungen und Anschaffungspläne des Haushalts.[42]

3. Zur Bildung von Skalen verschiedener Art (vgl. S. 149–155), um Gradunterschiede und Intensität zu messen. Beispiele: Wie schwer empfinden verschiedene Bevölkerungsgruppen die Steuerlast? Wie sehr ist der Politiker X den West- und Ostdeutschen sympathisch oder unsympathisch? Wie schnell vergeht Arbeitern, Angestellten, Selbständigen und Rentnern die Zeit? Wie mißtrauisch sind junge und alte Menschen gegenüber ihrer Umwelt?

4. Um festzustellen, in welche Zusammenhänge ein Befund eingebettet ist. Beispiel: Gibt es einen Zusammenhang zwischen schwerem Einschlafen und Alter, Geschlecht, Wohnverhältnissen, wirtschaftlichen Verhältnissen, schwerem Einschlafen und Wetterempfindlichkeit, Geräuschempfindlichkeit, Krankheiten oder Neigung zu Depressionen? Dabei interessiert eine Art von Zusammenhang den Analytiker besonders, und zwar der kausale Zusammenhang. Wir kehren zu diesem Punkt in einem der folgenden Abschnitte (S. 454) noch einmal zurück.

Beispiele von Zusammenhängen, die wir bisher zur Illustration benutzt haben, geben natürlich nur ein stark vereinfachtes Bild. Oft geht es nicht um die Aufdeckung eines einzelnen Zusammenhanges, sondern um ein ganzes System von Zusammenhängen, einen Komplex, ein »Verhaltensmuster« (»pattern«), das man dann mit recht aufwendigen mathematischen Verfahren versucht zu entschlüsseln, beispielsweise wenn man mit Hilfe einer Faktorenanalyse nach den gemeinsamen Wurzeln einer großen Zahl einzelner Zusammenhänge sucht.[43]

Eine besondere Art von Zusammenhängen wird gesucht, wenn man aus dem empirischen Material mit Hilfe von Indikator-Fragen und unter Einbau von Intensitäts- und Festigkeitsmaßstäben Gruppen bildet, um zunächst die Größe und Struk-

[41] Allensbacher Archiv, IfD-Bericht Nr. 283.
[42] Allensbacher Archiv, IfD-Bericht Nr. 829.
[43] Siehe Fußnote S. 558–561.

tur dieser Gruppen kennenzulernen und weiterhin ihr Verhalten, ihre Ansichten zu studieren. Beispiel: Konservative und fortschrittliche Hausfrauen werden nach einer Reihe von Indikator-Fragen gruppiert, und ihre Einstellung zu einem neuen Produkt wird anschließend untersucht.[44]

5. Zur Kontrolle, ob gefundene Zusammenhänge echte (kausale) Korrelationen oder Scheinkorrelationen sind oder bedingte Zusammenhänge spiegeln. Illustrationen dafür fanden sich auf den vorangegangenen Seiten.[45]

6. Zur Prüfung von Thesen, Hypothesen. Bisher haben wir dargestellt, wie man mit Hilfe von Korrelationszählungen nach Zusammenhängen sucht. Das ist jetzt das umgekehrte Verfahren: Abgeleitet von einer wissenschaftlichen Theorie oder psychologischen »Explorations-Studien«[46] oder auch einfach gestützt auf eine Alltags-Beobachtung, allgemeine Annahmen, geschäftliche Überlegungen, stellt man zunächst eine These auf. Man behauptet das Bestehen eines bestimmten Zusammenhanges und will diese Behauptung einer Verifizierung unterwerfen.[47]

Zu diesem Zweck entwirft man eine Untersuchung, die die Möglichkeit bietet, durch Korrelationszählungen zu prüfen, ob sich der behauptete Zusammenhang tatsächlich einstellt, oder überprüft auch das Material einer vorliegenden Erhebung in einer sogenannten »Sekundär-Analyse«.

Je mehr sich in der Sozialforschung das Zusammenspiel zwischen psychologischen Studien und Repräsentativ-Befragungen zur Verifizierung einbürgert, desto häufiger fällt der Korrelationsanalyse diese Aufgabe der Überprüfung von Thesen zu. In der Praxis gibt man oft im Zuge einer empirischen Untersu-

[44] Ein weiteres Beispiel für solche Analysegruppen ist die Skala der Persönlichkeitsstärke (siehe S. 555–570). »Indikator-Fragen«: Vgl. S. 143–145.

[45] Ein sauber ausgearbeitetes Beispiel: Die Überprüfung des Befundes, daß Studenten reicher amerikanischer Colleges viel größeren finanziellen Erfolg im Leben haben als andere Studenten. Lazarsfeld 1955, S. 162.

[46] Siehe S. 75–79 und S. 494.

[47] Literatur: Hans L. Zetterberg: On Theory and Verification in Sociology. New York 1954. Gerhard Schmidtchen: Die befragte Nation. Freiburg/Br. 1959, über das »Prüfen von Hypothesen« S. 66 ff. Friedrichs 1985, S. 60–73. Die gründlichste Erörterung findet sich bei Robert K. Merton: Social Theory and Social Structure. Glencoe 1949, Kap. II und III.

chung die erste Hypothese auf und ersetzt sie durch neue Hypothesen, die dann ebenfalls, soweit möglich, am Material überprüft werden.

Zum Teil wird in der wissenschaftlichen Diskussion insistiert, einer empirischen Erhebung müsse stets die Formulierung von Hypothesen vorausgehen, sofern die Studie wissenschaftlichen Kriterien standhalten solle.[48] Hier gilt nach wie vor, was Patricia Kendall und Paul F. Lazarsfeld schon 1950 in dem Artikel ›Problems of Survey Analysis‹[49] bemerkten: »Die Sozialforschung ist noch bei weitem nicht fortgeschritten genug, um bei der Untersuchung eines Problems in ausreichender Zahl klar gefaßte Hypothesen zur Verfügung zu stellen.« Zetterberg erklärt zu der gleichen Frage: »Die soziologische Forschung wird gewöhnlich so dargestellt, als würde erst eine Theorie formuliert, die dann einer empirischen Prüfung unterzogen wird. Wenn dies auch vielleicht das allgemeine Prinzip des Fortschritts soziologischer Erkenntnis ist, so sollte man sich doch nicht zu der Annahme verleiten lassen, dies sei der tatsächliche Ablauf der Mehrzahl der soziologischen Forschungsprojekte. In der praktischen Forschung werden die gesammelten Daten oft zur Revision der Theorie benutzt.« – »Einzig die Erfahrung durch Versuch und Irrtum kann uns lehren, ob wir von gewöhnlichen Aussagen leichter auf dem Umweg über theoretische Hypothesen als über Einzelergebnisse zu Gesetzen gelangen. Das ist eher eine Frage der Zweckmäßigkeit und der aufzuwendenden Arbeit als der Wissenschaftslogik.«[50]

Als Beispiel für die Überprüfung von Hypothesen kann eine Untersuchung über die Auswirkung des Kabelfernsehens auf

[48] Z. B. Arnold Brecht: »Viele Formen wissenschaftlicher Beobachtung wie Massenbeobachtungen mittels Fragebogen und Interviews können wissenschaftlich kaum von Bedeutung sein, wenn nicht die dadurch zu prüfenden Hypothesen in der Vorstellung des Wissenschaftlers bereits einen ziemlich konkreten Charakter angenommen haben.« (Politische Theorie. Tübingen 1961, S. 11) Oder Helmut Kromrey: »Alle Hypothesen müssen an der Erfahrung scheitern können. Daraus folgt, daß die Formulierung von Hypothesen nach Auffassung des kritischen Rationalismus *am Beginn* der Forschungstätigkeit stehen muß und daß erst danach über den Einsatz von Methoden und Instrumenten zur Gewinnung von Informationen entschieden werden kann. Denn wie sollte eine Theorie/Hypothese an der Erfahrung scheitern können, wäre sie nicht vorher – *vor* der gezielten Erfahrung durch Beobachtung – schon vorhanden gewesen?« Helmut Kromrey 1991, S. 43.

[49] In: Continuities in Social Research. Hrsg. Robert K. Merton und Paul F. Lazarsfeld. Glencoe/Ill, 1950, S. 133–196. Dort S. 133.

[50] 1962, S. 78 und 84.

das Familienleben dienen. Mit Blick auf die damals noch ungewohnte Vielfalt der neuen privaten Fernsehprogramme vermutete man zunächst, der Fernsehkonsum würde nach dem Anschluß eines Haushaltes an das Kabelnetz stark zunehmen, andere Freizeitaktivitäten würden beeinträchtigt, die Zahl der Konflikte in den Familien würde zunehmen. Die Überprüfung dieser Thesen in einem kontrollierten Feldexperiment[51] zeigte, daß das Gegenteil der Fall war: Personen, deren Haushalt an das Kabelnetz angeschlossen wurde, sahen hinterher kaum mehr fern als vorher, »Verdrängungseffekte« in der Freizeit wurden nicht festgestellt, und die Auswirkungen auf das Familienleben waren sogar günstig, die Zahl der Konflikte war in den Kabel-Haushalten nach einem Jahr deutlich zurückgegangen.[52]

Ein weiteres Beispiel: Zwei Jahre nach der deutschen Einheit schien es ganz selbstverständlich zu sein, daß die Deutschen in den neuen Bundesländern zutiefst verunsichert sein müßten: Der rasante Niedergang des seit Jahrzehnten gewohnten politischen und gesellschaftlichen Systems, die Einführung der sozialen Marktwirtschaft über Nacht, der Zusammenbruch ganzer Industriezweige, eine scheinbar unaufhaltsam steigende Arbeitslosigkeit. In den Massenmedien häuften sich die Berichte über Pleiten, Enttäuschung, »Katzenjammer« in Ostdeutschland. 1992 entwarf das Allensbacher Institut eine Frage, mit der der Orientierungsverlust gemessen werden sollte: Welche Folgen hat es, wenn die ganze politische und wirtschaftliche Welt, in der man aufgewachsen ist, in sich zusammenstürzt? Die Frage lautete: »Kürzlich erhielten wir einen Brief, in dem zu lesen stand: ›Nach all den Ereignissen der letzten Jahre, Umstürze, Veränderungen usw., muß ich sagen: Ich kann die Welt nicht mehr verstehen.‹ Geht Ihnen das auch so, oder geht es Ihnen nicht so?« Um Vergleiche anstellen zu können, wurde die Frage in ganz Deutschland gestellt, sowohl im Westen als auch im Osten. Und es zeigte sich, daß die Westdeutschen *mehr* über Orientierungsverlust klagten als die Ostdeutschen.[53]

[51] Siehe S. 461–468.

[52] Elisabeth Noelle-Neumann: Auswirkungen des Kabelfernsehens. Erster Bericht über Ergebnisse der Begleitforschung zum Kabel-Pilot-Projekt Ludwigshafen/Vorderpfalz. Berlin und Offenbach 1985. (Wissenschaftliche Begleitkommission zum Versuch mit Breitbandkabel in der Region Ludwigshafen/Vorderpfalz Materialien Bd.1.)

[53] Elisabeth Noelle-Neumann: Verwandt und zugleich durch Schicksal und Sozialisation

Oder die These der protestierenden Nichtwähler: Anfang der neunziger Jahre stieg der Anteil derer, die sagten, sie seien von den Politikern und Parteien enttäuscht, stark an. Gleichzeitig sank die Wahlbeteiligung bei Kommunal- und Landtagswahlen stetig. Die naheliegende und zeitweise sehr populäre Schlußfolgerung: Die Bürger blieben aus Verärgerung, Enttäuschung über die Politik von den Wahlurnen fern, erteilten den Politikern auf diese Weise einen »Denkzettel« und engagierten sich statt dessen anderweitig politisch, etwa in Bürgerinitiativen, so daß eine Art »Partei der Nichtwähler« entstehe.[54] Mit einer detaillierten Untersuchung der Nichtwähler wurde diese These widerlegt. In Wirklichkeit ist die Wahlbeteiligung in erster Linie unter den politisch Desinteressierten rückläufig, weil die soziale Norm, daß sich jeder Bürger unabhängig von seinem politischen Interesse an Wahlen beteiligen sollte, an Einfluß verliert, vor allem bei den unter 30jährigen. Es sorgten also nicht Enttäuschung und Protest für die sinkende Wahlbeteiligung, sondern Gleichgültigkeit.[55]

Fünf Schlüsselbegriffe: Stimmigkeit, Verläßlichkeit, Gültigkeit, Präzision, Genauigkeit

Die vorangegangene Darstellung der Absichten, die hinter den einzelnen Zähloperationen stehen, hat Gelegenheit geboten, verschiedene Begriffe aus der Fachsprache der Umfrageforschung einzuführen, zum Beispiel »Consistency« = Festigkeit, Widerspruchsfreiheit, Stimmigkeit. Verwandte Schlüssel-

voneinander getrennt – die junge Generation im vereinten Deutschland. Köln 1994, S. 15–34, 17 f. (Veröffentlichungen der Walter-Raymond-Stiftung, Bd. 34).

[54] Vgl.: Das Kreuz mit dem Kreuz. Die neuen Nichtwähler – parteiverdrossen, aber politisch aktiv. In: Der Spiegel Nr. 52, 1993, S. 28–30.

[55] Renate Köcher: Politische Partizipation und Wahlverhalten von Frauen und Männern. In: Aus Politik und Zeitgeschichte, 1994, Nr. 11, S. 24–31. Institut für Demoskopie Allensbach: Junge Nichtwählerinnen. 1992. Elisabeth Noelle-Neumann: Der Mythos vom Nichtwähler. In: Frankfurter Allgemeine Zeitung, 16. 3. 1994, S. 5.

begriffe der in England und den Vereinigten Staaten entwickelten Fachsprache sind »Reliability« = Verläßlichkeit, insbesondere Verläßlichkeit des Test-Instruments, das Vermögen, bei jeder Anwendung in der gleichen Art zu messen, bei sonst gleichen Umständen zu den gleichen Ergebnissen zu kommen; »Validity« = Gültigkeit, der Grad, in dem ein Testinstrument tatsächlich das mißt, was es messen soll. »Precision« = Genauigkeit, Treffsicherheit des Erhebungsinstruments, auch Genauigkeit der Arbeitsweise des an der Erhebung beteiligten Personals; »Accuracy« = statistische Genauigkeit des Ergebnisses, Größe der statistischen Fehlerspanne.

Es trägt vielleicht zur Erläuterung dieser Begriffe bei, wenn man angibt, durch welche Maßnahmen die jeweils gemeinten Qualitäten zu verbessern sind.

1. Geringe Stimmigkeit (consistency):
Ein Attribut des Befragten (seiner Einstellung oder Verhaltensweise), das durch die Erhebungstechnik und Interviewerleistung nicht beeinflußt (nicht »verbessert«), sondern als ein Stück Wirklichkeit gerade deutlich sichtbar gemacht werden soll.

2. Geringe Verläßlichkeit (reliability):

a) Beim Befragten: ist abhängig vom sozialen Status und psychischen Anlagen, aber gute Fragebogentechnik kann die Verläßlichkeit der Aussagen entscheidend steigern. Inconsistency und unreliability beim Befragten sind verschieden zu bewerten: inconsistency ist ein Stück Wirklichkeit, unreliability bedeutet geringe Stabilität der Aussage über die Wirklichkeit.

b) Des Test-Instruments: zu steigern durch Prüfung der Objektivität der Fragen oder Bildvorlagen; haben sie die gleiche oder unterschiedliche Bedeutung unter verschiedenen Umständen für verschiedene Befragte?

3. Geringe Gültigkeit (validity):
Der Fehler liegt überwiegend beim Fragebogen, nicht in der Natur des Befragten, und beim Interviewer nur dann, wenn unehrliche Interviewer beschäftigt werden oder der Interviewer mit mehr als 10 Interviews beauftragt worden ist. Validität ist stark abhängig vom Untersuchungsgegenstand, bei heiklen Themen ist die Validität gefährdet. Steigerung der Validität

durch Verfeinerung der Fragebogentechnik und sorgfältige Tests der Fragebogen-Entwürfe.

4. Geringe Präzision (precision):
Der Fehler liegt in der Frageformulierung, bei der technischen Fragebogen-Gestaltung, beim Interviewer oder bei den Bearbeitern, die die Fragebogen redigieren oder verschlüsseln. Verbesserung der Präzision ist zu erreichen durch zweckmäßigere Fragebogen-Gestaltung, Interviewerauswahl und Disziplin der Arbeitskräfte bei der Materialaufbereitung.

5. Genauigkeit (accuracy):
Hängt ab von der Größe und Qualität der Stichprobe und läßt sich steigern, indem man z. B. die Zahl der Befragten vergrößert.

Das folgende Beispiel zeigt, wie leicht mangelnde Präzision in der Fragebogen-Entwicklung, wenn sie unentdeckt bleibt, zu Ergebnissen mit geringer Gültigkeit führen kann.

In einer repräsentativen Umfrage sollte festgestellt werden, ob es in Westdeutschland Vorbehalte gegenüber Waren aus Ostdeutschland gibt und ob die Ostdeutschen vermuten, daß es im Westen solche Vorbehalte gibt. Dazu wurde die folgende Frage gestellt:[56]

»OST-PRODUKTE GEHEN IM WESTEN NICHT SO GUT«
Frage: »Wie schätzen Sie das ein, verkaufen sich Produkte, die im Osten Deutschlands, ich meine jetzt in den neuen Bundesländern hergestellt wurden, in Westdeutschland nicht so gut wie West-Produkte, oder kann man das nicht sagen?«

	März 1995 Bevölkerung ab 16 Jahre		
	Bevölkerung insgesamt %	West-deutschland %	Ost-deutschland %
Verkaufen sich nicht so gut	38	34	52
Kann man nicht sagen	40	43	25
Unentschieden, weiß nicht	22	23	23
	100	100	100

[56] Allensbacher Archiv, IfD-Umfrage Nr. 6013, März 1995.

In Westdeutschland hatte also nur ein Drittel der Bevölkerung Vorbehalte gegenüber ostdeutschen Produkten, aber in Ostdeutschland dachte die Mehrheit, ostdeutsche Waren verkauften sich in Westdeutschland schlechter als westdeutsche. Nun bestand der Verdacht, die Einstellungen in der Bevölkerung zu dieser Frage könnten sich – um einen Ausdruck des Soziologen Ferdinand Tönnies zu gebrauchen – im »flüssigen« Zustand, also im Wandel befinden.[57] Man kann das prüfen, indem man in einer gegabelten Befragung[58] in jedem zweiten Interview die Frage etwas anders formuliert. Befindet sich das Meinungsklima im Wandel, können auch kleine Variationen in der Frageformulierung große Veränderungen in den Ergebnissen hervorrufen.[59] Die Parallelfassung der Frage hieß in diesem Fall:

»Was denken Sie, wenn bei einer Ware im Laden darauf hingewiesen wird, daß sie aus dem Osten Deutschlands stammt, aus den neuen Bundesländern: Verkauft sich die Ware durch diesen Herkunftshinweis dann eher gut oder eher nicht so gut?«

Erst als die Ergebnisse der Umfrage eintrafen, wurde bemerkt, daß in dieser zweiten Frage kein ausdrücklicher Hinweis auf Westdeutschland enthalten war. Die Frage hätte richtig lauten müssen: »Verkauft sich die Ware *in Westdeutschland* eher gut oder eher nicht so gut?«

Die Ergebnisse der beiden Fragen waren also nicht vergleichbar. Wie das Ergebnis zeigt, dachten Ostdeutsche bei der zweiten Frage offensichtlich an die Verkaufschancen der Waren in Ostdeutschland; die Antworten drehten sich in den Proportionen um: Die Mehrheit der Ostdeutschen war von der Werbewirksamkeit eines Hinweises auf die Herkunft aus Ostdeutschland überzeugt.

57 Ferdinand Tönnies: Kritik der öffentlichen Meinung. Berlin 1922.
58 Siehe S. 152–193.
59 Vgl. S. 192–205.

IST DER HERKUNFTSHINWEIS »AUS OSTDEUTSCHLAND« WERBEWIRKSAM?
Frage: »Was denken Sie, wenn bei einer Ware im Laden darauf hingewiesen wird, daß sie aus dem Osten Deutschlands stammt, aus den neuen Bundesländern: verkauft sich die Ware durch diesen Herkunftshinweis dann eher gut oder eher nicht so gut?«

	März 1995 Bevölkerung ab 16 Jahre		
	Bevölkerung insgesamt	West-deutschland	Ost-deutschland
	%	%	%
Eher gut	16	8	50
Eher nicht so gut	27	31	15
Keine Auswirkungen	35	39	18
Unentschieden, weiß nicht	22	22	17
	100	100	100

Auch dies ist sicher ein interessantes, in der Analyse verwertbares Ergebnis, aber den ursprünglichen Zweck – jedenfalls was die Ergebnisse aus Ostdeutschland betrifft – kann es nicht erfüllen: Das Ergebnis war dafür nicht gültig, nicht valide, es maß nicht, was es messen sollte.

»Weil die Grillen zirpen, geht die Sonne auf«

Elmo Roper, einer der ersten und bekanntesten amerikanischen Fachleute des »survey research« belehrte junge Mitarbeiter seines Instituts mit dem Satz: »Aha, Sie meinen: Weil die Grillen zirpen, geht die Sonne auf?« über zwei Tatsachen, die im Eifer der Analyse leicht vergessen werden: Nicht jede Korrelation, die im Material auffällt, deutet bereits auf einen kausalen Zusammenhang, und wenn wirklich ein kausaler Zusammenhang vorliegt, so ist noch über die Richtung zu entscheiden –

was ist Ursache, und was ist Wirkung, oder handelt es sich um eine gegenseitige Beeinflussung? Zu Recht versucht der Analytiker jeden Zusammenhang, den er sieht, zu »erklären«; denn nur, wenn er die Erklärung gefunden hat, kann er

- aus dem Befund eine Regel ableiten;
- gestützt auf die Regel Voraussagen machen;
- gestützt auf die Regel zeigen, was getan werden kann, um die Verhältnisse zu beeinflussen.

Eines der mächtigsten Instrumente zum Finden und Erklären von Zusammenhängen oder zum Prüfen, ob erwartete Zusammenhänge bestehen, ist die in den letzten Abschnitten beschriebene Korrelationsanalyse. Das charakteristische Modell sieht so aus:[60]

---

1. Testfrage:
»Stellen Sie sich vor, jemand verlegt heute dummerweise hundert Mark und findet sie in zehn Jahren – also 2005 – wieder. Was meinen Sie: Wird er sich dann für die hundert Mark soviel kaufen können wie heute oder mehr oder weniger?«
(Falls: »Weiß nicht«: »Was vermuten Sie?«)
Falls: »Weniger«: »Etwas weniger oder viel weniger?«

			Bevölkerung ab 16 Jahre
Man wird sich im Jahr 2005 für 100 Mark			%
– weniger kaufen können			86
und zwar:	– viel weniger	59	
	– etwas weniger	20	
	– ungewiß, wieviel weniger	7	
		86	
– soviel wie heute			3
– mehr als heute			2
unmöglich zu sagen			9
			100
n =			2167

---

60 Allensbacher Archiv, IfD-Umfrage Nr. 6019, September 1995.

2. Testfrage:
»Sehen Sie einmal hier: Da unterhalten sich zwei. Wenn Sie gefragt würden – wer von beiden hat den richtigen Standpunkt?« (Vorlage eines Dialogblattes)

	Bevölkerung ab 16 Jahre
	%
Es entschieden sich für:	
– »Ich will sparen und erwarte, daß alles getan wird, um den Wert des Geldes zu erhalten. Ich glaube auch, daß das nicht so schwer ist, wenn nur die Regierung richtig dafür sorgt.«	66
– »Ich will nicht sparen, das Geld behält doch nicht seinen Wert. Ich will mir deshalb lieber für alles, was ich verdiene, gleich was anschaffen.«	19
Unentschieden	15
	100
n =	2167

Frage des Analytikers: Beeinflußt die Überzeugung, daß das Geld stark seinen Wert verliert, die Sparneigung?

Die Antworten auf die beiden Fragen werden gegeneinander ausgezählt und ergeben:

WIE BEEINFLUSST DIE ÜBERZEUGUNG, DASS DAS GELD STARK SEINEN WERT VERLIERT, DIE SPARNEIGUNG?

Frage: »Sehen Sie einmal hier: Da unterhalten sich zwei. Wenn Sie gefragt würden – wer von beiden hat den richtigen Standpunkt?« (Vorlage eines Bildblattes)

	Leute, die glauben, das Geld verliert stark an Wert	Leute, die glauben, daß das Geld nur wenig oder gar nicht an Wert verliert
	%	%
»Ich will sparen und erwarte, daß alles getan wird, um den Wert des Geldes zu erhalten. Ich glaube auch, daß das nicht so schwer ist, wenn nur die Regierung richtig dafür sorgt.«	65	73
»Ich will nicht sparen, das Geld behält doch nicht seinen Wert. Ich will mir deshalb lieber für alles, was ich verdiene, gleich was anschaffen.«	19	15
Unentschieden	16	12
	100	100
n =	1204	571

Die vorsichtige, weiter in der Analyse zu überprüfende Schlußfolgerung: Der Glaube an Geldentwertung scheint die Sparneigung etwas zu verringern.

Der erste Schritt: die Suche nach verborgenen statistischen Knoten

Um keine Trugschlüsse zu ziehen, wird zu Beginn der Analyse das Feld durch zahlreiche Kreuz-und-Quer-Zählungen nach Korrelationen abgesucht, damit man bei jeder Tabelle, die man aufstellt, weiß, welche Stör-Faktoren vielleicht unsichtbar mitspielen, und sie im Zweifelsfall konstant halten kann.

Bei größeren sozialwissenschaftlichen Studien werden oft viele Seiten der Frage gewidmet, wieweit die Faktoren, die es zu untersuchen gilt, zusammenhängen, sich überdecken, um dann die bei der Analyse störenden Überlappungen durch doppelte Korrelationen auszuschalten.

Ein guter Teil der beruflichen Fähigkeit auf dem Gebiet der Demoskopie liegt darin, aus langjähriger Erfahrung zahlreiche Korrelationen dieser Art zu kennen und bei der Analyse gegenwärtig zu haben, also z. B. zu wissen, daß die statistische Gruppe »regelmäßige Kirchenbesucher« weitgehend identisch ist mit »Katholiken«, die Gruppe »Schulbildung: Volks- oder Hauptschule ohne abgeschlossene Berufsausbildung« ein starkes Übergewicht an über 50jährigen hat, daß es in Großstädten überdurchschnittlich viele Ledige gibt und entsprechend viele Einpersonenhaushalte, daß ältere Leute mehr fernsehen und so weiter.

VII. Untersuchungskonzepte

Im vorangegangenen Kapitel haben wir die Grundtechniken der Analyse von Umfrageergebnissen beschrieben, 200 Seiten davor haben wir uns mit den Methoden der Fragebogenentwicklung beschäftigt. Aber natürlich gehören diese beiden Kapitel eigentlich viel enger zusammen als es nach dem Abstand in diesem Buch scheint. Erinnern wir uns: Am Beginn einer Erhebung steht nicht die Formulierung des Fragebogens, sondern die Aufzeichnung der Untersuchungsziele.[1] Was soll untersucht, getestet, überprüft werden? Sollen Ursachen oder Wirkungen erforscht werden, Entwicklungen im Zeitverlauf, psychologische Befindlichkeiten? Sollen Prognosen für die Zukunft erstellt werden, Werbestrategien für Unternehmer, Wahlkampfthemen für Politiker, Entscheidungsgrundlagen fur Zivilgerichte erarbeitet werden? Je nachdem, wie die Antwort auf die Frage nach dem Untersuchungsziel ausfällt, wird das geeignete Konzept ausgewählt oder bei Bedarf neu entwickelt. Die Untersuchungsanlage bestimmt beides: Fragebogen und Analyse. Es empfiehlt sich, nach Abschluß der Arbeiten am Fragebogen sofort das Protokoll zu schreiben, in dem festgehalten ist, welchen analytischen Zwecken die Fragen, die verwendeten Untersuchungsmodelle dienen sollen. Fragebogen und Analysemethoden bilden eine Einheit, sind Bestandteil *eines* Konzeptes, das von Fall zu Fall sehr unterschiedlich aussehen kann. Die Vorstellung, repräsentative Umfragen seien in ihrer Anlage starr, wenig variabel und letztlich phantasielos und unkreativ (Stichwort: »Nasenzählen«), ist leider auf den Einzelfall bezogen manchmal richtig, grundsätzlich aber ist sie vollkommen falsch! Man muß bewußt nach Methoden, Frage- und Analysetechniken suchen, die dem jeweiligen Untersuchungsziel angepaßt sind und die das Entdeckungspotential der Umfragen steigern. Das Ziel ist immer – neben der Beantwortung der jeweiligen konkreten Forschungsfrage – die Ergebnisse so

[1] Siehe S. 93.

wenig wie möglich durch vorher gefaßte Annahmen zu dirigieren, sondern möglichst viel Raum für unerwartete Ergebnisse zu schaffen.

Die Untersuchung von Kausal-Beziehungen

Eine Kausal-Beziehung, der viele Studien gewidmet sind, ist das Verhältnis zwischen einer Maßnahme, einem Einfluß, der bekannt ist, und der Wirkung, die unbekannt ist und gemessen werden soll. In umgekehrter Richtung laufen die Untersuchungen bei der Motivforschung, der wir uns in einem der folgenden Abschnitte zuwenden: dort stehen wir vor Tatbeständen, Verhaltensweisen, die wir als Wirkungen einer oder mehrerer zunächst unbekannter Ursachen auffassen.

Ein Beispiel: Eine Gemeinschaftswerbung für regelmäßige Fischmahlzeiten erscheint in einem Teil Deutschlands mit einer Anzeigenserie in allen größeren Tageszeitungen. Die Wirkung soll gemessen werden: In welchem Umfang haben die Hausfrauen (und -männer) auf die Anzeigen hin mehr Fischmahlzeiten zubereitet? Der naheliegende Gedanke, die Wirkung der Gemeinschaftswerbung ganz einfach an der Steigerung des Fischabsatzes zu messen, ist, wie meist bei Werbekampagnen, nicht zu verwirklichen (kurzfristig jedenfalls nicht), weil gleichzeitig neben der Werbung andere Faktoren die Entwicklung beeinflussen.

Auch der Weg, die Hausfrauen direkt zu befragen: »Haben Sie auf diese Anzeigen hin mehr Fischmahlzeiten zubereitet, als Sie sonst zubereitet hätten?«, wird wegen erwiesener Unzuverlässigkeit der Antworten auf eine solche Frage verworfen.

Eine Repräsentativ-Befragung nach Ende der Werbekampagne bringt folgendes Ergebnis:[2]

[2] Allensbacher Archiv, IfD-Bericht Nr. 865; IfD-Umfrage Nr. 1057.

	Verbreitungsgebiet der Werbekampagne	
	Personen, in deren Haushalt eine Tageszeitung abonniert ist	Personen in Haushalten ohne Tageszeitung
	%	%
Es hatten am Tag vor dem Interview eine Fischmahlzeit	4	2
Es sagten, sie hätten in ihrem Haushalt in den letzten vierzehn Tagen Fisch gegessen	32	29

Auf den ersten Blick scheint die Anzeigenserie recht wirksam gewesen zu sein. Leider wird das Ergebnis durch die Tatsache entwertet, daß nicht nur im Verbreitungsgebiet der Werbekampagne, sondern ganz allgemein in Deutschland in Haushalten, die eine Tageszeitung abonniert haben, mehr Fisch gegessen wird (eine Auswirkung der Tatsache, daß Fischmahlzeiten in den gehobenen sozialen Schichten mehr verbreitet sind). Auf diesem Weg erfahren wir also nichts über die Wirkung. Wir können nicht entscheiden, ob es sich – teilweise – um eine echte oder ganz und gar um eine trügerische Korrelation handelt.

Indessen bot sich eine andere Möglichkeit zu prüfen, ob die Frischfisch-Werbung, die sich vor allem darauf bezog, das Essen von Frischfisch im Sommer anzuregen, eine Wirkung gehabt hatte. Die Frischfisch-Werbung war konzentriert worden auf einen bestimmten Teil des Bundesgebietes – Nordrhein-Westfalen und Hessen –, wo traditionell im Sommer wenig Fisch gegessen wird. In den übrigen Teilen des Bundesgebietes war die Frischfisch-Werbung in den Tageszeitungen nicht erschienen. Damit bot sich die Möglichkeit, Hausfrauen, die im Verbreitungsgebiet der Werbung wohnten, als experimentelle Gruppe zu behandeln, und Hausfrauen, die außerhalb des Hauptinsertionsgebietes wohnten, als Kontrollgruppe. Die folgende Tabelle zeigt das Ergebnis. Während sich die Eßgewohnheiten von Fisch im Kontrollgebiet praktisch nicht verändert haben, zeigt sich im Hauptinsertionsgebiet eine wachsende Bereitschaft, Frischfisch auch im Sommer zu essen.

ENTWICKLUNG DER FISCHESSGEWOHNHEITEN IM HAUPTINSERTIONSGEBIET DER FRISCHFISCH-WERBUNG
Anstieg des sporadischen Fischverbrauchs in Haushalten, die früher meist nur im Winter Frischfisch zubereiteten

	Hausfrauen im Hauptinsertionsgebiet der Frischfisch-Werbung (Nordrhein-Westfalen)		Hausfrauen in insertionsfreien Bundesländern[3]	
	Vor der Kampagne %	Nach der Kampagne %	Vor der Kampagne %	Nach der Kampagne %
Wir essen sowohl im Winter als auch im Sommer oft frischen Fisch	26	25	21	21
Wir essen im Winter ganz gern frischen Fisch, im Sommer dagegen weniger	[35]	26	29	30
Wir essen nur hin und wieder frischen Fisch, ganz unabhängig von der Jahreszeit	20	[28]	26	27
Wir essen so gut wie nie frischen Seefisch	19	21	24	22
	100	100	100	100

Ein weiteres Beispiel: Ein Mineralölkonzern startet eine Werbekampagne, bei der in Fernsehspots und Anzeigen besonders betont wird, daß die Firma mit viel Aufwand Forschung betreibe und ihre Produkte weiterentwickle. Nach einigen Monaten will sie überprüfen, ob die Kampagne das Image des Konzerns verbessert hat. Eine Umfrage unter Autobesitzern kommt zu dem folgenden Ergebnis:[4]

[4] Allensbacher Archiv, IfD-Umfrage Nr. 3694.

[3] Schleswig-Holstein, Hamburg, Bremen, Rheinland-Pfalz, Saarland, Baden-Württemberg, Bayern.

Frage: »Hier auf diesen Karten steht verschiedenes, was man über die Firma A sagen kann. Könnten Sie die Karten bitte einmal durchsehen und mir alles herauslegen, wo Sie sagen würden, das ist richtig, das trifft auf Marke A zu?«
»Die Firma steckt viel Geld in ihre Forschung«

	Autofahrer,	
	die die Werbung bemerkt haben	die die Werbung nicht kennen
	%	%
	52	29

Die Werbekampagne scheint ein voller Erfolg gewesen zu sein. Nun werden aber Werbekampagnen besonders von den Anhängern der jeweiligen Partei oder Marke wahrgenommen.[5] Wir stehen wieder vor demselben Problem: Wir wissen nicht, ob wir es ausschließlich mit einer Scheinkorrelation zu tun haben, oder ob das Ergebnis zum Teil auf einen ursächlichen Zusammenhang zurückzuführen ist.

Ein Warenhaus verteilt an die Haushalte einer Stadt Prospekte durch eine Postwurfsendung und setzt auch Anzeigen in die Tageszeitungen. Man fragt sich, ob diese Aktion nützlich war,

[5] Diese Tatsache wurde zum ersten Mal 1940 von Paul F. Lazarsfeld bei seiner berühmten Erie-County-Wahlstudie entdeckt (Lazarsfeld 1944). Er stellte fest, daß die Wähler vor allem die Wahlwerbung der Seite zur Kenntnis nahmen, mit der sie ohnehin schon sympathisierten. Dieser Befund der selektiven Wahrnehmung wurde mehrfach bestätigt und theoretisch erklart. So deutete etwa Leon Festinger mit seiner Theorie der kognitiven Dissonanz (1957) das selektive Verhalten als unbewußte Strategie der einzelnen, die einen Konflikt zwischen ihren Gedanken, Meinungen, Überzeugungen und ihrem Verhalten empfinden. Um die Dissonanz zu vermindern, suchten sie nach geeigneten Informationen, bzw. sie vermieden alle Informationen, die zu einer Verstärkung der Dissonanz führen könnten. (Leon Festinger: A Theory of Cognitive Dissonance. Stanford 1963.) Diese Vorstellungen führten dann zu der irreführenden These der minimalen Medienwirkung: »Medien ändern Einstellungen nicht, sie verstärken sie nur.« Inzwischen ist klar, daß das Prinzip der selektiven Wahrnehmung nur sehr eingeschränkt gilt, und zwar vor allem im positiven Bereich, Verstärkung positiver Einstellungen; nicht dagegen im negativen Bereich: gegenüber negativen Botschaften findet praktisch keine selektive Wahrnehmung statt, und das bedeutet, daß negative Botschaften in den Medien positive Einstellungen erschüttern können. (Wolfgang Donsbach: Medienwirkung trotz Selektion. Einflußfaktoren auf die Zuwendung zu Zeitungsinhalten. Köln u. a. 1991. Noelle-Neumann: Wirkung der Massenmedien, 1994, S. 539–545.)

und ob es richtig war, zwei Werbemittel nebeneinander zu verwenden. Um das zu prüfen, wird eine Repräsentativ-Befragung veranstaltet. Dabei ergibt sich:[6]

	Frauen, die die Anzeige des Warenhauses x und den Prospekt sahen %	Frauen, die nur die Anzeige des Warenhauses x sahen %	Frauen, die nur den Prospekt sahen %	Frauen, die weder die Anzeige noch den Prospekt sahen %
Innerhalb der letzten 4 Wochen etwas im Warenhaus x gekauft	65	48	46	37

Das Ergebnis wirkt sehr befriedigend. Leider zeigt aber die weitere Analyse, daß vor allem Stammkundinnen des Warenhauses die Werbemittel bemerkten: Die vier Gruppen sind infolgedessen »verschieden zusammengesetzt«:

	Frauen, die die Anzeige des Warenhauses x und den Prospekt sahen %	Frauen, die nur die Anzeige des Warenhauses x sahen %	Frauen, die nur den Prospekt sahen %	Frauen, die weder die Anzeige noch den Prospekt sahen %
Es bezeichnen sich als Stammkundinnen des Warenhauses x	49	30	31	15

Ursache und Wirkung sind nicht mehr zu unterscheiden. Waren die Frauen im Warenhaus x, weil sie Prospekt und Anzeige sahen, oder haben sie Prospekt und Anzeige bemerkt, weil sie sich als Stammkundinnen des Warenhauses x für alles interessieren, was das Warenhaus x und sein Angebot betrifft? Vermutlich spielt sowohl der eine wie der andere Faktor eine Rolle, aber die Einflußgrößen können wir nicht beziffern.

[6] Allensbacher Archiv, IfD-Bericht Nr. 930.

Kann man mit Statistik alles beweisen?

Man versteht angesichts solcher Befunde das ärgerliche Sprichwort: »Mit Statistik kann man alles beweisen.« Es hat allerdings nur für den Unerfahrenen Gültigkeit.

Man versteht aber auch einen anderen Punkt, der uns da, wo Umfrageforschung für die Untersuchung kausaler Zusammenhänge angewandt wird, immerzu begegnet: das Bemühen, sich unter allen Umständen für die Analyse wirklich strikt vergleichbare Gruppen zu sichern, das heißt Gruppen, die sich nur in dem einen Faktor unterscheiden, dessen Wirkung studiert werden soll, und sonst – möglichst – in nichts; denn das ist die Voraussetzung, um unterschiedliche Verhaltensweisen oder Ansichten der Gruppen kausal interpretieren zu können.

Man stellt die Vergleichbarkeit auf mathematischem Wege her oder man entwirft einen Stichprobenplan, nach dem mehrere vergleichbare Querschnitte befragt werden, die sich nur in einem Faktor – dessen Wirkung oder dessen Bedingtheit zu untersuchen ist – unterscheiden. Zum Beispiel: zwei Querschnitte von Personengruppen zwischen 20 und 50 Jahren in gleicher statistischer Struktur, die sich nur darin unterscheiden, daß die einen eine Brille tragen und die anderen trotz schlechter Augen nicht, oder zwei statistisch gleich zusammengesetzte Personengruppen, von denen die eine die Zeitung x liest und die andere die Zeitung y.[7]

[7] Allensbacher Archiv, IfD-Bericht Nr. 5444.

Für die Analyse gesucht: statistisch vergleichbare Gruppen

Eine weitere interessante Lösung des Problems bildet die Befragung von sogenannten »Parallel-Personen« oder die Untersuchung von »Parallel-Haushalten«. Personen oder Haushalte mit der Eigenschaft oder der Verhaltensweise, die untersucht werden soll, werden durch breitangelegte Stichproben-Erhebungen, Schneeball-System[8] oder vielleicht auch aus Dateien (Abonnenten einer bestimmten Zeitung, Coupon-Einsender, Versandhaus-Kunden), repräsentativ ausgewählt; zu jeder dieser Personen wählt der Interviewer eine zweite zur Befragung aus, die in demselben Haus oder in der nächsten Nachbarschaft wohnt (um das Wohnmilieu konstant zu halten) und die außerdem der ersten Person in zwei, drei anderen Merkmalen, zum Beispiel Haushaltsgröße, Alter, Beruf, die mit dem Gegenstand der Untersuchung vermutlich stark korrelieren, entspricht.[9]

Man kann auch auf technischem Wege »Parallel-Personen« finden, das heißt, mit Hilfe des Computers werden den Daten von Befragten mit der untersuchten Eigenschaft oder Verhaltensweise die Daten jeweils einer anderen Person zugeordnet, der das Untersuchungsmerkmal fehlt, die aber sonst in wichtigen statistischen Daten mit der ersten übereinstimmt.[10]

Schließlich werden alle statistisch kontrollierten Experimente der Umfrageforschung angelegt, um diesen einen Zweck zu erreichen: vergleichbare, nur in einem Faktor, dem experimentellen Faktor, unterschiedene Gruppen für die Analyse zu erhalten.

[8] Siehe S. 299–302.

[9] Vgl. z. B. Hilde T. Himmelweit u. a.: Television and the Child. An American Study of the Effect of the Television on the Young. London u. a. 1958. Noelle-Neumann 1985, S. 11.

[10] Vgl. auch den Abschnitt über Wahlprognosen und die Funktion »Statistischer Zwillinge«, S. 295.

Das Feldexperiment in der Sozialforschung

Das Experiment als Forschungsmethode ist von der Naturwissenschaft entwickelt worden (Roger Bacon). 1814 schreibt Laplace mit dem Pathos eines Aufrufes: »Wenden wir also auf die politischen und moralischen Wissenschaften die auf Beobachtung und Berechnung begründete Methode an, die uns in den Naturwissenschaften so gut gedient hat.«[11] Francis Bacon stellte als erster in seinen Abhandlungen über wissenschaftliche Methode fest, daß das Experiment für die Untersuchung der den Menschen betreffenden Fragen ebenso geeignet sei wie für die Untersuchungen der Natur.[12] Weil es aber so lange Zeit hindurch nur für die Untersuchung der Natur benutzt wurde, wurde es schließlich zweifelhaft, ob es überhaupt für die Sozialwissenschaften tauglich sei.

Tatsächlich aber lassen sich die Bedingungen eines Experiments, auch wenn es sich um Menschen handelt, durchaus erfüllen.

Was sind das für Bedingungen? Was ist ein Experiment?

Nehmen wir ein schlichtes Beispiel: Zwei Apfelgärten haben seit Jahren etwa den gleichen Ertrag pro Baum gegeben. Im Garten X 1 – dem Experimentiergarten – werden die Bäume mit einem neuen Pflanzenschutzmittel behandelt, im Garten X '1 – dem Kontrollgarten – wird das Mittel nicht angewandt. Im Herbst vergleicht man die Ernte, betrachtet den Unterschied in Menge und Qualität der Äpfel der beiden Gärten und schließt daraus auf die Wirksamkeit des Schutzmittels.

In diesem Beispiel finden wir die folgenden operationalen Kennzeichen eines kontrollierten Experiments: 1. Wir haben es nicht nur mit einem, sondern mindestens mit zwei Feldern, Gruppen und so weiter zu tun, mit dem Experimentierfeld, der

[11] Pierre Laplace: Essai philosophique sur les probabilités. Paris 1814, zit. nach Robert Pagès: Das Experiment in der Soziologie. In: René König (Hrsg.): Handbuch der empirischen Sozialforschung. Stuttgart 1962, Bd. I, S. 418.

[12] Francis Bacon: Novum Organon, 1620; Franz Bacon's neues Organ der Wissenschaften, aus dem Lateinischen übersetzt von Anton Theobald Brück, Leipzig 1830, S. 93 (Bd. I, Aph. 125): »Auch könnte jemand fragen: ob wir blos die Naturlehre auf diese unsre Weise bearbeitet sehen möchten oder auch andre Wissenschaften, als Logik, Moral, Politik? – Hierauf zur Antwort, daß wir alles bisher Gesagte ganz allgemein verstanden wissen wollen.«

Experimentiergruppe und dem Kontrollfeld, der Kontrollgruppe, wie es im Sprachgebrauch heißt. 2. Wir müssen sichern, daß sich vor Beginn des Experiments die mindestens zwei Felder, Gruppen so vollständig wie möglich gleichen (Stichwort: »Egalisierung der Ausgangsbedingungen«[13]. 3. Ein experimenteller Faktor wird zur Wirkung gebracht: die mindestens zwei Gruppen unterscheiden sich in nichts anderem als in der Einwirkung des experimentellen Faktors. 4. Nach Abschluß des Experiments wird geprüft (gemessen, berechnet), ob sich die mindestens zwei Felder bzw. Gruppen nunmehr unterscheiden. 5. Unterschiede, die festgestellt werden, werden als Wirkung des experimentellen Faktors erklärt. Sie können nach der Logik des Experiments keine andere Ursache haben.

Aus diesen Kennzeichen leiten wir die folgenden allgemeinen Aussagen über die Natur des Experiments ab: (a) Das Experiment veranlaßt die Wirklichkeit, hervorzutreten. Es schafft Erfahrung und setzt diese Erfahrung an die Stelle der Argumentation. (b) Das wissenschaftliche Experiment ruft die Wirksamkeit in einer Weise hervor, daß sie gemessen werden kann. (c) Es ist das Ziel des Experiments, Bedingungen zu schaffen, durch die für das Auftreten einer Erscheinung, einer Wirkung alle anderen Erklärungsversuche bis auf einen unmöglich gemacht werden. (d) Das Experiment beantwortet Fragen nach Ursache und Wirkung, es dient der Untersuchung der Kausalität. Es können auch andere Zusammenhänge (Korrelationen) oder, ganz allgemein, bestimmte Sachverhalte durch Experimente geprüft werden. Sicher ist, daß das Experiment immer dann erscheint, wenn Wirkungen untersucht werden sollen.

Der Sozialwissenschaftler, der eine Wirkung experimentell zu untersuchen gedenkt, steht also vor folgenden Aufgaben: Er muß 1. eine Situation (ein »Dispositiv«) schaffen, in der der Faktor, den er untersuchen will, wirken kann (a). Er muß 2. Vorkehrungen treffen, um die Wirkung, die er mit seinem Experiment hervorruft, messen zu können (b). Er muß 3. den experimentellen Faktor variieren und alle anderen Faktoren kontrollieren, damit sich die auftretenden Wirkungen auf einen Faktor zurückführen lassen (c).

Die erste Aufgabe lösen die Sozialwissenschaftler entweder

[13] Robert Pagès: a. a. O., S. 418.

im Laboratorium oder, wie es in der Fachsprache heißt, im »Feld«. Beim Feldexperiment bleiben die Versuchspersonen in ihrer natürlichen Umwelt. Sie werden nicht ins Laboratorium geholt. Das ist der eine grundsätzliche Unterschied. Ein Unterschied in der Logik des Experiments existiert nicht. Das Laboratorium kann ein schlichtes Zimmer (auch Klassenzimmer, Hörsaal) sein oder ein mit umfangreichen Apparaturen ausgerüsteter Versuchsraum. In jedem Fall ist ein Element der Künstlichkeit unvermeidbar, wenn man die Versuchspersonen an einen bestimmten Ort holen muß. Wir kommen darauf zurück. Beide Typen – Laboratoriumsexperimente und Feldexperimente – erscheinen zuerst um die Jahrhundertwende als Forschungsmethode.[14]

Der experimentierende Sozialforscher steht vor der Aufgabe, soweit wie möglich zu verhindern, daß allein das Bewußtsein von einem Experiment das Verhalten der Versuchspersonen ändert. Um diesen Sachverhalt ging es bei der Diskussion über das Schema des idealen Experiments. Der amerikanische Sozio-

[14] Über sozialpsychologische Experimente siehe Petersen 2002. P. R. Hofstätter: Gruppendynamik. Hamburg 1957. Kurt Lewin: Resolving Social Conflicts. New York 1948. Deutsch: Die Lösung sozialer Konflikte. Bad Nauheim 1953. Elisabeth Noelle-Neumann: Die Rolle des Experiments in der Publizistikwissenschaft. In: Publizistik, 10, 1965, S. 239–250. (Festschrift Otto Groth). Wiederabgedruckt in: Elisabeth Noelle-Neumann: Öffentlichkeit als Bedrohung. Beiträge zur empirischen Kommunikationsforschung. Freiburg und München 1977, S. 43–61.Winfried Schulz: Kausalität und Experiment in den Sozialwissenschaften. Methodologie und Forschungstechnik. Mainz 1970. E. Zimmermann 1972. Leonard Saxe, Michelle Fine 1981. Wolfgang Eichhorn: Das Experiment. In: Knieper 1993, S. 163–182. Bei René König: Beobachtung und Experiment in der Sozialforschung. Köln 1956, wird zwar die Bezeichnung »Feldexperiment« verwendet, aber darunter werden nur Experimente mit konkreten Gruppen, z. B. Versuchsgruppen in Betrieben, beschrieben. König verwendet hier noch den Begriff »field work« in seiner ursprünglichen Bedeutung in der Anthropologie. Siehe dazu: Sam D. Sieber: The Integration of Field Work and Survey Methods. In: American Journal of Sociology, 78, 1973, Nr. 6, S. 1335–1359. Reprint Nr. A-688 des Bureau of Applied Social Research an der Columbia University. Rasch hat sich der Begriff »field work« auch vorteilhaft für eine bestimmte Phase des survey research eingebürgert. Die Phase der Interviewer-Arbeit. Im Unterschied zu der ursprünglichen Bedeutung bei den Anthropologen ist das Charakteristische am statistischen Feldexperiment der Sozialforschung, daß die Versuchspersonen nicht wissen, daß sie an einem Experiment teilnehmen. Es handelt sich um Experimente mit »abstrakten Gruppen«. Man faßt also nicht konkret eine Anzahl Personen in eine Gruppe zusammen, sondern die Gruppen entstehen erst bei der Datenverarbeitung durch Zusammenfassen nach Merkmalen. Bei der Anwendung experimenteller Verfahren in der Psychologie und Soziologie mit einzelnen Testpersonen oder konkreten Gruppen bringt es erhebliche Schwierigkeiten mit sich, daß die Versuchspersonen in der Regel wissen, daß mit ihnen experimentiert wird, und deshalb nicht mehr unbefangen sind. Das wird bei der hier beschriebenen Art von statistischen Feldexperimenten vermieden.

loge Samuel Stouffer hatte für das ideale Kontroll-Experiment das folgende Schema entworfen:[15]

	vorher	nachher	Veränderung zwischen erstem und zweitem Zeitpunkt
Experimentelle Gruppe	X 1	X 2	d = X 2 – X1
Kontrollgruppe	X '1	X '2	'd = X '2 – X '1

Wirkungen des experimentellen Faktors W = d – 'd

Dieses Schema illustriert zunächst einmal die beschriebenen Elemente des Experiments:

1. Bildung von zwei übereinstimmenden Gruppen: experimenteller Gruppe und Kontrollgruppe; 2. Einwirkung des experimentellen Faktors auf die experimentelle Gruppe, keine Einwirkung auf die Kontrollgruppe; 3. Messung der Veränderung zwischen dem Zustand vor Einwirkung und nach Einwirkung des Faktors; 4. Vergleich des Ergebnisses für die experimentelle und für die Kontrollgruppe. Der gefundene Unterschied stellt die Wirkung des experimentellen Faktors dar.

In seiner Kritik an dem Schema sagt Stanley Payne, es sei das Ideal-Schema für ein naturwissenschaftliches, aber nicht für das sozialwissenschaftliche Experiment.[16] Es berücksichtige nämlich nicht die menschliche Psychologie. Allein die Tatsache der Messung X 1 am Anfang des Experiments könne das Verhalten der menschlichen Kontrollgruppen bereits verändern.

Anders ist es bei den abstrakten Konstruktionen der Querschnitts-Experimente, die sich als Methode des Experimentierens in den Sozialwissenschaften zunehmend durchsetzen werden. Bei einem Feldexperiment, das der Süddeutsche Rundfunk in Verbindung mit dem Institut für Demoskopie Allensbach in den fünfziger Jahren durchführte, kam keiner Versuchsperson die Beteiligung am Experiment zum Bewußtsein.[17]

Die Untersuchungsaufgabe lautete: Kann der Rundfunk die staatsbürgerliche Bildung verbessern? Rundfunkhörer im Ge-

[15] Vgl. Samuel A. Stouffer: Social Research to Test Ideas. New York 1962, S. 292.

[16] Vgl. Stanley L. Payne: The Ideal Model for Controlled Experiments. In: Public Opinion Quarterly, 15, 1951, S. 557–562

[17] Vgl. Fritz Eberhard: Der Rundfunkhörer und sein Programm. Berlin 1962, S. 150.

biet des Süddeutschen Rundfunks bildeten die experimentelle Gruppe, Rundfunkhörer im übrigen Bundesgebiet die Kontrollgruppe. An repräsentativen Querschnitten beider Gruppen (zusammen 2000 Interviews) wurde das Wissen über den Bundesrat gemessen. Das war die Vorher-Messung. Anschließend wirkte auf die Hörer im Gebiet des Süddeutschen Rundfunks der experimentelle Faktor ein: Aufklärung durch den Rundfunk. Bei jeder Nachrichtensendung, Berichten aus Bonn, im Zeitfunk – wann immer sich eine Gelegenheit bot, wurde der Bundesrat vorgestellt, seine Aufgabe erklärt, und nie fiel das Wort »Bundesrat« ohne den Zusatz »Die Vertretung der Länder«. Nach Ablauf eines Jahres wurde die Nachher-Messung vorgenommen. Wieder wurde je ein repräsentativer Querschnitt der Hörer im Gebiet des Süddeutschen Rundfunks und der Hörer im übrigen Bundesgebiet (neu ausgewählte Personen, nicht dieselben wie im Jahr zuvor) über sein Wissen zum Bundesrat befragt. Das Ergebnis war negativ. Vorher und nachher konnten rund 90 Prozent im Gebiet des Süddeutschen Rundfunks und rund 90 Prozent im übrigen Bundesgebiet nicht erklären, was der Bundesrat sei.

Den charakteristischeren Fall des Feldexperiments in der Sozialforschung bildet die Teilung eines repräsentativen Querschnitts für Zwecke des Experiments in zwei sogenannte Halbgruppen oder Drittel Gruppen, Viertel-Gruppen usw. Bei diesem Verfahren gewinnt man den unschätzbaren Vorteil, nach Maßgabe der Wahrscheinlichkeitsrechnung die tatsächliche Egalisierung der Ausgangsbedingungen zu erreichen. Für die einwandfreie Teilung gibt es viele Techniken. Unter 2000 Adressen eines repräsentativen Personen-Querschnitts kann man beispielsweise jede Adresse mit gerader Nummer zur experimentellen, jede Adresse mit ungerader Nummer zur Kontrollgruppe schlagen. Bei Bevölkerungsumfragen, bei denen für 2000 Interviews oft 300 Interviewer eingesetzt werden, erhält jeder Interviewer mit gerader Zahl in der Einsatzliste die Fragebogen für die experimentelle Gruppe, jeder Interviewer mit ungerader Listennummer die Fragebogen für die Kontrollgruppe.

Als Beispiel eines solchen Feldexperiments mit gegabelter Befragung kann eine einfache Untersuchung dienen, bei der geprüft werden sollte, ob die Illustrierte ›stern‹ im bis dahin üblichen Braundruck aktueller wirke oder aktueller im

Schwarzdruck.[18] Ein Querschnitt von ›stern‹-Lesern wurde halbiert. Jeder zweite Leser erhielt eine neue ›stern‹-Nummer im Schwarzdruck, jeder zweite die gleiche Nummer im Braundruck. Eine Vorher-Befragung zur Überprüfung der Identität beider Gruppen brauchte nicht stattzufinden, die Anlage sicherte innerhalb statistischer Spannen die Übereinstimmung. Nach Ablauf von drei Tagen – der Frist zum Lesen des Testheftes – wurden die Versuchspersonen über ihre Eindrücke zum Testheft befragt. Eine Kernfrage lautete: »Würden Sie sagen, dieses Heft ist sehr aktuell, etwas aktuell oder wenig aktuell?« »Sehr aktuell«, sagten 40 Prozent der Versuchspersonen, die das Heft im Braundruck gelesen hatten, aber 57 Prozent der Versuchspersonen, die das Heft im Schwarzdruck lasen. Der experimentelle Nachweis war damit erbracht, daß das Testheft im Schwarzdruck aktueller wirkte.

Eine Anlage nach diesem Schema kann man sich nur darum leisten, weil die Übereinstimmung von Gruppe und Kontrollgruppe gesichert ist. Der experimentelle Faktor, der im eben gegebenen Beispiel der Schwarzdruck des Testheftes war, kann beim Feldexperiment im Rahmen gegabelter Befragung unbegrenzt viele Formen haben.

Die Anlage des Feldexperimentes durch gegabelte Querschnittsbefragung widersetzt sich durch ihre Abstraktheit dem Verständnis. Man hat es nicht mehr mit einzelnen Personen zu tun, sondern nur mit Gruppen, und die Gruppen sind nicht mehr anschaulich vorstellbar, sondern sie sind verstreut in der allgemeinen Bevölkerung, und wenn die verschiedenen, parallel befragten Querschnitte auch aus verschiedenen Personen bestehen, muß man sich doch an den Gedanken gewöhnen, daß sie für eines stehen, daß sie ein und dasselbe repräsentieren: alle Hörer eines Gebietes, alle ›stern‹-Leser, alle jungen Männer, alle Erwachsenen im Bundesgebiet ab 16 Jahren und so fort. Alle, aber nicht jeder.

Erfüllt ein solches Feldexperiment noch die Bedingungen, die zur Charakterisierung des Experiments eingangs aufgestellt waren? Wir können es überprüfen: 1. An die Stelle von Argumentation setzen wir ein Geschehen. Das Resultat wird unabhängig von unseren Annahmen und Wünschen. 2. Es werden

[18] Allensbacher Archiv, IfD-Bericht Nr. 681.

zwei oder mehr Gruppen gebildet, die sich praktisch gleichen. 3. Beide Gruppen werden gleich behandelt bis auf einen Faktor, den experimentellen Faktor, der variiert wird. 4. Wir treffen Vorkehrungen, um die Reaktionen der experimentellen und der Kontrollgruppe zu messen. 5. Die Anlage entspricht dem Ziel, daß für Unterschiede, die wir nach Einwirkung des experimentellen Faktors messen, alle (anderen) Erklärungen bis auf eine unmöglich werden.

Zugleich überwinden wir mit dem Feldexperiment im gegabelten Querschnittsverfahren mehrere der Schwierigkeiten, die sich dem sozialwissenschaftlichen Experiment so lange entgegenstellten: (a) die Schwierigkeit, tatsächlich vergleichbare Ausgangsgruppen zu gewinnen; (b) die Schwierigkeit, das störende Bewußtsein, daß ein Experiment vorgenommen wird, auszuschalten. Bei der Gabelung bemerkten die beteiligten Versuchspersonen (selbst die Interviewer) überhaupt nicht, daß ein Experiment vorgenommen wird; (c) die Schwierigkeit, Wirkungen in Erfahrung zu bringen, die den Versuchspersonen unbewußt sind. Auch unbewußte Wirkungen treten bei wissenschaftlich einfallsreichen Testanordnungen hervor. Die Veranstaltung selbst ist gegenüber den früheren Formen des sozialwissenschaftlichen Laboratoriums- und Feldexperimentes wesentlich erleichtert. Das sozialwissenschaftliche Experiment ist in seinem Ergebnis so gut wie nie determiniert, sondern führt zu Wahrscheinlichkeits-Aussagen. Der Versuch am Einzelfall hat wenig sozialwissenschaftlichen Erkenntniswert. Das statistisch breit fundierte Feldexperiment mit geteilten Querschnitten ist der Aufgabe, Wahrscheinlichkeits-Aussagen zu machen, besonders angemessen.

Als »Experiment« kann man also alle Untersuchungen bezeichnen, bei denen vorsätzlich ein Test-Faktor zur Wirkung gebracht wird, und zwar unter Umständen, die eine Messung der Wirkung erlauben.

Viele Experimente der Umfrageforschung laufen über längere Zeitspannen, um Wirkungen zu beobachten. Dazu gehören alle »Vorher-Nachher-Untersuchungen«, die vor einem erwarteten Ereignis – beispielsweise vor der Anzeigenkampagne und der Verteilung der Prospekte des Warenhauses x – und nachher mit dem gleichen Fragebogen bei verschiedenen, aber jeweils repräsentativen Querschnitten durchgeführt werden. Bei diesem Verfahren können wir Urteile über das Warenhaus x und die Häufigkeit der Einkäufe im Warenhaus x aus der ersten und zweiten Erhebung vergleichen und die Unterschiede schon wesentlich sicherer als in der auf S. 458 zitierten Tabelle als Wirkungen der Kampagne bewerten. Einige Vorsichtsmaßregeln sind allerdings noch am Platz, zum Beispiel die Prüfung saisonaler Einflüsse. Wir werden darum als Kontrollmaßnahme auch die Ansichten über andere Warenhäuser der Stadt, die in diesen Wochen keine Kampagne durchführten, und die Häufigkeit der Einkaufsbesuche dort festzustellen und bei unserer Interpretation der Ergebnisse zu berücksichtigen haben.

Manchmal liefert die Wirklichkeit ungeplant den Test-Faktor eines Feldexperiments, wenn beispielsweise gerade während der Laufzeit einer größeren Repräsentativ-Erhebung oder zwischen zwei aufeinanderfolgenden Erhebungen mit gleicher Fragestellung zu relevanten Themen ein dramatisches Ereignis – z. B. ein Machtwechsel in der Politik, eine Umweltkatastrophe oder ein Börsensturz – erfolgt und (unter statistischen Vorsichtsmaßregeln) die Einstellungen der Bevölkerung vor und nach dem Ereignis verglichen werden können. Man könnte in solchen Fällen von einem »Quasi-Experiment« sprechen.[19]

Alle Aufgaben, bei denen die Wirkung eines realen, natürlichen Lebensvorganges zu messen ist, ein tatsächliches Ereignis den experimentellen Faktor bildet (eine Werbekampagne, eine politische Rede, eine Sendereihe im Fernsehen oder eine öffentliche Aufklärungsaktion, z. B. eine Verkehrserziehungswoche), lassen sich zuverlässig fast nur durch »Vorher-Nachher«-Modelle bearbeiten, im besten Fall eingebaut in eine Panel-Untersuchung.

[19] Siehe S. 485–487.

Die gegabelte Befragung ist die verbreitetste Form statistischer Experimente

Die Mehrzahl der statistischen Experimente der Umfrageforschung, bei denen man von äußeren Ereignissen unabhängig ist, das heißt den experimentellen Faktor künstlich zur Wirkung bringen kann, wird mit Hilfe der Methode der »gegabelten Befragung« (split ballot) angelegt. Wir haben uns schon oben (Seite 192) ausführlich mit dieser Methode beschäftigt, als es um die Entwicklung von Fragemodellen und das Ausschalten unerwünschter Fragebogen-Effekte ging. Hier beschäftigen wir uns jetzt mit dem zweiten Einsatzfeld der Split-ballot-Experimente, die nicht nur bei der formalen Gestaltung einer Umfrage unentbehrlich sind, sondern auch den Erkenntniswert der Ergebnisse einer Untersuchung oft wesentlich mitbestimmen.

Beispiel Anzeigentest

Hier drei Varianten eines Anzeigentests:

a) In der Halbgruppe A wird ein Anzeigenentwurf in einer Testfassung vorgelegt, in der Halbgruppe B der Anzeigenentwurf in einer anderen Fassung. In beiden Fällen wird eine Serie von Fragen über die Erwartungen gestellt, die von der Anzeige geweckt werden, die Meinungen über die Herstellerfirma, die Vorstellungen, was für Leute dieses Produkt wahrscheinlich benutzen werden usw. Der Vergleich der Ergebnisse zeigt, welcher Anzeigenentwurf die wünschenswerteren Reaktionen auslöst.

b) Der Halbgruppe A wird als experimenteller Faktor eine Anzeige gezeigt, anschließend folgen Testfragen über Produkt, Herstellerfirma usw. Die gleichen Fragen werden der Halbgruppe B gestellt. Die Befragten bekommen die Anzeige vorher jedoch nicht zu sehen. Erst anschließend wird die Anzeige gezeigt. Verändert die Anzeige Vorstellungen, Interesse in der gewünschten Richtung? Den Aufschluß gibt der Vergleich der Antworten der Testgruppen A und B. Kontrollen sind eingebaut, die es erlauben, die Wirkung, die das Vorlegen von Anzeigen schlechthin auf die Befragten hat, von der Wirkung der Testanzeige zu unterscheiden.

c) Der dritte Anzeigen-Test ist kein Vortest wie die eben beschriebenen Beispiele, sondern ein Feldexperiment, um die Wirksamkeit der Größen einer Zeitungsanzeige zu untersuchen.[20] Auf der Grundlage der Ergebnisse sollte entschieden werden, ob eine Anzeigen-Serie in der ›Frankfurter Allgemeinen Zeitung‹ (FAZ) für ein Chemieunternehmen im Rahmen eines festliegenden Etats vorteilhafter im Format einer Drittelseite mit etwas häufigerer Frequenz oder im Format einer halben Seite und etwas weniger häufig plaziert werden sollte.

Drei Bedingungen sollten von dem Test erfüllt werden:

1. Der Test mußte sich auf Personen beziehen, die auch normalerweise Leser der ›FAZ‹ sind, um wirkliche Rückschlüsse zu erlauben auf das Verhalten desjenigen Leserkreises, der durch die Anzeigenserie angesprochen werden sollte.

2. Der Test mußte lebensnah sein, das heißt, die Nummer der ›FAZ‹, in der die Test-Anzeige erschien, sollte von den Testpersonen auf normale Weise gelesen werden, ohne Kenntnis, daß sie später befragt werden würden.

3. Die Testanlage mußte nach den Regeln des kontrollierten Feldexperiments sichern, daß die experimentellen Gruppen in ihrer statistischen Struktur annähernd vergleichbar waren.

Um diese Bedingungen einhalten zu können, wurde folgendermaßen verfahren:

- Der Test wurde bei Abonnenten der ›FAZ‹ durchgeführt.
- Vor dem Andruck der normalen ›FAZ‹-Ausgabe mit Test-Anzeigen im Halbseiten-Format wurden 500 Testexemplare mit der Anzeige im Format einer Drittelseite ausgedruckt.

[20] Allensbacher Archiv, IfD-Bericht Nr. 977, 1962.

Diese Test-Exemplare wurden den Interviewern des Instituts noch am Abend übergeben.

- Nach Stichproben-Prinzipien wurden Austräger der ›FAZ‹-Stadtausgabe ausgewählt, die im Morgengrauen des nächsten Tages von Interviewern des Instituts auf ihren Touren begleitet wurden. Die Interviewer waren versehen mit je 25 Test-Exemplaren, in denen die fragliche Anzeige im Drittelseiten-Format abgedruckt war.

In gleichmäßigen Abständen steckten die Interviewer die Test-Exemplare anstelle der normalen Exemplare der Austräger in die Briefkästen der Abonnenten und schrieben in ein vorbereitetes Formular Namen und Adresse des Abonnenten, der das Test-Exemplar bekommen hatte, und ebenso in das Formular den Namen des nächsten Abonnenten auf der Tour, der wieder das normale Exemplar der ›FAZ‹ bekam. So fanden sich Adressen von Testgruppe und Kontrollgruppe in den Formularen der Interviewer. Drei Tage später konnten die Interviewer ihre Interviews mit Abonnenten durchführen, in deren ›FAZ‹-Exemplar die Anzeige als Drittelseite oder halbe Seite gestanden hatte. Es ergab sich: Die Anzeigen im Format Drittelseite – halbe Seite waren gleich beachtet worden. Bei der Anzeige im Format Drittelseite waren mehr Einzelheiten in Erinnerung geblieben.

Ein derartiges Feldexperiment darf in seinen Ergebnissen nicht verallgemeinert werden. Es wird hier beschrieben, um zu zeigen, wie flexibel man bei der Anlage von Feldexperimenten je nach Aufgabe sein kann.

Test der Wirkung von Wörtern und Argumenten

Um die Wirkung eines Namens, einer bestimmten Vokabel oder verschiedener Argumente zu erproben, wird bei im übrigen identischer Befragung der Halbgruppe A eine Frage in einer Fassung, der Halbgruppe B die Frage in einer experimentell geänderten Fassung gestellt.[21] A-Fassung: »Es ist vorgeschlagen worden...«, B-Fassung: »Es ist von Bundeskanzler Schröder vorgeschlagen worden...«. Wenn die Gesamtzahl der Befragten groß genug ist, lassen sich nach dem gleichen Prinzip auch Viertelgruppen bilden. »Glauben Sie...«, A-Fassung: »Unternehmer«, B-Fassung: »Arbeitgeber«, C-Fassung: »Industrielle«, D-Fassung: »Manager«... »sind tüchtige Leute oder Leute, die nur aus der Arbeit anderer ihren Profit ziehen?«

In verschiedenen Wissenschaftsdisziplinen – u.a. auch in der Hirnforschung – ist man darauf gestoßen, daß Menschen alles, womit sie in Berührung kommen, mit Gefühl, mit Sympathie oder Antipathie unterlegen. Das gilt auch für die Sprache; alle Wortzeichen sind – meist unbewußt – von Sympathie oder Antipathie begleitet. Mit Demoskopie lassen sich diese gefühlsmäßigen Ladungen feststellen, und es läßt sich auch beobachten, wie sich die gefühlsmäßige Aura von Worten mit der Zeit verändert, zum Beispiel beim Begriff »Sozialismus«.[22]

Unerwartet war das Ergebnis einer gegabelten Befragung, um den Begriff »Restrisiko«, der in der Umweltschutz-Diskussion eine Rolle spielt, in seinem Gefühlswert zu prüfen. In gegabelter Befragung wurde einerseits nach »Risiko«, andererseits nach »Restrisiko« gefragt. Es ergab sich, daß »Restrisiko« unsympathischer als »Risiko« ist. – »Risiko« empfanden 1989 28 Prozent als sympathisch, »Restrisiko« 9 Prozent. »Risiko«

[21] Experimente dieser Art sind das wichtigste Hilfsmittel einer methodischen Verbesserung der Frageformulierungen und Fragebogen-Konstruktion. Vgl. Noelle-Neumann 1962. Eine frühe Beschreibung dieser Verfahren: Donald Rugg, Hadley Cantril: The Wording of Questions. In: Cantril 1944, S. 23 ff. Noelle-Neumann 1970, S. 191–201.

[22] Allensbacher Archiv, IfD-Umfragen Nr. 3132, 5038: In Westdeutschland war »Sozialismus« 1977 34 Prozent der Befragten sympathisch, 53 Prozent unsympathisch. 1990 war er nur noch 12 Prozent sympathisch, aber 65 Prozent unsympathisch.

sei ihnen unsympathisch, sagten 48 Prozent, »Restrisiko« 65 Prozent.[23]

Oft dienen solche Experimente mit gegabelter Befragung, wie oben (S. 192 bis 207) gesehen, der Verbesserung des Fragebogens. In der Regel versucht man in der Demoskopie Effekte bestimmter Formulierungen zu vermeiden. Die Ergebnisse sollen der Wirklichkeit möglichst nahe kommen, also frei von Verzerrungen durch suggestive Frageformen sein. Manchmal ist es aber gerade die Hauptaufgabe einer Umfrage, die Wirkung verschiedener Formulierungen zu testen. Hier ist ein statistisches Experiment, um vier Argumente für eine Verlängerung der Ladenöffnungszeiten in ihrer Wirkung zu vergleichen. Am überzeugendsten wirkt das Argument, bei längeren Öffnungszeiten könnten zusätzliche Teilzeitarbeitsplätze geschaffen werden. Zu berücksichtigen ist dabei nicht nur, daß sich in der Gruppe A relativ viele Befragte für eine Verlängerung der Ladenöffnungszeiten aussprechen, sondern vor allem auch die geringe Zahl der strikten Opponenten.[24] Allerdings sind die Unterschiede zwischen dem ersten, dem zweiten und dem dritten Argument nicht signifikant[25], können also durch Zufall entstanden sein. Lediglich das vierte Argument fällt deutlich ab. Vom Standpunkt des Statistikers aus betrachtet, sind die drei ersten Argumente also gleichwertig. Oft muß in einer solchen Situation trotzdem eine Entscheidung gefällt werden, wenn etwa das Leitmotiv einer Werbekampagne ausgewählt werden soll. In diesem Fall ist es immer noch sinnvoll, das Argument zu wählen, das am meisten Zustimmung (oder am wenigsten Ablehnung) bei den Befragten findet, auch dann, wenn der Abstand zu dem zweitbesten Argument nicht signifikant ist. Die Chance ist am größten, daß das Argument mit dem besten Ergebnis auch tatsächlich das vorteilhafteste ist.

23 Siehe dazu das »Sympathie-Lexikon« im ›Allensbacher Jahrbuch der Demoskopie, 1984–1992‹, wo für 500 Begriffe der Grad von Sympathie und Antipathie ausgewiesen ist. Elisabeth Noelle-Neumann, Renate Köcher (Hrsg.): Allensbacher Jahrbuch der Demoskopie 1984–1992, München u. a. 1993, S. 1191–1207.

24 Allensbacher Archiv, IfD-Umfrage Nr. 4045, Juni 1984.

25 Der Chi-Quadrat-Test ergibt beim paarweisen Verteilungsvergleich die folgenden Werte: A verglichen mit B: Chi-Quadrat = 5,409. A mit C: Chi-Quadrat = 7,376. A mit D: Chi-Quadrat = 14,639 (signifikant auf dem 95-Prozent-Niveau). B mit C: Chi-Quadrat = 4,776. B mit D: Chi-Quadrat = 10,961 (signifikant auf dem 95-Prozent-Niveau). C mit D: Chi-Quadrat = 5,328. Die Unterschiede zwischen zwei Verteilungen sind hier signifikant auf dem 95-Prozent-Niveau, wenn Chi-Quadrat den Wert von 9,5 übersteigt.

WIE KANN MAN ÜBERZEUGEND FÜR LÄNGERE LADENÖFFNUNGSZEITEN PLÄDIEREN?
Viertelgruppe ...

A Frage: »Ein Vorteil längerer Öffnungszeiten der Geschäfte ist es, daß dadurch mehr Teilzeitarbeitsplätze geschaffen werden, weil dann noch abends Personal in den Läden sein muß. Wie stehen Sie selbst dazu: Sind Sie dafür oder dagegen, daß die Ladenschlußzeiten geändert werden? Würden Sie sagen ...«

B Frage: »Ein Vorteil von längeren Öffnungszeiten der Geschäfte ist es, daß vor allem Berufstätige abends in Ruhe einkaufen können, ohne sich abhetzen zu müssen. Wie stehen Sie selbst dazu: Sind Sie dafür oder dagegen, daß die Ladenschlußzeiten geändert werden. Würden Sie sagen ...«

C Frage: »Ein Vorteil von längeren Öffnungszeiten der Geschäfte ist es, daß Frauen mit kleinen Kindern nicht mehr tagsüber einzukaufen brauchen, wenn sie die Kinder mitnehmen müssen, sondern daß sie mit dem Einkaufen bis abends warten können, wenn jemand zu Hause ist, der auf die Kinder aufpaßt. Wie stehen Sie selbst dazu: Sind Sie dafür oder dagegen, daß die Ladenschlußzeiten geändert werden? Würden Sie sagen ...«

D Frage: »Ein Vorteil von längeren Öffnungszeiten der Geschäfte ist es, daß das Einkaufen viel mehr Spaß macht, wenn man sich selbst aussuchen kann, zu welchen Zeiten man einkauft. Wie stehen Sie selbst dazu: Sind Sie dafür oder dagegen, daß die Ladenschlußzeiten geändert werden? Würden Sie sagen ...«

	Bevölkerung ab 16 Jahre			
	A	B	C	D
	Mehr Arbeitsplätze	Erleichterung für Berufstätige	Erleichterung für Mütter mit kleinen Kindern	Mehr Spaß beim Einkaufen
	%	%	%	%
»voll und ganz dafür«	32	33	30	24
»eher dafür«	33	29	28	31
»eher dagegen«	17	18	16	17
»voll und ganz dagegen«	8	11	12	14
unentschieden	10	9	14	14
	100	100	100	100
n =	512	507	554	506

Ein anderes Beispiel: Mit Hilfe einer gegabelten Befragung wird festgestellt, welcher der wirksamste Titel und was der wirksamste Schluß für einen bestimmten Film ist.[26]

DAS »HAPPY-END« BRINGT EINE BESSERE RESONANZ FÜR DEN FILM

Frage: »Angenommen, Sie wollen ins Kino gehen, und Sie finden in der Zeitung einen Film angekündigt und beschrieben – sehen Sie, hier steht es. Was meinen Sie – würden Sie sich diesen Film gern ansehen, oder würden Sie sich nicht so dafür interessieren?« (Vorlage einer Filmanzeige mit Inhaltsbeschreibung)

Bei Vorlage einer Inhaltsbeschreibung des Films XY –	– mit tragischem Ausgang %	– mit einem Happy-End %
Befragte, die regelmäßig oder gelegentlich ins Kino gehen, würden den Film		
– gern sehen	55	65
– vermutlich nicht ansehen	45	35
	100	100

Statistische Experimente dieser Art in gegabelter Befragung sind ein wertvolles Instrument, um Festigkeit oder Beeinflußbarkeit von Einstellungen zu überprüfen. Bei Fragen, in denen die Bevölkerung – gleich aus welchen Gründen – feste Ansichten hat, führen auch gegabelte Befragungen, Fragen in verschiedenem Wortlaut zu weitgehend übereinstimmenden Ergebnissen.

[26] Allensbacher Archiv, IfD-Bericht Nr. 741.

Beispiel Produkttest

Jeder Produkttest – z. B. ein Test von Produkten in verschiedener Ausführung und Ausstattung, bevor sie endgültig auf den Markt gebracht werden – verläuft nach der Methode der gegabelten Befragung, des statistischen Experiments. Allerdings wird das Experiment oft nicht mit einer einmaligen Befragung der experimentellen Gruppe abgeschlossen, sondern es folgen eine oder mehrere Wiederholungsbefragungen, um die Testprodukte eine Zeitlang erproben zu lassen, bevor das Urteil darüber eingehender registriert wird.

Hier haben wir im übrigen bereits eine Spielart der Panel-Methode, der Befragung eines festen Kreises von Personen, kombiniert mit der Einführung experimenteller Faktoren.

Bei einem anderen Untersuchungsmodell – das ebenfalls die Idee gegabelter Befragung experimenteller Vorher-Nachher-Befragung und der Panel-Befragung im engeren Sinn kombiniert –, werden nach einer ersten Befragung jeder zweiten Person (ohne Bezug auf die Befragung) Proben eines Produkts oder eine Aufklärungsschrift durch die Post übersandt. Mit der späteren zweiten Befragung wird gemessen, wie sich die Einstellungen von Personen, die die Sendungen erhielten, unterscheiden von den Einstellungen derer, die nichts erhielten. Bei sehr breiter statistischer Basis kann man auf das Panel-Element, die erste Befragung, ganz verzichten und Unterschiede zwischen der Empfänger- und Nichtempfängergruppe bei der späteren Befragung als Wirkung der Sendung ansehen. – Statt einer Gruppe und Kontrollgruppe können auch parallel zueinander drei, vier und mehr Gruppen in verschiedener Art experimentell beeinflußt werden.

Vorzüge der Panel-Methode für Prozeß-Analysen

Von Panel-Befragungen spricht man in der Umfrageforschung, wenn dieselben Personen mehrmals befragt werden.[27] Dabei muß man zwischen zwei ganz verschiedenen Motivationsarten von Panel unterscheiden. Erstens ein Panel, das aus ökonomischen Gründen (»Ersparnis-Panel«) oder technischen Gründen (technisch bedingtes Panel) eingerichtet wird. Zweitens wird eine Panel-Untersuchungsanlage gewählt, um Vorgänge in der Zeit, Stabilität und Wechsel von Einstellung und Verhaltensweisen als Prozeß zu analysieren.

»Ersparnis-Panels« werden zum Beispiel eingerichtet, wenn Verbraucherverhalten über einen längeren Zeitraum hinweg beobachtet, registriert werden soll. In solchem Fall ist es oft einfacher und kostengünstiger, bedeutet Zeit- und Geldersparnis, einen einmal gewonnenen repräsentativen Bevölkerungsquerschnitt mehrmals zu befragen, als jedesmal eine neue Stichprobe zu ziehen. Oft spielen auch technische Gründe bei der Einrichtung solcher Panels eine Rolle, etwa wenn in den Haushalten der Panel-Teilnehmer elektronische Geräte fest installiert werden, die auf Tastendruck automatisch für alle Personen im Haushalt festhalten, wann welches Fernsehprogramm eingeschaltet ist. Oder es werden zusätzlich Magnet- oder Chipkarten ausgegeben, mit deren Hilfe an den Scannerkassen bestimmter Supermärkte registriert wird, welche Produkte die Mitglieder des Panels kaufen, um den Zusammenhang zwischen dem Ansehen von Werbefernsehspots und dem Kauf bestimmter Marken erkennen zu können.

Bei einer anderen Variante von ökonomisch-technisch motivierten Panels werden Hausfrauen dazu gewonnen, ihre Einkäufe getrennt nach Marken, Sorten, Mengen regelmäßig in Tagebüchern aufzuzeichnen (oder zu fotografieren) als Unter-

[27] Zur Stichprobentechnik und Repräsentanz bei Paneluntersuchungen siehe S. 281–285. Über die Einsatzmöglichkeiten der Panel-Analyse informiert Jochen Hansen: Persönlich befragte Panels zur validen Erfassung von Pendler-Ursachen und Wirkungen. Ein Modell zur kontinuierlichen und Ad-hoc-Forschung. In: Interview und Analyse 8, 1981, S. 282–291. Hansen 1982.

lage zur Berechnung von Marktanteilen im Trend. Derartige repräsentative Messungen von Marktanteilen, Fernsehzuschauerquoten, Messungen von Werbewirkung im Panel sind heute so verbreitet, daß im allgemeinen, wenn in der Praxis von »Panel« die Rede ist, solche Registrier-Panels gemeint sind. Die Daten solcher Panels werden in der Regel zwar gespeichert und ständig aktualisiert, aber nur selten eingehender analysiert. Daß immer dieselben Personen als Quelle der Information dienen, hat rein organisatorische Gründe. Die Möglichkeiten, die eine Panel-Untersuchungsanlage für die Analyse von Einstellungs- und Verhaltensänderungen bietet, werden nicht genutzt, da mit den Befragungen andere Ziele verfolgt werden.

Die Panel-Untersuchung als Forschungsinstrument hat mit dem Registrier-Panel nur gemeinsam, daß man von denselben Personen mehrfach Informationen erhält, und sonst nichts. Die Ziele der Panel-Analyse sind Erforschung von Ursachen und Wirkungen und allgemein Prozeß-Analyse.

Zwei Beispiele aus der Marktforschung sollen illustrieren, wie Panel-Analysen genutzt werden.

Wir kommen noch einmal auf das Beispiel von Seite 457 zurück: Wir konnten anhand der einmaligen Befragung nicht feststellen, ob durch die Werbekampagne das Image des Mineralölkonzerns bei den Autofahrern, die die Werbung bemerkt hatten, verbessert wurde oder ob die Werbung vor allem von denen wahrgenommen wurde, die schon vorher eine gute Meinung über die Firma hatten.

Frage: »Hier auf diesen Karten steht verschiedenes, was man über die Firma X sagen kann. Könnten Sie die Karten bitte einmal durchsehen und mir alles herauslegen, wo Sie sagen würden, das ist richtig, das trifft auf Marke X zu?«

	Autofahrer, die die Werbung bemerkt haben	die die Werbung nicht kennen
	%	%
»Die Firma steckt viel Geld in ihre Forschung«	52	29

Da aber dieses Beispiel aus einer Panel-Analyse stammte, läßt sich die Frage, ob es sich um Werbewirkung oder lediglich um selektive Wahrnehmung von Werbung handelt, eindeutig entscheiden.

Aus der Befragung des Panels vor der Werbekampagne war bekannt, welche Autofahrer eine gute Meinung und welche keine gute Meinung über den Mineralölkonzern hatten. Darum läßt sich getrennt für die eine und die andere Gruppe von Autofahrern analysieren, wie sich ihre Einstellung nach Durchführung der Kampagne entwickelt hatte.

PANEL-ANALYSE: WERBEWIRKUNG ODER SELEKTIVE WAHRNEHMUNG?[28]

	Autofahrer, die vor der Kampagne eine gute Meinung über die Firma X hatten %	Autofahrer, die vor der Kampagne keine gute Meinung über die Firma X hatten %
Bei der folgenden Befragung sagten, sie hätten die Kampagne der Firma X bemerkt	61	52
Es sagten, sie hätten die Kampagne nicht bemerkt	39	48
	100	100
Die Meinung: »Die Firma steckt viel Geld in die Forschung« – das Motiv der Kampagne – hatten bei beiden Befragungen (++)	7	2
Die Meinung: »Die Firma steckt viel Geld in die Forschung« hatten bei der ersten, nicht bei der zweiten Befragung (+–)	13	4

[28] Allensbacher Archiv, IfD-Umfragen Nr. 3691, November 1976, Nr. 3694, Juni/Juli 1977.

Die Meinung: »Die Firma steckt viel Geld in die Forschung« hatten bei der ersten Befragung noch nicht, aber bei der zweiten Befragung (–+)	31	30
Die Meinung: »Die Firma steckt viel Geld in die Forschung« hatten weder bei der ersten, noch bei der zweiten Befragung (– –)	49	64
	100	100
n =	157	400

Mit Hilfe dieser Panel-Analyse läßt sich erkennen: Erstens, die Autofahrer mit positiver Einstellung zu diesem Mineralölkonzern haben tatsächlich die Werbekampagne häufiger bemerkt.

Zweitens: Das positive Bild vom Mineralölkonzern bei denjenigen, die die Kampagne bemerkt hatten, läßt sich nicht nur mit der selektiven Wahrnehmung erklären, also daraus, daß vermehrt diejenigen die Kampagne bemerken, die eine gute Meinung über den Konzern haben, sondern sowohl vorher positiv wie vorher nicht positiv eingestellte Autofahrer hatten nach der Kampagne häufiger die Ansicht vertreten: »Die Firma steckt viel Geld in die Forschung.«

Mit dieser Panel-Analyse weiß man also deutlich mehr von der Wirkung der Werbekampagne, als wenn man mit einer Einmalbefragung lediglich erkennt: Wer die Werbekampagne gesehen hat, hat eine bessere Meinung von der Firma X. Dieser Vergleich allein sagt noch gar nichts über die Wirkung der Kampagne, wie wir jetzt erkennen können.

Man weiß aber auch mehr, als wenn man eine Panel-Umfrage lediglich als Ganzes vor der Kampagne und nach der Kampagne auswertet oder lediglich diejenigen, die die Werbung gesehen haben, vor und nach dem Ablauf der Kampagne vergleicht.

PANEL-ANALYSE: HAT SICH DAS IMAGE DES KONZERNS DURCH DIE WERBEKAMPAGNE VERBESSERT?
Es meinten: »Diese Firma steckt viel Geld in die Forschung«

	vor der Werbekampagne %	*nach* der Werbekampagne %
Autobesitzer insgesamt (n = 514)	40	42
Autobesitzer, die die Werbung kannten (n = 295)	44	52
Autobesitzer, die die Werbung nicht kannten (n = 219)	36	29

Der entscheidende Zugewinn an Erklärung ergibt sich mit der Möglichkeit, die Befragten nach ihrer Einstellung vor der Kampagne aufzuteilen und Veränderungen, nämlich Zugewinn guter Meinungen oder Stabilität oder vielleicht sogar Verlust guter Meinungen im Zusammenhang mit Einstellungen vor Beginn der Kampagne verfolgen zu können.

Nehmen wir noch ein zweites, ganz anderes Beispiel, um die Möglichkeiten, mit Panel-Analyse Veränderungen zu erkennen, zu zeigen. Ein Unternehmen der Komsumgüterindustrie, das Markenartikel gehobener Qualität und entsprechend höherer Preislage anbietet, möchte wissen, wie sich Arbeitslosigkeit auf den Absatz seiner Produkte auswirkt.

Das Panel, mit dem dieses Unternehmen laufend die Verbraucher beobachtet, wird befragt, ob jemand im Haushalt im letzten halben Jahr (seit dem Zeitpunkt der letzten Befragung) arbeitslos geworden ist.

Die Panel-Analyse[29] zeigt folgendes:

[29] Allensbacher Archiv, IfD-Umfrage Nr. 7629, 7643.

PANEL-ANALYSE: SCHADET ARBEITSLOSIGKEIT DEM ABSATZ EINES PRODUKTES MIT RELATIV HOHEM PREIS?

	Verbraucher in Haushalten, in denen jemand in den letzten 6 Monaten arbeitslos wurde		Kontrollgruppe: Verbraucher in Haushalten, in denen niemand in den letzten 6 Monaten arbeitslos wurde	
Panelwelle :	1 vor Eintritt der Arbeitslosigkeit %	2 nach Eintritt der Arbeitslosigkeit %	1 %	2 %
Die Qualitätsmarke A mit relativ hohem Preis wurde im Haushalt gebraucht	19	14	22	22
Die etwas billigere Marke des Hauptwettbewerbers wurde im Haushalt gebraucht	9	17	17	2

Nach dieser Panel-Analyse, die laufend wiederholt und überprüft werden kann, ist es sehr wahrscheinlich, daß sich Arbeitslosigkeit unmittelbar auf den Absatz der führenden Marke des Unternehmens auswirkt.

Derartige Analysen, bei denen Einstellungen und Verhaltensweisen der Individuen zu einem früheren Zeitpunkt mit Einstellungen und Verhaltensweisen nach einem Ereignis – Werbekampagne, Eintritt von Arbeitslosigkeit – verfolgt werden können, erwecken den Eindruck, daß man es bei der Panel-Analyse mehr mit der Analyse von *individuellem* Verhalten zu tun hat als sonst bei den üblichen Einmalbefragungen.

In ihrem bis heute sehr instruktiven Buch: ›Einführung in die Methoden der empirischen Sozialforschung‹ schreiben Renate Mayntz, Kurt Holm und Peter Hübner über Einschränkungen, die man bei Panel-Untersuchungen in Kauf nehmen muß: »Eine Einschränkung ergibt sich bereits aus der Notwendigkeit, zur Feststellung individueller Wechselprozesse die zweite (wie jede eventuell weitere) Messung an genau den gleichen Personen vorzunehmen wie die erste. Das Panel selbst darf also keinen Veränderungen unterliegen.«[30]

[30] Renate Mayntz, Kurt Holm, Peter Hübner: Einführung in die Methoden der empirischen Soziologie. 5. Auflage. Opladen, 1978, S. 136.

Das trifft so nicht zu. Die Panel-Befragung richtet sich in der Tat definitionsgemäß mehrfach an genau dieselben Personen. Aber eine individuellere Betrachtungsweise der Befragten ist damit nicht verbunden. Auch beim Panel werden wie immer in der Umfrageforschung die Personen nach Merkmalen für die Analyse in Gruppen zusammengefaßt. Der einzige Unterschied zu der üblichen Einmal-Befragung besteht darin, daß beim Panel neben den zahlreichen allgemein in der Umfrageforschung verwendeten Merkmalen der Befragten eine besondere Art von Merkmalen hinzutritt, und zwar Merkmale, die den Zeitfaktor einschließen: Einstellungen vorher – nachher, Verhalten vorher – nachher, früher – heute, verändert – unverändert. Dabei werden Personen, die nicht vorher oder nicht nachher, also nur einmal befragt wurden, bei der Analyse ausgeschlossen. Die Panel-Analyse stützt sich allein auf diejenigen, für die das zeitlich bestimmte Merkmal vorliegt.

Daß alle Personen, für die das zeitlich bestimmte Merkmal nicht vorliegt, bei der Analyse ausgeschlossen werden, beeinträchtigt die Zuverlässigkeit der Panel-Analyse nicht, es sei denn, daß die Ausfälle ungewöhnlich groß und einseitig sind. Das Problem der »Panel-Mortalität«[31] beeinträchtigt die Möglichkeit, mit Panel-Analyse zu arbeiten, nahezu gar nicht. Es kommt hinzu, daß »Panel-Effekte«, also Veränderungen des Antwortverhaltens der Befragten durch die wiederholte Befragung, erstaunlich gering sind, wie Charles Y. Glock, gestützt auf die Arbeiten von Lazarsfeld, schon 1952 gezeigt hat.[32]

Zeitliche Veränderungen werden mit der Umfrageforschung laufend in Trendanalysen beobachtet. Die üblichen Einmal-Befragungen zeigen aber nicht das ganze Bild der Veränderungen, sondern sichtbar wird nur der Saldo aus Zu- und Abwanderungen. Man spricht auch von »Netto-Veränderungen«, während man mit dem Panel *alle* Veränderungsvorgänge zwischen zwei Zeitpunkten erfaßt, also gleichsam die Brutto-Werte der Veränderungen erhält.

Mit einer typischen Panel-Tabelle, einer »Vier-Felder-Tabelle«, illustrieren Mayntz, Holm und Hübner, wie ein Ergebnis aussehen kann, bei dem sich netto zum Zeitpunkt 2

[31] Siehe S. 283–285.
[32] Siehe S. 282–283.

gegenüber dem Zeitpunkt 1 nichts verändert hat, tatsächlich aber durchaus ein Wechsel stattfand.[33]

Zeit 1	Zeit 2 +	Zeit 2 −	
+	45	5	50
−	5	45	50
	50	50	100

Abb. 59

Die Randsummen in der Kolonne rechts außen zeigen die Meinungsverteilung zum Zeitpunkt 1, die Randsummen in der Zeile unten die Meinungsverteilung zum Zeitpunkt 2. Das sind die Ergebnisse, wie sie auch die normale Einmal-Befragung zeigt. Die Diagonal-Felder von links oben nach rechts unten zeigen die in ihrer Meinung stabil gebliebenen Befragten, also diejenigen, die ihre Einstellung nicht änderten. Die Diagonal-Felder von links unten nach rechts oben werden »Wechsel-Felder« genannt. Hier finden sich die Fälle, die den Analytiker besonders interessieren: Personen, die ihre Einstellung geändert haben.[34]

Klassisch geworden ist die 16-Felder-Tabelle, die sich der Schöpfer des Forschungs-Panels, Paul F. Lazarsfeld ausgedacht hatte, um für den amerikanischen Präsidentschaftswahlkampf von 1940 die Frage beantworten zu können: Wenn jemand die Partei A bevorzugt und den Kandidaten der Partei B: Wie entscheidet er sich schließlich bei der Wahl? Es interessierten also die in ihrer Einstellung dissonanten Wähler, die bis zum Wahltag die Dissonanz aufzulösen versuchten. Die 16-Felder-Tabelle zeigt, daß die amerikanischen Wähler den Konflikt meist zugunsten der von ihnen bevorzugten Partei auflösten.[35]

[33] Mayntz u. a. 1978, S. 137.

[34] Zahlreiche Beispiele für Panel-Analysen von Einstellungsänderungen finden sich bei: Elisabeth Noelle-Neumann, Matthias Reitzle: Was man aus der Bundestagswahl von 1987 lernen kann. Wahlforschung und Anwendungen. In: Hans-Joachim Veen, Elisabeth Noelle-Neumann (Hrsg.): Wählerverhalten im Wandel. Bestimmungsgründe und politisch-kulturelle Trends am Beispiel der Bundestagswahl 1987. Paderborn u. a., 1991, S. 245–301.

[35] Die 16-Felder-Tabelle ist nach wie vor ein sehr aufschlußreiches Analyse-Instrument, sie wird hier aber vor allem wegen ihrer Anschaulichkeit und aus Gründen der histori-

16-Felder-Tabelle von Lazarsfeld zur Analyse von Panel-Ergebnissen
Gleichzeitiger Wechsel der Wahlabsicht und der Einstellung zum Präsidentschaftskandidaten Willkie
(Erie County, Ohio, amerikanische Präsidentschaftswahlen von 1940)

Erstes Interview	Parteineigung / Einstellung zu Willkie	Zweites Interview + / +	+ / −	− / +	− / −	Gesamt
(++) Republikaner für Willkie		129	3	1	2	135
(+−) Republikaner gegen Willkie		11	23	0	1	35
(−+) Demokratern für Willkie		1	0	12	11	24
(−−) Demokraten gegen Willkie		1	1	2	68	72
Gesamt		142	27	15	82	266

Quelle: Lazarsfeld u. a. 1968, S. IX

Abb. 60

Besonders aufschlußreich sind Panel-Analysen, die gleichzeitig eine experimentelle Komponente enthalten, wie zum Beispiel bei dem folgenden »Quasi-Experiment«. Unter »Quasi-Experimenten« versteht man Untersuchungen, bei denen nicht bei Beginn der Erhebung, sondern erst nachher aus dem vorliegenden Material die Experimentalgruppen gebildet werden.

Ende der sechziger Jahre sollte untersucht werden, wie sehr die Einführung des Fernsehens die Lebensgewohnheiten und Interessen der Bevölkerung verändert, gerade noch rechtzeitig, bevor sich das Fernsehen so sehr ausbreitete, daß ein Vergleich zwischen Fernseh-Haushalten und solchen, die noch kein Fernsehgerät besaßen, unmöglich wurde. Zum Zeitpunkt der Untersuchung[36] gab es bereits in gut 70 Prozent aller westdeutschen Haushalte ein Fernsehgerät.

Mit einer Panel-Untersuchung sollte ein repräsentativer Per-

schen Perspektive angeführt. Heute spielen in der Panel-Analyse die Pfadmodelle bzw. LISREL-Modelle im »cross-lag-design« eine größere Rolle. Erich Weede: Hypothesen, Gleichungen und Daten: Spezifikations- und Meßprobleme bei Kausalmodellen für Daten aus einer und mehreren Beobachtungsperioden. Kronberg/Ts. 1977. Gregory B. Markus: Analyzing Panel Data. Beverly Hills 1979. R. C. Kessler, D. F. Greenberg: Linear Panel Analysis. New York 1981. Steven E. Finkel: Causal Analysis with Panel Data. Thousand Oaks u. a. 1995.

[36] Auswirkungen des Fernsehens in Deutschland. Lebensgewohnheiten, Interessen und Bild der Politik vor und nach der Anschaffung eines Fernsehgeräts. Allensbacher Archiv, IfD-Bericht Nr. 1489.

sonenkreis vor und geraume Zeit nach der Anschaffung eines Fernsehgeräts beobachtet werden. Eine solche Testgruppe ist natürlich nicht nur der Wirkung eines neu installierten Fersehgeräts ausgesetzt, sondern schwimmt gleichsam im Strom der politischen, gesellschaftlichen und kulturellen Entwicklung. Um diese allgemeinen Trendbewegungen im Auge behalten zu können, wurde parallel zur Testgruppe von Personen/Haushalten, die den Plan zur Anschaffung ihres ersten Fernsehgeräts hatten, eine Kontrollgruppe von Nichtfernsehteilnehmern befragt, die auch nicht die Absicht hatten, ein Fernsehgerät anzuschaffen. Diese Kontrollgruppe wurde nach dem Prinzip der statistischen Zwillinge zusammengestellt[37], d.h. es wurden Personen/Haushalte gesucht, die den Haushalten mit Kaufplan für ein erstes Fernsehgerät in bezug auf Wohngegend, Wohnform, soziale Schicht und Alter etwa entsprachen. Beide Gruppen waren damit – was für die Analyse wichtig war – einigermaßen vergleichbar. Nun begann die erste Stufe der Untersuchung, die Befragung der beiden repräsentativen Querschnitte von Nichtfernsehteilnehmern, die sich nur dadurch unterschieden, daß die Mitglieder der einen Gruppe die Absicht hatten, sich im kommenden Jahr ein Fernsehgerät anzuschaffen.

Ein Jahr später wurde ermittelt, wer inzwischen ein Fernsehgerät besaß. Nicht alle Absichten waren verwirklicht worden. Einige hatten die Anschaffung eines Fernsehgeräts verschoben, andere, die sich ursprünglich kein Fernsehgerät anschaffen wollten, überraschten das Institut mit der Mitteilung, sie hätten es sich zwischenzeitlich doch anders überlegt und besäßen nun ein Fernsehgerät.

Nun erst konnten die eigentlichen Analysegruppen für die Vorher-Nachher-Befragung zusammengestellt werden. Wer in der Zeit zwischen der ersten und der zweiten Panel-Welle einen Fernseher gekauft hatte, ging in die Testgruppe, alle anderen in die Kontrollgruppe ein.

Die Vergleichbarkeit von Test- und Kontrollgruppe ist bei einem solchen »Quasi-Experiment« weniger gesichert als bei einem »echten« Feldexperiment, wie beispielsweise einer gegabelten Befragung. Bei Anwendung statistischer Vorsichtsmaßregeln, wie hier dem Zusammensetzen der ursprünglichen

[37] Siehe S. 295.

Vergleichsgruppe aus statistischen Zwillingen zu den Mitgliedern der Testgruppe, bilden Quasi-Experimente aber eine gute Analysemöglichkeit, wenn – wie in diesem Fall – klassische Feldexperimente nicht möglich sind.

Trend-Beobachtungen führen über Jahrzehnte hinweg

Nach einem halben Jahrhundert Demoskopie in Deutschland gewinnen langfristige Trend-Beobachtungen immer mehr an Bedeutung für gesellschaftliche Analysen. Zum ersten Mal in der Geschichte können wir heute Veränderungen in den Meinungen, Verhaltensweisen und Grundwerten der Bevölkerung in repräsentativen, statistischen Daten über Jahrzehnte hinweg verfolgen. Diese Daten haben zwar keine Panel-Basis, werden aber durch exaktes Festhalten am Frageschema, durch Korrelationsanalysen teils auch im Zusammenhang mit Zeitereignissen und anderen externen Daten analysiert, etwas durchsichtig. Eine Panel-Basis wäre zwar für die Analyse günstiger, aber die Einzelergebnisse würden unter Umständen weniger verallgemeinerbare Aussagen darüber liefern, wie sich die Einstellung der Bevölkerung in Deutschland in beinahe fünfzig Jahren verändert hat, als es die vorliegenden Resultate aus repräsentativen Bevölkerungsumfragen tun. Die Abbildung 61 zeigt den Trend der Antworten auf die Frage: »Einmal ganz allgemein gesprochen: Interessieren Sie sich für Politik?« seit 1952 bis heute. Auffällig ist der deutliche Anstieg der Antwort: »Ja, ich interessiere mich für Politik« seit Anfang der sechziger Jahre bis Anfang der siebziger Jahre. Mit einem kontrollierten Quasi-Experiment[39] konnte in den sechziger Jahren nachgewiesen werden, daß diese Entwicklung vor allem auf die Einführung des Fernsehens zurückzuführen ist: In Haushalten, in denen das

[39] Siehe S. 485, Fußnote 36.

erste Fernsehgerät angeschafft wurde, stieg das Interesse an Politik sprunghaft an.[40]

Abb. 61

Hier das Gesamt-Ergebnis einer seit Jahrzehnten immer wieder gestellten Testfrage:[41]

Frage: »Welche Stunden sind Ihnen ganz allgemein am liebsten: Die Stunden während der Arbeit oder die Stunden, während Sie nicht arbeiten, oder mögen Sie beide gleich gern?«

	Westdeutschland							
	1962	1967	1975	1978	1984	1990	1994	2003
	%	%	%	%	%	%	%	%
Mag beide gern (oder sogar: Die Stunden während der Arbeit)	58	54	54	51	51	51	43	56
Wenn ich nicht arbeite	33	38	42	46	44	43	52	38
Unentschieden	9	8	4	3	5	6	5	6
	100	100	100	100	100	100	100	100

[40] Elisabeth Noelle-Neumann: Massenmedien und sozialer Wandel. Methodenkombination in der Wirkungsforschung. In: Zeitschrift für Soziologie, 8, 1979, S. 164–182. Noelle-Neumann 1994, S. 549.

[41] Allensbacher Archiv, IfD-Umfragen Nr. 253, August 1962, 2029, Juni 1967, 3018, August/September 1975, 3056, April 1978, 4051, Dezember 1984, 5032, März 1990, 5094, April/Mai 1994, 7049, Oktober/November 2003.

Das Ergebnis für die »Kohorte« der 16- bis 29jährigen von 1975, die 1984 (größtenteils) zur Gruppe der 30- bis 44jährigen gehörten, zeigt das folgende Bild:

	1975 16- bis 29jährige %	1984 30- bis 44jährige %
Mag beide gern (oder sogar: Die Stunden während der Arbeit)	47	60
Wenn ich nicht arbeite	48	35
Unentschieden	5	5
	100	100
n =	521	553

Dasselbe ist, wenn auch in geringerem Ausmaß, auch bei der Gruppe der zehn Jahre jüngeren zu beobachten:

	1984 16- bis 29jährige %	1994 30- bis 44jährige %
Mag beide gern (oder sogar: Die Stunden während der Arbeit)	41	44
Wenn ich nicht arbeite	54	49
Unentschieden	5	7
	100	100
n =	598	243

Die Arbeitsfreude scheint beim einzelnen also bis zu einem gewissen Grade vom Lebensalter (bzw. vielleicht von dem dann oft größeren beruflichen Können und in Verbindung damit der besseren beruflichen Position[42]) abhängig zu sein. Der generelle Trend ist davon aber nicht betroffen, weil bis in die 90er Jahre jede neue Generation mit weniger Freude ins Berufsleben ein-

[42] Vgl. S. 427.

stieg und damit der Anstieg der Arbeitsfreude bei den über 30jährigen in jedem Jahrzehnt von einem niedrigeren Niveau ausging:

	unter 30jährige							
	1962	1967	1975	1978	1984	1990	1994	2003
	%	%	%	%	%	%	%	%
Mag beide gern (oder sogar: Die Stunden während der Arbeit)	53	55	47	43	41	38	29	38
Wenn ich nicht arbeite	39	42	48	54	54	57	64	57
Unentschieden	8	3	5	3	5	5	7	5
	100	100	100	100	100	100	100	100

Nutzt sich ein Bild ab? Der Zeitraffer-Test

Wenige Wochen vor einer Bundestagswahl standen die Werbestrategen einer Partei vor dem Problem, entscheiden zu müssen, welches Foto ihres Spitzenkandidaten für die Wahlkampfplakate der Partei ausgewählt werden sollte. Zwei Entwürfe standen zur Wahl: Das eine Bild zeigte den Kandidaten betont fröhlich lächelnd, das andere eher ernst und energisch. Ein Umfrageinstitut wurde beauftragt zu testen, welches Plakat bei der Bevölkerung größeren Erfolg haben würde. In einer Repräsentativbefragung wurden die Befragten gebeten, mit Hilfe einer Stapel-Skala, die von +5 bis – 5 reichte[43], zu sagen, wie gut sie das Plakat fanden.[44] Der Durchschnittswert betrug + 1,8 für das strahlende und +1,93 für das ernste Porträt. Ein sehr geringer Unterschied also, die Plakatentwürfe schienen gleichwertig zu sein. Aber wie wirkt ein solches Plakat auf den Betrachter, wenn es in tausendfacher Ausfertigung über Wochen überall zu sehen ist? Nutzt sich ein anfangs interessantes, sympathisches

[43] Siehe S. 152 und S. 531.

[44] Allensbacher Archiv, IfD-Umfrage Nr. 2186, Juni 1976.

Bild ab, wird es langweilig, fad? Oder gewinnt es im Gegenteil bei mehrmaliger Betrachtung? Da unmittelbar vor dem Beginn eines Wahlkampfes keine Zeit bleibt für längerfristig angelegte Experimente, Panel- oder Trendanalysen, mußte auf andere Weise getestet werden, wie die Plakatentwürfe bei zunehmender Gewöhnung des Betrachters an das Motiv wirken würden.

Eine Lösung bietet in solchen Fällen der Zeitraffer-Test: Den Befragten wird das zu bewertende Bild nicht *einmal*, sondern *dreimal* zur Bewertung vorgelegt: am Anfang, in der Mitte und am Ende einer Mehrthemen-Umfrage. Auf diese Weise wird – zumindest im Ansatz – die Wahlkampf-Situation simuliert: Der Befragte sieht das Bild mehrmals und gewöhnt sich an das Motiv. Bei der wiederholten Vorlage der beiden Kandidaten-

TEST VON ZWEI KANDIDATEN-WAHLKAMPFPLAKATEN

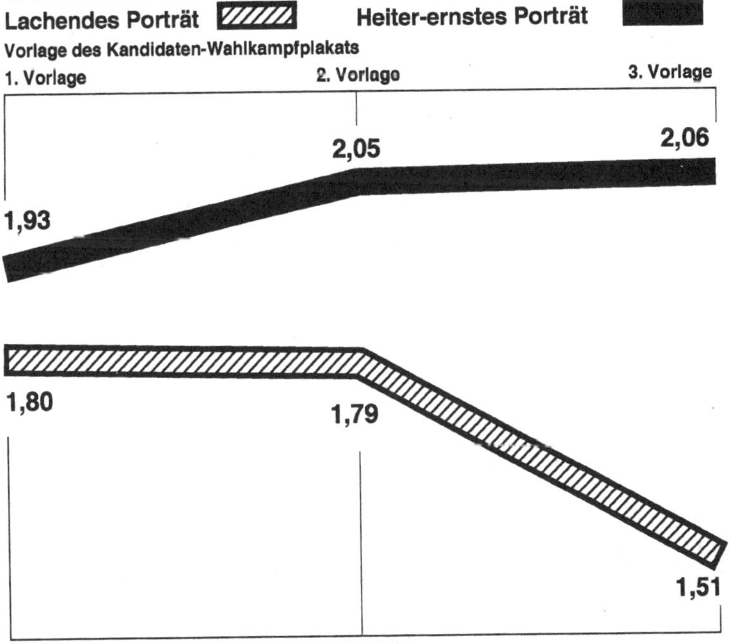

Quelle: Allensbacher Archiv, IfD-Umfrage 2186, Juni 1976

Abb. 62

Fotos änderten sich die Reaktionen der Befragten erheblich. Am Schluß des Interviews, bei der dritten Vorlage, war das Urteil über das strahlende Porträt von 1,8 auf 1,51 abgefallen, während umgekehrt das Urteil über das eher ernste Bild von 1,9 auf fast 2,06 anstieg. Nun war der Abstand so groß, daß die Entscheidung zugunsten des ernsten Porträts fallen mußte.[45]

Motivforschung

Vielleicht erinnert sich der Leser an den eingangs gegebenen Bericht über eine junge Frau, die die Frage: »Sind Sie enttäuscht von den Parteien?« mit der Rückfrage beantwortete: »Kommt danach warum?«[46] Tatsächlich gab es in der Frühzeit der Umfrageforschung im Interview kaum eine Frage nach einer Meinung, der nicht eine Frage nach dem »Warum«, nach der Begründung: »Warum denken Sie so?« gefolgt wäre. Ebenso geschah es mit der Ermittlung von Motiven: Das Programm, das dem Marktforscher von einer Firma übermittelt wurde, sah in dieser Zeit etwa so aus:

»Wir beauftragen Sie, folgende Fragen an den Verbraucher zu stellen:

1. Wo kaufen Sie Schuhcreme ein? Und warum?
2. Welche Marke nehmen Sie? Und warum?
3. Nehmen Sie eine Konsum-Preisklasse oder eine gehobene Preisklasse? Und warum?«

Einige Zeit hindurch nahm man an, die Gründe für Verhalten oder Meinungen seien im Zuge einer Umfrage ebenso leicht zu fassen wie andere Fakten. Indessen: Mit direkten Fragen kann man wohl erforschen, ob jemand im Haushalt eine Schreibmaschine hat, welche Zahnpasta-Marke er kauft, welcher von vier

[45] Siehe Elisabeth Noelle-Neumann: Wahlentscheidung in der Fernsehdemokratie. Würzburg 1980, S. 139f.

[46] S. 124.

Entwürfen für ein Eigenheim ihm am besten gefällt. Motive jedoch lassen sich so nicht – auf keinen Fall vollständig oder zuverlässig – erforschen, und es ist auch leicht einzusehen, weshalb das nicht möglich ist:[47] Teils wollen Menschen ihre Motive nicht darlegen – vielleicht, weil sie ihnen unvernünftig erscheinen oder ihr Prestigegefühl oder ihr Anstandsgefühl es nicht erlauben, rückhaltlos Auskunft zu geben; teils können sie ihre Motive nicht angeben, weil sie ihnen selber nicht bewußt sind – vielleicht weil sie sich selbst nicht zu beobachten vermögen, oder weil sie sich Selbsttäuschungen hingeben, oder weil die Wurzeln des Verhaltens weit zurück in der Vergangenheit liegen, vielleicht in unzugänglichen Schichten des Unterbewußten, oder auch weil die Einstellungen von ihrer Umwelt, von soziologischen oder kulturellen oder historischen Umständen geprägt sind, ohne daß es dem Individuum bewußt wird.

Nachdem – ausgelöst wieder durch einen Artikel von Lazarsfeld 1935[48] – zunehmend eingesehen wurde, daß allein mit der Frage »warum« wenig – und zum Teil sogar Irreführendes – über die Motive der Menschen herausgebracht wird, verfiel man für einige Jahre weithin in das andere Extrem: Man glaubte, man müsse auf alle in den letzten Jahrzehnten gewonnenen Instrumente – statistische Repräsentanz, einheitliche Erhebung durch strukturierte Fragebogen, mathematisch-statistische Analyse – bei der Erforschung der Motive verzichten und könne nur mit »Tiefeninterviews« in diesen Bereich eindringen. Damit komme man an so elementare menschliche Beweggründe, an Schichten, in denen alle Menschen so ähnlich seien, daß mit einer relativ kleinen Zahl von »Tiefeninterviews« – vielleicht 50 oder 100 oder 150 – die gewünschten Aufschlüsse zu erhalten seien.[49]

Heute ist die Synthese gefunden. Die Schwierigkeit, Motive aufzudecken, ist allgemein erkannt, ebenso aber auch die Begrenzung der psychologischen Exploration, bei der die nicht individuell bedingten, sondern gruppentypischen oder von der Umwelt abhängigen Einstellungen, Verhaltensweisen, Motive

[47] Siehe S. 511–517.

[48] The Art of Asking Why – Three Principles Underlying the Formulation of Questionnaires. National Marketing Review, 1, Sommer 1935, Nr. 1.

[49] Ein Ausdruck dieser extremen Konzeption sind Arbeiten von Ernest Dichter, eine Richtung, die durch Vance Packard: Die geheimen Verführer, Düsseldorf 1958, popularisiert wurde.

nicht aufgedeckt werden können. Solche Zusammenhänge erkennt man nur durch Querschnittsbefragungen. Hinzu kommt die Einsicht in die Notwendigkeit, auch bei Motivforschung die Untersuchungen so anzulegen, daß ihre Ergebnisse Beweiskraft besitzen, und Beweise lassen sich nun einmal nur mit Zahlen, d. h. also mit Statistik führen. Die Folge ist eine Kombination von Untersuchungsmethoden, die nacheinander oft in drei- oder vierstufigen Untersuchungen angewandt werden.

Hier ein Schema einer solchen Untersuchung: Zunächst wird mit freien, unstrukturierten Interviews (»Explorationen«, Intensiv-Interviews oder auch »Gruppendiskussionen«)[50] der Bereich sondiert, anschließend mit halbstrukturierten Interviews und kleinen kontrastierenden Testgruppen (Anhänger – Gegner, Verbraucher – Nichtverbraucher, »Extremgruppen-Analyse«[51]) zu je 20 bis 30 Personen eine psychologische Studie durchgeführt, zahlenmäßig ausgewertet und interpretiert. In einer Mehr-Themen-Umfrage wird inzwischen auf der Basis von 1000 bis 2000 Interviews die demographische Struktur der beteiligten Gruppen (Anhänger – Gegner usw.) überprüft, teils als Beitrag zur Motivanalyse, teils auch zur Vorbereitung der Stichprobe für die weiteren Untersuchungsstufen. Gibt es Fachliteratur, statistische Quellen oder andere Unterlagen (Programme, Produkte, Anzeigen), werden sie jetzt ebenfalls herangezogen. Es folgt eine sozialpsychologische Leitstudie (»Pilot« in englischer Terminologie = »Lotse«) mit vielleicht 200 Interviews mit verschiedenen, nach kontrastierenden Merkmalen ausgesuchten Testgruppen, um den oft unbewußten Einfluß soziologischer, kultureller, regionaler, historischer Faktoren zu sondieren, weiter für alle Faktoren, die nach dem derzeitigen Stand der Untersuchung vielleicht ins Spiel kommen könnten, eine provisorische Korrelationsanalyse durchzuführen und schließlich die für die letzte Stufe geplanten Frageformen und Tests zu erproben.[52] Diese letzte Stufe bildet eine Umfrage auf breiterer statistischer Basis – vielleicht mit 2000 Interviews, wieder verteilt auf kontrastierende Testgruppen; sie soll die in den ersten zwei Stufen entwickelten Hypothesen überprüfen.

[50] Siehe auch S. 76–79. Dort auch Literatur zum Thema Gruppendiskussion und Tiefeninterviews (Fußnote 11).

[51] Siehe S. 540–541. Ring 1992, S. 262–267.

[52] Siehe auch S. 117–119.

Suchphase und Beweisphase

Die Qualität einer Umfrage auf neuem Feld wird deutlich gesteigert, wenn die Untersuchung nach dem eben beschriebenen Muster als Mehr-Stufen-Modell angelegt wird. Nur die verbreitete Gleichgültigkeit gegen Qualitätsunterschiede in der empirischen Sozialforschung erklärt, daß das Mehr-Stufen-Modell nicht längst bei schwierigen Aufgaben selbstverständlich ist. Verhältnismäßig häufig begegnet man noch der *zweistufigen* Untersuchung, am Anfang Gruppendiskussion, fokussierte Interviews, unstrukturierte »Tiefeninterviews« und, auf dieser Vorstufe aufbauend, dann der strukturierte Fragebogen der Hauptstufe.

Kaum entdeckt ist dagegen der große Vorzug der Zwischenstufe, bei der mit ganz oder halb strukturiertem Fragebogen eine Befragung mit etwa 200 Interviews durchgeführt, ausgezählt und analysiert wird. Keine noch so intensive Fall-Studie, kein noch so ausgedehntes Tiefen-Interview kann Sachverhalte zum Vorschein bringen, die dem Befragten nicht bewußt sind und über die er darum auch nicht spricht. Gewiß gibt es Indikatoren, Freudsche Versprecher gehören wahrscheinlich dazu. Aber die Interpretationen bleiben auf die Einzelperson bezogen, sind weitgehend subjektiv, der Nachweischarakter des »wiederholbar, überprüfbar« fehlt.

Beim Übergang vom Individuum der Fall-Studie auf das Aggregat eines Miniatur-Querschnitts lassen sich Korrelationen finden, die dem einzelnen unbewußt sind. Auf der Makro-Ebene, auch wenn sie noch klein ist, kann man nach Zusammenhängen suchen, die die Anlage des endgültigen Fragebogens beeinflussen werden. 200 Interviews erlauben auch schon, ein kontrolliertes Feldexperiment durchzuführen, mit je 100 Interviews in gegabelter Befragung besonders geeignet, um Unbewußtes hervortreten zu lassen. Es kommt hinzu, was oben schon im Kapitel über die Fragebogenkonferenz über die Strichliste beim Auszählen einer kleinen Zahl von Probeinterviews gesagt wurde.[53] Hier gilt erst recht: Die erste Übersicht,

[53] Siehe S. 119.

wie die Antworten auf die geplanten Fragen streuen werden, zeigt oft bereits, daß eine Frage nicht so funktioniert, wie erwartet und gewünscht. Ein besonderes Alarmzeichen ist es immer, wenn viele Befragte unentschieden bleiben.

Daß die Zwischenstufe einer strukturierten Vor-Befragung mit 200 Interviews so wenig verbreitet ist, hängt auch mit einem Dogma zusammen, wonach eine Umfrage aus einer Forschungshypothese abgeleitet werden müsse, die bestätigt (»verifiziert«) oder widerlegt (»falsifiziert«) werden soll.[54] Ganz im Gegensatz zu den Naturwissenschaften verfügt die Sozialwissenschaft aber nur in seltenen Ausnahmefällen über ausgearbeitete und in sich stimmige Theorien, die es dann gilt, mit den Mitteln der Demoskopie zu überprüfen. In der Regel sind nur wenige, eher dürftige, gelegentlich auch gar keine theoretischen Ansätze vorhanden. Wollte sich die Umfrageforschung darauf beschränken, diese bescheidenen Hypothesen zu testen, wäre man in der Sozialforschung, gerade auch bei der Motivforschung, sehr schnell am Ende jeder Erkenntnis angelangt. Der Gedanke, Wissenschaft sei die Überprüfung von Hypothesen, ist dabei nicht komplett falsch, aber er ist unvollständig, erklärt nur einen Teil der Forschung. Das wird deutlich, wenn man sich vor Augen führt, daß der Forschungsprozeß in der Sozialwissenschaft aus zwei Schritten besteht, die ganz unterschiedliche Denkweisen erfordern: der »Suchphase« und der »Beweisphase«.

Der erste Schritt, die Suchphase, dient dazu, Hypothesen, Ideen, mögliche Zusammenhänge zu entdecken. In der Motivforschung zum Beispiel, steht am Anfang einer Untersuchung die Frage: »warum?« Warum gehen so wenig junge Frauen wählen? Warum verreisen immer weniger Menschen in die Schweiz? Warum wird so wenig Fisch gegessen? Oft sind aber die Fragestellungen noch unpräziser: Wie hat sich das Verhältnis der Generationen zueinander verändert – und warum? Oder man stößt unvorbereitet auf völlig überraschende Ergebnisse, die zu keiner Theorie zu passen scheinen: Nach der deutschen Wiedervereinigung zeigten sich die Westdeutschen verunsicherter, sagten häufiger »ich verstehe die Welt nicht mehr« als die Ostdeutschen. Warum? In der Suchphase einer Studie werden

[54] Siehe S. 422–444.

nun Antworten auf die Frage gesucht: Woran *könnte* es liegen? Ohne ausgefeilte Theorien auszuarbeiten, was nach dem Stand der Kenntnisse in dieser Phase ohnehin nicht möglich wäre, werden Hinweise gesucht. Spuren, denen im weiteren Verlauf oder auch bei späteren Untersuchungen nachgegangen werden könnte. Der Erfolg der Suchphase in der Sozialforschung ist davon abhängig, ob es gelingt, das Entdeckungspotential der Umfragemethode zu nutzen und zu fördern. Nicht die Bestätigung oder Widerlegung bereits bestehender Ideen ist hier der Hauptzweck aller Bemühungen, sondern gerade das Hervortreten unerwarteter Reaktionen, die Überraschung, das Auftauchen von Zusammenhängen, an die man vorher gar nicht gedacht hatte, Ideen, auf die man sonst gar nicht gekommen wäre. Das Entdeckungspotential der Umfrageforschung läßt sich systematisch steigern durch den Gebrauch geeigneter Methoden. Die »qualitativen« Verfahren[55] gehören dazu und natürlich die oben beschriebene zweite Stufe einer mehrstufigen Untersuchung: Befragung eines kleinen Bevölkerungsquerschnitts vor der eigentlichen Haupt-Umfrage. Aber auch durch geschickt ausgewählte Fragemodelle in einer großen repräsentativen Umfrage werden Entdeckungen gefördert. Aus der Psychologie übernommene Tests, wie der Rorschach- und der Baumtest[56], Interviewereinstufungen, mit denen die Interviewer bestimmte Charakteristiken der Mimik und der Gestik der Befragten im Fragebogen festhalten[57], Feldexperimente[58], auch Analyseformen: Extremgruppen-[59], Überschuß-Defizit-Analyse[60], Nahbild und Fernbild.[61] Auch dann, wenn einmal die Hauptaufgabe einer Umfrage in der Überprüfung einer bestimmten Hypothese besteht, sind überraschende Erkenntnisse immer ein Gewinn.

Eines ist in der Suchphase einer Untersuchung von geringer Bedeutung: die statistische, exakte Beweisbarkeit eines Befundes. Ob ein Ergebnis statistisch signifikant, also so eindeutig ist,

55 Siehe S. 76–79.
56 Siehe S. 177–181.
57 Siehe S. 189–190.
58 Siehe S. 461–468.
59 Siehe S. 540–541.
60 Siehe S. 523–524.
61 Siehe S. 525–530.

daß man den Zufall als Ursache des Befundes ausschließen kann, ist hier – vorerst – nebensächlich. Die Methoden der Suchphase sind in der Regel nicht geeignet, Beweise zu erbringen. Sie decken Fährten auf, fördern die Bildung von Hypothesen, die dann in der nachfolgenden Phase, der Beweisphase, überprüft werden. Hier werden nun Testfragen und Untersuchungskonzepte entwickelt, die genau auf den in der Suchphase in der Regel nur vage erkennbaren vermuteten Sachverhalt zugeschnitten sind, hier zeigt sich, ob die Vermutungen sich im Test bestätigen. Zu den Mitteln der Beweisphase gehört eine exakte statistische Beweisführung mit Hilfe von Korrelationskoeffizienten, Signifikanzberechnungen und gegebenenfalls zusätzlichen mathematischen Analyseverfahren.

Nur auf diese zweite Phase, die Beweisphase, treffen die Regeln des gängigen Wissenschaftsdogmas zu: Es gibt eine ganz konkrete Ausgangsfrage, die verbindlich beantwortet werden muß. Dies ist zum Beispiel bei demoskopischen Rechtsgutachten der Fall, etwa wenn überprüft werden soll, ob die Bevölkerung die Bezeichnung »Zöpfli« für Teigwaren mit einem bestimmten Nudelhersteller in Verbindung bringt oder nicht, oder ob die Verpackungen zweier konkurrierender Lebensmittelhersteller vom Kunden im Supermarkt verwechselt werden oder nicht.[62] In der Sozialforschung ist der grundlegende Wissensstand aber immer noch so gering, daß auf die Suchphase, die bewußte Herausforderung überraschender Ergebnisse, nicht verzichtet werden kann und auch Ergebnissen unterhalb der Signifikanzschwelle nachgegangen werden muß, wenn sie Tragweite haben können.

[62] Siehe S. 167.

Personenbezogene und merkmalbezogene Motivforschung

An der Motivforschung beeindruckt das reichhaltige Instrumentarium, es faszinieren die aus der klinischen Psychologie übernommenen Tests (vgl. S. 171–189), die man in kleinen Testgruppen oder auch auf statistisch breiter Basis benutzt, um spontanere, rückhaltlosere, vom Verstand nicht fabrizierte (»Rationalisierungen«) oder kontrollierte, auch aus dem Bereich des Unterbewußtseins aufsteigende Reaktionen zu erhalten.

Die wesentliche Trennlinie zwischen den zur Motivforschung benutzten Methoden läuft jedoch nicht zwischen »Tests« und »Fragebogenfragen«, auch nicht zwischen Studien mit einer kleinen oder großen Zahl von Interviews, »quantitativen« und »qualitativen« Studien[63], die Trennlinie verläuft in einer anderen Richtung, die aus der Einleitung dieses Bandes, aus der Unterscheidung zwischen »Ganzheitsbereich« und »Merkmalsbereich« bekannt ist:

A) Personengebundene Motivanalyse. Die Befragten berich-

[63] Mit dem unglücklichen vieldeutigen Begriffspaar »quantitativ« und »qualitativ« ist die Methodendiskussion seit Jahrzehnten vernebelt worden. »Das Herausstellen der Wörter ›Quantität‹ und ›Qualität‹, und zwar stets als Gegensätze, war wahrscheinlich eine Erbschaft der idealistischen Philosophie. Die weit verbreitete und unkritische Übernahme dieser Gegenüberstellung hat wahrscheinlich viel dazu beigetragen, daß man das Problem der Quantifizierung nicht richtig erkannte, es nicht als eine Frage des Messens sah (sondern eher als eine logische Frage)«, schreibt Anthony R. Oberschall, 1962, S. 33.

In einer in den letzten Jahren bei der Auseinandersetzung über die Motivforschung aufgekommenen Terminologie werden die Bezeichnungen »quantitative Fragen« und »qualitative Fragen« im Sinne einer Unterscheidung zwischen objektiven Fragen (»Nasenzählen«) und subjektiven Fragen gebraucht. Daher kommt auch der gängige Ausdruck: »rein quantitativ«; er enthält unausgesprochen den richtigen Hinweis, daß – methodisch gesehen – objektive Sachverhalte leichter als subjektive zu ermitteln sind. Da sich aber Untersuchungsresultate, die sich auf objektive Daten beziehen, sehr viel eher auf ihre Richtigkeit (validity) durch unabhängige Statistiken kontrollieren lassen, sind gerade Ermittlungen subjektiver (»qualitativer«) Sachverhalte zum Tummelplatz mangelhafter Erhebungen geworden.

Den Begriff »quantitativ« können wir in der Sozialforschung einwandfrei nur im Sinne von »Messen« gebrauchen: Die zahlenmäßigen Relationen, in denen bestimmte Merkmale vorkommen, sind bekannt oder sollen bestimmt werden. Vielfach wird der Begriff »quantitativ« noch weiter eingeengt und bezeichnet dann allein numerische Kategorien. So Louis Guttman in dem Aufsatz: Measurement and Prediction. A Discussion. In: Samuel A. Stouffer: Measurement and Prediction. Urbana, Ill. 1957. (Studies in World War II., Bd. 4).

ten selbst über ihre Motive oder werden psychologisch mit dem Ziel getestet, ihre Motive zum Vorschein zu bringen.

B) Motivanalyse an Gruppen durch Zahlenverarbeitung von Merkmalen. Die Befragten beantworten Fragen oder Tests, die erst durch statistische Verarbeitung einen Sinn bekommen. Die Werkzeuge sind Experimente und Korrelationsanalysen.

Bei der Lektüre einzelner Fragebogen oder Test-Protokolle der Kategorie A kann man sich ein gewisses Bild machen, aus welchen Motiven der Befragte handelte oder eine bestimmte Einstellung vertritt; nach den Angaben auf Fragen der B-Kategorie weiß man über die Motive des Befragten noch gar nichts; die Fragen selbst scheinen vielfach nicht einmal den Gegenstand zu betreffen, der durch die Motivforschung untersucht werden soll.

Aufklärung des Einzelfalls

Zur A-Kategorie der personengebundenen Motiv-Analyse gehören die direkten »offenen« Fragen nach den Gründen einer Handlung oder Haltung, die »Warum«-Fragen, die auch heute bei der Motivforschung nützlich sind und wahrscheinlich immer nützlich bleiben werden, wenn man sich nur darüber klar ist, daß ihre Ergebnisse gelegentlich genau in die falsche Richtung weisen. Das gilt auch, wenn der Befragte selbst Rangskalen aufstellen soll, welcher Punkt für seinen Entschluß am wichtigsten war, welcher am zweitwichtigsten, drittwichtigsten usw. Bei einer Studie über den Kauf von Radiogeräten beispielsweise hatten die Befragten Schönheit des Gerätes an den letzten Platz der für sie wichtigen Gründe gestellt; nach einer Korrelationsanalyse der Ergebnisse einer Serie von Testfragen gehörte dieser Punkt – das schöne Aussehen des Apparats – jedoch an den ersten Platz, danach hatten sich die Käufer vor allem anderen entschieden.[64]

[64] 21 % der Käufer erklärten, sie hätten sich schon beim Betrachten des Schaufensters für das später gekaufte Gerät entschieden. Allensbacher Archiv, IfD-Bericht Nr. 354 (S. 55).

Die »Warum«-Frage hat außerdem den Nachteil aller offenen Fragen[65], unvollständig und »multidimensional« beantwortet zu werden. Der eine spricht vom Preis, der andere von der Schönheit des Geräts, der nächste von dem gerissenen Vertreter, der nächste von den Ratschlägen des Nachbarn – wir haben keine Sicherheit, ob nicht bei dem Käufer, der den Preis erwähnt, auch der Nachbar eine Rolle spielt, oder ob der, der die Schönheit des Gerätes lobt, nicht auch den Preis besonders günstig fand.

Um die direkten Auskünfte aufzufüllen und in einheitliche Form zu bringen, wird nach einem zuvor aufgestellten »Accounting scheme« (Zeisel, Lazarsfeld) ein »Buchungsschema« ausgearbeitet, das alle wichtig erscheinenden Aspekte in Testfragen einzeln aufgreift und daher leicht 80 bis 100 Fragen enthalten kann.

Bei der Analyse eines zurückliegenden Vorgangs (eines Kaufs, einer Wahlentscheidung, einer Meldung als Freiwilliger) wird die Rückerinnerung kunstvoll belebt, der Vorgang wieder aufgerollt, von Anfang an mit Hilfsfragen rekonstruiert. Man verfertigt, wie es gelegentlich auch ausgedrückt wird, ein »persönliches Inventar«. Das Material kann durch eine »Feldverschlüsselung«[66] des Interviewers abgerundet werden, wie nach seinem zusammengefaßten Eindruck die Entscheidung zustande kam, und es können hier auch »Tests«, zum Beispiel Satzergänzungstests[67], erscheinen, soweit sie versprechen, in die Motive des einzelnen Einblick zu geben.

Ein Satzergänzungstest, bei dem etwa der angefangene Satz: »Du kennst doch die Marianne: Seitdem sie jetzt eine Brille trägt…« von den Testpersonen (die trotz schlechter Augen keine Brille benutzen) vornehmlich mit spontanen Aussagen ergänzt wird wie: »… sieht sie viel hochmütiger aus, denkt sie, sie ist was Besseres, kennt sie uns nicht mehr, sieht sie wie eine Studierte aus«, spricht schon allein dafür, daß bei diesen Befragten weniger Eitelkeit, Sorge um die Schönheit hinter dem Verzicht auf die Brille stehen als Status-Fragen, als die Abneigung, sich eine soziale Position durch den Gebrauch eines Gegenstandes anzumaßen, der als Status-Symbol empfunden wird.[68]

[65] Siehe S. 128–130.
[66] Siehe S. 382–383.
[67] Siehe S. 160–163.
[68] Vgl. S. 96.

Bei jedem solcher Gespräche geht es um die Aufklärung eines Einzelfalls. Das gleiche gilt für die ebenfalls zur Kategorie der personengebundenen Analysen gehörenden »exploratorischen«, freien, nur an Hand von Leitfäden geführten Intensiv-Interviews, die in den fünfziger Jahren eine Zeitlang mit »Motivforschung« beinahe gleichgesetzt wurden. Man löst sich hier vom Frageschema, bewegt die Befragten zu möglichst breitströmenden Mitteilungen und benutzt die Hilfsmittel psychologischer Tests, um »tiefer« in sie einzudringen und die verborgene Wahrheit über die Motive zu erkennen. Schwerpunkt der Untersuchung bleibt das Individuum.

Der Pferdefuß aller solcher Untersuchungen, die den Einzelfall zu klären trachten, ist die große Ermessensfreiheit, die dabei dem Forscher für seine Schlußfolgerungen bleibt. Er kann auslegen und interpretieren, ohne von seinem subjektiven Urteil unbeeinflußte zahlenmäßige Nachweise liefern zu müssen. Wissenschaftlich kann man jedoch eine Erkenntnis nur nennen, wenn sie ihrer Methode nach wiederholbar, überprüfbar und von anderen Wissenschaftlern nachvollziehbar ist.

Der Einkaufszettel mit Nescafé – ein Klassiker statistischer Motivforschung

Unsere Kategorie B – Motivanalyse an Gruppen durch Zahlenverarbeitung gefundener Merkmale – wirkt wie üblich zunächst etwas unanschaulich, man braucht statistisches Abstraktionsvermögen, um sich dabei wohl zu fühlen.

Wir beginnen die Illustration dieser Kategorie mit einem zu klassischer Berühmtheit gelangten Stück Motivforschung aus dem Jahre 1949[69]: Damals legte Mason Haire von der University of California einer Gruppe von Hausfrauen einen Einkaufszettel vor und stellte dazu die Testaufgabe:

[69] Mason Haire: Projective Techniques in Marketing Research. In: Journal of Marketing, 14, April 1950, Nr. 5, S. 649 ff.

»Lesen Sie bitte einmal diesen Einkaufszettel. Versuchen Sie, sich in die ganze Situation hineinzudenken, bis Sie sich ziemlich deutlich die Hausfrau vorstellen können, die diese Lebensmittel einkaufte. Dann geben Sie bitte eine kurze Beschreibung dieser Hausfrau, ihrer Wesensart, ihrer Eigenschaften.«

Der Einkaufszettel enthielt die folgenden Punkte:
1 1/2 Pfund Gehacktes
2 Brote
1 Bund Karotten
2 Dosen Rumfords Backpulver
1 Dose Nescafé
2 Dosen Pfirsichkompott
5 Pfund Kartoffeln

Fast jede zweite Befragte stellte sich nach diesem Einkaufszettel die Hausfrau bequem und außerdem kopflos in der Haushaltsführung vor.

Einer zweiten Testgruppe von Frauen wurde die gleiche Aufgabe gestellt, nur gab es in dem Einkaufszettel, den man zeigte, einen Unterschied: Statt »1 Dose Nescafé« hieß es »1 Pfund Bohnenkaffee«.

In dieser zweiten Testgruppe kam die Beschreibung »bequeme Hausfrau« überhaupt nicht und »kopflos« nur selten (12 Prozent) vor. Man sieht: Die einzelnen Beschreibungen geben, betrachtet man sie für sich allein, weder in der ersten noch in der zweiten Testgruppe irgendwelchen Aufschluß – in der zweiten Testgruppe war sogar von dem Objekt der Motivforschung, Nescafé, gar nicht die Rede. Aber beim Vergleich beider Testgruppen bewies dieser »projektive Test«[70], daß Nescafé von Hausfrauen mit Bequemlichkeit, Faulheit und Kopflosigkeit assoziiert wurde. Zu untersuchen, wie stark diese Vorstellungen den Verzicht auf Nescafé motivierten, ist Aufgabe der nächsten Stufe.

In der Anlage dieser Studie erkennen wir das zuvor beschriebene Modell des statistischen Experiments. So auch in dem folgenden Fall einer Einstellungs- und Motivstudie aus dem Jahr 1988.[71]

[70] Bezeichnung für Tests, bei denen die Versuchsperson eigene Vorstellungen in eine dargestellte Figur, Szene hineinprojiziert. Siehe auch S. 182–185.

[71] Allensbacher Archiv, IfD-Bericht Nr. 382.

Junger Mann mit Zigarette: Vom Rauchen wird bei einer Motivstudie über das Rauchen nicht gesprochen

Einem repräsentativen Querschnitt der Bevölkerung ab 16 Jahren wurde das Bild eines Mannes gezeigt mit der Aufforderung zu schätzen, wie alt dieser Mann wohl sei, ob er einem gefalle und ob er so aussehe wie jemand, der in seinem Beruf erfolgreich ist.

Ein zweiter vergleichbarer Querschnitt sah die gleiche Zeichnung, mit dem einzigen Unterschied, daß der junge Mann diesmal eine Zigarette in der Hand hielt.

Wieder waren die Auskünfte der einzelnen Befragten und der einzelnen Testgruppen für sich betrachtet ohne Erkenntniswert, aber zusammengehalten konnte man aus dem Vergleich der Antworten beider Testgruppen die Einstellung der Bevölkerung zum Zigarettenrauchen ablesen – obgleich in keiner der beiden Testgruppen vom Zigarettenrauchen gesprochen worden war.

Das Bindeglied zur Motivforschung besteht in der Annahme, daß die Einstellungen der Menschen ihr Verhalten beeinflussen, daß Einstellungen Motive sind. Da auch umgekehrt das Verhalten die Einstellungen prägt, ist Motivforschung ebenfalls mit der Aufgabe befaßt, diese Wechselbeziehungen, die Richtung der Einflüsse mit Hilfe von Mehrfach-Korrelationen (»Multivariationsanalyse«[72]) oder Panel-Studien zu untersuchen.

An dem Beispiel des jungen Mannes mit und ohne Zigarette lassen sich noch zwei charakteristische Verfahrensweisen von Motivforschung illustrieren. Im Unterschied zu dem Einkaufszettel-Experiment, bei dem die Frauen unstrukturiert (»offen«) ihre Gedanken niederschreiben sollten – sind hier die Vorstellungen kanalisiert, strukturiert durch »geschlossene« Fragen erkundet worden. Das verbessert die statistische Qualität des Materials – das heißt, es ergibt eine größere Einheitlichkeit der Erhebung, eine größere Vollständigkeit der Daten, eine bessere Wiederholbarkeit und Überprüfbarkeit. Die Fragen selbst ergänzt man bei solchen Modellen oft durch Fragen nach der

[72] Siehe S. 432.

Abb. 63

»Eigen-Zuordnung«: Mit welchen Eigenschaften charakterisiert sich der Befragte selbst? und der »Ideal-Zuordnung«: Welche Eigenschaften besitzt ein sympathischer junger Mann, wie man ihn sich als Freund wünschte oder als Vorbild – beide Dimensionen können geprüft werden –, oder welche dieser Eigenschaften hat der beste Freund des Befragten?

Abb. 64

Korrelationsanalyse als beweiskräftiges Instrument der Motivforschung

Die Motivanalyse durch Zahlenverarbeitung ist nicht an die Benutzung psychologischer Tests oder die Anlage von Experimenten (einschließlich gegabelter Befragungen) gebunden, sie wird häufig allein mittels der Korrelationsanalyse durchgeführt.

Ein einfaches Stück »Motivanalyse« ist uns schon früher in dieser Darstellung begegnet: die Untersuchung der Motive zum Abschluß einer Lebensversicherung.[73] Hier brauchten wir keinen großen Apparat, sondern drei einfache Größen – Alter, Familienstand, Besitz einer Lebensversicherung – ließen ausrei-

[73] Siehe S. 429–432.

chend erkennen, daß ein wichtiges Motiv der Wunsch ist, die eigene Familie über die Leistungen der Sozialversicherung hinaus zu sichern.

Eine Motivanalyse, aus welchen Gründen Hörer mit ihrem Rundfunksender unzufrieden sind, arbeitete mit der Korrelation folgender Fragen:[74]

»Was ist – ganz allgemein – Ihre Meinung: Wird vom Sender A zuviel oder zuwenig Musik gesendet?«

»Und wenn Sie nun an die augenblicklichen Musiksendungen im Sender A denken: Sind die Zeiten der Musiksendungen für Sie persönlich günstig oder ungünstig?«

»Eine Frage zum Programm des Senders A: Wie ist ganz allgemein Ihr Urteil über den Sender A? Sind Sie mit dem Programm zufrieden oder nicht zufrieden?«

Es ergeben sich die folgenden einfachen Korrelations-Tabellen:

	Hörer im Sendegebiet, nach deren Meinung der Sender			
	zuwenig Musik sendet, %		gerade im richtigen Umfang Musik sendet, %	
sind mit dem Programm des Senders				
– sehr zufrieden	3	43%	11	88%
– zufrieden	40		77	
– nicht besonders zufrieden	50	54%	9	10%
– gar nicht zufrieden	4		1	
Keine Angabe	3		2	
	100		100	

[74] Allensbacher Archiv. IfD-Bericht Nr. 328. Veröffentlicht in: Fritz Eberhard: Der Rundfunkhörer und sein Programm. Ein Beitrag zur empirischen Sozialforschung. Berlin 1962, Kap. VII: Zufriedenheit, S. 231 (Abhandlungen und Materialien zur Publizistik, hrsg. von Fritz Eberhard, Band 1).

	Hörer im Sendegebiet, die die Zeiten der augenblicklichen Musiksendungen des Senders			
	ungünstig finden, %		günstig finden, %	
sind mit dem Programm des Senders				
– sehr zufrieden	2	60%	12	75%
– zufrieden	58		73	
– nicht besonders zufrieden	30	36%	13	14%
– gar nicht zufrieden	6		1	
Keine Angabe	4		1	
	100		100	

Die Kombination verschiedener Merkmale führte schließlich zu dem klaren Nachweis, daß Mangel an unterhaltenden Musiksendungen zu bestimmten gewünschten Zeiten, zum Beispiel nach der Heimkehr von der Arbeit, ein ausschlaggebendes Motiv der Unzufriedenheit mit dem Sender war.

	Mit dem Musikprogramm des Senders A			
	unzufriedene Hörer %		zufriedene Hörer %	
sind mit dem Programm des Senders ganz allgemein				
– sehr zufrieden	2	34%	14	91%
– zufrieden	32		77	
– nicht besonders zufrieden	58	64%	7	8%
– gar nicht zufrieden	6		1	
Keine Angabe	2		1	
	100		100	

Während bei diesem Beispiel auch die Angaben auf direkte Fragen nach den Gründen der Unzufriedenheit in die richtige Richtung wiesen, war beim nächsten Beispiel das Gegenteil der Fall. Es handelte sich um die Erforschung der Motive, aus denen heraus Lodenmäntel gekauft werden.[75] Auf direkte Fragen hieß es meistens sehr vernünftig: Weil Lodenmäntel praktisch sind, strapazierfähig, regenfest. Die Korrelationsanalyse arbeitete mit den folgenden Fragen:

»Gefallen Ihnen Lodenmäntel?« – »Könnten Sie mir beschreiben, was Ihnen an Lodenmänteln am besten gefällt?« – »Nehmen Sie an, Sie brauchten einen neuen Mantel. Würden Sie heute für sich einen Lodenmantel kaufen, wenn Sie irgendwo ein preisgünstiges Angebot fänden?«

Die Kreuzauszählung ergab folgende Tabelle:

	Es würden sich einen Lodenmantel		
	kaufen	nicht kaufen	
Personen, denen an Lodenmänteln besonders gefällt,			
– daß er wetterfest ist	49%	51%	= 100%
– daß er gut aussieht, hübsch ist	63%	37%	= 100%

Nicht diejenigen, die einen Lodenmantel als wetterfest loben, möchten ihn besonders gern kaufen, sondern diejenigen, die ihn schön finden. Das ist selbstverständlich nicht das einzige Motiv – Motivforschung zeigt meist, daß ein Bündel von Motiven zusammenkommen muß, um eine Handlung auszulösen –, aber ein wichtiges Motiv, dessen Realität bei der Herstellung von Lodenmänteln wie bei der Werbung praktische Folgerungen nahelegte. Wiederum hätte die Durchsicht einzelner Fragebogen das Gewicht dieses Motivs nicht erkennen lassen, und die direkten Begründungen hätten den Auftraggeber sogar irregeführt. Ob Motivforschung praktische Schlußfolgerungen ermöglicht – dieser Punkt erscheint sogar in einem kleinen Leitfaden zur Beurteilung der Qualität von Motivforschung, die der Professor an der Columbia-University New York, Robert J. Williams[76], ausgearbeitet hat:

1. Prüfen Sie sorgfältig die Stichprobe, auf die sich Empfehlungen stützen.

[75] Allensbacher Archiv, IfD-Bericht Nr. 171.
[76] Zitiert bei Harry Henry 1958/1960, S. 230.

2. Lassen Sie sich nicht durch »Tiefe« hinreißen – die Art der Interviews ist unterschiedlich und undurchsichtig, die Möglichkeiten, zu falschen Auslegungen und fragwürdigen Auffassungen zu kommen, sind vielfältig.

3. Behalten Sie die Möglichkeit im Auge, daß die Ergebnisse persönlichen Auffassungen des Motivforschers entspringen.

4. Hüten Sie sich vor Analysen, die das eine große Motiv entdecken; Handlungen sind nie das Ergebnis eines einzigen Motivs.

5. Achten Sie darauf, ob irgendwelche konkreten Empfehlungen gegeben sind.

Was sind interessante Motive? Man muß praktische Folgerungen aus ihrer Entdeckung ziehen können

Motivforschung wird ja nicht nur aus Wissensdrang betrieben, sondern oft aus praktischen Gründen, etwa, um die Zufriedenheit der Hörer mit ihrem Sender zu vergrößern oder um eine Werbekampagne richtig anzulegen. In solchem Fall soll sich die Motivforschung mit Motiven befassen, aus denen man Folgerungen ziehen kann, auf die man sich einstellen oder auf die man einwirken kann, und das beeinflußt auch die Methoden. Bei einer Motivstudie, was den Bohnenkaffeeverbrauch einengt, ist in diesem Sinn das Motiv des älteren Menschen, der wegen seines Herzens auf Bohnenkaffee verzichtet, ein uninteressantes Motiv; aber die Ansicht, Bohnenkaffee schicke sich nur am Sonntag oder am Nachmittag zu Kuchen, ist ein interessantes Motiv, wenig Kaffee zu trinken; denn darauf kann man mit einer Werbekampagne einwirken, diese Vorstellungen kann man verändern.[77]

Psychoanalytisch orientierte Motivforschung bewegt sich

[77] Das Beispiel stammt aus einer Motivanalyse in Österreich, die ein für den Auftraggeber, eine dort sehr bekannte Kaffee-Firma, völlig unerwartetes Image des Bohnenkaffees als Sonntagsritual zutage brachte.

leicht auf einer zu »tiefen« Ebene, die die konkrete Anwendung der Ergebnisse unmöglich macht. Zu »tief« heißt hier: Es wird von diesem Motiv ein zu großes Segment des Handelns eines Menschen bestimmt, als daß es Sinn hätte, darauf einzugehen.[78]

Die Umfrageforschung überschreitet die Grenzen der Aussagefähigkeit des Individuums

Einzelfallstudien ohne Sicherung durch statistische Analyse zur Grundlage praktischer Maßnahmen zu machen, ist halsbrecherisch. Nehmen wir eine Studie unter Männern, warum sie kein Rasierwasser verwenden. Intensiv-Interviews mit Männern von 34, 40, 45, 50 Jahren brachten eine Fülle von Erklärungen: »Zu teuer« – »Keine Zeit dafür« – »Finde ich unmännlich« – »Der Geruch ist mir unangenehm«. Die Korrelationsanalyse wies nach –, und durch nichts anderes sonst hätte man es nachweisen können – daß keine der Erklärungen zutraf: Der Grund für diese Männer, kein Rasierwasser zu verwenden, war, daß sie es vor ihrem 30. Lebensjahr nicht verwendet hatten.[79] Wer überhaupt je Rasierwasser nahm, hatte damit, wie die Repräsentativ-Erhebung zeigte, fast ausnahmslos vor dem 30. Lebensjahr und meist schon viel früher begonnen. Man mußte also in einer nächsten Untersuchungsstufe die unter 30jährigen Verbraucher und Nichtverbraucher befragen und ihre Antworten vergleichen, um etwas über die Motive, warum jemand kein Rasierwasser nimmt, zu erfahren.

Kann man – so lautet die bedenkliche Frage – etwas so Empfindliches wie psychologische Motive wirklich mit der kalten, unpersönlichen Statistik erfassen? Bei der Mehrzahl der bis hierher angeführten Beispiele der statistischen Motivforschung bewegen wir uns in Bereichen des Halbbewußten oder Unter-

[78] Mary Zeldenrust Noordanus: Typologie des consommateurs. Vortrag auf dem ESOMAR-Kongreß in Evian 1962.

[79] Allensbacher Archiv, IfD-Bericht Nr. 451. Vgl. auch S. 111 ff.

bewußten, in Bereichen, über die die Befragten keine Rechenschaft zu geben vermögen. Dennoch können wir mit den Mitteln des Experiments und der Korrelationsanalyse ihre Beweggründe aufdecken. Die Grenzen der Aussagefähigkeit der Einzelperson sind nicht mehr zugleich die Erkenntnisgrenzen der Repräsentativ-Befragungen. Die Grenzen der Aussagefähigkeit des einzelnen sind durch die Methodenentwicklung und zwar insbesondere des Feldexperiments in der Sozialforschung überschritten.

Lesendes Kind, spielendes Kind. Das Experiment zeigt den Stellenwert des Lesens

An einem weiteren Beispiel soll gezeigt werden, wie mit einer indirekt messenden Untersuchungsanlage Verhaltensweisen und Einstellungen ergründet werden können, die den Befragten oft entweder nicht bewußt sind, oder zu denen sie sich nicht bekennen würden, würde man sie direkt erfragen. In diesem Fall sollte untersucht werden, wie die Bevölkerung gegenüber dem Bücherlesen von Kindern eingestellt ist, inwieweit in der Gesellschaft – und damit auch in den Familien – ein Klima herrscht, in dem Kinder zum Lesen ermuntert werden. Direkte Fragen erbrachten beeindruckende Bekenntnisse zugunsten einer Erziehung zum Lesen: Jeweils eine deutliche Mehrheit der Bevölkerung meinte, man solle Kinder zum Lesen ermuntern und Bücherlesen sei wichtig für die Entwicklung eines Kindes.[80] Man hätte angesichts dieser Ergebnisse vermuten können, das Lesen der Kinder würde allgemein für besonders wichtig gehalten und ernst genommen. Aber stimmte das wirklich? Ent-

80 Allensbacher Archiv, IfD-Umfragen Nr. 5001, Februar/März 1988, 5017, März 1989. Eine Übersicht der Ergebnisse in: Elisabeth Noelle-Neumann, Renate Köcher (Hrsg.): Allensbacher Jahrbuch der Demoskopie 1984–1992, München, New York, London, Paris und Allensbach 1993, S. 335–343.

sprach das Verhalten der Erwachsenen lesenden Kindern gegenüber auch den in ihren Antworten auf die direkten Fragen geäußerten Überzeugungen? Mit einem Fragebogen-Experiment wurde versucht, diese Frage zu beantworten. Ähnlich wie bei der eben beschriebenen Image-Studie über das Rauchen wurden in zwei Befragten-Halbgruppen unterschiedliche Bildblätter vorgelegt.

Abb. 65 u. 66

Frage in Gruppe A:
»Ich möchte Ihnen eine Situation schildern. Ein Kind liest in einem Buch. Die Mutter ruft das Kind, es soll gerade etwas im Haushalt helfen. Das Kind antwortet: ›Nur noch ein paar Seiten, dann ist das Buch zu Ende, dann komme ich.‹ Was würden Sie anstelle der Mutter jetzt tun: warten, bis es das Buch ausgelesen hat, oder dem Kind sagen, daß es sein Buch später zu Ende lesen kann?«

Frage in Gruppe B:
»Ich möchte Ihnen eine Situation schildern. Ein Kind spielt mit Bausteinen. Die Mutter ruft das Kind, es soll gerade etwas im Haushalt helfen. Das Kind antwortet: ›Nur noch ein paar Steine, dann ist das Haus fertig, dann komme ich.‹ Was würden Sie anstelle der Mutter jetzt tun: warten, bis das Haus fertig ist, oder dem Kind sagen, daß es sein Haus später zu Ende bauen kann?«[80b]

	Februar 1997 Bevölkerung ab 16 Jahre	
	Gruppe A (Lesendes Kind) %	Gruppe B (Spielendes Kind) %
Würde dem Kind sagen, es soll sofort kommen und später weiterlesen/weiterbauen	54	39
Würde warten	35	52
Unentschieden	11	9
	100	100
n =	1068	1019

Auch hier sind die Ergebnisse beider Einzelfragen nicht sehr aufschlußreich, wenn man sie isoliert betrachtet. Erst der direkte Vergleich der beiden Halbgruppen in der Analyse führt zu der Erkenntnis, daß – trotz aller von den Befragten geäußerten Bekenntnisse in puncto Leseerziehung – der Respekt vor dem kindlichen Lesen im Vergleich mit dem Respekt vor dem Spielen mit Bauklötzen gering ist. Die Neigung, das Kind bei seiner Tätigkeit zu unterbrechen, war bei dem lesenden Kind weitaus größer als bei dem spielenden.

80b Allensbacher Archiv, IfD-Umfrage Nr. 6041.

Die scheinbar widersprüchliche Aufgabe, einerseits das Halbbewußte und Unbewußte der Befragten zu ergründen und andererseits statistisch abgesicherte und in der Praxis verwertbare Ergebnisse zu ermitteln, kann von der Umfrageforschung nur mit Hilfe indirekt messender Testfragen und indirekter Beweisführungen in der Analyse gelöst werden. Wir kommen noch einmal auf das bereits oben erwähnte Beispiel der Radiokäufer zurück:[81] Die direkte Frage: »Warum haben Sie sich für dieses Radiogerät entschieden?« erbrachte irreführende Antworten: Das Ergebnis war aus psychologischen Gründen verzerrt. Viele Befragte bemühen sich, auf »Warum«-Fragen besonders »vernünftig« zu antworten und in einer Weise, die sich mit dem eigenen Ich-Ideal verträgt.[82] In diesem konkreten Fall paßte es nicht zum Ich-Ideal eines kritischen, vernünftigen Käufers, sich beim Kauf eines teuren Gebrauchsguts anhand von Äußerlichkeiten zu entscheiden. Erst die indirekt messende Testfrage: »Hatten Sie sich beim Betrachten des Schaufensters bereits entschieden, welches Radio Sie nehmen wollten?« ließ die Bedeutung des Designs des Radios erkennbar werden, weil die Antwort: »Ja, ich hatte mich schon beim Betrachten des Schaufensters entschieden« dem Ich-Ideal der Befragten nicht offen widersprach. Sich am Schaufenster entscheiden – was soll daran falsch sein?

Ein weiteres Beispiel, diesmal aus dem Fotomarkt:[83]

Unter Befragten, die sich für einen bestimmten Kameratyp interessierten, sagte fast niemand, bei der »idealen« Ausführung dieses Typs sei es sehr wichtig, daß die Kamera gut aussieht, nämlich nur 13 Prozent.[84] Bei einer anderen, statistisch vergleichbaren Umfrage sagten von den Personen, die einen solchen Fotoapparat besaßen, 31 Prozent, beim Kauf dieser

[81] Siehe S. 500.

[82] Siehe S. 96.

[83] Siehe: Jochen Hansen: Neue, überraschende Erkenntnisse durch indirekt messende Forschung. In: Demonstrating the Contribution of Research. 36. ESOMAR-Kongreß in Barcelona. Amsterdam 1983, S. 55–72. Englisch: Ebd. S. 73–86. Dort S. 64.

[84] Allensbacher Archiv, IfD-Umfrage Nr. 4664.

Kamera habe die gute Form, die gute Gestaltung eine besondere Rolle gespielt.[85]

Daraus könnte man schließen, die äußere Gestaltung von Fotoapparaten spiele beim Kauf eine untergeordnete Rolle. Tatsächlich hat aber nächst dem Kameratypus wohl nichts einen größeren Einfluß auf die Kaufentscheidung als das Design der Kameras: Bei einer dritten – wiederum mit den anderen beiden statistisch vergleichbaren – Umfrage wurden den Befragten vier Kameras des gleichen Typs vorgeführt. Sie bekamen alle nötigen technischen Informationen, konnten die Geräte in die Hand nehmen, den Aufzug oder den Auslöser betätigen. Dann wurden sie gebeten zu sagen, für welche Kamera sie sich als Käufer entscheiden würden, welche ihnen am zweit- und am drittliebsten wäre und welche sie an die letzte Stelle setzen würden.[86] Schließlich baten die Interviewer die Befragten, jede der vier Kameras anhand einer Liste zu charakterisieren, auf der unter anderem Aussagen standen wie: »Neueste technische Entwicklung«, »Gute Verarbeitung«, »Ich glaube, das ist eine Kamera, mit der man erstklassige Bilder machen kann«, oder: »Man kann die Kamera gut halten, sie liegt gut in der Hand«. Die Befragten ordneten – was nicht überraschte – diese Eigenschaften häufiger den von ihnen bevorzugten Kameras zu als denen, die sie an die zweite, dritte oder vierte Stelle gesetzt hatten. Aber bei keiner Aussage war der Unterschied so groß wie bei: »Formschön, sieht gut aus«:

85 Hansen 1983, S. 64. Allensbacher Archiv, IfD-Umfrage Nr. 3671.
86 Hansen 1983, S. 64. Allensbacher Archiv, IfD-Umfrage Nr. 4603.

WIE WICHTIG IST DAS DESIGN?[87]

	An einem speziellen Kameratyp interessierte Personen %
Es finden bei einer für sie »idealen« Ausführung der Kamera »sehr wichtig«, daß sie »gut aussieht«	13
Es spielte beim letzten Kauf dieser Kamera »eine besondere Rolle«: »gute Form, gute Gestaltung«	31
Bei der Vorlage von 4 verschiedenen (neutralisierten) Ausführungen dieses Kameratyps ordneten das Argument »formschön, sieht gut aus« zu der	
– meistbevorzugten Ausführung	90
– an zweiter Stelle bevorzugten	41
– an dritter Stelle bevorzugten	13
– an vierter, letzter Stelle bevorzugten	1

Symptome, Signale: Schmeckt das Pfeifchen noch?

Statistische Analyse psychologischer Motive beruht auf dem Prinzip, daß man Menschen nicht veranlassen muß (was nicht leicht ist und nur zweifelhaft gelingt), ihr Innerstes nach außen zu kehren, sondern daß sich selbst tiefliegende Motive eines Menschen in vielen Einzelheiten nach außen hin zu erkennen geben. Jeder Arzt entwickelt in dieser Art eine Reihe von Testfragen – etwa: »Schmeckt das Pfeifchen noch?« –, die der Patient spontan zu beantworten vermag, während der Arzt daraus

[87] Aus: Hansen 1983, S. 64.

seinen Schluß über den – dem Patienten unbekannten – Stand der Krankheit ziehen kann.

Diese »Signale« – zu denen sich die Befragten unbefangen und verläßlich äußern können – muß man zu entdecken versuchen. Dazu gehören psychologische Tests und so schlichte Fragen wie: ob man gern im Regen spazierengeht, ob man den Silvesterabend lieber zu Haus oder auswärts feiert, ob man einen Salat weiteressen würde, in dem man eine tote Fliege gefunden hat.

Wie viel diese »Signale« wert sind, entscheidet sich bei der Analyse (Leitstudie oder Hauptstufe), und zwar an der Stärke, mit der sie zwischen den verschiedenen Testgruppen differenzieren. Das ideale »Signal« würden bejahen 100 Prozent der Verbraucher von X, 100 Prozent der Wähler von Y usw. und 0 Prozent der Nichtverbraucher von X, 0 Prozent der Nichtwähler von Y – natürlich eine Utopie.

Das Wesen dieser – wie aller statistischer – Arbeitsmethoden ist der Vergleich: Es ist eine bei jedem Schritt von Maßstäben und Vergleichsmöglichkeiten abhängige, daher aber auch zu Wahrscheinlichkeits-Nachweisen befähigte Methode.

Das »bella-figura«-Syndrom[88]

Der Sozialpsychologe Thomas J. Scheff von der Universität von Kalifornien in Santa Barbara macht in seinem Buch ›Microsociology‹ darauf aufmerksam, daß die moderne Sozialforschung sich so gut wie gar nicht mit dem befasse, was die Italiener »fare una bella figura« nennen. Und daß Selbsttäuschung bisher für die empirische Sozialforschung kein Thema sei.

Das gilt sicher auch für die Methodenlehre der Umfrageforschung. Dem heute in der ganzen Welt benutzten Fragebogen

[88] Thomas J. Scheff: Microsociology. Discourse, Emotion and Social Structure. Chicago 1990, S. 180 ff.

kann man nicht ansehen, daß die soziale Natur des Menschen dabei bedacht wird. Berücksichtigt wird die Bewegung des Menschen zwischen Stolz und Scham und daß das soziale Band, das social bond, das ihn mit seiner Umwelt verknüpft, für ihn das wichtigste und liebste in der Welt ist, um die Ausdrucksweise von Thomas Scheff zu gebrauchen. Aber ganz allein ist Scheff damit auch nicht mehr. Der damalige Leiter des Labors für die Entwicklung von Fragebogen im holländischen statistischen Amt, Dr. Hans Akkerboom, sagte bei der Fachtagung des Statistischen Bundesamtes im Juni 1995: »Die Motivation, die Emotion – das ist wichtiger als die Kognitionen (also das verstandesmäßige Erfassen) –, darauf muß man bei den Untersuchungsanlagen achten.«

Das »bella-figura«-Syndrom, wie es Scheff nennt, muß durch Untersuchungsanlagen, die von der Selbsttäuschung des Individuums unabhängig sind, überwunden werden, etwa durch kontrollierte Experimente und mathematisch-statistische Analysemodelle. »Ich gebe nichts darauf, was andere von mir denken«, sagt die Mehrheit der deutschen Bevölkerung im Interview. Mit solcher Selbsttäuschung leben die meisten Menschen in unserer Kultur, sie verleugnen ihre soziale Natur, und das färbt ihre Antworten im Interview und führt zu irreführenden Ergebnissen.

Mit der Selbsttäuschung hat sich die Sozialpsychologie und erst recht die Umfrageforschung nahezu gar nicht befaßt, obgleich doch Walter Lippmann in seinem Klassiker ›Public Opinion‹ 1922 vor allem zu beschreiben versuchte, wie sehr sich Menschen über sich selbst und über ihre Umwelt täuschen, täuschen lassen (»The pictures in our heads«).[89] Das Erlebnis, das weit vor der Zeit seinen Blick für sozialpsychologische Täuschungsmechanismen geschärft hatte, war der Erste Weltkrieg, die Weltkriegs-Propaganda.

Ein Lieblingsthema der Soziologen schon seit den vierziger Jahren wurde – auch unter dem Einfluß von Walter Lippmann – die Stereotypen-Forschung: stereotype Bilder von den Angehörigen der verschiedenen Nationen, Rassen, Klassen, Geschlechter. Hier hat die Umfrageforschung ihr Potential voll

[89] Walter Lippmann: Public Opinion. New York 1922, 14. Aufl. 1954. S. 3–35. Taschenbuchausgabe: New York 1965. Deutsch: Die öffentliche Meinung. Übers. von Hermann Reidt. München 1969. Nachdruck Bochum 1990.

entwickeln können. Entsprechend reichhaltig ist das methodische Arsenal zur Erfassung von Stereotypen, Nah- und Fernbildern, Images.

Vorstellungen im Relief: die »Images«

Kaum eine Motivstudie wird angelegt, ohne »Image-Profile« zu untersuchen und zu prüfen, welche Elemente in diesem »Image« wünschenswert sind und auf welche Weise sich das »Image« formen läßt.[90]

Das »Image« von Marken, Produkten, Personen, ist nicht eine Sammlung rationaler Urteile, sondern ein vorwiegend irrationales Abbild von Vorstellungen, Empfindungen, Wertungen, Assoziationen im weitesten Sinn, das wie eine Aura alle Gegenstände des Bewußtseins umgibt und offenbar einen starken subjektiven Wirklichkeitsgehalt besitzt; denn auch im normalen

[90] Ursprünglich bezeichnet der Begriff Imago im Lateinischen die porträtähnlichen Wachsmasken, mit denen die Leichen auf dem Forum im antiken Rom ausgestellt wurden. Freud und später dann die Freud-Schule bezeichnen mit diesem Begriff die »idealisierende oder desidealisierende Persönlichkeitsverkennung, welche im Verlauf der Übertragung auftreten kann« (der Analytiker wird zum Vater-Imago). Bei Jung und in der Nachfolge erweitert sich der Begriff: Imago ist jetzt generell das nachwirkende »Bild« einer Beziehungsperson, ein Imago ist in diesem Sinne ein Gesamtbild von einer Persönlichkeit, das innerpsychisch erzeugt wird. Bei neurotischen Personen spielen die Grenzwerte der extremen Ablehnung oder Anlehnung von (Eltern-)Imagines häufig eine entscheidende Rolle. Nach Carl Spittelers Roman ›Imago‹ von 1906 wurde dann eine psychoanalytische Zeitschrift benannt, die literarische, mythologische und historische Themen unter psychoanalytischen Gesichtspunkten bearbeitete (heute: American Imago). Burleigh B. Gardner und Sidney L. Levy führen den Begriff Image (vermutlich als erste) in den Bereich der Markt- und Meinungsforschung bzw. in die Wirtschaftswissenschaften ein (The Product and the Brand. Qualitative Research into Consumer Motives. In: Harvard Business Review, 33, 1955, Nr. 2., S. 33–39): Die Parallelen zur psychoanalytischen Verwendung sind offensichtlich: Auch Image meint ein ganzheitliches »Vorstellungsbild« einer Marke, eines Unternehmens etc., eine »Komplexqualität« als »Gesamtheit der Einstellungen, Werthaltungen, Kenntnisse, Erwartungen, Vorstellungen, Vorurteile und Anmutungen, die mit Meinungsgegenständen des sozialen Feldes verbunden werden« (Wilhelm Arnold, Hans Jürgen Eysenck, Richard Meili (Hrsg.): Lexikon der Psychologie. Bd. 2, Freiburg u. a.: Herder 1980, Sp. 962 f.).

Bevölkerungsquerschnitt und ohne besonderen Zuspruch ordnet die große Mehrzahl der Befragten mühelos vorgegebene Eigenschaften – auch ohne jeden rationalen Zusammenhang – oder ganze Aussagen dem Testobjekt zu, dessen »Image« erkundet werden soll, oder entscheidet in 3, 5 oder 6 Stufen, wie gut oder wie wenig sie auf das Testobjekt passen.

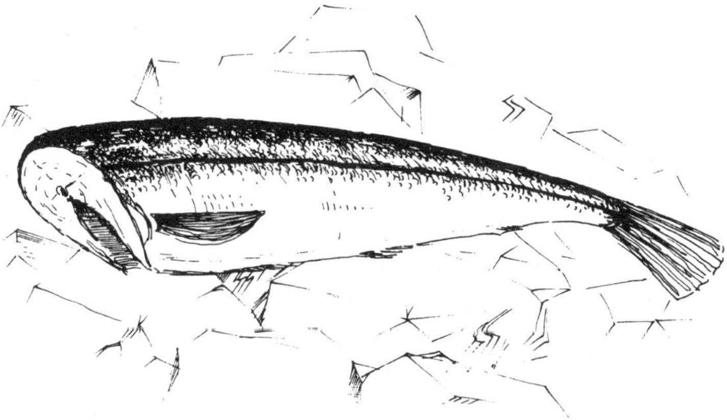

Abb. 67

Parteien, Personen, Produkte, Städte, Berufe – die Aufzählung könnte lange fortgesetzt werden – besitzen ein »Image« bei der Bevölkerung. Die »Images« werden durch Verfahren aufgedeckt, die von der von Osgood, Suci und Tannenbaum[91] entwickelten Methode des »semantischen Differentials« (»Polaritäts-Profil« nach Hofstätter) abgeleitet sind: Testbegriffe werden auf einer 7-Punkte-Skala Gegensatzpaaren zugeordnet. Die Testperson entscheidet, ob ihr ein Begriff mehr dunkel oder hell, mehr hart oder weich erscheint und so weiter. Die Idee der Polarität ist bei Image-Messungen in der Praxis meist aufgegeben zugunsten einfacher – mehr oder weniger starker – Zuordnung einer Reihe von Eigenschaften zum Testobjekt.

[91] Charles E. Osgood, George J. Suci, Percy H. Tannenbaum: The Measurement of Meaning. Urbana, Ill. 1957. Siehe auch Peter R. Hofstätter 1957, S. 63 ff. und Erwin K. Scheuch: Skalierungsverfahren in der Sozialforschung. In: König (Hrsg.) 1962, Bd.1, S. 368 ff.

Assoziationen beim Anblick von Frischfisch
Ergebnisse eines Assoziations - Wahltests

Die Interviewer lasen den befragten Hausfrauen 24 Assoziationen vor, an die man angesichts des nebenstehenden Bildblattes tatsächlich denken könnte

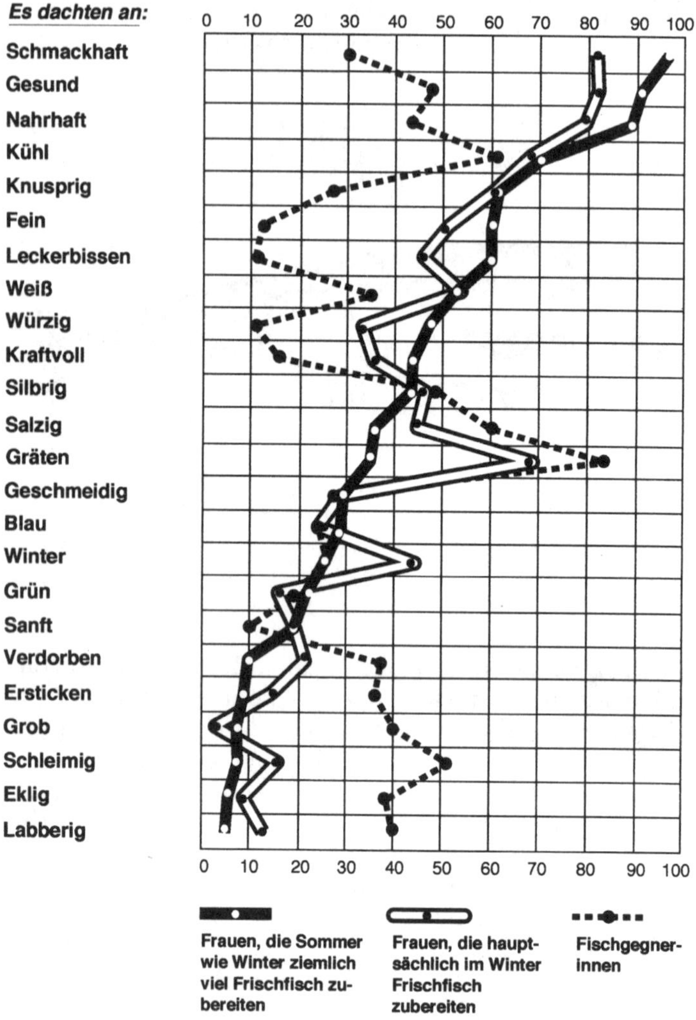

Abb. 68

Die Motivanalyse hat sich mit diesen Phänomenen zu befassen, weil enge Zusammenhänge zwischen den »Images« und konkreten Verhaltensweisen statistisch nachweisbar sind. Besonders aufschlußreich sind Image-Studien, wenn sie mit »Eigenzuordnungen« oder »Idealprofilen« kombiniert werden, wie das am Beispiel des jungen Mannes mit Zigarette bereits kurz angedeutet wurde oder wie das bei einer »Überschuß-Defizit-Analyse« der Fall ist. Ein Beispiel dafür bietet eine Untersuchung über das Image der Schweiz als Urlaubsland.[92] Hier wurde verglichen, was die Wünsche der deutschen Urlauber sind, was sie im Urlaub am liebsten tun, was ihnen im Urlaub besonders wichtig ist, und was sie davon nach ihren Erfahrungen oder Vorstellungen in der Schweiz tun können und in der Schweiz verwirklicht finden. Auf diese Weise tritt hervor, welche Wünsche die Schweiz als Urlaubsland erfüllt, was sie vielleicht sogar nach Ansicht von mehr Menschen, als auf ein solches Angebot Wert legen, bietet (»Überschuß«), und wo andererseits die Schweiz zurückbleibt, wo, in welchen Bereichen man weiß oder glaubt, daß man seine Wünsche nicht erfüllt findet (»Defizit«). Abbildung 69 zeigt einen kleinen Ausschnitt aus dieser Überschuß-Defizit-Analyse.

Ebenso wie für die Schweiz eine Überschuß-Defizit-Analyse vorgelegt wurde, so wurde auch für die anderen Alpen-Länder, mit denen die Schweiz als Urlaubsland in Wettbewerb steht, eine Überschuß-Defizit-Analyse erstellt. Besonders lehrreich wird dieser Vergleich, wenn für die Urlauber jeder dieser Alpen-Regionen gezeigt wird, wie sie die Schweiz beurteilen: Wo die Schweiz hinter ihren Wünschen, die sie in der von ihnen bevorzugten Urlaubs-Region erfüllt sehen, zurückbleibt, kann man die Antwort auf die Frage suchen: Warum reisen diese Personen nicht in die Schweiz?

Die Überschuß-Defizit-Analyse verlangt also im Fragebogen eine Liste oder ein Kartenspiel, das zweimal vorgelegt wird: ein-

92 Elisabeth Noelle-Neumann, Rüdiger Schulz: Das Image der Schweiz in der Bundesrepublik Deutschland unter besonderer Berücksichtigung des Tourismus. Zürich 1989. Siehe auch: Elisabeth Noelle-Neumann: Kreativität und Nüchternheit sind keine Gegensätze. Die Umfragemethode ist gut für Registrieren und Testen: aber warum wird ihr Entdeckungspotential nicht systematisch entwickelt? In: The 42nd ESOMAR Marketing Research Congress. Stockholm, 3.–7. September 1989. Amsterdam 1989, S. 379–400. Englisch: Ebd. S. 401–426.

Überschuß-/Defizit-Analyse:
URLAUBSERWARTUNGEN UND IMAGE DER SCHWEIZ

Alpenurlauber in den letzten 5 Jahren

Darauf lege ich im Urlaub großen Wert

Das trifft auf die Schweiz zu

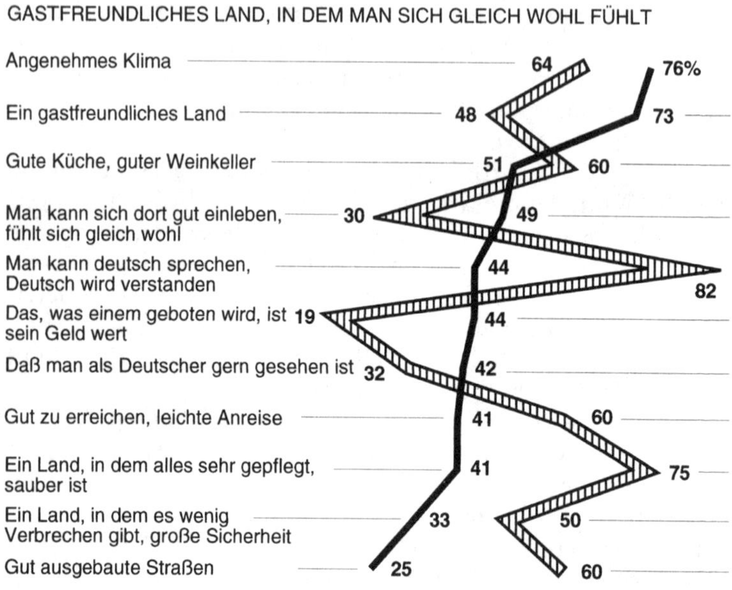

Abb. 69

mal, um die Wünsche, Interessen, Ansprüche und Erwartungen der Befragten zu ermitteln, und ein zweites Mal, um neben dem Wunsch die Wirklichkeit, wie sie wahrgenommen wird, zu ermitteln.

Nahbild und Fernbild: das Stereotyp

Verwandt der Technik der Überschuß-Defizit-Analyse ist die Ermittlung von »Nahbild« und »Fernbild«. Hier werden entweder durch zwei Fragen, oft in zwei getrennten Halbgruppen[93], die konkreten Eindrücke der Befragten über ein bestimmtes Land, eine bestimmte Situation oder die persönliche Umgebung ermittelt, und auf der anderen Seite, wie sie *ganz allgemein* – unabhängig von der eigenen Erfahrung – dieses Land, diese Situation einschätzen. Ein Beispiel bietet wiederum die Studie über das Image der Schweiz.

Frage: »Hier auf den Karten sind ganz verschiedene Eigenschaften aufgeschrieben. Bitte verteilen Sie die Karten auf dieses Blatt hier, je nachdem, ob das Ihrer Meinung nach auf die meisten Schweizer zutrifft oder nicht zutrifft. Karten, bei denen Sie sich nicht entscheiden können, legen Sie bitte beiseite.« (Vorlage eines Kartenspiels)

Im Bericht hieß es dazu:

> »Aus der Stereotypen-Forschung ist bekannt, wie oft vorurteilsvolle Negativbilder die Ansichten über einen Nationalcharakter verzerren. Für die Schweiz trifft das kaum zu. Wenn man die Vorstellungen der Deutschen, die in den letzten zehn Jahren in der Schweiz waren, vergleicht mit denen, die noch nie in der Schweiz waren, dann findet man keine negativen Vorurteile. Das Nahbild, also das aus Erfahrung gewonnene Bild von den Schweizern, ist im Positiven wie Negativen ausgeprägter. Das verwundert nicht. Aber Nahbild und Fernbild entsprechen sich doch weitgehend.«

Für die Analyse besonders interessant sind natürlich die Fälle, in denen Nah- und Fernbild deutlich voneinander abweichen. Das ist zum Beispiel dann der Fall, wenn die allgemeine Vorstellung von einer Situation, die der Befragte nicht durch eigene Anschauung überprüfen kann, durch die Berichterstattung durch die Massenmedien – die Hauptquelle der Informationen,

[93] Siehe S. 289–290.

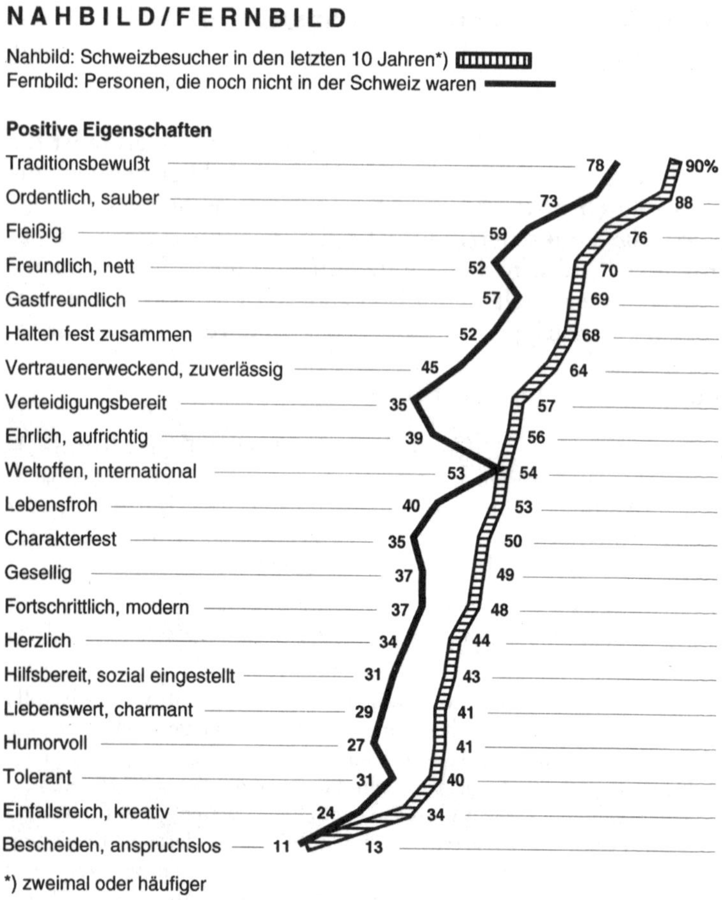

Abb. 70

die das »Fernbild« formen – verzerrt ist, wie bei den Beispielen im folgenden Abschnitt.

Die sozial-optische Täuschung

Gegen Ende des 19. Jahrhunderts prägte der Physiker J. J. Oppel den Begriff der optischen Täuschung, auch »geometrisch-optischen Täuschung«. Er entdeckte den sogenannten Oppel-Effekt, nach dem eine unterteilte Strecke für länger gehalten wird als eine gleich lange, die nicht unterteilt ist.

Oppel-Täuschung

Abb. 71

In Anlehnung daran entstand der Begriff der »sozial-optischen Täuschung«, um ein Phänomen zu beschreiben, das in der amerikanischen Soziologie seit den zwanziger Jahren unter dem Namen »pluralistic ignorance« bekannt ist. Damit ist gemeint, daß manchmal ein großer Teil der Bevölkerung die soziale Wirklichkeit, Stimmungen im Land oder die Stärke verschiedener Meinungslager verzerrt wahrnimmt und damit falsch einschätzt. In so einer Situation werden oft Mehrheitsmeinungen für Minderheitenmeinungen gehalten und umgekehrt. Die Mehrheit täuscht sich über die Mehrheit. Mit der Umfrageforschung sind in den letzten 25 Jahren Hunderte von Beispielen für »sozialoptische Täuschungen« gefunden worden – wenn sich auch der Begriff bisher nicht eingebürgert hat.

Dem Phänomen liegt unter anderem zugrunde[94], daß Menschen sich aus zwei Quellen ihre Vorstellungen bilden, nämlich eigenem Augenschein, persönlichen Erfahrungen und Beobachtungen sowie den Eindrücken durch die Filter der Medien. Die eine und die andere Perspektive führen heute oft zu verblüffend großen Unterschieden. Wir wissen nicht, wie das vor vierzig oder fünfzig Jahren gewesen ist, weil erst seit Januar 1971 die

94 Zur »sozial-optischen Täuschung« trägt ebenso eine unterschiedliche Rede- und Schweigeneigung der Anhänger verschiedener Lager bei. Siehe dazu den Abschnitt: Ein Prozeß öffentlicher Meinung wird analysiert, S. 570–573.

Doppelfrage, mit der das Phänomen zu beobachten ist, in der Umfrageforschung eingeführt wurde. Gemeint ist erstens die Frage nach dem eigenen Erleben, nach der eigenen Beobachtung und zweitens die nach der allgemeinen Situation, der allgemeinen Einstellung, der allgemeinen Erfahrung. Drei Beispiele illustrieren die sozial-optische Täuschung, die sich im allgemeinen durch Medieninhaltsanalyse aufklären läßt.[95]

PERSÖNLICHE UND ALLGEMEINE WIRTSCHAFTLICHE LAGE[96]

Fragen: »Wie beurteilen Sie ganz allgemein die heutige wirtschaftliche Lage in der Bundesrepublik?«
»Wie beurteilen Sie heute Ihre eigene wirtschaftliche Lage?«

	Juli 1993 Ostdeutschland Bevölkerung ab 16 Jahre			
	Allgemeine Ermittlung: In der Bundesrepublik %		Eigene Erfahrung: Eigene Lage %	
Sehr gut	x	13	2	41
Gut	13		39	
Teils gut, teils schlecht	55		38	
Eher schlecht	23	30	13	20
Schlecht	7		7	
Weiß nicht, keine Angabe	2		1	
	100		100	
n =	1096		1096	

x = unter 0,5 Prozent

[95] Weitere Beispiele in: Elisabeth Noelle-Neumann: Die Theorie der Schweigespirale als Instrument der Medienwirkungsforschung. In: Max Kaase, Winfried Schulz (Hrsg.): Massenkommunikation. Theorien, Methoden, Befunde. Opladen 1989, S. 418–440. (Kölner Zeitschrift für Soziologie und Sozialpsychologie, Sonderheft Nr. 30). Elisabeth Noelle-Neumann: Wirkung der Massenmedien auf die Meinungsbildung. In: Elisabeth Noelle-Neumann, Winfried Schulz, Jürgen Wilke (Hrsg.): Fischer Lexikon Publizistik Massenkommunikation. Frankfurt am Main 1994, S. 518–571. Vgl. auch: Sabine Mathes: Sozial-optische Täuschung durch Massenmedien? Die Einschätzung des Meinungsklimas im Konflikt um die Kernenergie durch Personen mit viel und wenig Fernsehnutzung. Magisterarbeit Mainz 1989.

[96] Allensbacher Archiv, IfD-Umfrage Nr. 5082, Juli 1993.

DIE SITUATION DER FRAUEN IN OSTDEUTSCHLAND[97]

Fragen: »Wie schätzen Sie das ein, hat sich die *Situation der Frauen in Ostdeutschland* heute im Vergleich zu der Zeit vor der Wende und der deutschen Einheit im allgemeinen verbessert oder verschlechtert?«

»Wie sehen Sie das, hat sich Ihre *persönliche Situation* heute im Vergleich zu der Zeit vor der Wende und der deutschen Einheit im allgemeinen verbessert oder verschlechtert?«

	Februar 1996 Frauen in Ostdeutschland	
	Allgemeine Ermittlung Lage der Frauen in in Ostdeutschland	Eigene persönliche Situation
	%	%
Verbessert	7	55
Verschlechtert	83	18
Kein Unterschied	3	17
Unentschieden	7	10
	100	100
n =	260	259

DER ZUSTAND DER UMWELT ALLGEMEIN UND IN DER EIGENEN UMGEBUNG

Fragen: »Wie beurteilen Sie *ganz allgemein* den Zustand unserer Umwelt, also zum Beispiel die Qualität von Wasser und Luft? Würden Sie sagen, die natürliche Umwelt ist bei uns ziemlich zerstört, oder ist die natürliche Umwelt im großen und ganzen in Ordnung?«

»Und wie beurteilen Sie den Zustand der Umwelt *hier in der Gegend*? Würden Sie sagen, die natürliche Umwelt ist hier in der Gegend ziemlich zerstört, oder ist die natürliche Umwelt im großen und ganzen in Ordnung?«[98]

[97] Allensbacher Archiv, IfD-Umfrage Nr. 6025.

[98] Allensbacher Archiv, IfD-Umfrage Nr. 4088, April 1987.

	April 1987 Bevölkerung ab 16 Jahre	
	Zustand der Umwelt ganz allgemein %	Zustand der Umwelt hier in der Gegend %
Ziemlich zerstört	61	34
Im großen und ganzen in Ordnung	25	53
Unentschieden	14	13
	100	100
n =	1074	1074

Ein Arsenal von Skalen

Ein leistungsfähiges Hilfsmittel der Motivforschung – wie ganz allgemein der empirischen Sozialforschung und Marktforschung – sind Skalen.[99] Eine Übersicht findet sich im Kapitel »Der Fragebogen« auf den Seiten 149 bis 155.

Auch hier begegnen uns wieder die beiden Spielarten der Wahrnehmung bzw. Erfassung, die einerseits ganzheitlich, andererseits am Merkmal orientiert ist, einerseits von der Person ausgehend und sinnvoll in sich selbst, andererseits von Signalen ausgehend und sinnvoll erst in der Zahlenverarbeitung.

In beiden Fällen von Skalen handelt es sich um eine Bestimmung von Rangplätzen, von Stärkegraden, von Intensitäten.

Die Skalenbildung der ersten Art ist, wie üblich, zunächst anschaulicher. Der Befragte nimmt selbst die Einstufung vor, er gibt an, wie hoch oder tief für ihn der Bundestagsabgeordnete

[99] Literatur zur Skalenanalyse: Samuel A. Stouffer: Measurement and Prediction. Princeton, N.J., London, 1950. Urbana, Ill. 1957. (Studies in World War II., Bd. 4). Ders.: The H-Scale. In: Stouffer 1962, S. 274. Guttman 1954; Matilda White Riley u. a.: Sociological Studies in Scale Analysis. New Brunswick, N.J. 1954. Warren S. Torgerson: Theory and Methods of Scaling. New York und London 1958. Siehe auch den bereits zitierten Aufsatz von Scheuch in: König (Hrsg.) 1962, S. 348 ff.

in der Rangskala der Berufe steht (Unter oder über dem Universitäts-Professor? Unter oder über dem Direktor einer Aktiengesellschaft?), er teilt mit, ob er »sehr« oder »etwas« in seinem Befinden vom Wetter abhängig ist, wie sehr oder wie wenig ihm das Titelbild einer Illustrierten gefällt, indem er »Schulnoten« zwischen 1 und 5 verteilt, wie stark er unter dem Lärm an seinem Arbeitsplatz leidet, oder – um die Vieldeutigkeit von Worten zu vermeiden – er bezeichnet an einem »Thermometer«, wieweit er sich für Politik interessiert (0 Grad = überhaupt nicht, 100 Grad = ganz besonders), oder deutet an einer »Stapel-Skala« mit fünf weißen, senkrecht übereinander angeordneten und fünf schwarzen, senkrecht untereinander angeordneten Kästchen an, wie gut oder schlecht er über den einen oder anderen Politiker denkt. Abbildung 72 zeigt die Stapel-Skala in der Original-Version, wie sie angewandt wurde, um die Popularität des amerikanischen Präsidenten Kennedy zu messen (vgl. die abgewandelte Version der Skala auf S. 152) Dabei liegt die besondere Leistungsfähigkeit der Stapel-Skala darin, daß sie ausdrücklich negative Bewertungen erlaubt.[100]

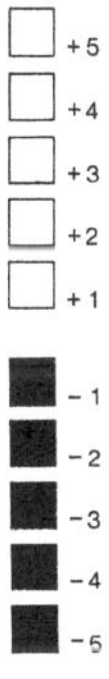

Abb. 72

Vielleicht »verankert« der Befragte sogar die Skala selbst, indem er an einer »Leiter« zunächst bezeichnet, auf welcher der zehn Stufen er beispielsweise wirtschaftlich zur Zeit steht, um dann

[100] Zur Stapel-Skala: Maria Auer: The Stapel Scale. A Versatile Instrument of Survey Research. Vortrag auf dem WAPOR-Kongreß, Amsterdam, 23.8.1981.

anzugeben, wo er vor fünf Jahren seinem Empfinden nach stand oder wo er hofft, sich in fünf Jahren zu befinden.[101]

Solche sich selbst verankernden Skalen wurden zum Beispiel in den ersten Umfragen in der DDR nach der Wende 1989/1990 eingesetzt. Auf diese Weise ließ sich, ohne daß Trenddaten zum Vergleich hätten herangezogen werden können, der Optimismus der damaligen DDR-Bürger in bezug auf ihre wirtschaftliche Zukunft messen. Vor allem bei international vergleichenden Untersuchungen können selbstverankernde Skalen von Nutzen sein, weil mit ihnen unabhängig vom Ausgangsniveau der Unterschied zwischen der von den Befragten angegebenen gegenwärtigen Lage und der für die Zukunft erwarteten Situation beobachtet werden kann.

Telefon, aber kein fließendes Wasser?

Bei der Skalenbildung der zweiten Art antwortet der Befragte auf Testfragen, deren Antwortvorgaben keine »Skalen«, keine »Stufen« zu enthalten brauchen; der Rangplatz des Befragten auf der Skala wird erst durch die Analyse, durch die statistische Zahlenverarbeitung bestimmt.

Diese zweiten, von der subjektiven Einschätzung des Befragten abgelösten Skalen sind unanschaulich, aber sie besitzen in der Analyse einen höheren Gehalt an Objektivität, an Beweiskraft. Der Modellfall ist die eindimensionale »Guttman-Skala«:[102] nach den Antworten eines Befragten auf eine

101 Hadley Cantril, F. P. Kilpatrick: Self-Anchoring Scaling. A Measure of Individuals' Unique Reality World. In: Journal of Individual Psychology, 16, Nov. 1960, Nr. 2. Allensbacher Archiv, IfD-Umfragen Nr. 4194/E, Februar/März 1990, 9004/I, September 1990.

102 Siehe Stouffer u. a., 1950/1957, die Kapitel 2, 3, 6, 8, 9. Außerdem von Louis Guttman: The Principal Components of Scalable Attitudes. In: Paul F. Lazarsfeld: Mathematical Thinking in the Social Sciences. Glencoe, Ill. 1954. Louis Guttman: Scale Analysis, Factor Analysis, and Dr. Eysenck: A Reply. In: International Journal of Opinion and Attitude Research, 5, Frühjahr 1951, Nr. 1, S. 103.

Reihe von Testfragen kann man seinen Platz in der Skala mit eben der Eindeutigkeit bestimmen, mit der man von jemandem, der 1,70 groß ist, sagen kann, er sei größer als alle Personen unter 1,70 und kleiner als alle über 1,70. Zur Illustration ein einfaches Beispiel aus einer französischen Studie der sechziger Jahre.[103]

Im Interview wurde festgestellt, ob der Befragte in seiner Wohnung besitzt: 1. Fließendes Wasser, 2. ein WC, 3. fließendes heißes Wasser, 4. ein Bad, eine Dusche, 5. Telefon.

Mit Hilfe dieser fünf Angaben konnte der Wohnungskomfort jedes Befragten auf einer Skala eindeutig bestimmt werden: seine persönliche Ansicht, wie komfortabel seine Wohnverhältnisse seien, wurde dabei nicht benötigt. Wer ein Telefon in der Wohnung hatte, besaß mit fast hundertprozentiger Sicherheit auch ein Bad, fließendes heißes Wasser, ein WC und selbstverständlich fließendes Wasser überhaupt. Die Angabe »Telefon vorhanden« bezeichnete also den obersten Rangplatz in dieser »Wohnkomfort-Skala«. Wer ein Bad, eine Dusche in der Wohnung hatte, besaß mit fast hundertprozentiger Sicherheit auch fließendes heißes Wasser, ein WC, überhaupt fließendes Wasser. Sein Rangplatz war mit der Angabe »Bad, Dusche in der Wohnung« eindeutig nach unten hin, und wenn er kein Telefon besaß, ebenso nach oben hin bestimmt.

Eine ähnliche Skala wurde in Deutschland für den kosmetischen Verbrauch festgestellt.[104] Frauen, die Nagellack benutzen, benutzen auch Gesichtspuder, Parfüm, Badezusatz, Kölnisch Wasser, Hautcreme, Zahnpasta und Seife. Frauen, die Kölnisch Wasser verwenden, verwenden in der Regel auch Hautcreme, Zahnpasta und Seife. Mit der Bejahung einer Testfrage und der Verneinung einer anderen (Kölnisch Wasser: ja – Badezusatz: nein) war der Rangplatz einer Verbraucherin in der Kosmetik-Skala eindeutig bestimmt.

Findet man Skalen dieser Art und erweisen sie sich als »reliable«[105], d. h. bestätigt sich der skalenmäßige Befund auch bei

[103] Arbeiten der S. E. M. A., Paris.

[104] Allensbacher Archiv, IfD-Bericht Nr. 540. Im französischen wie in dem deutschen Beispiel besteht die Skala aus faktischen (objektiven) Merkmalen. Eine große Rolle spielen in der Praxis auch Skalen, bei denen faktische Merkmale und Merkmale des Verhaltens und von Einstellungen kombiniert sind, vgl. Allensbacher Archiv, IfD-Bericht Nr. 995/VI.

[105] Vgl. 445.

wiederholter Anwendung in einer größeren Zahl von Erhebungen; hat man im Sinne einer Strukturanalyse den Beweis in der Hand, daß ein einzelner Faktor, eine Dimension, das Verhalten oder die Einstellung bestimmt, bei der Kosmetik-Skala etwa das mehr oder weniger entwickelte Bedürfnis nach Körperpflege.

Harry Henry[106] zitiert aus der Motivforschung eine Einstellungsskala gegenüber schnellem Autofahren.

Die Befragten wurden gebeten, zu folgenden Aussagen Stellung zu nehmen:

A: Wenn ein Autofahrer zum Überholen angesetzt hat, soll er mit der höchstmöglichen Geschwindigkeit überholen.

B: Es sollte eine Geschwindigkeitsbeschränkung von – sagen wir – 80 Stundenkilometern außerhalb geschlossener Ortschaften geben.

C: Die meisten Unfälle werden von Leuten verursacht, die zu schnell fahren.

Wer C verneint, verneint auch B und bejaht A. Wer B verneint, bejaht A. Wer jedoch A verneint, stimmt B und C zu. Bezeichnen wir jeweils die Reaktion, die eine positive Einstellung zum schnellen Autofahren zeigt, mit »+«, die ablehnende Reaktion mit »–«, sieht die Skala so aus:

	Skalenplätze[107]			
	1.	2.	3.	4.
A: Schnell überholen	+ (ja)	+ (ja)	+ (ja)	– (nein)
B: Geschwindigkeitsbeschränkung	+ (nein)	+ (nein)	- (ja)	– (ja)
C: Schnelles Fahren verursacht Unfälle	+ (nein)	– (ja)	– (ja)	– (ja)

Bei dieser Gruppierung der Autofahrer nach Skalenplätzen zeigte sich, daß sie verschiedene – in ihrer faktischen Leistungskraft übrigens gleichwertige, aber in ihrem Image mehr oder weniger draufgängerische Treibstoffmarken bevorzugten. Ein

106 Harry Henry 1958, 1960, S. 71.

107 Es ließen sich praktisch alle Autofahrer in diese Skala einordnen, d. h. es gab keinen oder fast keinen Autofahrer, der beispielsweise A verneinte und zugleich B und C verneinte. Diese vollständige »Skalierbarkeit« ist Bedingung bei dieser Art von Skalenanalyse.

Motiv der Markenwahl – die Einstellung zum Autofahren und die Bevorzugung einer Treibstoffmarke mit korrespondierendem Image – war damit festgestellt.

Von einer solchen Guttman-Skala wird verlangt:

1. Sie soll mit hoher Sicherheit den Rangplatz jedes Befragten zu bestimmen erlauben. Es soll nur wenig »Irrläufer« geben (z.B. Franzosen ohne fließendes Wasser, aber mit Telefon!). Man nennt dies: Gute »Reproduzierbarkeit«, die mit einem Koeffizienten zahlenmäßig bestimmt wird, ein gutes »fit« (Paßform).

2. Sie soll sich, um Sicherheit zu geben, auf eine größere Zahl von Testfragen stützen, nicht nur auf zwei oder drei.

3. Sie soll »weit spreizen«, die Befragten sollen auf einer möglichst breiten Skala ihre Rangplätze finden, also beispielsweise eine Besetzung von 85 % für die unterste und 15 % für die oberste Stufe.

4. Die Abstände von Rangplatz zu Rangplatz sollen möglichst gleichmäßig sein.

Solche »eindimensionalen« und auch sonst idealen Skalen findet man in der Wirklichkeit nicht leicht, und sie aufzustellen erfordert erhebliche Vorarbeiten. In der Praxis benutzt man mit weniger analytischem Anspruch vielfach »Quasi-Skalen«: Die Befragten werden auf einer Skala entsprechend der Zahl der Antworten einer bestimmten Richtung geordnet. Beispiel: eine Informationsskala nach der Zahl der richtig beantworteten Testfragen; Befragte, die fünf bis sechs Testfragen richtig beantworteten, erhalten den obersten Rangplatz, Befragte, die keine der Fragen zutreffend beantworten konnten, den untersten. Die Gültigkeit solcher Gruppierungen ist allerdings eine Ermessensfrage, aufs stärkste abhängig von der Wahl der Testfragen. Man entscheidet praktisch auf Grund eines »Vorurteils«, welche Antworten jene Einstellung indizieren, die man messen will – beispielsweise Draufgängertum, Geselligkeitsbedürfnis oder Toleranz usw. Ob die Fragen wirklich diesen Faktor messen, oder ob vielleicht ganz verschiedene Dimensionen in einer solchen Skala verarbeitet sind, ist nicht festzustellen; man kann beliebig Gruppen mit »1–2«, »3–5«, »6–9« »positiven Antworten« bilden. Die rationalen Annahmen werden dabei einer mathematischen Kontrolle, wie bei der Guttman-Skala, nicht unterzogen.

BEISPIEL EINER QUASI-SKALA: ÜBEREINSTIMMUNG MIT DEN ELTERN

1. Ergebnisse der Testfrage[108]

Frage: »In welchen dieser Bereiche haben/hatten Sie und Ihre Eltern ähnliche Ansichten?« (Vorlage einer Liste)

	August 1995 Westdeutschland Bevölkerung 16 bis 45 Jahre %
Einstellungen zur Religion	36
Moralvorstellungen	39
Einstellungen gegenüber anderen Menschen	52
Politische Ansichten	26
Einstellung zur Sexualität	12
In keinem dieser Bereiche/Weiß nicht	29
n =	528

2. Bildung der Quasi-Skala

	August 1995 Westdeutschland Bevölkerung 16 bis 45 Jahre %
Es stimmen/stimmten mit ihren Eltern überein	
– in 5 Bereichen	4
– in 4 Bereichen	7
– in 3 Bereichen	17
– in 2 Bereichen	24
– in einem Bereich	20
– in keinem dieser Bereiche/Weiß nicht	28
	100

[108] Allensbacher Archiv, IfD-Umfrage Nr. 6018.

Diese Skala kann nun wiederum – zu drei Gruppen zusammengefaßt – als »Kopfgruppe« in weiteren Analysetabellen verwendet werden:

Frage: »Welche Stunden sind Ihnen ganz allgemein am liebsten: die Stunden während der Arbeit, oder die Stunden, während Sie nicht arbeiten, oder mögen Sie beide gern?«

	August 1995 Westdeutschland Bevölkerung 16 bis 45 Jahre		
	Starke Übereinstimmung mit den Eltern (4 oder 5 Bereiche)	Mittlere Übereinstimmung mit den Eltern (3 oder 2 Bereiche)	Schwache Übereinstimmung mit den Eltern (0 oder 1 Bereich oder: Weiß nicht)
	%	%	%
Mag beide: Arbeitsstunden und Freizeit (Oder sogar lieber die Arbeitsstunden)	48	46	35
Mag lieber die Freizeit	46	51	61
Unentschieden	6	3	4
	100	100	100
n =	57	209	262

Ein weiteres Beispiel für eine Quasi-Skala ist die auf S. 187 bis 189 beschriebene Affekt-Balance-Skala von Norman M. Bradburn.

Indikator-Fragen und das Phänomen ihrer Austauschbarkeit

Skalen werden (unter anderem) gebildet, damit für die Analyse Gruppen abgegrenzt werden können, die sich in dem Faktor, dessen Einfluß untersucht wird, klar unterscheiden. Das Verfahren bietet sich vor allem da an, wo wir von der Existenz eines ziemlich einfachen Kontinuums ausgehen können.

Das gleiche Ziel einer Gruppenbildung für die Analyse versucht man auch mit wenigen »Indikator-Fragen« zu erreichen. Da oft innerhalb einer Untersuchung zahlreiche »Dimensionen« oder »Faktoren« oder »Komponenten« – für sich oder in ihrem Zusammenspiel – analysiert werden sollen, möchte man ohne großen Apparat an Testfragen für die einzelnen Faktoren auskommen. Man wählt zwei oder drei geeignet scheinende Fragen – im günstigsten Fall kann man sich dabei auf eine vorausgegangene Skalenanalyse stützen und zwei oder drei Fragen aus der Skala auswählen – und bildet nach den Antworten einen Index.

Wie frisiert man ein Moped?

Als Beispiel ein Index für technische Versiertheit von Mopedfahrern:[109]

1. »Machen Sie kleinere oder auch größere Reparaturen an Ihrem Fahrzeug selbst?« – Antwort: »Ja«.
2. »Wissen Sie zufällig, was man eigentlich alles machen kann, damit die Maschine schneller fährt, also höhere Geschwindigkeiten erreicht?« – Antworten, die technische Kenntnisse zeigen.
3. Selbstbeschreibung: Der Befragte wählt zwischen mehreren Beschreibungen als auf ihn zutreffend:
   »In den technischen Einzelheiten meines Fahrzeugs kenne ich mich gut aus ...«

Die Befragten werden nach der Anzahl der Antworten gruppiert, die auf technische Versiertheit hindeuten: 62 Prozent eines repräsentativen Querschnitts von Mopedfahrern haben erklärt, sie machten kleinere Reparaturen an ihrem Fahrzeug selbst, 37 Prozent gaben zutreffende Beschreibungen, wie man die Ma-

[109] Allensbacher Archiv, IfD-Bericht Nr. 950.

schine frisieren kann, 36 Prozent erklärten: »Ich kenne mich gut aus«.

Folgende Gruppierung wurde für die Analyse vorgenommen:

Technisch sehr versiert (3 positive Antworten)	17 %
Einigermaßen (2 positive Antworten)	28 %
Nicht besonders (1 positive Antwort)	28 %
Technisch wenig bewandert (0 positive Antworten)	27 %
	100 %

Fünf Indikator-Fragen für Mißtrauen, die in diesem Fall auch den Bedingungen einer eindimensionalen Skala entsprachen, lauteten beispielsweise:[110]

1. »Manche Leute sagen, man kann den meisten Menschen vertrauen. Andere meinen dagegen, man kann nicht vorsichtig genug sein, wenn man mit anderen Menschen zu tun hat. Wie denken Sie darüber?«
2. »Würden Sie sagen, die meisten Menschen helfen gern anderen, oder finden Sie, die meisten achten nur auf ihren eigenen Vorteil?«

Weiter die Stellungnahme zu den folgenden Aussagen:

3. »Wenn man sich nicht ständig in acht nimmt, wird man von den anderen ausgenutzt.«
4. »Man soll sich gar keine Illusionen machen: Im Grunde gibt es niemanden, der sich dafür interessiert, was aus einem wird.«
5. »Der Mensch ist von Natur aus entgegenkommend und hilfsbereit.«

Welche Art von Indikator-Fragen auch gewählt wird: Man gelangt in der Regel mit der einen oder anderen bei der Analyse zu den gleichen Ergebnissen. Lazarsfeld bezeichnet dieses Phänomen als »Austauschbarkeit der Indizes«.[111]

[110] Eine Skala, um das Vertrauen von Studenten zur sozialen Umwelt zu messen. Aus: Lazarsfeld, 1955, S. 160.

[111] Evidence and Inference, 1959, S. 113.

Experiment andersherum: die Extremgruppen-Analyse

Zwei statistisch genau *gleich* zusammengesetzte Teilstichproben, zwei unterschiedliche Frageformulierungen, das ist die übliche Form des statistischen Experiments in der Demoskopie, wir haben es in diesem Buch schon mehrfach beschrieben.[112] Gelegentlich wird aber auch das genau entgegengesetzte Verfahren angewandt: die Extremgruppen-Analyse. Dabei werden zwei Stichproben gebildet, die sich – bei Konstanthalten aller anderen Merkmale – in *einem* Punkt *unterscheiden*, und zwar in dem Punkt, der im Zentrum der Forschungsaufgabe liegt. Die beiden Stichproben werden dann mit dem gleichen Fragebogen interviewt. Ein Beispiel bietet wiederum die Studie über das Image der Schweiz. Die Stichproben unterscheiden sich allein dadurch, daß die eine Gruppe Personen enthielt, die die Schweiz besonders gern hatten, während die Personen in der zweiten Stichprobe die Schweiz nicht besonders schätzten.

Bei der Auswertung wurden die Ergebnisse für die zwei Stichproben verglichen. Wo die Ergebnisse weitgehend übereinstimmen, kann kein Schlüssel liegen für eine Vorliebe oder Abneigung gegenüber der Schweiz. Umgekehrt: Wo die Ergebnisse für beide Gruppen weit auseinanderfallen, wird man Anhaltspunkte suchen, was eine Vorliebe oder Abneigung gegenüber der Schweiz begründet. Beispielsweise fiel auf, daß die Anhänger – im Unterschied zur Gegengruppe – die Schweiz schon sehr früh, meist als Kind auf Ferienreise mit den Eltern kennengelernt hatten. Diese Beobachtung führte dazu, später auf breiter Basis die Bedeutung von Aufenthalten in der Schweiz als Kind und die Einstellung von älteren Familienmitgliedern zur Schweiz, die Familientradition systematisch zu untersuchen. Die Ergebnisse belegten, daß es für den Schweizer Tourismus von großer Bedeutung ist, Familien mit Kindern für Ferienreisen in die Schweiz zu gewinnen. Wer die Schweiz als Kind kennengelernt hat, fährt später dreimal häufiger zum Urlaub in die Schweiz als Leute, die die Schweiz erst spät kennenlernen.

112 Siehe S. 192–193 und 461–468.

Wie wird die Stichprobe für diese Untersuchungsanlage der Extremgruppen-Technik gebildet? Meist durch eine Vorerhebung. Im konkreten Fall wurden in einer Mehr-Themen-Umfrage drei Fragen eingeschaltet: Ob man schon einmal in der Schweiz war, Einstellung zur Schweiz nach einer Stapelskala (+5 »sehr gute Meinung« bis –5 »sehr schlechte Meinung«) und wie nah oder fern man der Schweiz steht.

Anhand dieser Fragen konnten die Extremgruppen, Personen, die die Schweiz sehr schätzen – Skalenstufen +3 bis +5 – und Personen, die die Schweiz wenig schätzen – Skalenstufen –5 bis +1 – gebildet werden, um damit in der nächsten Stufe von den Interviewern nunmehr ausführlich zum Thema Urlaub allgemein und dann gezielter zur Schweiz befragt zu werden. Durch Sammlung der Adressen für die Stichprobe in der Mehr-Themen-Umfrage ist die repräsentative Zusammensetzung der Extremgruppen gesichert. Die Kontrolle demographischer Merkmale für beide Gruppen kann zusätzlich eingeführt werden.

Bei der Extremgruppen-Technik dient also die Analyse von Umfrageergebnissen als Grundlage der Stichproben-Gewinnung für die Hauptuntersuchung. Erp Ring, der diese Methode entwickelt hat, studierte damit unter anderem Meinungsführer im Kontrast zu kontaktschwachen und isolierten Personen und junge Rechts- und Linksextremisten im Vergleich zu jungen rechtsstehenden und linksstehenden Demokraten.[113]

Signifikanzberechnungen, Korrelations-Koeffizienten: Hilfsmittel der Analyse

Fortgesetzt haben wir es bei der Analyse mit dem Vergleich von Zahlenwerten, mit der Prüfung von Zusammenhängen zwi-

[113] Elisabeth Noelle-Neumann, Erp Ring: Das Extremismus-Potential unter jungen Leuten in der Bundesrepublik Deutschland 1984. 2. Auflage. Bonn 1985.

schen einzelnen Daten oder Datenreihen zu tun. Elementares Werkzeug bei dieser Arbeit sind »Signifikanzberechnungen«, »Korrelations-Koeffizienten« und »Regressionsanalysen«.

Bei der Signifikanzberechnung wird geprüft, ob eine Differenz zwischen zwei Ergebnissen einer Stichproben-Erhebung mit einiger oder starker Wahrscheinlichkeit wirklich besteht oder nur zufällig zustande gekommen ist. Ein Beispiel dafür haben wir schon früher gegeben und die Verfahrensweise beschrieben.[114]

Der Korrelations-Koeffizient bezeichnet mit einem mathematischen Ausdruck, wie eng, in welchem Grad zwei Befunde zusammenhängen (positiv), oder wie sehr sie sich gegenseitig ausschließen (negativ). Korrelations-Koeffizienten messen von –1 über 0 bis +1; der Wert +1 ergibt sich für einen Zusammenhang zwischen A und B, wenn überall, wo A besteht, auch B besteht und umgekehrt. Der Wert 0 besagt, es besteht keinerlei Zusammenhang: In der Hälfte der Fälle, in denen A vorhanden ist, findet sich auch B, in der anderen Hälfte der Fälle aber findet man B nicht. Der Wert –1 zeigt an, daß A und B nie gemeinsam anzutreffen sind.

Die Regressionsanalyse zeigt die Stärke eines Zusammenhanges für kontinuierlich angeordnete Daten. Beispiel: Wie stark nimmt mit der Zahl der Polstermöbel in einer Wohnung die Häufigkeit des Besitzes eines Staubsaugers zu? Zur Darstellung bedient man sich des Koordinatenkreuzes: Auf der Abszisse wird die Zahl der Polstermöbel aufgetragen, auf der Ordinate der Prozentsatz der Haushalte, die einen Staubsauger besitzen. Die Daten stammen aus einer einfachen Korrelationszählung: Sortierung nach der Zahl der Polstermöbel im Haushalt, Auszählung: Besitz eines Staubsaugers. In das Koordinatenfeld eingetragen ergibt sich das folgende Bild:[115]

[114] Siehe S. 473.

[115] Weitere Beispiele für Regressionsanalysen enthalten Noelle-Neumann: The Public as Prophet, 1989, S. 143. Kellerer, 1963, S. 167 ff.

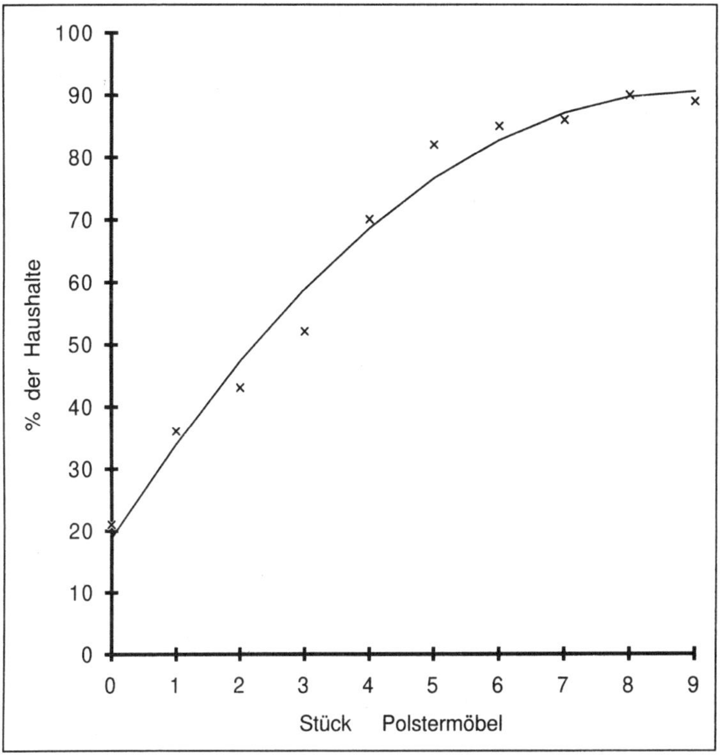

Abb. 73

Es gibt eine ganze Reihe von Korrelations-Koeffizienten und mathematisch-statistischen Verfahren, die sich für die Analyse von Umfragen anwenden lassen[116], wobei unterschiedliche

[116] Siehe S. 545. Außerdem: L. L. Thurstone: Multiple Factor Analysis. Chicago 1947. R. B. Cattell: Factor Analysis. New York 1952. Paul F. Lazarsfeld: Latent Structure Analysis. In: S. Koch (Hrsg.): Psychology. A Study of Science. Bd. 3. New York 1959. Peter R. Hofstätter: Faktorenanalyse. In: René König (Hrsg.): Handbuch der empirischen Sozialforschung. Bd. 1. Stuttgart 1962, S. 385. J. Mac Queen: Some Methods for Classification and Analysis of Multivariate Observations. In: Proceedings of the Fifth Berkeley Symposium on Mathematical Statistics and Probability, 1, 1967, S. 281–297. Jürgen Bortz: Lehrbuch der Statistik für Sozialwissenschaftler. Berlin u. a. 1985. Backhaus u. a., 1994. Heiler, Michels, 1994. Ein praktisches Beispiel einer Clusteranalyse, das gleichzeitig die Problematik solcher Analysen zeigt: Institut für Demoskopie Allensbach: Strukturelle Ähnlichkeit der Medien. Dokumentation der Cluster-Analysen – mit der Möglichkeit für weitere Bearbeitungen. In: Allensbacher Werbeträger-Analyse (AWA) '88, Bd. 4: Methode/Fragebogen, S. 177–187.

Arten von Umfrageergebnissen unterschiedliche Arten der Berechnung verlangen. Friedrichs[117] unterscheidet vier sogenannte »Meßniveaus«:

1. Das nominale Meßniveau

»Die Ausprägungen schließen sich nur logisch aus. Das Kriterium ist Gleichheit – Verschiedenheit. Beispiel: ja–nein, männlich–weiblich«.[118]

2. Das ordinale Meßniveau

»Das Vorhergehende und: Die Ausprägungen lassen sich in eine Rangordnung bringen. Das Kriterium ist größer – kleiner. Beispiel: Häufig – selten – nie.«[119]

3. Das Intervall-Meßniveau

»Alles Vorhergehende und: Die Unterschiede zwischen den Ausprägungen sind gleich groß. Das Kriterium ist die Gleichheit der Intervalle (Äquidistanz). Beispiel: Intelligenzquotient.«[120]

4. Das Rationale Meßniveau

»Alles Vorhergehende und: Die Verhältnisse der Werte sind gleich, zudem hat der Wert Null einen empirischen Sinn. Beispiel: Alter, Gewicht, Zeit.«[121]

Für jedes Meßniveau eignen sich unterschiedliche statistische Analyseverfahren, wobei jedes höhere Niveau die niedrigeren einschließt, sich auf deren Niveau verringern läßt. Friedrichs gibt die folgende Übersicht über einige für die verschiedenen Arten von Daten geeigneten Verfahren.[122]

117 1985, S. 98.
118 Ebd.
119 Ebd.
120 Ebd.
121 Ebd.
122 Ebd., S. 99.

Meßniveau	Annahme	Beispiel	Statistische Verfahren	
Nominal	A ≠ B	Geschlecht	chi^2	phi-Koeffizient Kontingenz- Koeffizient lambda Iterationstest
Ordinal	A < B < C	Schulnoten Index- Rohwerte		Rangkorrelationen (r, tau) Mediantest gamma Q Kolmogoroff- Smirnow-Test
Intervall	Wenn A, B, C, D aufeinander- folgen, gilt: B – A = D – C	IQ, Standardi- sierter Index		Produkt-Moment- Korrelation Regressionen Wilcoxon-Test t-Test F-Test Faktorenanalyse Varianzanalyse Diskriminanz- analyse
Rational	A = x • B	Alter, Einkommen		Variabilitäts- koeffizient

Die zu Unrecht verachtete Kreuztabelle

Die meisten gängigen statistischen Verfahren sind heute in den Statistik-Programm-Paketen wie SPSS, SAS oder P-STAT enthalten und damit nahezu mühelos auf jedem einigermaßen leistungsfähigen PC anwendbar. Das ist ein großer Fortschritt, der aber auch Gefahren birgt: Es ist in der Sozialforschung mittlerweile weit verbreitet, daß in Forschungsberichten nur noch die Ergebnisse der statistischen Berechnungen von Daten vorgeführt werden, während die Frageformulierungen und die in Prozenten dargestellten Antworten weggelassen werden. Dieses Verfahren wirkt auf den ersten Blick besonders wissenschaftlich, ist aber das Gegenteil davon: Die Frageformulierungen und die ausgezählten Antworten sind die Grundlage jeder weiteren Analyse. Wenn sie nicht bekannt sind, ist die Untersuchung weder nachvollziehbar noch wiederholbar noch überprüfbar. Nur das Ergebnis der statistischen Operation ist bekannt, aber seine Qualität kann nicht beurteilt werden. Der Computer fragt nicht danach, ob die Zahlen, die er verarbeitet, zuverlässig und gültig[123] sind. Das Ergebnis der Rechenprozedur suggeriert aber eine Genauigkeit, die in der Regel allenfalls für den Rechenvorgang selbst gilt, nicht aber für die Art, wie die Daten ermittelt wurden, die am Anfang der Analyse standen. Darum darf derjenige, der sich eindrucksvollen Tabellen mit Korrelationskoeffizienten gegenübersieht, nicht vergessen, daß diese Tabellen immer nur soviel wert sind wie der Fragebogen und die Interviews, die ihnen zugrunde liegen. Die Frageformulierungen und die Gesamtergebnisse gehören darum zu jedem Bericht dazu – unabhängig davon, welche statistischen Analyseverfahren zusätzlich angewandt werden. Korrelationskoeffizienten, Signifikanzberechnungen und Multivariate Computeranalysen sind Hilfsmittel der Analyse, nicht ihr Hauptzweck. An der richtigen Stelle eingesetzt können sie aber von großem Nutzen sein.

Um die Gefahr des Verlustes nicht nur der Überprüfbarkeit, sondern auch des Verlustes der Anschaulichkeit zu verdeutlichen, greifen wir auf ein Beispiel zurück, das schon einmal vorgeführt wurde.[124]

Durch Umfragen ist der Zusammenhang zwischen Heiraten und dem Abschluß einer Lebensversicherung zum Vorschein gekommen. Dieses Ergebnis wird hier zweimal dargestellt: zuerst als sogenannte Kreuztabelle mit Familienstand als unabhängige Variable im Kopf der Tabelle und Besitz einer Lebensversicherung als abhängige Variable für jede Kopfgruppe.[125] Man kann gleichsam mit bloßem Auge sehen, daß verheiratet sein und eine Lebensversicherung abschließen miteinander zusammenhängt.

123 Siehe S. 445–448.
124 Siehe S. 429–432.
125 Zu unabhängigen und abhängigen Variablen siehe S. 592–594.

BESITZ EINER LEBENSVERSICHERUNG NACH FAMILIENSTAND[126]

	Ledige %	Verheiratete %
Es haben eine Lebensversicherung abgeschlossen	51	73
Keine Lebensversicherung besitzen	49	27
	100	100
n =	514	1199

In einer zweiten Darstellung wird der Zusammenhang zwischen Abschluß einer Lebensversicherung und Familienstand mit Korrelations-Koeffizienten ausgewiesen.

Den Korrelations-Koeffizienten Φ (Phi)[127] zwischen verheiratet sein und eine Lebensversicherung besitzen kann man ausrechnen, indem man nach dem folgenden Muster ein Vierfelder-Schema bildet:

[126] Allensbacher Archiv, IfD-Umfrage Nr. 6013, März 1995.

[127] Wie die Übersicht oben auf S. 545 zeigt, ist der hier vorgeführte Phi-Koeffizient natürlich nicht der einzige Korrelations-Koeffizient, der dem Statistiker zur Analyse von Umfragedaten zur Verfügung steht. Der Schwerpunkt dieses Buches kann nicht auf diesem Thema liegen, es gibt hierzu hervorragende Fachliteratur. Nach wie vor hervorragend: Paul Neurath: Grundbegriffe und Rechenmethoden der Statistik für Sozialwissenschaftler. In: René König (Hrsg.): Handbuch der empirischen Sozialforschung. Stuttgart 1962, S. 241–308. Weitere Literatur: Günter Clauß, Heinz Ebner: Grundlagen der Statistik für Psychologen, Pädagogen und Soziologen. Frankfurt am Main und Zürich 1972. Franz Ferschl: Deskriptive Statistik. 2. Auflage. Würzburg und Wien 1980. Speziell auf die Anwendung des Programms SPSS zugeschnitten: Andreas Engel u. a.: Sozialwissenschaftliche Datenanalyse. Mannheim u. a. 1995.

		Variable x		
		x1	x2	Zeilensumme
Variable y	y1	a	b	(a + b)
	y2	c	d	(c + d)
Spaltensumme		(a + c)	(b + d)	(a + c) + (b + d) = (a + b) + (c + d) = n

Die Formel für den Korrelations-Koeffizienten Φ (Phi) lautet:

$$\Phi = \frac{bc - ad}{\sqrt{(a + b)\,(c + d)\,(a + c)\,(b + d)}}$$

Es ergeben sich folgende Werte:

		Lebensversicherung Ja	Lebensversicherung Nein	
Familienstand	verheiratet	873 = 51 %	326 = 19 %	1199 = 70 %
	ledig	261 = 15 %	253 = 15 %	514 = 30 %
		1134 = 66 %	579 = 34 %	1713 = 100 %

Daraus folgt:

$$\Phi = \frac{326 \cdot 261 - 873 \cdot 253}{\sqrt{1\,199 \cdot 514 \cdot 1\,134 \cdot 579}} = 0{,}21$$

Der Zusammenhang wird in der folgenden Tabelle durch verschiedene Korrelations-Koeffizienten dargestellt.

KORRELATION ZWISCHEN VERHEIRATET SEIN UND BESITZ EINER LEBENSVERSICHERUNG

	Verheiratet
Lebensversicherung	Chi^2 = 78,05 *)
	Phi = 0,21
	C_{corr} = 0,30
	Yules Q = 0,44

*) signifikant auf dem 95-Prozent-Niveau

Klarer, für den Betrachter nachvollziehbarer und damit unverzichtbar ist dagegen die gezeigte Kreuztabelle. Die Korrelations-Koeffizienten und der Signifikanzgrad können bei Bedarf zusätzlich, etwa als Fußnote zur Kreuztabelle angegeben werden.

Anschaulichkeit der Darstellung von Zusammenhängen ist in der empirischen Sozialforschung nicht nebensächlich. Anschaulichkeit regt die Phantasie an, verbessert das Nachdenken. Die Sterilität, die oft in der empirischen Sozialforschung beklagt wird, hängt mit der pseudowissenschaftlichen Methode der Darstellung von Ergebnissen nur in Koeffizienten zusammen.

Schöner als jede Tabelle: das Mapping

Um dem Verlust von Anschaulichkeit entgegenzuwirken, sind sogenannte Mapping-Verfahren entwickelt worden, die den Vorzug der Anschaulichkeit mit mathematisch-statistischer Verdichtung verbinden. Eine besonders klare Darstellung des Mapping-Verfahrens gibt der Gründer und Direktor des Schweizer Instituts DemoSCOPE, Dr. Werner Wyss, in seinem Buch: ›Marktforschung von A bis Z‹.[128] Sie wird hier mit freundlicher Erlaubnis des Autors wiedergegeben.

Mappings sind zweidimensionale Darstellungen, auf denen wie auf einer Landkarte abgelesen werden kann, welche Aussagen einer Umfrage wie stark miteinander verwandt sind. Wyss schreibt:

»Zu einer derartigen kartographischen Darstellungsform kann man u. a. kommen, wenn man die Anzahl der Faktoren aus einer Faktorenanalyse auf 2 reduziert. Die beiden Faktoren bilden wie die Windrose einer Geographiekarte die beiden Hauptachsen Nord-Süd und Ost-West. Die Untersuchungsobjekte lassen sich jetzt entsprechend ihren Faktorenwerten auf dem Koordinatenkreuz plazieren. So kommt es zu einer *faktoriellen Positionierung*.

[128] Adligenswil (Schweiz) 1991, S. 567–573.

Anspruchsvoller ist das *Multi-Dimensional-Scaling (MDS)*. Die Verfahren sind darauf angelegt, die Unterschiede zwischen vielen Variablen optimal im zweidimensionalen Raum wiederzugeben. Sie schaffen das, indem sie die Gesamtvarianz als 360-Grad-Winkel darstellen und die einzelnen konstituierenden Variablen als Vektoren abtragen. Die Karte repräsentiert damit *Ähnlichkeiten* und *Unähnlichkeiten* von Merkmalen. Dazu wird ein mehrdimensionaler Raum, bestehend aus allen in die Rechnung einbezogenen Variablen, so zusammengefaltet, daß die gesamte, dort enthaltene Varianz mit möglichst wenig Verlust wiedergegeben wird. Merkmale, die selten oder nie zusammen auftreten, werden auf der Karte zu weit auseinanderliegenden Punkten. Solche, die man oft bei ein und derselben Person antrifft, liegen nahe beieinander.

Es gibt ein metrisches und ein nicht metrisches Multi Dimensional Scaling. Beim metrischen MDS sind die Distanzen zwischen den Punkten numerischer Natur, d. h. beispielsweise Kilometer, DM oder Skalenpunkte. Das nicht metrische MDS arbeitet mit Rangordnungen, stützt sich also beispielsweise darauf, daß A größer ist als C und C größer als E.«

»Daß die Distanzen zwischen Merkmalen auf einer Fläche, d. h. im zweidimensionalen Raum, repräsentiert werden, ist ein rein praktisches Erfordernis. Die Rechenprogramme positionieren die untersuchten Variablen auch in einer dritten, allenfalls vierten, fünften Dimension usw. Die zur Errechnung der Karte herangezogenen Variablen nennt man konstituierende Variablen. Die übrigen, im Fragebogen enthaltenen Variablen können als zugerechnete Variablen behandelt werden. Sie tragen dann nicht zur Berechnung der Karte bei, lassen sich aber nachträglich auf ihr positionieren.

Bei den konstituierenden Variablen eines Mappings wird es sich in aller Regel um unabhängige Variablen handeln. Herangezogen werden ursächlich Faktoren wie Demographie, Wertvorstellungen, Motivationen oder Besitz. Sie produzieren dementsprechend eine demographische Karte, eine Value Chart, ein Motiv- oder Besitz-Mapping. Als abhängige Variablen werden dann die Verhaltensweisen zugerechnet, z. B. das Kauf- und Konsumverhalten. Die Erfahrung zeigt, daß die Benutzer mit solchen Mappings gut zurechtkommen. Es fällt ihnen leicht, den dargestellten Raum als bestimmende Größe, die nachträglich darauf projizierten Merkmale als von diesem Raum abhängig aufzufassen.«[129]

»Eine vom Rechenprogramm mitgelieferte Statistik zeigt, welchen Prozentsatz der Gesamtvarianz das betreffende Mapping abdeckt. Diese Berechnung bezieht sich selbstverständlich nur auf die konstituierenden Variablen, nicht etwa auf die Gesamtvarianz aller im Interview enthalte-

[129] Wyss 1991, S. 570.

nen Fragen. Die Abdeckung ist meistens viel kleiner, als der Laie annimmt. Sie wird je nach Anzahl und Natur der ausgewählten Variablen nur 30, 20 oder sogar 10 Prozent betragen. Wir stoßen hier auf ein Paradoxon: Je besser die Umfrage vorbereitet wurde, desto schlechter ist die Effizienz des Mappings. Wenn der Projektleiter im voraus durch eine Faktorenanalyse sichergestellt hat, daß die erfaßten Variablen einander möglichst unähnlich sind, kann er jetzt bei der Auswertung nicht erwarten, daß sie sich ohne Informationsverlust auf zwei Dimensionen reduzieren lassen. Bei der Interpretation des Mappings ist deshalb generell Vorsicht geboten. Unerfahrene Benutzer müssen immer wieder auf seine limitierte Aussagekraft hingewiesen werden.

Der Beizug einer dritten Dimension kann die Aussagekraft des Mappings erhöhen. Hier ergeben sich allerdings Darstellungsprobleme. Man kann versuchen, den dreidimensionalen Raum mittels eines Holzmodells oder perspektivisch auf Papier darzustellen. CAD, Computer-Aided-Design-Programme, wie sie in der Architektur verwendet werden, gestatten es, die dreidimensionale Darstellung auf dem Monitorscreen zu drehen und zu wenden. Allen diesen Darstellungsarten ist eigen, daß der so geschaffene Raum für den Nichtfachmann nur schwer einsichtbar ist. Deshalb greifen die meisten Marktforscher, wenn sie Abhängigkeiten über die ersten beiden Dimensionen hinaus darstellen wollen, zur gewohnten tabellarischen Repräsentationsform. Die Information erfolgt dann in zwei Schritten: Zuerst wird die Position des Merkmals auf der zweidimensionalen Karte aufgezeigt (gewissermaßen auf dem Grundriß), nachher wird mit Hilfe von Tabellen nachgewiesen, wie weit der Untersuchungsgegenstand in den weiteren Dimensionen gegen oben oder unten abweicht.

Mapping-Programme zeigen zwar auf, wie die verschiedenen, konstituierenden Variablen als Vektoren die betreffende Karte erschaffen. Das menschliche Denken ist aber viel einfacher und möchte sich anhand der beiden Hauptachsen Nord – Süd und Ost – West orientieren. Dem Projektleiter fällt deshalb die Aufgabe zu, mit Hilfe der beiden Hauptachsen das vorliegende Bild zu erklären. Gelingt ihm dies, hat er einen großen Schritt zur erfolgreichen Kommunikation seiner Daten gemacht.«

»Da es sich beim Mapping um eine Datenverdichtung handelt, die nicht nur aussagestark ist, sondern auch sehr rasch zu falschen Schlußfolgerungen führt, ist nachfolgend eine Checklist mit kritischen Fragen wiedergegeben. Sie soll dem Projektleiter helfen, die Analyse möglichst griffig einzusetzen:

Checklist:
Vor der Erstellung des Mappings:
- Welche Art Raum will ich bilden, welches sind die konstituierenden Variablen?
- Wird es ein kohärenter Raum sein, d. h. konstruiere ich ihn aus Variablen der gleichen Art?
- Wie viele Variablen muß ich einbeziehen? Weniger Variablen ergeben eine bessere statistische Abdeckung, mehr Variablen garantieren Tiefgang und mehr Relevanz.
- Kann ich mir vorstellen, daß die verschiedenen ausgewählten Variablen sich plausibel auf zwei haupsächliche Erklärungsachsen reduzieren lassen?
- Wird es mir gelingen, die Bedeutung dieses Raumes an Dritte zu kommunizieren?

Nach der Erstellung des Mappings:
- Wie repräsentativ ist das erarbeitete Mapping? Welchen Teil der Gesamtvarianz der konstituierenden Variablen deckt es ab?
- Wie interpretiere ich die Darstellung? Wie benenne ich die beiden Hauptachsen?
- Welche abhängigen Variablen will ich in diesem Raum positionieren?
- Ist die Position dieser Variablen einleuchtend? Brauche ich zu ihrer Erklärung eine verfeinerte Analyse?«[130]

Die »Smallest-Space«-Analyse[131] ist ein solches Mapping-Verfahren, mit dem sich die Beziehungen von Variablen zueinander errechnen lassen. Angenommen, man wüßte, wie weit – in Autobahnkilometern gemessen – verschiedene Städte voneinander entfernt liegen. Man wüßte aber nicht, wo man diese Städte auf der Karte suchen müßte, in welcher Richtung eine Stadt, von der jeweiligen anderen aus gesehen, liegt. Es wäre auch kaum möglich zu überblicken, ob mehrere Städte dicht beieinander liegen, sich in einem bestimmten Winkel der Landkarte »häufen«, oder ob die Orte gleichmäßig über das ganze Land verteilt sind. Mit einer Smallest-Space-Analyse werden nun aus den Entfernungen der einzelnen Städte zueinander die Positionen dieser Städte im – in diesem Fall zweidimensionalen – Raum ausgerechnet und graphisch dargestellt. Es ergibt sich damit das folgende Mapping.

[130] Wyss 1991, S. 570–573.

[131] Smallest-Space-Analyse nach Guttman-Lingoes. Siehe: Susan S. Schiffmann u. a.: Introduction to Multidimensional Scaling. Theory, Methods, and Applications. New York u. a. 1981, S. 89–101. Ingwer Borg: Anwendungsorientierte Multidimensionale Skalierung. Berlin u. a. 1981.

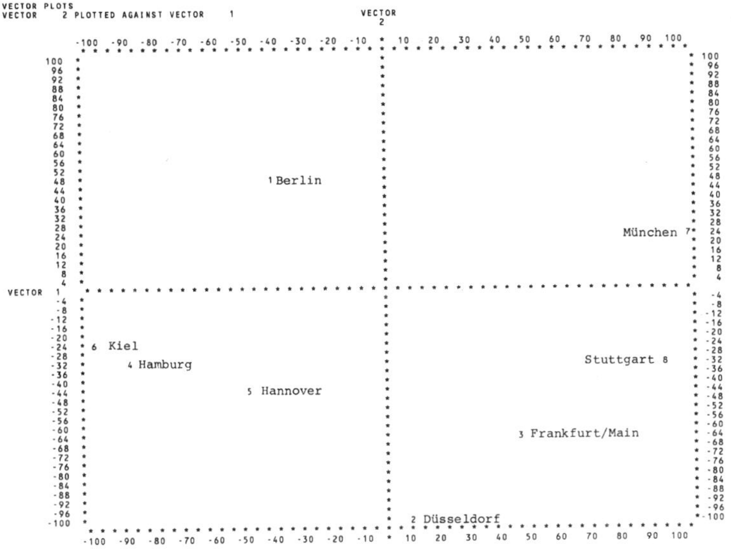

Abb. 74

Daß dieses Mapping die tatsächlichen Abstände der Städte zueinander abbildet, zeigt sich, wenn man die Umrisse des Landes über den Computerausdruck legt. (Siehe Abb. 75)

Bereits mit wenigen Informationen – den Entfernungen der acht Städte zueinander – wurde die Position der Städte auf der Deutschlandkarte ziemlich genau wiedergegeben. Die Karte würde noch präziser, wenn weitere Städte zusätzlich in den Computer eingegeben würden, insbesondere solche Orte, die sich nahe der Grenze befinden und so die Außengrenzen des zu errechnenden Systems markieren würden.

Diese Art der Darstellung von statistischen Daten ist deshalb auch für die Marktforschung interessant, weil auch komplizierte Zusammenhänge leicht optisch erfaßt werden können. An der folgenden Smallest-Space-Analyse sieht man zum Beispiel ohne vorher lange Zahlenkolonnen studieren zu müssen, daß Personen, die Volksmusik bevorzugen, oft auch Blas- oder Marschmusik hören, vielleicht auch noch Folklore- oder Tanz-

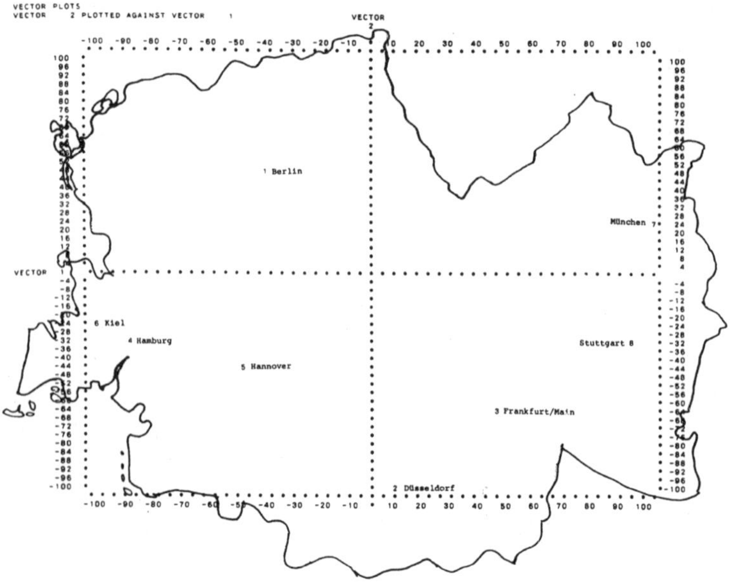

Abb. 75

musik. Dagegen scheint es kaum jemanden zu geben, der sowohl Volks- als auch internationale Popmusik bevorzugt. Die verschiedenen Richtungen der Rock- und Popmusik liegen auf dem Mapping nahe beieinander und weit entfernt von den diversen Spielarten der Volksmusik. Schlußfolgerung eines CD-Händlers (den speziell dieses Ergebnis auch nicht gerade überraschen dürfte): Die Hörer dieser beiden Musikrichtungen haben kaum etwas gemeinsam. Pop- und Volksmusik stellen zwei vollkommen verschiedene Marktsegmente dar. Sie sollten darum unterschiedlich beworben und im Geschäft getrennt voneinander aufgestellt werden.

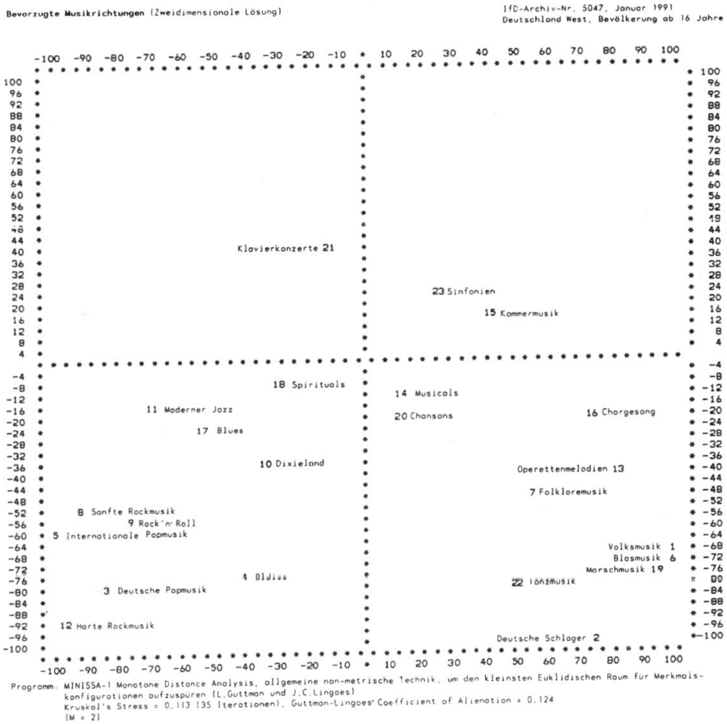

Abb. 76

Wie die Skala Persönlichkeitsstärke entdeckt wurde

Anfang 1980 beauftragte das Nachrichtenmagazin ›Der Spiegel‹ das Allensbacher Institut, ein neues Kriterium der Werbeträgerforschung zu entwickeln. Die Elite in der ›Spiegel‹-Leserschaft und in der Leserschaft anderer Werbeträger, also Zeitungen und Zeitschriften, in denen Anzeigen abgedruckt werden, sollte bestimmt werden. Das Ziel des ›Spiegel‹ war, den Werbetreibenden die besondere Qualität seiner Leserschaft vor Augen zu führen. Lange Jahre hindurch hatte der ›Spiegel‹ diese besondere Qualität an der größeren Kaufkraft, dem höheren Lebensstandard von ›Spiegel‹-Lesern nachgewiesen. Aber mit steigendem Massenwohlstand in den sechziger und siebziger Jahren hatte dieses Argument an Überzeugungskraft verloren.

Der Begriff »Elite« war damals, in den Jahren nach der 1968er Revolution, »out«, wir einigten uns auf den Begriff »Ich-Stärke«; später, 1985, entschied sich der ›Spiegel‹ für den Begriff »Persönlichkeitsstärke«.[132] Im übrigen war der ›Spiegel‹ als Auftraggeber sehr großzügig. Das gesuchte Kriterium sollte nützlich sein, um die besondere Qualität der ›Spiegel‹-Leserschaft vorzuführen, aber es sollte auch der Werbeträgerforschung ganz allgemein zur Verfügung stehen, »kein Lizenzzwang!«

Im folgenden wird beschrieben, wie in Allensbach vorgegangen wurde, um diese Unbekannte, die »Ich-Stärke« zu finden.

In der ersten Phase wurde die Fachliteratur nach geeigneten Aussagen durchgesehen: Was kennzeichnet »Ich-starke« Personen? Quelle waren unter anderem sogenannte Persönlichkeitsinventare.[133] Weiterhin wurde in Diskussionen mit dem ›Spiegel‹ und in der Fragebogenkonferenz und mit ausführlichen Selbstbeschreibungen in Intensiv-Interviews eine große Zahl von Merkmalen, von Eigenschaften, von Verhaltensweisen gesammelt, die vielleicht für »Ich-Stärke« charakteristisch sein könnten. Etwa 150 Merkmale standen schließlich zur Auswahl.

An diesem Punkt fiel eine wichtige Entscheidung. Dem Buch von Katz und Lazarsfeld ›Personal Influence‹ von 1955 war als Motto vorangestellt ein Zitat von John Stuart Mill: »And what is a still greater novelty, the mass do not now take their opinions from dignitaries in Church or State, from ostensible leaders, or from books. Their thinking is done for them by men much like

[132] ›Spiegel‹-Dokumentation: Persönlichkeitsstärke. Ein neuer Maßstab zur Bestimmung von Zielgruppenpotentialen. Hamburg 1983.

[133] S. R. Hathaway, J. C. McKinley: A multiphasic personality schedule (Minnesota). Construction of the schedule. In: Journal Psychology 10, 1940, S. 249–254. S.R. Hathaway, J.C. McKinley: Minnesota Multiphasic Personality Inventory. In: Revue Education, 1951. S.R. Hathaway, P.E. Meehl: Das Minnesota Multiphasic Personality Inventory. In: E. Stern (Hrsg): Die Tests in der klinischen Psychologie. Zürich 1955, S. 282–313. Deutsche Fassung: O. Spreen: MMPI – Saarbrücken. Handanweisung zur deutschen Ausgabe des Minnesota Multiphasic Personality Inventory von Hathaway und McKinley. In: E.E. Bosch (Hrsg): Psychologisches Institut des Saarlandes. Bern 1963. Vgl. Ring 1992, S. 108.

themselves, addressing them or speaking in their name, on the spur of the moment, through the newspapers.«[134]

Wir entschlossen uns, die Persönlichkeitsstarken in der Masse zu suchen, die persönlichkeitsstarken Menschen auch in der Arbeiterschaft. Das bedeutete: Alle Merkmale, die nicht (oder nicht nur) mit persönlichen *Anlagen* zu tun hatten, sondern als *Voraussetzung* hatten, daß jemand in einem reichen Elternhaus geboren war, im Wohlstand aufwuchs, zur Oberschicht gehörte – solche Merkmale wurden von vornherein aussortiert. Mit dieser Maßnahme sollte verhindert werden, daß zum guten Ende als Ergebnis aller Arbeit nur wiederum die wohlbekannte sozioökonomische Statusskala reproduziert werden würde, mit der Allensbach schon seit 1961 arbeitete.[135]

An dem Zitat von John Stuart Mill – es gibt in *allen* sozialen

[134] John Stuart Mill: On Liberty, Chapter »Of Individuality, as one of the Elements of Well-Being«. In: John Stuart Mill: Three Essays. On Liberty. Representative Government. The Subject of Women. Oxford 1975, S. 81f.

[135] Bereits seit 1961 arbeitet das Institut für Demoskopie Allensbach auf Anregung von Friedrich W. Tennstädt mit einer auf mehreren Kriterien aufbauenden Methode zur Abgrenzung sozialer Schichten. Mit Hilfe eines Punktsystems werden die Befragten nach vier Merkmalen klassifiziert:

- Schulbildung
- Beruf
- Hauptverdiener-Einkommen
- Gesamteindruck des Interviewers von Lebensstil und Lebenshaltung (dazu erhielt der Interviewer ein ›Merkblatt zur Einstufung in die sozialen Schichten‹).

Jedes der vier Kriterien erhält eine bestimmte Kennziffer: einfache Schulbildung eine niedrige Ziffer, gute Schulbildung eine hohe Kennziffer. Analog geht es mit Beruf, Einkommen, sozialer Schichtung nach dem Eindruck des Interviewers. Nun tritt das Problem auf, wie man den Abstand zwischen verschiedenen Schichtmerkmalen gerecht und realistisch bewertet. Um den Abstand der Bildungsstufen, der Berufsklassen, der Einkommens- und Schichtgruppen zu bestimmen, wurden die beiden Kriterien, Ausstattung mit Gebrauchsgütern und allgemeines Wissen, benutzt. Jeweils die unterste Stufe eines Kriteriums, also bei der Schulbildung die Volksschule, beim Beruf der Landarbeiter, das niedrigste Einkommen und die niedrigste soziale Schicht erhielten die Kennziffer 10. Die höheren Gruppen, also mittlere Reife, angelernte Industriearbeiter, höhere Einkommensgruppen, höhere Schichten, wurden nach bestimmten Leistungen eingestuft, und zwar je nachdem, ein wie Vielfaches sie an ausgewählten Haushaltsgütern besaßen, und um ein wie Vielfaches sie der einfachsten Schicht in der Fähigkeit voraus sind, Fragen der Allgemeinbildung bis hin zur aktuellen politischen Orientierung beantworten zu können. Allgemein ausgedrückt: Der Abstand, der zwischen den verschiedenen Bildungs-, Berufs-, Einkommens- und Schicht-Gruppen unter dem Gesichtspunkt »Besitz und Allgemeinbildung« besteht, wird in den gesellschaftlich-wirtschaftlichen Statusziffern zum Ausdruck gebracht. Wenn also als Kennziffer für Landarbeiter die Zahl 10 festgesetzt wurde und für leitende Angestellte bzw. höhere Beamte eine solche von 45 ausgewiesen wird, so heißt das, daß leitende Angestellte bzw. höhere Beamte 4,5mal »besser« mit langlebigen Gebrauchsgütern ausgestattet bzw. besser über aktuelle Fragen orientiert sind als Landarbeiter. Institut für Demoskopie Allensbach: Die Ich-Starken. Eine Pilotstudie für den ›Spiegel‹. Allensbacher Archiv, IfD-Bericht Nr. 2749, März 1981.

Schichten starke Persönlichkeiten – hielten wir uns bei der weiteren Arbeit wie an einer Reling fest, es begleitete uns wie ein roter Faden. Es war erstaunlich, wieviel Merkmale, die am Anfang erwogen worden waren, einfach damit ausschieden, daß sie schichtspezifisch waren. Am Ende dieser Arbeitsphase standen noch 34 Merkmale zur Auswahl, die vielleicht zu der »Ich-Stärke« würden führen können.

Im nächsten Schritt wurden diese 34 Merkmale in insgesamt 12500 Interviews verschiedener Mehr-Themen-Umfragen eingeschlossen und damit das Material gewonnen, um eine Faktorenanalyse durchführen zu können. Die Frage lautete: »Hier sind verschiedene Eigenschaften (der Interviewer übergibt Karten). Könnten Sie die bitte einmal durchsehen und mir die Punkte nennen, wo Sie sagen würden: ›Das paßt auf mich, das trifft auf mich zu‹?«

Wir benutzen hier die Gelegenheit, um das Verfahren der Faktorenanalyse – allerdings sehr vereinfacht – vorzustellen.[136]

»An Faktorenanalysen glaube ich nicht«

Die Faktorenanalyse ist eines der am häufigsten durchgeführten statistischen Verfahren. Sie wird dann durchgeführt, wenn man über die Antworten zu einer größeren Zahl von Indikatorfragen verfügt und feststellen will, ob diesen Antworten ein bestimmtes Strukturmuster zugrunde liegt. Grundlage könnte zum Beispiel ein Kartenspiel mit vielleicht – die Zahl ist willkürlich ausgewählt – 30 Karten sein, von denen die Befragten alle die herauslegen sollen, auf denen Aussagen stehen, denen sie zustimmen.[137] Für eine Faktorenanalyse werden nun alle Antwortmöglichkeiten miteinander korreliert: Wenn jemand die

[136] Für detaillierte Beschreibungen siehe: Peter Hofstätter: Faktorenanalyse. In: König 1962, S. 385–414.

[137] Vgl. z. B. S. 169–170.

Karte 1 herauslegt, wie wahrscheinlich ist es, daß er auch die Karte 2 herauslegt, die Karte 3, die Karte 4 und so weiter. Angenommen, es stellt sich heraus, daß besonders oft die Karten 2, 3, 7, 11, 19 und 25 zusammen herausgelegt werden und all diese Karten fast nie zusammen mit Karte 21, dann schließt man daraus, daß die Aussagen auf diesen Karten etwas gemeinsam haben, mehr oder weniger stark denselben Sachverhalt messen; es liegt ihnen derselbe Faktor zugrunde. Das gilt auch für die Karte 21, bei der man annimmt, daß sie aus demselben nicht direkt meßbaren, tieferliegenden Grund *nicht* herausgelegt wird, der dafür sorgt, daß die anderen Karten gemeinsam ausgewählt werden; ganz ausdauernd eine bestimmte Aussage nicht zu wählen, wenn bestimmte andere Aussagen gewählt worden sind, spricht für eine gleichsam abstoßende Beziehung zu dem betreffenden Faktor.

In der Regel wird durch das Verfahren nicht nur ein Faktor erkennbar, sondern mehrere, die sich möglicherweise auch gegenseitig überschneiden. Auch dieses Resultat ist oft interessant und aufschlußreich. Manchmal sind aber die Korrelationen zwischen den verschiedenen Antworten so gering, daß die vom Computer errechneten Faktoren keine wirkliche Aussagekraft haben. Hinzu kommt, daß die Ergebnisse von Faktorenanalysen oft schwer zu deuten sind. Um so wichtiger ist es, intuitiv einen Namen für den jeweiligen Faktor zu finden, der das gemeinsame Spezifische des Faktors anschaulich macht.

Faktorenanalysen sind bei der Auswertung von Umfragedaten oft nützlich; denn sie führen zur Datenverdichtung, das heißt, durch sie werden die oft enormen Datenmengen, die bei einer Studie produziert werden, auf wenige Grundstrukturen reduziert, und damit übersichtlicher und für die Analyse leichter zugänglich. Faktorenanalysen helfen, die Frage zu beantworten: Was messen eigentlich die im Fragebogen verwendeten Indikator-Fragen? Welche Dimensionen, Gefühle, Eigenschaften der Befragten werden mit ihnen erfaßt?

Wegen eben dieser Fähigkeit ist die Faktorenanalyse aber auch ein wichtiges Hilfsmittel bei der Fragebogenentwicklung. Das betrifft gerade den Fall, der hier beispielhaft dargestellt wird, den Fall nämlich, daß eine Skala konstruiert werden soll, die nicht nur auf dem Einfühlungsvermögen und der Intuition der Mitglieder der Fragebogenkonferenz beruht (»Quasi-

Skala«), sondern durch bestimmte reproduzierbare zahlenmäßige Beziehungen der Merkmale untereinander wissenschaftlich belegbar einen nicht direkt erfragbaren Sachverhalt messen soll.

Die Faktorenanalyse zeigte in mehreren Schritten, daß den folgenden zehn Aussagen derselbe Faktor zugrunde liegt oder, wie der Statistiker es ausdrückt, daß sie auf demselben Faktor laden:

1. »Gewöhnlich rechne ich bei dem, was ich mache, mit Erfolg«
2. »Ich bin selten unsicher, wie ich mich verhalten soll«
3. »Ich übernehme gern Verantwortung«
4. »Ich übernehme bei gemeinsamen Unternehmen gern die Führung«
5. »Es macht mir Spaß, andere Menschen von meiner Meinung zu überzeugen«
6. »Ich merke öfter, daß sich andere nach mir richten«
7. »Ich kann mich gut durchsetzen«
8. »Ich bin anderen oft einen Schritt voraus«
9. »Ich besitze vieles, worum mich andere beneiden«
10. »Ich gebe anderen öfter Ratschläge, Empfehlungen«

Diese zehn Selbstaussagen bildeten von nun an die Skala der Persönlichkeitsstärke. Dabei waren diese zehn Aussagen nicht unbedingt die, die auf den ersten Blick am meisten überzeugten. Auswahlkriterium war nicht, wie unmittelbar einleuchtend eine Aussage war, sondern ausschließlich das Ergebnis der Faktorenanalyse. Die Skala der Persönlichkeitsstärke stützt sich also auf *tatsächlich gemessene*, wissenschaftlich belegbare statistische Zusammenhänge, nicht auf vermutete. Nur mit dieser Methode konnte sichergestellt werden, daß die Skala auch einen – und zwar einen einzigen – tatsächlich vorhandenen Sachverhalt mißt.

Auf einer Tagung des Instituts für Glücksforschung e. V. Vallendar, Leitung Professor Alfred Bellebaum[138], wurde im Herbst 1995 die Skala der Persönlichkeitsstärke vorgestellt, um den Zusammenhang zwischen Persönlichkeitsstärke und sub-

[138] »Lese-Glück – eine vergessene Erfahrung?« Fachtagung am 10./11. November 1995 in Brühl bei Köln.

jektivem Wohlbefinden, den Zusammenhang zwischen Persönlichkeitsstärke und Glück zu zeigen.[139]

In der Diskussion sagte ein Fachmann für politische Pädagogik: »Die Skala überzeugt mich nicht. Sie ist typisch für das überholte Dominanzdenken in unserem Kulturkreis. Nehmen Sie die Aussage: ›Ich merke öfter, daß sich andere nach mir richten.‹ Sie paßt überhaupt nicht zu einem Menschen mit wirklicher Persönlichkeitsstärke.«

Ich (E. N.-N.) erklärte, wir hätten diese Aussage der Skala nicht ausgesucht, weil sie uns so gut gefiel, weil sie so überzeugend sei, sondern die Faktorenanalyse habe gezeigt, daß sie zu dem Element »Ich-Stärke«, das wir suchten, dazugehörte. – »An Faktorenanalysen glaube ich nicht«, antwortete der Diskussionsredner. Hier stießen zwei Welten zusammen: die Welt des Geisteswissenschaftlers und des empirischen Sozialforschers. Der Geisteswissenschaftler verläßt sich auf die Kraft seiner Gedanken. Der empirische Sozialforscher denkt auch, aber er will außerdem an der Wirklichkeit überprüfen, ob er richtig gedacht hat, und er verschließt sich nicht unerwarteten Befunden, wenn sie mit den Methoden der mathematischen Statistik zutage treten. Im Gegenteil, er liebt an seinem Beruf, an seiner Methode ihr Entdeckungspotential, sie bringt ihn auf Gedanken, auf Zusammenhänge, auf die er vorher noch nie gekommen war. Vor allem weiß er, daß die mathematisch-statistischen Zusammenhänge, die da zum Vorschein kommen, nicht seinen Vorlieben, seinen Überzeugungen entsprechen, sondern daß jeder, der diese Zahlen prüft, zum gleichen Ergebnis kommen muß. Es handelt sich um eine soziale Tatsache. Sollte es eine sozialoptische Täuschung sein[140], so läßt sich auch das so zwingend durch zahlenmäßige Zusammenhänge zeigen, daß jeder folgen muß.

Hier läuft die Schattenlinie zwischen Geisteswissenschaft und empirischer Sozialwissenschaft. Der Geisteswissenschaftler kann auch zu Recht argumentieren, daß es viele Persönlichkeitsstarke gibt, denen die Merkmale der Skala Persönlichkeitsstärke fehlen. Der Sozialwissenschaftler antwortet: »Richtig. In der Realität erfüllt nicht *jeder* Persönlichkeitsstarke die Bedingungen der Skala. Aber *alle* Persönlichkeitsstarken zusammen, sie erfüllen sie.«

[139] Siehe die Tabellen auf S. 565–568.
[140] Vgl. S. 527–530.

Wie Kolumbus

Nachdem die Skala der Persönlichkeitsstärke gefunden war, mußte das Material für die praktische Arbeit in der Werbeträgerforschung und allgemein in der empirischen Sozialforschung handhabbar gemacht werden. Jeder der zehn Selbstaussagen der Skala wurden Punktwerte zugeteilt, entsprechend ihrer Faktorladung nach dem Ergebnis der Faktorenanalyse; je höher die Ladung auf dem Faktor bzw. die Korrelation dieses Merkmals mit den zusammengefaßten übrigen Skalenmerkmalen, ein desto höherer Punktwert wurde diesem Merkmal, dieser Aussage zugesprochen. Für jeden Befragten ließ sich aus den von ihm mit den zehn Selbstaussagen erzielten Punkten seine individuelle Persönlichkeitsstärke berechnen. Auf dieser Basis wurden die Befragten vier verschiedenen, etwa gleich großen Gruppen von Persönlichkeitsstärke zugeschlagen, den Gruppen: große Persönlichkeitsstärke, überdurchschnittliche, mäßige oder geringe Persönlichkeitsstärke.

Das ist das großartige an der Umfrageforschung, daß sie ein Entdeckungspotential besitzt, wenn man mit ihr richtig umgeht. Jahrzehnte hindurch war versucht worden, die von Lazarsfeld 1940 beobachteten »opinion leader« zu identifizieren. Was gesucht wurde, war klar: Menschen, die andere Menschen besonders beeinflussen.

Aber wie findet man sie? Eine erste große Anstrengung war mit dem schon erwähnten Buch von Katz und Lazarsfeld: ›Personal Influence‹ 1955 unternommen worden, und zahlreiche andere Versuche folgten nach. Man versprach sich alles von den direkten eindringlichen Fragen: Beraten Sie andere? Wie oft? Wo sind Sie ein besonderer Experte? Von wem lassen Sie sich beraten? Wie oft?

Mit solchen Fragen wurden in der Mitte der sechziger Jahre die Austauscher (»Givers and Askers«) entdeckt.[141] Man erkannte, es gibt nicht die Anführer und die Gefolgsleute, sondern besonders oft sagten diejenigen, die sich als Ratgeber

141 Verling C. Troldahl, Robert Van Dam: Face-to-Face Communication about Major Topics in the News. In: Public Opinion Quarterly, 29, 1965/66, S. 626–634.

bezeichneten, zugleich auch, daß sie sich oft Ratschlag holten. Aber eine richtige Identifizierung durch solche Fragen gelang nicht, wenn man sich nach den Auskünften der Befragten richtete.

Was man auf diese Weise fand, das konnten nicht die gesuchten Meinungsführer sein. Wenn man sie mit den Personen verglich, die sich nur als Ratgeber oder nur als Ratsuchende bezeichneten oder erklärten, sie seien weder das eine noch das andere, dann unterschieden sich die so gebildeten vier typologischen Gruppen kaum untereinander in ihren Wesenszügen, Interessen, Lebensgewohnheiten.

Man mußte offenbar die Aufgabe, wirkliche Meinungsführer zu identifizieren, übersetzen. Man mußte Indikatoren finden, von denen aus man auf den Meinungsführereinfluß zurückschließen konnte, also das tun, was man in der Sprache der empirischen Sozialforschung »operationalisieren« nennt, Fragen, Beobachtungen, mathematisch-statistische Verfahren finden, mit denen sich die »Operation« der Identifizierung der Meinungsführer ganz konkret ausführen ließ, wiederholbar, überprüfbar, mit hoher Reliabilität: das heißt, stabilen Ergebnissen, so oft die Operation wiederholt wurde, und mit validen Ergebnissen: das heißt, die so identifizierten Meinungsführer mußten sich auch tatsächlich in ihrer Persönlichkeit und ihrem Einfluß auf ihre Umgebung deutlich unterscheiden.

Inzwischen ist diese Skala der Persönlichkeitsstärke in vielen Ländern und mit ganz verschiedenen Untersuchungsanlagen erprobt worden und hat ihre Kraft, zwischen Menschen je nach Persönlichkeitsstärke zu unterscheiden, erwiesen. Die wichtigsten Bestätigungen ergeben sich aus Netzwerkanalysen, wie sie Gabriel Weimann in Israel[142] oder Michael Schenk in Deutschland[143] anlegten. Nur in Netzwerken läßt sich wirklich feststellen, welche Personen welche anderen Personen beeinflussen. So fand Gabriel Weimann zum Beispiel im Kibbuz, daß die 20 Prozent mit der höchsten Persönlichkeitsstärke etwa die Hälfte aller Gespräche im Kibbuz auslösten.[144]

Eine Entdeckungsreise, fast wie bei Kolumbus! Indien hatte

[142] Weimann 1994.
[143] Schenk 1995.
[144] Weimann 1994, S. 262.

er gesucht, nach Indien wollte er segeln, und dann kam er in »West-Indien«, in Amerika an. Gesucht hatten wir die Ich-Starken, die Persönlichkeitsstarken für den ›Spiegel‹, und gefunden haben wir, was Lazarsfeld 1940 als Meinungsführer beschrieb. Wie gut seine Beobachtungsgabe gewesen war, konnte erst jetzt nachgewiesen werden. Lazarsfeld hatte erklärt, die Meinungsführer besäßen eine besondere Fähigkeit zur Mobilität zwischen den sozialen Schichten, sowohl mit Personen, die im sozialen Rang über ihnen stehen, wie mit denen unter ihnen könnten sie mühelos sprechen und trügen dadurch wie Botschafter dazu bei, daß sich Gedanken in der ganzen Gesellschaft verbreiteten. Sie nutzten die Medien besonders intensiv und vermittelten so Wissen und Argumente und Bewertungen an andere, die die Medien weniger aktiv nutzten. Er nannte das »two-step flow of communication«: »Ideen und Argumente«, vermutete er, »fließen oft vom Radio oder aus der Presse zu den Meinungsführern und von den Meinungsführern zu den weniger aktiven Bevölkerungsgruppen.«[145] Diese Bemerkung wurde lange Zeit so mißverstanden, als ob die Meinungsführer mehr Zeit mit den Medien zubrächten. Tatsächlich nutzten sie die Medien nicht durch mehr Zeit, sondern sie nutzten die Medien mehr – in oft sogar kürzerer Zeit –, um sich zu informieren, während die übrigen sie mehr nutzten, um sich unterhalten zu lassen. Gabriel Weimann hat das Mißverständnis, das der Begriff »two-step flow of communication« ausgelöst hatte, aufgeklärt.[146] Hermann Lübbe hat den Begriff »Mediennutzungskompetenz« geprägt: »Da unterscheiden sich die Menschen.«[147] Die Meinungsführer beschrieb Lazarsfeld als »große Kommunikatoren« – das Stichwort selbst wurde allerdings erst für den amerikanischen Präsidenten Ronald Reagan geprägt –, aber nun konnte diese Kommunikationsbegabung in den nach Persönlichkeitsstärke angeordneten Tabellen erkannt werden.

Nun zeigte sich, wie fröhlich die Meinungsführer waren und nicht rücksichtslos, sondern eher hilfsbereit.

[145] Paul F. Lazarsfeld: The People's Choice. (1944). 3. Auflage. New York und London 1968. S. 151. Übers. von den Verfassern.

[146] Weimann 1994, S. 265 f.

[147] Hermann Lübbe: Mediennutzungsethik. Medienkonsum als moralische Herausforderung. In: Hilmar Hoffmann (Hrsg.): Gestern begann die Zukunft. Entwicklung und gesellschaftliche Bedeutung der Medienvielfalt. Darmstadt 1994, S. 313–318, dort S. 317.

PERSÖNLICHKEITSSTÄRKE UND FRÖHLICHES AUSSEHEN[148]

	Bevölkerung ab 16 Jahre Persönlichkeitsstärke			
	stark	überdurch-schnittlich	mäßig	schwach
	%	%	%	%
Interviewer-Beobachtung: Der Befragte sieht insgesamt ...				
... ganz fröhlich aus	67	66	59	40
... nicht so fröhlich aus	21	23	31	45
Unmöglich zu sagen	12	11	10	15
	100	100	100	100
n=	503	541	514	496

PERSÖNLICHKEITSSTARKE SIND OPTIMISTEN[149]

Frage: »Auf dieser Liste werden verschiedene Personengruppen aufgeführt. Wo würden Sie überall sagen: ›Das könnte auch auf mich passen‹ – ich meine, zu welchen dieser Gruppen würden Sie sich selbst auch zählen?«

	Bevölkerung ab 16 Jahre Persönlichkeitsstärke			
	stark	überdurch-schnittlich	mäßig	schwach
	%	%	%	%
Auszug aus den Angaben				
– Optimisten	67	57	43	27
– Lebenslustige Menschen	69	57	51	38
zum Vergleich:				
– Pessimisten	6	8	11	17

148 Allensbacher Archiv, IfD-Umfrage Nr. 6008, November 1994.
149 Allensbacher Archiv, IfD-Umfrage Nr. 4034, Oktober/November 1983.

PERSÖNLICHKEITSSTÄRKE UND HILFSBEREITSCHAFT[150]

Frage: »Wir haben vor einiger Zeit einmal Leute gefragt, was für sie das Leben lebenswert macht, was ihnen besonders wichtig ist. Hier auf diesen Karten sind einige Antworten aufgeschrieben. Wenn Sie sich die einmal ansehen und mir sagen, ob da etwas dabei ist, für das es sich besonders lohnt zu leben.« (Vorlage eines Kartenspiels)

	Bevölkerung ab 14 Jahre Persönlichkeitsstärke			
	stark	überdurchschnittlich	mäßig	schwach
	%	%	%	%
Auszug aus den Angaben				
»für andere dasein«	65	55	50	35

MEINUNGSFÜHRER: AN MENSCHEN INTERESSIERT ...

Frage: »Hier steht verschiedenes über die berufliche Arbeit. Suchen Sie bitte heraus, was Sie persönlich an einem Beruf für ganz besonders wichtig halten.« (Vorlage eines Kartenspiels).[151]

	Bevölkerung ab 14 Jahre Persönlichkeitsstärke			
	stark	überdurchschnittlich	mäßig	schwach
	%	%	%	%
Auszug aus den Angaben				
»Ein Beruf, bei dem man anderen helfen kann«	54	48	44	33
»Viel Kontakt zu anderen Menschen«	77	68	61	41

[150] Allensbacher Archiv, IfD-Umfrage Nr. 4693, Winter 1982/83.
[151] Ebd.

… LEISTUNGSBEREIT UND AUFGESCHLOSSEN FÜR TECHNIK

Frage: »Hier steht verschiedenes über die berufliche Arbeit. Suchen Sie bitte heraus, was Sie persönlich an einem Beruf für ganz besonders wichtig halten.« (Vorlage eines Kartenspiels).[152]

	Bevölkerung ab 14 Jahre Persönlichkeitsstärke			
	stark	überdurchschnittlich	mäßig	schwach
	%	%	%	%
Auszug aus den Angaben				
»Eine Arbeit, die mich herausfordert, bei der ich beweisen muß, was ich kann«	85	66	51	27
»Ein Beruf, in dem man mit der modernen Technik vertraut wird«	39	33	24	15

MEINUNGSFÜHRER: MEHR INTERESSE AN DER FAMILIE …

Frage: »Auf dieser Liste stehen verschiedene Freizeitbeschäftigungen. Könnten Sie mir sagen, was davon Sie öfter tun? Was Sie beruflich tun, zählt aber nicht mit.« (Listenvorlage)[153]

	Bevölkerung ab 14 Jahre Persönlichkeitsstärke			
	stark	überdurchschnittlich	mäßig	schwach
	%	%	%	%
Auszug aus den Angaben				
»Mich mit meiner Familie beschäftigen, für die Familie dasein«	59	51	42	28
»Beschäftigung mit Kindern, spielen mit Kindern«	39	34	30	17
»Mich um meine Nachbarn, Mitmenschen kümmern«	28	23	16	9

[152] Ebd.

[153] Ebd.

... UND AM ÖFFENTLICHEN LEBEN

Frage: »Auf dieser Liste stehen verschiedene Freizeitbeschäftigungen. Könnten Sie mir sagen, was davon Sie öfter tun? Was Sie beruflich tun, zählt aber nicht mit.« (Listenvorlage)[154]

	Bevölkerung ab 14 Jahre Persönlichkeitsstärke			
	stark	überdurchschnittlich	mäßig	schwach
	%	%	%	%
Auszug aus den Angaben »Aktiv in einem Verein, in einer Bürgerinitiative, Partei oder Gewerkschaft mitarbeiten«	37	20	11	1
Zum Vergleich: »Fernsehen«	64	65	70	76

Zum ersten Mal traten Unterschiede zwischen Persönlichkeitsstarken und Persönlichkeitsschwachen so deutlich hervor, wie man es erwartete, wenn an dem Gedanken einer generellen Meinungsführerqualität von Lazarsfeld überhaupt etwas dran sein sollte.

Wir verdanken diese Unterscheidungskraft des Merkmals Persönlichkeitsstärke unserer frühen Entscheidung, aus der Skala alle Merkmale auszuschließen, die an die Zugehörigkeit zu einer bestimmten sozialen Schicht oder zum Geschlecht oder an ein bestimmtes Alter gebunden waren. Damit wurde verhindert, daß die Skala zugeschüttet wurde mit Merkmalen, die nichts mit allgemeiner Persönlichkeitsstärke zu tun hatten, sondern höchstens partiell, also Persönlichkeitsstarke unter bestimmten Umständen anzeigten. Mit solchen partiellen Korrelationen wäre die Skala unnötig überbürdet und außerdem noch unscharf geworden.

Aber ließ sich wirklich eindeutig nachweisen, daß diese Skala eine genuine Eigenschaft, »Persönlichkeitsstarke«, maß und nicht vielleicht doch nur, wenn auch versteckt, die Wirkung

[154] Ebd.

eines der drei großen Merkmale – Geschlecht, Alter, sozio-ökonomischer Status –, die nach immer wiederholten Befunden sowohl in der Mediaforschung wie in der Wahlforschung nahezu alle starken Unterschiede in den Ergebnissen von einzelnen Fragen erklärten?

Zur Prüfung einer solchen Möglichkeit wurde ein für eine derartige Aufgabe besonders geeignetes Software-Paket benutzt: »Generalized Linear Interactive Modelling« (GLIM)[155], mit dem für vier Merkmale, die als unabhängige Variable betrachtet werden, nämlich Geschlecht, Alter, sozioökonomischer Status (SES) und Persönlichkeitsstärke (PS), untersucht wird, wieviel sie zur Erklärung der Abweichung eines bestimmten Merkmals, einer abhängigen Variablen einer bestimmten, aus vier verschiedenen Ausprägungen dieser Merkmale zusammengesetzten Zelle beitragen.

Praktisch geht man so vor, daß man zum Beispiel die Ausprägung »Größe des Bekanntenkreises« als abhängige Variable für alle denkbaren Kombinationen der vier unabhängigen Variablen feststellt. Aus den vier Variablen: Geschlecht (2 Ausprägungen), Alter (3), sozioökonomischer Status (3)[156] und Persönlichkeitsstärke (3 Ausprägungen: »überdurchschnittliche« und »mäßige« Persönlichkeitsstärke zu einer Ausprägung zusammengefaßt)[157], also 2 x 3 x 3 x 3, ergeben sich insgesamt 54 Zellen. Für jede wird ermittelt, wieweit der Prozentsatz der dort gefundenen Personen in der Größe seines Bekanntenkreises vom Durchschnitt aller Befragten abweicht.

Es ergab sich, daß jede Zelle, die eine Kombination mit dem Merkmal »große Persönlichkeitsstärke« enthielt, im Anteil »habe einen großen Bekanntenkreis« die größten Abweichungen vom Durchschnitt des Bekanntenkreises ausweist. Diese

155 Hans Jürgen Andreß: Kreuztabellenanalyse und Analyse von Individualdaten mit GLIM. In: ZUMA-Nachrichten 14, 1984. Gerhard Arminger: Klassische Anwendungen verallgemeinerter linearer Modelle in der empirischen Sozialforschung (Einführung in den GLIM-Ansatz). In: Verallgemeinerte lineare Modelle in der empirischen Sozialforschung. NONMET/GLIM Workshop 16.–20.11.81. ZUMA-Arbeitsbericht Nr. 1982/03. Gerhard Arminger: Multivariate Analyse von qualitativen abhängigen Variablen mit verallgemeinerten linearen Modellen. Zeitschrift für Soziologie, 1, 1983, S. 49–64. Robert S. Baker: The Analysis of Counts and Proportions Using GLIM. In: American Statistical Association: 1979 Proceedings of the Statistical Computing Section. Papers Presented at the Annual Meeting of the American Statistical Association. Washington D.C. 1979, S. 30–34. Peter Mc Cullagh, John A. Nelder: Generalized Linear Models. London 1983.

156 Siehe S. 557, Fußnote 135.

157 Vgl. Tabellen, S. 565–568.

Abweichungen sind fast ohne Ausnahme viel stärker als Abweichungen mit einer Geschlechtsausprägung oder einer Altersausprägung oder einer Ausprägung im sozioökonomischen Status. In dem abschließenden Befund der GLIM-Analyse hieß es: »Von den verwendeten vier unabhängigen Variablen ist die Persönlichkeitsstärke bei weitem die wirksamste ... Die Ergebnisse zeigen weiterhin, wie relativ unabhängig das Merkmal Persönlichkeitsstärke vom sozioökonomischen Status, vom Alter und vom Geschlecht ist.«[158]

Diese eine Entdeckungsgeschichte wird in dem der Darstellung der Methoden gewidmeten Band erzählt, weil wenigstens an einem Beispiel erkennbar werden soll, wie diese Methode der Umfrageforschung zu nutzen ist, um mit ihr wirklich Erkenntnisse zu gewinnen. Es muß eine Forschungsfrage aufgestellt worden sein (nicht unbedingt eine entwickelte Hypothese!), es muß die Fachliteratur mit einem weiten Horizont herangezogen werden, es müssen alle Pretest-Stufen genutzt werden[159], es müssen phantasievolle Fragen entwickelt werden, es muß möglich sein, eine große Zahl von Interviews durchzuführen, um mathematisch-statistische Analysen und Prüfverfahren anwenden zu können.

Ein Prozeß öffentlicher Meinung wird analysiert

Die Geschichte der Entdeckung der Skala Persönlichkeitsstärke illustriert, wie von der Empirie Theorie angeregt wird, die Meinungsführer-Theorie kann mit dem neu gefundenen Instrument dieser Skala nun weiter theoretisch entwickelt und dann wieder empirisch überprüft werden.

[158] Elisabeth Noelle-Neumann: Die Identifizierung der Meinungsführer. In: 38th ESOMAR Congress. Broadening the Uses of Research. Wiesbaden (FRG), 1.–5. September 1985. Amsterdam: ESOMAR 1985, S. 125–172. (Englische Fassung: Identifying Opinion Leaders, S. 173–219.) Hier: ausführliches Vortragsmanuskript, S. 57.

[159] Vgl. auch S. 75–79.

Am folgenden Beispiel soll der umgekehrte Fall vorgeführt werden: Es liegt eine Theorie vor, die benutzt werden soll, um eine bestimmte Aufgabe zu lösen. Aus dieser Theorie werden Testfragen abgeleitet, um die Programmfragen beantworten zu können.

Die Geschichte spielt in Bayern, wenige Wochen vor der Landtagswahl 1986. Im Landkreis Schwandorf tobt seit 1985 ein Kampf um die geplante Aufbereitungsanlage für abgebrannte Uranbrennstäbe in Wackersdorf. Die Programmfrage lautet: Wie weit reicht Wackersdorf, welchen Einfluß hat die Kontroverse auf die Landespolitik?[160]

Als theoretisches Gerüst zur Bearbeitung dieser Frage wird die Theorie der Schweigespirale genutzt.[161] Sie besagt, daß Menschen Angst davor haben, sich in kontroversen Fragen mit ihrer Ansicht zu isolieren und darum in solchen Situationen ständig aufmerksam ihre Umwelt beobachten, welche Meinung, welches Lager zunimmt und welches Lager verliert, in die Minderheit gedrängt wird. Wer das Gefühl hat, daß sein Lager zunimmt, der spricht seine Überzeugung frei und unbesorgt aus. Wer das Gefühl hat, daß sein Lager immer schwächer wird, wird vorsichtig und zunehmend schweigsamer. Indem die einen laut reden, wirken sie in der Öffentlichkeit stärker, als sie wirklich sind; indem die anderen vorsichtig werden und schweigsam, wirkt ihr Lager noch schwächer, als es ist. Und so entwickelt sich eine Schweigespirale, bis das eine Lager in der Öffentlichkeit ganz dominiert.

Auf diese Theorie gestützt sollte mit der Umfrage in Bayern untersucht werden, ob ein Prozeß einer Schweigespirale in bezug auf das Für und Wider der Aufbereitungsanlage in Gang war, und falls ja, für welche Seite und wie lokal begrenzt oder weiträumig, mit der Tendenz, ganz Bayern zu erfassen.

Bei der Untersuchungsanlage wurden abgestuft nach der geographischen Nähe Ringe um Wackersdorf gezogen – mit den Radien unter 20 km Entfernung, 20 bis unter 30 km, 30 bis unter 50 km – und die Einstellung der Bevölkerung in diesen Gebie-

160 Die ausführliche Untersuchungsbeschreibung gibt Renate Köcher in: Das politische Stimmungsklima in Bayern. Allensbacher Archiv, IfD-Bericht 3163/II.

161 Elisabeth Noelle-Neumann: Die Schweigespirale. Öffentliche Meinung – unsere soziale Haut. München und Zürich 1980. 5. Auflage: Noelle-Neumann 2001.

ten untereinander verglichen, wie auch verglichen mit der Stimmungslage in der gesamten Oberpfalz und in Bayern.
Aus der Theorie wurden zahlreiche Testfragen abgeleitet, um die folgenden Punkte zu klären:

1. Identifizierung der Befürworter und Gegner der Wiederaufbereitungsanlage sowie der zwischen den Lagern Schwankenden; Bestimmung der Größe der Lager und Zusammensetzung.
2. Wieweit wird die Wiederaufbereitungsanlage je nach Distanz zu Wackersdorf als heikles Thema empfunden, bei dem man sich nur vorsichtig exponieren sollte?
3. Öffentliche Wahrnehmung der Stärke der Lager: Wie stark wird das eine und das andere Lager eingeschätzt?
4. Wie wird die weitere Entwicklung des Meinungsklimas eingeschätzt: Welches Lager wird siegen, welches wird unterliegen?
5. Reden und Schweigen: Wie stark haben sich Befürworter und Gegner in letzter Zeit an Gesprächen über den Konflikt beteiligt?
6. In welchem Anteil versuchten die Befürworter und die Gegner das andere Lager zu überzeugen und zu sich herüberzuziehen?

Die aus der Theorie abgeleitete Untersuchungsanlage erbrachte folgende Ergebnisse:

1. Der Konflikt war eng auf den Umkreis von Wackersdorf beschränkt. Im Umkreis von 20 km um Wackersdorf hielten 42 Prozent der Befragten das Thema Wiederaufbereitungsanlage für heikel; bei einer Entfernung von 20 bis unter 30 km waren es nur noch 28 Prozent, bei 30 bis unter 50 km nur noch 25 Prozent.

In Bayern insgesamt war das Thema nicht heikler als ein Gespräch über den FC Bayern (15 Prozent »heikel«).

2. Im Landkreis Schwandorf um Wackersdorf herum war die Exponierbereitschaft, die Redebereitschaft der Gegner der Wiederaufbereitungsanlage sehr viel stärker als diejenige der Befürworter.
3. Die Stärke des Lagers der Gegner der Wiederaufbereitungsanlage wurde im Landkreis Schwandorf weit überschätzt.
4. Die Schlüsselfrage: »Hat jemand versucht, Sie zu überzeugen, zu bekehren ...?« wird viel häufiger von den Befürwortern

der Wiederaufbereitungsanlage bejaht als von den Gegnern. Besonders oft berichteten die Unentschiedenen, die Schwankenden, sie seien von Gegnern der Wiederaufbereitungsanlage bearbeitet worden.
5. Aber all dies spielte sich vor allem im Landkreis Schwandorf ab, dort war das Meinungsklima aufs äußerste angeheizt. Es gab jedoch kein Anzeichen, daß die Bewegung die Grenzen des Landkreises übersprang und sich auf die ganze Oberpfalz oder ganz Bayern ausdehnen würde.

Der »Story-Finder«. Der Geschichten-Entdecker

Das Entdeckungspotential der Umfrageforschung kann und muß vorsätzlich gesteigert werden. Das geschieht einmal durch *Untersuchungsanlagen* wie »fokussierte Interviews«[162], Gruppendiskussion, unstrukturierte »Intensiv-Interviews«, »Tiefen-Interviews«. Die Verwendung bestimmter *Frageformen* steigert das Entdeckungspotential: offene Fragen, Satzergänzungstests, Übernahme von Tests der Individualdiagnostik der Psychologie, wie Thematic Apperception Test (TAT), Rorschach-Test, Baum Test. Es war zum Beispiel eine Überraschung, daß Fe riengäste, die die Schweiz besonders lieben, mehr als andere Bäume mit Wurzeln zeichneten.[163]

Der andere Zugang zur Steigerung des Entdeckungspotentials der Umfrageforschung liegt in dem Gebrauch mathematisch-statistischer Modelle, wie sie oben mit der Faktorenanalyse beispielhaft beschrieben wurden. Ein anderes, in der Praxis bewährtes Modell aus den USA soll im folgenden vorgestellt werden. Schon der Name, den seine Erfinder[164] ihm gegeben

[162] Robert K. Merton, Marjorie Fiske, Patricia Kendall: The Focussed Interview. A Manual of Problems and Procedures. Glencoe, Ill., 1956.

[163] Siehe S. 181.

[164] Der Story-Finder wurde zuerst auf dem 1984er Kongreß der American Association of Public Opinion Research (AAPOR) in Delavan (Lake Lawn Lodge), Wisconsin, durch

haben, verspricht Entdeckungspotential: »Story-Finder«, »Geschichten-Entdecker«.

Der Story-Finder arbeitet mit einem »Affinitäts-Index«, um Zielgruppen, mit denen man sich beschäftigen möchte, zu charakterisieren. Das können Zielgruppen der Werbung sein oder Zielgruppen einer Wahlkampagne oder eines gesundheitspolitischen Aufklärungsprogramms. »Affinität« bedeutet hier positiv: »Besonders ausgeprägte Merkmale« dieser Zielgruppe; negativ sind es Merkmale, die bei der Zielgruppe abwesend sind, ihr also besonders fremd sind, man erhält damit gleichsam ein Negativ-Porträt der Zielgruppe. Die Zielgruppe wird charakterisiert entweder durch Vergleich mit dem allgemeinen Bevölkerungsdurchschnitt oder einer zweiten, dritten und weiteren kontrastierenden Zielgruppe. Es handelt sich immer um *relative* Charakterisierungen, geringere oder stärkere Ausprägungen von Merkmalen.

Zur besseren Übersichtlichkeit wird dazu die Ausprägung aller Merkmale, die in einer Story-Finder-Analyse eingeschlossen sind, bei der Gesamtbevölkerung gleich 100 gesetzt und die Ausprägung in der Zielgruppe darauf indiziert. Mit dem Story-Finder-Computerprogramm werden in kurzer Zeit 20 000 Interviews nach 850 eingeschlossenen Merkmalen zur Charakterisierung einer Zielgruppe analysiert.[165] An zwei Beispielen soll das Entdeckungspotential des Story-Finders illustriert werden.

Es soll eine Werbekampagne für Goldbarren und Goldmünzen durchgeführt werden. Natürlich wird man zuerst die üblichen soziodemographischen Merkmale ansehen: Was sind die Besitzer von Goldbarren und Goldmünzen eigentlich für Menschen? Mehr Frauen als Männer zeigt die Umfrage, regional ungleichmäßig verteilt, viel mehr in Süd- als in Norddeutschland. Bei den Altersgruppen sind auch die Jungen, die unter 30jährigen stark vertreten, ein Indiz, daß Goldbarren, Goldmünzen ein beliebtes Geschenk Älterer sind, zum Beispiel anläßlich eines bestandenen Examens.

Als nächstes berechnet man mit dem Computerprogramm

Frank Stanton, Präsident des Simmons Market Research Bureau, in seinen Möglichkeiten beschrieben.

[165] Allensbacher Werbeträger-Analyse, jährlich seit 1959, seit 1996 auch halbjährlich zählbar.

die größten Affinitäten von 850 Merkmalen zu dem Merkmal »Besitzer von Goldbarren und Goldmünzen«:

Unter 850 Merkmalen heben sich die Besitzer von Goldbarren vor allem in dem folgenden ab, das heißt: gegenüber dem Durchschnitt der Bevölkerung = 100, liegt der Indexwert für die Zielgruppe beträchtlich über 100 bei:

Affinitäts-Index	
1. Diamanten (Kaufplan)	456
2. Wertpapierkauf (Kaufplan)	388
3. Laser-Abspielgerät (Kaufplan)	350
4. Sauna im Haushalt	331
5. Motor- oder Segelboot (Kaufplan)	320
6. Orientteppich (Kaufplan)	319
7. Ferienhausbesitzer	315
8. Freizeitbeschäftigung: mich mit meiner Sammlung beschäftigen	308
9. An Büroeinrichtungen besonders interessiert	307
10. Wertpapiere (Besitz im Haushalt)	304
11. Kauf von Sparbrief (Kaufplan)	302
12. Freizeitanzug im Safarilook (Männerbekleidung)	300
13. Antiquitäten (Kaufplan)	300
14. Edelstein/Halbedelstein (Kaufplan)	292
15. Segeln (häufig)	290
16. Goldene Männerarmbanduhr wird getragen	278
17. Männer-Goldring	264
18. Fitneß-Raum im Haushalt	264
19. Tennis (häufig)	262
20. Jagen (häufig)	256

Die geplante Werbung für Goldbarren, Goldmünzen muß »snob-appeal« haben, das wird immer deutlicher. Hier ist bei der Kampagne ein Typ anzusprechen, der wirklich Freude am Geld und Geldausgeben hat, nicht der Geizkragen; die vielen Kaufpläne sprechen Bände, und das gut betuchte Milieu.

Die zahlreichen Ergebnisse zum Konsumverhalten, über Kaufpläne und Interessengebiete, die mit dem Story-Finder-

Programm aufgelistet werden, erscheinen nur auf den ersten Blick unübersichtlich oder gar langweilig, und sie sind auch nur scheinbar ausschließlich für Marketing-Experten von Bedeutung. Eine völlig andere Aufgabe wurde mit dem Story-Finder-Programm gelöst, als es nach der Wiedervereinigung wichtig wurde, Ost- und Westdeutsche miteinander zu vergleichen. Der Story-Finder kann als eine Art Brainstorming verstanden werden, man kann auch an Collagen denken. Mit etwas Einfühlungsvermögen läßt sich aus den Zahlenkolonnen wie bei einem Puzzlespiel ein Gesamtbild der zu untersuchenden Befragtengruppen zusammenfügen. Erst dieser Schritt des Zusammenfügens macht die Ergebnisse des Story-Finders für den Forscher und den Auftraggeber zugänglich, offenbart das Entdeckungspotential des Story-Finder-Programms. Die Befragtengruppe gewinnt Züge. Es lassen sich Eigenschaften erkennen, die man vorher vielleicht nicht vermutet hätte.

Im Fall des Vergleichs zwischen Ost- und Westdeutschen zeigte sich erst einmal – wenig überraschend – der damals noch bescheidenere Lebensstandard der Ostdeutschen:[166] Sie fuhren häufiger Moped und weniger Mercedes als die Westdeutschen, besaßen weniger Goldmünzen, Eigentumswohnungen oder Aktien. Wesentlich stärker als die Westdeutschen waren Ostdeutsche an allem interessiert, was mit Bauen, Renovieren, Do-it-Yourself zu tun hat, sehr viel mehr als im Westen sagten, sie seien in den letzten zwölf Monaten mit Tapezierarbeiten beschäftigt gewesen. Das gleiche galt für die Absicht, in den nächsten ein bis zwei Jahren die Wohnung zu renovieren. Deutlich sichtbar war der Wille, jahrzehntelang Vernachlässigtes aufzubauen, auch im Konsum lange Vermißtes nachzuholen, wie die im Vergleich zu den westdeutschen Befragten häufig geäußerten Kaufpläne belegen: Autos, Video-Recorder, auch Rechtsschutz- und Krankenversicherungen. Stark ausgeprägt – das bedeutet hier immer: deutlich mehr als in der Vergleichsgruppe der Westdeutschen – war auch die Absicht, einen Kredit aufzunehmen. Dennoch zeichnete der Story-Finder kein Bild von einer ostdeutschen Bevölkerung im Kaufrausch, im Gegen-

[166] Aus: Allensbacher Werbeträger-Analyse (AWA) 1993 und Allensbacher Werbeträger-Analyse (AWA) 1995. Elisabeth Noelle-Neumann: Story-Finder über West- und Ostdeutschland. Vortrag bei der Präsentation der Allensbacher Werbeträger-Analyse AWA 1993 in Hamburg am 27. Juli 1993. Manuskript im Allensbacher Archiv.

teil. Das Konsumverhalten war eher vorsichtig, vernunftbestimmt. So schienen die meisten Ostdeutschen Geschirrspülmaschinen für entbehrlich zu halten. Weder der Anschaffungswunsch noch der Besitz hat in den letzten Jahren deutlich zugenommen.

Gerne wurde gekauft, was andere bereits hatten. Das persönliche Vorbild, die persönliche Empfehlung hatte in Ostdeutschland noch mehr Bedeutung als in Westdeutschland. Mehr Ostdeutsche als Westdeutsche interessierten sich für Gartenpflege, auffällig viele besaßen einen Nutzgarten. In Westdeutschland waren Ziergärten häufiger. In den neuen Bundesländern wurde mehr Tiefkühlkost gekauft und deutscher Weinbrand getrunken als im Westen, Fertigsoßen, Gewürzsoßen, Fruchtnektar, Liköre, aber auch Kaugummi waren beliebter. Das Interesse an Autos, Autotests war größer als in Westdeutschland, auch das Gesundheitsbewußtsein war ausgeprägter. Ostdeutsche setzten sich häufiger für Geschwindigkeitsbeschränkungen auf Autobahnen und Rauchverbote am Arbeitsplatz ein, umgekehrt waren Westdeutsche mehr von der Notwendigkeit des Umweltschutzes durchdrungen.

Langsam ergänzen sich die einzelnen vom Story-Finder vorgeführten Puzzleteile gegenseitig, es zeichnet sich das Bild einer zwar konsumfreudigen, aber doch maßhaltenden, eher bodenständigen, auf das Praktische bedachten Gesellschaft ab. Ein auch sozialwissenschaftlich interessanter Befund, der manchen gängigen westdeutschen Klischees widersprach, der aber natürlich auch für die werbetreibende Wirtschaft von Interesse war. Eine Werbekampagne in Ostdeutschland – für welches Produkt auch immer – mußte, und daran hat sich trotz starker Annäherung zwischen West- und Ostdeutschen grundsätzlich noch nichts geändert, weniger auf Witz und Zeitgeist setzen als an die Vernunft appellieren, informieren, den praktischen Nutzen des Produkts herausstreichen.

VIII. Berichterstattung

Demoskopische Untersuchungen bestehen nicht aus einzelnen Fragen und ihren Resultaten. Die Beantwortung der Programmfragen stützt sich auf Batterien von Testfragen, auf die Zusammensetzung ihrer Resultate, die Auffächerung in Hunderte von Zählgängen bei der Analyse und wieder auf die Zusammensetzung in der Datenverarbeitung, bis die einfach erscheinende, von Beweisen unterstützte, durch Prüfungen gesicherte Formulierung der Ergebnisse erreicht ist. Erst das ganze System bildet das Erkenntnisinstrument. Für die Berichterstattung kann man einige Regeln aufstellen.

Neugruppierung des Materials: Abwerfen von fragetechnischem Ballast

Selbstverständlich wird der Bericht nicht entlang der Reihenfolge der Fragen im Fragebogen angelegt: Sie entsprang ja keiner sachlichen Gliederung, sondern schien unter psychologischen und befragungstechnischen Gesichtspunkten die beste Reihenfolge zu sein. Das vorliegende Material muß also abgelöst von Fragebogen, Schlüsselplänen usw. neu gruppiert werden.

Es ist nicht notwendig, nicht einmal wünschenswert, daß alle Testfragen mit ihren Resultaten im Bericht erscheinen. Sie sind als Übersetzungen der Programmfragen entstanden.[1] Für Analyse und Bericht müssen sie rückübersetzt werden, das Rohmaterial der Resultate einzelner Testfragen wird in Zusammenfassungen verdichtet.

[1] Siehe S. 93–95.

Dazu zwei Beispiele: In einer Untersuchung über den Berufsstand der Journalisten[2] sollte erforscht werden, wie Journalisten aus einem großen Angebot von Nachrichten diejenigen auswählen, die sie bei – immer – beschränktem Platz oder begrenzter Zeit in der Zeitung oder in einer Nachrichtensendung des Fernsehens veröffentlichen.

Für diese Untersuchung wurden mehrere kontroverse Themen ausgewählt. Wir benutzen hier das Beispiel des Kampfes der deutschen Gewerkschaften für die 35-Stunden-Arbeitswoche im Jahr 1984. Das Fragemodell enthielt drei Ermittlungen:

1. Die Einstellung der befragten Journalisten zu dem Thema, also »für« oder »gegen« die Einführung der 35-Stunden-Woche »bei vollem Lohnausgleich«.
2. Acht Schlagzeilen-Texte wurden vorgelegt, von denen vier eher für und vier eher gegen die 35-Stunden-Woche sprachen. Die Befragten wurden aber gebeten, selbst zu entscheiden, welche dieser Meldungen ihrer Ansicht nach dafür und welche dagegen sprachen.
3. An anderer Stelle im Interview bat man die befragten Journalisten dann die Meldungen auszuwählen, die sie am ehesten veröffentlichen würden: »Könnten Sie bitte diese Karten einmal danach untereinander legen, wie wichtig es Ihnen ist, daß diese Meldungen veröffentlicht werden. Das geht so: Obenhin legen Sie die Meldung, die Ihnen ganz besonders wichtig ist.«

Bei der Analyse wurden diese Ermittlungen wieder zusammengeführt zu einer Tabelle. Diese Tabelle gruppierte die Journalisten als unabhängige Variable nach ihrer Einstellung für oder gegen die 35-Stunden-Woche. Als abhängige Variable war ausgewiesen, welche Argumente die eine und die andere Gruppe von Journalisten veröffentlichen wollte.

[2] Hans Mathias Kepplinger: Publizistische Konflikte. Begriffe, Ansätze, Ergebnisse. In: Friedhelm Neidhardt (Hrsg.): Öffentlichkeit – öffentliche Meinung – soziale Bewegungen. Opladen. (Westdeutscher Verlag 1994). S. 214–233.
(Sonderheft 34 der Kölner Zeitschrift für Soziologie und Sozialpsychologie).

[3] Tabelle nach Kepplinger 1994, S. 227.

WÄHLEN JOURNALISTEN BEVORZUGT NACHRICHTEN AUS, DIE IHRE EIGENE MEINUNG STÜTZEN?[3]

	Mai/Juni 1984	
	Journalisten, die	
	gegen die 35-Stunden-Woche sind	für die 35-Stunden-Woche sind[4]
Es wählten bevorzugt Meldungen, die nach ihrer eigenen Meinung	%	%
– gegen die 35-Stunden-Woche sprechen	27	6
– weder für noch gegen die 35-Stunden-Woche sprechen	46	38
– für die 35-Stunden-Woche sprechen	27	56
	100	100

Es zeigte sich also, daß die Journalisten überwiegend diejenigen Argumente für die wichtigsten hielten und veröffentlichen wollten, die ihre eigene Einstellung in dieser Streitfrage stützten.

Das zweite Beispiel: Die einfache Frage, wieviel Leute im Verlauf eines Jahres eine Urlaubsreise gemacht hatten, führte bei unscheinbaren Änderungen des Fragetextes zu merkwürdig wechselnden Ergebnissen, und externe Kontrolldaten fehlten. In solchen Fällen hilft nur die Zerlegung des Komplexes in eine große Zahl von einfachen Elementen, in Testfragen, bis sprachliche Unklarheiten – etwa über den Begriff »Urlaubsreise« – oder Vergeßlichkeit die Ermittlung nicht mehr stören können. Hier zunächst die Serie der Testfragen mit ihren Rohergebnissen, wie sie in den Codeplan nach der ersten Durchzählung der Rohdaten eingetragen wurden:[5]

[4] Frage: »Sind Sie alles in allem dafür oder dagegen, daß die 35-Stunden-Woche bei vollem Lohnausgleich eingeführt wird?«

[5] Allensbacher Archiv, IfD-Umfrage Nr. 1053, 1961. In der vorliegenden Fassung wurde der Wortlaut der Fragen minimal verändert.

1. Informell:

Sind Sie berufstätig?	Ja	1	60%
	Nein	2 **	40%

** Gleich übergehen zu Frage 7

2. »Wenn Sie an das vergangene Jahr zurückdenken: Wieviel Tage Urlaub oder Ferien haben Sie im vergangenen Jahr insgesamt gemacht – Wochenenden, die in Ihre Urlaubszeit fielen, bitte mitgezählt – ?«

   ... Tage ... Wochen

Im vergangenen Jahr keinen Urlaub, keine Ferien gemacht	3	**15%

** Gleich übergehen zum nächsten Fragenkomplex

3. Informell:

a) Sagt der Befragte »Urlaub« oder »Ferien«?

Urlaub	4	41%
Ferien	5	4%

b) Achtung Interviewer:
Bei den folgenden Fragen »Urlaub« oder »Ferien« vorlesen, je nachdem, welchen Ausdruck der Befragte selbst gebraucht!

4. »Haben Sie (den Urlaub / die Ferien) auf einmal genommen oder auf mehrere Male verteilt?«

Auf einmal	6	27%
Mehrere Male	7	17%
Nur einzelne (oder halbe) Tage Urlaub genommen	8 **	1%

** Gleich übergehen zum nächsten Fragenkomplex

5. Interviewer, jetzt weiße Liste so bereitlegen, daß das große B oben ist!
   »Und was haben Sie (im Urlaub / in den Ferien) gemacht – könnten Sie es mir bitte nach dieser Liste hier sagen?«

(Interviewer übergibt weiße Liste – Mehreres kann angegeben werden!)

(1)	Eine Urlaubsreise, Ferienreise gemacht	19%
(2)	Ich war in ärztlicher Behandlung, in einem Sanatorium, einer Heilstätte	2%
(3)	Zu Verwandten, Bekannten zur Erholung gefahren	11%
(4)	Mußte aus einem besonderen Anlaß zu Verwandten, Bekannten fahren (z. B. Hochzeit, Krankheit oder Todesfall)	3%
(5)	Ausflüge, kleine Fahrten hier in die Umgebung gemacht	10%
(6)	Zu Hause geblieben, mich zu Hause richtig ausgeruht	11%
(7)	Im Haus, im Garten gearbeitet	9%
(8)	Anderswo gearbeitet	1%
	Keine konkrete Angabe	1%
	Nur einzelne Tage genommen oder keinen Urlaub genommen	15%
	Nicht befragte Restgruppe: Nicht berufstätig	40%

6. »Sind Sie (sonst) im vergangenen Jahr mal privat verreist, ich meine zu Feiertagen oder so – daß Sie mehrere Tage von zu Hause fort waren?«
(Bei Rückfragen: Geschäftliche oder Dienstreisen sind nicht gemeint!)

Ja	1**	19%
Nein	2**	26%

** Gleich übergehen zum nächsten Fragenkomplex

7. Falls nicht berufstätig:
»Wenn Sie an das vergangene Jahr zurückdenken: sind Sie da mal verreist – so daß Sie mehrere Tage von zu Hause fort waren?«

Ja, mehrmals	3	8%
Ja, einmal	4	13%
Nein	5	**19%

** Gleich übergehen zum nächsten Fragenkomplex

8. Interviewer, jetzt weiße Liste so bereitlegen, daß das große N oben ist! »Was für eine Reise war das – könnten Sie es mir bitte nach dieser Liste hier sagen?«

(Interviewer übergibt weiße Liste – Zutreffendes einkreisen!)

(1)	Eine Urlaubsreise, Ferienreise gemacht	19%
(1)	Eine Urlaubsreise, Ferienreise gemacht	8%
(2)	Ich war in ärztlicher Behandlung, in einem Sanatorium, einer Heilstätte	1%
(3)	Zu Verwandten, Bekannten zur Erholung gefahren	10%
(4)	Mußte aus einem besonderen Anlaß zu Verwandten, Bekannten fahren (z.B. Hochzeit, Krankheit oder Todesfall, um bei Krankheit oder Entbindung auszuhelfen)	5%
(5)	War eine geschäftliche Reise	1%
	Im letzten Jahr keine Reise gemacht	19%
	Nicht befragte Restgruppe: Berufstätige	60%
	....	104%

Das gleiche Material sah in der Tabelle des Berichts folgendermaßen aus:

URLAUBSREISEN

	Bevölkerung von 16 Jahren an insgesamt
Es haben eine Urlaubsreise gemacht (einschließlich Erholung bei Bekannten, Verwandten oder im Sanatorium)	45%
Es haben keine Urlaubsreise gemacht	55%

Weitere Einzelheiten der Erhebung werden in diesem Zusammenhang nicht dargestellt, denn die zahlreichen Testfragen verfolgten nur den Zweck, den Anteil der Urlaubsreisenden zuverlässig festzustellen. Die Prüfung der Detail-Ergebnisse brachte interessanten Aufschluß, warum bei kurzer, einfacher Frage: »Haben Sie im letzten Jahr eine Urlaubs- oder Ferienreise gemacht?« die Zahl der Urlaubsreisenden unterschätzt wird. (35 Prozent: »Urlaubsreise gemacht«). Ein Teil der Befragten betrachtet Erholungsreisen zu Verwandten nicht als »Urlaubsreisen«. Die eingehende Frageserie und Unterscheidung »Zu Verwandten, Bekannten, zur Erholung gefahren« und »Mußte aus einem besonderen Anlaß zu Verwandten, Bekannten fahren« erlaubte nun eine sinnvolle Abgrenzung.

Auch die Detail-Ergebnisse, die die Grundlage der Skala der Persönlichkeitsstärke bilden[6], gehören nicht in den Bericht; sie können, wie alle Resultate von Testfragen, die nicht unmittelbar mit ihren Ergebnissen im Bericht erscheinen, im Anhang protokolliert werden.

Sind aus der Masse der Zählungen die wesentlichen für den Bericht ausgewählt, kann ein größerer Tabellenteil als Anlage zum Bericht einzeln zusammengestellt werden. Im Berichtstext wird dann durch Fußnotenhinweise auf die Belege im Tabellenteil verwiesen.

Wie sind die Tabellen zu gestalten?

Wir ergänzen im folgenden die Hinweise (vgl. S. 396–409) über den Gebrauch von Prozentzahlen, die Diskussion, ob diese Zahlen abgerundet oder mit Dezimalstellen in den Tabellen erscheinen sollen, ob die Basiszahlen in der Tabelle auszuweisen sind, und ob »Projektionen der Prozentzahlen« auf absolute Bevölkerungszahlen eine Bereicherung bieten.

Die beste Basis der Prozentberechnung läßt sich nicht mechanisch festsetzen

Auf welcher Basis sind die Prozentzahlen zu berechnen? Zu vielen Fragen haben sich sinnvollerweise nicht alle Befragten, sondern nur – nach »Filterfragen« – die näher Beteiligten geäußert; bei anderen Fragen interessieren nach der Untersuchungsaufgabe nur die Äußerungen bestimmter Untergruppen.

Der unerfahrene Berichterstatter strauchelt zwischen zwei Extremen: Von Tabelle zu Tabelle wechselt die Basis; eben erfuhr man etwas über »alle Frauen«, bei der nächsten Frage stützen sich die Prozente auf »Hausfrauen«, dann auf »berufs-

[6] Siehe S. 555–570.

tätige Hausfrauen«, gleich darauf handelt es sich um »Hausfrauen, die mittags eine warme Mahlzeit zubereiten«, dann wieder geht der Bericht über auf »Hausfrauen, die Konserven benutzen«, und endlich auf »Hausfrauen, die in den letzten vier Wochen Konserven gekauft haben«. Dem Leser schwirrt der Kopf, er verliert alle Größenmaßstäbe. Weil der Berichterstatter das fürchtet, verfällt er bei seiner nächsten Studie darauf, seine Ergebnisse zu den verschiedenen Programmfragen für sämtliche vielleicht interessierenden Gruppen nacheinander zu zeigen – hier schläft der Leser ein. Ein anderer Berichterstatter löst das Problem, indem er fest entschlossen eine Basis der Prozentzahlen, und zwar die Gesamtgruppe der Befragten von Anfang bis Ende durchhält. Dabei aber ergeben sich wirklichkeitsferne Tabellen ohne Anschaulichkeit, zum Beispiel:

Frage: »Welche Zigarettenmarke rauchen Sie am meisten?«

	Bevölkerung insgesamt
Es rauchen Zigaretten, und zwar am meisten die Marke:	%
Marlboro	8
HB	4
Camel	3
Lord	3
West	2
Peter Stuyvesant	1
R6	1
Ernte	1
Andere Marken	8
Nur selbstgedrehte Zigaretten	3
Es rauchen keine Zigaretten, nur Zigarre oder Pfeife:	3
Nichtraucher	63
	100

Wählt man als Basis der Prozentberechnung die Zigarettenraucher oder, wie man auch sagt: »setzt man alle Zigarettenraucher gleich hundert«, sieht die Tabelle so aus:

Frage: »Welche Zigarettenmarke rauchen Sie am meisten?«
Als ihre Stammarke bezeichnen:

	Zigarettenraucher %
Marlboro	25
HB	12
Camel	9
Lord	8
West	7
Peter Stuyvesant	3
R6	3
Ernte	2
Andere Marken	23
Nur selbstgedrehte Zigaretten	8
	100

Jetzt läßt sich wesentlich besser erkennen, welche Bedeutung die verschiedenen Zigarettenmarken haben. Auch auf den weiteren Tabellen, die angeben, wo Zigaretten eingekauft wurden und welche Packungsgröße man bevorzugt, wollen wir die 3 Prozent, die nur Zigarre oder Pfeife rauchen, und die 67 Prozent Nichtraucher nicht ständig mitschleifen. Wir setzen also wieder die Zigarettenraucher gleich hundert. Aber gleich darauf ist die nächste Entscheidung zu treffen: Einkaufsquellen von Zigaretten am Sonntag. Bleiben wir bei der Basis »Alle Zigarettenraucher«, oder wählen wir als neue Basis: »Zigarettenraucher, die am Sonntag Zigaretten kauften?«

In einem der ersten Stadien der Analyse wird geprüft, welche Gruppen von der Aufgabe her in den Grundtabellen des Berichts sinnvoll als »Basisgruppen« erscheinen. Für diese Gruppen wird die Analyse durchgeführt. Der Bericht beginnt etwa – wir nehmen den Fall einer Marktanalyse – mit der Schilderung der Verhältnisse in Deutschland allgemein, wechselt dann einmal die Basis, um mit seinen Grundtabellen auf den speziellen Verbraucherkreis überzugehen, und im letzten Kapitel mit einer Reihe von Sonderfragen wird noch einmal die Basis der Grundtabellen gewechselt, sie beziehen sich nun etwa auf Verbraucher, die ihren Bedarf beim Fachhandel decken. Hinzu kommen von der gewählten Basisgruppe ausgehend, »Zerlegungen« nach demographischen Merkmalen, z.B.

die Verbraucher der letzten vier Wochen nach Geschlecht, Alter, Einkommen und beispielsweise die auf dieser Basis berechneten Verbrauchsmengen.

Betriebe? Verbrauchte Mengen? Geräte? Prozentzahlen beziehen sich nicht immer auf Personen

Die Basis der Prozente sind nicht nur Personengruppen, sondern auch Kollektive[7] (Haushalte, Betriebe, Schulen, Gemeinden) oder Objekte (Zeitschriften, verbrauchte Mengen, Bestand an Kleidungsstücken oder auch am Fernsehgerät zugebrachte Stunden usw.). Solche Präsentationen erfordern eine präzise Ausdrucksweise, um nicht zu statistischen Trugschlüssen einzuladen.

So ist es beispielsweise irreführend, wenn über eine repräsentative Bevölkerungsumfrage zum Thema »Weihnachtsfeiern« berichtet wird: »Weihnachtsfeiern in jedem dritten Betrieb: In etwa jedem dritten Unternehmen in der Bundesrepublik wird eine Weihnachtsfeier veranstaltet.« Die Befragung stützte sich auf einen Personenquerschnitt. Wenn von 100 Personen 33 berichteten, in ihrem Betrieb habe es eine Weihnachtsfeier gegeben, bedeutet das noch nicht, daß von 100 Betrieben 33 eine Weihnachtsfeier veranstaltet haben. Es könnten ja vor allem in kleineren Betrieben Weihnachtsfeiern veranstaltet worden sein, dann haben mehr als 33 Prozent der Betriebe eine Weihnachtsfeier veranstaltet; fanden aber umgekehrt Weihnachtsfeiern vor allem in Großbetrieben statt, dann liegt die Zahl von 33 Prozent wiederum zu hoch.

Verwechslungen entstehen in der Marktforschung vor allem durch das Nebeneinander von Zahlen, die sich auf Personen beziehen, und Zahlen, die sich auf Mengen beziehen. Beispiel:

[7] Vgl. S. 436–437.

Von 100 Haarwasserverbrauchern benutzen 7 die Marke P. (»Verbraucher-Anteil«), von 100 Flaschen Haarwasser, die verbraucht werden – umgerechnet auf gleiche Größen –, stammen 21 von der Marke P. (»Marktanteil in Flaschen-Einheiten«). Der Befund ist nicht unglaubhaft, die Marke P. soll vor allem gegen Haarausfall helfen und wird darum besonders reichlich und regelmäßig verbraucht. Die Tabellen eines Berichts sollten routinemäßig an feststehendem Platz – beispielsweise in der rechten oberen Ecke – eine Angabe über die Basisgruppe der Prozentberechnung enthalten.

»Weiß nicht« gehört zum Ergebnis

Was geschieht mit den Antworten: »Weiß nicht«, »Unentschieden«, »Keine Angabe«? Sollen sie in der Tabelle unter den Antworten erscheinen, oder soll man die Prozentverteilung der Antworten nur für diejenigen berechnen, die konkret geantwortet haben? In der Regel gehören die Anteile der »Weiß-nicht«-Antworten mit zum Ergebnis und also auch mit zur Tabelle. Aber selbst hier gibt es Sonderfälle, die einzeln erwogen werden müssen. Ein solcher Sonderfall sind beispielsweise Wahlprognosen. Die Stärke der Parteien wird zweckmäßig auf der Basis konkreter oder rekonstruierbarer Parteineigungen dargestellt, da auch am Wahltag unentschiedene Stimmen außer Betracht bleiben. Zusätzlich wird die Angabe interessieren, wieviel von hundert Wahlberechtigten keine Entscheidung trafen oder keine Angabe machen wollten. Sie kann als zusätzliche Tabelle oder im Text mitgeteilt werden.[8]

[8] Zum Thema Wahlprognosen siehe S. 22–27 und 290–296.

Prozente in »welcher Richtung«?

Neben der Wahl der sinnvollen »Basis der Prozente« fordert die Entscheidung ständige Überlegung, »in welcher Richtung« die Prozente gerechnet werden sollen. Bei demographischen Auswertungen der Testfragen – das heißt bei den Aufgliederungen nach »statistischen« Angaben, wie Alter, Beruf, Geschlecht und so fort, also nach objektiven Daten – ist der Fall meist klar. Im allgemeinen werden die demographischen Gruppen als »unabhängige Variable« (vgl. S. 409) betrachtet, also gleich hundert gesetzt, und die Antwortkategorien der Testfragen werden als abhängige Variable angesehen. Als Beispiel noch einmal die Frage nach dem Besitz einer Lebensversicherung: Das Ergebnis wird ausgezählt: insgesamt, nach Geschlecht, nach Alter, nach Familienstand und anderen interessierenden demographischen Gruppen. Jede dieser demographischen Gruppen wird als unabhängige Variable aufgefaßt und als Basis der Prozentrechnung gesetzt. Es ergibt sich:

MUSTER EINES TABELLENBLATTES

Frage: »Würden Sie mir bitte nach dieser Liste hier sagen, welche Versicherung Sie oder jemand anderes im Haushalt abgeschlossen haben?« (Vorlage einer Liste)[9]

	Es haben eine Lebensversicherung %	Es haben keine Lebensversicherung %	
Insgesamt	64	36	= 100
GESCHLECHT			
Männer	68	32	= 100
Frauen	61	39	= 100
ALTERSGRUPPEN			
16–29 Jahre	56	44	= 100
30–44 Jahre	74	26	= 100
45–59 Jahre	75	25	= 100
60 Jahre und älter	50	50	= 100

[9] Allensbacher Archiv, IfD-Umfrage Nr. 6013, März 1995.

FAMILIENSTAND			
Ledig	51	49	= 100
Verheiratet	73	27	= 100
Geschieden/verwitwet	53	47	= 100
BERUFSGRUPPEN			
Angelernte Arbeiter	55	45	= 100
Facharbeiter	66	34	= 100
Einfache Angestellte/ Beamte	63	37	= 100
Leitende Angestellte/Beamte	64	36	= 100
Selbständige, freie Berufe, Landwirte	69	31	= 100
NETTO-MONATSEINKOMMEN			
unter 2000 DM	50	50	= 100
2000–2999 DM	63	37	= 100
3000–3999 DM	74	26	= 100
4000 DM und mehr	76	24	= 100
REGIONEN			
Westdeutschland	65	35	= 100
Ostdeutschland	61	39	= 100
Schleswig-Holstein, Hamburg, Bremen, Niedersachsen	57	43	= 100
Nordrhein-Westfalen	71	29	= 100
Hessen, Rheinland-Pfalz, Saarland, Baden-Württemberg	65	35	= 100
Bayern	62	38	= 100
Berlin, Mecklenburg-Vorpommern, Brandenburg, Sachsen-Anhalt	64	36	= 100
Thüringen, Sachsen	59	41	= 100

Diese Tabelle beantwortet Fragen wie: Wie viele von hundert Männern besitzen eine Lebensversicherung? Wie viele von hundert Frauen? usw.

Indessen können die Fragen – nach einer Drehung der statistischen Perspektive – auch lauten: Wie viele von hundert Inhabern einer Lebensversicherung sind Männer, wie viele sind Frauen, wie viele sind unter 30, 30–45 ..., sind ledig, sind verheiratet? Der Blick ist enger geworden, nicht mehr die ganze Bevölkerung interessiert, sondern nur noch die Besitzer einer Lebensversicherung: Man möchte gern die Zusammensetzung dieser Gruppe kennenlernen, ihre »Struktur«. Jetzt ergibt sich die folgende Tabelle:

STRUKTUR DER BESITZER EINER LEBENSVERSICHERUNG

	Personen, die eine Lebensversicherung abgeschlossen haben	Zum Vergleich: Bevölkerung ab 16 Jahren insgesamt
	%	%
Männer	50	47
Frauen	50	53
	100	100
ALTERSGRUPPEN		
16–29 Jahre	19	22
30–44 Jahre	31	26
45–59 Jahre	29	25
60 Jahre und älter	21	27
	100	100
FAMILIENSTAND		
Ledig	20	25
Verheiratet	66	58
Verwitwet/geschieden	14	17
	100	100
BERUFSGRUPPEN		
Angelernte Arbeiter	11	13
Facharbeiter	25	24
Einfache Angestellte/Beamte	40	40
Leitende Angestellte/Beamte	14	14
Selbständige, freie Berufe, Landwirte	10	9
	100	100
NETTO-MONATSEINKOMMEN		
Unter 2000 DM	20	26
2000–2999 DM	36	37
3000–3999 DM	27	23
4000 DM und mehr	17	14
	100	100
REGION		
Westdeutschland	81	80
Ostdeutschland	19	20
	100	100

Es ist sinnvoll, neben der Darstellung der demographischen Struktur einer Teilgruppe auch die Struktur der Gesamtgruppe zu zeigen. Durch die Gegenüberstellung gewinnt man zusätzlich zu dem an sich schon aussagekräftigen »Porträt« auch noch die Möglichkeit, die charakteristischen Unterscheidungsmerkmale festzustellen. Um beim Beispiel zu bleiben: Erst der Vergleich mit der Struktur der Gesamtbevölkerung bringt zutage, was für die Besitzer einer Lebensversicherung typisch ist, etwa, daß überdurchschnittlich viele verheiratet sind.

Die Prozentrechnung soll von dem einflußreicheren Faktor ausgehen

Schwierigkeiten, welche der gegeneinander ausgezählten Gruppen bei der Prozentrechnung gleich hundert gesetzt werden soll, von welcher Gruppe also die Prozentrechnung ausgehen soll, ergeben sich vornehmlich bei Korrelationen von demographischen Merkmalen mit demographischen Merkmalen oder bei Korrelationen von Antworten auf eine Testfrage mit Antworten auf andere Testfragen. Der Zusammenhang zwischen Gesundheit und Schlafbedürfnis läßt sich zum Beispiel einmal so darstellen:

Frage: »Fühlen Sie sich zur Zeit im allgemeinen gut ausgeschlafen, oder haben Sie häufig das Gefühl, daß Sie nicht genug Schlaf bekommen?«

		Personen, die ihren Gesundheitszustand bezeichnen als			
	Insgesamt	sehr gut	ziemlich gut	es geht	ziemlich schlecht/ sehr schlecht
	%	%	%	%	%
Gut ausgeschlafen	40	58	43	29	23
Es geht	35	25	35	42	28
Nicht genug Schlaf	24	16	21	27	46
Untentschieden	1	1	1	2	3
	100	100	100	100	100

Und einmal so:

	Personen, die das Gefühl haben,			
	Insgesamt	sie seien immer gut ausgeschlafen	sie seien im allgemeinen leidlich ausgeschlafen	sie bekämen nicht genug Schlaf
	%	%	%	%
Gesundheitszustand:*)				
Sehr gut	15	22	11	10
Ziemlich gut	47	51	46	40
Es geht	31	23	37	36
Ziemlich schlecht/ sehr schlecht	7	4	6	14
	100	100	100	100

*) Frage: »Wie würden Sie im großen und ganzen Ihren Gesundheitszustand beschreiben?«

Beide Darstellungsweisen in den Bericht einzuschließen, um der Entscheidung auszuweichen, würde den Bericht ungebührlich belasten. Als Richtlinie gilt: Diejenige Variable, die das Verhältnis kausal stärker bestimmt, die man, ohne über Ursache und Wirkung zu entscheiden, vielleicht sogar nur gefühlsmäßig eher als Ursache betrachtet, sollte als Basisgruppe gleich hundert gesetzt werden. Von unseren beiden oben gezeigten Tabellen ist dann die erste die besser angelegte Tabelle. Oft ist es sehr schwer zu entscheiden, welche Variable als Basisgruppe ausgewählt werden soll. Die unter Analytikern gebräuchlichen Begriffe »unabhängige Variable« und »abhängige Variable« führen da ein wenig in die Irre, denn sie suggerieren eine Eindeutigkeit, die es tatsächlich nur selten gibt.

Deutlich zeigt sich das Prinzip bei klaren kausalen Verhältnissen, zum Beispiel:[10]

[10] Allensbacher Archiv, IfD-Umfrage Nr. 5069, September 1992.

Frage: »Kürzlich wurde gefordert, daß die Hälfte aller Abgeordnetenstühle in den Parlamenten und auch die Hälfte aller Ministersessel von Frauen besetzt werden sollen, daß also sichergestellt wird, daß genauso viele Frauen wie Männer Abgeordnete und Minister sind. Darüber unterhalten sich hier zwei. Welchem von beiden würden Sie eher zustimmen?« (Vorlage eines Dialogblattes)

	Insgesamt	Männer	Frauen
	%	%	%
»Nicht das Geschlecht, sondern die persönlichen Fähigkeiten sollten ausschlaggebend sein«	43	51	35
»Wenn es in der Bevölkerung etwa gleich viele Männer wie Frauen gibt, sollte das auch im Bundestag und bei den Ministerämtern so sein.«	35	27	43
Unentschieden	22	22	22
	100	100	100

Hier die umgekehrte Beschreibung des Zusammenhangs:

	Von den Personen, die sagen:		
	Insgesamt	»Nicht das Geschlecht, sondern die persönlichen Fähigkeiten sollten ausschlaggebend sein«,	»Wenn es in der Bevölkerung etwa gleich viele Männer wie Frauen gibt, sollte das auch im Bundestag und bei den Ministerämtern so sein«,
	%	%	%
... sind Männer	47	57	35
... sind Frauen	53	43	65
	100	100	100

Die Meinung zu einer Frauenquote in Parlament und Regierung ist jetzt zur unabhängigen Variable geworden, das Geschlecht zur abhängigen. Die Darstellung wirkt schief – noch bevor man sich darüber klar wird, daß natürlich die Meinung zur Frauenquote vom Geschlecht abhängig ist und nicht umgekehrt.

Überflüssige Zahlen und Abkürzungen töten eine Tabelle

Die Tabellen sollten nicht mehr Zahlen enthalten als unbedingt erforderlich. Die Spalten und Zeilen der Tabellen durchzunumerieren, wie es etwa teilweise im Statistischen Jahrbuch geschieht, ist bei dieser Art der Berichterstattung im allgemeinen nicht notwendig, die Unübersichtlichkeit, die eine Häufung von Zahlen mit sich bringt, wird unnötig gesteigert.

Um ein klares Bild zu erreichen, läßt man gelegentlich die komplementären Werte weg und zeigt nur die Anteile (vgl. die Tabellen auf S. 458), auf die ein bestimmtes Kriterium zutrifft. Man nimmt aber mit dieser Art der Darstellung dem Leser das Hilfsmittel, durch die Addition auf hundert sogleich zu sehen, »in welcher Richtung« die Prozente berechnet sind. Schon aus diesem Grunde sollten komplementäre Werte und die Summe in der Regel in der Tabelle angeführt sein; falls sie fehlen, muß die Tabelle mit einem einfachen Beispiel zum Lesen erläutert werden.

Aus Arbeitsersparnis werden gelegentlich die Rubriken von Tabellen einmal ausführlich erläutert, mit Kennzeichen versehen und von dort an nur mit diesen Zahlen beschriftet. Die Empfänger der Untersuchungsberichte sind meist keine hauptberuflichen Statistiker. Solche abgekürzten Tabellen erschweren den Zugang zu dem ohnehin spröden Material.[11]

Bei zusammenhängenden Frageserien ist zu prüfen, ob ihre Ergebnisse besser einzeln oder kombiniert in einer Tabelle dargestellt werden sollen, wie bei den folgenden beiden Fragen:

Frage: »Hier auf diesen Karten sind verschiedene politische Ziele aufgeschrieben. Welche dieser Ziele halten Sie für wichtig? Wenn Sie bitte einmal alle Karten mit wichtigen Zielen herauslegen.« (Vorlage eines Kartenspiels)[12]

[11] Vgl. S. 407 und die Einleitung, S. 28–57.

[12] Allensbacher Archiv, IfD-Umfrage Nr. 6000, August 1994.

Auszug aus den Angaben	Das ist wichtig %
Bekämpfung der Arbeitslosigkeit	91
Die Renten sichern	81
Dafür sorgen, daß die Preise stabil bleiben, daß es keine Inflation gibt	78
Daß die Belastungen durch Steuern und Abgaben nicht weiter steigen	75
Dafür sorgen, daß es genügend preiswerte Wohnungen gibt	72
Daß die Bürger besser vor Kriminellen geschützt werden	69
Für mehr soziale Gerechtigkeit sorgen	67
Den Umweltschutz entschieden durchsetzen	65
Die Wirtschaft ankurbeln	64

Frage: »Hier sind noch einmal alle Karten mit den wichtigen politischen Zielen. Verteilen Sie die Karten bitte auf dieses Blatt hier, je nachdem, ob etwas ganz allgemein von großer Bedeutung ist, oder ob es auch Sie besonders beschäftigt. Sie sehen ja, was da steht.«

Auszug aus den Angaben	Das beschäftigt mich ganz besonders %	Das ist allgemein von großer Bedeutung[13] %
Bekämpfung der Arbeitslosigkeit	24	67
Die Renten sichern	40	41
Dafür sorgen, daß die Preise stabil bleiben, daß es keine Inflation gibt	39	39

[13] Zu den oben angegebenen Summen fehlende Prozente: Unentschiedene.

Daß die Belastungen durch Steuern und Abgaben nicht weiter steigen	40	35
Dafür sorgen, daß es genügend preiswerte Mietwohnungen gibt	25	47
Daß die Bürger besser vor Kriminellen geschützt werden	32	37
Für mehr soziale Gerechtigkeit sorgen	24	43
Den Umweltschutz entschieden durchsetzen	27	38
Die Wirtschaft ankurbeln	12	52

Die beiden Fragen hängen so eng miteinander zusammen, daß man sie besser in einer Tabelle zusammen darstellt (s. S. 598).

Die Frage nach den politischen Prioritäten der Bevölkerung spielt eine große Rolle auch für die praktische Politik. Dabei wird meist nur mit der pauschalen Frage: »Was ist wichtig?« gearbeitet, so als ob die allgemeine Erklärung der Wichtigkeit eines politischen Zieles zusammenfalle mit der Bedeutung, die dieses Ziel für den einzelnen hat. Mit der besseren Fragebogen-Technik, beides zu erfragen, gewinnt das Ergebnis erkennbar an Bedeutung für die praktische Anwendung in der Politik.

Ein weiteres Beispiel. Bei einer Untersuchung über die Bedeutung der Naturmedizin wurden die beiden folgenden Fragen gestellt:[14]

[14] Allensbacher Archiv, IfD-Bericht Nr. 706.

Bundesrepublik Deutschland
Bevölkerung ab 16 Jahre

POLITISCHE ZIELE

Frage: »Hier auf diesen Karten sind verschiedene politische Ziele aufgeschrieben. Welche dieser Ziele halten Sie für wichtig? Wenn Sie bitte einmal alle Karten mit wichtigen Zielen herauslegen.«
Falls: »Wichtig«:
»Hier sind noch einmal alle Karten mit den wichtigen politischen Zielen. Verteilen Sie bitte die Karten auf dieses Blatt hier, je nachdem, ob etwas ganz allgemein von großer Bedeutung ist, oder ob es auch Sie besonders beschäftigt. Sie sehen ja, was da steht.«

	Dieses Ziel ist wichtig		Dieses Ziel ist nicht wichtig bzw. Unentschieden
	und es beschäftigt mich ganz besonders	und es ist ganz allgemein von großer Bedeutung	
	%	%	%
Auszug aus den Angaben			
Bekämpfung der Arbeitslosigkeit	24	67	9 = 100
Die Renten sichern	40	41	19 = 100
Dafür sorgen, daß die Preise stabil bleiben, daß es keine Inflation gibt	39	39	22 = 100
Daß die Belastungen durch Steuern und Abgaben nicht weiter steigen	40	35	25 = 100
Dafür sorgen, daß es genügend preiswerte Mietwohnungen gibt	25	47	28 = 100
Daß die Bürger besser vor Kriminellen geschützt werden	32	37	31 = 100
Für mehr soziale Gerechtigkeit sorgen	24	43	33 = 100
Den Umweltschutz entschieden durchsetzen	27	38	35 = 100
Die Wirtschaft ankurbeln	12	52	36 = 100

Frage: »Manchmal genügt es ja, daß man sich mit irgendeinem Hausmittel behandelt und gar nicht erst zum Arzt geht. Hier sind verschiedene Hausmittel aufgeschrieben. Zuerst die Frage: Welche davon kennen Sie, von welchen haben Sie schon einmal gehört?«

	Erwachsene Bevölkerung (ab 18 Jahren) In Hessen %
Es kennen die folgenden Hausmittel:	
– Lindenblütentee zum Schwitzen	74
– Katzenfell bei Rheuma oder Ischias	60
– Essigwickel gegen Fieber	36
– Bei Rheuma von Brennesseln oder Ameisen beißen lassen	38
– Bei Nasenbluten Schlüsselbund in den Nacken legen	15
– Hundefett gegen Tuberkulose	22
– Kastanien in der Tasche tragen gegen Rheuma	19
Keines dieser Hausmittel kennen	17
	281

Frage: »Und welche davon halten Sie für gut – ich meine: bei welchen kann man sich meist darauf verlassen, daß es hilft?«

	Erwachsene Bevölkerung (ab 18 Jahren) In Hessen %
Es glauben an die Wirksamkeit von	
– Lindenblütentee zum Schwitzen	67
– Katzenfell bei Rheuma oder Ischias	38
– Essigwickel gegen Fieber	25
– Bei Rheuma von Brennesseln oder Ameisen beißen lassen	18
– Bei Nasenbluten Schlüsselbund in den Nacken legen	8
– Hundefett gegen Tuberkulose	7
– Kastanien in der Tasche tragen gegen Rheuma	4
Bei keinem dieser Hausmittel glauben an die Wirkung	7
Keines dieser Hausmittel kennen	17
	191

Diese Ergebnisse lassen sich gut kombiniert in einer Tabelle darstellen:

Bundesland Hessen
Bevölkerung ab 18 Jahre

VOLKS- UND NATURMEDIZIN

Frage: »Manchmal genügt es ja, daß man sich mit irgendeinem Hausmittel behandelt und gar nicht erst zum Arzt geht. Hier sind verschiedene Hausmittel aufgeschrieben. Zuerst die Frage: Welche davon kennen Sie, von welchen haben Sie schon einmal gehört?« »Und welche davon halten Sie für gut – ich meine: Bei welchen kann man sich meist darauf verlassen, daß es hilft?« (Vorlage eines Kartenspiels)

	Die nachfolgend aufgeführten Hausmittel und Heilpraktiken sind bekannt		Die Mittel und Heilpraktiken sind nicht bekannt
	– und man glaubt an ihre Wirkung	– aber man glaubt nicht an ihre Wirkung	
	%	%	%
Lindenblütentee zum Schwitzen	67	7	26 = 100%
Katzenfell bei Rheuma oder Ischias	38	22	40 = 100%
Essigwickel gegen Fieber	25	11	64 = 100%
Bei Rheuma von Brennesseln oder Ameisen beißen lassen	18	20	62 = 100%
Bei Nasenbluten Schlüsselbund in den Nacken legen	8	7	85 = 100%
Hundefett gegen Tuberkulose	7	15	78 = 100%
Kastanien in der Tasche tragen gegen Rheuma	4	15	81 = 100%

Die unabhängige Variable als Subjekt, als Personengruppe vorstellen, die abhängige mit einem Verb einführen

Ein Stilmittel, um Tabellen angenehmer lesbar zu machen: Die Gruppen, die die Basis der Prozente bilden, werden als Subjekte in den Tabellenköpfen umschrieben, die abhängige Variable dagegen mit einem Tätigkeitswort. Falls die Tabelle etwas über Personen aussagt, sollen die Subjekte in den Tabellenköpfen anschaulich als Personengruppen formuliert sein.

Hier zunächst eine »Kreuztabelle« der üblichen Art, die Antworten auf zwei Fragen sind miteinander korreliert.[15]

Frage an 14- bis 29jährige:
»Einmal angenommen, das Fernsehen und die Zeitung von hier berichten über ein und dasselbe Ereignis, aber ganz verschieden: Wem würden Sie eher glauben, dem Fernsehen oder der Zeitung hier vom Ort?«

	Liest der/die Befragte Zeitung?		
	Ja, regelmäßig	Ja, gelegentlich	Nein
	%	%	%
Eher: Fernsehen	32	44	64
Zeitung hier vom Ort	20	14	2
Beiden gleich /Keinem	27	23	17
Unentschieden	21	19	17
	100	100	100
n =	486	275	138

Nach der Anwendung der Redaktions-Regel ergibt sich die folgende Tabelle:[16]

[15] Allensbacher Archiv, IfD-Umfrage Nr. 1452, September 1993. Noelle-Neumann/ Schulz 1993, S. 29.

[16] Weitere Illustrationen der Redaktions-Regel liefert die untere Tabelle S. 594.

Bundesrepublik Deutschland
Personen im Alter von
14–29 Jahren

GLAUBWÜRDIGSTES MEDIUM

Frage: »Einmal angenommen, das Fernsehen und die Zeitung hier vom Ort berichten über ein und dasselbe Ereignis, aber ganz verschieden: Wem würden Sie eher glauben, dem Fernsehen oder der Zeitung hier vom Ort?«

	Regelmäßige Zeitungsleser	Gelegentliche Zeitungsleser	Nichtleser
Es würden eher glauben:	%	%	%
– dem Fernsehen	32	44	64
– der Zeitung	20	14	2
Ausweichende Antworten: »Beiden gleich« oder »Keinem«	27	23	17
Unentschieden	21	19	17
	100	100	100
n =	486	275	138

Quelle: Allensbacher Archiv, IfD-Umfrage Nr. 1452, September 1993.

Das Beispiel illustriert zugleich mehrere andere Regeln der Tabellen-Gestaltung: Tabellen sollen Überschriften tragen und auch den Wortlaut der Fragen mitteilen. Die Basis der Prozentberechnung ist rechts oben in der »Kustode« angegeben.

Scheinwerfer auf das Wesentliche: Graphiken

Die wichtigsten Ergebnisse einer demoskopischen Untersuchung werden im Bericht oft graphisch dargestellt. Vor allem dann, wenn die Daten nicht nur für einen dem Untersuchungsgegenstand besonders verbundenen Auftraggeber interessant sind, sondern auch für ein breiteres Publikum, wie das zum Beispiel oft bei politischen Umfragen der Fall ist, sollen Schaubilder helfen, das Wesentliche, das Hauptergebnis leichter verständlich zu machen. Es ist heute technisch leicht geworden, mit Hilfe des Computers eine Vielzahl von Graphiken zu entwerfen: zweidimensional, dreidimensional, bunt, mit Licht- und Schatten-Effekten, reich mit Bildern und Symbolen verziert. In der Begeisterung über diese Fülle von Möglichkeiten wird dabei oft vergessen, daß Graphiken dem Betrachter das Verständnis erleichtern sollen. Schlechte Schaubilder stiften aber nur Verwirrung.

Für die graphische Darstellung von Untersuchungsergebnissen gilt,[17] allem voran ist das Gebot der Fairneß dem Betrachter gegenüber zu beachten. Die Graphik darf nicht suggerieren, was die Untersuchungsergebnisse nicht enthalten. In Schaubildern mit verzerrten Maßstäben können leicht geringe Unterschiede in Prozenten als große Sprünge erscheinen oder es können umgekehrt durchaus beachtliche Ergebnisse nahezu »wegretuschiert« werden. Und natürlich gehört auch zu einer Graphik wie zu einer Tabelle eine ausreichende Beschriftung.

Aber selbst wenn man es als selbstverständlich voraussetzt, daß ein Schaubild nicht dazu dienen darf, Umfrageergebnisse zu

[17] Wir können hier nur einige wenige Grundregeln ansprechen. Für detailliertere Informationen ein besonders gutes Standardwerk: Edward R. Tufte: The Visual Display of Quantitative Information. 13. Auflage. Cheshire, Conn. 1993. Außerdem: Michael Macdonald-Ross: How Numbers are shown. A review of research on the presentation of quantitative data in texts. In: Audio-Visual Communication Review 25, 1977, S. 359–409. Howard Wainer: How to display data badly. In: The American Statistician 38, 1984, S. 137–147. Calvin F. Schmid: Statistical Graphics. Design Principles and practices. Malabar 1992. Sehr interessant ist in diesem Zusammenhang auch die Arbeit von Thomas Knieper über die Geschichte, die Informationsleistung, den Einsatz und die Nutzung von graphischen Darstellungen in Tageszeitungen. Thomas Knieper: Infographiken: Das visuelle Informationspotential der Tageszeitung. München 1995.

verfälschen, kann man immer noch viele Fehler machen. Ein Beispiel:

Angenommen, in einem Bericht erscheint die folgende Graphik:

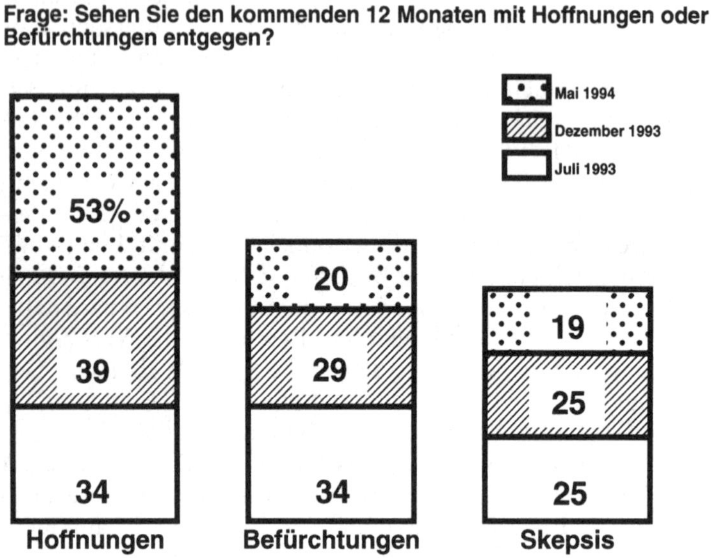

Abb. 77

Der Leser ist gezwungen, zweimal hinzusehen, damit er die Aussage versteht. Der Graphiker hat einen ähnlichen Fehler gemacht, wie bei einer »falsch herum« ausgerichteten Tabelle: Die Antworten für die drei verschiedenen Zeitpunkte sind in Blöcken übereinandergestapelt dargestellt statt nebeneinander. Dem Betrachter bleibt das wichtigste Ergebnis, die auffällige Zunahme der Antwort »Hoffnungen« innerhalb eines knappen Jahres, verborgen. Diesen Fehler vermeidet die folgende Darstellung. Trotzdem ist sie im Zweifel noch schlechter als die vorangegangene:

Frage: Sehen Sie den kommenden 12 Monaten mit Hoffnungen oder Befürchtungen entgegen?

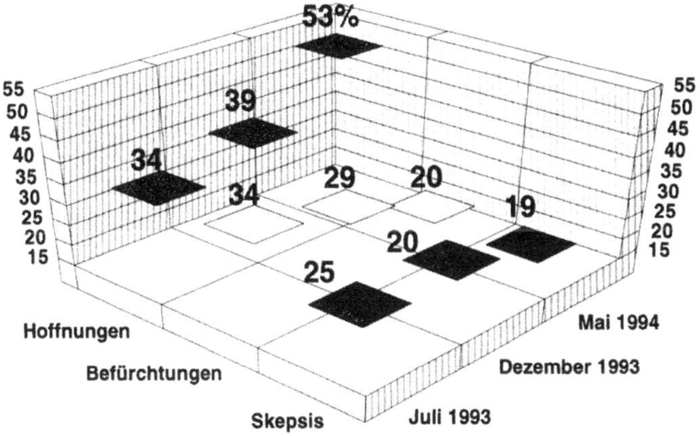

Abb. 78

In der Tat sind hier die drei Zeitpunkte nebeneinander dargestellt. Aber dafür ist eine andere, vielleicht die wichtigste Grundregel der graphischen Gestaltung von demoskopischen Ergebnissen verletzt worden: Ein Schaubild muß einfach sein! Es muß auf den ersten Blick einleuchten und soll dem Betrachter zu verstehen helfen, nicht ihn beeindrucken. Mit einer solchen Graphik demonstriert man vielleicht die Vielseitigkeit des Grafikprogramms, dem Betrachter nützt sie aber nicht.

Nicht grundsätzlich falsch ist diese Darstellung:

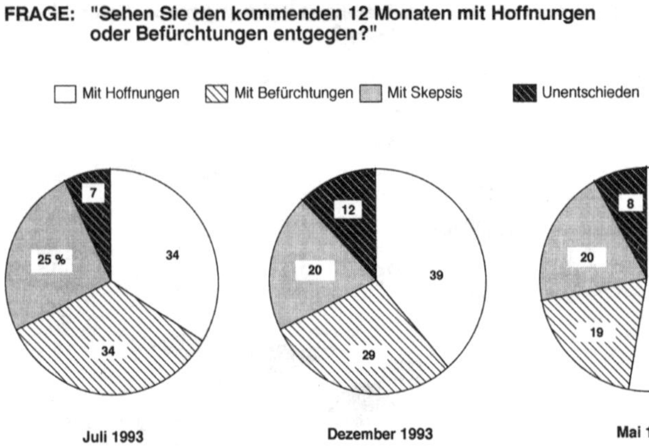

Abb. 79

Eine kurze Überprüfung ergibt: Das Bild ist fair. Die Ergebnisse sind in den tatsächlichen Größenverhältnissen dargestellt. Es ist nicht unnötig kompliziert, und die drei Befragungszeitpunkte stehen nebeneinander. Dennoch ist dieses Schaubild nicht die beste Lösung. Die große Dynamik der Veränderung im Zeitverlauf wird am deutlichsten in der folgenden Darstellung:

Frage: Sehen Sie den kommenden 12 Monaten mit Hoffnungen oder Befürchtungen entgegen?

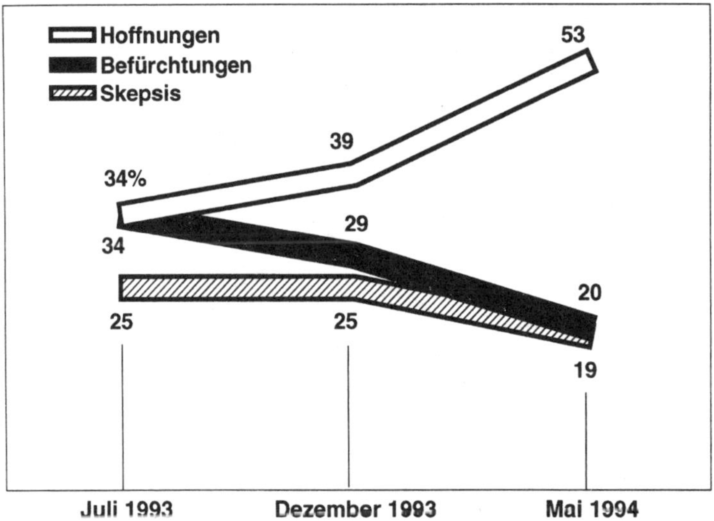

Abb. 80

Ein zweites Beispiel: Die Liniengraphik, wie eben gezeigt die beste Möglichkeit, Wandlungen im Zeitverlauf darzustellen, ist im folgenden Fall eine völlig ungeeignete Lösung.

Frage: „Wenn Sie jetzt einmal an den Ausgang der letzten Bundestagswahl denken: Sind Sie mit dem Ausgang der Wahl zufrieden, oder wäre Ihnen ein anderes Wahlergebnis lieber gewesen?“

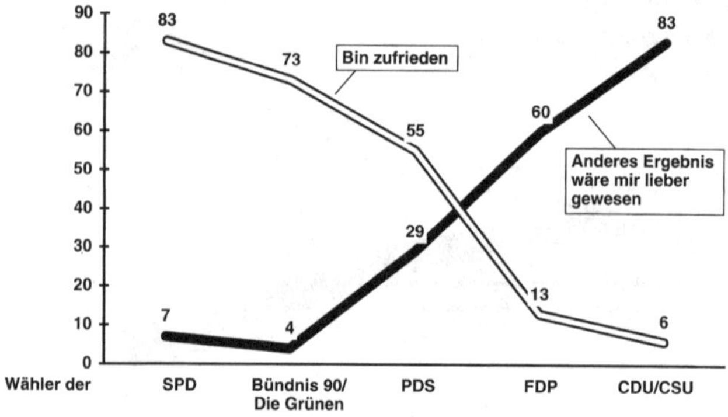

(Die an 100% fehlenden Angaben entfallen auf die Antwort „Unentschieden“)

Quelle: Allensbacher Archiv, IfD-Umfrage Nr. 6075, März 1999

Abb. 81

Es wird eine Veränderung suggeriert, die gar nicht stattgefunden hat. Erst bei näherem Hinsehen merkt man, daß alle Daten gleichzeitig erhoben wurden. In einem solchen Fall müssen die Antworten der verschiedenen Untergruppen, in diesem Fall die Wähler verschiedener Parteien, optisch getrennt werden.

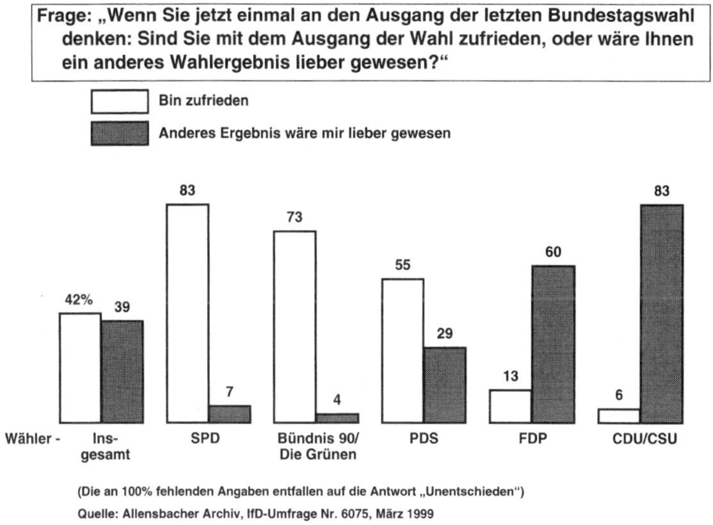

Abb. 82

Die Fahrgäste massieren sich an den Verkehrsspitzen

Um anschauliche Sprache muß sich derjenige, der statistische Befunde mitteilt, besonders bemühen. Die Sachverhalte laden ein zu abschreckenden Formulierungen wie: »Leider massieren sich die meisten Fahrgäste im stärksten Maße an den Verkehrsspitzen« – »Die Spitzengruppe bilden mit 65 Prozent die Landarbeiter; abgesehen von den Landwirten, die in der Tendenz sinken, ist auffallend der Anstieg der Selbständigen« – »Die

Gruppe der Befragten, die keine Erklärung zum Begriff Markenartikel wußte, weist den höchsten Anteil unkritischen Kaufverhaltens auf« – »In der Gruppe, die mit Markennamen antwortete, steht einem hohen Prozentsatz unkritisch Kaufender der relativ höchste Prozentsatz kritischer Käufer gegenüber« – »Während bei den Frauen die Treppe nach unten zeigt, steigt die Treppe bei den Männern hinauf« – »Im übrigen ist nur eine Erweiterung des Anteils der Meinungslosen in den höheren Altersgruppen zu registrieren«. Solche Stilblüten zu vermeiden fällt dem Forscher oft deswegen so schwer, weil – wie schon bei der Konstruktion des Fragebogens – ein Umschalten zwischen Alltagsdenken und statistischem Denken nötig ist, nur in umgekehrter Richtung. Die Darstellung der Befunde einer demoskopischen Untersuchung in einer leicht verständlichen Sprache ist der letzte Schritt der Rückübersetzung der »Testergebnisse« in »Programm-Ergebnisse«.

Befunde und Vermutungen optisch voneinander absetzen

Vermutungen, Interpretationen sind im graphischen Bild des Berichts deutlich von Befunden abzuheben, vielleicht indem sie etwas eingerückt oder in einer anderen Schrifttype gesetzt werden. Die Interpretation auf Seite 426: Mitarbeiter, die sich gehetzt, überlastet fühlen, sehen dadurch ihre persönliche Bedeutung bestätigt, wäre im Bericht etwas eingerückt mitgeteilt worden, hätten wir sie nicht durch weitere Analyse entkräftet. Der Leser behält die Freiheit, der Interpretation zu folgen oder nicht.

Einleitung und Anhang

Die Einleitung des Berichts sollte die Programmfragen enthalten, die den Ausgangspunkt der Studie bildeten. Weiter müssen sich in der Einleitung oder im technischen Anhang die Angaben finden, wer die Studie veranlaßt hat, die Termine der Feldarbeit, die Zahl der mitwirkenden Interviewer, wie die Stichprobe ausgewählt wurde, bei Random-Stichproben der Prozentsatz, zu dem die Random-Stichprobe ausgeschöpft wurde, die Gründe für Ausfälle. Die statistische Repräsentanz ist in einer Aufstellung an Hand von Kontrolldaten, in einer Konfrontation mit den Daten der amtlichen Statistik, nachzuweisen, und zwar getrennt nach quotierten und nicht quotierten Merkmalen, wenn die Umfrage nach der Quotenmethode durchgeführt wurde.[18] Der Originalfragebogen mit allen Anlagen: Listen, Kartenspielen, Bildvorlagen ist ebenfalls im Anhang beizufügen.

Testfragen konkret, Berichterstattung abstrakt

Ein Fragebogen ist in der Regel um so besser, je konkreter er ist: je weniger abstrakte Begriffe in den Testfragen erscheinen, je vollständiger die Übersetzung in Bilder, Situationen, Erfahrungen gelungen ist, desto zuverlässiger kann man sich mit dem Befragten verständigen; denn das Denken – wie das Sprechen – der meisten Menschen enthält wenig abstrakte Begriffe.

Der Bericht über die Ergebnisse einer Studie ist um so besser, je abstrakter, je verdichteter er ist, je allgemeingültiger die Antworten auf die Programmfragen der Studie gefaßt sind, abgeleitet aus statistisch erhärteten und im Bericht vorgelegten Befunden, übergeleitet in Regeln, die erklären und Voraussagen ermöglichen.

18 Vgl. das Beispiel auf S. 305–308.

Nachwort: Wie erkennt man Qualität in der Umfrageforschung?

Der repräsentative Querschnitt antwortet. Eine Jahrhundert-Entdeckung. Nun stehen wir am Ende dieses Jahrhunderts, das diese Leistung vollbrachte, und erkennen: Nur die Stichproben-Statistik ist mit der angemessenen Intelligenz, Systematik und Ausdauer entwickelt worden. Alle anderen Phasen der Umfrageforschung sind in ihrer wissenschaftlichen Entwicklung steckengeblieben.

Yankelovich gibt ein Beispiel in seiner Dankesrede zur Verleihung des Helen-Dinerman-Preises.[1] Warum, fragt er, ist das Ehepaar Clinton durch die Umfragen so irregeführt worden bei der Planung der großen Gesundheitsreform? Und er antwortet: Weil es sich auf schlechte Umfragen stützte. »In einer post-mortem-Analyse, warum der Clinton-Gesundheitsplan in Mißerfolg endete, zählte ich nicht weniger als siebzehn bundesweite Umfragen, nach denen die amerikanische Bevölkerung das Projekt einer allgemeinen Gesundheitsversicherung durchschnittlich zu 71 Prozent unterstützte. Die Clintons verließen sich darauf, sie vertrauten den Umfragen.

Dann aber stellte sich heraus, daß diese siebzehn Umfragen das Gegenteil bedeuteten von dem, was sie zu bedeuten schienen. Was die meisten Amerikaner wirklich meinen, wenn sie sagen, sie unterstützten eine allgemeine Gesundheitsversicherung, ist etwa: ›Natürlich wollen wir im Idealfall nicht, daß irgend jemand nicht die richtige ärztliche Versorgung erhält, nur weil er nicht genug Geld hat. Darum unterstützen wir den Präsidenten in seinem Ziel, daß jeder eine Krankenversicherung hat, die ihm nicht weggenommen werden kann, vorausgesetzt natürlich, daß dafür genug Geld da ist, und vorausgesetzt, daß wir die freie Arztwahl behalten und daß unsere Steuern nicht erhöht werden und daß die Arbeitgeber nicht

[1] Yankelovich 1996.

Arbeitsplätze streichen müssen wegen erhöhter Lohnnebenkosten ...‹

Indem der Präsident die Umfragen wörtlich nahm, war er unvorbereitet darauf, daß die Amerikaner zu der Zeit, als er seine Vorschläge bekanntgab, ahnungslos waren, was die Kosten und Konsequenzen einer allumfassenden Gesundheitsversicherung sein würden. Als die Bevölkerung das langsam begriff, erfaßte sie ein Schwarm von Bedenken, daß sie am Ende persönlich schlechter dastehen würden als bisher: schlechtere ärztliche Versorgung, höhere Steuern, ausufernde Bürokratie. In den wenigen Umfragen, die unter die Oberfläche gingen und auch Kosten und Konsequenzen in das Frageprogramm einbezogen, fiel die Unterstützung der Gesundheitsreform von 71 auf 20 bis 30 Prozent zurück – nicht genug, um den Plan politisch durchzubringen.«

Das ist ein typisches Beispiel – man könnte zahllose deutsche Beispiele ähnlicher Art hinzufügen –, wie Umfragen durch Flachheit mehr Schaden als Nutzen stiften.

Das dringendste ist, daß endlich Qualitätskriterien für Umfrageforschung aufgestellt werden, nicht allgemein gut klingende Forderungen, sondern konkrete, leicht überprüfbare Qualitätskriterien. Außerdem müssen die – wie man heute sagt – strukturellen Gründe offengelegt werden, warum für die Umfrageforschung bisher keine Qualitätskriterien entwickelt und durchgesetzt worden sind.

Gegenwärtig wird nicht an der Entwicklung von Qualitätskriterien gearbeitet, sondern eher umgekehrt: Qualitätsunterschiede werden verwischt, Quellenangaben, woher ein Umfrageergebnis kommt, fehlen; alles, was auf der Basis von Stichproben-Statistik läuft, wird als »Forschung« bezeichnet, auch wenn es sich um reines, fortschreibendes Registrieren handelt, »Wasserstandsmeldungen«.

Was ist »Forschung«? Das Vordringen der Erkenntnis auf Neuland mit wissenschaftlichen Methoden, also nachvollziehbar durch andere Wissenschaftler. Bei empirischer Forschung: wiederholbar, überprüfbar. Das gilt auch für angewandte Forschung. Daraus leiten sich viele, konkret anwendbare Qualitätskriterien ab. Während bei entwickelten Forschungsdisziplinen die vorliegenden Veröffentlichungen das wichtigste Qualitätskriterium sind, muß bei der jungen Disziplin der Umfrageforschung anders verfahren werden.

Soweit Veröffentlichungen vorliegen, sind sie auch hier oberstes Qualitätskriterium nach Inhalt, Anerkennung durch die Fachwelt, Übersetzungen, Prestige der Veröffentlichungsorgane, Verlage, Zeitschriften in der Fachwelt. Aber oft wird bei der Umfrageforschung als Auftragsforschung keine Veröffentlichung möglich sein. Gerade darum sind Qualitätskriterien um so wichtiger. Dabei ist zu unterscheiden zwischen handwerklich-technischen und wissenschaftlichen Qualitätskriterien. Naturgemäß sind handwerklich-technische Qualitätskriterien leichter zu überprüfen: Stichproben, Interviewer-Organisation, Datenverarbeitung, Dokumentation.

Zur Dokumentation gehören Angaben über die Art, Größe, Zusammensetzung der Stichprobe im Vergleich zu den entsprechenden Daten des Universums, das repräsentiert werden soll. Es gehören außerdem dazu der Original-Fragebogen mit allen Anlagen, die beim Interview genutzt wurden, und auch bei Einzelveröffentlichungen Wortlaut der Fragen und vorgegebenen Antwortkategorien; Modus der Interviews: mündlich-persönlich, telefonisch, schriftlich; Interviewer-Instruktionen; Zahl der Interviews pro Interviewer; bei Anwendung des Random-Route-Verfahrens: Ermittlung von Adressen und Zielpersonen in zweistufigem Verfahren oder in nur einer Stufe? Daten der Feldarbeit; Datum der Mitteilung der Ergebnisse, Veröffentlichung; Auftraggeber; Finanzierung.

Unbedingt empfehlenswert als Qualitätskriterium sowohl handwerklich-technischer wie wissenschaftlicher und allgemein geistiger Art ist eine Ortsbesichtigung, Institutsbesichtigung. Dabei verdienen besondere Aufmerksamkeit Archiv und Bibliothek, Interviewer-Organisation, Erkundung, wie die Fragebogen entstehen, unter wessen Beteiligung, wieweit die Wissenschaftler an Entwicklung und Pretest der Fragebogen beteiligt sind. Falls eine ständige Fragebogenkonferenz existiert, ist Teilnahme an der Konferenz zumindest für Auftraggeber und Sponsoren wünschenswert. Bei einem Institutsbesuch kann man sich auch über den allgemeinen Organisationsgrad informieren, etwa das, was mit dem Qualitätsprüfzeichen ISO 9000 gemessen und bestätigt wird. ISO 9000, eine Art TÜV-Plakette für Unternehmensorganisationen, ist jedoch nur ein Zeichen dafür, ob ein Institut bestimmte technische und organisatorische Mindestanforderungen erfüllt. Wer gute Umfragen und

Umfrageinstitute von schlechten unterscheiden will, braucht andere, wissenschaftliche Qualitätskriterien.

Zu den wissenschaftlichen Qualitätskriterien gehören:

– Die Untersuchungsanlage: Wie gut ist sie abgestellt auf die Untersuchungsaufgabe? Werden Panel-Analysen und kontrollierte Feldexperimente verwendet, nicht nur in Ausnahmefällen, sondern regelmäßig, wenn sie von den Untersuchungsaufgaben her erforderlich sind? Werden die Befragten behandelt, als ob sie als atomisierte Individuen lebten, oder ist das soziale Umfeld einbezogen, insbesondere das Meinungsklima? Besitzt die Untersuchungsanlage Entdeckungspotential?

– Der Horizont: Ist die Fachliteratur, soweit erforderlich, einbezogen? Medieninhaltsanalysen, wo immer möglich? Stimmen die Begriffe, das Vokabular? Werden externe Daten zur Überprüfung von Repräsentanz und Validität genutzt?

– Das A und O sind die Qualitätskriterien des Fragebogens. Gute Dramaturgie? Ist der Fragebogen höflich, Einfühlung in Befragte und Interviewer? Motivierung und Aktivierung der Befragten und der Interviewer? Verständlichkeit, nichts wird vorausgesetzt, einfache Sprache – wie gesprochen, nicht geschrieben.

Ist das Interview abwechslungsreich, interessant? So wenig Monotonie wie möglich? Sind die Programmfragen mit Phantasie in Testfragen übersetzt, in Indikatoren?

Für Auftraggeber von Umfragen ist die Kostenaufstellung eines Instituts ein guter Qualitätsindikator: Eine sorgfältige Fragebogenentwicklung ist teuer, sie macht etwa ein Viertel der Gesamtkosten einer Umfrage aus. Entfallen dagegen nur 2 bis 3 Prozent des Budgets auf die Fragebogenentwicklung, kann es sich nicht um eine gute Umfrage handeln.

An dieser Stelle wird nicht alles wiederholt, was schon im Kapitel »Der Fragebogen« stand. In Erinnerung wird hier als Qualitätskriterium nur das gerufen, was heute am meisten in Vergessenheit geraten ist. Es gibt ein englisches Sprichwort: »The proof of the pudding is in the eating.« Auf unser Thema bezogen: Man muß das Endprodukt betrachten: Analyse und Bericht.

Gibt es überhaupt einen Bericht oder nur Computer-Tabellen mit schablonenhaftem Vorwort, oberflächlichen »Ergebnissen im Überblick«, manchmal wie zum Hohn mit der Überschrift: »Kurzfassung für den Chef«?

Wie ist die Proportion zwischen Tabellen und Text? Sie sollte wenigstens 1 zu 1 sein. Sind die Kriterien der Wissenschaftlichkeit erfüllt: wiederholbar, überprüfbar? Ganz ähnlich der Kunstinterpretation werden Umfrageergebnisse voll erst durch die Interpretation erschlossen, jedoch muß deutlich kenntlich gemacht werden: Was ist Mitteilung von Befunden, was ist Interpretation?

Stützen sich die Ergebnisse überwiegend auf Antworten auf direkte Fragen oder auf beweiskräftige, indirekt gefundene Resultate? Dazu gehören das Experiment, Indikator-Fragen, die analytische Behandlung der Daten.

Ein weiteres Qualitätskriterium: Wie gut und klar ist die Untersuchungsaufgabe dargestellt? Enthält der Bericht Prognosen? Enthält er Hinweise, wie sich die Ergebnisse umsetzen lassen, Schlußfolgerungen, Vorschläge für Anwendung, Handlung?

Noch zum Stichwort Prognose: Prognosen als Qualitätskriterien werden gegenwärtig viel zuwenig genutzt. ›Measurement and Prediction‹[2] heißt ein berühmtes amerikanisches Werk von 1950. Erst wer richtig mißt und die Zusammenhänge versteht, kann auch gute Prognosen machen. Wahlprognosen sind – seriös veröffentlicht und dokumentiert und nicht als Einzeltreffer betrachtet, sondern in längerer Folge von Wahlen beobachtet – ein ideales Qualitätskriterium.

Wie klar und wie anschaulich ein Bericht geschrieben ist, läßt sich leicht feststellen, wenn man den Bericht einmal sehr schnell durchliest, ihn weglegt und sich fragt: Was weiß ich jetzt? Was habe ich jetzt noch in Erinnerung?

Und schließlich ein Ratschlag, der sich noch immer nicht eingebürgert hat: Untersuchungsberichte nach fünf oder zehn Jahren noch einmal lesen – Wiedervorlage! –, um sich ein Urteil über ein Institut zu bilden. Es ist wie mit modernen Kunstwerken: Fünf oder zehn Jahre nach ihrer Entstehung ist viel leichter zu erkennen, ob sie gut oder schlecht sind.

[2] Samuel Stouffer, Louis Guttman, Edward A. Suchwein, u.a.: Measurement and Prediction. Princeton, N.J., London, 1950. Urbana, Ill. 1957. (Studies in World War II, Bd. 4).

Der amerikanische Sozialpsychologe Mihaly Csikszentmihalyi macht in seinem Buch ›Creativity‹[3] darauf aufmerksam, daß zur Entfaltung einer künstlerischen oder wissenschaftlichen Leistung ein Umfeld gehört. Es muß ein Feld aufgebaut sein, in das die Leistung hineinpaßt, und es muß einen Kreis von Experten geben, der die Qualität der Leistung beurteilen kann.

Beides ist heute nur möglich an den Universitäten. Den Universitäten ist diese Aufgabe von der Gesellschaft übertragen. Ihnen vor allem fällt die Verantwortung für die Entwicklung der großen Entdeckung dieses Jahrhunderts, der repräsentativen Umfrageforschung und allgemein der empirischen Sozialforschung zu. Doch zur Zeit werden die Hochschulen dieser Verantwortung nicht gerecht. Universitäten und Umfrageforschung entfernen sich voneinander. Die Meinungsforschung, in ihren Gründerjahren ohne jeden Zweifel eine wissenschaftliche Disziplin, droht zur technischen Dienstleistung herabzusinken. Die amerikanischen Sozialwissenschaftler Kurt Lang und Gladys Engel Lang fanden in einer schriftlichen Befragung bei 119 amerikanischen Umfrageinstituten heraus, daß weniger als 20 Prozent der Personen, die seit 1980 eine leitende Position in einem Meinungsforschungsinstitut übernommen hatten, über eine einschlägige Universitätsausbildung verfügten. Bei den älteren Meinungsforschern waren es noch fast 50 Prozent.[4] Wesentliche Fortschritte in der empirischen Sozialforschung wird es nur geben, wenn es gelingt, diese Entwicklung umzukehren und wieder eine enge Zusammenarbeit zwischen Universitäten und Umfrageforschung zu etablieren. Möglich ist das nur durch einen starken Ausbau empirischer Forschungszentren innerhalb der Universitäten, die die Wechselwirkung von Theorie und Empirie in Gang setzen, die die Voraussetzung für Fortschritte in der Sozialforschung ist. Robert K. Merton hat dies schon vor fast fünfzig Jahren deutlich gesehen. »In soziologischen Abhandlungen wird«, so schrieb er in seinem zum Klassiker gewordenen Buch ›Social Theory and Social Structure‹, »mit wenigen bemerkenswerten Ausnahmen der empiri-

[3] Mihaly Csikszentmihalyi: Creativity. Flow and the Psychology of Discovery and Invention. New York 1996. Deutsche Ausgabe: Kreativität. Wie Sie das Unmögliche schaffen und Ihre Grenzen überwinden. Stuttgart 1997.

[4] Kurt Lang, Gladys Engel Lang: The Changing Professional Ethos: A Poll of Pollsters. In: International Journal of Public Opinion Research 3, 1991, S. 323–339.

schen Forschung nur eine einzige wichtige Rolle zugewiesen: die der Überprüfung oder ›Verifizierung‹ von Hypothesen … Der Empiriker beginnt mit einer Vermutung oder Hypothese, zieht daraus verschiedene Schlüsse und unterwirft diese wiederum einer empirischen Prüfung, die die Hypothese bestätigt oder widerlegt. Doch dies ist ein logisches Modell, und so ist vieles von dem, was in einer fruchtbaren Untersuchung wirklich geschieht, nicht darin enthalten … Meine zentrale These ist, daß die Rolle der empirischen Forschung weit über die passive Verifizierung und Überprüfung der Theorie hinausgeht. Sie tut mehr, als Hypothesen zu widerlegen oder zu bestätigen. Die Empirie spielt eine aktive Rolle. Sie übt mindestens vier wichtige Funktionen aus, mit denen sie die Entwicklung der Theorie mitgestaltet. Es sind dies die *Initiierung*, die *Neuformulierung*, die Setzung *neuer Schwerpunkte* und die *Klärung* der Theorie.«[5]

[5] Merton 1949, S. 97f.

Enzyklopädisches Stichwort: »Umfrageforschung – Demoskopie«

Die nebeneinander gebrauchten Begriffe Umfrageforschung und Demoskopie bezeichnen eine statistisch-psychologische Untersuchungsmethode, mit der gesellschaftliche Massenerscheinungen beobachtet und analysiert werden können. Die Wortprägung Demoskopie geht auf einen Vorschlag (1946) des amerikanischen Soziologen Stuart C. Dodd zurück, bürgerte sich jedoch anfangs nur in Deutschland – durch den Institutsnamen »Institut für Demoskopie Allensbach« (1947) – ein. Inzwischen ist der Begriff in vielen Ländern bekannt. So gibt es beispielsweise in Frankreich das »Institut français de Demoscopie« oder in Italien ein Umfrageinstitut mit dem Namen »Demoskopea«.

Die Umfrageforschung hat eine dreihundertjährige Entwicklungsgeschichte. Innerhalb eines einzigen Jahrzehnts entstanden unabhängig voneinander in England, Frankreich und Deutschland drei Ansätze, die zu wissenschaftlichen Traditionen wurden, auf die die Umfrageforschung heute gegründet ist.

In Frankreich legte der Chevalier de Méré 1654 dem Mathematiker Pascal einige Fragen über die Chancen bei Glücksspielen vor. Die Gedanken, die Pascal in seiner Antwort entwickelte, führten mit einem maßgeblichen Beitrag von J. Bernoulli am Anfang des 18. Jahrhunderts zur Formulierung des Gesetzes der großen Zahl und der Wahrscheinlichkeitsrechnung, auf die sich die Stichproben-Theorie der repräsentativen Bevölkerungsumfragen, die Bildung »repräsentativer Bevölkerungsquerschnitte« stützt.

Um 1660 begann in England die Zusammenarbeit zwischen zwei Männern – John Graunt (1620–1674) und Sir William Petty (1623–1687) – auf Gebieten, die »politische Arithmetik« und später »Statistik« und »Soziographie« genannt wurden. Graunt stellte anhand einer Übersicht über die Zahl der Todesfälle in verschiedenen Jahren die ersten sozialstatistischen Analysen an, Petty sammelte auf Reisen durch Irland Informationen über die Bevölkerung und ihre Lebensweise und veröffentlichte 1672 die erste soziographische Studie, ›Die politische Anatomie von Irland‹. Mit dem Titel wie auch durch ausdrückliches Zitat bezieht sich Petty hier am Beginn der empirischen Sozialforschung auf Francis Bacon (1561–1626), der die experimentelle Konzeption der Naturwissenschaften geschaffen und bereits die Sozialwissenschaften in Parallele zu den Naturwissenschaften gesetzt hatte. Er führte damit einen Gedanken seines Namensvetters Roger Bacon (1219–1292) fort, der bereits dreihundert Jahre vorher vergeblich die Anfnahme experimenteller Wissenschaften an den Universitäten gefordert hatte. Francis Bacon sprach von der menschlichen und sozialen Anatomie, von der Kunst, den menschlichen und den sozialen Körper gesund zu erhalten, und hat die Praxis einer Politik, die keine Kenntnis der sozialen Anatomie besitzt, mit den Kurpfuschereien eines alten Weibes verglichen.

1660 beginnt – der dritte Ansatz – Hermann Conring seine »statistischen« Vorlesungen an der Universität in Helmstedt, die die deutsche klassifizierende Tradition dessen begründete, was zuerst »Statistik« und später »Staatswissenschaft« hieß und heute, enger begrenzt, als »Politische Wissenschaft« bezeichnet wird.

Von Anfang an unterschieden sich der deutsche und der englische Ansatz in der Einstellung zum Messen. Wie schon der von Petty geschaffene Begriff »Politische Arithmetik« andeutet, hatte er ein positives Verhältnis zu Zahlen, er glaubte, daß man auch politische Verhältnisse in Zahlen, Gewichten, Maßen ausdrücken müsse, während Conring nach einer interessanten begrifflichen Systematik – aber überwiegend ohne Zahlen – die Verhältnisse verschiedener Staatswesen verglich.

Zur Umfrageforschung – die heute die wichtigste Untersuchungsmethode der empirischen Sozialforschung darstellt – gehören Beobachtung und Befragung, um Informationen zum Untersuchungsgegenstand zu sammeln (»Feldarbeit«). Um dieses Sammeln zu systematisieren, benutzte man schon im 18. Jahrhundert Fragebogen: zuerst im Jahr 1787 David Davies bei seiner »Erhebung über das Haushaltsbudget der arbeitenden Klassen in England«, dann Sir Frederic Morton Eden, der einen Interviewer mit einem Fragebogen ein Jahr lang reisen ließ und 1797 als Ergebnis einen Bericht über die Lage der Armen veröffentlichte. Umfragen mit Fragebogen wurden im 19. Jahrhundert auch in Deutschland in immer wachsender Zahl durchgeführt: 1848 eine Umfrage in Preußen (Alexander v. Lengerke) und eine Umfrage in Sachsen über die Lage der Landarbeiter, 1875 im Auftrag des Reichstags eine Erhebung bei 7000 Fabrikbesitzern und Arbeitern über die Lage der Lehrlinge, Gesellen und Fabrikarbeiter, 1874–1875 eine Umfrage mit 15000 an Gutsbesitzer ausgesandten Fragebogen über die Lebensverhältnisse der Landarbeiter (Theodor v. d. Goltz), zwischen 1881 und 1912 mehrere Umfragen des Vereins für Sozialpolitik – unter maßgeblicher Beteiligung von Max Weber – u. a. über die Verhältnisse der Landarbeiter, Wucher auf dem Land; eine Fabrikarbeiter-Enquete. 1893 eine Erhebung des Evangelisch-Sozialen Kongresses mit 15000 an Pfarrer ausgesandten Fragebogen abermals über die Lage der Landarbeiter, 1895 eine Umfrage der Allgemeinen Konferenz der deutschen Sittlichkeitsvereine mit 14000 an protestantische Pfarrer versandten Fragebogen über die moralischen Verhältnisse auf dem Lande; die Fragen erinnern zum Teil an die späteren Kinsey-Erhebungen.

Aber gerade diese deutschen Umfragen illustrieren, daß die Zusammenstellung von Untersuchungsthemen in einem Fragebogen noch zu keinem Ergebnis führt. Die Umfragen blieben überwiegend unausgewertet – bloße Sammlungen von Aufsätzen der Berichterstatter –, weil man sich über eine Methode, die Ergebnisse zahlenmäßig faßbar zu machen, kaum Gedanken gemacht hatte. Zur Umfrageforschung gehört neben dem Fragebogen – zweitens – die Quantifizierung. Man muß Maßstäbe entwickeln, um das, was untersucht werden soll, zahlenmäßig greifbar zu machen, und zwar sowohl im Interesse der übersichtlichen Darstellung wie der Objektivierung der Aussagen. Hieraus erklärt sich, warum Haushaltsbudgets der Bevölkerung in der Sozialforschung eine so große Rolle spielen (bei dem Engländer Davies, einige Jahrzehnte später bei dem Franzosen Le Play, bei Le Plays deutschem Schüler Ernst Engel, bei Engels Schüler Gottlieb Schnapper-Arndt, bei Charles Booth, bei dem Amerikaner Caroll D. Wright usw.). Budgets lassen sich einwandfrei zahlenmäßig auswerten und, wie Le Play es hoffnungsvoll ausdrückte, alle menschlichen Handlungen finden mehr oder weniger direkt einen Niederschlag in Einnahmen und Ausgaben. Heute ist dieser Weg vom Untersuchungsgegenstand zur Messung gedanklich formalisiert (Lazarsfeld): die

Begriffe, Vorstellungen, Ideen (»concepts«), mit denen sich eine Untersuchung beschäftigt, werden in ihre »Dimensionen« zerlegt, und für jede der Dimensionen werden »Indikatoren« (Symptome) gesucht, die einer zahlenmäßigen Behandlung zugänglich sind. In der für das Verständnis der Umfrageforschung grundlegenden Abhandlung ›Die Regeln der soziologischen Methode‹ (1894) sagt der Franzose Emile Durkheim, daß diese Merkmale, an die man sich zur Erkenntnis der Phänomene halten müsse, oft einen sehr äußerlichen, oberflächlichen Eindruck machten, aber: »Man kann versichert sein, daß die äußeren Merkmale mit der Natur der Erscheinungen eng verknüpft sind«[1] und in jedem Fall bleibe einem keine andere Wahl, man müsse seine Untersuchungen mit denjenigen Merkmalen beginnen, die objektiv und leicht wahrnehmbar sind.

Mit dem Bedürfnis nach größerer Präzision und Quantifizierung hängt auch der für die Umfrageforschung methodisch wichtige Übergang von der anfänglichen Befragung der Experten (Pfarrer, Gutsbesitzer, Fabrikbesitzer) zur unmittelbaren Befragung der Bevölkerung zusammen. Unter dem Druck des Erfordernisses quantitativer Auswertbarkeit wandelt sich der Fragebogen, wird immer detaillierter, konkreter, »durchstrukturierter«.

Die englischen großen Umfragen zur Untersuchung der wirtschaftlichen Lage der Bevölkerung – Charles Booth, Befragung von 250 Schulaufsichtsbeamten über jeden Haushalt mit Schulkindern in 34000 Straßen Londons, 1886–1888; B. Seebohm-Rowntree, Erhebung von 1899 in York: ›Poverty, a Study of Townlife‹ – waren den gleichzeitigen deutschen Erhebungen in bezug auf die Erfindung quantitativer, also objektiver Maßstäbe (z.B. für Armut) und zahlenmäßiger Auswertung (z.B. Verbreitung der Armut in London oder York) weit voraus. Nur eine einzige deutsche Meinungsumfrage vor dem Ersten Weltkrieg – Adolf Levensteins Umfrage bei 8000 Arbeitern, von denen 5040 seinen Fragebogen über Lebensweise, Einstellung zur Arbeit und Arbeitsbedingungen beantworteten – wurde unter dem Einfluß von Max Weber weitgehend zahlenmäßig ausgewertet (›Die Arbeiterfrage‹, 1912).

[1] Emile Durkheim, Die Regeln der soziologischen Methode. Deutsche Neuausgabe, Neuwied 1961, S. 137.

Aber um die Jahrhundertwende finden wir in Deutschland zwei Pionierbeispiele von statistischen Experimenten (also einer Untersuchungsanlage, die für quantitative Auswertung besonders geeignet ist) in der Sozialforschung: eine Befragung von zwei Kontrastgruppen, sozialistische Arbeiter (Testgruppe) und »gemäßigt« eingestellte Arbeiter (Kontrollgruppe) durch den Pfarrer Max Rade, und betriebspsychologische Experimente, die der spätere Chef der Zeiss-Werke, Ernst Abbe, 1900 mit Arbeitern von Zeiss über die Auswirkung einer Verkürzung der Arbeitszeit durchführte. – Experimentelle Untersuchungsanordnungen zu finden, ist heute ein Hauptanliegen der Forschung, um die Einflüsse der Subjektivität der Forscher und ihrer Auskunftspersonen auszuschalten. Das ganze Interview der Umfrageforschung wird zunehmend zum statistisch-psychologischen »Reaktions-Experiment«.

Neben Wahrnehmen und Quantifizieren gehören drittens zur Umfrageforschung die analytische Verarbeitung und Interpretation der Daten. Die Verfahren dafür entwickelten sich jahrhundertelang am Zahlenmaterial der amtlichen Statistik. Hervorragende Vertreter nach dem Initiator John Graunt (1620–1674) waren der deutsche Arzt und Prediger Süßmilch im 18., der Belgier Quételet im 19. Jahrhundert und unter den deutschen Soziologen in den ersten Jahrzehnten des 20. Jahrhunderts vor allem Ferdinand Tönnies. Das Ziel der Analyse ist die Entdeckung von kausalen Regelmäßigkeiten und Zusammenhängen, der Versuch, über die bloße Beschreibung der Verhältnisse hinaus zu ihrer Erklärung zu gelangen, und das heißt zugleich zu ihrer Beeinflußbarkeit und zu Prognosen.

Der hohe Grad analytischer Datenverarbeitung, den die Umfrageforschung braucht, ist erst heute durch die Entwicklung der Computertechnik praktisch zu verwirklichen. Die mathematisch-statistischen Analyse-Instrumente (z. B. Korrelations-, Regressions-, Faktoren-, Skalogramm-Analysen) beeinflussen ihrerseits abermals die Fragebogen-Technik.

Viertens macht sich die Umfrageforschung seit Beginn des Jahrhunderts die Wahrscheinlichkeitstheorie zunutze durch Untersuchung von Stichproben anstelle möglichst großer Massen. Die erste Stichproben-Erhebung nach dem Random-Prinzip führte 1912 der Engländer Arthur Bowley durch.

Organisatorischer Aufbau von Instituten für Umfrageforschung

In der Regel gibt es folgende Abteilungen: 1. Statistik und Mathematik, 2. Entwicklungsarbeiten (psychologische Vortests, unstrukturierte Befragungen, Auswahl psychologischer Testmethoden), 3. Fragebogen-Redaktion, 4. Interviewer-Ressort, 5. Aufbereitung und Auswertung, 6. Elektronische Datenverarbeitung (EDV), 7. Graphisches Atelier, 8. Analyse und Gutachten-Redaktion, 9. Technik (technische Herstellung von Befragungsunterlagen und Gutachten), 10. Verwaltung und Finanzen, 11. Bibliothek und Archiv, 12. Telefon-Interviewer-Zentrale. Zum wissenschaftlichen Stab gehören Volks- und Betriebswirte, Psychologen, Soziologen, Publizisten, Mathematiker und Statistiker, nicht selten auch Naturwissenschaftler, Geographen und Ingenieure. In einem voll ausgebauten Institut liegt die Zahl der dort tätigen hauptberuflichen Mitarbeiter je nach Institutsgröße zwischen 30 und 3000, darunter bis zu einem Drittel Angehörige des wissenschaftlichen Stabes, außerdem 500 bis 5000 nebenberufliche Interviewer.

Anwendungsgebiete der Umfrageforschung: Sie entwickelte sich an zwei Hauptaufgaben, der Untersuchung sozialer Mißstände (Lage in den britischen Gefängnissen 1774, L.-R. Villermé, Lage in den französischen Gefängnissen 1820, Lage der Fabrikarbeiter 1840, Lebensverhältnisse der Landarbeiter, der Industriearbeiter, der Arbeitslosen, der Alten, der Armen) als Ausgangspunkt sozialer Gesetzgebung – und an Wahlprognosen (seit 1824 in den USA, Umfrage der Zeitung ›Harrisburg Pennsylvanian‹ vor den Präsidentschaftswahlen). »Öffentliche Meinungsforschung« über politische Fragen und Fragen von öffentlichem Interesse (Vorläufer: die regelmäßigen Berichte der französischen Präfekte an die Regierung über die öffentliche Meinung im Zweiten Kaiserreich, erste »Meinungsumfrage« 1907 in Chicago über eine Verkehrsmittelverordnung) gewinnen erst mit der Gründung (1934) des American Institute for Public Opinion durch George Gallup an Bedeutung.

Die Umfrageforschung wird heute außerdem u. a. angewendet in der Marktforschung (z. B. Produkttests, Kundenzufriedenheitsuntersuchungen), bei Betriebsumfragen (Belegschaftsumfragen), Public Relations (Werbemitteltest), auf dem Gebiet der Publizistik, Mediaforschung (Leser-, Hörer-, Zuschauer-Forschung, Werbeträger-Forschung), für den gewerblichen Rechtsschutz, für Regierung und Verwaltung und ganz allgemein als Instrument aller Sozialwissenschaften einschließlich der Medizin.

Viele demoskopische Untersuchungen, Umfrageergebnisse, Berichte und Datenbänder werden in Archiven aufbewahrt und so für die Forschung zugänglich gemacht. Drei besonders wichtige Archive in Deutschland sind das Zentralarchiv für Empirische Sozialforschung an der Universität Köln, das Informationszentrum Sozialwissenschaften in Bonn und das Archiv des Instituts für Demoskopie Allensbach, das auch – als einziges Institutsarchiv – vollständig in Kopie im Bundesarchiv in Koblenz aufbewahrt wird. Für Sozialwissenschaftler und Historiker bieten solche Archive einzigartige Informationsquellen.

In unserer Zeit ist Demoskopie ein unentbehrliches Hilfsmittel geworden, weil man sich über die so groß und abstrakt gewordene Gesellschaft, die der unmittelbaren Beobachtung entrückt ist, anders nicht zuverlässig informieren kann. Die Demoskopie liefert dabei keine Informationen über bestimmte Personen, sondern nur über die Gesellschaft oder bestimmte, durch Merkmale zusammengefaßte Gruppen der Gesellschaft. Unsere Sprache besitzt schon diese Unterscheidungsfähigkeit: Das Forschungsobjekt sind alle, nicht jeder.

Literatur

Abrams, Mark: Social Surveys and Social Action. London 1951.

Alt, Christian, Walter Bien, Dagmar Krebs: Wie zuverlässig ist die Verwirklichung von Stichprobenverfahren? Random Route versus Einwohnermeldeamtstichprobe. In: ZUMA-Nachrichten, 28, 1991, S. 65–72.

Amthauer, Rudolf: Der Intelligenz-Struktur-Test (I-S-T). 2. Auflage. Göttingen 1953.

Anderson, O.: Probleme der statistischen Methodenlehre in den Sozialwissenschaften. 3. Auflage. Würzburg 1957.

Andreß, Hans Jürgen: Kreuztabellenanalyse und Analyse von Individualdaten mit GLIM. In: ZUMA-Nachrichten 14, 1984.

Arminger, Gerhard: Klassische Anwendungen verallgemeinerter linearer Modelle in der empirischen Sozialforschung (Einführung in den GLIM-Ansatz). In: Verallgemeinerte lineare Modelle in der empirischen Sozialforschung. NONMET/GLIM Workshop 16.–20. 11. 81. ZUMA-Arbeitsbericht Nr. 1982/03.

Arminger, Gerhard: Multivariate Analyse von qualitativen abhängigen Variablen mit verallgemeinerten linearen Modellen. Zeitschrift für Soziologie, 1, 1983, S. 49–64.

Arnold, Wilhelm, Hans Jürgen Eysenck, Richard Meili (Hrsg.): Lexikon der Psychologie. Bd. 2. Freiburg u. a. 1980.

Asch, Solomon E.: Effects of Group Pressure upon the Modification and Distortion of Judgements. In: H. Guetzkow (Hrsg.): Groups, Leadership, and Men. Pittsburgh 1951, S. 177–190.

Ascherpurwis + Behrens GmbH (Hrsg.): BIK-Stadtregionen in den neuen Bundesländern. Bericht zur Abgrenzung der BIK-Stadtregionen Ost. März 1992.

Ascherpurwis + Behrens GmbH (Hrsg.): Die Abgrenzung von Stadtregionen in der Bundesrepublik Deutschland (Boustedt-Revision) auf Basis des Zensus von 1987. Stand: Juli 1993.

Auer, Maria: The Stapel Scale. A Versatile Instrument of Survey Research. Vortrag auf dem WAPOR-Kongreß, Amsterdam, 23. 8. 1981.

Backhaus, Klaus, u. a.: Multivariate Analysemethoden. Eine anwendungsorientierte Einführung. 7. Auflage. Berlin u. a. 1994.

Baker, Robert S.: The Analysis of Counts and Proportions Using GLIM. In: American Statistical Association: 1979 Proceedings of the Statistical Computing Section. Papers Presented at the Annual Meeting of the American Statistical Association. Washington D.C. 1979, S. 30–34.

Ballon, J., F. K. Del Boca: Gender Interaction Effects on Survey Measures in Telephone Interviews. Paper Presented at the American Association for Public Opinion Research (AAPOR) Annual Conference 1980.

Bandilla, Wolfgang, Michael Bosnjak: Perspektiven der Online-Forschung. In: Statistisches Bundesamt (Hrsg.): Neue Erhebungsinstrumente und Methodeneffekte (Sriftenreihe Spektrum Bundesstatistik Bd. 15). Stuttgart 2000, S. 166-174

Barnett, Vic: Elements of Sampling Theory. London 1974.

Bauer, Adolf: Der unberechenbare Mensch. Nürnberg 1961.

Beck, Ulrich: Über den Unterschied zwischen Quotenverfahren und bewußter Auswahl. Unveröffentlichtes Manuskript, Allensbacher Archiv.

Conan Doyle, Arthur: The Sign of the Four. Oxford und New York 1993

Die Bedarfsstruktur im Käufermarkt. Eine Basis-Untersuchung der Gesellschaft für Konsumforschung e. V. Nürnberg, August 1953.

Bergler, Reinhold (Hrsg.): Ursachen gesundheitlichen Fehlverhaltens im Jugendalter. Eine empirische Untersuchung am Beispiel des Zigarettenkonsums. Einstieg und Gewohnheitsbildung. Köln 1995. (Schriftenreihe zur angewandten Sozialpsychologie Bd. 2.)

Bien, Walter: Gewichtung: Schönheitskorrektur von Stichproben, mit dem Ziel, selber ruhiger zu schlafen und den Auftraggeber nicht mißtrauisch zu machen. Oder: Was nicht ist, ist nicht. Vortrag, gehalten auf der Herbsttagung der Deutschen Gesellschaft für Soziologie, Sektion Methoden, am 6. 10. 1995 in Marburg.

Bishop, George F. : Context Effects on Self-Perceptions of Interest in Government and Public Affairs. In: Hans-J. Hippler, u. a.: Social Information Processing and Survey Methodology. New York u. a. 1987, S. 179–199.

Bohm, E.: Lehrbuch der Rorschach-Psychodiagnostik. 3. Auflage. Stuttgart 1967.

Borg, Ingwer: Anwendungsorientierte Multidimensionale Skalierung. Berlin u. a. 1981.

Bortz, Jürgen: Lehrbuch der Statistik für Sozialwissenschaftler. Berlin u. a. 1985.

Bowley, Arthur L.: Livelyhood and Poverty. London 1915.

Bradburn, Norman M., David Caplovitz: Reports on Happiness. A Pilot Study of Behavior Related to Mental Health. Chicago 1965.

Bradburn, Norman M.: The Structure of Psychological Well-Being. Chicago 1969.

Bradburn, Norman M., Seymour Sudman: Polls & Surveys. Understanding, What They Tell Us. San Francisco und London 1988.

Brecht, Arnold: Politische Theorie. Tübingen 1961.
Brosius, Hans-Bernd, Anke Bathelt: The Utility of Examples in Persuasive Communications. In: Communication Research, 21, 1994. S. 48–78.
Buckle, H. T.: Geschichte der Civilisation in England. Übersetzt von A. Ruge. 2 Bde. Leipzig 1860/61.
Campbell, Bruce A.: Race-of-Interviewer Effects Among Southern Adolescents. In: Public Opinion Quarterly, 45, 1981, S. 231–244.
Cantril, Hadley: Gauging Public Opinion. Princeton, N. J., 1944. 4. Auflage 1947. Neudruck Port Washington, N. Y. und London 1972.
Cantril, Hadley, Edrita Fied: The Meaning of Questions. In: Hadley Cantril 1944. 4. Auflage 1947, S. 3–23.
Cantril, Hadley, F. P. Kilpatrick: Self-Anchoring Scaling. A Measure of Individuals' Unique Reality World. In: Journal of Individual Psychology, 16, Nov. 1960, Nr. 2.
Cattell, R. B.: Factor Analysis. New York 1952.
Clauß, Günter, Heinz Ebner: Grundlagen der Statistik für Psychologen, Pädagogen und Soziologen. Frankfurt am Main und Zürich 1972.
Cline, Howard F., Luis Nicolan d'Ower: Sahagún and His Works. In: Handbook of the Middle American Indians, Bd. 13, Austin 1973, S. 186–196.
Cochran, William G.: Sampling Techniques. 3. Auflage. New York u. a. 1977.
Comstock, George A., Eli A. Rubinstein (Hrsg.): Television and Social Behavior. Reports and Papers. Bd. 3: Television and Adolescent Aggressiveness. Rockville 1972, S. 35–135.
Csikszentmihalyi, Mihaly: Flow. The Psychology of Optimal Experience. New York 1990. Deutsch: Flow. Das Geheimnis des Glücks. 2. Auflage. Stuttgart 1992.
Davison, W. Phillips: Mass Communication and Conflict Resolution. New York 1974.
Davison, W. Phillips, Frederic T.C. Yu (Hrsg.): Mass Communications Research. Major Issues and Future Directions. New York 1974.
Deming, W. E.: Sample Decision in Business Research. New York 1960.
Diekmann, Andreas: Empirische Sozialforschung. Grundlagen, Methoden, Anwendungen. Reinbek 1995.
Dillman, John A.: Mail and Telephone Surveys. The Total Design Method. New York u. a. 1978.
Donsbach, Wolfgang: Die Rolle der Demoskopie in der Wahlkampf-Kommunikation. Empirische und normative Aspekte der Hypothese über den Einfluß der Meinungsforschung auf die Wählermeinung. In: Zeitschrift für Politik, 31, 1984, S. 388–407.

Donsbach, Wolfgang: Medienwirkung trotz Selektion. Einflußfaktoren auf die Zuwendung zu Zeitungsinhalten. Köln u. a. 1991.
Donsbach, Wolfgang: Who's Afraid of Election Polls? Normative and Empirical Arguments for the Freedom of Pre-Election Surveys. Amsterdam 2001
Dorroch, Heiner: Meinungsmacher-Report. Göttingen 1994.
Downham, John: The Function of Coding. In: The British Market Research Bureau Ltd. (Hrsg.): Readings in Market Research. A Selection of Papers by British Authors. London 1956, S. 79–85
Dreher, Walter: Wer dreht an Volkes Meinung? In: Focus, 1994, Nr. 2, S. 42–49.
Drobisch, Moritz Wilhelm: Die moralische Statistik und die menschliche Willensfreiheit. Leipzig 1867.
Droysen, Johann Gustav: Die Erhebung der Geschichte zum Rang einer Wissenschaft. In: Historische Zeitschrift 9, München 1863. S. 1ff.
Durkheim, Emile: Les règles de la méthode sociologique. Paris 1895. Deutsch: Regeln der Soziologischen Methode. Neuwied 1961.
Durkheim, Emile: Le suicide. Etude de Sociologie. Paris 1897.
Eberhard, Fritz: Der Rundfunkhörer und sein Programm. Ein Beitrag zur empirischen Sozialforschung. Berlin 1962 (Abhandlungen und Materialien zur Publizistik, hrsg. von Fritz Eberhard, Band 1).
Engel, Andreas u. a.: Sozialwissenschaftliche Datenanalyse. Mannheim u. a. 1995.
Entscheiden 60 000 Stimmen? Umfragen über die Situation in Niedersachsen vor der Landtagswahl. In: Der Spiegel, 24, 9. Juni 1986, S. 66–72.
Ferschl, Franz: Deskriptive Statistik. 2. Auflage. Würzburg und Wien 1980.
Festinger, Leon: A Theory of Cognitive Dissonance. Stanford 1963.
Fishkin, James S.: Bringing Deliberation to Democracy. In: The Public Perspective, Dezember/Januar 1996, S. 1-4
Flick, Uwe: Qualitative Forschung. Theorie, Methoden, Anwendung in Psychologie und Sozialwissenschaften. Reinbek 1995.
Florentine Codex. General History of the Things of New Spain. Fray Bernardino de Sahagún. Part 1: Introduction and Indices. Utah 1982.
Frank, Leonhard: Der Mensch ist gut. Potsdam 1918.
Frankreichs Jugend hat das Wort. Mit einer Fragebogenaktion reagiert die Regierung auf die Proteste vom Frühjahr. In: Die Welt, 20. Juni 1994, S. 3.
Frasch, G.: Der Rücklaufprozeß bei schriftlichen Befragungen. Frankfurt am Main 1987.
Freedman, David u. a.: Statistics. New York und London 1980.

Frey, James H., u. a.: Telefonumfragen in der Sozialforschung. Methoden, Techniken, Befragungspraxis. Opladen 1990.
Friedeburg, Ludwig von: Die Umfrage in der Intimsphäre. Stuttgart 1953. (Beiträge zur Sexualforschung, Heft 4.)
Friedrichs, Jürgen: Methoden empirischer Sozialforschung. 13. Auflage. Opladen 1985.
Gallup, George: The Sophisticated Poll Watchers Guide. Princeton, N. J., 1972, S. 77–96.
Ganshof, François-Louis: Note sur les »capitula de causis cum episcopis et abbatibus tractandis« de 811. In: Studia gratiana post octavia decreti saecularia XIII. Bonn 1967, S. 2–25.
Gardner, Burleigh B., Sidney L. Levy: The Product and the Brand. Qualitative Research into Consumer Motives. In: Harvard Business Review, 33, 1955, Nr. 2. S. 33–39.
Geiger, Herbert, Edgar Erben: Methodentest zur Überprüfung der Brauchbarkeit schriftlicher und telefonischer Umfragen zur Analyse des lokalen Bankenwettbewerbs. In: ESOMAR (Hrsg.): The Challenge of the Eighties (ESOMAR-Kongreß, Brüssel, 2.–6. September 1979). Amsterdam 1979, S. 225–243. Englisch: Ebd., S. 245–263.
Gesetz über eine Volks-, Berufs-, Wohnungs- und Arbeitsstättenzählung (Volkszählungsgesetz 1983) vom 25. März 1982. In: Bundesgesetzblatt Nr. 13, 1982, vom 31. März 1982.
Glock, Charles Y.: Participation Bias and Re-Interview Effect in Panel Studies. Dissertation. New York 1952.
Graunt, John: Observations on the Bills of Mortality. Cambridge 1899.
Groves, Robert M., Robert L. Kahn: Surveys by Telephone. A National Comparison with Personal Interviews. New York u. a. 1979.
Groves, Robert M. u. a.: Telephone Survey Methodology. New York u. a. 1988.
Groves, Robert M.: Survey Errors and Survey Costs. New York 1989.
Gutjahr, Gert: Psychologie des Interviews in Praxis und Theorie. Heidelberg 1985.
Guttman, Louis: Scale Analysis, Factor Analysis, and Dr. Eysenck. A Reply. In: International Journal of Opinion and Attitude Research, 5, 1951, S. 103.
Guttman, Louis: The Principal Components of Scalable Attitudes. In: Paul F. Lazarsfeld: Mathematical Thinking in the Social Sciences. Glencoe, Ill. 1954.
Guttman, Louis: Measurement and Prediction. A Discussion. In: Samuel A. Stouffer u.a.: Measurement and Prediction. Urbana, Ill. 1957. (Studies in World War II, Bd. 4.)
Haase, R.: Geschichte des harmonikalen Pythagoreismus. Wien 1969.
Hair, Masone: Projective Techniques in Marketing Research. In: Journal of Marketing, 14, April 1950, Nr. 5, S. 649 ff.

Halbwachs, Maurice: Les causes du suicide. Paris 1930.
Hamelink, Cees J., Olga Linné (Hrsg.): Mass Communication Research. On Problems and Policies. The Art of Asking the Right Questions. In Honor of James D., Halloran. Norwood, N. J. 1994.
Hansen, Jochen: Persönlich befragte Panels zur validen Erfassung von Wandel, Ursachen und Wirkungen. Ein Modell zur kontinuierlichen und ad-hoc-Forschung. In: Interview und Analyse, 8, 1981, S. 282–291.
Hansen, Jochen: Das Panel. Zur Analyse von Verhaltens- und Einstellungswandel. Opladen 1982.
Hansen, Jochen: Neue, überraschende Erkenntnisse durch indirekt messende Forschung. In: Demonstrating the Contribution of Research. 36. ESOMAR-Kongreß in Barcelona. Amsterdam 1983, S. 55–72, Englisch: Ebd. S. 73–86.
Hansen, Jochen: 70 Prozent? Ein Beitrag zur Ausschöpfung von Random-Stichproben. In: Planung und Analyse, 10, 1988, S. 398–401.
Hansen, M. H., W. N. Hurwitz, W. G. Madow: Sample Survey Methods and Theory. 2 Bde. New York und London 1953.
Hatchett, Shirley, Howard Schuman: White Respondents and Race-of-Interviewer Effects. In: Public Opinion Quarterly, 39, 1975, S. 523–528.
Haupt, Klaus: Bewertung und Beurteilung von Fragebogen durch Gruppendiskussionen. In: Context, Folge 16, 1995, S. I–IX.
Hawking, Stephen W.: Eine kurze Geschichte der Zeit. Die Suche nach der Urkraft des Universums. Reinbek 1988. Original: A Brief History of Time: From the Big Bang to Black Holes. New York 1988.
Heiler, Siegfried, Paul Michels: Deskriptive und explorative Datenanalyse. München und Wien 1994.
Henry, Harry: Motivation Research. London 1958. Deutsch: Was der Verbraucher wünscht. Düsseldorf 1960.
Henry, Harry (Hrsg.): Readership Research: Theory and Practice. Proceedings of the First International Symposium. New Orleans 1981. London 1982.
Henry, Harry (Hrsg.): Readership Research: Montreal 1983. Proceedings of the Second International Symposium. Amsterdam 1984.
Hentschel, Hartmut, Friedrich Tennstädt: Election Forecasts. Problems and Solutions. Revised Manuscript of a Paper Presented at the Conference on »Opinion Polls and Election Forecasts« – Held by the Centro de Investigaciones Sociológicas (CIS) and the Universidad Internacional Menendez Pelayo (UIMP). Sevilla 1985.
Herold, Christopher: Madame de Staël. Herrin eines Jahrhunderts. München 1968.
Himmelweit, Hilde T., u. a.: Television and the Child. An American Study of the Effect of the Television on the Young. London u. a. 1958.

Hippler, Hans-J., K. Seidel: Schriftliche Befragungen bei allgemeinen Bevölkerungsstichproben. Untersuchungen zur Dillmanschen »Total Design Method«. In: ZUMA-Nachrichten, Nr. 16, 1985, S. 39–56.
Hippler, Hans-J., Norbert Schwarz, Seymour Sudman (Hrsg.): Social Information Processing and Survey Methodology. New York u. a. 1987.
Hippler, Hans-J.: Methodische Aspekte schriftlicher Befragungen. Probleme und Forschungsperspektiven. In: Planung und Analyse, 15, 1988, Nr. 6, S. 244–248.
Hippler, Hans-J., Norbert Schwarz, Elisabeth Noelle-Neumann: Response Order Effects in Dichotomous Questions: The Impact of Administration Mode. Vortrag auf der Jahrestagung der American Association for Public Opinion Research (AAPOR). St. Petersburg Beach, Fl., 1989.
Hippler, Hans-J. u. a.: Der Einfluß numerischer Werte auf die Bedeutung verbaler Skalenendpunkte. In: ZUMA-Nachrichten, Mai 1991, Nr. 28, S. 54–64.
Hoffmann-Riem, Christa: Die Sozialforschung einer interpretativen Soziologie. In: Kölner Zeitschrift für Soziologie und Sozialpsychologie, 32, 1980, S. 339–372.
Hofstätter, Peter R.: Gruppendynamik. Hamburg 1957.
Hofstätter, Peter R.: Faktorenanalyse. In: René König (Hrsg.): Handbuch der empirischen Sozialforschung. Bd. 1. Stuttgart 1962, S. 385.
Hoppe, Michael, Rainer Lamp: The Quality of Online Panels. A Methodological Test. In: ESOMAR (Hrsg.): Net Effects 4. Worldwide Internet Conference and Exhibition, Barcelona, Spain, 11.-13. February 2001. Amsterdam 2001, S. 243-261
Hyman, Herbert H.: Interviewing in Social Research. Chicago 1954.
Inama-Sternegg, Karl T. von: Staatswissenschaftliche Abhandlungen. Bd. 1. Leipzig 1903.
Institut für Demoskopie Allensbach: Auswirkungen des Fernsehens in Deutschland. Lebensgewohnheiten, Interessen und Bild der Politik vor und nach der Anschaffung eines Fernsehgeräts. Allensbacher Archiv, IfD-Bericht Nr. 1989, 1968.
Institut für Demoskopie Allensbach: Die Auswirkungen wachsender Technikskepsis auf das Interesse an technisch-naturwissenschaftlichen Studiengängen. Allensbacher Archiv, IfD-Bericht Nr. 2807, 1982.
Institut für Demoskopie Allensbach: Das politische Stimmungsklima in Bayern. Allensbacher Archiv, IfD-Bericht Nr. 3163/II, 1986.
Institut für Demoskopie Allensbach: Strukturelle Ähnlichkeit der Medien. Dokumentation der Cluster-Analysen – mit der Möglichkeit für weitere Bearbeitungen. In: Allensbacher Werbeträger-Analyse (AWA) '88, Bd. 4: Methode/Fragebogen, S. 177–187.

Institut für Demoskopie Allensbach: Kirchenaustritte. Eine Untersuchung zur Entwicklung und den Motiven der Kirchenaustritte. Allensbacher Archiv, IfD-Bericht Nr. 5133, 1992.
Institut für Demoskopie Allensbach: Junge Nichtwählerinnen. Eine Analyse der Entwicklung der Anzahl, Struktur und Motive junger Nichtwählerinnen. Allensbacher Archiv, IfD-Bericht Nr. 5169, 1992.
Institut für Demoskopie Allensbach: Kirchenaustritte. Begründungen und tatsächliche Gründe für einen Austritt aus der katholischen Kirche. Allensbacher Archiv, IfD-Bericht Nr. 5259, Mai 1993.
Institut für Demoskopie Allensbach: Gruppendiskussion und Einzelinterview: Ein Methodenexperiment. Allensbach 1994.
Irreführung durch den ›Spiegel‹. Allensbacher Berichte, Nr. 28, Oktober 1986.
Jahoda, Marie, Paul F. Lazarsfeld, Hans Zeisel: Die Arbeitslosen von Marienthal. Leipzig 1933. Neudruck Allensbach und Bonn 1960.
Joest, Hans-Josef: Das Capital-Führungskräfte-Panel. In: Capital, 1987, H. 7, S. 113–120.
Jonsson, Carl Otto: Questionnaires and Interview. Stockholm 1957.
Kaase, Max, Hans-Dieter Klingemann (Hrsg.): Wahlen und Wähler. Analysen aus Anlaß der Bundestagswahl 1987. Opladen 1990.
Kant, Immanuel: Grundlegung zur Metaphysik der Sitten. 3. Auflage. Hamburg 1965.
Kellerer, Hans: Statistik im modernen Wirtschafts- und Sozialleben. 5. Auflage. Reinbek 1963.
Kellerer, Hans: Theorie und Technik des Stichprobenverfahrens. 2. Auflage. München 1953. (Einzelschriften der Deutschen Statistischen Gesellschaft, Nr. 5.)
Kendall, Patricia, Paul F. Lazarsfeld: Problems of Survey Analysis. In: Robert K. Merton, Paul F. Lazarsfeld (Hrsg.): Continuities in Social Research. Glencoe, Ill. 1950, S. 133.
Kepplinger, Hans Mathias : Publizistische Konflikte. Begriffe, Ansätze, Ergebnisse. In: Friedhelm Neidhardt (Hrsg.): Öffentlichkeit – öffentliche Meinung – soziale Bewegungen. Opladen 1994. S. 214–233. (Sonderheft 34 der Kölner Zeitschrift für Soziologie und Sozialpsychologie.)
Klatzky, Roberta L.: Human Memory. San Francisco 1980.
Knauf, Jutta: Der Einfluß der Religion auf das Alltagsleben einer Old Order Amish Gemeinde in Ohio/USA. In: Forschungsmagazin der Universität Frankfurt, Frühjahr 1994, S. 25–33.
Knieper, Thomas (Hrsg.): Statistik. Eine Einführung für Kommunikationsberufe. München 1993.
Knieper, Thomas: Infographiken: Das visuelle Informationspotential der Tageszeitung. München 1995.
Koch, Achim, Siegfried Gabler, Michael Braun: Konzeption und Durch-

führung der »Allgemeinen Bevölkerungsumfrage der Sozialwissenschaften« (ALLBUS) 1994. ZUMA-Arbeitsbericht 94/11, Dezember 1994, dort S. 79–85.
Koch, Achim: Gefälschte Interviews: Ergebnisse der Interviewer-Kontrolle beim ALLBUS 1994. In: ZUMA-Nachrichten, 36, Mai 1995, S. 89–105.
Koch, Karl: Der Baumtest. 2. Auflage. Bern 1954.
Koch, Sigmund (Hrsg.): Psychology. A Study of Science. Bd. 3. New York 1959.
Köcher, Renate: Politische Partizipation und Wahlverhalten von Frauen und Männern. In: Aus Politik und Zeitgeschichte, 1994, Nr. 11, S. 24–31.
Köcher, Renate, Friedrich Tennstädt: New Research Results Require Methodological Change. The Necessity of Validating and Adjusting Statements. The Model of a Media Analysis at the End of the 1970's. In: ESOMAR (Hrsg.): Seminar on Media Measurement and Media Choice: Ten Years of Progress ... or Stagnation? Amsterdam 1980, S. 269–303.
König, René (Hrsg.): Das Interview. Formen – Technik – Auswertung. Dortmund 1952.
König, René: Beobachtung und Experiment in der Sozialforschung. Köln 1956.
König, René: Handbuch der empirischen Sozialforschung. Bd. 1. Stuttgart 1962.
Koller, S.: Typisierung korrelativer Zusammenhänge. In: Metrika, Zeitschrift für theoretische und angewandte Statistik, 6, 1963, S. 65.
Koschnick, Wolfgang J. : Standard-Lexikon für Mediaplanung und Mediaforschung. München u. a. 1988, S. 260.
Kretschmer, Ernst: Körperbau und Charakter. Berlin 1961.
Das Kreuz mit dem Kreuz. Die neuen Nichtwähler – parteiverdrossen, aber politisch aktiv. In: Der Spiegel, Nr. 52, 1993, S. 28 ff.
Kromrey, Helmut: Empirische Sozialforschung. Modelle und Methoden der Datenerhebung und Datenauswertung. 5. Auflage. Opladen 1991.
Laatz, Wilfried: Empirische Methoden. Ein Lehrbuch für Sozialwissenschaftler. 2. Auflage. Berlin u. a. 1985.
Lamnek, Siegfried: Qualitative Sozialforschung. 2 Bde. 2. Auflage. Weinheim 1993.
Landis, J. R., u. a.: Feminist Attitudes as Related to Sex of the Interviewer. In: Pacific Sociological Review, 16, 1973, S. 305–314.
Lang, Kurt, Gladys Engel Lang: The Changing Professional Ethos. A Poll of Pollsters. In: International Journal of Public Opinion Research, 3, 1991, S. 323–339.

Lavrakas, Paul J.: Telephone Survey Methods. Sampling, Selection, and Supervision. 3. Auflage. Newbury Park u. a. 1988.
Lazarsfeld, Paul F.: The Art of Asking Why – Three Principles Underlying the Formulation of Questionnaires. National Marketing Review, 1, Sommer 1935, Nr. 1.
Lazarsfeld, Paul F. u. a.: The People's Choice. Dritte Auflage. New York und London 1968.
Lazarsfeld, Paul F.: Mathematical Thinking in the Social Sciences. Glencoe, Ill. 1954.
Lazarsfeld, Paul F.: The Language of Social Research. A Reader in the Methodology of Social Research. Glencoe, Ill. 1955.
Lazarsfeld, Paul F.: Public Opinion and the Classical Tradition. In: Public Opinion Quarterly, 21, 1957, S. 39–53.
Lazarsfeld, Paul F., u. a.: The Academic Mind. Social Scientists in a Time of Crisis. Glencoe, Illinois 1958.
Lazarsfeld, Paul F.: Latent Structure Analysis. In: S. Koch (Hrsg.): Psychology. A Study of Science. Bd. 3. New York 1959.
Lazarsfeld, Paul F.: Problems in Methodology. In: Robert K. Merton, u. a. (Hrsg.): Sociology Today. New York 1959, S. 67.
Lazarsfeld, Paul F.: Evidence and Inference in Social Research. In: Lerner, D. (Hrsg.): Evidence and Inference. New York 1959, S.126 f.
Lazarsfeld, Paul F.: Notes on the History of Quantification in Sociology. Unveröffentliches Manuskript, Columbia University, New York, o. J.
Le Bon, Gustave: La psychologie des foules. Paris 1895. Deutsch: Psychologie der Massen. Stuttgart 1982.
Lerner, D. (Hrsg.): Evidence and Inference. New York 1959.
Lefkowitz, Monroe M., u. a.: Television Violence and Child Aggression. A Followup Study. In: George A. Comstock, Eli A. Rubinstein (Hrsg.): Television and Social Behavior. Reports and Papers. Bd. 3: Television and Adolescent Aggressiveness. Rockville 1972, S. 35–135.
Lewin, Kurt: Resolving Social Conflicts. New York 1948. Deutsch: Die Lösung sozialer Konflikte. Bad Nauheim 1953.
Likert, Rensis: A Technique for the Measurement of Attitudes. In: Archives of Psychology, 140, 1932, S. 1–55.
Lilienthal, Georg: Der Einfluß der Reihenfolge und der Präsentationsform von Fernsehnachrichten auf die Erinnerung und das Verstehen. Magisterarbeit Mainz 1990.
Linder, A.: Statistische Methoden für Naturwissenschaftler, Mediziner und Ingenieure. 3. Auflage. Basel und Stuttgart 1960.
Lippmann, Walter: Public Opinion. New York 1922. 14. Auflage 1954. Deutsch: Die öffentliche Meinung. Übers. v. Hermann Reidt. München 1969. Neudruck Bochum 1990.

Lockhart, D. C. (Hrsg.): Making Effective Use of Mailed Questionnaires. San Francisco 1984.
Lübbe, Hermann: Mediennutzungsethik. Medienkonsum als moralische Herausforderung. In: Hilmar Hoffmann (Hrsg.): Gestern begann die Zukunft. Entwicklung und gesellschaftliche Bedeutung der Medienvielfalt. Darmstadt 1994, S. 313–318, 317.
Macdonald-Ross, Michael: How Numbers Are Shown. A Review of Research on the Presentation of Quantitative Data in Texts. In: Audio-Visual Communication Review 25, 1977, S. 359–409.
Mac Queen, J.: Some Methods for Classification and Analysis of Multivariate Observations. In: Proceedings of the Fifth Berkeley Symposium on Mathematical Statistics and Probability. Bd. 1., 1967, S. 281–297.
Mangold, Werner: Gruppendiskussionen. In: René König (Hrsg.): Handbuch der empirischen Sozialforschung, Bd. 1, 1962, S. 209–225.
Mass Media in Society. The Need of Research. UNESCO Reports and Papers on Mass Communication, Nr. 59. Paris 1970.
Mathes, Sabine: Sozial-Optische Täuschung durch Massenmedien? Einschätzung des Meinungsklimas im Konflikt um die Kernenergie durch Personen mit viel und wenig Fernsehnutzung. Magisterarbeit Mainz 1989.
Maury, M. F.: The Physical Geography of the Sea. New York 1855.
Mayntz, Renate, Kurt Holm, Peter Hübner: Einführung in die Methoden der empirischen Soziologie. 5. Auflage. Opladen 1978.
Mc Cullagh, Peter, John A. Nelder: Generalized Linear Models. London 1983.
Merton, Robert K.: Social Theory and Social Structure. Glencoe, Ill. 1949. Deutsch: Soziologische Theorie und soziale Struktur. Berlin und New York 1995.
Merton, Robert K., Paul F. Lazarsfeld (Hrsg.): Continuities in Social Research. Glencoe. Ill. 1950.
Merton, Robert K., Marjorie Fiske, Patricia Kendall: The Focussed Interview. A Manual of Problems and Procedures. Glencoe, Ill., 1956.
Merton, Robert K.: The Student Physician. Cambridge, Mass. 1957.
Merton, Robert K., u. a. (Hrsg.): Sociology Today. New York 1959.
Miller, Delbert C.: Handbook of Research Design and Social Measurement. 5. Auflage. Newbury Park u. a. 1991.
Mises, Richard von: Wahrscheinlichkeit, Statistik und Wahrheit. Wien 1936.
Mitofsky, Warren J.: It's Not Deliberative and It's Not a Poll. In: The Public Perspective Dezember/Januar 1996
Moore, David S., George P. McCabe: Introduction to the Practice of Statistics. 2. Auflage. New York 1993.

Müller, Wolfhart: Hörerforschung in der Sackgasse? In: Rufer und Hörer, 6, Heft 9, Juni 1952, S. 499.
Neurath, Paul: Grundbegriffe und Rechenmethoden der Statistik für Sozialwissenschaftler. In: René König (Hrsg.): Handbuch der Empirischen Sozialforschung. Stuttgart 1962, S. 241–308.
Niedermann, Anne: Umfrageforschung in der Rechtspraxis. München. Erscheint voraussichtlich 2004
Nietzsche, Friedrich: Zur Genealogie der Moral. Dritte Abhandlung: Was bedeuten asketische Ideale? In: Friedrich Nietzsche: Werke. Kritische Gesamtausgabe. Berlin und New York 1967 ff., Bd. IV, 2.
Noelle-Neumann, Elisabeth: Anmerkungen zu L. v. Wieses Rezension. In: Kölner Zeitschrift für Soziologie, 6, 1953/54. S. 631–634.
Noelle-Neumann, Elisabeth, Carl Schramm: Umfrageforschung in der Rechtspraxis. Weinheim 1961.
Noelle-Neumann, Elisabeth: Über den methodischen Fortschritt in der Umfrageforschung. Allensbach und Bonn 1962. (Allensbacher Schrift Nr. 7.)
Noelle-Neumann, Elisabeth: Organisation von Interviewerstäben und Feldarbeit. ESOMAR-Kongreß in Evian, September 1962.
Noelle-Neumann, Elisabeth: The Case of a Centralized Interviewer Organization (Die zentral gesteuerte Interviewer-Organisation) Vortrag auf dem 15. ESOMAR-Kongreß in Evian, September 1962.
Noelle-Neumann, Elisabeth: Die Rolle des Experiments in der Publizistikwissenschaft. In: Publizistik, 10, 1965, S. 239–250. (Festschrift Otto Groth.) Wiederabgedruckt in: Noelle-Neumann, Elisabeth: Öffentlichkeit als Bedrohung. Beiträge zur empirischen Kommunikationsforschung. Freiburg und München 1977, S. 43–61.
Noelle-Neumann, Elisabeth: Wanted: Rules for Wording Structured Questionnaires. In: Public Opinion Quarterly, 34, 1970, S. 191–201.
Noelle-Neumann, Elisabeth: Session on Methodology. Vortrag bei der AAPOR-WAPOR Konferenz, 31. Mai 1974.
Noelle-Neumann, Elisabeth: Lebensfreude – kein Thema für die Kirche? Fragen zu einem Test über Bewegungs- und Mienenspiel von Katholiken. In: Herder Korrespondenz, 28, 1974, S. 41–47.
Noelle-Neumann, Elisabeth: Öffentlichkeit als Bedrohung. Beiträge zur empirischen Kommunikationsforschung. Freiburg und München 1977.
Noelle-Neumann, Elisabeth: Massenmedien und sozialer Wandel. Methodenkombination in der Wirkungsforschung. In: Zeitschrift für Soziologie, 8, 1979, S. 164–182.
Noelle-Neumann, Elisabeth: Wahlentscheidung in der Fernsehdemokratie. Würzburg 1980.
Noelle-Neumann, Elisabeth: Dullness and Monotony as Problems of Questionnaire Methodology. Paper Presented at the 44th ISI Conference in Madrid, September 1983.

Noelle-Neumann, Elisabeth, Edgar Piel (Hrsg.): Eine Generation später. Bundesrepublik Deutschland 1953–1979. München u. a. 1983.
Noelle-Neumann, Elisabeth, Burkhard Strümpel: Macht Arbeit krank? Macht Arbeit glücklich? Eine aktuelle Kontroverse. München und Zürich 1984.
Noelle-Neumann, Elisabeth, Erp Ring: Das Extremismus-Potential unter jungen Leuten in der Bundesrepublik Deutschland 1984. 2. Auflage. Bonn 1985.
Noelle-Neumann, Elisabeth, Bob Worcester: International Opinion Research: How to Phrase Your Questions. In: European Research (ESOMAR), 12, 1984, S. 124–131.
Noelle-Neumann, Elisabeth: Die Identifizierung der Meinungsführer. 38. ESOMAR-Kongreß, Wiesbaden, 1.–5. September 1985.
Noelle-Neumann, Elisabeth: Auswirkungen des Kabelfernsehens. Erster Bericht über Ergebnisse der Begleitforschung zum Kabel-Pilot-Projekt Ludwigshafen/Vorderpfalz. Berlin und Offenbach 1985. (Wissenschaftliche Begleitkommission zum Versuch mit Breitbandkabel in der Region Ludwigshafen/Vorderpfalz. Materialien Bd. 1).
Noelle-Neumann, Elisabeth: Die Theorie der Schweigespirale als Instrument der Medienwirkungsforschung. In: Max Kaase, Winfried Schulz (Hrsg.): Massenkommunikation. Theorien, Methoden, Befunde. Opladen 1989, S. 418–440. (Kölner Zeitschrift für Soziologie und Sozialpsychologie, Sonderheft Nr. 30.)
Noelle-Neumann, Elisabeth, Rüdiger Schulz: Federal Republic of Germany. Social Experimentation With Cable and Commercial Television. In: Lee B. Becker, Klaus Schönbach (Hrsg.): Audience Responses to Media Diversification. Coping with Plenty. Hillsdale, N. J. u. a. 1989, S. 167–223.
Noelle-Neumann, Elisabeth, Rüdiger Schulz: Das Image der Schweiz in der Bundesrepublik Deutschland unter besonderer Berücksichtigung des Tourismus. Zürich 1989.
Noelle-Neumann, Elisabeth: Kreativität und Nüchternheit sind keine Gegensätze. Die Umfragemethode ist gut für Registrieren und Testen: aber warum wird ihr Entdeckungspotential nicht systematisch entwickelt? In: The 42nd ESOMAR Marketing Research Congress. Stockholm, 3.–7. September 1989. Amsterdam 1989, S. 379–400. Englisch: Ebd., S. 401–426.
Noelle-Neumann, Elisabeth: The Public as Prophet. Findings from Continuous Survey Research and their Importance for Early Diagnosis of Economic Growth. In: International Journal of Public Opinion Research, 1, 1989, S. 136–150.
Noelle-Neumann, Elisabeth: Meinungsklima und Wahlforschung. In: Max Kaase, Hans-Dieter Klingemann (Hrsg.): Wahlen und Wähler.

Analysen aus Anlaß der Bundestagswahl 1987. Opladen 1990, S. 481–530.
Noelle-Neumann, Elisabeth, Matthias Reitzle: Was man aus der Bundestagswahl von 1987 lernen kann. Wahlforschung und Anwendungen. In: Hans-Joachim Veen, Elisabeth Noelle-Neumann (Hrsg.): Wählerverhalten im Wandel. Bestimmungsgründe und politisch-kulturelle Trends am Beispiel der Bundestagswahl 1987. Paderborn u. a. 1991, S. 245–301.
Noelle-Neumann, Elisabeth, Renate Köcher (Hrsg.): Allensbacher Jahrbuch der Demoskopie 1984–1992, München u. a. 1993.
Noelle-Neumann, Elisabeth: Story-Finder über West- und Ostdeutschland. Referat bei der Präsentation der Allensbacher Werbeträger-Analyse (AWA) 1993 in Hamburg am 27. Juli 1993. Manuskript im Allensbacher Archiv.
Noelle-Neumann, Elisabeth: Methoden der Publizistik- und Kommunikationswissenschaft. In: Elisabeth Noelle-Neumann, Winfried Schulz, Jürgen Wilke (Hrsg.): Fischer Lexikon Publizistik, Massenkommunikation. Neuauflage. Frankfurt am Main 1994, S. 267–307.
Noelle-Neumann, Elisabeth: Der Mythos vom Nichtwähler. In: Frankfurter Allgemeine Zeitung, 16. 3. 1994, S. 5.
Noelle-Neumann, Elisabeth: Verwandt und zugleich durch Schicksal und Sozialisation voneinander getrennt – die junge Generation im vereinten Deutschland. Köln 1994, S. 15–34, (Veröffentlichungen der Walter-Raymond-Stiftung Bd. 34.)
Noelle-Neumann, Elisabeth: Wirkung der Massenmedien auf die Meinungsbildung. In: Elisabeth Noelle-Neumann, Winfried Schulz, Jürgen Wilke (Hrsg.): Fischer Lexikon Publizistik Massenkommunikation. Frankfurt am Main 1994, S. 518–571.
Noelle-Neumann, Elisabeth: Die Schweigespirale. Öffentliche Meinung - unsere soziale Haut. München 2001
Noelle-Neumann, Elisabeth: Öffentliche Meinung. In: Elisabeth Noelle-Neumann, Winfried Schulz, Jürgen Wilke (Hrsg.): Fischer-Lexikon Publizistik Massenkommunikation. Frankfurt am Main 2002, S. 392-406
Oberschall, Anthony R.: Empirical Social Research in Germany 1848–1914. Dissertation. New York 1962. Paris 1965.
Oettingen, Alexander von: Die Moralstatistik. Erlangen 1868.
Oksenberg, Lois, Charles Cannell, Graham Kalton: New Strategies for Pretesting Survey Questions. In: Journal of Official Statistics, 7, 1991, S. 349–365.
The Opinion Polls and the 1992 General Election. A Report to the Market Research Society. O. O. 1994.
Osgood, Charles E., George J. Suci, Percy H. Tannenbaum: The Measurement of Meaning. Urbana, Ill. 1957.

Packard, Vance: Die geheimen Verführer. Düsseldorf 1958.
Pagès, Robert: Das Experiment in der Soziologie. In: René König (Hrsg.): Handbuch der empirischen Sozialforschung. Bd. 1. Stuttgart 1962, S. 418–450.
Parten, Mildred: Surveys, Polls and Samples. New York 1950, S. 136.
Payne, Stanley L. : The Art of Asking Questions. Princeton, N. J., 1951.
Petersen, Thomas: The last shall be first. Effects of question order and wording. Taking stock of 50 years of split ballot experiments. Vortrag, gehalten auf der 52 Jahreskonferenz der American Association of Public Opinion Research (AAPOR) am 18 Mai 1997 in Norfolk, USA
Petersen, Thomas: Das Feldexperiment in der Umfrageforschung. Frankfurt am Main 2002
Petersen, Thomas: A Spiral of Silence in the 2002 German Federal Elections and the Role of Public Opinion Research in Opinion Formation in Election Campaigns. Vortrag, gehalten auf dem Jahreskongreß der American Association of Public Opinion Research (AAPOR) am 18. Mai 2003 in Nashville, USA
Petersen, Thomas, Peter Voß, Peter Sabel, Norbert Grube: Der Fragebogen Karls des Großen. Ein wenig bekanntes Dokument aus der Vorgeschichte der Umfrageforschung. In: Kölner Zeitschrift für Soziologie und Sozialpsychologie. Erscheint voraussichtlich 2004
Pollock, Friedrich: Gruppenexperiment. Ein Studienbericht. Frankfurt am Main 1955. (Frankfurter Beiträge zur Soziologie, Bd. 2.)
Quételet: Sur l'homme et le développement de ses facultés ou Essai de physique sociale. 1835. Deutsche Übersetzung von V. A. Riecke: Über den Menschen. 1838.
Reiwald, Paul: Vom Geist der Massen. Zürich 1948.
Ring, Erp: Die Rorschach-Technik in der psychologischen Gesellschaftsdiagnostik. In: Psychologie und Praxis, 14, 1970, S. 160–172.
Ring, Erp: Die Rorschach-Technik in der Gesellschafts-Diagnostik. Resultate einer Repräsentativ-Erhebung bei 4000 Personen. In: A. Serrate (Hrsg.): Rorschachiana. Bd. 10. Bern 1970, S. 239–251.
Ring, Erp: Wie man bei Listenfragen Einflüsse der Reihenfolge ausschalten kann. In: Psychologie und Praxis, 17, 1974, S. 105–113.
Ring, Erp: Questionnaire Monotony Endangers the Comparability of Results; It Should Be Avoided. In: Research That Works for Today's Marketing Problems. ESOMAR Congress Report. Amsterdam 1976, S. 429–446.
Ring, Erp: Signale der Gesellschaft. Psychologische Diagnostik in der Umfrageforschung. Göttingen und Stuttgart 1992.
Robertson, John M.: Buckle and His Critics. A Study in Sociology. London 1895.

Robinson, D., S. Rohde: Two Experiments with an Anti-Semitism Poll. In: Journal of Abnormal and Social Psychology, 41, 1946, S. 136–144.
Rorschach, Hermann: Psychodiagnostik. Bern 1921.
Rugg, Donald, Hadley Cantril: The Wording of Questions. In: Hadley Cantril: Gauging Public Opinion. Princeton, N. J. 1944, S. 23–50.
Sahagún, Bernardino de: Aus der Welt der Azteken. Franfurt am Main 1989.
Saxe, Leonard , Michelle Fine: Social Experiments. Methods for Design and Evaluation. Beverly Hills und London 1981.
Scheff, Thomas J.: Microsociology. Discourse, Emotion, and Social Structure. Chicago 1990.
Schenk, Michael: Soziale Netzwerke und Massenmedien. Tübingen 1995.
Scheuch, Erwin K.: Die Anwendung von Auswahl-Verfahren bei Repräsentativ-Befragungen. Dissertation. Köln 1956.
Scheuch, Erwin K.: Skalierungsverfahren in der Sozialforschung. In: René König (Hrsg.): Handbuch der empirischen Sozialforschung. Bd. 1, Stuttgart 1962, S. 368 ff.
Schiffman, Susan S. u. a.: Introduction to Multidimensional Scaling. Theory, Methods, and Applications. New York u. a. 1981.
Schmid, Calvin F.: Statistical Graphics. Design Principles and Practices. Malabar 1992.
Schmidtchen, Gerhard: Die befragte Nation. Freiburg 1959.
Schmidtchen Gerhard: Der Anwendungsbereich betriebssoziologischer Umfragen. Bern 1962.
Schmidtchen, Gerhard: Die repräsentative Quotenauswahl. Bericht über ein Quota-Random-Experiment des Instituts für Demoskopie Allensbach. Unveröffentlichtes Manuskript. Allensbach 1962. Auch in: Gerhard Schmidtchen: Representative Quota Sampling. Experimental Comparisons between Quota and Random Samples together with some Conclusions. Vortrag beim ESOMAR-Kongreß in Evian am 4. September 1962.
Schmidtchen, Gerhard: Zwischen Kirche und Gesellschaft. Forschungsbericht über die Umfragen zur gemeinsamen Synode der Bistümer in der Bundesrepublik Deutschland. Freiburg u. a. 1972.
Schmoller, Gustav: Über die Resultate der Bevölkerungs- und Moralstatistik. Berlin 1871. (Sammlung gemeinverständlicher wissenschaftlicher Vorträge. Hrsg. von Rudolf Virchow und Fr. von Holtzendorff. VI. Serie. Heft 121–144.)
Schnell, Rainer, u. a.: Methoden der empirischen Sozialforschung. München und Wien 1992.
Scholem, Gershom: Zur Kabbala und ihrer Symbolik. Zürich 1960.
Schulz, Winfried: Kausalität und Experiment in den Sozialwissenschaften. Methodologie und Forschungstechnik. Mainz 1970.

Schuman, Howard, Stanley Presser: Questions and Answers in Attitude Surveys. Experiments on Question Form, Wording, and Context. New York u. a. 1981.

Schwarz, Norbert, Hans-J. Hippler: What Response Scales May Tell Your Respondents. Informative Functions of Response Alternatives. In: Hans-J. Hippler, Norbert Schwarz, Seymour Sudman (Hrsg.): Social Information Processing and Survey Methodology. New York u. a. 1987, S. 163–178.

Schwarz, Norbert, Hans-J. Hippler, Elisabeth Noelle-Neumann: A Cognitive Model of Response Order Effects in Survey Measurement. In: Norbert Schwarz, Seymour Sudman (Hrsg.): Context Effects in Social and Psychological Research. New York, u. a. 1992, S. 187–201.

Schwarz, Norbert, Hans J. Hippler: Subsequent Questions May Influence Answers to Preceeding Questions in Mail Surveys. In: Public Opinion Quarterly, 59, 1995, S. 93–97.

Schwarzenauer, Wilhelm: Sprache und Umfrageforschung. In: Muttersprache, Oktober 1961.

Schwarzenauer, Wilhelm: An Experiment on the Effect Intercircular Letters Have on Interviewers. In: European Research, November 1974, S. 243–247.

Sharp, Laure M.: Respondent Burden: A First Measurement Effort. In: Horst Baier, Hans Mathias Kepplinger, Kurt Reumann (Hrsg.): Öffentliche Meinung und sozialer Wandel. Public Opinion and Social Change. Festschrift Elisabeth Noelle-Neumann. Opladen 1981, S. 195–208.

Sieber, Sam D.: The Integration of Field Work and Survey Methods. In: American Journal of Sociology, 78, 1973, Nr. 6, S. 1335–1359. Reprint Nr. A-688 des Bureau of Applied Social Research an der Columbia University.

Silvey, Robert: Who's Listening? The Story of BBC Audience Research. London, 1974.

Simmel, Georg: Soziologie. Untersuchungen über die Formen der Vergesellschaftung. Leipzig 1908.

Singer, Eleanor, Luane Kohnke-Aguirre: Interviewer Expectation Effects. A Replication and Extension. In: Public Opinion Quarterly, 43, 1979, S. 245–260.

Slonim, M. J.: Sampling in a Nutshell. New York 1960.

Smith, Harry L., Herbert Hyman: The Biasing Effect of Interviewer Expectations on Survey Results. In: Public Opinion Quarterly, 14, 1950, S. 491–506.

Smith, Tom W.: A Comparison of Telephone and Personal Interviewing. 2nd Draft. Prepared for the General Social Survey (GSS) Board of Overseers. Manuskript 1984.

SPIEGEL-Dokumentation Persönlichkeitsstärke. Ein neuer Maßstab zur Bestimmung von Zielgruppenpotentialen. Hamburg 1983.
Spöhring, Walter: Qualitative Sozialforschung. Stuttgart 1989.
Staël, Germaine de: Über die Literatur. 1800.
Stephan, F. T. , P. H. McCarthey: Sampling Opinions. An Analysis of Survey Procedure. New York und London 1958.
Stouffer, Samuel A. u. a.: Measurement and Prediction. Princeton, N. J. und London, 1950. Urbana, Ill. 1957. (Studies in World War II, Bd. 4.)
Stouffer, Samuel A.: Social Research to Test Ideas. Glencoe, Ill. 1962.
Stroschein, Franz-Reinhard: Die Befragungstechnik in der demoskopischen Marktforschung. Dissertation. Berlin 1962.
Stubbs, Roger J., Peter F. Hutton: Yea-Saying: Myth or Reality in Attitude Response? In: ESOMAR (Hrsg.): Research that Works for Today's Marketing Problems (ESOMAR-Kongreß, Venedig, 5.–9. September 1976). Amsterdam 1976, S. 447–473.
Sudman, Seymour, u. a.: Modest Expectations: The Effects of Interviewer's Prior Expectations on Responses. In: Sociological Methods and Research, 6, Nr. 2, November 1977.
Sudman, Seymour, Norman M. Bradburn: Asking Questions. A Practical Guide to Questionnaire Design. San Francisco u. a. 1982.
Sudman, Seymour, Norman M. Bradburn, Norbert Schwarz: Thinking About Answers. The Application of Cognitive Processes to Survey Methodology. San Francisco 1996.
Sukhatme, B. V.: Sampling Theory of Surveys with Applications. New Delhi und Ames 1954.
Süßmilch: Die göttliche Ordnung in den Veränderungen des menschlichen Geschlechts. Aus der Geburt, dem Tode und der Fortpflanzung desselben erwiesen. 3 Bde. 4. Auflage. Berlin 1775.
Taylor, Humphrey: Horses for Corses. How Different Countries Measure Public Opinion in Very Different Ways. In: The Public Perspective, Februar/März 1995, S. 3–7.
Telefon-Umfragen: Peinliche Nachbarschaft. ISDN-Richtlinie: Kaltes Anrufen. In: Context 11, 1995.
Tennstädt, Friedrich, Jochen Hansen: Validating the Recency as Through-the-Book Techniques. In: Harry Henry (Hrsg.): Readership Research. Theory and Practice. Proceedings of the First International Symposium. New Orleans 1981. London 1982, S. 106–121. Effects of Differing Methods on the Level of Magazine Readership Figures. In: Harry Henry (Hrsg.): Readership Research: Montreal 1983. Proceedings of the Second International Symposium. Amsterdam 1984, S. 229–241.
Tennstädt, Friedrich: Über innere Kontrollen des repräsentativen Charakters von Stichproben. Unveröffentlichtes Manuskript, Allensbacher Archiv.

Thurstone, L. L.: Multiple Factor Analysis. Chicago 1947.
Tönnies, Ferdinand: Kritik der öffentlichen Meinung. Berlin 1922.
Torgerson, Warren S.: Theory and Methods of Scaling. New York und London 1958.
Troldahl, Verling C., Robert Van Dam: Face-to-Face Communication about Major Topics in the News. In: Public Opinion Quarterly, 29, 1965/66, S. 626–634.
Tufte, Edward R.: The Visual Display of Quantitative Information. 13. Auflage. Cheshire/Conn. 1993.
Veen, Hans-Joachim, Elisabeth Noelle-Neumann (Hrsg.): Wählerverhalten im Wandel. Bestimmungsgründe und politisch-kulturelle Trends am Beispiel der Bundestagswahl 1987. Paderborn, u. a. 1991, S. 245–301.
Vogt, Kersten: Verzerrungen in elektronischen Befragungen? In: Bernad Batinic u. a. (Hrsg.): Online Research. Methoden, Anwendungen und Ergebnisse. Göttingen 1999, S. 127-143.
Wagner, Adolph: Statistisch-anthropologische Untersuchung der Gesetzmäßigkeit in den scheinbar willkürlichen menschlichen Handlungen. Hamburg 1864.
Wahl-Demoskopen: Mal klar, mal knapp. In: Der Spiegel, Nr. 39/1978, S. 63–77.
Wainer, Howard: How to display data badly. In: The American Statistician 38, 1984, S. 137–147.
Wallis, W. A. , H. V. Roberts: Methoden der Statistik. Freiburg im Breisgau 1959.
Weber, E.: Grundriß der biologischen Statistik für Naturwissenschaftler, Landwirte und Mediziner. 3. Auflage. Jena 1957.
Weimann, Gabriel: The Influentials. Back to the Concept of Public Opinion Leaders. In: Public Opinion Quarterly, 55, 1991, S. 267–279.
Weimann, Gabriel: The Influentials. People Who Influence People. New York 1994.
Wendt, Friedrich: Wann wird das Quotensystem begraben? In: Allgemeines Statistisches Archiv, 1960, 1. Heft.
White Riley, Matilda, u. a.: Sociological Studies in Scale Analysis. New Brunswick, N. J. 1954.
Wiese, Leopold von: Rez. über Ludwig von Friedeburg 1953. In: Kölner Zeitschrift für Soziologie, 6, 1953/54. S. 121 f.
Wilke, Jürgen, Barbara Eschenauer: Massenmedien und Journalismus im Schulunterricht. Eine unbewältigte Herausforderung. Freiburg und München 1981, S. 212.
Williams, Frederick, Frederick Mosteller: Education and Economic Status as Determinations of Opinion. In: Hadley Cantril: Gauging Public Opinion. Princeton, N. J. 1944. 4. Auflage 1947. Neudruck Port Washington, N. Y. und London 1972, S. 195.

Worcester, Robert M., Timothy Burns: A Statistical Examination of the Relative Precision of Verbal Scales. In: Journal of the Market Research Society 17, 1975, S. 181–197.
Worcester, Robert M., Daryll Upsall: You can't Sink a Rainbow: Greenpeace – Myths, Magic and Misunderstanding – the Role of Market Research in the Campaign to Save the Planet. Vortrag auf dem Jahreskongreß der WAPOR am 20. 9. 1995 in Den Haag.
Worcester, Robert M.: Letter to our Readers. In: British Public Opinion 18, November 1995, No. 8, S. 3.
Wyss, Werner: Marktforschung von A-Z. Adligenswil (Schweiz) 1991.
Yankelovich, Daniel: A New Direction for Survey Research. In: International Journal of Public Opinion Research, 8, 1996.
Yates, F.: Sampling Methods for Censuses and Surveys. 2. Auflage. London 1953.
ZAW-Rahmenschema für Werbeträgeranalysen. Allgemeine Regeln. 4. Auflage. Bonn 1986. 8. Auflage. Bonn 1994.
Zeh, Jürgen: Telefonumfragen als Instrument bei kommunikationswissenschaftlichen Fragestellungen. In: Publizistik, 31, 1986, S. 407–422.
Zeisel, Hans: Say it With Figures. 4. Auflage. New York 1947. Deutsch: Die Sprache der Zahlen. Köln und Berlin 1970.
Zeisel, Hans, David Kaye: Prove It with Figures. Empirical Methodology in Law and Ligitation. New York u. a. 1997
Zeldenrust Noordanus, Mary: Typologie des consommateurs. Vortrag auf dem 15. ESOMAR-Kongreß in Evian 1962.
Zetterberg, Hans L.: Theorie, Forschung und Praxis in der Soziologie. In: René König (Hrsg.): Handbuch der empirischen Sozialforschung. Bd. 1. Stuttgart 1962, S. 65–104.
Zetterberg, Hans: On Theory and Verification in Sociology. New York 1954.
Zimmermann, E.: Das Experiment in den Sozialwissenschaften. Stuttgart 1972.

Register